“十二五”国家重点图书出版规划项目
空间射频信息获取新技术丛书

通信电子战原理

（第二版）

Introduction to Communication Electronic Warfare Systems

Second Edition

[美] Richard A. Poisel 著

聂 皞 王振华 陈少昌 吴利民 等译

吴利民 秦江敏 主审

電子工業出版社
Publishing House of Electronics Industry
北京 · BEIJING

内容简介

本书较全面地反映了美军信息战中通信电子战的基本思路及其作战运用的基本技术原理。本书侧重阐述通信电子战系统的工程原理。包括电子战的基本概念，电子战系统的基本原理与技术，以及电子战系统的运作与特性，此外，本书还增添了对电子战系统外部与内部噪声源及其对系统特性影响的主要理论分析。本书也对通信电子战系统的构件、组成及其运作，现代通信信号方向测定，双曲线型发射机定位技术，截获/抗干扰目标的低概率地理定位，以及通信电子战系统未来发展方向等多方面的新内容做出了权威性的深度涵盖。

本书既可作为相关院校的电子侦察、监视、对抗等专业指挥与工程类本科或研究生学员的教材及教学参考用书，也可供电子战系统装备研制及部队作战人员在复杂电磁干扰环境下的军事训练之用。在我军院校相应专业教学、电子战系统装备研制及作战训练等方面，具有较高参考价值。

版权贸易合同登记号　图字：01-2010-1373

图书在版编目(CIP)数据

通信电子战原理：第 2 版/(美)泊伊泽(Poisel, R. A.)著；聂皞等译. —北京：电子工业出版社，2013.1
(空间射频信息获取新技术丛书)
书名原文：Introduction to Communication Electronic Warfare Systems, Second Edition
ISBN 978-7-121-16992-2

I. ①通…　II. ①泊… ②聂…　III. ①军事通信-电子战　IV. ①E919 ②TN97

中国版本图书馆 CIP 数据核字(2012)第 093792 号

策划编辑：马　岚
责任编辑：李秦华
印　　刷：涿州市般润文化传播有限公司
装　　订：涿州市般润文化传播有限公司
出版发行：电子工业出版社
　　　　　北京市海淀区万寿路 173 信箱　邮编　100036
开　　本：787×1092　1/16　印张：24.75　字数：634 千字
印　　次：2023 年 11 月第 3 次印刷
定　　价：99.00 元

《通信电子战原理》(第二版)翻译委员会

主　审：吴利民

副主审：秦江敏

翻　译：聂　皞　王振华　陈少昌　吴利民

沈其聪　王国良　杨瑞娟　梅进杰

秦江敏　周　俊　钱同惠　程　伟

序

随着通信技术与微电子技术、计算机技术的结合及其不断发展，电子战在现代高技术战争中的地位与作用已经得以迅速提升。电子战已从过去的战争辅助保障的片刻场景演变为现代战争攻防战术中的辉煌画卷。众所周知，在海湾战争、科索沃战争、利比亚战争中，电子战均作为战争的序曲与先驱，并贯穿于战争全过程之中，决定着整个战争的进程和最终的胜负。通信电子战是作战双方在通信领域内为争夺制电磁权而展开的对抗。在未来的现代化高技术战争中，作战双方谁赢得了制电磁权，谁就能取得制信息权，从而赢得战争的主动权，乃至整个战争。因此，通信电子战在整个电子战中扮演着一个至关重要的角色。正是由于现代战争对信息技术和信息系统的高度依赖，电子战也正快速向着信息战演进发展。

随着冷战时代的结束，世界军事博弈趋向于多元化方向渐进发展。世界各国在战略、战术思想体系方面均有重大调整。其中最重要的一点就是高度重视电子战、信息战的作用，并将其作为军事斗争体系中的重中之重来加以发展。因此，我国也必须紧跟世界军事变革的发展潮流，加快我军电子信息装备的建设和相应的训法、战法研究，实现跨越式发展。“一万年太久，只争朝夕”，我们不仅要朝夕孜孜地学习电子战和信息战系统的基本理论、基本技术并敢于付诸实践运用，还要学如穿井、刮摩淬励地深入研究并及时跟踪国外在这方面的先进理念和系统技术。

电子战思想及其理念经数年实践的锤炼，已经基本形成一种理论体系。西方发达国家有关电子战的技术文献及其专著已系统地反映了电子战的系统理论和思想精髓。美军通信电子战资深专家 Richard A. Poisel 博士撰写的《通信电子战原理》（第二版）一书就是其代表作之一。该书在保留第一版既面向工程技术又面向系统运用特点的同时，更多地注重了对电子战系统工程理论与作战实用的探讨。因此，无论是对通信电子战系统方面的工程技术人员还是指挥人员，该书均为一部较为系统而全面介绍电子战基本理论、基本系统和作战实践运用的好教材。该书的出版必将对我军院校相应专业的教学、电子战系统装备的研制及复杂电磁环境下的军事训练产生积极而深远的影响。

沈荣骏

中国工程院院士

中国载人航天工程、探月工程顾问

写于二零一二年春，北京

译 者 序

众所周知,电子战(EW)系统在过去的几十年中已得到迅速繁衍、茁壮成长。随着现代电子通信技术与现代微电子、计算机技术的联姻及其迅猛发展,电子战在现代高技术战争中的地位与功能作用更将发扬光大。通信电子战(CEW)是一种以无线电通信为目标的电子对抗(ECM)技术,它在电子战中扮演着一个至关重要的CEO角色。所谓的信息战这一现代新军事术语而言,也只不过是在现代战场高度依赖信息技术及信息传输作战背景下对电子战定义范畴的延伸与拓展。因此,从本质上看,人们也可视信息战为现代电子战的一个新名称。

电子战的理念虽早年源于战争,但已历经成百上千的战场沧桑,如今已基本构成一个理论体系。国外现今已有众多反映电子战这一高技术作战的系统理论精髓及其技术文献与专著,并已渐进构成了电子战系统的军事思想及作战理论的妙藏智库。本书由美军研究、开发、工程指挥、情报与信息战实验室的首席科学家,亚利桑那州图森雷神导弹系统公司的高级研究员,著名的美军通信电子战专家Richard A. Poisel博士撰写。本书属防御电子学系列名著丛书,是作者长期研究电子战理论及其系统的又一积淀。纵览现有的电子战理论方面的其他著作,它们大多以雷达信号处理及其系统理论为主要内容来进行论述,而本书则以电子通信信号的处理及其相应系统为主线索来展开研究。它还主要瞄准了通信电子战系统中的工程方面的知识点,对该书第一版本进行了全面更新与修订。尤其是在该书的第二版中,具有众多的新颖之处,如贯穿了通信电子战系统的基本原理与思想,引入了在通信电子战系统中应用的一些新技术及新战法,增添了对电子战系统外部与内部噪声源及其对系统特性影响的主要理论分析,侧重了工程应用中信号衰落效应对通信系统干扰机特性严重影响的问题,包括对射频噪声与信号衰落效应这两个重要内容的扩展讨论。新版中还给出了基于作战力量电子网络概念演化而成的新电子战体系结构的仿真性能。完全删除了第一版中的一些在通信工程中已相当成熟且独立的几项技术内容,以使该书有较多的篇幅来处理通信电子战系统的运作与工程应用的问题。可以这样说,该书第二版在不失经典性的基础上,给读者提供了关于通信电子战系统的一些与时俱进的新技术概念。本书第二版在700多个数学公式的支撑下,主要对如下方面的内容进行了深度涵盖。如电子战系统的构件、系统组成及其运作、现代通信信号的方向测定、双曲线型发射机定位技术;截获/抗干扰目标的低概率的地理定位,以及未来通信电子战系统的发展方向等多方面的新内容。

该书第二版依照如下三个基本部分来展开全书的叙述:(1)电子战的基本概念部分,它包含了前三章。如第1章简要描述与射频电子战系统相关的大多数重要问题。第2章和第3章则直接给出了电子支援与电子进攻的综述内容。这三章提供了有关通信电子战的基本概述性理论,并分别给出了电子支援(ES)、电子进攻(EA)系统的基本工作原理及一般准则。实质上,该部分可用于激发初次涉入通信电子战系统领域的读者兴趣,并先行引导他们对电子战系统理论学习与研究的思路。(2)电子战系统的基本知识部分由后续的六章组成。该部分主要集中描述与理顺了用于电子战系统中的基本原理、基本技术及基本特性,及其重要工程知识点。如第4章提供了与电子战信号传播密切相关的电磁波传播特性的重要背景知识,并着重介绍了军事指挥与控制通信信号在常用低频频段的传播特性。第5章则详细阐述了在电子战系统中较为常见的噪声与干扰,包括对系统自身内部的噪声源及系统外部噪声源的探讨,还对噪声进行拓展性的讨论。并考虑了在实际电子战系统中的一个重要问题,即对电磁干扰(EMI)的控制与防护设计。此外,还对用于所有电子通信系统中放大器的噪声做了较为翔实的讨论。第6章较全面地概述了现代无线电通信系统中常用的多种技术,尤其是对数字通信制式中的编码与加密及信息安全等内容做了较详细的探讨。而第7章则介绍了通信电子战中与信号处理密切相关的一些基础概念,给出了在电子战系统中多方面常用的信号处理技术,并重点阐述了与通信电子战系统有关的基本理论部分,讨论了多种信号处理的应用,添加了在扩频信号检测方面应用的内容。并讨论了最大量的信号处理任务,如计算傅里叶变换及其快速变换。还设计了一些较新的降低系统噪声的信号处理技术,如小波变换、周期平稳信号处理和高阶信号处理等技术。第8章是关于电子战系统中通信信号测向的导论部分,它主要给出了计算目标位置线(LOP)的几种技术。而第9章则包含了有关二次目标定位系统的内容,其中对到达角(TOA)、在两个以上系统间的到达时间差(TDOA)及差频(有时也称之为到达频率差,FDOA)的测量进行了探讨。(3)通信电子战系统特性部分由最后六章构成。它始于第10章,主要讨论了电子支援系统的早期组织与进入,并给出了对有限作战能力电子战系统的模拟分析结果。第11章着重讨论了搜索式超外差(窄带)接收机的截获性能,特别强调了对慢跳目标网络的检测性能的探讨,证明了利用搜索接收机检测(以及根据该章假设的目标定位)的完全可行性,给出了集中FHSS网络能力的类似分析与跳频发射机检测的仿真结果。第12章包含了对电子战系统探测范围限制的讨论,主要给出了机载和陆基电子支援系统某些预期性能方面的主要信息,考虑了两种机载配置(一种在高海拔地区,另一种在低海拔地区),还分析了两种陆基系统及其配置(一种为固定式,另一种在运动中)。而第13章则就衰落效应对干扰的影响特性做了较为具体的探讨。此外,该章单用一节来讨论对衰落信道中的干扰特性这一重要内容。它主要讨论了具有信号衰落特性的通信信道对窄带和宽带目标所呈现的干扰性能。如对无直接分量的Rayleigh衰落;含直接分量的Rice衰落;以及比前两种更常见的Nakagami-m衰落形式。第14章探讨了一些地对空干扰机的结构,并给出了对不同系统配置的有效干扰范围的分析结果,得出了在大多数情况下,干扰距离只由干扰机和目标接收机之间的视距传播距离所限制的有效结论。而最末的第15章则主要描述了一次性干扰系统的干扰性能。并给出了对一次性使用的干扰机的干扰性能进行评估的标准。也讨论了如何通过使用一些智能的干扰方式使总的干扰性能得以大幅提升。尤为新颖的是,本章还提供了对电子战系统特性所做计算机仿真的部分内容。

综上所述,本书主要是对电子战及其系统进行综合性的概述。该书第二版在保留第一版撰写初衷的同时,即在达到既面向工程技术又面向系统作战之用的双重目的之时,还更倾向于对电子战系统工程方面的实践与系统作战实用方面的内容进行了探讨。书中也不乏穿插了对当今通信电子战系统中应用的新技术与新战法。因此,我们要尤为感谢电子工业出版社有关编辑与时俱进的理念,尤其是他们对国外一些较新的军事理论名著倾泻了独特的关注。由该社精心组织、挑选专班人员对《通信电子战原理》(第二版)一书的翻译及出版,其意义就较为深远,因为这的确不失为适应我军在新形势下军事斗争发展的一种明智之举,它也可为电子战、信息化部队建设与发展起到一定的促进作用。

本书既可为那些初次涉足电子战领域的读者提供大量有用的基本信息,也为那些对电子战系统理论知识具有浓郁学习兴趣的人员辟出一条书山捷径。通过对该书的学习,还可使从事电子战系统方面的工程技术人员对电子战系统的三基内容及其实际作战系统方面的知识能有较为全面透彻的掌握,并对相应的通信电子战系统工程方面的理论知识能有深入了解并能部分借鉴。也为从事电子战实战应用的军事专业与指挥人员提供了一些非常实用与可供借鉴的重要内容。此外,书中所涵盖的通信电子战系统的综合专业知识面较宽,也可作为我军院校一些相关专业的指挥与工程类本科或研究生学员的训练教材,它对拓宽学员的知识面,夯实他们所学专业的基础均大有裨益。

参加本书翻译的人员阵容较强,综合了陆海空三军人才的优势,其中有长期在电子战专业学术科研领域内辛勤耕耘、造诣很深的知名专家学者,还有先后编译及翻译过多部国外电子信息、通信名著,长期从事电子通信类专业全英文教学的经验丰富的行家。书中第 1 章至第 3 章与第 10 章由解放军第 33 基地的聂皞、王国良高级工程师翻译;第 4 章和第 5 章由海军工程大学电子工程学院的陈少昌教授翻译;第 6 章和第 7 章由解放军国防信息学院的沈其聪教授翻译;空军预警学院的吴利民、王振华、秦江敏、杨瑞娟、梅进杰、周俊和程伟等翻译第 8 章、第 9 章、第 11 章至第 15 章。吴利民与秦江敏负责全书翻译内容的主审与文字审校工作。先后参与翻译该书部分章节与统稿工作的还有程红斌、肖玉芬、黄美荣、单财良、庹新宇、李嵩斌、向洋、谭宏、涂静、崔晓梦、罗菁、鲍蕾蕾、高路、童鑫等同事。在翻译此名著的过程中,由于书中对现代电子战及其电子通信理论与新技术的广泛涉猎、深度探讨,我们也深深感悟到自己的专业水准有限。要想在较短的时间内做好该书的精美翻译工作,也的确是一项较大难度的挑战。

值得一提的是,为配合国内部分高校开展的专业课双语教学工作,我们在翻译过程中还特意将原著中缩略语表精心译出,而将原文图中的英语专业词汇直接引用而未译出。与此同时,我们还对原文书中的一些错误之处加以修正。当然,译文中的谬误与疏漏之处定会在所难免,恳请所有同行专家与读者不吝指出与斧正,并欢迎发送电子邮件至 wlm8649@hotmail.com。

借此机会,我们还要向那些为该书顺利面世做出贡献的所有同仁致以衷心的谢意。没有他们的真挚携手相助,我们无法逾越该书从翻译直至出版过程中所面临的多重困难大碍。当然,我们更要深深感谢电子工业出版社的有关编辑人员,正是他们所做的精心策划、对我们给予的巨大鞭策,为我们提供的倾心编辑及排版,才使这一经我们在数个酷暑与寒冬伏案劳作的结晶得以春风洋溢、洁然面世。

“雄关漫道真如铁,而今迈步从头越”。令我们笃信无疑的是,这部用辛劳汗水滋润的译著的面世,将对我军院校相应的电子侦察、监视,电子对抗等专业的教学、对电子战系统装备的研制及其部队作战人员的训练起到一定的作用。我们寒香斗胆先抛砖引玉,以翘首期待有更多的关于电子战、信息战的名著竞相辉映,花开满园。

聂皞　吴利民
写于解放军第 33 基地、空军预警学院
二零一二年春

第二版序

令人记忆犹新的是，我在撰写本书第一版时，曾怀揣着将此书既面向工程技术又面向系统作战之用的双重目的。结果证实，欲在一本有关电子战的著作中同时兼顾这硕大的两者似乎不太可行。因此，在重新撰写该书(第二版)时就更多地注重了电子战(EW)工程方面的理论，尽管仍然保留了撰写第一版时的初衷，并且还是对有关电子战系统作战方面的专题进行了探讨。然而，对后者的讨论仅是为了使从事电子战系统的工程技术人员对电子战系统的作战方面的内容能有较多的了解，以对相应系统工程方面的理论能知其为何。

由于在本书第一版中，对电子战系统中的噪声问题仅给出了一个浅显的概述部分。实际上，噪声问题在电子战系统中是至关重要的，在新版中就很有必要增加对噪声内容专题的探讨。因此，我们着重增添了对电子战系统外部与内部噪声源及其对系统特性影响的理论分析。

正如人们熟知的，信号传输衰落对通信系统的特性影响较大，而在数字调制传输中，影响要更为严重。但在本书的第一版中对信号衰落效应也仅仅是做了一番轻描淡写。因此，在第二版中，我们对信号衰落影响通信系统干扰机特性的问题也泼予了浓墨重彩。

在第二版中，还给出了一个新的电子战体系结构的仿真性能描述，这种结构基于作战力量电子网络的概念演化而成。在此结构中的干扰装置具有“一次性使用的干扰机”之称，它借助于计算机技术中的概念，用于强调这种干扰机具有受限的自支撑目标检测能力。这类干扰机常分布在一个区域，可能设置于地面，具有有限的天线高度。可由处于一个设备中心的为数不多的操纵者对它们实施全面控制。

最终，还是在第二版中删除了第一版中的部分内容。它们分别是(1)接收机，(2)功率放大器与激励器，以及(3)天线这三章。之所以将它们删去，是因为我们确信这几章内容本身已经是通信工程技术中很重要的独立部分。

因此，将该书第二版的内容做了如下相应安排，全书可划分为三个主要部分：(1)前三章为介绍性与启发性内容；(2)第一部分为基本知识；(3)第二部分为通信电子战系统特性。第一部分重温了工科学生在本科学习过的工程理论。当然，它主要是集中复习与电子战系统有关的知识点。这一部分的设置主要是为了那些以前根本就没学过这方面内容的，或是为了那些在很久以前学过但现今需进行复习的读者对象。第二部分主要提交了对通信电子战系统特性的研究内容，其中大部分是由计算机仿真而产生的。

在第1章对电子干扰的一般概念进行了介绍之后，第2章和第3章则分别给出了电子支援(ES)、电子进攻(EA)的一些原理及准则。第4章开始探讨信号传播的基本原理。第5章对噪声进行了拓展性讨论。第6章给出了通信技术的基本原理，其大部分内容与第一版相同。随后，第7章探讨了用于电子战系统中的信号处理技术。在该章中除添加了对扩频信号检测应用的内容外，其余仍与第一版相同。第8章阐述了测向发射机地理定位的技术，而第9章包含了相同的专题但采用了二次处理方式的讨论。第二部分始于第10章，它主要讨论了电子支援系统的早期引入。第11章给出了跳频发射机检测的仿真结果。第12章包含了对电子战系统探测范围限制的讨论，而第13章则针对衰落效应对干扰的影响做了较为全面的探讨。第14章基本保持了第一版中的内容，除了从中选取了部分作为第15章中介绍的一次性使用的干扰机结构的内容。

正如任何已撰写的技术著作一样，在该书内容中也一定会有一些谬误和不妥。我们将会对这些错误负责并衷心接受所有的反馈指正。

第一版序

本书是基于对通信电子战系统的基本技术层面做介绍的需求而撰写的。电子战这一专项领域已囊括了许多方面的技术理论。而在过去，对通信电子战系统这一部分的充分涉猎也许是最欠缺的，这主要是因为传统的有关电子战信号截获与处理的技术类书籍均只集中在对雷达信号的讨论。当然，之所以形成这种局面，部分是由于各国军事部门对这方面的信息保密而形成的。然而，不管如何，电子战在此就是一种以无线电通信为目标的对抗技术。尽管美国及其他发达国家当初已尽全力研制出一些无线电系统以抵制这种对抗。但从已运用系统的效果来看并不理想。并且，在以前公开讨论如何攻击无线电系统是不合情理的，从经济上来考虑至少也是如此。然而，后续的形势已大为改观，人们已经研制出一些能较为有效地抵制电子战对抗的方案并将它们付诸于战场应用。由此，构建通信电子战系统的基本原理现在也可更公开地进行讨论。

在作者最初进入电子战这一技术领域时，还的确没有任何专门关于通信电子战系统的书籍，所有一切均应从最基本的原理开始并从实践中学习。毋庸置疑，在这种摸索行程中必然会出错不少。然而，本书还是朝着试图极力减少那些错误的目标而行进的。

在本书的编撰过程中，主要考虑了对两类读者的兼顾需求。第一类读者主要指那些初次涉足通信电子战系统及其技术领域的工程技术人员，当然，他们不一定是较重要的读者群；而第二类则是那些正从事电子战实践的军事专业人员。实际上，这两类人员并不一定是迥然可分的，他们也极有可能混淆在一起。

本书可为从事通信电子战的工程技术人员在多方面提供较深的且大有裨益的参考内容。如书中的第 10 章信号处理、第 11 章测向定位及第 12 章双曲线定位就是着重为他们撰写的。而对于那些集中讨论军事作战问题的章节（如第 1 章、第 3 章、第 5 章、第 6 章、第 7 章、第 14 章、第 15 章、第 16 章与第 17 章）内容则应对他们有所吸引，以唤起他们首当其冲地选取这一研究领域。当然，这些章节内容也可以使他们理解为何会对电子战产生兴趣，以及对系统的实际限制的讨论。

本书的一些章节中也包含了对一些公式的推导。对于那些仅对书中讨论的通信电子战运作问题感兴趣的读者则可跳过这些章节；当然最好还是只略过那些数学推导，并尽可能集中精力阅读其中一些与作战有关的内容，因为这些章节还包含了对这类作战问题的一些重要探讨。第 1 章、第 3 章、第 5 章至第 7 章，尤其是第 14 章至第 17 章也应更吸引那些对电子战作战尤感兴趣的眼球，因为这些章节更注重探讨电子战系统是如何运用，或可以怎样部署运用的。本书也对通信电子战系统运作时所具有的实际限制，以及这些方面的许多问题进行了探讨。

关 于 作 者

Richard A. Poisel 于 1969 年在密尔沃基工程学院获得电气工程学士学位。1971 于普度大学获得同学科专业硕士学位。在 1971 年至 1973 年的三年期间，他在军队服役。退役后就读于威斯康星大学，并于 1977 年获得电气与计算机工程专业的博士学位。从 1977 年至 2004 年，他工作于同一家政府机构，此机构几经改名，现称为美军研究、开发、工程指挥、情报与信息战实验室。Poisel 博士在 1997 年至 1999 年期间担任该实验室主任。其中在 1993—1994 学年，他就读于麻省理工斯隆管理学院并获得工商管理硕士学位。目前，他就职于亚利桑那州图森雷神导弹系统公司。

目　录

第 1 章　通信电子战系统 …… 1
1.1　概述 …… 1
1.2　信息战 …… 1
1.3　电子战 …… 2
1.3.1　电子支援 …… 3
1.3.2　电子进攻 …… 3
1.3.3　电子防护 …… 3
1.4　电子支援 …… 4
1.4.1　低检测/截获/利用概率 …… 5
1.4.2　未来通信发展环境 …… 6
1.4.3　电子支援小结 …… 6
1.5　电子进攻 …… 7
1.5.1　电子进攻小结 …… 7
1.6　简要概括 …… 7
1.7　典型的电子战系统结构 …… 8
1.7.1　系统控制 …… 9
1.7.2　天线 …… 10
1.7.3　信号分配 …… 10
1.7.4　搜索接收机 …… 10
1.7.5　监测接收机 …… 10
1.7.6　信号处理 …… 11
1.7.7　测向信号处理 …… 11
1.7.8　激励器 …… 11
1.7.9　功率放大器 …… 11
1.7.10　滤波器 …… 11
1.7.11　通信 …… 12
1.8　结束语 …… 12
参考文献 …… 12
第 2 章　电子支援 …… 14
2.1　概述 …… 14
2.2　截获 …… 14
2.2.1　信号的外部参数与内涵信息 …… 14
2.2.2　传播损失 …… 14
2.3　地理定位 …… 15

2.4 多方位三角测量法 …… 16
2.5 系统部署考虑 …… 18
2.6 电子目标地图 …… 19
2.7 常用作战图 …… 19
2.8 与其他科目的作战集成 …… 20
2.9 目标命中的支援 …… 20
2.10 结束语 …… 20
参考文献 …… 21

第3章 电子进攻 …… 22
3.1 概述 …… 22
3.2 通信干扰 …… 22
3.3 干扰机部署 …… 24
3.4 监测 …… 25
3.5 模拟通信 …… 26
3.6 数字通信 …… 27
3.7 窄带/局部频带干扰 …… 28
3.8 阻塞式干扰 …… 28
3.9 跟踪干扰机 …… 30
3.10 干扰低截获概率的目标 …… 31
3.11 结束语 …… 31
参考文献 …… 32

第一部分 基础知识

第4章 电磁信号传播 …… 36
4.1 概述 …… 36
4.2 信号传播 …… 36
4.3 射频波段名称标示 …… 37
4.4 极化 …… 38
4.5 功率密度 …… 38
4.6 自由空间传播 …… 39
4.7 地波 …… 41
4.7.1 直射波 …… 41
4.7.2 地表面波 …… 45
4.8 波的绕射 …… 45
4.9 反射波 …… 47
4.10 大气波导传播 …… 49
4.11 流星余迹 …… 50
4.12 散射 …… 50
4.13 信号衰落 …… 51

4.13.1 信号模型 …… 52
4.13.2 衰落类型 …… 52
4.13.3 Rayleigh 衰落信号幅度、相位与功率的概率密度函数 …… 54
4.13.4 Rice 衰落信号幅度、相位与功率的概率密度函数 …… 55
4.13.5 Nakagami-m 衰落信号幅度、相位与功率的概率密度函数 …… 58
4.14 移动 VHF 信道特性 …… 60
4.15 电离层传播 …… 61
4.15.1 折射 …… 62
4.15.2 电离层 …… 63
4.15.3 近垂直入射天波 …… 64
4.15.4 HF 衰落 …… 64
4.15.5 最高可用频率和最低可用频率 …… 64
4.15.6 自动链路建立 …… 65
4.16 结束语 …… 66
参考文献 …… 66
第 5 章 射频噪声与干扰 …… 67
5.1 概述 …… 67
5.2 外部无线电噪声源 …… 67
5.2.1 人为噪声 …… 69
5.2.2 外部噪声总体 …… 73
5.3 电子战系统的内部噪声 …… 73
5.3.1 概述 …… 73
5.3.2 宽带噪声源 …… 73
5.3.3 低频噪声 …… 76
5.3.4 产生－复合噪声 …… 77
5.3.5 相位噪声 …… 77
5.4 数字信号处理中的噪声 …… 78
5.4.1 模数转换(ADC)量化噪声 …… 79
5.4.2 数据转换器时钟抖动噪声 …… 79
5.4.3 采样和定时 …… 81
5.5 电磁干扰 …… 82
5.5.1 EMI 源 …… 83
5.5.2 耦合路径 …… 84
5.5.3 小结 …… 86
5.6 放大器噪声 …… 86
5.6.1 放大器噪声模型 …… 87
5.6.2 噪声带宽与信号带宽 …… 89
5.6.3 噪声带宽和低频(1/*f*)噪声 …… 89
5.6.4 噪声系数和噪声指数 …… 90

5.6.5 等效噪声温度 …… 94
5.7 其他噪声因素 …… 95
5.7.1 相关噪声 …… 95
5.7.2 电流分配噪声 …… 95
5.8 结束语 …… 95
参考文献 …… 96
第6章 无线电通信技术 …… 98
6.1 概述 …… 98
6.2 调制 …… 99
6.2.1 模拟调制 …… 100
6.2.2 数字调制 …… 105
6.3 扩频 …… 116
6.3.1 直接序列扩频(DSSS) …… 117
6.3.2 跳频扩频(FHSS) …… 122
6.4 接入方式 …… 124
6.4.1 频分多址 …… 124
6.4.2 时分多址 …… 124
6.4.3 载波侦听多址(CSMA) …… 125
6.4.4 按需分配多址(DAMA) …… 125
6.4.5 码分多址(CDMA) …… 126
6.5 双工 …… 126
6.5.1 时分双工 …… 126
6.5.2 频分双工 …… 127
6.6 正交频分复用(OFDM) …… 127
6.7 通信信号编码 …… 128
6.7.1 用于数据压缩的信源编码 …… 128
6.7.2 用于差错控制的信道编码 …… 131
6.8 调制解调器 …… 143
6.9 传真 …… 146
6.10 通信安全 …… 146
6.10.1 数据加密 …… 146
6.10.2 公钥加密 …… 147
6.10.3 数字签名 …… 148
6.10.4 数字加密标准 …… 148
6.10.5 高保密性(PGP) …… 150
6.10.6 Fortezza 加密系统 …… 150
6.10.7 托管加密系统 …… 150
6.10.8 用无线电重置密钥 …… 151
6.11 结束语 …… 151
参考文献 …… 152

第 7 章　信号处理 …… 154
7.1　概述 …… 154
7.2　正交函数 …… 154
7.3　变换 …… 155
7.3.1　三角变换 …… 155
7.3.2　Haar 变换 …… 159
7.3.3　小波变换 …… 160
7.3.4　快速变换 …… 165
7.4　信号采样 …… 165
7.4.1　带限采样 …… 166
7.4.2　频谱混叠 …… 168
7.4.3　采样信号的恢复 …… 169
7.5　周期平稳信号处理 …… 170
7.6　高阶统计 …… 171
7.7　应用 …… 172
7.7.1　信号检测 …… 172
7.7.2　DSSS 截获检测 …… 178
7.7.3　信号分类 …… 182
7.7.4　识别/辨识 …… 190
7.8　结束语 …… 195
参考文献 …… 196
第 8 章　测向定位技术 …… 198
8.1　概述 …… 198
8.2　方位估计 …… 198
8.2.1　圆形天线阵 …… 198
8.2.2　干涉测量法 …… 199
8.2.3　单脉冲测向器 …… 207
8.2.4　振幅测向器 …… 211
8.2.5　多普勒测向器 …… 214
8.2.6　阵列处理方位估计 …… 215
8.2.7　方位线(LOB)优化 …… 223
8.3　定位算法 …… 225
8.3.1　偏离方位的消除 …… 226
8.3.2　Stansfield 定位算法 …… 226
8.3.3　均方距离算法 …… 228
8.3.4　组合误差线 …… 230
8.4　单站定位技术 …… 231
8.5　定位精度 …… 232
8.5.1　几何精度系数 …… 232

8.6 定位覆盖范围 …… 234
8.7 结束语 …… 236
参考文献 …… 237

第9章 双曲定位技术 …… 239
9.1 概述 …… 239
9.2 到达时间差(TDOA) …… 239
9.2.1 采用TDOA测量的定位 …… 243
9.2.2 几何精度因子 …… 245
9.2.3 时延估算限制 …… 246
9.3 差分多普勒 …… 247
9.4 交叉模糊函数处理 …… 249
9.4.1 定位精度 …… 250
9.5 到达时间 …… 251
9.6 发射机TDOA渐近线定位 …… 253
9.7 多目标 …… 253
9.8 结束语 …… 254
参考文献 …… 254

第二部分 通信电子战系统特性

第10章 早期进入有组织的电子支援 …… 258
10.1 概述 …… 258
10.2 目标模型 …… 258
10.3 截获系统模型 …… 259
10.4 仿真结果 …… 261
10.4.1 与目标网络数有关的性能 …… 262
10.4.2 搜索带宽 …… 263
10.4.3 噪声系数 …… 264
10.4.4 后处理时间 …… 265
10.4.5 任务周期 …… 266
10.5 结束语 …… 267
参考文献 …… 268

第11章 跳频发射机的探测与定位 …… 269
11.1 概述 …… 269
11.2 分析 …… 269
11.2.1 搜索式超外差接收机 …… 270
11.3 仿真 …… 278
11.3.1 ES系统的运作 …… 278
11.3.2 结果及其分析 …… 280
11.3.3 讨论 …… 282

11.4 结束语…………………………………………………………………………………… 283
11.4.1 搜索式超外差接收机 ………………………………………………………… 283
11.4.2 仿真…………………………………………………………………………… 283
参考文献……………………………………………………………………………………… 283
第 12 章 信号探测距离……………………………………………………………………… 285
12.1 概述……………………………………………………………………………………… 285
12.2 噪声对探测范围的限制……………………………………………………………… 286
12.3 目标……………………………………………………………………………………… 287
12.4 具有反射传播模型的探测范围……………………………………………………… 287
12.4.1 ES 系统的机载探测范围曲面…………………………………………………… 288
12.4.2 陆基探测范围 …………………………………………………………………… 291
12.4.3 讨论……………………………………………………………………………… 293
12.5 结束语…………………………………………………………………………………… 294
参考文献……………………………………………………………………………………… 295
第 13 章 衰落信道干扰性能………………………………………………………………… 296
13.1 概述……………………………………………………………………………………… 296
13.2 衰落信道中的检测概率……………………………………………………………… 296
13.2.1 AWGN 信道 ……………………………………………………………………… 297
13.2.2 Nakagami 和 Rayleigh 衰落信道中的检测概率 ……………………………… 298
13.3 对衰落窄带目标的干扰……………………………………………………………… 299
13.3.1 干扰窄带目标 …………………………………………………………………… 300
13.3.2 用窄带单音干扰机干扰 NCBFSK 信号 ………………………………………… 302
13.3.3 带限高斯噪声干扰机 …………………………………………………………… 307
13.4 对 DSSS 宽带系统的干扰 …………………………………………………………… 308
13.4.1 BPSK/QPSK ……………………………………………………………………… 309
13.4.2 讨论……………………………………………………………………………… 310
13.5 Nakagami 衰落中的干扰特性 ………………………………………………………… 310
13.5.1 慢衰落…………………………………………………………………………… 310
13.5.2 快衰落…………………………………………………………………………… 312
13.6 对 FHSS 宽带系统的干扰 …………………………………………………………… 313
13.6.1 噪声干扰………………………………………………………………………… 313
13.6.2 信号衰落………………………………………………………………………… 313
13.6.3 目标信号与干扰信号同时衰落 ………………………………………………… 315
13.6.4 注释……………………………………………………………………………… 317
13.7 对混合带宽系统的干扰……………………………………………………………… 317
13.8 结束语…………………………………………………………………………………… 322
参考文献……………………………………………………………………………………… 322
第 14 章 电子攻击:无人机攻击和陆基攻击 ……………………………………………… 324
14.1 概述……………………………………………………………………………………… 324

14.2　远距离信号传播 …… 324
14.3　对有效辐射功率(ERP)的干扰 …… 325
14.4　目标 …… 325
14.5　无线视距传播距离(RLOS) …… 326
14.6　无人机干扰机 …… 326
14.7　陆基干扰机 …… 327
14.8　结束语 …… 329
参考文献 …… 330

第 15 章　一次性使用的干扰机 …… 331
15.1　概述 …… 331
15.2　无衰落的一次性使用的干扰机 …… 332
15.3　衰落信道中的一次性使用的干扰机 …… 333
15.3.1　Rayleigh 衰落 …… 334
15.3.2　扩频的处理增益 …… 334
15.3.3　干扰效果衡量 …… 334
15.3.4　距离损耗 …… 335
15.4　频率跟踪干扰 …… 338
15.5　脉冲式干扰 …… 339
15.6　结束语 …… 340
参考文献 …… 340

附录 A　概率与随机变量 …… 342

附录 B　仿真网络 …… 350

附录 C　系统工程 …… 352

首字母缩写表 …… 369

第1章　通信电子战系统

1.1　概述

正如在19世纪后半叶农耕时代必然让位于工业化时代一样，在20世纪后半叶，工业时代让位于信息化时代也就成为一种必然趋势。随之而来，现代军事领域中也就发生了一场翻天覆地的变革。该领域的军事专家指出，在未来的军事斗争中，对敌方信息系统的进攻以及对己方信息系统的防护将会起到一个至关重要的实质性作用。由此，军事信息战应运而生。有时也称它为指挥控制战，其主要运作是如何保护自己的信息系统并进攻敌方的信息系统。

1.2　信息战

信息战(IW)主要指攻击敌方信息系统或保护己方信息系统的类似于战争的行动[1~3]。攻击敌方信息系统可以达到如下目的：(1)可以使敌方无法获取在重要环节上的关键信息；(2)通过提供虚假信息可使敌方做出错误结论，也可降低敌方信息决策者的正确度及信心度。此乃信息战运作行动的一部分作用。

海湾战争常被人们称为是人类的首场信息战争[4,5]。这是因为在那场战争中现代信息技术被广泛用于影响作战进程及其结局的。然而，这并不意味着在战争中利用信息就是一个新概念。从古至今，信息在作战中一直是至关重要的[6]。信息战的新颖之处在于其使用的方法，即利用信息或影响敌方采用信息的方法。现代信息技术已完全使之成为可能。

信息战不仅适用于军事环境，也可用于非军事场合。如一个公司在商业竞争中可以从事抵制对方的电子间谍活动以获得竞争优势，这就是商业信息战的一个实例。而当敌方正在行动时对其通信进行干扰就是军事信息战的一个实例。

一般IW(并不确切地)被人们解释为对计算机网络的攻击。然而，信息战的范畴可以囊括所有与信息利用有关的场合，因而它就形成了一个非常宽广的领域，并由此产生了一个在根本上有问题的分类法。接着，关于对计算机网络进攻的这一有用但很有限的信息战定义也就能让人接受。出于本书的目的，这种对信息战的狭隘定义及理解确实难以接受。

指挥与控制战(C2W)是用于军事中的信息战[7]。它主要由5个所谓的支柱部分组成：(1)对信息系统的实体摧毁；(2)心理战(PSYOPS)；(3)假象欺骗；(4)作战安全(OPSEC)；(5)电子战(EW)。

对信息系统的实体摧毁是不言而喻的，可由几种方式来完成。它包括人为安置的爆炸装置和在辐射能方向上的导弹运用。显然，通常这类极端方式只针对正在实施信息传输的系统，并且只在信息战的其他手段应用较为无力的情况下使用。

其实，心理战已被运用多年。它主要是针对敌方的心理与士气来进攻的，并且可采用多种形式。如可采用语音上的宣传攻势来劝服敌方采取一些有利己方的行动。而通过在敌方上空散发的宣传小册子、传单也可达到同样的效果。从这种意义上来看，在海湾战争的首次战役中，美军使用的简单无人机就是心理战的一种形式。因为伊军士兵一看到它们，就开始向美军投降了。

欺骗是指采取行动以制造一些实际并不存在的假象。最简单的欺骗行动是在一个地区部署一些用大型纸壳做成的军用车辆，给敌方形成一种比现存部队军力大得多的印象，或在一个区域上空覆盖频繁的无线电通信以给敌方造成同样的假象。如多国部队曾在科威特边界的沙特阿拉伯境内调动兵力就是为了制造一种假象，即欲对强占驻扎在科威特境内的萨达姆·侯赛因部队进攻[8]。

作战安全是指用于确保己方情报信息安全的情形。例如，怎样适时地利用保险箱来存放已分类的机密情报，注意在电话交谈中切勿泄露一些军事上的敏感信息。

电子战是信息战的最后一根支柱，也就是本书要讨论的内容。

1.3 电子战

纵观历史，在军事战争中均包含了击溃敌方所采用的手段以及对敌方所用方法采取的对抗措施。在现代信息战中，尤其是在通信电子战中，上述的这一观点则得到更加淋漓尽致的反映。由于一方的作战能力是基于另一方的对抗手段而变异的，电子战的战法也总在不断发生变革。理论上，这种“采取措施/对抗措施”的过程可以无限制地演变。然而，实际上这种演变是行不通的，这主要是因为经济成本的缘由，系统花费代价最终将变得过高。正如在其他领域一样，电子战系统中也同样不得不考虑作战成本的问题。

本书主要讨论的是信息战中的这一部分内容，即通过从通信系统中截取或对其释放能量来攻击其信息系统，以截获或破坏敌方有意向的信息传输，或同时取得这两种功效。正如上述所指出的，信息战的这一部分即称为“通信电子战”。较确切地说，本书讨论的是用于攻击敌方通信系统的系统。而对其简单的延伸来看，这类系统有时也可用于“屏蔽”己方的通信信道而不受敌方用类似方式攻击的干扰，因此，它们也起着一个信息防护的作用。

尽管本书无意囊括通信电子战系统的各个方面，但还是涵盖了该系统中大部分较突出且重要的特性。书中也有一定的公式推导，但这类推导只在一些所需要的地方出现，以表明大部分电子战系统设计均是基于一些最可靠的基本原理，而这些设计的示例又反过来阐明了这类基本原理。

电子战可应用于几乎占整个频谱的信号。在本书中，将电子战局限于通常所指的无线电频谱部分，即从500 kHz 延伸至数百吉赫兹(GHz)。在此不包括低频段的音频测量以及高频段的红外与光电测量的问题。

人们一般公认电子战由三个显著不同的部分组成：(1)电子支援(ES)；(2)电子进攻(EA)；(3)电子防护(EP)[9]。电子支援包括采取措施，如截获辐射信号，以收集敌方的信息。电子进攻是指通过向敌方接收机释放能量，以阻止他们接收自己的信息。而电子防护则包含了一些所采取的行动，以阻止敌方对己方实施电子支援或电子进攻。图1.1展示了美军关于电子战的综合设置，该图取自JP3-51(2000)[10]。

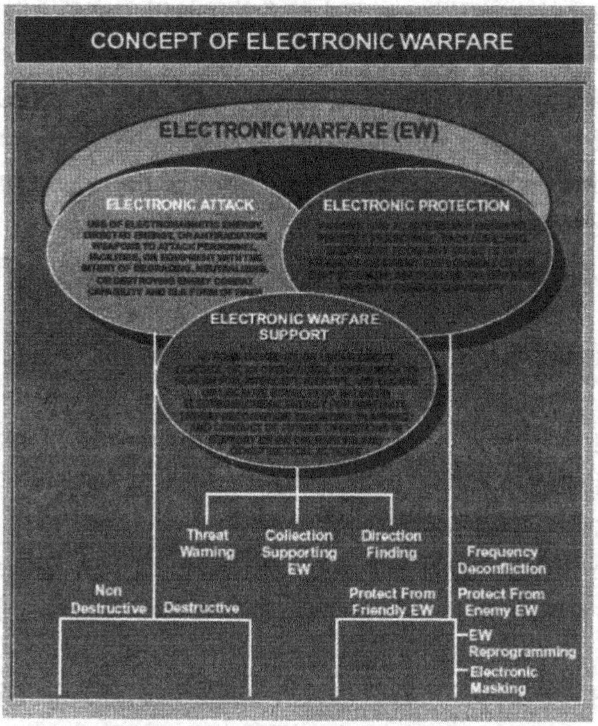

图 1.1　美军电子战概念图，取自 JP 3-51(引自[10])

1.3.1　电子支援

电子支援是通过截获敌方的辐射信号以确知关于它们的可靠信息。这种辐射能量来自任何用于通信网络中的发射机，也可来自雷达、遥测发射机，或其他无意的辐射，如来自计算机中的时钟部分。

仅通过对发射信号的几个外部参数进行测量，可收集到这样一些重要信息，诸如传输信号的工作频率、调制类型、比特率或发射机的地理位置。在一些传输情形中，也有可能截获其内部信息。通常称这类情形发生为“信息情报”(SIGINT)，其中可通过这些情报而生成有关敌方的情报。一般电子支援只局限于对信号外部参数的截取。

1.3.2　电子进攻

当己方用发射信号的辐射能量去抵制敌方接收他们自己的信号时，即可称之为电子进攻。同样，敌方的辐射能量可以来自通信发射机或雷达、遥测等发射机。然而，值得注意的是，在电子进攻中，正是敌方的接收机才是进攻的目标。电子进攻的示例包括无线电干扰与雷达欺骗。

1.3.3　电子防护

在电子战中，一方需要频繁地采取措施来阻止敌方对己方实施的电子支援或电子进攻。在当今信息战时代，“战场空间信息的支配优势”①[11] 正变得越来越重要，对准确、及时和全面

① 战场空间信息支配优势(DBK)是指比敌方及时获取战场空间中某一特定点上更准确的信息。有关 DBK 详细讨论参见文献[10]。

的信息依赖性也变得越来越大。因此，对己方信息的防护以免遭敌方破坏也变得尤为重要，而且防护己方信息被敌方可用的措施也是至关重要的。

许多技术方式均可归属于电子防护的范畴。如“发射控制”(EMCON)也许就是电子防护最简单的形式之一。对信号发射进行控制，就是对己方的发射在一些关键节点处加以限制或抑制一段时间。这是因为这种发射可能会给敌方泄露出己方作战规模或作战意向。发射控制就是防止敌方截获以及识别出己方通信网的工作频率，由此可避免己方频率信息对敌方可用。能提供这种电子防护的另一种形式是低截获概率(扩频)通信，这将在第6章中加以讨论。

然而，上述所提的发射控制方式一般仅占整个通信及其运行过程中的一部分，并且通常是由人工来完成的。最近人们又提出了发射控制的自动化概念，尤其是用传感器网络，以获得对通信的最佳控制[12]。

屏蔽式干扰也是电子防护的一种形式。它是将干扰机设置于己方通信网与敌方信号情报(SIGINT)系统之间以阻止敌方截获己方通信。譬如，当己方试图阻断联系以重构敌对圈特性时，这种屏蔽式干扰就是一种较为有用的工具。

加密通信网络也是电子防护的另一种形式。它能防止敌方从截获到的通信发射信号中收集信息。目前，对世界各国现成可实用的有效加密算法已使人们对越来越多的通信方式进行加密。

在一个更大范围内的电子防护可称为信息安全。一般而言，在当今如此错综复杂的世界内欲确保信息的整体性与安全性的确不失为一项相当艰巨的任务。对此，美国军方也才开始着手解决这一巨大难题[13]。

本书主要探讨有关针对通信目标的电子支援与电子进攻。而其中讨论的许多用于电子支援与电子进攻的技术也可适用于电子防护。因此，对电子防护的技术就不再赘述。

1.4 电子支援

电子支援是指采取非合作性手段去截获那些无线电频率发射信号，以收集有用信息的那些措施。当这些发射信号来自通信系统时，这就是熟知的通信电子支援。在此，通信手段是被默认的，因而通信电子支援也将被简单地称为电子支援，上述的“非合作性”一词具有这种意义，即通信者与截获者并不是在互通合作，而且通信者并不想让截获者成功截获通信信号。

为从信号中提取信息，电子支援对通信信号进行收集。这类信息具有情报或者作战信息两种形式。这两种形式之间的区别在于相对于收集信号的方式，以及所收集到的信息要用于什么？这两者之间的另一个区别也许就是所采用信号的种类，譬如是信号的外部参数还是信号的内涵。通常情报的产生要求用人工深入至信号的内涵，并耗费很长时间去进行分析。而作战信息就是那些显而易见的数据，通常根本就无须人工分析的信息。信号的外部特征通常就是那些用于产生作战信息的所有参数。外部特征就是常见信号的常用参数，譬如工作频率，波特率以及发射机方位，等等。作战信息可直接用于支援正在进行的战斗，如实时目标攻击。当然，这种作战信息也可用于情报产生。

图1.2给出了一个陆基电子支援场景示意图。图中，当一方的发射机正与它的接收机进行通信时，另一方的电子支援系统则试图拦截这种信号传输。在电子支援和固定接收者对通信信号正常接收之间的根本区别就是，前者是一种非合作性的接收，而后者则是一种在发射机

与接收机之间进行互利互易的有意通信。也就是说，发射系统并不想要与电子支援系统通信，而是与接收机进行通信。对较传统的模拟通信系统而言，如在调幅或调频中，上述这种区别并不是很重要。这是因为固定接收机或电子支援系统对发射信号的接收很大程度上取决于它们两者之间的地理位置。然而，随着现代数字通信技术的发展，这种区别也就显得较为重要。

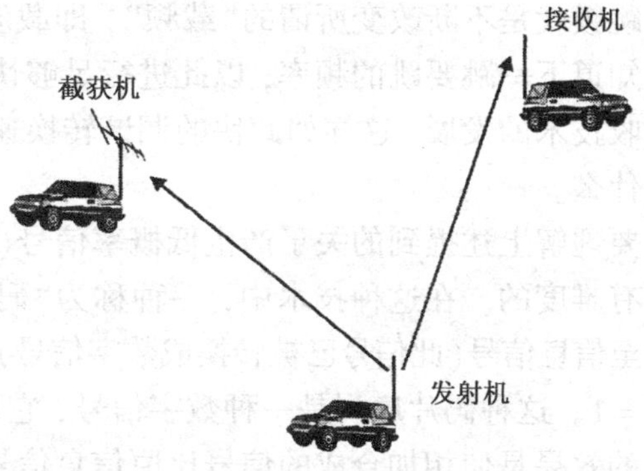

图1.2　陆基电子支援场景示意图
(©2001 Artech House版权所有)

合作通信系统能在其通信信道之间进行调整以改进传输中的缺陷之处。一个常见示例就是计算机的调制解调器用电话线路拨号上网进行相互连接。对这种情形，人们开始听到的拨号音与背景噪声就是由调制解调器正在测试确定连接它们之间信道的质量特性而产生的(一般并非总是如此，在现今的这种信道中，总有一根以上的电话线)；并且根据相应的测量值而设置数据传输速率。而一部非合作性的电子支援接收机则无法获得这种预测试。正常的信道发射机不仅不会试图测试其与电子支援系统间传输信道的质量，而且根本就不希望在那里设置有电子支援系统。这种合作与非合作性通信之间的简单区别却较大程度地确定了电子支援系统的复杂性。

通常传统的用于通信信号的电子支援必须确定出发射实体所在的地理位置，并需要确定其发射频率；假如可行的话，还需要确定发射信号的类型(如是模拟的还是数字的)；如果可能的话，还需要确定出与此传输信号相关的武器系统，如是炮兵还是火箭部队，等等。这类信息在确定“战场电子序列”(EOB)时较为有用。所谓战场电子序列是指进入战场的作战双方，以及他们各自拥有何种射频电子系统。

1.4.1　低检测/截获/利用概率

以下几个术语均适用于表示电磁(EM)信号处理的方式，从而使敌方很难确定信号是否存在，或即使信号被检测到，也难以从信号中提取出有用的信息[14, 15]。

低检测概率(LPD)试图将信号的存在隐藏起来。有一种技术可将发射信号置于噪声电平以下，这样要想把信号从噪声频谱中识别出来就很不容易。这种技术被称为“直接序列扩频”(DSSS)通信。另外一种技术就是将发射信号的频率不停地变换跳跃，以使一部固定调谐的接收机很难接收到其发射信号。这种技术被称为“跳频扩频”(FHSS)通信。

假如通信系统具有难以实现上述的低检测概率特性，那么该系统即可产生这样一种概率，即信号可以被检测出，但其中包含的信息却难以提取出来。对这类情形，“低截获概率”(LPI)与“低利用概率”(LPE)就很适用。而FHSS也属于这类情形。

人们也许较为熟悉的大部分电磁(EM)信号，如电视台的调频信号与调幅无线电台信号在发射频率上均为固定不变的值。大多数的实用低频率方案就是将这类窄带信号进行频谱扩展至比它们原先占据的频谱要宽得多。还有一种技术就是不扩展信号的频谱，但它在其时间上延伸，被称之为“跳时”。这种技术在对抗探测中并没有像其他低截获概率技术那样用得多。然而，在军事战术通信中，当预先并不知道某参战部队何时要进行通信时，“跳时”技术就自然可用。常称这种通信为“按键通话”(PTT)。

跳频就是不断改变所谓的“载频”,即载波频率,其改变速率在每秒钟100次以上。这样,即使知道下一跳要跳的频率,以此进行足够快的调谐跟踪也是非常困难的。当然,随着现代数字接收技术的发展,这样如此快的调谐转换速度已不是问题,但仍不能预测下一个转换跳变频率是什么。

要理解上述提到的关于产生低概率信号(这里主要关心低探测概率)的直接序列扩频技术还是有难度的。在这种技术中,一种称为“码片序列”(chip 序列)的特殊信号在它传送之前即被加至信息信号(此信号已被转换成数字信号),采用模2加法,如0+0=0,0+1=1,1+0=1,1+1=1。这种码片序列是一种数字信号,它以比信息信号高得多的速率改变自身的状态。其所得的效果是使相加合成的信号比原信息信号要占用的频带宽得多(如位于同样的载频),并且在任意特定的频率上所具有的信号幅度也低得多。由于信号功率是相同的,这种在任何单一频率上的幅度会低得多,但整个信号扩展的频率范围却宽得多。对这种低幅度信号,假如不知它存在的话,则很难探测出来。

还有一种方法与真正的技术毫无关系,但它也不失为一种行之有效的低检测/截获/利用概率技巧。它就是上文所提到的发射控制(EMCON),它是在信号发射的某一段中静默,即采用无线电“静默”方法以避免该信号被探测出来。因为在一些情况下这类信号存在,即表征着作战行动在出现。在发射控制时要检测信号还需要一个不同于信号情报(SIGINT)传感器的传感器。

接收这类宽带信号也要求采用这种宽带接收设备。非常不利的是,它也无法违背相应的物理法则,即接收设备系统带宽越宽,随接收信号一起进入系统的背景噪声影响也越大。然而,现在人们已研究出了一些技术用于减小这种影响,如压缩接收机与数字接收机技术。

1.4.2 未来通信发展环境

正如在 Poisel 与 Hogler 的文献[16]中所讨论的,美国军方所关心的未来通信将主要取决于商用技术的发展。其主要理由是美军军费开支正被逐渐削减,而整个世界的商用通信技术的复杂程度却在日益增加。由于通信是当今信息时代的基石之一,它对生活在大千世界上的每一个人都将是至关重要的,因此,预计民用企业也会在先进的通信手段与技术的发展方面斥以巨资,这样使得军方在这方面没有必要做大量投资。当然,在对民用通信技术进行改造使其适用于军事通信后,军方即可直接购买。这种适应性技术改造将只会是在原封不动、搬来即用,到使加固机架与机内电子元件性能更加可靠的范围,而其最根本的信号传输技术通常不会有什么改变。

1.4.3 电子支援小结

在战场上对通信信号的截获在本书中统称为电子支援。电子支援将继续成为战场信息的主要来源。如果截获的通信信号没有被加密,那在一些情况下即可由此推断出敌方的行动意图。然而,即使这类信号已被加密,但仍可从中获取一些重要信息,如通过确定信号的方位、信号的强度以及其他的可用外部参数。

现代通信装置在防止信号截获方面已发展到很高的技术阶段。这些技术可称为低截获概率、低探测概率与低利用率技术。在对应的信号接收方面必须采用宽带接收系统。由于接收噪声信号的大小与系统带宽密切相关,因此宽带接收机的带宽也不断地受到限制。人们已设计出压缩接收机与其他形式的模拟接收机,以及数字接收机来抑制噪声的接收。

对截获信号定位的精确程度在很大程度上取决于接收机接收信号的信噪比(SNR)。对低信噪比接收信号的准确定位要比那些高信噪比接收信号难得多。这种定位准确度一般随着对截获的信号采样数的平方根的倒数而增加，并随其积分时间与测量带宽的增加而减少。

1.5 电子进攻

通信电子进攻的目标就是破坏敌方通信系统的有效通信。除了使用致命武器进攻外，对这类通信系统进攻的任何电子手段，均属电子进攻的范畴。图 1.3 展示了一种在陆基设置的通信网中的电子进攻情形。图中的发射机正试图给其接收机传输信息，与此同时，干扰机正试图干扰破坏这种传输。要实现这种破坏形式，要求干扰机能发射比原发射机发射信号能量更强的干扰信号至接收机。在此，采用哪种具体的通信信号无关紧要，但干扰机的效果确实取决于信号的具体类型。

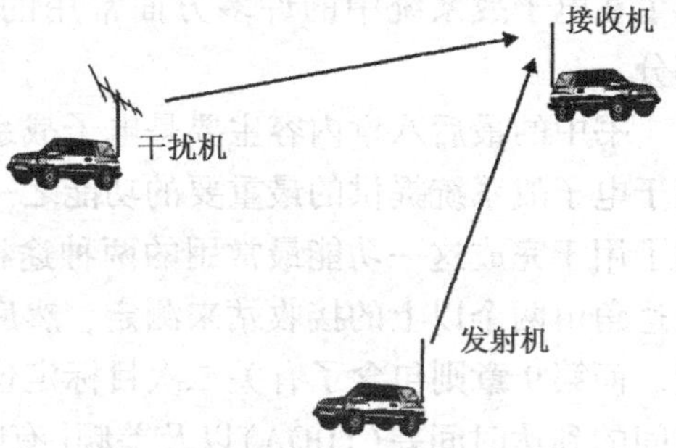

图 1.3　陆基电子进攻系统示意图
(© Artech House版权所有)

当用一个不能区分敌我的电子战系统来进行电子进攻时，那情况会变得较为复杂，这是因为电子进攻会经常出现干扰己方通信的自相残杀情形。因此，一种更切实有效的干扰方式是将电子进攻系统置于被干扰的敌方通信网的位置。对这种系统的传送方式可包含发射炮弹传送，譬如用 155 mm 的榴弹炮即可将其送至 20 km 开外的敌方。另一种传送方式是利用人工放置，或用无人机运载。用无人机运载时，这些电子战系统既可在机上工作使用，也可被分发下去使用。由于从无人机上传播干扰信号的距离更远，因此，可以预期用这种方式可获得更好的干扰效果，尽管有时它也会出现干扰己方的问题。而在无人机平台上采用定向天线则可对这干扰己方的问题起一定的抑制作用，尽管这种定向干扰法在一个非线性战场空间里可能不会太奏效。

1.5.1 电子进攻小结

通信电子进攻可适用于所有的战斗情形，如地对地、地对空、空对地以及空对空等作战环境，其主要目的是破坏或削弱敌方作战指挥与兵力控制的能力。当然，通信电子进攻的作用是短暂的，在大多数情形中，这种干扰作用与干扰有用信号并存。相对模拟信号而言，数字通信信号更易受到干扰影响，这是因为正常工作时要求具有一个误码率(BER)门限，其值通常约为10^{-2}或更高，以实现机对机通信。这样，由干扰而引起每 100 个传输码中有 1 个以上的误码出现时，即可扰乱敌方的机对机数字通信。在已加密的通信中，由于干扰或其他原因而丢失同步码时，则需进行再同步。

1.6 简要概括

本书主要对电子战进行简要概述。它为初次涉入电子战领域的读者提供了有关的基本信息，该书还包含了一些适用于电子战工程领域的重要内容。

1.7 节将对一般通信电子战系统框图中的各个方框进行讨论。它主要对电子战系统框图中出现的各专业名词与术语进行简略的解释。第 2 章和第 3 章给出了电子支援与电子进攻的介绍性内容。这三章提供了有关通信电子战的基本概述，实质上它们被用于引导读者。随后的四章较为详细地提供了与电子战相关的基本概念。第 4 章提供了关于电磁波传播的一些背景知识，并重点给出了在军事指挥与控制通信信号常用的低频频域内的传播特性。第 5 章则很详细地阐述了在电子战系统中较为常见的噪声与干扰，包括对系统自身内部的噪声源以及系统外部噪声源的探讨。第 6 章提供了关于现代无线电通信技术的导论部分。而第 7 章则给出了在电子战系统中的许多方面常用的信号处理内容，并重点阐述与系统有关的基本信息部分。

书中的最后八章内容主要是电子战系统中的一些特定内容，其重点在于系统的参数部分。由于电子战系统提供的最重要的功能之一是对目标的地理位置定位，因此，第 8 章与第 9 章介绍了用于完成这一功能最常用的两种途径。第 8 章给出了关于测向的导论部分，其中信号的到达角由两个以上的接收站来测定，然后，通过确定这些位置线的交点即可计算出其地理位置。而第 9 章则包含了有关二次目标定位系统的内容，其中对到达角(TOA)，即在两个以上系统间的到达时间差(TDOA)以及差频[有时也称之为到达频率差(FDOA)]的测量进行了探讨。在理想情况下，辐射目标取决于所得的合成等时线。

第 10 章给出了对有限作战能力电子战系统的模拟分析结果，它适用于早期进入力量配置以提供一个有限的组织能力。第 11 章给出了集中 FHSS 网络能力的类似分析。第 12 章讨论了典型电子战系统的截获范围，而第 13 章则对衰落信道中干扰特性进行分析。第 14 章与第 15 章描述了一些特定的电子战系统结构的干扰性能。第 14 章包括了一些地对空干扰机的结构，而最后的第 15 章就描述了一次性使用的干扰机的干扰性能，这些干扰机由一些分布在一个区域的一些容量非常受限的干扰机组成。这类干扰机将由一个中央站进行控制，并且对分布在一个区域的网络进行控制。

本书末有三个附录，它们适用于书中的一些有关内容。尽管这些附录对本书中其他内容不甚适合，但我们确信这些附录还是非常重要的，值得囊括。其中附录 A 是关于概率论的概括;附录 B 包含的网络结构可用于书中所讨论的所有模拟分析。附录 C 是有关系统工程的导论部分。

1.7 典型的电子战系统结构

本书给出了一个典型的通信电子战系统结构。它将贯穿本书应用以显示该系统每一部分的具体功能。当然，它并不是可用于射频电子战系统的唯一结构，因为该系统的结构设计依赖于特定的应用场合。图 1.4 给出了一个典型的电子战系统方框图，其中一些框图并不一定会出现在每一个系统中，一些系统也可能包含其他部分。譬如，若该电子战系统仅用于电子支援，则图中的激励器、功率放大器(PA)、滤波器以及电子进攻天线就不会在系统中出现。图中的细线表示射频(RF)或其他种类的模拟信号，而粗黑线则代表数字控制信号。

用于军事或民用领域的现代通信技术在 20 世纪最后的 15 年里发生了巨大的变化。第二次世界大战中，人们目睹了单一信道的 HF、VHF 与 UHF 无线电通信系统。第二次世界大战后，人们又开始利用更高的频段用于无线电通信，如卫星通信等。到 20 世纪末，蜂窝电话与无线寻呼系统又得以迅速发展。按今天的标准来看，这些系统装置刚开始仅工作在相当低的频率范围，如在 450 MHz 左右，接着对应的频率范围变得拥挤不堪。因此，随着这些系统发展的要求，也就需要扩展其频率范围，随后对应的扩展的频谱范围才被添加至 900 MHz 左右。而如今，这类系统的频谱范围在 1.8 GHz 左右并且已被加至 2 ~ 3 GHz 的波段范围。

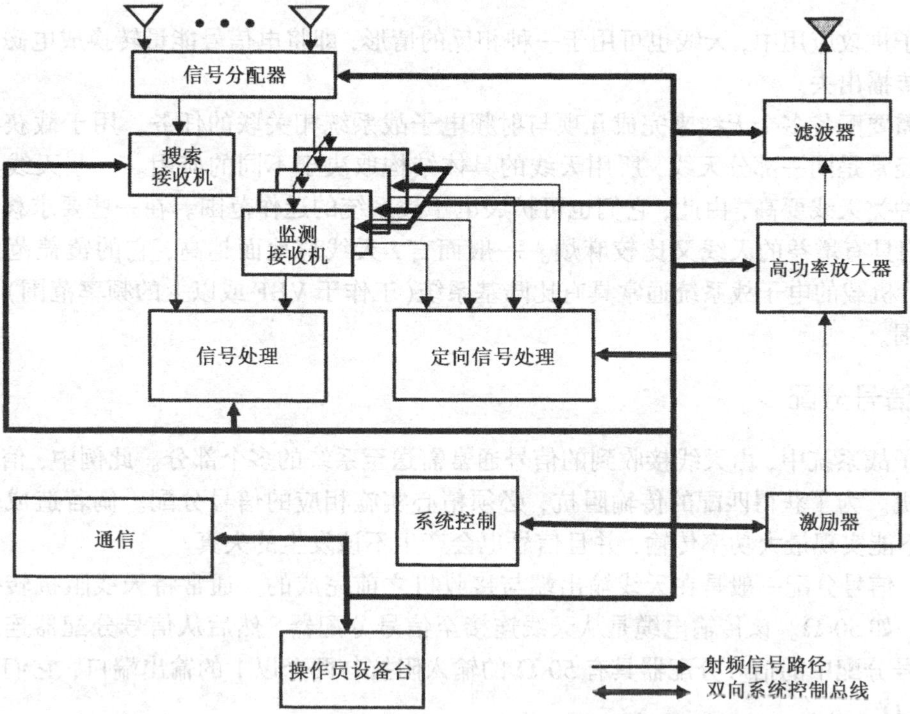

图 1.4　常用电子战系统框图

传统的用于设计通信系统(当然也包含通信电子战系统)的工程实践标准仅仅适用于相当低的频率范围。此外，电子电路装置的尺寸也总在不断缩小，一旦信号传播的路径变得与其波长的分数倍接近时，那些传统的设计规则将不再适用。工程中适用于此路径长度的经验准则是 $\lambda/10$ 。如一个 3 GHz 的信号的波长(λ)是 10 cm，此信号对应的限度是 1 cm，因此，对于 3 GHz 信号超过 1 cm 的传播路径，必须考虑使用高频率的设计技术规则。一个实用的频率极限是 150 MHz，超过此频率时，即不应再使用低频的设计技术规则。正因如此，就必须考虑高频与微波频率信号的实质作用及其影响。

1.7.1　系统控制

通常对一个电子战系统的控制是由一台或多台计算机来实施的。假如只用一台计算机控制，即为中央集中控制；如果多台计算机控制，则这些控制既可以是集中控制，也可以是分布式控制，它取决于所选的系统结构。

通常用黑实线表示一个系统的控制总线，实际上它由多条实线组成。典型的总线系统可以是军标 1553. VME、VXI、IEEE 1394(火线)、IEEE 802.3(以太网)以及 ANSI X3T9.5 分布式光纤数据接口(FDDI)。而细线则用来表示射频或较低频率的信号流通路径。如果现场有操作人员进行人机交互，则通常需要连接至系统控制的工作站。

1.7.2 天线

天线可用于从电波传播媒介中吸收电磁能。在人们感兴趣的大多数情形中，这类传播媒介就是包围地球的大气层。天线将电磁能转换成电信号形式，此乃该系统其他部分可以利用的能量。

在电子进攻应用中，天线也可用于一种相反的情形，即将电信号能量转换成电磁能而通过大气空间传播出去。

通常需要配备多个天线来完成几项与射频电子战系统相关联的任务。用于截获与电子进攻的天线经常是同一部分天线，所用天线的具体结构取决于不同的应用。一些天线具有的增益比其他种类天线要高，由此，它们也可扩展电子战系统的运作范围。在一些要求移动性的情况下，采用具有增益的天线又比较麻烦。一般而言，天线离地面越高，它的覆盖范围也就越远。因此，机载的电子战系统通常具有比陆基系统(工作于 VHF 或以上的频率范围)更大的作战覆盖范围。

1.7.3 信号分配

在电子战系统中，由天线接收到的信号通常需送至系统的多个部分。此例中，信号需接至多部接收机。为了获得匹配的传输阻抗，必须精心实施相应的信号分配。倘若造成传输阻抗失配，则不能实现最大功率传输，并且信号也会产生不该发生的失真。

因此，信号分配一般是在天线输出端与接收机之前完成的。通常将天线阻抗转换成传输电缆阻抗，如 50 Ω。该传输电缆是从天线连接至信号分配器，然后从信号分配器连接至接收机。在信号分配中的信号分配器具有 50 Ω 的输入阻抗与两个以上的输出端口，它们的输出阻抗也为 50 Ω。

1.7.4 搜索接收机

关于对接收机的深度探讨已安排在另一本书的撰写中。在此仅需指出的是，在射频电子战系统中，接收机通常需完成的一个功能就是搜索频谱范围以寻找所感兴趣的信号。一部搜索接收机就需完成这一功能。通常这种接收机对所感兴趣的频谱进行扫描以找到所需信号能量。当发现该信号能量，即进行相应测量以对信号进行刻画描述。而那些测量可作为搜索接收机的部分任务来完成，或利用独立监测接收机来做。

1.7.5 监测接收机

一部监测接收机可用于对由其他方法检测到的信号作为较长期的分析，这通常还需要多部监测接收机。这些接收机可由操作员来调谐至某一频率，也可由机器根据搜索接收机检测到的信号能量来自动调谐。实际上，这类接收机只不过是一些利用搜索接收机作为射频部分的信道化滤波器。然后，这类接收机的输出可用于测量信号的参数，或在模拟通信情形中，以供操作员来监听。

现代监测接收机一般都实现了数字式控制，其中采用数字控制可改变接收机的任一参数，如频率与中频(IF)带宽等。

1.7.6 信号处理

在本书的后续部分，对有关信号处理的内容将做更多的讨论。信号处理具有多种功能形式，它取决于系统所需完成的任务。典型的功能包括：检测某一特定频率处的信号能量存在与否，或在一规定带宽内确定一个信号的调制类型，或对一个数字通信信号的波特率进行测量，等等。

1.7.7 测向信号处理

测向信号处理在许多应用中均有重要的功能，因此，它在信号处理中也就格外引人注目。射频通信电子战系统的基本应用之一就是要对通信信号的发射源的位置定位。这种定位通常(但不一定总是)是用三角测量法来完成的。在这种方法中由两个或者更多的电子战系统来测量信号到达的方向。这些到达角度天线的交点就是已计算出的信号源位置。加入所有的这些方位线并不相交在单一点上(在两个以上的系统测量中，这些方位线几乎很少交于一点)，然后可根据一些算法计算而确定出发射机的位置是在这些方位线的质心处。

因此，对到达角的精确测量是一项非常重要的任务。在测量过程中总会有各种不同的因素影响角度的精确测量。在这些因素中大多需考虑由天体星球产生的射频噪声。还需考虑干扰中的另一种噪声源，它是分布在与所需干扰信号相同频段上的一种认定的干扰能量。

1.7.8 激励器

假如一个电子战系统需要执行电子进攻任务，此系统通常包含一个激励器、高功率放大器、滤波器与天线部分(如图1.4所示)，该激励器实质上是一个具有调制信号功能的射频信号发射器。这种调制可采用多种形式，它取决于目标信号，但一种最常用的信号调制就是将随机噪声频率信号调制到载波上。这种信号实质上是直接提升在目标接收机端的噪声电平，由此而降低了其信噪比(SNR)。SNR是通信理论中一个基本的参数，已经得到充分的研究。因此，做出由于信号受到干扰而引起系统特性下降的准确推论也是不难的。其他的可用调制形式还包括单音干扰调制，有时它对频移键控(FSK)的干扰是行之有效的。

1.7.9 功率放大器

用于电子进攻目的的高功率放大器将来自激励器的已调信号进行放大。该功率放大器将来自激励器相当弱的信号(典型值为0 dBm，或1 mW)转换成较强的信号以进行发射传输。在通信电子进攻应用中，送至天线的信号电平一般在1 kW左右。

一些与功率放大器有关的较大问题是转换功率(它是基本转换功率与辐射功率相比的一个分数值)、频率覆盖范围(在宽带范围内是难以用一个放大器来实现的)、散热(与效率和可靠性有关)以及抑制对己方信号自相干扰的频谱纯度等问题。

1.7.10 滤波器

由于目前的功率放大器输出中均具有其他杂散频率成分，因此一般需在放大器输出端设置滤波器以避免对己方接收机的自相干扰。滤波器能抑制发射机系统频道之外的(所不期望的)能量。这类滤波器必须设计成能够通过功率放大器输出所需的功率电平。对它们的理想要求是对发射频带内所需的发射功率没有损耗。

这类滤波器必须是可调谐的。通常,一部干扰机能在单一频率以及在一个有限的带宽内辐射能量。因此,假如这类滤波器正常工作的话,那么,它们也必须调谐至该频率上。在一些应用中,如采用电子进攻抵制调频目标时,由于它们的频率在快速跳变,因而对应的这种调谐也必须做到(甚至)比目标变化频率还要快。

显然,如果有多个信号要被通信电子战系统干扰,则需设置多个滤波器,尽管没有必要去考虑用多个功率放大器。功率放大器自身工作在宽带,能够在一个较宽的频率范围进行放大。激励器确定干扰信号的频率,但滤波器保持着该信号具有一定的带宽。因此,对每一个频率信号,均要求使用激励器与滤波器,但可共用一个功率放大器。

滤波器的输出也要求具有可调带宽。一些模式的电子战要求相当的带宽噪声波形,因此,这类输出滤波器必须能够通过这些宽带输出波形,并且对频带外的无用信号进行阻隔滤除。

1.7.11 通信

通信分系统也具有几种功能。它可用于系统的指挥与控制,以及将外部数据接收后送至系统(接收任务),还可用于向外传送信息处理的结果(上报信息)。如果整个系统采用遥控手段,则通信分系统就是实施这种控制的主要工具与手段。

1.8 结束语

本章对与射频电子战系统相关的大多数重要问题做了简要的描述与讨论。对电子支援与电子进攻均进行了简介,在本书的后续部分将对这些分系统进行更详细描述。本章只是描述了电子战系统总体的概述部分,而对系统的各部分将在后续章节中做更细致的探讨。

电子战系统具有截获射频信号并对其采取抵抗的能力。这类信息能够用于收集有关敌方作战电子序列数据以及关于何时如何进攻敌方指挥与控制及传感器能力的信息。至于任何武器系统,对电子战系统的使用取决于它们的如何部署以及它们的实际应用环境。在一些设定环境中,电子战的作战能力也许是没有用处的,而在另一些环境中,它的能力是重大的。举例来看看发生在1991年的海湾战争,当时的伊拉克军队就非常担忧多国部队部署使用功能强大的通信电子战系统,以至于他们几乎阻断了与前方部队的一切通信联系。由此看来,已部署的电子战系统是否能有效地执行电子战任务并不重要。它们是依赖自身的威力与影响去实现它们的作战使命的。

参考文献

[1] Libicki, M. C., "What Is Information Warfare," The Center for Advanced Concepts and Technology, The National Defense University, Washington, D. C., August 1995.

[2] Schleher, D. C., *Electronic Warfare in the Information Age*, Norwood, MA: Artech House, 1999.

[3] Waltz, E., *Information Warfare Principles and Operations*, Norwood, MA: Artech House, 1998.

[4] Campen, A. D., D. H. Dearth, and T. T. Goodden (eds.), *Cyberwar: Security, Strategy and Conflict in the Informa tion Age*, Fairfax, VA: AFCEA International Press, May 1996.

[5] Campen, A. D. (ed.), *The First Information War*, Fairfax, VA: AFCEA International Press, October 1992.

[6] Von Clausewitz, C., *On War*, London: Penguin Books, 1832 and 1968.

[7] Schleher, D. C., *Electronic Warfare in the Information Age*, Norwood, MA: Artech House, 1999, P. 5.

[8] Scales, R. H., *Certain Victory : The U. S. Army in the Gulf War*, U. S. Army Command and General Staff College, Fort Leavenworth, KS. 1994, pp. 145-147.

[9] Schleher, D. C., *Electronic Warfare in the Information Age*, Norwood, MA: Artech House, 1999, p. 2.

[10] Johnson, S. E., and M. C. Libicki (eds.), "Dominant Bat tlespace Knowledge," The Center for Advanced Concepts and Technology, National Defense University, Washington, D. C., October 1995.

[11] Gershanoff, H., "Information Assurance: How Do We Win the War to Protect Information?" *The Journal of Electronic De fense*, March 2001, pp. 51-52.

[12] Nicholson, D. L., *Spread Spectrum Signal Design LPE and AJ Systems*, Rockville, MD: Computer Science Press, 1988.

[13] Simon, M. K., et al., *Spread Spectrum Handbook, Revised Edition*, New York: McGraw-Hill, Inc., 1994.

[14] Poisel, R., A., and J. L. Hogler, *Global Communications 2010 : Military IEW Challengers*, Technical Report No. IEWI) RT-930001 (U), USA CECOM RDEC IEWD, Vint Hill Farms Station, Warrenton, VA, February 1992.

[15] Schwartau, W., *Information Warfare: Chaos on the Super highway*, New York: Thunder's Mouth Press, 1994, pp. 137- 147.

第2章 电子支援

2.1 概述

出于撰写本书的目的，过去曾沿用的电子支援的措施(ESM)的名称在此改为一个新术语，即电子支援。电子支援包含着如下主要行动，如搜救、截获、识别与定位那些有意或无意的辐射[1,2]。从截获的通信信号中采集到的信息有两种基本用途。用于哪一种目的是由对此信息的利用方式决定的，而这种利用方式又是由提取信息所需的时间来确定的。假如在较长时间内对信号进行分析，那就生成了情报(Intelligence)；假如此信息得以立即应用，通常并不要求对其做扩展分析以将其作为情报内容，那此信息即可称为作战信息(Combat Information)，而不是情报。当然，在信号内容已经分析之后，其信息也可用于作战目的，作战信息也可用于产生情报。在此，这两者的关键区别是用于提取有用信息所花费的时间。作战信息是立即使用的，因此几乎没有时间或根本就没时间去做分析。

电子支援产生作战信息，而信号中有用信息(SIGINT)则生成情报，对作战信息的反应是立即的，而情报则用于制定较长远的作战规划，当然情报需要占用较长时间来形成。

2.2 截获

对通信信号的截获是电子支援系统的主要功能之一。值得注意的是，这些通信信号是非合作性的，也就是说，这类信号通常并不期望被截获。它与在同一通信系统各节点中的情形不同，在那里，通信信号确实要进行互通。非合作性的截获是一个非常困难的问题，尤其是对数字通信信号的截获[3~5]。

2.2.1 信号的外部参数与内涵信息

有时，可通过对信号的外部参数进行分析而提取有用信息。这类外部参数也许包括波特率、射频带宽与调制方式等因素。对这类参数的确定可以生成关于敌方战场电子序列(EOB)(在2.3节中所讨论)方面的信息，如某方正面临的敌方部队的类型等信息。

通信信号的内涵指的是信号传递的信息内容，或者是指通信过程中所交换的信息组成的(譬如，在调制解调器中的信号)。从这种信号内涵中即能获得通信所传递的信息。

2.2.2 传播损失

正如第4章[6]所讨论的，随着发射机与接收机间的距离增加，无线电信号传输的损耗也会增多。这是因为从发射天线发出的有限功率会从所有方向上传播出去。还有该功率传播通过的地球表面变得越来越大，那么相应的功率密度就一定会减小，此乃所谓的自由空间的衰减。

其他效应也会引起传播功率的进一步衰减。与地面贴近的植被与不规则的地表形状则加剧了自由空间对传播信号功率的衰减。山脉也能完全阻断信号的传播。当然，在一些情形中，由于它们的边缘绕射现象存在，山脉却又有助于信号的传播。一般而言，天线的海拔高度越高，它就越能较好地发射与接收无线电信号，这主要是因为较高的天线往往受到较小的地形限制。

信号随发射机至接收机间的距离增加而变得较弱，所以一般要求电子支援系统必须非常灵敏。由于己方的通信信号一般都比敌方目标更接近电子支援系统，因此，那些来自己方发射机的信号就可视为对电子支援的干扰，并且这类干扰信号一般都很强。根据各频段频谱的需求与提供各频段的技术特性，整个频谱已被分成不同的部分，从而形成了不同的频谱。在30～88 MHz的VHF低端，军用信道的频宽是25 kHz。设计在此频宽范围工作的发射机必须能够将它的发射功率的绝大部分集中在该频率范围内，当然并不能要求发射机所有的功率都在此范围。理论上讲，在具有确定起始与终止时间的发射信号传输过程中，将该信号的所有能量集中在一个有限的频宽范围内是不可能的。因此，从那些发射机发出的能量肯定有一部分在这25 kHz频宽之外。事实上，值得考虑的有效信号能量可能延伸至该频段两边的数兆赫兹范围内，显然，这种能量也进而产生了干扰问题。

因此，电子支援系统必须能够截获敌方的弱信号，尽管该系统附近有很强的信号干扰，并且该新信号的频率并不一定接近电子支援系统正在试图截获的信号频率。常用"动态范围"这一参数来表征一个电子支援系统如何对付这种"近－远"问题的性能。对于陆基电子支援系统，很难获得足够的动态范围。该系统所需的动态范围也许高达120 dB，而实际上要获得70 dB就很困难。由于机载电子支援系统在接收弱目标信号方面要比陆基系统强得多，因此前者所需的动态范围较小，尽管该动态范围值也难于确定。事实上，机载系统处于较高的位置，会比陆基系统接收到更多的己方强干扰信号，因此，机载系统受干扰的问题会更严重。

2.3 地理定位

通常目标位置被视为最关键的作战信息。这些位置可用于随时跟踪目标运动以及显示进入某一特定区域内的目标类型的分组情形。这类分组常可预示作战部队的种类、作战意图和行动计划。由电子战手段探测及定位得知作战部队在一封闭区域内聚集，也许就预示着一种特定作战行动的酝酿[7,8]。

对通信发射机地理位置的测定，称为定位(PF)，是电子支援系统较为重要的功能之一。定位是在三维空间中确定辐射源位置的一种过程。获得的这种位置信息有若干用途，在很大程度上，取决于综合定位的用途来确定所需定位的精度。对有些定位要求比其他定位更要苛刻，这主要取丁要求定位的精度。

通过确定发射机在战场空间的位置信息，就有可能将此信息与其他信息结合而确定出战场电子序列信息(EOB)，该EOB表示的是敌方力量中的何种人、什么、何时与何处等信息。也可依据敌方作战任务而试图确定出其作战意图。尽管精确地获取敌方发射机的位置是非常有用的，但在一些应用中，并不常苛求像其他一些应用中那样的位置精度。在EOB确定的应用中，一般1 km数量级的定位精度就已经足够了。

在武器平台中有时利用独特的与平台相关的通信信号来交换指挥与控制信息。因此，对这类独特信号的定位与识别将有助于对武器系统的识别。而确定这些武器平台是非常有用的，它可用于集中干扰信号的方向以及如在地对空导弹系统(SAM)的情形下，以避免其威胁。在这类应用中，精确的定位并不必要，一般具有 1 ~5 km 数量级的精度要求也绰绰有余。

如果发射机能被充分精确地定位，那么，该定位信息即可构成由间接武器(大都是火炮与导弹)进攻时提供瞄准目标信息的基础。对于这类非智能武器，精确瞄准常要求误差小于 100 m。然而，对发射机的定位并不一定意味着对武器平台的定位，这是因为有可能只定位出远离武器平台的发射机发射天线。在这种情况下，合成的地理定位必须要求有足够的精度以便间接武器仅用较少的几炮就能击中目标。当然，对于智能武器系统，这种精确定位不是必需的，因为该系统一旦足够接近目标时，它就能找到目标的精确位置。因此，具有 5 km 数量级的这种较小精度定位对智能武器系统是足够且有余的。

在非作战的军事行动(OOTW)中，对通信发射机的定位也许可构成跟踪单兵或小部队行踪的基础。对移动力量的指挥与控制几乎总是要求使用移动通信。这些通信也许要利用商用通信的基础设施，如蜂窝电话系统，这类军事通信也许可由民用波段(CB)的商用收发信机来得以顺利进行。当然，它们也可采用专门为此目的设计的收发信机。不管采用何种手段，有时对发射机做地理定位是非常有用的，即便是在 OOTW 中。

美国联邦通信委员会(FCC)采用一些技术来确定那些非法运行的发射电台，本书将对这些技术加以探讨。在除少数几个频段(称为仪表、科学与测量波段)外的所有频段中，在大于某一功率门限上运行射频发射机时，是需要持有许可证的，这种许可证是由 FCC 核准颁发的。没有这种许可证而运行发射电台则是非法的，因此，FCC 的任务之一也就是对那些违法的发射电台进行地理定位。

地理定位的另一种商用之处是蜂窝电话系统与 911 紧急求助电话。如果一个 911 求助电话是从一个蜂窝移动手机呼出的，这一信号常会被多个基站检测。然后，这些基站采用三角测量法来对此紧急呼叫电话进行定位，因而急救交通车无须依赖呼叫者提供位置信息而知道该去的位置。

2.4 多方位三角测量法

实现对发射机地理定位的最常用方法之一是利用三角测量法[91]。在这种方法中，入射波前的到达方向，又称为方位线(LOB)或直接称方位，有时也用 LOP 表示，它是由两个或两个以上的基站来确定的。这些方位线一般总会相交，除非它们成了平行线。在这些方位线上相交的位置即为估算出的发射位置。图 2.1 给出了一个典型的实例，图中的三个基站正同时测定坦克中的无线电台的方位线。

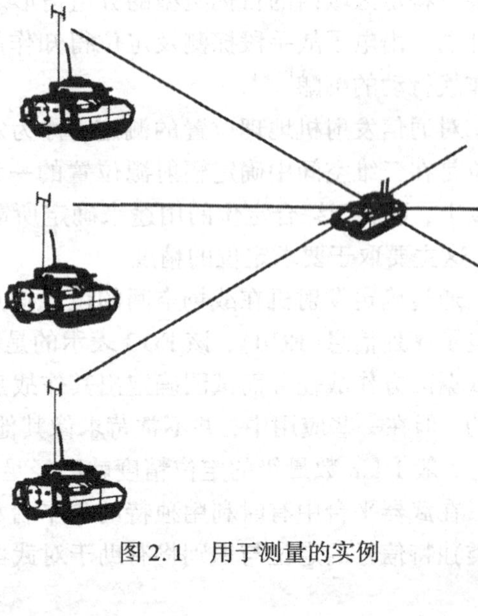
图 2.1 用于测量的实例

对方位线的测量总会存在误差。这类误差可以是由对波前假设的不实际引起的系统误差，或是由感应的噪声所引起的。关于波前的首要假设是波前应为平面的，即波前到达接收端时就像一个平面波。相对于它的球形波传播而引起的曲率而言，当发射机与接收机间的距离变得足够大时，通常此种假设是正确的。然而，这种平面波的假设在大多数情形下是不真实的，因为波在传播路径中会不期而遇一些扰乱。再看多径传播，譬如，它会引起多波传播至接收站，这些波也许具有不同的幅度、相位与到达方向。这些误差在计算发射机位置的过程中会引起不确定性。正因如此，在计算地理位置的同时，需对每次结果的可信度进行测量，即“确定度”。通常这种可信度就是描述一个地域的轮廓线，而发射机则以指定的概率落入该区域。如果该区域是一个圆形，则称之为圆偏差概率（CEP），而CEP就是此圆的半径。如果它是一个椭圆，那就称之为椭圆偏差概率（EEP），常用这一椭圆的长半轴、短半轴以及长轴的倾斜角来描述其EEP。最常见、最实用的概率是50% ~90%。

由于信号传播环境对其的影响，射频测向设备典型的作战精度取决于所处的工作频段。譬如，在高频范围内，经电离层与地面的反射与折射就相当强。通常，仪器精度仅指系统本身的精度，它并没有考虑到环境因素的作用影响。而一旦该仪器装备投入实际使用时，则需用运行精度来衡量其预期的特性。当然，在仪器精度与运行精度间会有相当大的差异。使该问题更加复杂的是，通常运行精度是经战地实际情形测试而得到的。除非这战地情形在所有预期的作战环境中变化，否则在测量中就会引起偏差。对在VHF与UHF频率范围内工作的先进通信装备，典型的战场精度均方根值为4°~5°。在高频范围内，典型的战场精度均方根值为10°~25°。

一般将定位装备设置在机载平台上会取得重要的效果。例如将这类定位装备设置于无人机上，则会有几个附加的优势。首先是在精度需求方面，参考图2.2，如果将定位装置安装在飞机的远距离空中平台上，如离所关注目标有100 km的距离，此时的情形如图2.2中的上图所示。假设该定位系统的精度是2°，则有 $d_1=100\sin 2°=2.5$ km。另一方面，假定该定位系统安装在无人机上，如图2.2中的下图所示。它可以在敌方的上空飞行，从而非常接近目标。当至目标的距离变为3 km时，那么，相同的定位系统在2°时即可对应 $d_2=105$ m。

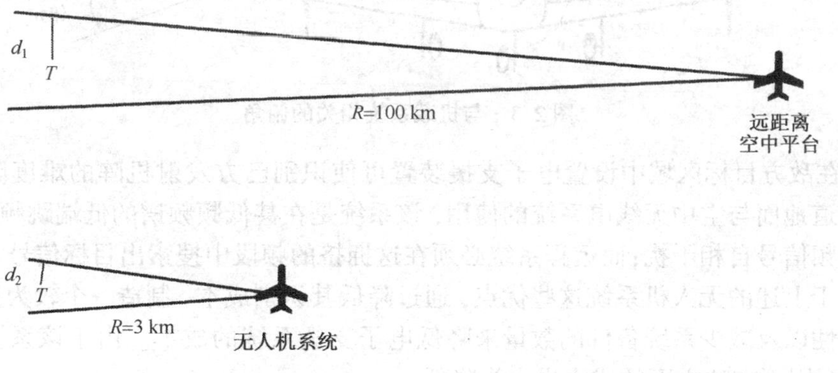

图2.2 安装在远距离空中平台与侵入式无人机上的2°的定位系统的偏差比较，其中T是目标的位置

侵入敌方空域的一大优势是，无人机可贴近目标并仅要求获得多条位置线（LOP）来对目标进行定位。采用多个系统来同时获得目标的多条位置线，那么，无人机仅用一次飞行机会即足以算出目标的方位。假如仅有一个装置可用，那就有必要让此平台移动一段距离以获得关于目标的第二次或更多次的位置线。如果此平台远离目标100 km左右，此系统就要花费一段时间去移动足够的距离以获得第二条位置线。要得到一个较好的定位，此系统在可获得第二

条位置线之前将必须移动100 km左右的距离。若以每小时100 km的速度移动，这就将花上一个小时。而在一个小时以后，目标极有可能不再发射信号。另一方面，如果无人机接近此目标，它就只将飞行3 km而得到第二条位置线。若以每小时100 km的速度飞行，那它只需1分半钟左右。

另一方面，要求用具有较低精度的定位硬件系统来获得同等的目标定位精度。如果要求误差距离不超过250 m，则在100 km开外的远程系统需要的定位精度应为0.14°；而对于深入到目标上空的无人机系统在3 km开外即可达到此距离误差，并且具有高达4.8°的定位精度。

使用无人机系统的第二个优点是，系统操纵者可以在地面相对安全的位置对其进行遥控操作。即使获得电子支援的敌军正在移动，该系统也可继续飞行，这是因为无人机能在他们前面或者就在他们的上空飞行。因此，没有必要让地面的装置也一起移动。假如在地面有两套装置可用，那就可让它们交替工作以保持对此区域的不间断覆盖。

第三个优点是对用于获得同样探测精度的硬件设备的灵敏度要求大大降低。这是因为无人机非常接近目标，因而对一个确定的发射功率量，它能够比同等的远程系统接收到更多的发射功率。然而，这种优点在某些场合将变成缺点，这是因为较低的灵敏度意味着较小的瞬时覆盖区域。为了覆盖整个作战所关注的区域，无人机系统需要从一个区域移飞至另一个区域。

用无人机系统飞临目标上空的主要缺点之一是其俯角问题。远程系统只需在方位角上加以校正，将其俯角要求限制在水平面内。而一个如图2.2所示的飞离地面3000 m以上高度的无人机系统，则存在一个大约45°的俯角，因此需要做较大的系统校正。此外，通常在机载应用中的单极或多极天线对飞机正下方区域的响应受到限制，这样就减小了系统的灵敏度。在图2.3中给出了俯角的图示。

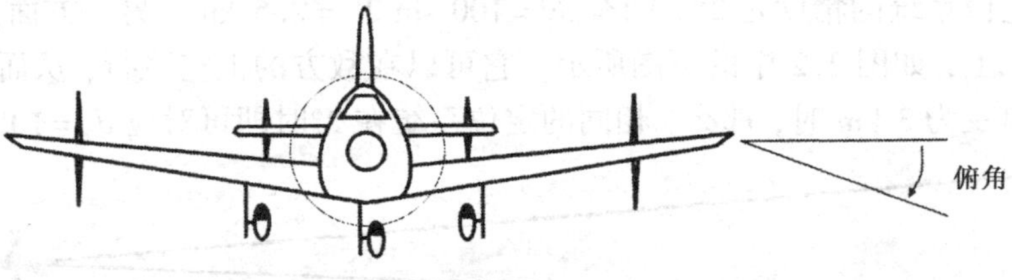

图2.3 与机载系统相关的俯角

最后，在敌方目标区域中设置电子支援装置可使识别己方发射机阵的难度降至最低。随着美军单信道地面与空中无线电系统的使用，该系统是在甚低频频谱的低端跳频，从而产生大量的己方射频信号自相干扰；而远程系统必须在这拥挤的频段中搜索出目标信号。

正是由于上述的无人机系统这些优点，通过降低其识别成本，制造一个较为简单的系统并增加其可靠性以及减少系统备件的数量来降低电子支援系统的成本。由于该系统只需要较少的维护人员，因而在这方面的成本也大为降低。

2.5 系统部署考虑

在不要求作用距离延伸的场合，陆基系统是最有用的。对这种情形，通过及时监测环绕敌方周围的区域以保护早期进入的己方兵力。假如陆基系统必须用于覆盖扩展范围的地域，那么，应当将它们部署于尽可能高的地形位置。当然，对于这些位置的选取必须考虑到对系统的配给是否方便，如油料等的补给，即便是在恶劣天气情形下也能得以保障。当天线架设在山脊或山丘的顶端时，还应当考虑其反斜坡效应。然而，对此种情形，需特别注意的是，地理定位精度将会受到最邻近地面的极大影响[10~12]。

由于天线高度在此类应用中是非常重要的，传统的陆基系统已不得固定下来并竖立天线以获得较大的作用范围。另一种方案是，安装在无人机系统上并与陆基系统实时互连的接收装备可以提供一个扩展的覆盖范围，与此同时还能为地面系统的操作者提供保护。在这种部署结构中，机动定位操作也是可行的。

当系统操作员处于电子支援后端时，他们也可以对其接收前端进行遥控操作。这种互连可通过为整个作战任务配置的陆基视距数据链、卫星链路，或通过无人机系统中继来实现。这种系统结构不仅对系统操作员是比较安全的，而且有利于一些用其他方式不可能实现的作战行动。如果有必要对语言进行转换以支援作战，那么，那些从事翻译转换的人员即可集中在同一位置来商讨切磋，从而减少语言的混淆以及对转换处理技巧水平的要求。

2.6 电子目标地图

假如能够达到足够的地理定位精度与实现相当的发射机识别，那就可以绘制出一幅电子目标地图并对其进行相应维护。其难度在于能否获得足够精度。这种图能够表示出最新的敌方兵力分布并且可能显示互连的通信网络。正如在第7章将要探讨的，识别具有多种形式，并且这类识别将给电子目标地图增加有价值的信息。

这类显示就是一幅地形覆盖图，它表示的是通过计算定位系统获得的数据后而确定出的目标位置。假如这类数据可用，再加上位置信息，那目标的类型就能识别出来。这种类型可以是任何来自电子支援系统所获得的信息，如频率范围，调制类型，或敌方还是己方的识别。假如对同一位置的多种发射机的多次截获的信息进行相关分析，那还可以标示出部队的类型。对一个特定的区域内的目标进行分组还可以标示出某种具体的行动正在发生或将要发生。

在一个区域内对发射机进行分组可作为是一种截获收集管理的工具。也可采用地理的筛选以使该系统资源只适用于对该区域内目标发射信号的截获。同样，还需在该区域部署其他传感器，以确认信息或者收集信息。

2.7 常用作战图

使用电子支援可促进常用作战图(COP)的产生，而识别那些目标不仅可通过对目标的地理定位，也可通过部队的类型或通过鉴别该特定部队来实现。然而，如果特定的发射机识别足够精确，后一种情形才会发生。如果一个目标在前一刻被截获，而凭借当前的技术能力又识别出一个与刚才截获的类似目标，那么，该系统就会自动地显示出同一目标存在。假如此目标在一个新的位置，可以跟踪此目标，通过表示这种移动也有利于常用作战图的形成。

对一个地理区域内的特殊类型发射目标的检测有时也能够标示出作战意图、部队调动，或其他较为重大的战场空间活动。而某些武器平台有时具有一种独特的发射机组合，它们可以被截获与地理定位，以显示一个特定的武器平台是存在的。有时它们也能显示出这类武器平台是处于一种特殊的状态，譬如正准备炮火行动，这也有利于通用作战图的形成与完善。

在自然语言被可靠地自动转换之前，需要人工来翻译转换通信截获，这与计算机之间通信的数字信号情形不同。对后一种情形，这类信号在两端不管如何均是由计算机来处理的，因此，这又使得在一个电子支援系统中对信号的自动处理成为可能。

2.8 与其他科目的作战集成

通信电子支援系统提供的较重要的功能之一就是给其他的情报系统提供引导信息。相对一个电子支援系统而言，一个光电/红外(EO/IR)传感器的视野范围很窄。但是，一个具有地理定位能力的电子支援系统可为这类传感器给予提示，使所要求的光电/红外传感器搜索距离减少两个至三个或更高的数量级(取决于具体的实现)。一个无人机载的光电/红外系统对地面有10 km左右的扫描宽度，而瞬时成像的能力是0.5 km左右。而在同一无人机上的电子支援系统却具有比前者大得多的视野范围，可迅速集中光电/红外传感器的有效载荷至所关注的目标。通常战术作战中心与其他重要编队均由战术部队保障，所以它们必须相互通信以各自发挥作用。这些通信均是无人机载电子支援系统的目标，它们可用来给光电/红外传感器有效的提示[13~15]。

雷达，如合成孔径雷达(SAR)或动目标识别(MTI)雷达就是一类具有宽广探测覆盖区域的传感器。然而，它们只能探测到一些基本的目标存在信息，并不能给出一些具体的信息，如一个部队具有履带式还是车轮式的车辆等。而通过电子支援系统则可获得这种具体信息。将这类信息与来自雷达的信息加以综合，就能指示出一个特定的部队正在调动或已经移至新的位置或它已经与其他部队集结在一起。这种信息对事件探测、部队跟踪等较为有用。就像其他提供地理位置信息的系统一样，电子支援系统通过给出特定部队的位置来为人工情报(HUMINT)收集提供线索;有时更为重要的是能确定出无敌方部队的位置。

由于通常没有配置多传感器系统，所以有必要对传感器进行校准。这种校准能够消除那些用于提供定位信息但由于未校准而引起的目标定位误差。

2.9 目标命中的支援

与其他的情报系统科目一样，电子支援系统的另一用途是支撑目标的命中。它是一种对目标的识别与确认过程，当这类目标非常重要时，通常即可用非直接火力武器来攻击，这包括采用电子进攻装备来进行攻击。电子支援传感器被视为宽区域的传感器，相比之下，电视摄像机是一次只能覆盖一个小范围的传感器。同样地，在对其他目标识别系统，如光电/红外传感器，或给人工提供信息而用于目标确定方面，电子支援传感器也是最为有用的[16]。

2.10 结束语

本章对通信电子支援系统的工作原理进行了综述。电子支援系统为军事指挥者提供两种基本能力要素。首先是产生作战信息。这类信息是战场即时可用的，并根本无须分析就很有用。另一种信息就是情报。收集这类信息的系统并没有必要不同。利用合成情报的数据来定义信息所属的类型，并不是收集信息的方法手段。然而，信息收集量却随着任务的不同而不同。在此描述的电子支援系统设计原理均适合于上述两种情形。

参考文献

[1] Waltz, E., *Information Warfare Principles and Operations*, Norwood, MA: Artech House,1998, p. 214.

[2] Schleher, D. C., *Electronic Warfare in the Information Age*, Norwood, MA: Artech House, 1999, pp. 1-2.

[3] Torrieri, D. J., *Principles of Secure Communication Systems*, 2nd Ed., Norwood, MA: Artech House, 1992, pp. 291-362.

[4] Wiley, R. G., *Electronic Intelligence: The Interception of Radar Signals*, Dedham, MA: Artech House, 1982.

[5] Neri, F., *Introduction to Electronic Defense Systems*, Norwood, MA: Artech House, 1991, pp. 30-32.

[6] Stark, W., et al., "Coding and Modulation for Wireless Communications with Application to Small Unit Operations," accessed March 2008, http://www/eecs. umich. edu/systems/TechReportList. html.

[7] Torrieri, D. J., *Principles of Secure Communication Systems*, 2nd Ed., Norwood, MA:Artech House, 1992, pp. 335-366.

[8] Wiley, R. G., *Electronic Intelligence: The Interception of Radar Signals*, Dedham, MA:Artech House, 1985, pp. 107-134.

[9] Torrieri, D. J., *Principles of Secure Communication Systems*, 2nd Ed., Norwood, MA:Artech House, 1992, p. 364.

[10] Torrieri, D. J., "Statistical Theory of Passive Location Systems," *IEEE Transactions on Aerospace Electronic Systems*, Vol. AES-20, No. 183, March 1984.

[11] Adamy, D., *EW 101: A First Course in Electronic Warfare*, Norwood, MA: Artech House, 2001 pp. 145-147.

[12] Neri, F., *Introduction to Electronic Defense Systems*, Norwood, MA: Artech House, 1991, pp. 271-332.

[13] Hall, D. L., *Mathematical Techniques in Multisensor Data Fusion*, Norwood, MA: Artech House, 1992.

[14] Waltz, E., and J. Linas, *Multisensor Data Fusion*, Norwood, MA: Artech House, 1990.

[15] Neri, F., *Introduction to Electronic Defense Systems*, Norwood, MA: Artech House, 1991, pp. 457-472.

[16] Waltz, E., and J. Linas, *Multisensor Data Fusion*, Norwood, MA: Artech House, 1990, pp. 110-113.

第3章 电子进攻

3.1 概述

信息阻断有两种最基本的形式:己方阻止敌方获得己方的信息,己方还要阻断敌方的通信。前者为“信息防护”(Information Protection),而后者为“信息进攻”(Information Attack)。目前已有多种不同技术方式可用于实现信息进攻与防护,如伪装、隐身与欺骗以及电子战。本章描述的技术仅限于最后一种,即对敌方通信系统进攻以阻断其信息传输。这类原理可较容易地延伸至保护己方通信不被敌方通信侦听系统截获所用,本章也将对这一方面做相应探讨。致于其他形式的信息阻断在此将不涵盖。

3.2 通信干扰

第1章已经给出了几例说明干扰需完成的任务。简言之,通信干扰就是要阻断在射频链路中的通信,它通过在通信系统接收机中强插入不需要的信号能量来实现这一功能。如果这种不需要的能量足够强,就会引起接收机解调出这一来自干扰机的信号,而不是来自通信发射机的信号。设想这一干扰机信号与发射信号不同,显然,在这一射频链路中的通信即被阻断[1~4]。

通信干扰机用于阻断信息有三种方式:(1)阻断敌方与其另一部队单元的通信能力,由此限制了指挥与控制;(2)对敌方电子支援/信号情报系统进行干扰,即熟知的通信屏蔽;(3)欺骗敌方的电子支援系统。

无线电干扰信号总是与无线电信号并存的。有几种方式可用于实现电子进攻抵制敌方射频通信系统,对应干扰机也具有不同种类配置结构。在己方占有的战场空间内工作的干扰机称为远程干扰机,而在敌方的战场空间内工作的干扰机则称为介入式干扰机,仅对目标载波频率进攻的干扰机则称为阻塞式干扰机。考虑到对已方信号的自相干扰抑制,这种阻塞式干扰机一般不用于远程配置方式中。

对敌方通信网的干扰总是较重要的军事或政治行动中不可或缺的部分,它如同其他的非直接火力武器一样,与整个战场计划融为一体。干扰的使用必须与其他的战场空间活动同步,以对最终战果发挥最大作用与效能。通信干扰的两个基本目的就是使敌方的指挥与控制过程阻断,即进攻指挥决策者与传感器或执行者之间的通信联系。通信干扰对敌方的通信咽喉要道进行攻击,因为这一要道有可能传递着决策者接收和发送的双向信息。

在一场电子进攻战中,也许会包括对商用电视与无线广播电台的干扰。这是因为电视台常会对一个区域内的非参战人员进行广播宣传,从而试图劝服当地平民百姓来抵制已方作战行动。因此,对这种广播进行干扰就可阻止这种宣传扩散。

通信电子进攻的目的之一是阻断通信,或对两个或更多节点之间的有效通信进行抑制。尽管数字通信正有压倒模拟通信之势,但后者仍会有一段生存时期,因此对这种系统进行有效电子进攻的需求也就会继续存在，而且许多相同的原理适用于对这两种形式的通信进行干扰。对模拟语音通信进行干扰阻断的能力特性取决于几种因素。图3.1显示的是不同干扰程度随阻断速率的变化曲线[5]。在此，输出语音的清晰度为因变量，曲线的参数为阻断的量(以百分比形式表示)，它在25%与87.5%之间变化。而图3.2则对图3.1中的曲线给出了解释。假设有一个10 s的消息，在图3.2(a)给出了阻断速率为1与阻断为25%的情形。而图3.2(b)给出了速率为10与阻断为25%的情形。对其他速率与阻断部分也可做出类似的解释。非常有趣的是，从图3.2可注意到，当总的阻断时间相同时，对语音清晰度的影响却有大约20%的差异。如图3.2(a)所示，将干扰集中到同一个时间段内比图图3.2(b)所示的分散开来的干扰效果更明显。此外，尽管其特性曲线的大体形状一致，这种效应对所有干扰速率与程度的组合并不是相同的。因此，在设计时必须仔细考虑多种折中因素，以使干扰机的作用发挥最佳。

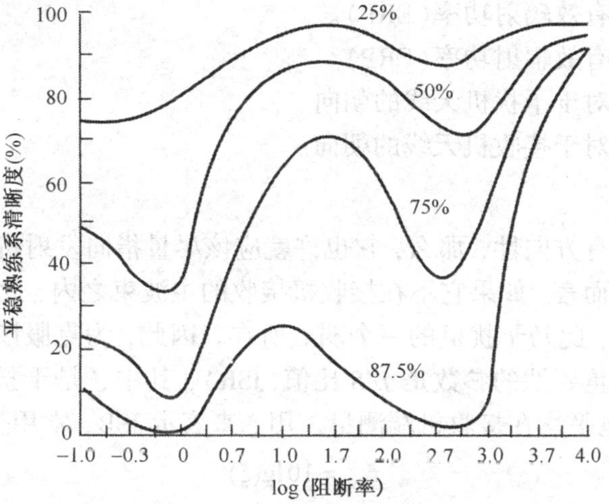

图3.1 受干扰阻断的模拟通信的语音清晰度，它为每一事件的阻断率(表示成对数)与阻断程度的函数(引自[5]。©IEEE 1992，允许引用)

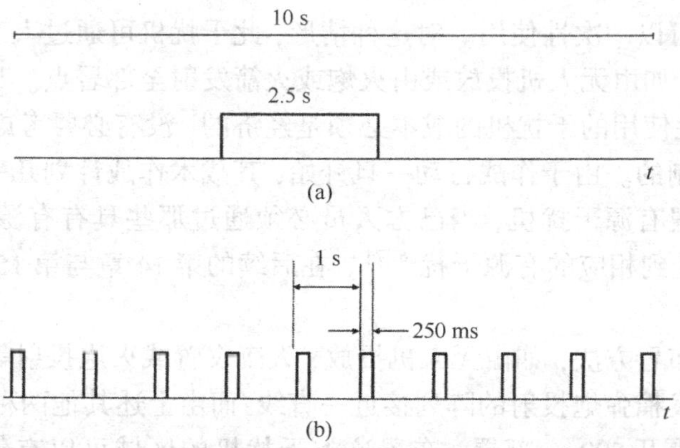

图3.2 对图3.1：(a)速率=1，阻断为25%；(b)速率=10，阻断为25%两种情形下的阻断速率与阻断量两个术语的解释

实验表明：一个30%的阻断度会引起模拟语音通信质量的较大降低。因此，要使战术通信有效，至少应要求70%以上的清晰度。实验还显示：一台干扰机可同时对三个模拟通信目标进行干扰，并可在这三个目标之间快速切换干扰信号。对于在如图3.1所示情形中的干扰机，特

定的效果受阻断重复速率而定。每次传输中的一次干扰阻断足够长(比例达 25%)时，语音的清晰度就会降低到足以使通信语音质量差得不可接受。

国际条约明文禁止对国际通信卫星进行干扰。通信卫星承载着更大的国际通信业务量，如国际电信卫星(INTELSAT)每天均中转着来自世界各地成千上万的电话呼叫。倘若对这其中一个卫星的一个转发器进行干扰，就会同时阻断来自好几个国家的电话信号传输，其中一些电话也许是来自友好邻邦国家。事实上，这种友好邻邦的通信也许在外交与军事方面对推动这种友好关系的向前发展是很重要的。因此，在试图干扰阻断这类通信信号路径时，必须特别小心谨慎。

受干扰的接收机输入端的干扰信号功率相对于该输入端信号功率的大小确定了干扰情形的效能。这种干扰信号功率的量取决于如下几个因素：

(1) 干扰发射机的有效辐射功率(ERP)。
(2) 通信发射机的有效辐射功率(ERP)。
(3) 接收机天线相对于干扰机天线的朝向。
(4) 干扰机天线相对于接收机天线的朝向。
(5) 干扰区域地形。

假如接收机天线具有方向性，那么，它也许就应该尽量指向发射机的方向，以获得最大的接收能量。对于干扰机而言，如果它不在接收机接收的主波束之内，此时接收机天线在干扰机方向上就有较小的增益，此乃干扰机的一个弱点所在。因此，为克服该缺点，必须加大干扰机的发射功率。具有实用重要性的参数是 J/S 比值(JSR)，其中 J 是干扰机平均功率，S 是信号平均功率;这两种功率电平均在接收机端测量。用 ξ 来表示 JSR，常用分贝表示该比值

$$\xi_{\mathrm{dB}}=10\lg(\xi) \tag{3.1}$$

3.3 干扰机部署

设置的干扰机也可以一次性使用。对这种情形，此干扰机可通过人工安置在作战地点，也可通过其他形式设置，如由无人机投放或由火炮或火箭发射至部署点。显然，不管通过何种形式来布置，这种一次性使用的干扰机的成本必须是经济的，没有必要考虑其回收的问题。它们的工作也必须是可控制的。由于作战行动一旦开始，其战术作战计划几乎总在变化，这样在某一区域也就不想要安置有源干扰机，当己方人员必须通过那些具有有源干扰机的区域并且期望进行通信时，就会受到相应的有源干扰[6,7]。在后续的第 14 章与第 15 章中，将探讨分布式干扰机配置及其特性。

采用上述的任何布置方法，如由无人机投放，人工安置或火炮投射等方法，可设置一次性干扰器的阵列。由单发榴弹炮投射的阵列接近一直线;而由上述其他两种方法则可构成任意形状。一般应将干扰机隔开 500 m 部署，布置这类干扰机的区域可以有任意的宽度与纵深度。例如，在一个山谷部署时，如敌方部队在此山谷，那他们之间的无线电通信以及和上级指挥所之间的通信均可能被阻断。

在穿透式无人机上配置通信干扰机更有一些优势。首先，它可以避免己方之间的自相干扰。由于远距离干扰一般总比目标更靠近己方无线电设备，这样它就会对己方通信施加不需要的干扰能量。将干扰机置于敌方的战场空间内，那该区域内的所有的通信均视为干扰的目

标，因此这些自相干扰的问题也就迎刃而解了。然而，并不是要对所有的这类信号进行干扰，而只是意味着在这种干扰方式下，可将对己方的自相干扰程度降至最低。

在无人机上配置干扰机的第二个优势是，它们不易受到攻击。对于人工设置的干扰机容易产生的问题之一就是它们一旦投入战场工作时的可存在性。这是因为这一类高功率的发射机相当容易被测定其工作频率与地理位置，从而使得它们特别容易受到敌方的攻击。这包括来自直接火力及间接火力武器，它们中任意一种均可能涉及自导引装置的武器。而安装在无人机上的干扰机是不固定的，要想消除这种干扰系统，则需对其进行跟踪。此外实施这类干扰也不配备操作人员。上述这些方面也就使得无人机载的干扰机系统确实具有较低的受攻击程度与较高的存在持续性。

无人机载干扰机的第三个优势是，在完成干扰的任务过程中一般只需相当低的有效辐射功率。对于同样的干扰效能，由于无人机干扰系统确实比远距离干扰系统离目标近得多，因此前者只需发出较少的干扰功率。与其他优势相比，这一点又可使干扰机系统的设计较为简单，从而使系统具有较高的可靠性与可用性。

除了离干扰目标可能更近的优势之外，无人机载干扰信号的传播特性也较佳。对于贴近地面的信号，其信号电平随 R^{-4} 成比例下降，而一个空对地信号链仅与 R^{-2} 或 R^{-3} 成比例下降。它们分别对应为每 8 倍距离 12 dB、6 dB 或 9 dB 的损失。另一方面，当使用无人机进行干扰时，电子的自相干扰对抗性也有可能会增加。

在无人机上安装的干扰机可由远离该机平台的地面操作员来控制。这些操作员实际上是安排在配备有火力支援作战指挥人员的营级或旅级战术作战中心（Tactical Operation Center，TOC），这一中心可对电子进攻与其他形式的间接火力进攻做实时协调 。一个 TOC 就是管理战术作战的指挥所。

无人机载干扰的另一种形式就是利用微型无人机的优势。它可将傻瓜型阻塞式干扰机设置在很小的无人机上，并通过人工将它们发射至一个很小的区域，这就能够在很短的时间，如 5 分钟内，阻止敌方通信，以掩护排级规模的作战人员穿越该区域。

3.4 监测

监测可与干扰机系统相结合，以使后者发挥出最大的可用功率能效。一旦一个窄带目标受到干扰，该目标通常就会改变至一个预先安排的备用频率上，此刻该备用频率并未受到干扰。因此，干扰机就必须监测目标发射情况以鉴别它是否仍在试图以初始频率通信。然而，与干扰机配置的监测接收机并不能对同时受到干扰的频率进行监测。倘若该接收机能监测，那么它要么就会被灵敏的前端所接收到的大功率设备所摧毁，要么就是其灵敏度降低至足够低，以至于接收不到目标信号。为此，干扰机会在一个较短的时间内被切断，以便监测接收机能够测量目标在该频率上的信号能量，这就是所谓的“监测”。通常，干扰机停止发射干扰信号的时间为几十毫秒左右，这足以让监测接收机来测定目标是否还在原频率上发射。

如果干扰机没有配置监测系统，那么干扰机将浪费大量时间去干扰一个不再试图在原频率上发射的目标。这就会降低干扰机的干扰特性，即在每次干扰中它所能干扰的信号数目。这种使干扰机效能最大的结合技术，如监测，可称为功率管理。

3.5 模拟通信

由于阻止通信所要求的干扰机功率大小通常取决于发射信号采用的调制类型。一些调制类型的信号比其他类型更易受到干扰。譬如，在模拟语音通信中，不论调幅(AM)信号还是调频(FM)信号均比数字通信信号需要更大的干扰功率，除非后者采用大量的前向纠错(FEC)编码[8, 9]。

干扰模拟通信最常见的一种方法就是用FM噪声信号来调制一个大功率的载波信号。实践证明，由此产生的干扰信号是用于对调频发射目标进行干扰的最佳波形。这类目标在VHF频段内大量存在。众所周知，模拟FM通信具有门限效应，即如果两个同频率的信号同时到达一个接收机，那么其中较强的一个信号就会在接收机中占主导地位并或多或少地会对较弱信号进行抑制。如果这较强的信号来自具有FM调制的干扰机，那么上述门限效应就会产生。显然，在这种系统中，人们期望的是，为了使接收机不能正常工作，一部发送调频信号的干扰机只需发射略大于敌方发射功率的信号即可。然而，它也适用于调幅系统。图3.3表示了相对于ζ的语音清晰度(其中噪声相对于干扰信号可以忽略不计)[10]。从通信者能接受的观点来看，具有0.3或小于0.3的语音清晰度就意味着不可接受、难以分辨的语音特性；介于0.3至0.7之间对应为模糊边缘特性，而大于0.7则对应为完全可接受的语音特性。注意，这些曲线从可接受的语音清晰度相当尖锐地过渡到不可接受，尽管FM的俘获效应使其相当快地过渡并略显滞后。对于模拟调频通信，通常有-6 dB或更高的JSR(干扰与信号比)就足够使其通信传输阻断。从此点来看，再结合图3.3所示，其语音清晰度大约为50%。对于调幅则需约-15 dB的JSR才能达到同样的效果，这就使得调幅的容忍干扰性能比FM要略为低一些。

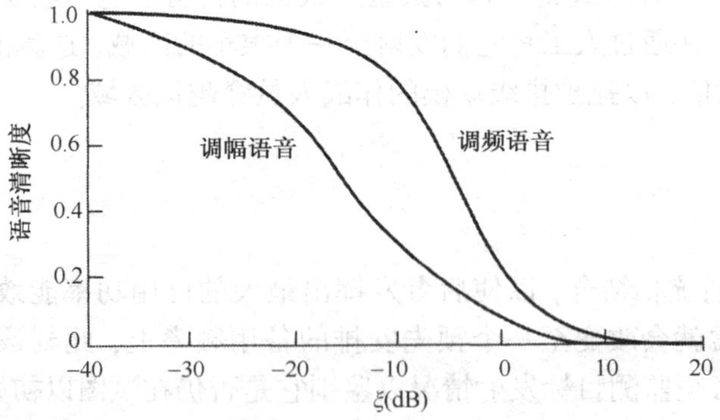

图3.3 表示模拟通信中ζ对语音清晰度影响的示例(引自[5]。©IEEE 1992，允许引用)

其他形式的已调干扰信号对于其他形式的调制信号的干扰是最佳的。然而，对大多数感兴趣的干扰目标调制而言，用噪声调频信号去干扰不失为一种较好的选择。当然，如果人们能准确知道需要干扰的目标信号波形，则可对应设计出一种最佳波形来干扰该目标。实际上一般并不具备这种情形。

3.6 数字通信

对数字通信系统而言，其设计指标之一是它们在工作环境中的误码率（BER）。从理论上讲，如果误码率高于这一设计标准，将会使通信质量下降，这通常在开始会引起信息传输速率减缓，然后，如果 BER 变得足够高，则会完全阻断通信的信息交换[11, 12]。为了使数字通信产生一个较高的误码率，通常并不需要对其连续不断地干扰。对于一个具有较高信号电平的连续广播数字信号，仅需要在其 50% 的传输时间内进行干扰，即可获得 0.5 的误码率。由此可得出结论，对数字通信信号中的信息传输进行干扰应比干扰模拟信号容易得多。

除了传统的用于干扰数字（计算机对计算机）通信的方法外，还可以对其传输信道加载额外的信息使之完全达到信息阻塞饱和。这包括在信道中确定要插入虚假数据，从而不允许真信息得以传输或至少减慢有用信息的传输。大部分计算机系统容易受这种过载数据的攻击，只要伪数据与有用信息数据的协议与格式均正确，那么就很难将它们两者分开。一项显示在坐标(x, y)处已有一个坦克营的不确定报告，是很难在实际系统中用来探测该坦克营的存在及实际位置。

上述一点属当今信息传输时代的缺陷之一。除非或直至计算机系统能够对数据进行推理，而不是仅仅对其进行处理，否则，该系统就很脆弱、易受攻击。事实上，人类也是如此，经不起信息过载，只不过是他们的抗过载程度要比计算机略为强一些。

将信道编码应用于数字通信信号中使后者获得较高的抗噪声、抗各种干扰的性能。然而，对于一些误码率已经很低的场合（一般低于 10^{-3}），如在误码率为 10^{-1}时，即便加入大多数简单信道编码方案也无济于事。此时，未经编码的误码率与信道的误码率大致相同。如果需要的话，通信者可以采用充分的编码来抵御任何干扰方案，然而，这类繁杂的编码又会使实质有用的信息量变得几乎没有。

BCH（Bose-Chauduri-Hocuenghem）码为一种常用可变长度的纠错编码，并且也易于对其解码，已被广泛地用于通信系统中。图 3.4 表示了一些典型的 BCH 码的误码率特性。注意，信道误码率接近 10^{-1}左右时，残留误包率，即解码后的误码率也约为 10^{-1}，这对于可靠的通信而言未免有些过高。

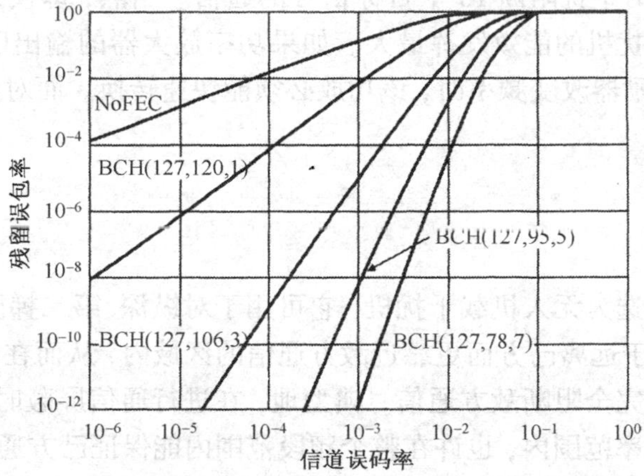

图 3.4　一些 BCH 码的误码特性，还对应表示出未加 FEC 的情形

3.7 窄带/局部频带干扰

对处于单个频率上的目标进行干扰，则需要采用窄带干扰机。如果目标采用二进制频移键控(BFSK，该调制方式将在第6章中讨论)，那么在已调准目标通信网中使用的频率上工作的干扰机能发射较强的噪声功率信号，或发射单音或多音干扰信号功率。其结果干扰机的干扰功率超过干扰目标接收机的通信信号功率，这样一种干扰方案常用于远距离干扰机，以使与阻塞式干扰机相关的自相干扰程度降至最低[13, 14]。

用多音或窄带噪声对直接序列扩频(DSSS)目标进行干扰也是行之有效的。DSSS 通信系统，以 IS-95 蜂窝无线电标准为例，对紧邻其接收机端的强信号尤为敏感，此乃所谓的“远近效应”，它是 DSSS 系统的一个固有问题。如果一个足够强大的窄带信号与干扰的接收机足够近邻，就会超越接收机的处理极限，从而引起接收机的不稳定效应。当处理增益(后面将对其进行定义)被干扰机所超过时，其噪声就会漏过解调过程，并且基带信号的噪声电平就会提高，从而减小了已解调信号的信噪比。注意，信噪比是一个刻画通信系统的常用参数。在模拟通信中就直接采用这一参数，而在数字通信中则必须确定其误码率(BER)。

可利用同一部宽带发射机及其天线对一个以上的目标信号进行一次干扰。这种技术称为功率分享。由于激励器确定每一个被干扰信号的频率，因此对每个干扰信号要求一个激励器。然而，每一干扰信号的功率近似地随着欲干扰信号数目的平方值而减小。实际上，在功率放大器输出端存在着不匹配问题，因此每个干扰信号功率比干扰信号个数平方值减小更快。此外，这种分享技术在功率放大器已被调谐至某一干扰频率的情况下并不适用，除非在放大器的输出端对每个干扰信号设置一个单独的调谐滤波器，它才能奏效。

对一部干扰机也可采用时分技术来实现对一个以上的信号同时进行干扰。此种技术称为时分(time sharing)。事实上，没有必要对一个信号进行100%全程跟踪抑制以使该信号无法辨识。一般来讲，假如一个模拟语音传输的三分之一左右被阻断，那么其丢失的信息就足以使语音不可懂，并使其语音混淆。如前所述，如果在一个战术数字通信系统中，10位码中有一位被破坏，通信也就会完全崩溃。因此，人们设计出一些方案，用于使激励器从一个干扰频率足够快地转换至另一干扰频率，以便用同一部干扰机来干扰阻断三个模拟信号的通信。对于数字信号的干扰，也许可同时干扰阻断10个目标信号的通信。当然，即使采用了时分技术，但仍需采用监测技术以使干扰机的能效发挥最大。如果功率放大器的输出已调至使其传输给天线的功率最大，那么当激励器改变频率时，该功放必须能快速转换。而对高功放进行快速调谐也是一件很难的事。

3.8 阻塞式干扰

阻塞式干扰机可备选为无人机载干扰机，它可用于对纵深、第二梯队的干扰。利用这一方案，确实可将干扰设置于远离己方而更靠近敌方通信的区域内，从而在干扰机覆盖的一个相当大的半径区域内几乎能完全阻断敌方通信。典型地，在进行通信屏蔽时则需用阻塞式干扰机。这就是在一个宽阔的频率范围内，也许在整个频段范围内能保证己方通信顺畅时，而阻塞式干扰机则可在此范围内对敌方通信施加屏蔽干扰。这种干扰机必须远离己方通信系统而更靠近已瞄准的敌方 ES/SIGINT 系统，否则该干扰机将对己方的通信产生干扰。实现这种干扰机的方式之一是先产生一个频带相当窄(如 1 MHz)的信号，该信号包含一个由噪声调制的载波频率信号。接着，这种信号的频率依次按 1 MHz 步进递增，通常这不一定是在每一个频率阶梯上持续一段时间，如 1 ms。例如一个信号可按上述方式在 60 ms 的时间内覆盖 VHF 频段 30～90 MHz 的低端部分[15]。

为了判明这种干扰机的效果，先考虑接收机对 BFSK 信号的非相干解调。关于信号传输制式的内容将在后面探讨，在此只简述 BFSK 信号。BFSK 信号是一种利用两种不同状态来传送二进制数字的数字调制信号。这种典型制式适用于现代跳频 VHF 通信装备。图 3.5 给出 FSK 制式的解调器框图。两种状态频率分别对应 f_1 与 f_2，它们占据了如图 3.6 所示的频带 Δf。每一个信道的带宽为 B_{ch}(Hz)，其中心频率为 f_c。干扰波形以 $R_j = 1/T_j$ 的速率步进。这种干扰机的瞬时带宽是 IBW(Instantaneous Bandwidth)，它是干扰机在任意时刻的带宽。总的覆盖带宽是 TBW(Total Bandwidth)，它包含了一个或多个 IBW。此时，不必精确地知道目标频率，而且目标信号的定时信息也未知。尽管因为不完全的滤波而致使检波器的输出一般均为相关的，但在此可以假设它们是互不相关的。

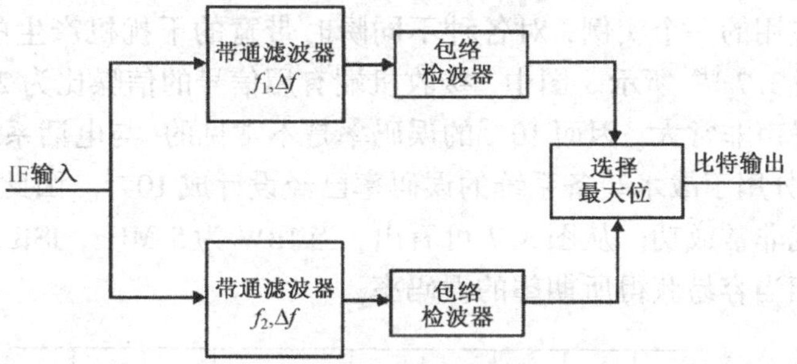

图 3.5 FSK 的非相干检测器框图

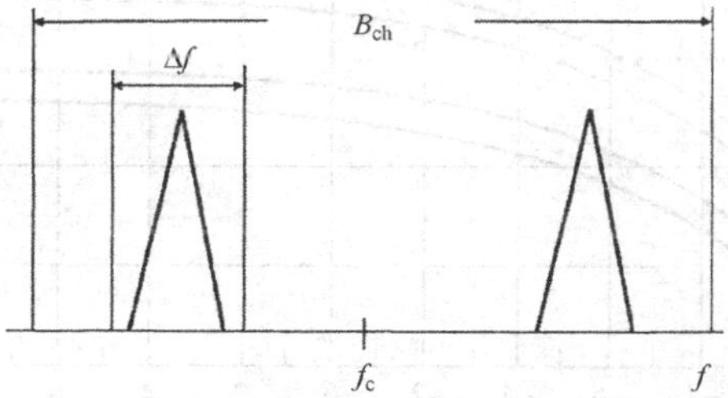

图 3.6 传输 FSK 信号的射频信道详解，信道中的 FSK 信号的每一种状态占据 Δf 带宽，而整个信道带宽为 B_{ch}

现将符号错误的概率表示为 P_s，它包括干扰信号存在时的符号错误概率 P_p 和干扰不存在时的符号错误概率 P_a。由于这些事件是互不兼容的，则有

$$P_s = P\{干扰存在\} \times P\{符号错误 | 干扰存在\} + P\{干扰不存在\} \times P\{符号错误 | 干扰不存在\}^{①} \tag{3.2}$$

一般由文献[13]给定符号错误的概率(对 BFSK 也指误码率)

$$P_s = \frac{1}{2} e^{-\frac{S}{2N_t + J_1 + J_2}} \tag{3.3}$$

① 译者已对原文书第 44 页的式(3.2)表达式略做规范修改——译者注。

式中 S 为信号功率，N_t是噪声功率电平，$J_i(i=1,2)$是由干扰机在带通滤波器内产生的干扰噪声功率。在这种情况下，令 $J_1=J_2=J$，因此有

$$P_a = P\{\text{符号错误}\mid\text{干扰不存在}\} = \frac{1}{2}e^{-1/2(S/N_t)} \tag{3.4}$$

与

$$P_p = P\{\text{符号错误}\mid\text{干扰存在}\} = \frac{1}{2}e^{-\frac{1}{2}\left(\frac{S}{N_t+J}\right)} \tag{3.5}$$

干扰在任何特定信道中存在的概率为

$$P_r\{\text{干扰存在}\} = \frac{\text{IBW}}{\text{TBW}} \tag{3.6}$$

再由于 $P\{\text{干扰不存在}\}=1-P\{\text{干扰存在}\}$，然后有

$$P_s = \frac{\text{IBW}}{\text{TBW}}P_p + \left(1-\frac{\text{IBW}}{\text{TBW}}\right)P_a \tag{3.7}$$

作为上述原理应用的一个实例，对各种不同瞬时带宽的干扰机产生的符号错误做了相应的计算，其结果如图 3.7 [14] 所示。图中，接收机端有用信号的信噪比为 20 dB。众所周知，一般战场的射频环境噪声非常大，因而 10^{-2} 的误码率是不常见的(与电话系统传输质量的误码率 10^{-6} 相比)。而大部分用于战术装备系统的误码率已经设计成 10^{-2}。因此，取得比该值更佳的误码率则可视为干扰非常成功。从图 3.7 可看出，当 IBW 为 5 MHz，JSR 约为 –5 dB 时，采用无人机载干扰机则相当容易获得所期望的误码率。

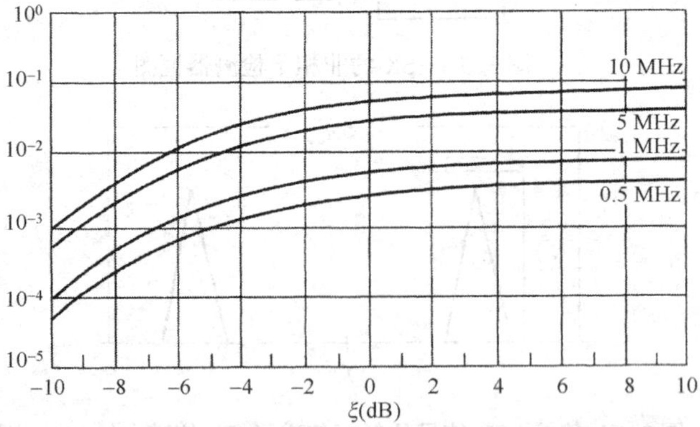

图 3.7 由步进递增/扫描式阻塞式干扰机而引起的比特误码率恶化。根据式(3.7)，它是干扰机的瞬时带宽与干信比(JSR)的函数(引自[14]。©IEEE 1993，允许引用)

如图 3.7 所示，在相当低干信比的情况下，可以使通信阻断。假如可靠的通信要求其误码率为 10^{-2} 或更佳(即每 100 个码中错 1 个或更少)，那么，JSR 为 –6 ~ –4 dB，分别对应着 5 MHz 与 10 MHz 的瞬时带宽，则为必要的条件以实现该通信要求的误码率。

3.9 跟踪干扰机

对于低截获目标，尤其是那些使用跳频技术的目标，可采用阻塞式或窄带干扰机来进行干扰。然而，对后者，当目标发射机改变工作频率时，电子支援设备必须能对其进行跟踪，这包

括不仅要识别出目标发射机的频率，而且要判别它属于同一发射机的新信号，显然这是一件不易的事。这就是称为跟踪发射机方案的精髓所在[7, 12, 16~19]。

将发射机进行跳频工作是一种避免受干扰的电子防御技术。其中，发射机的频率以及接收机的调谐频率，均能得以迅速改变，这使得固定在某一频率的干扰机对整个通信传输仅有最小的干扰效应。尽管采用复杂的电子进攻系统的代价昂贵(事实上，该系统的电子支援部分更复杂)，采用跟踪干扰机就可对抗这种电子防御技术。

其实，跟踪式干扰并不是一种新概念，它是通信电子作战指南(Communication Electronic Operating Instruction，CEOI)中的一项标准，即用于战术通信中的标准作战程序。即在实际过程中，如果一个频率受到干扰，则可改变至另一个未受到干扰的备份频率。这是一种很慢的跳频形式。自从干扰机被发明以来，战术干扰机就不得不跟踪这种频率变化。

跳频电台常用 BFSK 调制方式，一个单频干扰机只能对 BFSK 中的一个频率或另一个频率进行干扰覆盖。因此，通常将调制加入这种干扰机，以对整个通信信道进行干扰，而不是仅对其中一个频率进行干扰。一般这种调制由一个已调制在载波上的噪声信号组成。

3.10 干扰低截获概率的目标

在用于对抗跳频目标的干扰机中，可采用跟踪式干扰机或阻塞式干扰机。跟踪式干扰机必须能探测目标的频率，判别是否欲干扰的目标，然后对该频率施加窄带干扰功率。正如已指出的，阻塞式干扰机易出现的问题是对己方通信的无意自相干扰[7, 16~29]。

对跳频目标的干扰取决于发射机与接收机之间、干扰机与接收机之间以及干扰机与发射机之间的相对距离。相对于发射机与接收机之间的距离而言，如果干扰机离发射机太远，那么发射机的信号在已被接收机收到之后才会到达干扰机(干扰机所检测出)，这时跳频通信系统已经跳移至下一个频率，从而使这种干扰无效；如果干扰机离接收机太远，那也会出现相同的问题。即使干扰机及时接收到信号以确认它为所需干扰目标，但从干扰机发射出的信号又不得不经太远的距离传播至接收机，这样就不能及时阻断通信，显然，这又使干扰无效。

欲用电子进攻有效地对抗跳频目标，还必须考虑调频通信网的跳变速率。由于信号的传播速度不变，已知网络与干扰机的特定结构随着跳频速率而增加，就会出现这种情形：发射机与接收机就在干扰信号以原频率抵达接收机时已将频率跳变至下一频率，这就致使电子进攻失效。在这种场合，那些所有更快的调频速率均会使干扰无效。干扰机离接收机和/或发射机越近，跳频速率也必须更快以使干扰机无效。但对所有这些，总会存在这样一种速率。正是出于上述这些原因，才使在尽可能靠近通信节点处使用电子进攻设备的理念变得尤为重要。

3.11 结束语

通信电子战的目的就是要成功地阻止敌方利用通信频谱。它取决于诸多有效因素，包括相对于干扰机与接收机之间通信链路距离的发射机与接收机间的链路距离、相对于发射机的有效辐射功率(ERP)的干扰机的 ERP 以及所采用的通信制式类型。

干扰数字通信要比干扰模拟通信容易一些。产生必要的误码率(BER)以阻断对应的数字通信只要求较少的能量，并且可用比以往安全很多的方式来实现。

对低截获通信进行干扰也并非难事，尤其是在通信中涉及数字调制方式。实施这类形式通信是实际战场空间的难处所在。对外部强制性干扰的一种潜在替代方法是对射频频谱的一个有效部分进行阻塞式干扰。然而，这种干扰只能在己方通信不受影响的情况下加以实施。

参考文献

[1] Waltz, E., *Information Warfare Principles and Operations*, Norwood, MA: Artech House, 1998, pp. 165-168.

[2] Schleher, D. C., *Electronic Warfare in the Information Age*, Norwood, MA: Artech House, 1999.

[3] Adamy, D., *EW 101*. A First Course in Electronic Warfare, Norwood, MA: Artech House, *2001*.

[4] Neri, F., *Introduction to Electronic Defense Systems*, Norwood, MA: Artech House, *1991*.

[5] Mosinski, J. D., "Electronic Countermeasures," *Proceedings of the IEEE Tactical Communications Conference, Vol. 1*, 28-30 April 1992, pp. 191-195.

[6] Torrieri, D. J., *Principles of Secure Communication Systems*, 2nd Ed., Norwood, MA: Artech House, 1992, pp. 275-288.

[7] Torrieri, D. J., "Fundamental Limitations on Repeater Jamming of Frequency-Hopping Communications," *IEEE Journal on Selected Areas of Communications*, Vol. SAC-7, No. 5, May 1989.

[8] Lathi, B. P., *Communication Systems*, New York: John Wiley & Sons, 1968.

[9] Gagliardi, R. M., *Introduction to Communications Engineering*, 2nd Ed., New York: Wiley, 1988.

[10] Mosinski, J. D., "Electronic Countermeasures," *Proceedings IEEE MILCOM Conference*, 1992, p. 193.

[11] Proakis, J. G., *Digital Communications*, New York: McGraw-Hill, 1995.

[12] Simon, M. K., et al., *Spread Spectrum Communications Handbook*, New York: McGraw-Hill, 1994.

[13] Torrerri, D. J., *Principles of Secure Communication Systems*, 2nd Ed., Norwood, MA: Artech House, 1992, p. 19.

[14] Poisel, R. A., "Performance Analysis of a Stepped/Scanned Barrage Jammer," *Proceedings MILCOM 1993*, Boston, MA, 1993.

[15] Peterson, R. L., R. E. Ziemer, and D. E. Borth, *Introduction to Spread Spectrum Communications*, Upper Saddle River, NJ: Prentice Hall, 1995.

[16] Simon, M. K., "The Performance of M-ary FH-DPSK in the Presence of Partial-Band Multitone Jamming," *IEEE Transactions on Communication*, Vol. COM-30, No. 5, May 1982, pp. 953-958.

[17] Torrieri, D. J., *Principles of Secure Communication Systems*, Norwood, MA: Artech House, 1992, pp. 245-257.

[18] Putnam, C. A., S. S. Rappaport, and D. L. Schilling, "Tracking of Frequency-Hopped Spread Spectrum Signals in Adverse Environments," *IEEE Transactions Communications*, Vol. COM-31, No. 9, August 1983.

[19] Hassan, A. A., W. E. Stark, and J. E. Hershey, "Frequency-Hopped Spread Spectrum in the Presence of a Follower Partial-Band Jammer," *IEEE Transactions on Communications*, Vol. 41, No. 7, July 1993, pp. 1125-1131.

[20] Simon, M. K., and A. Polydoros, "Coherent Detection of Frequency-Hopped Quadrature Modulations in the Presence of Jamming - Part I: QPSK and QASK Modulations," *IEEE Transactions on Communications*, Vol. COM-29, No. 11, November 1981, pp. 1644-1660.

[21] Simon, M. K., "Coherent Detection of Frequency-Hopped Quadrature Modulations in the Presence of Jamming-Part II: QPR Class I Modulations," *IEEE Transactions on Communications*, Vol. COM-29, No. 11, November 1981, pp. 1661-1668.

[22] Simon, M. K., G. K. Huth, and A. Polydoros, "Differentially Coherent Detection of QASK for Frequency Hopping Systems-Part I: Performance in the Presence of Gaussian Noise Environment," *IEEE Transactions on Communications*, Vol. COM-30, No. 1, January 1982, pp. 158-164.

[23] Simon, M. K., "Differentially Coherent Detection of QASK for Frequency-Hopping Systems-Part II: Performance in the Presence of Jamming," *IEEE Transactions on Communications*, Vol. COM-30, No. 1, January 1982, pp. 165-172.

[24] Lee, J. S., L. E. Miller, and Y. K. Kim, "Probability of Error Analysis of a BFSK Frequency-Hopping System with Diversity under Partial-Band Jamming Interference-Part II: Performance of Square-Law Nonlinear Combining Soft Decision Receivers," *IEEE Transactions on Communications*, Vol. COM-32, No. 12, December 1984.

[25] Milstein, L. B., and D. L. Schilling, "The Effect of Frequency-Selective Fading on a Noncoherent FH-FSK System Operating with Partial-Band Tone Interference," *IEEE Transactions on Communications*, Vol. COM-30, No. 5, May 1982, pp. 904-912.

[26] Miller, L. E., et al., "Analysis of an Antijam FH Acquisition Scheme," *IEEE Transactions on Communications*, Vol. 40, No. 1, January 1992, pp. 160-170.

[27] Kwon, H. M., L. E. Miller, and J. S. Lee, "Evaluation of a Partial-Band Jammer with Gaussian-Shaped Spectrum Against FH/MFSK," *IEEE Transactions on Communications*, Vol. 38, No. 7, July 1990, pp. 1045-1049.

[28] Viswanathan, R., and S. C. Gupta, "Performance Comparison of Likelihood, Hard-Limited, and Linear Combining Receivers for FH-MFSK Mobile Radio-Base-to-Mobile Transmissions," *IEEE Transactions on Communications*, Vol. COM-11, No. 5, May 1983, pp. 670-903.

[29] Hassan, A. A., J. E. Hershey, and J. E. Schroeder, "On a Follower Tone-Jammer Countermeasure Technique," *IEEE Transactions on Communications*, Vol. 43, No. 2/3/4, February/March/April 1995, pp. 754-756.

第一部分 基础知识

第4章 电磁信号传播

第5章 射频噪声与干扰

第6章 无线电通信技术

第7章 信号处理

第8章 测向定位技术

第9章 双曲定位技术

第4章　电磁信号传播

4.1　概述

在描述电子战系统特性之前，有必要先对传播的信号，即电磁波的一些特性做一些了解。对于那些已对本章内容较熟悉的读者，可跳过本章，而对那些对该章内容有进一步研读兴趣的读者，则可建议他们继续参阅文献[1～7]。

尽管信号传播的模式取决于信号的频率，但其中一些传播模式并非依赖于频率。这类特性将在以下的讨论中阐述。

对电子战系统射频前端的设计，尤其是天线部分的设计，在很大程度上依赖于信号的传播特性。本章对那些描述源自发射机通过传播空间直至接收机端的信号传播过程的一些基本方程式进行相应的阐述。在这种情形中，“信号”指的是射频信号，根据需要假定其频率应在500 kHz以上。

本章内容安排如下：4.2节将描述电磁波的基本承载者，即对电场与磁场做相应的描述；4.3节给出了对频带的常用和较新的命名法；4.4节定义了电磁波的极化；4.5节对赋予功率密度的波量进行了推导；4.6节提供了自由空间传播特性。随后的6节讨论了在高频段较为常见的传播模式，具体内容包括具有直射波自由空间功率损耗模型的地波与表面波、拐角处的波的绕射、含2－射线反射模型推导的波反射、大气波导现象、流星余迹以及散射现象。4.13节专门概述在高频段的信号衰落现象。然而，该节只对信号衰落做一简单介绍，后面还会对信号衰落做相当多的讨论。4.14节对移动VHF信道做了概括性总结。本章最后一节对电离层起重要作用的低频范围内的信号传播特性进行了讨论。

4.2　信号传播

通常由发射机产生的信号以一定功率电平经由互连电缆送至天线系统。天线常具有增益，可在某一所需的方向上增加信号电平。随着信号通过大气层的传播，由于它在空间的扩散以及遭遇障碍物等原因，信号就会受到一定的损失。当信号以一定功率电平抵达接收机天线时，由于该天线通常具有一定的特征增益，从而可增加信号电平。然后，该信号由接收机天线再传送至接收机输入部分。

由于射频信号在空间大约以光速 3×10^8 m/s 传播，因此，当用 f(MHz) 表示该信号频率时，其波长 λ 为

$$\lambda=\frac{300}{f} \tag{4.1}$$

在离发射机约大于1个波长的距离处，射频信号由电场 E 与磁场 H 组成，这两种场相互正交(垂直)，并且在与它们成直角的方向上传播开来，如图4.1所示。

其中，电场与磁场相伴而生，它们中谁也不能脱离对方而独立存在。电场的单位是V/m，而磁场的单位是A/m。

从一个全向天线(常可近似地视为一个点源)辐射出来的信号会形成一个总在往外扩张的球面波传播，直至信号遇到一些阻碍此球面扩张的障碍物(一个全向天线是一种理论上的天线，它可在所有方向上以同量向外辐射。尽管它是假设的模型，但它常用于与实际天线比较)。在一个离发射机足够有效远的距离处，典型地可取至少 10 倍波长处，相对大多数天线尺寸，该球面波前端常被近似地视为是一个平面。

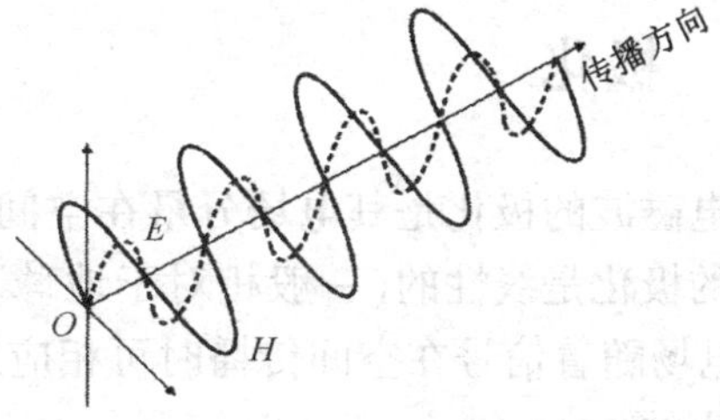

图 4.1　与电磁波休戚相关的电场(E)和磁场(H)

信号传播常有几种模式。对通信电子战系统设计具有重要性的主要传播模式有:由直射波与地表面波组成的地波、折射波、绕射波与散射波。在地对地通信中，常用的 VHF 及其以上的波段中的信号波传播限制在大气层的对流层以下，它的高度范围是从地球两极处 9 km 至赤道处约 17 km 高[8]。另一方面，高频信号传播现象利用了电离层而得以远距离通信。在地对空或空对空通信中，直射波是最常见的方式。当然，地面对卫星通信也属于直射波范畴。

4.3　射频波段名称标示

射频频谱可分为常用名称的指定波段，如表 4.1 所示。某种类的通信业务实际上可由所有的射频频段来提供。图 4.2 给出了射频波段的图示。

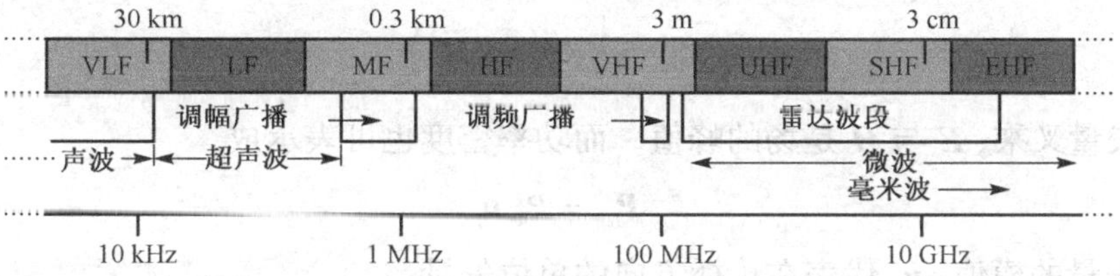

图 4.2　频段概括，各波长标在频段划分顶部而对应频段率标在其底部

微波段(300 MHz ~ 300 GHz)一直被划分成若干子波段。然而，最近在这些子波段的命名方面有点变化。表 4.2 列出这些波段以及它们的新旧名称。

表 4.1　频段名称

频　段	名　称	名称标示
3 ~ 30 kHz	甚低频	VLF
30 ~ 300 kHz	低频	LF
300 ~ 3000 kHz	中频	MF
3 ~ 30 MHz	高频	HF
30 ~ 300 MHz	甚高频	VHF
300 ~ 3000 MHz	特高频	UHF
3 ~ 30 GHz	超高频	SHF
30 ~ 300 GHz	极高频	EHF
300 ~ 3000 GHz	光传输	

表 4.2　高频段的新标示

频　段	旧名称	新标示
0.5 ~ 1 GHz	UHF	C
1 ~ 2 GHz	L	D
2 ~ 3 GHz	S	E
3 ~ 4 GHz	S	F
4 ~ 6 GHz	C	G
6 ~ 8 GHz	C	H
8 ~ 10 GHz	X	J
10 ~ 14.4 GHz	X	J
14.4 ~ 18 GHz	Ku	J
18 ~ 20 GHz	K	J
20 ~ 26.6 GHz	K	K
26.6 ~ 40 GHz	Ka	K

4.4 极化

电磁波的极化是其电场分量在空间的取向。尽管该电磁波的极化可在任意方向上，但最常见的极化是线性的(一般相对于地球表面是垂直或水平的)、圆形与椭球形。在后两种极化中，电场随着信号在空间传播时可相应发生旋转，但这种旋转是由发射机端对信号相位的处理而产生的。

若忽略电磁波传播环境的作用，那么电磁波的极化是由发射天线来确定的。经设计的天线可使波产生任意极化。然而，无视电磁波的环境效应是极不现实的，近远处的金属物体会对波产生反射，因此它们也会改变这种波的极化，经电离层反射后的射频波的极化也会产生改变，经地表面反射的波的极化也会发生改变。这些只不过是几种使极化产生畸变的原因。

4.5 功率密度

电磁波的功率密度用于衡量电磁波在空间任意点的波中每单位面积上的功率。它是一个矢量，可记为 $\boldsymbol{P}_{\text{den}}$，其单位为 W/m^2。电磁波 E 的场强则用于表征波中的电位差是距离的函数，其单位为 V/m。一般只考虑正弦波形，除非强调其他波形。可用信号的相量形式来表示正弦波形。参照图 4.1，E 与 H 波可视为两个矢量，它们均具有幅度与方向，可将它们记为 $\boldsymbol{E}$ 与 $\boldsymbol{H}$。根据 Poynting 定理，功率密度矢量可为

$$\boldsymbol{P}_{\text{den}} = \frac{1}{2}\text{Re}\left(\boldsymbol{E}\times\boldsymbol{H}^*\right) \tag{4.2}$$

式中 × 表示矢量叉乘，$\boldsymbol{E}$ 与 $\boldsymbol{H}$ 是场的峰值。而功率密度也可表示成

$$\boldsymbol{P}_{\text{den}} = P_{\text{den}}\boldsymbol{u}_{\text{r}} \tag{4.3}$$

式中 $\boldsymbol{P}_{\text{den}}$ 是矢量的模值，$\boldsymbol{u}_{\text{r}}$ 代表在传播方向的单位矢量。

在处理 $\boldsymbol{E}$ 与 $\boldsymbol{H}$ 时，注意，所用的是峰值还是均方根(Root Mean Square, RMS)值。大部分关于天线的教科书采用峰值，而在大多数关于天线的技术规定与文献则采用 RMS 值。为了讨论的一致性，本书一般采用 RMS 值，除非另加说明。

假如,已知任意一点上的电场或磁场强度，那么可计算出该点的功率密度值，也就能很便利地求出发射机对空间某一特定点上能发射的功率值。

令

$$\boldsymbol{E} = E_{\text{peak}}\cos(2\pi ft)\boldsymbol{u}_{\text{E}} \tag{4.4}$$

$$\boldsymbol{H} = H_{\text{peak}}\cos(2\pi ft)\boldsymbol{u}_{\text{H}} \tag{4.5}$$

式中 $\boldsymbol{u}_{\text{E}}$ 与 $\boldsymbol{u}_{\text{H}}$ 分别表示 $\boldsymbol{E}$ 与 $\boldsymbol{H}$ 方向上的单位矢量。传播媒质的特征阻抗 Z_0 是由电场波与磁场波的幅度之比来确定的，即

$$Z_0 = \frac{E_{\text{peak}}}{H_{\text{peak}}} = \sqrt{\frac{\mu}{\varepsilon}} = 120\pi \approx 377\ \Omega \tag{4.6}$$

式中 $\mu = 4\pi\times10^7$ 为自由空间的磁导率，$\varepsilon = 8.854\times10^{-12}$ 为自由空间的介电常数。那么，由于 $\boldsymbol{u}_{\text{E}}$ 与 $\boldsymbol{u}_{\text{H}}$ 正交，则有

$$P_{\text{den}} = \frac{1}{2}\text{Re}\left(E_{\text{peak}}\frac{E_{\text{peak}}}{Z_0}\right) = \frac{1}{2}\frac{E_{\text{peak}}^2}{Z_0} \tag{4.7}$$

然而，对于正弦波有 $E_{\text{rms}} = E_{\text{peak}}/\sqrt{2}$

$$P_{\text{den}} = \frac{E_{\text{rms}}^2}{Z_0} = \frac{E_{\text{rms}}^2}{120\pi} \tag{4.8}$$

因此，电场强度与功率密度相关，可为

$$E_{\text{rms}} = \sqrt{120\pi P_{\text{den}}} \tag{4.9}$$

根据上述方程式，相对于发射机与接收机之间距离的电场强度便可计算出来。

接收系统的灵敏度是用微伏/米(μV/m)来表示的，也可用场强来表示。它是一个系统等级指标，反映了该系统可以吸取电磁波能量的程度。它也很好地描述了系统天线将信号功率传递给系统其余部分的能力，典型值为 1～5 μV/m。有时也等效地将灵敏度规定为相对于 1 μV/m 的分贝值。由于分贝是对功率的衡量，那么有必要变换成功率项，以将此种定义改变成绝对数值形式。根据分贝定义，有

$$\text{dB} = 10\lg\frac{P_2}{P_1} \tag{4.10}$$

当规定相对 1 μV/m 的分贝数时，先假定两个功率对应着同一阻抗值，就可计算出相应的功率值。它通常为自由空间的特性阻抗值 Z_0，由此可得

$$\text{dB}_{1\mu\text{V/m}} = 10\lg\frac{(\text{V/m})^2/Z_0}{(1\mu\text{V/m})^2/Z_0} = 20\lg\frac{\text{V/m}}{1\mu\text{V/m}} \tag{4.11}$$

因此，$\text{V/m} = 10^{-6}\times 10^{\text{dB}_{\mu\text{V/m}}/20}$(显然，假如所需最终结果的单位用 μV/m，则上式无须用10^{-6})。

4.6 自由空间传播

自由空间传播是指两个天线之间的传播模式，但这要求在两天线之间没有任何对来自发射天线信号不断扩展的球面波产生干扰的障碍，并且该发射天线是全向的。因此，自由空间传播仅可能发生在外层空间，因为那里几乎是不存在任何物体的。然而，一些空对空、卫星通信等已相当接近这种自由空间传播的情形。

在离一个全向发射天线距离 r 处，电磁波经球表面波单位面积上的传播功率的计算公式为

$$P_{\text{den}} = \frac{P_{\text{transmitted}}}{4\pi r^2} \tag{4.12}$$

式中 $P_{\text{transmitted}}$ 是发射机发射的功率量。在此，电磁场必须是足够远的场以使上式适用。

接收机接收到的功率量是由接收机天线吸收的功率密度量，即有效面积 A_{eff} 来确定的，因此有

$$P_{\text{R}} = P_{\text{den}}A_{\text{eff}} \tag{4.13}$$

而全向接收机天线的有效面积可为

$$A_{\text{eff}} = \frac{\lambda^2}{4\pi} \tag{4.14}$$

因此，经两个全向天线之间的自由空间传播后所能接收到的功率为

$$\begin{aligned} P_{\text{received}} &= \frac{P_{\text{transmitted}}}{4\pi r^2}\frac{\lambda^2}{4\pi} \\ &= P_{\text{transmitted}}\left(\frac{\lambda}{4\pi r}\right)^2 \end{aligned} \tag{4.15}$$

天线增益可用来衡量那些特定方向比其他方向更有利于波的传播。后面将结合增益做更详尽的讨论。假设已发射功率量为

$$P_{\text{transmitted}} = G_{\text{T}} P_{\text{T}} \tag{4.16}$$

式中 P_{T} 表示由天线所接收到的信号功率，G_{T} 是发射天线在某一方向上的增益。一种类似的关系也适用于接收机天线，即

$$P_{\text{R}} = G_{\text{R}} P_{\text{received}} \tag{4.17}$$

式中 G_{R} 是接收机天线在某一方向上的增益，P_{R} 是从天线可得到的功率。

由式(4.17)可得

$$P_{\text{den}} = \frac{G_{\text{TR}} P_{\text{T}}}{4\pi r^2} = \frac{E_{\text{rms}}^2}{120\pi} \tag{4.18}$$

因此，可得自由空间的电磁场强度的均方根值的计算公式

$$E_{\text{rms}} = \frac{\sqrt{30 G_{\text{TR}} P_{\text{T}}}}{r} \tag{4.19}$$

将自由空间路径损耗(loss)定义为接收机天线输出的功率与输入到发射天线的功率之比，即

$$L = \frac{P_{\text{R}}}{P_{\text{T}}} = G_{\text{TR}} G_{\text{RT}} \frac{\lambda^2}{(4\pi r)^2} \tag{4.20}$$

这就是人们熟知的自由空间路径损耗的 Friis 表达式，以分贝的形式表示为

$$L_{\text{dB}} = \begin{Bmatrix} -32.2 \\ -36.6 \end{Bmatrix} - 20\lg(f_{\text{MHz}}) - 20\lg(r) + G_{\text{TR,dB}} + G_{\text{RT,dB}}, \begin{Bmatrix} \text{km} \\ \text{mile}^{①} \end{Bmatrix} \tag{4.21}$$

式中 G_{TR} 与 G_{RT} 用分贝表示。由此，当 P_{T} 表示成相对于 1 W 的分贝数时，还可采用分贝形式来表示，即

$$P_{\text{R}} = P_{\text{T}} - L_{\text{dB}} \tag{4.22}$$

当 P_{T} 表示成相对于 1 mW 的分贝数时，则有

$$P_{\text{R}} = P_{\text{T}} - L_{\text{dB}} + 30 \tag{4.23}$$

式(4.23)并未考虑与发射机和接收机相连的电缆对功率产生的损耗。若用 L_{T} 与 L_{R} 表示这类损耗，并把它们纳入考虑范围，那么上式可分别表示成

$$P_{\text{R}} = P_{\text{T}} - L_{\text{dB}} - L_{\text{T}} - L_{\text{R}} \tag{4.24}$$

① 1 英里(mile)≈1.609 km——编者注。

与

$$P_R = P_T - L_{dB} - L_T - L_R + 30 \tag{4.25}$$

对一些常用类型的电缆，其 L_T 与 L_R 的具体值如表 4.3 所示。表中对应表示的是新近出厂的电缆的损耗值，实际的损耗值将取决于安装参数、电缆使用的年数、环境温度等。

表 4.3　一些常用类型电缆的具体损耗值

	损耗/英尺①(dB)		
电缆类型	在 100 MHz 处	在 400 MHz 处	在 1000 MHz 处
RG6/U	0.019	0.043	0.065
RG58/U	0.05	0.11	0.2
RG59/U	0.038	0.075	0.11
RG8/U	0.025	0.054	0.092
RG174/U	0.11	0.22	0.32
RG188/U	0.105	0.18	0.3
RG213/U	0.025	0.055	0.095

4.7　地波

地波是指从发射机至接收机之间贴近或接近地面传播的波。它由直射波与地表面波两种分量波组成。

4.7.1　直射波

假如在发射机与接收机之间有一视距传播路径，那么直射波就在发射天线与接收机天线之间以直线路径传播信号能量。如上所述，在地表面以上足够大的距离处，自由空间传播模型可适用于这种直射波。然而，在接近于地面时情况则大不相同。事实上，在图 4.3 所示的情形中，从接收机天线接收到的功率可为

$$P_R = P_T \frac{G_{TR} G_{RT} \lambda^2}{(4\pi)^2 r^n} \tag{4.26}$$

式中 P_T 表示从发射机经传输电缆输至发射天线的功率(W)，G_{TR} 表示发射天线在接收机天线方向上的增益(无单位)，G_{RT} 表示接收机天线在发射机天线上的增益(无单位)，λ为信号波长(m)，r 为发射机与接收机之间的距离(m)，n 为传播损耗指数(以下将会讨论)。

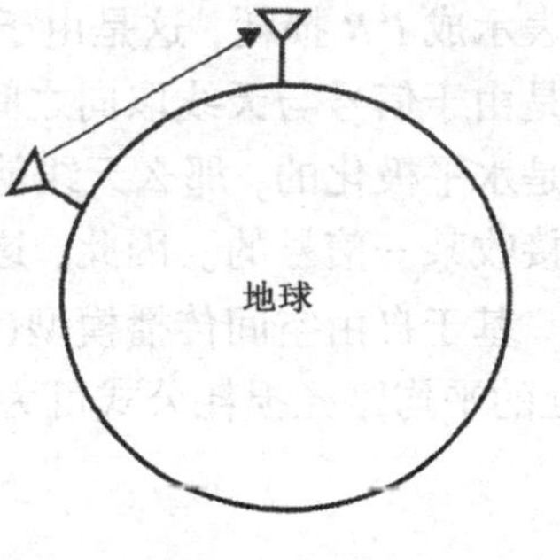

图 4.3　直射波以直线形式从发射天线传播至接收天线

考虑有效辐射功率为 40 dB 与 50 dB 的无线电台，图 4.4 给出其电波传播的电场强度随传播距离变化的关系曲线。图中假定传播损耗指数 $n=2$，对应着在 4.6 节中所讨论的自由空间传播情形。图 4.5 则给出传播指数 $n=4$ 时电场强度随传播损耗距离变化的关系曲线。注意横轴上的距离变化。显然，信号在接近地面处的衰减比在高空中要快得多。对电子支援系统，其灵敏度的典型指标为 1 ~ 5 μV/m。因此，对电子支援系统而言，那些来自低高度($n=4$)的电台信号可在小于 10 km

① 1 英尺 = 0.3048 m——编者注。

的范围内检测出。另一方面，对于机载系统空对空截获这类信号时则有一个超过 150 km 的截获范围。这样，通常机载系统在信号截获方面具有实质性的优势。

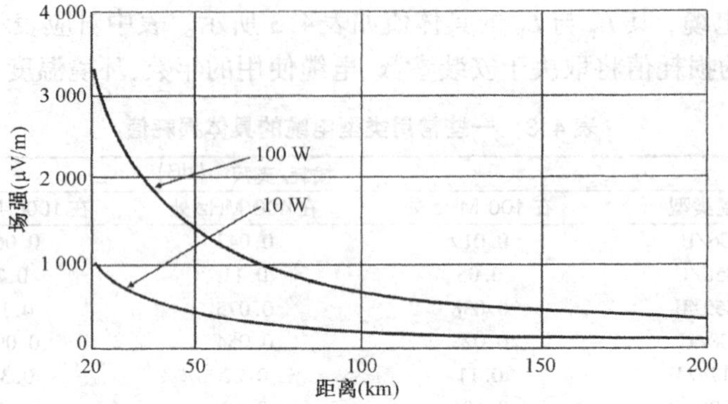

图 4.4 对于两种发射机功率情形，电场强度为距离的函数，其中传播损耗指数 $n=3$

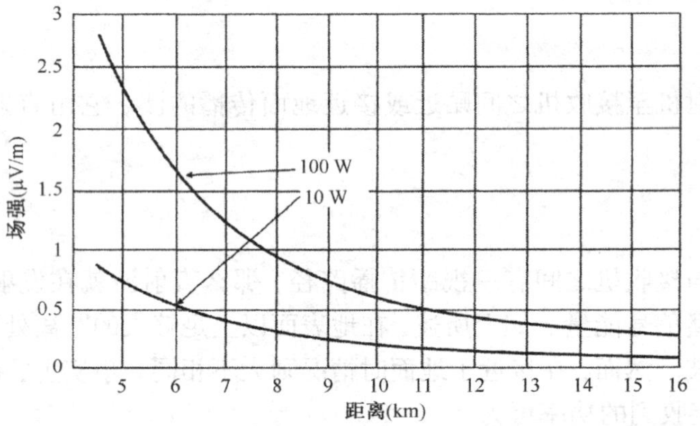

图 4.5 对于两种发射机功率情形，电场强度为距离的函数，其中传播损耗指数 $n=4$

在发射机与接收机端也不可避免地要产生损失。这些损耗包括传输电缆的阻性损耗，它常表示成 I^2R 损耗，这是由于该损耗随电流增加而加大。在接收天线端，还有一种信号损失，它是由于信号与天线取向之间极化的失配而造成的。理论上讲，假如信号是垂直极化的，而天线是水平极化的，那么天线就根本不能接收该信号，反之亦然。实际上，这种情形中天线还是能接收某一信号的。因此，这些损耗被纳入 G_{TR} 与 G_{RT} 值的范围。

基于自由空间传播模型(称为 R^n 模型)[9]，可得到一种传播模型方法。计算距离发射机为 r 处的平均路径损耗公式可为

$$L(r)=L(r_0)+10n\lg\left(\frac{r}{r_0}\right) \tag{4.27}$$

式中 r_0 是一个经适当定义的参考距离，$L(r_0)$ 表示在参考路径处的路径损失。对户外传播情形，$r_0=1$ km，而对室内传播应用时 $r_0=1$ m。通常可测量得到 $L(r_0)$，若无法得出，则可由下式估算出

$$L(r_0)\approx 20\lg\left(\frac{4\pi r_0}{\lambda}\right) \tag{4.28}$$

参数 n 取决于不同的环境条件，以下对参数 n 进行讨论。如上所述，在距离 r 处所接收到的功率为

$$P_{R}(r)=\frac{P_{T}G_{TR}G_{RT}}{L(r)} \tag{4.29}$$

观察式(4.29)，可得出一些关于直射波信号传播的结论。首先，较低频率的信号传播特性优于较高频率信号的传播（$\lambda = c/f$）。其次，接收信号电平随发射机与接收机间距离的 n 次方而减小。在远离地表面处，$n=4$。在较接近地表面时，信号强度减小比 $1/r^2$ 还要快，因此常取 $n=4$。而实际指数 n 的取值随 r 的每种情况而变化，一般在 2～16 或更高之间选取。因此，可得出这样一个结论：如果天线架设在更高的空间，会产生较好的信号传播。一般而言，这是正确的，然而，要得到很大改进的传播特性，天线则需大大架高。

在任意距离 r 处的传播损耗是一个统计参数，以上给出的损耗只是一个平均值。在许多情况下，统计量均服从对数正态分布。因此，这也就存在一个相关标准的测量偏差。表 4.4 针对不同传播情形给出了相应的传播损耗指数 n。对于户外环境，其标准偏差在 8～14 dB 的范围。而对于几种室内的个人通信系统(PCS)情形，表 4.5 给出了对应的传播损耗指数 n 与标准偏差 σ [9]。

表 4.4 不同传播情形的传播损耗指数 n

传播情形	传播损耗指数 n
自由空间	2
市区内移动通信，个人通信系统	4.0～4.7
受遮蔽的市区移动通信，个人通信	3～5
建筑物间视距	1.6～1.8
有障碍的建筑物间	4～6
有障碍的工厂间	2～3

大多数用于战术部队实时指挥与控制的较低梯次的战术战场电台具有 10～100W(40～50 dB)的功率电平以输至它们相关联的天线。用于这类电台配置的典型天线是一种调谐式鞭状天线，在良好的工作条件下，大约具有 2 dB 的增益。然而，在大多数实际场合，这类天线系统的硬件实现并不理想。因此，可假定这类电台的天线净增益，传输电缆损耗等其他因素为 0 dB(无增益或无损耗)。

表 4.5 几种室内条件下的传播损耗指数 n 与对应的标准偏差 σ

传 播 情 形	频率(MHz)	n	σ(dB)
室内-零售商店	914	4.2	8.7
室内-食杂商店	914	1.8	5.2
室内-硬隔离办公室	900	3.0	7.0
室内-软隔离办公室	900	4.4	9.6
室内-软隔离办公室	1900	4.6	14.1
室内-工厂(视距)	1300	1.6～4.0	3.0～5.8
室内-工厂(视距)	4000	4.1	7.0
室内-郊区住宅	900	3.0	7.0
室内-工厂(有障碍的)	1300	3.3	6.8
室内-工厂(有障碍的)	4000	4.1	9.7
室内-同层办公室	914	3.27～4.76	5.2～14.9
室内-整幢楼内办公室	914	3.54～4.33	13.3～14.8
室内-侧楼内办公室	914	4.01～4.68	4.4～8.1
室内-平均	914	3.14	16.3
室内-穿越一层楼	914	4.19	5.1
室内-穿越两层楼	914	5.04	6.5
室内-穿越三层楼	914	5.22	6.7

(引自[9])

所谓的地平距离是指这样的一段范围，在此范围之外，发射机与接收机之间不再有视距存在。假定地球是一个平滑的球体，该地平距离可由式(4.30)来算出。该式是由简单的几何原理而推得的。

$$r_h^2 = (R_e + h)^2 - r^2 \tag{4.30}$$

即

$$r_h = \sqrt{2R_e h + h^2} \tag{4.31}$$

式中 R_e 为地球半径(km)，h 为发射机所架设的高度(m)，而 r_h 为地平距离(km)。相对于 R_e，h^2 常可被忽略，因此，有

$$r_h = \sqrt{2R_e h} \tag{4.32}$$

图4.6已表示出这类距离，其中假设地球是一个具有有效半径 R_e 的球体。

假设地球为一个半径为3960英里的球体，在20 000英尺高的飞机能覆盖的地平距离为173英里。由于在VHF(30～300 MHz)及其以上的频率范围内，接近地表面的大气层会对穿过其间的无线电波产生折射，如图4.7所示。该折射的净效应就是使地球的有效半径约增加1/3，因此，式(4.32)中更适合 R_e 的取值应为4/3 R_e，即5280英里。该计算结果称为无线电视距(RLOS)。然而，这4/3因子并不总是适用的。对亚折射情形，大气层中无线电波的弯曲总是小于正常情形。而在超折射中，该无线电波比正常的波弯曲得更厉害，因而传播路径长度也比正常值长。利用相似原理，假定一个4/3的地球模型与平滑的地表面，只要发射机与接收机相互处于如下所示的距离 d 之内，那么它们就处于无线电视距范围内。

$$d = \sqrt{2h_T} + \sqrt{2h_R} \tag{4.33}$$

式中 d 的单位为英里，h_T 与 h_R 以英尺为单位。由此可得，如果发射机天线处于20英尺高度，接收机的天线是50英尺高，那么对应的无线电视距即为16.3英里。然而，当对接近地表面的发射机与接收机应用上式时，应当加以注意，这是因为地球表面并不是平滑的，取决于电波的频率，传播时遭遇的障碍物会(也经常会)减小这种视距范围，甚至还会完全阻止这种信号传播。另一方面，一些复杂情形，诸如来自地球表面的边缘绕射与反射则会增强接近地面的信号传播。

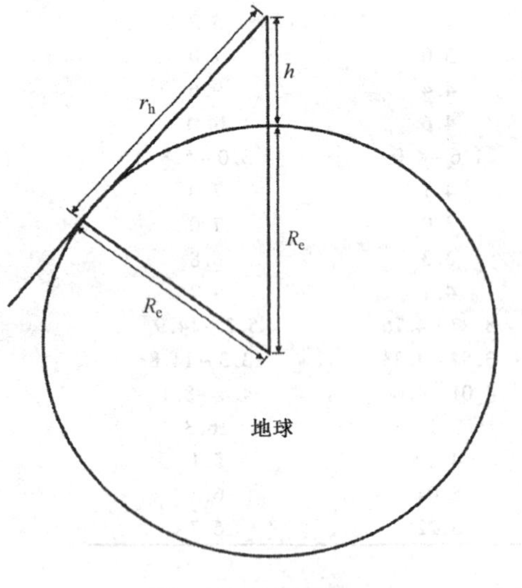

图4.6 地平距离

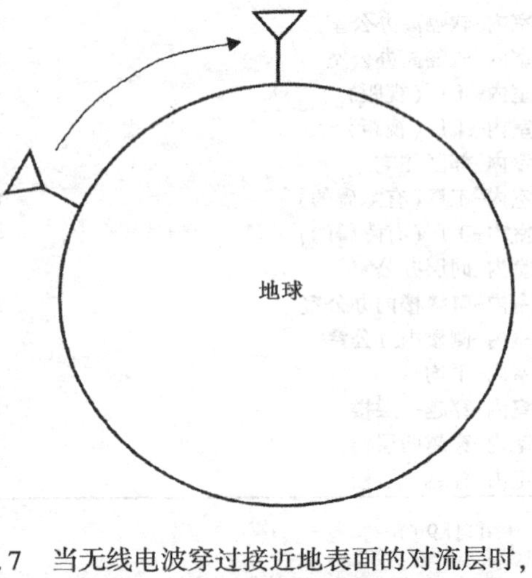

图4.7 当无线电波穿过接近地表面的对流层时，会产生折射，从而引起传播距离范围的延伸

4.7.2　地表面波

在约低于 50 MHz 的频率范围内，有一种称为地表面波的传播模式。这种波沿着地表面往外传播至一个相当远的距离，它取决于不同的传播环境，也是由于空中与地面的折射率之差而造成的。在较高的频率上，对应的衰减也较大，以至于不支持这种传播模式。该传播模式如图 4.8 所示。

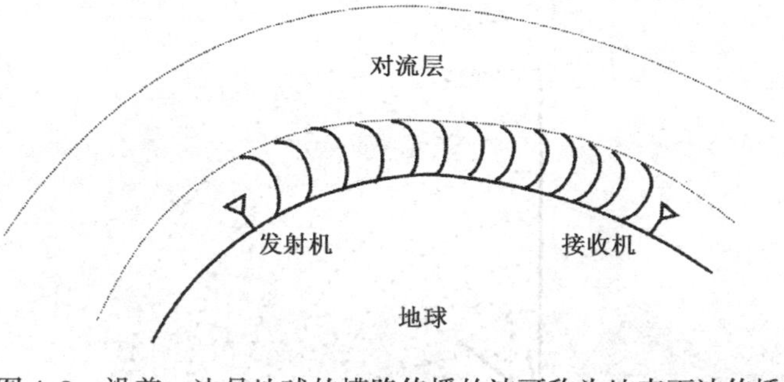

图 4.8　沿着一边是地球的槽路传播的波可称为地表面波传播

当地表面波沿着地面上方传播时，该波的电场分量就会在地面上感应出一个电压。此感应的电压会引起波能量的消耗，因此，随着波向前传播，它也就逐渐会衰减。为了使这种衰减最小，必须要降低感应电压的电平。通过采用垂直极化的波，它可使电场分量与地面的接触最小，从而可实现降低感应电压的电平。采用水平极化，电场分量与地表面平行，因此，这两者之间的接触也达到最大化。然而，地表面波从离开发射机以后在一个很短的距离内就完全被衰减了。因此，对于地表面波传播，垂直极化远比水平极化强。

波在地面传播最慢时会使得波的前端产生倾斜，如图 4.9 所示。此外，频率越高，波前倾斜就越快。因此，地表面波随着频率增加而尽快衰减。相反地，在很低的频率处，波前的倾斜角会与地球的曲率相等，那么地表面波就会传播至很远的距离。

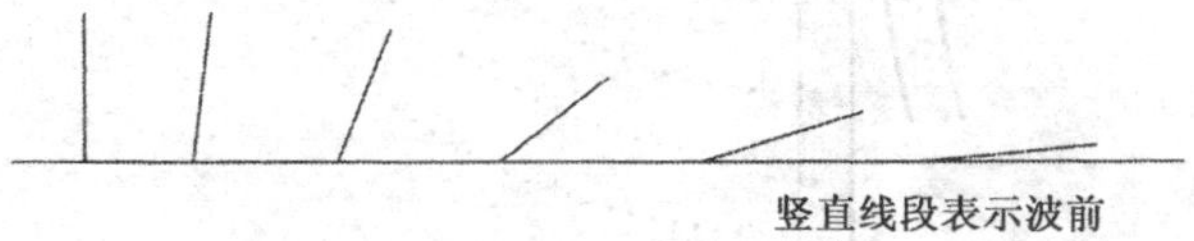

图 4.9　当波沿地面传播时波前发生倾斜

4.8　波的绕射

自然界中的波绕射现象是波传播而撞击物体边缘时引起的。此时，波中的部分能量似乎被边缘弯曲而偏离原方向传播。这样，在波原传播方向上的能量就会发生一些改变。在 VHF 及其以上的频段，波的绕射可用于解释一种结果：即使在发射机与接收机之间存有较大的障碍物时，信号仍可能被接收。

当无线电波遭遇一个障碍时，Huygen 原理的一种物理现象可解释波绕射的发生。此原理指出波前上的每个源会产生次波前，被称为小波。这些小波群的矢量之和则可构成一个新的波前，这类小波的幅度随 $(1+\cos\alpha)$ 变化，其中 α 为小波方向与原传播方向之间的夹角①。由

① $\alpha=180°$——译者注。

此可见，具有最大幅度的小波就在波的传播方向上，并且在波的传播反方向上的幅度为零。图 4.10 就表示了这类波产生原理，尤其是如图中 A 点与 B 点所示。

由此看来，障碍物并不完全阻碍接踵而来的信号。假定该障碍物的厚度足够小，以至于由其末端引起的任何影响均为次要的。在离障碍物较远的地方，图 4.10 中的底部电场 E 已翻转 180°。在接收机天线处，一些情况就具备了接收障碍物后面信号的能力。

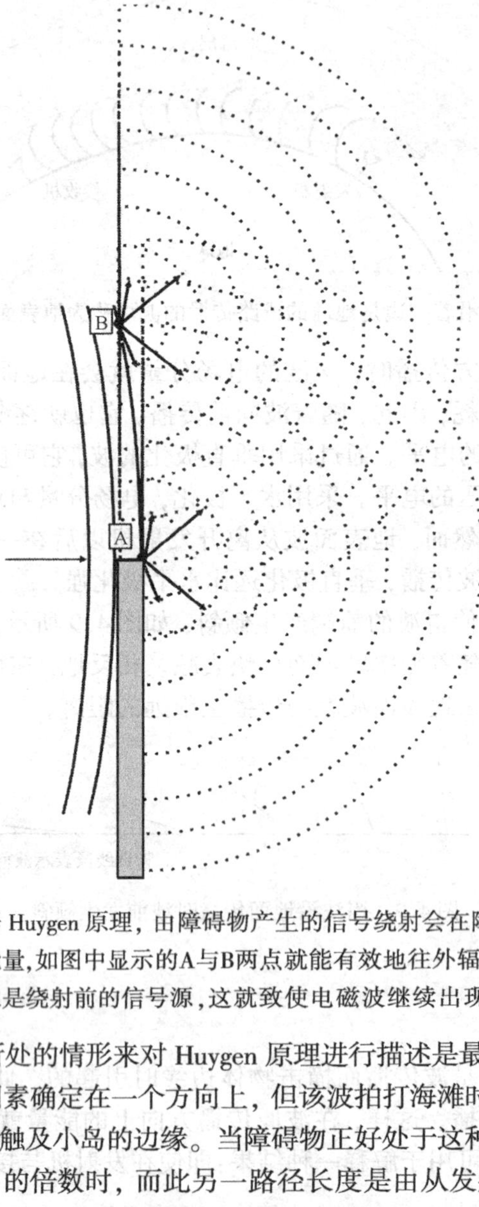

图 4.10　根据 Huygen 原理，由障碍物产生的信号绕射会在障碍物后产生信号能量，如图中显示的A与B两点就能有效地往外辐射波，这两点就好像是绕射前的信号源，这就致使电磁波继续出现在障碍物之后

用海洋中的一个小岛所处的情形来对 Huygen 原理进行描述是最显而易见的。即使在那一点的波预先由风或其他自然因素确定在一个方向上，但该波拍打海滩时，与在该点的所有波一样几乎是与海滩垂直的，并不会触及小岛的边缘。当障碍物正好处于这种位置，以至于直接传播路径与另一路径长度之差为 $\lambda/2$ 的倍数时，而此另一路径长度是由从发射机至障碍物的路径长与从障碍物至接收机的路径长组成。因此障碍形成的绕射将趋向于抵消达到接收机端的直接路径信号。产生这一结果的原因是那一部分未被障碍物阻挡的信号会在障碍物后产生与直接路径信号相差π弧度(反相)的信号矢量。将图 4.10 中描述的情形再结合障碍物厚度对波传播无影响的假设，即为熟知的尖端边缘绕射现象。当传播时所遇障碍物具有一定的厚度时，那么其边缘对波的衰减就比尖端边缘时要高很多。当然，绕射效应也会发生在高山这类障碍物之后。

4.9　反射波

大地与其他的大面积表面(大面积“大”是相对于信号波长而言的)可以反射电磁波。反射波也能传播到接收机的天线端，但与直射波的相位不同。在它们的相位差为 180°时，就会引起相当大的信号衰减，这取决于反射波相对于直射波的幅度。这类反射会以许多方式发生:一种是当发射机和/或接收机接近地表面时，波却反射离开地面;另一种反射形式是从附近的金属物体反射出，如接近发射机和/或接收机的旋风防护金属篱。电视机上出现的重影现象(当该电视机只连接到一般的电视天线而不是有线电视或卫星天线时)就是这种反射的体现。对这种情形，反射波比直射波的接收稍微迟了一点，从而引起图像稍微有点延迟。通过设置路径差等于一个常数而产生的几何形状是一个椭球体(三维的椭圆形)，并将两个天线置于该椭球的焦点上。设置路径差等于 $k\lambda/2$(k 为某一整数)时，这就产生了菲涅耳带。$k = 1$ 时它为第一菲涅耳带。这些概念已在图 4.11 中清晰地示出。令 $\delta_r = d_R - d_D$，则菲涅耳带可定义为

$$\delta_r = k\frac{\lambda}{2} \qquad k = 1, 2, \cdots \tag{4.34}$$

在多数情况下，一般只需考虑第一菲涅耳带。

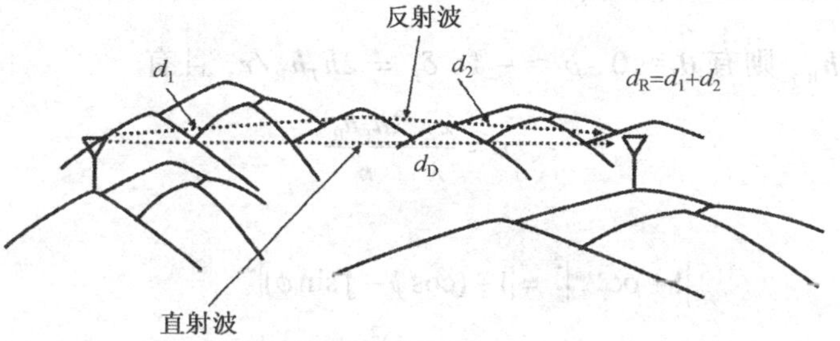

图 4.11　接收机上含有较大反射成分的电磁波，此时的反射波来自于远处的一座山

偏离物体的信号反射对所接收信号的电平也有影响。在低反射入射角的情况下(当路径距离很大地偏离地球的反射情形，即一种重要的情形)，偏离地面的反射波在垂直与水平极化上均会产生一个π弧度的相移。一个经验准则可用于确定在什么距离处这种反射会使传播从 $n = 2$ 至 $n > 2$ [参见式(4.27)]变化。该准则为

$$d_t = \frac{4h_T h_R}{\lambda} \tag{4.35}$$

式中 h_T 为发射机天线高度，h_R 为接收机天线高度，λ为波长，均采用相同的单位。由上式估算所得距离对应着第一菲涅耳带首次与反射点相触的距离。在该距离之外，信号在此反射点处掠过地面并且给接收信号破坏性地添加了一个常数 π 弧度的相移。由于这种破坏程度是由各自信号的幅度来确定的，因此反射点的特性(是平滑的还是粗糙的地表面与树木植被)是非常重要的。

借助于图 4.12 可对偏离地表面的无线电反射波进行分析。为简便起见，假设在发射机与接收机之间地面区域是平坦的。由接收机天线接收到的直射波与反射波功率为

$$P_{total} = P_{direct}\left|1 + \rho e^{-j\phi}\right|^2 \tag{4.36}$$

式中 ρ 是反射点的反射系数，接收机端直射波与反射波之间的相位差 ϕ 为

$$\phi=\omega\frac{\delta_r}{c}=2\pi f\frac{\delta_r}{c}=2\pi\frac{c}{\lambda}\frac{\delta_r}{c} \tag{4.37}$$

式中 δ_r 是这两种波之间路径长度差。由此可得

$$\phi=2\pi\frac{\delta_r}{\lambda} \tag{4.38}$$

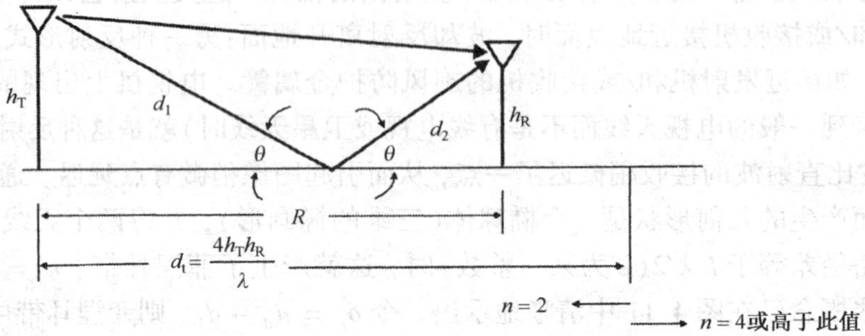

图 4.12　d_t 为波首次触及平坦地面的距离。第一菲涅耳带可定义为在直射路径周围的区域，在此区域中经 d_1 与 d_2 距离传播的波恰好与直射波的相位相反（相位差为180°）。在距离 d_t 之外，如图中所示，衰减指数 n 变化范围是2～4或更高

如果 $r \gg h_T$ 或 h_R，则有 $\theta \approx 0$，$\rho \approx -1$，$\delta_r = 2h_Th_R/r$，且有

$$\phi\approx\frac{2\pi}{\lambda}\frac{2h_Th_R}{r} \tag{4.39}$$

现在可得

$$\begin{aligned}\left|1+\rho e^{-j\phi}\right|^2&=\left|1-(\cos\phi-j\sin\phi)\right|^2\\&=(1-\cos\phi)^2+\sin^2\phi\\&=(1-2\cos\phi+\cos^2\phi+\sin^2\phi)\\&=(2-2\cos\phi)\\&=2-2\cos\left(\frac{2\pi}{\lambda}\frac{2h_Th_R}{r}\right)\end{aligned}$$

因此，有

$$\frac{P_{\text{total}}}{P_{\text{direct}}}=2-2\cos\left(\frac{2\pi}{\lambda}\frac{2h_Th_R}{r}\right) \tag{4.40}$$

图 4.13 给出了式(4.40)的曲线。对于给定频率 1850 MHz 上的 $h_T = 30$ m 与 $h_R = 2$ m 的参考值，它是以相对于直射波的分贝数而画出的。当 r 值很小时，总的功率剧烈振荡，但在发射机与接收机之间的较长距离内，该功率以正比于 $1/r^4$ 的速率下降。下面将解释引起这一问题的原因。对较小的 ϕ，$\cos\phi \approx 1-\phi^2/2$，则有

$$\begin{aligned}\left|1+\rho e^{-j\phi}\right|^2&=2\left(1-1+\frac{\phi^2}{2}\right)\\&=\phi^2\\&=\left(\frac{2\pi}{\lambda}\frac{2h_Th_R}{r}\right)^2\end{aligned} \tag{4.41}$$

因此，有

$$|1+\rho e^{-j\phi}|^2 \approx 16\left(\frac{\pi}{\lambda}\frac{h_T h_R}{r}\right)^2 \quad (4.42)$$

与

$$P_{total} = \frac{P_T}{4\pi r^2}\frac{\lambda^2}{4\pi}16\left(\frac{\pi}{\lambda}\frac{h_T h_R}{r}\right)^2 = \frac{P_T}{r^4}(h_T h_R)^2 \quad (4.43)$$

它适用于全向天线。注意，总功率是与频率无关的。此外，总功率值随天线高度的平方而增加，但随距离的四次方而减小。

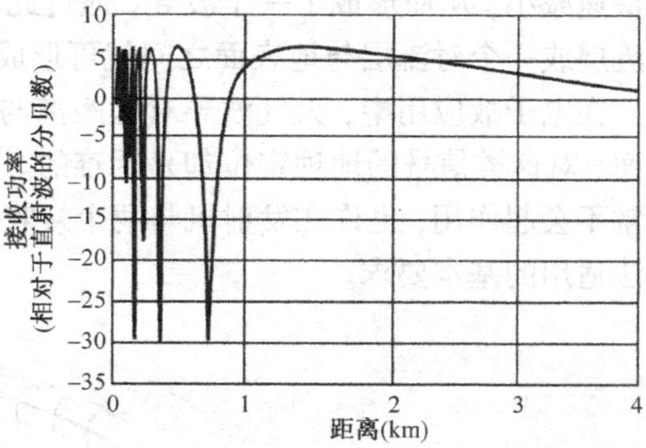

图 4.13　由直射波与地面反射波相互作用而接收的功率

当同时考虑发射机与接收机天线增益时，上述表达式(具有 G_{TR} 与 G_{RT}，它们是在相互方向上相对于全向的增益)变成

$$P_{total} = \frac{G_{TR}G_{RT}P_T}{r^4}(h_T h_R)^2 \quad (4.44)$$

该式常被称为两射线模型。尽管式(4.43)中，接收到的功率与频率无关，但当把天线增益纳入考虑范围时，该功率就变得与频率有关，这是因为天线增益与频率有关。

当采用该式来求所有距离上的接收功率时，它会在求解距离范围内的功率上产生低估值。然而，在式(4.35)给定的距离 d_t 之外，它还是能较准确地反映出所接收的总功率。而在近距离范围内，传播损耗增加，具有 $n = 2$，并且两天线足够接近以至于天线的高度并不起作用。这种传播等效于自由空间的传播。

图 4.14 给出了频率为 100 MHz 以及反射偏离地面时的反射幅度特性曲线。从图中可看出，水平极化的波经受的幅度衰减要比垂直极化信号的衰减少很多。图 4.15 还给出了反射相位的特性曲线。它表明，一个水平极化波总是会有 180°的相移，而一个垂直极化的波仅当入射角小于 12°左右时才会有一定的相移。作为陆基通信系统电子战系统，设计基本感兴趣的部分就是考虑低入射角情形，典型地低于 10°，而对于机载系统，其入射角则可大大超过此值。

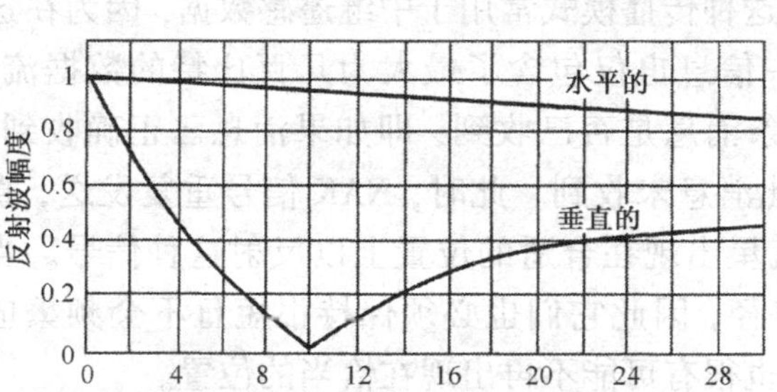

图 4.14　反射波的振幅特性

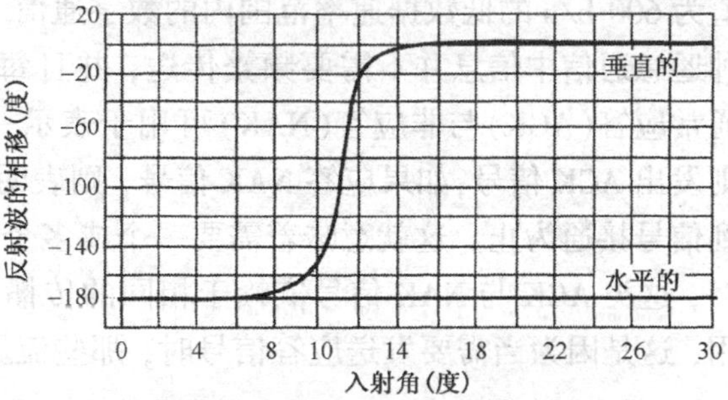

图 4.15　反射波具有的相移特性

4.10　大气波导传播

有一种称为“大气波导”的现象出现，在 VHF 及其以上频段的信号可以比无线电视距信号(RLOS)传播得远很多。实质上，这类信号在对流层区域中经反射偏离，而该区域中的折射指

数快速减小，从而形成了一个波导，通过此波导，这些信号将得以传播，如图4.16所示。两个对流层或一个对流层与地表面之间就可形成这类波导。

在电子战应用中，大气波导对远距离与甚远距离场站间的电子支援是非常有用的。另一方面，对这类信号的地理定位却是困难的。这是因为三角测量法(将在11.3节对其进行定义)通常不会起作用，也许在发射机与两个接收点之间不会同时存在这类波导，从而达不到三角测量法适用的基本要求。

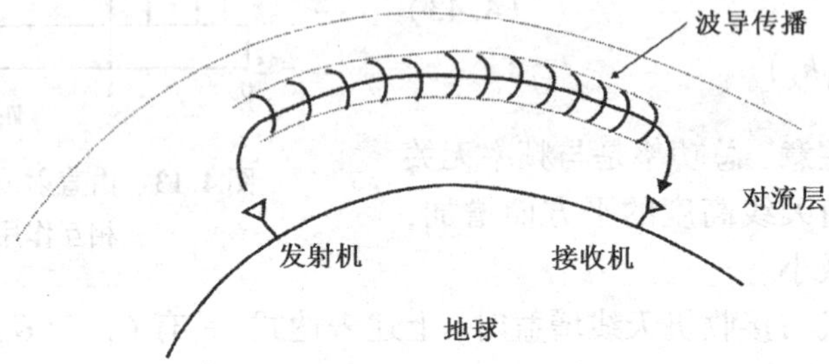

图4.16 大气波导传播就是信号在两个对流层间的传播。通过此种传播方式，信号可穿越相当远的距离

4.11 流星余迹

流星余迹这种形式的通信依赖于每日落入地球大气层的成千上万上的流星[10]，也可归类为一种反射模式。在约30～50 MHz的频率范围内，这些已电离的流星尾迹就会反射无线电波。图4.17对此种现象给出了图示。

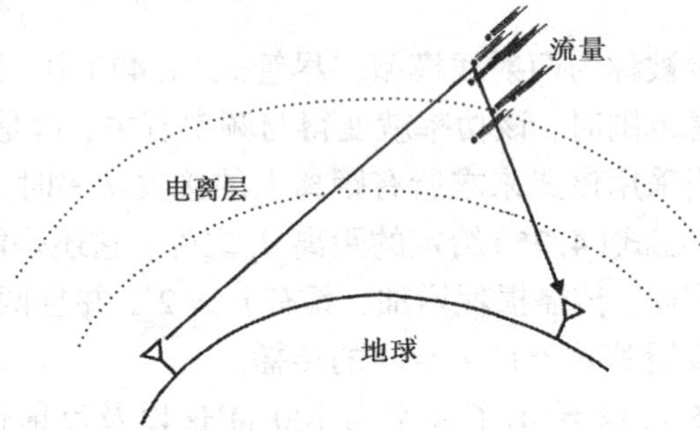

图4.17 电磁波经流星余迹传播反射而偏离流星，此时可获得相当大的传播距离，但数据传输速率相当低

对该种传播方式，信号需具有相当大的冗余度，因此，它仅对低数据速率通信是可靠有用的。由于通信被限制在较短的流星余迹上，而且这种传播媒介也仅支持上限典型值为600 b/s的低数据速率范围内的数字通信。这种传播模式常用于中继遥感数据，因为在这种遥感通信中信息并不需要频繁传送，并且每一信息也仅包含了最大为几百比特的数据流。通常应答(ACK)与非应答(NAK)可用于表示一条消息是否已收到，即如果消息已正确收到，则发出ACK信号；如果应答NAK信号，则表明此消息未收到。此时，NAK信号重复发送，直到信号接通为止。这就意味着需要一个或多个流星出现在合适的位置上以反射这种信号。当然，这类ACK与NAK信号依赖于相同的传播路径，因此它们也必须保持很短且不会频繁应用，这是因为当需要发送应答信号时，那些流星也很有可能不再出现在恰当的位置。

4.12 散射

散射波传播是由于对流层中的不规则电离而引起非均匀折射指数效应或下雨而形成的。它也可由地表面的非均匀折射指数而引起。那些外形尺寸小于一个波长的物体也会对电磁波产生散射。这类最典型常见的物体有街道标牌及电话杆，它们对在900 MHz频段范围内的移动电话(λ= 0.3 m)或在1800 MHz 范围(λ= 0.15 m)的个人通信系统(PCS)信号均会产生散射。在约4~5 GHz 的频率范围,有一种为人们熟知的可靠的对流层散射传播现象。一个无线电波利用散射传播,通过具有正确指向的发射天线与接收天线系统,从而实现在很远距离内的散射通信,这种散射通信传播特性如图 4.18 所示。从图中可知,发射信号在这一区域内弯曲散射,该区域内天线波束交叠而相互作用,因此,该无线电波在本质上还是从该区域内产生反射的。

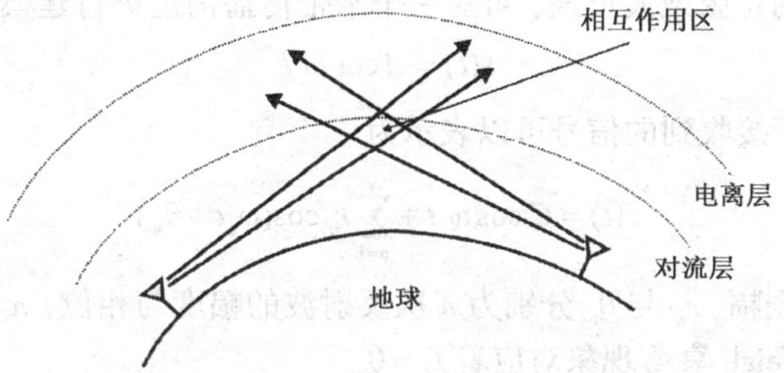

图 4.18 对流层散射传播依赖于对流层内共同区域上的两个天线波束的相互作用,这种类型的传播可能发生在4~5 GHz范围内

4.13 信号衰落

本节简单概述信号衰落现象,有关它的更多内容将在第 13 章加以叙述。欲了解电子战系统的效能,重要的是要弄清信号是如何与为何衰落的。衰落是由发射机与接收机之间的多条不同传播路径的相互作用而引起的。

一般而言,某一形式的运动总要伴随信号随时间的衰落。因此,在军事的指挥与控制(C2)系统中的移动收发信机就必然要经受信号衰落过程。移动电话系统与低地球轨道卫星通信系统也会出现信号衰落。然而,不一定就是收发信机在运动过程中引起的信号衰落。在通信系统附近的大型移动物体结构,如卡车,船舶等,也会引起信号衰落。

本节首先给出信号衰落的基本特性,讨论其涉及的物理原理。然后提供几种较为重要的概率数学模型,它们可用于通信可靠性计算的系统分析中。

本节将主要围绕移动电话系统与个人通信系统展开讨论,尽管信号衰落的发生与信号频段及其类型无关。然而,由于大部分读者对移动电话系统较为熟悉,因此,这类系统就不失为较好的示例。此外,它们的工作频率足够高,从而可以便捷地推测出其衰落源效应①。最后,移动电话系统将在 21 世纪的典型市区内作战中构成一个重要目标群。

有如下几点理由令人相信在移动蜂窝系统中对信号衰落的考虑是非常有必要的。大多数移动通信系统总是用于人口稠密的市中心及其附近。在这种体系结构中,尤其是在大城市,由建筑结构引起的信号反射与阻塞就是信号衰落的罪魁祸首。一般移动基台(Base station)天线总是架设在高建筑物的顶端或塔台上,以便它们以最大可允许的功率辐射。另一方面,移动天线,即移动电台(Mobile station)远低于周围的高建筑物,并且能接收的功率电平受到较严格的控制,至少某些类型的系统如此。

---

① 在蜂窝移动频段内的单个或几个波长(其数量级为 m)的范围内,这种效应是可观测的。

无线电通信衰落现象主要是由于来自表面对电磁波的散射和在建筑物周围及其以上对电磁波的绕射这两方面引起的。因此，系统设计的目标就是要使接收的功率电平达到足够强，以克服每一通信链路中的背景噪声，并且使其对工作在相同频率上的但较远的其他通信链路的干扰最低。

4.13.1 信号模型

考虑一个已发射的正弦载波形式，可对一个窄带传播信道进行建模

$$s(t)=A\cos\omega_{c}t \tag{4.45}$$

经 Rayleigh 多径信道所接收到的信号可以表示为

$$r(t)=C\cos\omega_{c}t+\sum_{n=1}^{N}r_{n}\cos(\omega_{c}t+\theta_{n}) \tag{4.46}$$

式中 C 为视距分量的振幅，r_n 与 θ_n 分别为 n 次反射波的幅度与相位，$n=1$，…，N 对应着反射的散射波。注意，Rayleigh 衰落现象对应着 $C=0$。

4.13.2 衰落类型

多重传播路径会在接收端产生信号衰落效应，这取决于这些传播路径的特性。一个已接收的窄带信号会经历快衰落以及慢衰落过程。在任何指定的时刻，存在着大多数这种多径信号。快衰落与慢衰落特性如图 4.19 所示。

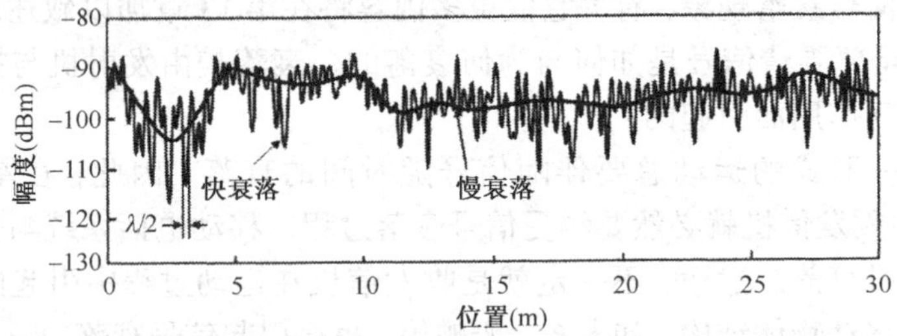

图 4.19 快衰落与慢衰落

图 4.20 分别给出了信号的反射、阻塞与散射效应所做的例证。随着移动系统(MS)沿着街道的移动，信号在大约半个波长 $\lambda=c/f$ 的距离上就会产生快速变化(其中 c 为光速)。图 4.20 给出了频率 $f=910$ MHz($\lambda=32$ cm)的示例。在几米的距离内，信号会变化 30 dB 或更多。在短至 $\lambda/2$ 的距离上，信号也许还会变化 20 dB。在一个小范围内①，当信号产生快速起伏时，就会出现快衰落。在 MS 移动的空间内，多路径传播会形成一个干扰模式。当信号从多种方向传播至一个水平面时，在所有传播方向上都会经历快衰落。

偏离建筑物或处于发射机或接收机附近的大型结构物的反射均将引起信号中间值的变化，围绕这一中间值信号会产生迅速的波动起伏。这种信号的变化是由建筑物大小尺寸来决定的，被称为遮蔽衰落，即慢衰落，或对数正态衰落。

如果在一个比发射信号频带宽的信道内具有常数增益与线性相位响应，那么在该信道内

① 快与慢是指相对于发送符号持续的时间。

会产生慢衰落。具体地讲，当发射信号带宽 B 远小于信号的相干带宽 B_c 时①，即 $B \ll B_c$，信号就会出现慢衰落现象。慢衰落效应会减小通信系统的信噪比(SNR)。

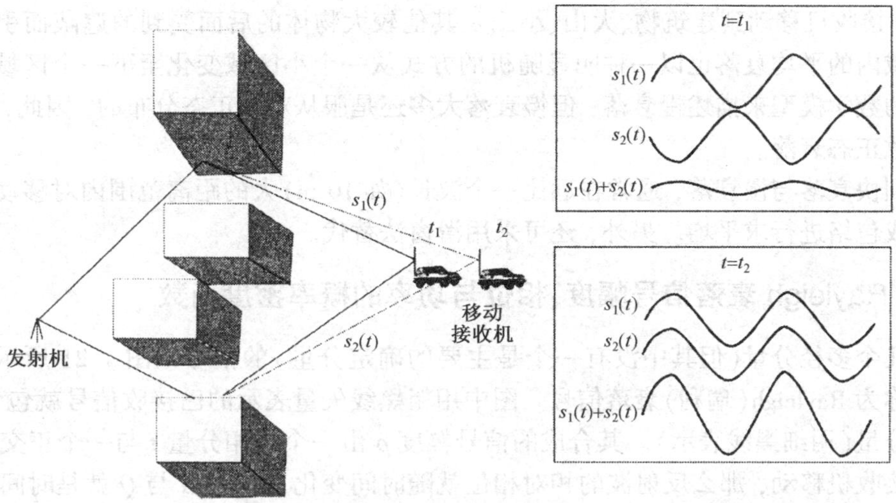

图 4.20　由偏离较大物体的反射而形成的多路径信道。如果其中一个或多个反射物体，或发射机，或接收机(图中为接收机)正在移动，那么其衰落是非平稳的

4.13.2.1　快衰落

如果信道脉冲响应在码元符号持续期间内迅速变化，则会产生快衰落。这种情形可对应为：信道相干时间 T_D ②远比发射信号的符号周期 T 短，即 $T_D \ll T$。由于多普勒扩展形成的信道对于不同频率的作用不同，也就引起了频率分散，即时间选择性衰落。快衰落已在图 4.19 中得以描述，图中考虑了通信过程中所在的物体反射与相对于那些物体而移动的系统。接收信号是来自局部表面反射的若干个信号之和，这些信号在接收机端是创建性地还是破坏性地加在一起，取决于它们相对相位移而引起的。而这种相位关系又依赖于移动的速度、传输频率与相对路径长度。

图 4.20 给出了一个移动反射物体会引起衰落效应，但图中任何或所有的构建部分也许都在移动，从而都会经历衰落效应。发射机可以移动到建筑物后面或移动到一个点，与在该点上偏离建筑物的反射是完全不同的。同样，尽管建筑物通常总不移动，但一辆带挂车的卡车却在移动，并且它的尺寸与小建筑物尺寸相近。

此外，如上所述，衰落效应在某种程度上存在于每一个通信系统中。例如，电离层的移动以及由此引起的反射(实际上为折射)特性就将会促使 HF 信号经受很深的衰落，直至完全抑制通信为止。

同样对于流星余迹系统，信号是经流星反射以促成通信的。这时，在接收机端的信号电平依赖于当时能提供反射的流星的数目与大小。即使每天均有大量的流星进入地球的大气层，但能对给定的通信链路提供反射的流星数目却总是在巨变，由此又产生了变化的多条路径并形成了衰落效应。

---

① 信道的相干带宽 B_c 是近似地指一个多径信道中时延扩展的均方根值的倒数。它可以认为是这样一段频率范围，在此范围内，信道并不对频谱幅度产生多大影响，并且相位也是线性的。

② 相干时间是一个期望的时间段，在此段范围内，信道的响应基本是不变的。

4.13.2.2 慢衰落

相对快衰落现象，慢衰落是以一种缓慢地改变接收信号中间值的衰落方式。它一般是由多方面，如接收机移动到建筑物、大山、小山及其他较大物体的后面受到的遮蔽而引起的。在个别小区域内的平均衰落也以一种明显随机的方式从一个小区域变化至下一个区域。尽管还没有充分的数学模型来描述慢衰落，但慢衰落大多还是服从对数正态分布的，因此，有时称慢衰落为对数正态衰落。

要区别快衰落与慢衰落，通常在远比一个波长(如10 m)大的距离范围内对移动接收机信号的幅度或包络进行求平均。另外，还可采用滑窗法替代。

4.13.3 Rayleigh 衰落信号幅度、相位与功率的概率密度函数

包含几个多径分量(但其中没有一个是主要的确定分量)的信号如图4.21所示。这样一种信号被称为Rayleigh(瑞利)衰落信号。图中用粗黑线矢量表示的已接收信号就包含了 $N=5$ 个反射波分量(用细黑线表示)。其合成的信号幅度 ρ 由一个同相分量 I 与一个正交分量 Q 组成。如果接收机移动，那么反射波的相对相位就随时间变化，因此，I 与 Q 就是时间 t 的函数。根据勾股定理，信号幅度可表示为

$$\rho(t)=\sqrt{I^2(t)+Q^2(t)} \tag{4.47}$$

当已接收波的数目 N 变得非常大，这些随机分量各自独立并且具有相同分布(independent and indentically distributed, i. i. d)，由概率论的中心极限定理可知，当 $t=t_0$ 时，$I(t_0)$ 与 $Q(t_0)$ 为均值为零、方差为 σ^4 的高斯随机变量。那么所接收的信号为

$$r(t)=\mathrm{Re}\{\rho(t)\mathrm{e}^{\mathrm{j}\omega_c t}\}=\rho(t)\cos[\omega_c t+\theta(t)] \tag{4.48}$$

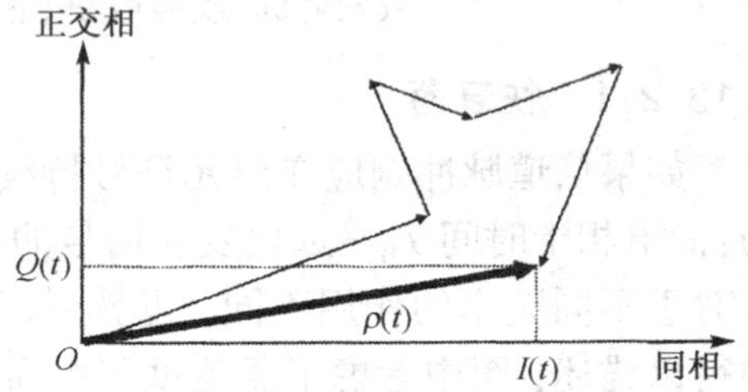

图4.21 包含多个个随机分量，且其中无主要的确定性分量的Rayleigh衰落信号

由式(4.47)给定的 $\rho(t)$ 与一个在0至 2π 之间均匀分布的相位 $Q(t)$，则有

$$f_\Theta(\theta)=\begin{cases}\dfrac{1}{2\pi}, & 0\leqslant\theta\leqslant 2\pi\\ 0, & \text{其他}\end{cases} \tag{4.49}$$

Rayleigh 幅度 $\rho(t)$ 的概率密度函数可推导如下。令 $z=x+\mathrm{j}y$，其中 x 与 y 具有相同的分布，即具有均值为零、方差为 σ^2 的高斯分布。那么 x 与 y 的联合概率密度函数为

$$f_W(w)=\frac{1}{\sqrt{2\pi\sigma^2}}\exp\left(-\frac{x^2+y^2}{2\sigma^2}\right) \tag{4.50}$$

注意，$|z|=\sqrt{x^2+y^2}$，以便当 $x=I(t)$ 与 $y=Q(t)$ 时，则有 $\rho=|z|$。由于 x 与 y 具有高斯分布的性质，那么 $(x^2+y^2)/2<w$ 的概率(其中 w 为功率值)是

$$F_W(w)=\frac{1}{\sqrt{2\pi\sigma^2}}\iint\limits_{x^2+y^2<2w}\exp\left(-\frac{x^2+y^2}{2\sigma^2}\right)\mathrm{d}x\mathrm{d}y \tag{4.51}$$

将上式转换成极坐标形式

$$\mathrm{d}x\mathrm{d}y = \rho \mathrm{d}\rho \mathrm{d}\theta \tag{4.52}$$

可得到

$$F_{\mathrm{W}}(w) = \frac{1}{\sqrt{2\pi\sigma^2}} \int_0^{2\pi} \mathrm{d}\theta \int_0^{\sqrt{2w}} \rho \exp\left(-\frac{\rho^2}{2\sigma^2}\right) \mathrm{d}\rho \tag{4.53}$$

由此可得

$$F_{\mathrm{W}}(w) = 1 - \exp\left(-\frac{w}{\sigma^2}\right) \tag{4.54}$$

此乃所接收信号功率 w 的指数分布，即为广泛熟知的 Rayleigh 分布函数，对式(4.54)相对于变量 w 求导数，可得出

$$f_{\mathrm{W}}(w) = \frac{1}{\sigma^2} \exp\left(-\frac{w}{\sigma^2}\right) \tag{4.55}$$

因此，瞬时功率 w 具有以上的指数概率密度函数。

在幅度 ρ 的概率密度与功率 w 的概率密度之间进行转换，并要求

$$|f_{\mathrm{P}}(\rho)| = |f_{\mathrm{W}}(w)| \tag{4.56}$$

由 $w = \rho^2/2$，因而 $\mathrm{d}w = \rho \mathrm{d}\rho$，通过该变换，可得到

$$f_{\mathrm{W}}(w) = f_{\mathrm{P}}(\sqrt{2\rho}) \left|\frac{\mathrm{d}\rho}{\mathrm{d}p}\right| = \frac{1}{\sigma^2} \exp\left(-\frac{p}{\sigma^2}\right) \tag{4.57}$$

幅度的概率密度函数为

$$f_{\mathrm{P}}(\rho) = \frac{\rho}{\sigma^2} \exp\left(-\frac{\rho^2}{2\sigma^2}\right) \tag{4.58}$$

对于 $\rho > 0$，上式为熟知的 Rayleigh 概率密度函数。关于这类函数的更多讨论将在本书附录 A 给出。

4.13.4　Rice 衰落信号幅度、相位与功率的概率密度函数

Rice 衰落模型与 Rayleigh 衰落模型相似，仅有一点例外的是，前者具有一个强势的主要分量存在，如图 4.22 所示。该强势主要分量可以是视距信号，或者还有可能是两个或更多主要分量的相量之和，如视距信号再加上一个地面反射信号。这种组合的信号通常可视为是一个确定性的过程。此主要波分量在接收机或发射机移至一个较大障碍物之后，也可能经受遮蔽衰减。这种模型通常较适用于卫星信道，除了接收主要分量之外，移动天线还接收大量的反射波与散射波，如图 4.23 所示。

Rice 衰落是一种较适用于描述车辆间通信信道的模型，常用于军事上的目标。它也是一种适用于很小蜂窝移动系统(微蜂窝移动信道)的较好模型。在这种通信系统中，移动系统离基台足够近以便较好地接收主波分量。Rice 衰落还适用于室内传播信道与卫星信道的较好模型，因为这两种信道中均典型地存有一个较强的折射波分量。

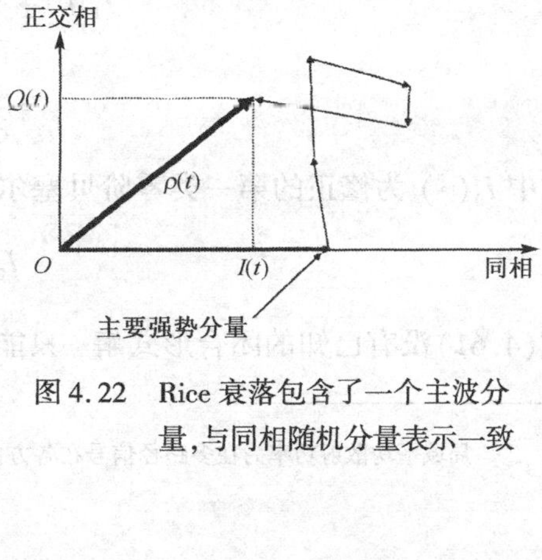

图 4.22　Rice 衰落包含了一个主波分量，与同相随机分量表示一致

图 4.22 中表示的主要分量是一个同相分量。与

Rayleigh 衰落情形相似的是，接收到的多径信号的同相与正交分量是相互独立且具有相同分布的高斯随机变量。然而，在 Rice 衰落中，至少有一个分量的均值是非零的，这是由于它其中包含着一个强势确定波分量。

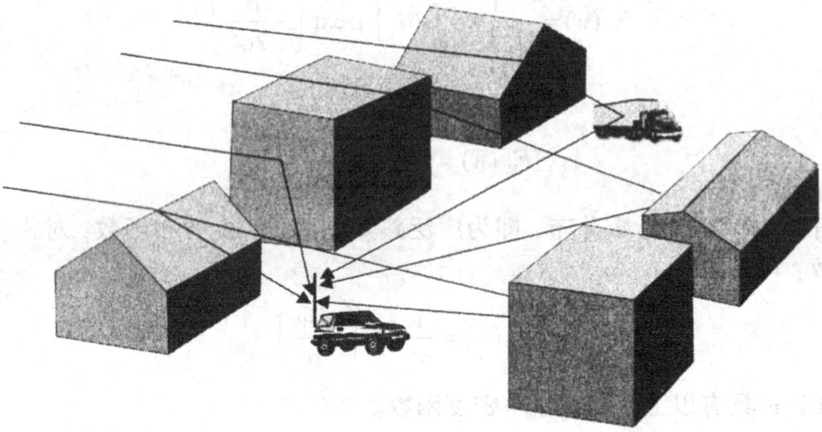

图 4.23　反射——在这种情形中就没有直射信号。每一个信号被绕射，或者被反射，或者同时经历这两种情况

4.13.4.1　Rice 信号幅度的概率密度函数

适用于 Nakagami 衰落的模型也可用来近似 Rice 幅度的概率密度函数。然而，Nakagami 衰落与 Rice 衰落在深度衰落方面的特性有着根本的不同。对于推测深度衰落时的概率，着重考虑在均值附近的衰落表现时，这两种衰落模型是较为接近的，此时的误差在其幅度的数量级上。

信号幅度 $\rho(t)=\sqrt{I^2(t)+Q^2(t)}$ 的概率密度函数可通过衡量在特定时刻 t_0 的随机过程 $I(t)$ 和 $Q(t)$ 的特性来确定。正如对 Rayleigh 模型一样，如果散射波的数目足够大，并且它们是各自独立且具有相同的分布，根据中心极限定理，则有 $I(t_0)$ 与 $Q(t_0)$ 值是高斯变量。然而，由于确定性的主要分量存在其中，因而，这两者之一或者同时两者的均值均不再为零。通过将其转换成极坐标形式，可得该振幅－相位的联合概率密度函数[11]

$$f_{\mathrm{P},\Theta}(\rho,\theta)=\frac{\rho}{2\pi\sigma^2}\exp\left(-\frac{\rho^2-2C\rho\cos\theta+C^2}{2\sigma^2}\right) \tag{4.59}$$

式中 σ^2 是局域平均的散射功率①，$C^2/2$ 是主波分量功率。振幅的概率密度函数可通过对式(4.59)在所有可能相位值区间内的积分而求得

$$\begin{aligned} f_{\mathrm{P}}(\rho) &= \int_{-\pi}^{\pi} f_{\mathrm{P},\Theta}(\rho,\theta)\,\mathrm{d}\theta \\ &= \frac{\rho}{\sigma^2}\exp\left(-\frac{\rho^2+C^2}{2\sigma^2}\right) I_0\left(\frac{C\rho}{\sigma^2}\right) \end{aligned} \tag{4.60}$$

式中 $I_0(\cdot)$ 为修正的第一类零阶贝塞尔函数，定义如下

$$I_0(x)\triangleq\frac{1}{2\pi}\int_{-\pi}^{\pi}\mathrm{e}^{x\cos\theta}\,\mathrm{d}\theta \tag{4.61}$$

式(4.61)没有已知的闭合形式解，只能通过数值计算求解。

---

① 局域平均散射功率为在多路径信号在各方向上的功率之平均。

Rice K 因子

Rice K 因子定义为主波分量的信号功率与局域平均散射功率之比。在接收信号的表达式中，视距传播分量的功率是 $C^2/2$，由此可得①

$$K \triangleq \frac{C^2}{2\sigma^2} \tag{4.62}$$

总的局域平均功率为视距方向上的功率与局域平均散射功率之和，即

$$\bar{w} = \frac{1}{2}C^2 + \sigma^2 \tag{4.63}$$

局域平均散射功率为 $\sigma^2 = \bar{w}/(K+1)$，视距传播分量的振幅为

$$C = \sqrt{2K\bar{w}/(K+1)} \tag{4.64}$$

在发射与接收天线之间有一个畅通无阻的视距传播的室内(indoor)信道，K 因子介于中间值，如在4 ~ 12 dB 之间。由于在 Rayleigh 衰落中，无主波分量存在，因而 $C=0$，从而致使 $K=0(-\infty\ \mathrm{dB})$。

采用局域平均功率 $\bar{w}$ 与 Rice K 因子表示，信号幅度的概率密度函数可表示为

$$f_P(\rho) = (1+K)e^{-K}\frac{\rho}{\bar{w}}\exp\left(-\frac{1+K}{2\bar{w}}\rho^2\right)I_0\left(\sqrt{\frac{2K(1+K)}{\bar{w}}}\rho\right) \tag{4.65}$$

令 $p = \rho^2/2$，那么 $dp = \rho d\rho$，由于 $f_w(w)dw = f_P(\rho)$，则有

$$f_W(w) = \frac{(1+K)e^{-K}}{\bar{w}}\exp\left(-\frac{1+K}{\bar{w}}w\right)I_0\left[\sqrt{4K(1+K)\frac{w}{\bar{w}}}\right] \tag{4.66}$$

对于给定一些典型的 K 值，Rice 幅度的概率密度函数如图 4.24 所示。

4.13.4.2 Rice 相位的概率密度函数

假定在 Rice 衰落中的相位在 $[0, 2\pi)$ 间满足均匀分布。事实上这一假设是不确切的。Rice 衰落相位的概率密度函数可为

$$f_\Theta(\theta) = \frac{1+2\sqrt{\pi}e^{4k\cos^2(\theta-\phi)}}{2\pi e^{4k}}\{1+\mathrm{erf}[2\sqrt{k}\cos(\theta-\phi)]\} \tag{4.67}$$

式中 erf(·)为误差函数②；$k \geqslant 0$ 为 Rice 衰落参数；ϕ 为相位，取决于正交主波分量与同相主波分量之比。如果它们的模数一致，则有 $\phi = \pi/4, 3\pi/4, 5\pi/4, 7\pi/4$。

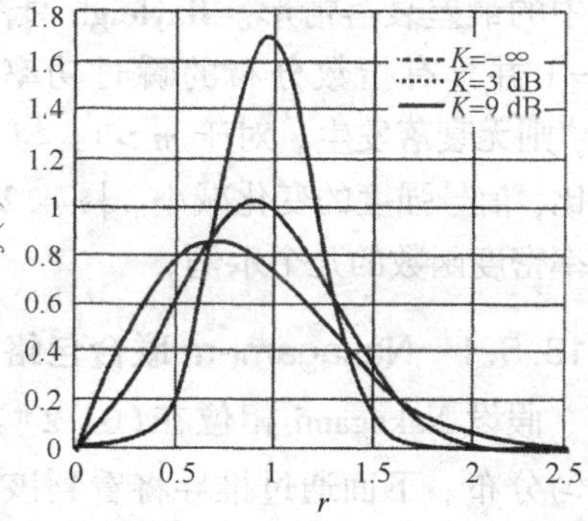

图 4.24　Rice 幅度衰落功率密度函数

① 在一个模型[14]中，K 因子分布确定为对数正态分布，它是时间、季节、天线高度、天线波束宽度与距离的中值函数，即

$$K = F_s F_h F_b k_o d^\gamma u$$

式中 F_s 为季节因子，在夏季 $F_s=1$，在冬季 $F_s=4.5$；F_h 为接收天线高度因子 $=(h/3)^{0.46}$，h 的单位为 m；F_b 为天线波束宽度因子 $=(b/17)^{-0.62}$，b 的单位为度；d 为距离，单位为 km；γ 是指数 = −0.5；K_o 为 1 km 截获 = 10 dB；u 是零均值对数正态方差，在该区域上具有 8.0 dB 的标准偏差。

② 误差函数可表示为

$$\mathrm{eft}(z) \triangleq \frac{2}{\sqrt{\pi}}\int_0^z e^{-t^2}dt$$

图4.25给出了在不同参数范围时Rice相位分布的波形形状。图4.25还显示了恒定均匀$1/2\pi$的曲线，显然，对恒定均匀的假设是不确切的。

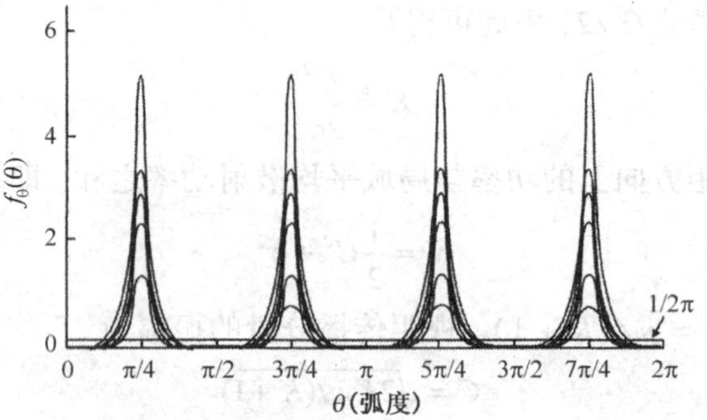

图4.25 Rice相位功率密度函数

4.13.5 Nakagami-m衰落信号幅度、相位与功率的概率密度函数

在多径传播信道中接收信号的幅度也常用另一种模型来描述，即Nakagami-m分布。这种衰落模型最初是因为它在短波(HF)电离层传播中与经验的结果相吻合而提出的。

如果信号包络服从Nakagami分布，那么由该包络平方确定的功率为γ分布[12]，即

$$p_W(w)=\left(\frac{m}{\bar{w}}\right)^m\frac{w^{m-1}}{\Gamma(m)}\exp\left(-\frac{mw}{\bar{w}}\right),\qquad w\geqslant 0, m\geqslant\frac{1}{2}\tag{4.68}$$

参数m称为Nakagami或γ分布的波形因子，$\bar{w}=\mathcal{E}\{w\}$为信号的平均功率。$m=\dfrac{1}{2}$对应于该分布中的最差衰落情形。Rayleigh衰落情形对应于$m=1$并具有指数分布的瞬时功率。当$m\to\infty$时，则无衰落发生。对于$m>1$，与Rayleigh衰落相比，信号强度的变化减小。图4.26给出了这种概率密度函数的几个示例。

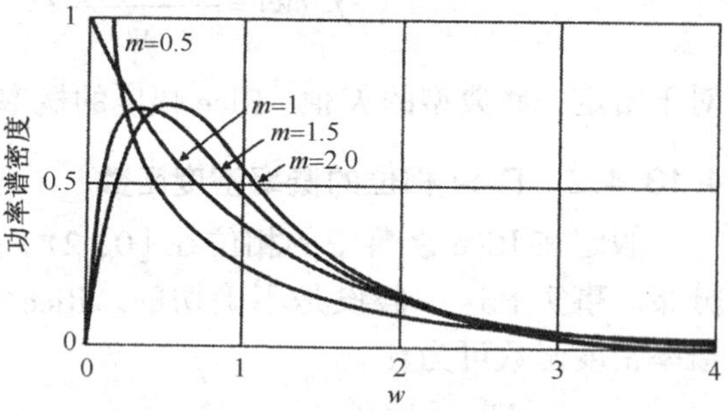

图4.26 γ概率密度函数的示例，$\bar{w}=1$

4.13.5.1 Nakagami-m联合包络–相位分布

假设Nakagami相位在$(0,2\pi)$区间内满足均匀分布。下面通过推导将看到该假定是不正确的[12]。

令R与θ分别为表示Nakagami-m信号包络与相位的随机变量，相应的联合概率密度函数$p_{R,\Theta}(r,\theta)$可表示为

$$f_{R,\Theta}(r,\theta)=\frac{m^m\left|\sin(2\theta)\right|^{m-1}r^{2m-1}}{2^{m-1}(2\sigma^2)^m\Gamma^2(m/2)}\tag{4.69}$$

式中$2\sigma^2=\mathcal{E}\{r^2\}$，$\Gamma(\cdot)$为伽马函数，$m(m\geqslant 1/2)$为衰落指数。由对式(4.69)在所有包络可能取值范围内进行积分而得出包络概率密度函数$f_R(r)$

$$f_R(r)=\int_{-\pi}^{\pi}f_{R,\Theta}(r,\theta)\mathrm{d}\theta=\frac{2m^m r^{2m-1}}{(2\sigma^2)^m\Gamma(m)}\exp\left(-\frac{mr^2}{2\sigma^2}\right)\tag{4.70}$$

而通过对式(4.69)在包络的所有可能取值范围内进行积分而得到相位的概率密度函数

$$f_{\Theta}(\theta)=\int_{-\infty}^{\infty} f_{\mathrm{R},\Theta}(r,\theta)\mathrm{d}r=\frac{\Gamma(m)\left|\sin(2\theta)\right|^{m-1}}{2^{m}\Gamma^{2}(m/2)} \tag{4.71}$$

显然，有

$$f_{\mathrm{R},\Theta}(r,\theta)=f_{\mathrm{R}}(r)f_{\Theta}(\theta) \tag{4.72}$$

即相位与包络为相互独立的随机变量。

这种相位分布如图4.27所示。对于 $m \geqslant 1$，对应的概率密度函数围绕着 $n\pi/4$ 在 $n=1$, 3, 5, 7处取得峰值；而对于 $m<1$，则在 $\frac{n\pi}{2}$ 处（$n=0, 1, 2, 3$）取得峰值。将图4.27与图4.25比较，可以看到Rice衰落与Nakagami衰落有相似的形状，并且在它们的参数取极限情形时是一致的。图4.28以极坐标的形式给出了Nakagami-m相位波形。Nakagami概率密度函数可对由几个多径信道在最大比组合（MRC）①后接收到的信号的概率密度函数做一近似。

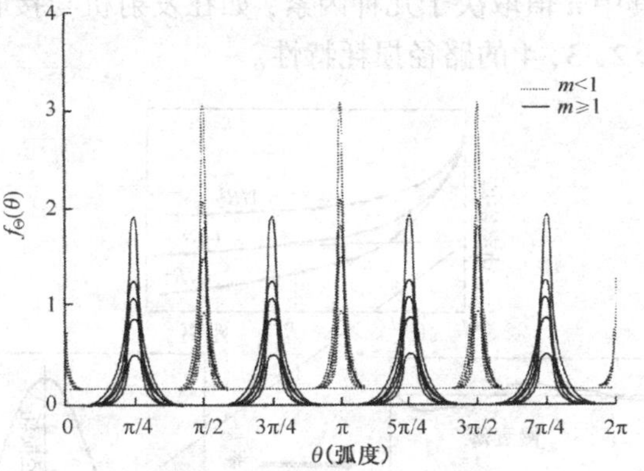

图4.27 Nakagami相位概率密度函数

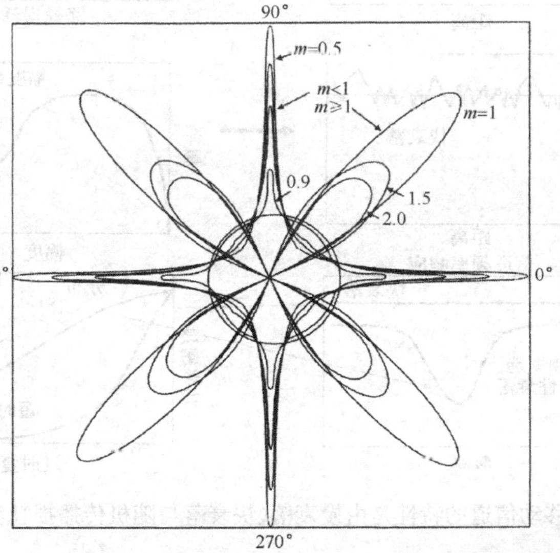

图4.28 Nakagami相位概率密度函数极坐标曲线（俯视图）

① 最大比组合（MRC）是一种在多径信道上组合接收的信号以达到最佳接收信号的一种信号组合方式。它是通用分集组合的一种特殊形式。通过这种方式，经由不同分支接收的同一信息携载信号的多个副本被组合在一起，以使组合输出端的瞬时信噪比（SNR）取得最大值。这在蜂窝移动通信系统中是一种常用技术。

在 Rayleigh 衰落信道中采用 k 分支最大比组合(MRC)，所得的合成信号具有 $m=k$ 的 Nakagami 概率密度函数特性。采用 k 分支的 Nakagami-m 衰落信号组合的 MRC 给出了一个具有波形因子 $m=k$ 的 Nakagami 信号。此外，多个相互独立且具有相同分布的 Rayleigh 衰落信号之和具有 Nakagami 分布的信号振幅的概率密度函数。这与对来自市区环境内多个源的干扰进行建模尤其有关。

4.14 移动 VHF 信道特性

本节将前面所讨论的传播特性应用于移动 VHF 信道，并对其进行总结。

对移动战术部队的指挥与控制一般总是由 VHF 与 UHF 范围内的射频通信来实现的。这种类型的通信易遭受慢衰落与快衰落，以及由于时延伸展造成的信号畸变。正如以上所指出的，P_{den} 与 $1/r^n$ 成比例，其中 n 值取决于几种因素，如在发射机与接收机之间的路径地面情形。图 4.29 的上部表示出 $n=2, 3, 4$ 的路径损耗特性。

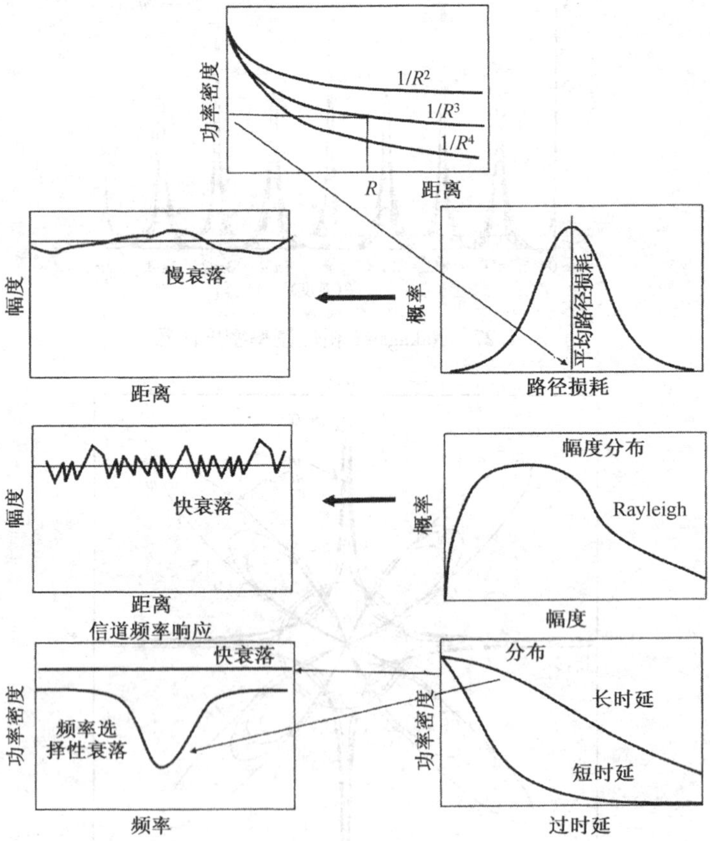

图 4.29 移动信道的特性是由慢衰落、快衰落与随机传播损耗等因素确定的

在离发射机任意确定的距离上，总会有一个路径损失的统计分布，因此它使接收的信号功率也是一个具有统计分布的量。常用高斯分布(参见附录 A)来较准确地描述这种统计分布。通常将阻碍通信直接传播路径的物体称为遮蔽，它们一般会对信号引起大的衰落。在某一路径 R 处由于遮蔽而引起的平均路径损耗产生如图 4.29 所示的慢衰落。它使接收的信号电平发生相当长时间的变化。这在移动通信中是非常典型的。因为在这种场合，接收机或发射机总

会移动到一个大的障碍物(如一座大山)之后，而一些小的信号衰落则由局部变化的环境，如由多径传播条件的改变而引起的。

另一方面，快衰落也出现在移动通信传播中。这时，接收信号电平的幅度常可用 Rayleigh 分布来近似描述，如图 4.29 中的中间右边部分所示。接收机或发射机在引起信号衰减的小障碍物之后移动时，就会产生这种衰落。

在直射波与地表面波传播过程中，由于移动通信路径受到大障碍物反射或改变折射或散射情形的影响，信号衰落也会产生。即使发射机与接收机并没有移动，但只要在它们周围环境中有物体在移动，如车辆与人流等，这些都会改变传播条件。这种衰落对很窄的频带会有影响。有时仅对信号频带的一部分有影响，从而对该信号一部分的衰减较为严重。电离层的长时衰减是由于电离层的变化而引起的，而快衰落是由于其他原因而引起的。

图 4.11 所示的反射波与直射波相比是大不相同的。这些波在接收端以矢量形式相加后使之以某种程度抵消直射波。当然，这种路径长度会随着发射机与/或接收机的移动而改变，从而引起变化的衰落效应。即使电磁波离开发射天线时有一个较好的极化模式，但周围环境的作用也会使这种极化随着电磁波的传播而变化。从地面或者其他表面反射的波会改变其极化的方向及其传播方向。通常反射或折射波以椭球形取向到达接收端。此外，由于传播条件的变化，这种椭球形的取向会随时改变。如果接收天线朝一个特定的方向，并且也是该天线通常的取向，这种变化的椭球形极化就会变成一种信号衰落现象。本书第 13 章将在较深的层次上讨论衰落及其对电子战系统的影响。

由于射频信道的冲击响应关系，它也会对信号传播引起一定的时延。这类时延会较短或较长，取决于时延的源。在成为过时延的情形中，其“过”是相对于传输符号速率而言的。长时延是由于频率选择性冲击响应而引起的，而短时延是由于相当平坦的信道频率响应而造成的。在这种情形中，所指的频率是相对于信号带宽内的那些频率成分。

反射波比直射波或地表面波要迟些到达接收端。这种延时称为时延扩展，它随传播环境条件而变。在市内传播环境，时延扩展的典型值为 3 μs。在郊外偏远的环境中，其典型值为 0.5 μs。而在乡村区域，这种时延扩展值变化范围较宽，从 0.2 ~ 12 μs 或更高。在大多数情况下，时延扩展是一个随机变量，因此上面给出的典型值均为平均值。根据具体情况，这些分布非标准偏差值也会在较大范围内变化。

这种由多径引起的干扰总是要混淆数字信号传输，并能使一个符号对其他的符号进行干扰，称为码间干扰(ISI)。这种码间干扰会相当严重，并对通信信道能支撑的最大数据传输速率进行限制。譬如在一个市区信道内，当时延扩展为 3 μs、以 333 kb/s 速率传输的数字信号时，在直射波中的符号 n 会被时延信号中的符号 $(n-1)$ 完全覆盖。如果该时延信号中的能量足够强，那么在这种情况下的可靠通信是不可能的。

4.15　电离层传播

通信信号经由电离层折射与反射传播是一种最传统的传播方式[13]。当然，它也是一种最经典的民用通信方式。通过电离层折射而被辐射到相当远距离的信号有时又称为天波信号。这类信号经常可传播至远离发射机的数千千米之外。这种传播模式已用于航海的舰船通信，并且是通信卫星问世之前的唯一的一种与航行舰船通信的方式[7, 14]。

正是由于来自太阳的辐射才产生了电离层中的离子。因此，电离层的传播特性取决于白天还是黑夜各有不同。在天色黎明与黄昏之际，由于太阳辐射变化情形而使电离层是变化动荡的。这些离子的密度随海拔高度与一天里的时间段不同而变化。

4.15.1 折射

正如前面所述，VHF 及其以上频段的信号是由对流层折射的，而高频率的信号则是由电离层进行折射的。在约低于 30 MHz 的频率上，电离层(高度在 50～500 km)就会对信号进行折射，如图 4.30 所示。该频段的信号是否会被折射取决于一些因素。该段范围被称为电离层，这是由于它们由离子所组成的。离子是带电荷的，这些离子的电荷密度在电离层内是各有差异的。这就造成当射频信号进入电离层时，这两者会相互作用;并且这种相互作用是引起信号被折射与否的原因。在大多情形下，采用一个等效高度来计算有关这种形式的信号传播，该高度是指一层高度。如果它是一个平面的，将对信号进行反射，而不会对信号进行折射，这也是实际中会出现的现象。

此种形式的信号传播并不会限制在一次反射或折射(跳跃)中，这取决于电离层以及信号回归地面的实际情况，有可能会产生许多次反射与折射。两次跳跃情形如图 4.31 所示。

在高频范围内，从天线产生的直射波在传播不远之后，它的信号能量就会变得太小，以至于不能加以利用。经由电离层折射的天波信号在一定的距离之外才能回归地面，如图 4.32 所示，这就产生了一个跳跃区。而在该距离范围之内，不可能接收到信号。

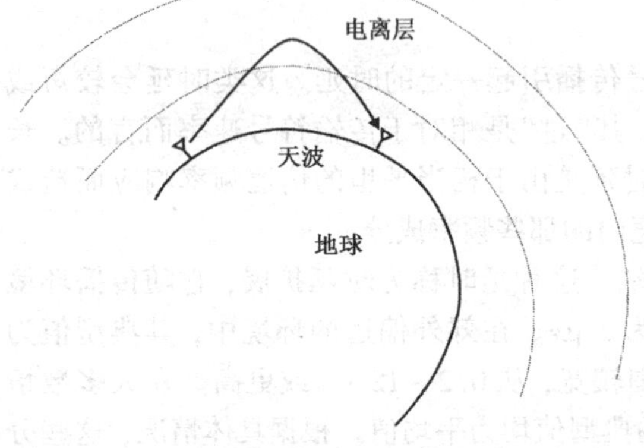

图 4.30 在电离层内对信号的折射使远距离传播成为可能

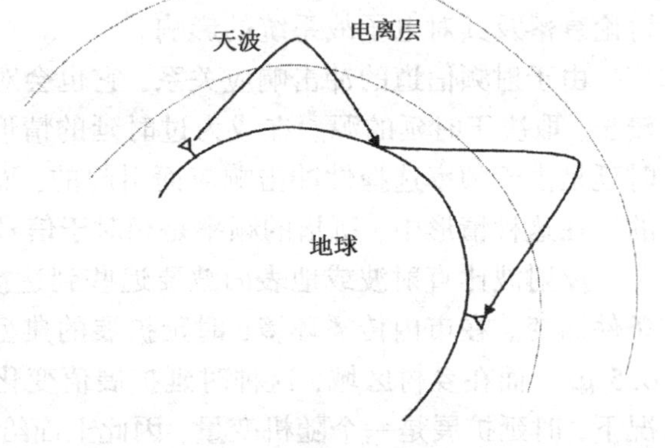

图 4.31 通过电离层的折射可实现远距离的传播

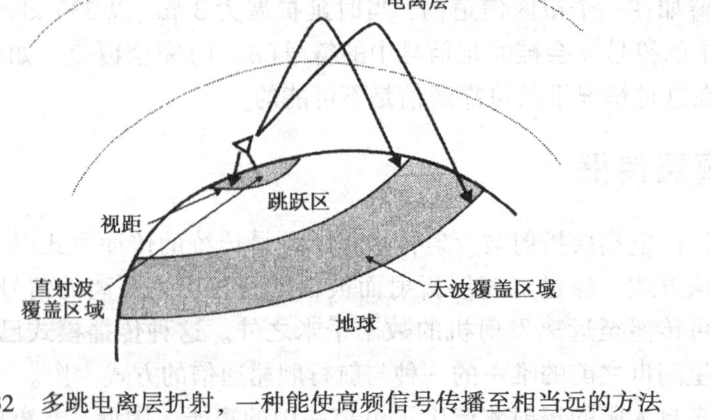

图 4.32 多跳电离层折射，一种能使高频信号传播至相当远的方法

4.15.2　电离层

由电离层内的离子密度而构成的不同电离层，分别命名为 D、E、F1 与 F2 层。然而，还有偶尔出现的偶发 E 层，称为 E_s 层。这些层次实际上是具有类似电荷量的离子带。电离层的高度取决于不同情形，但图 4.33[13] 显示出极有代表性的特性。图 4.33 所示的高度对应着那层的平均电子密度的高度。由于这些不同层的高度差别，它们之间折射的信号将在地面形成不同的覆盖区域。这些层的电子密度也决定着信号是否被折射。低电子密度区域不如高电子密度区域那样能对信号进行折射。此外，折射特性是随着频率而变化的。

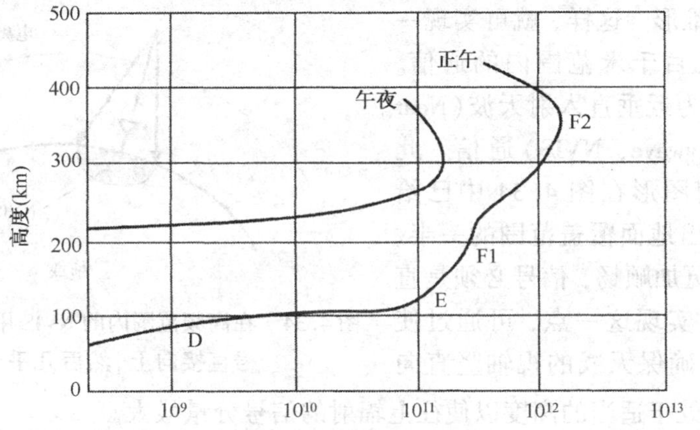

图 4.33　电离层中各层随时间的变化。它们确定着射频信号将如何被折射(引自[14]。©Wiley 1986，允许引用)

4.15.2.1　D 层

电离层 D 层位于离地面大约 60 ~ 90 km 的范围。它的半厚度①典型值为 10 km。该层仅在白天时间存在，而在夜间消失。在中午当太阳位于其远点时，电离程度最高。D 层在折射信号方面是无用的，但在信号穿越其至较高的 E 层与 F 层面时对信号确实有衰减。

4.15.2.2　E 层

E 层的最大电离程度大约出现在 110 km 处，其典型的半厚度值为 20 km。像 D 层一样，E 层也出现在白天时间，它的最大电离程度发生在正午前后。

4.15.2.3　E_s 层

偶发性的在略高于 E 层的位置会有一个电离层存在，称为偶发 E 层，用 E_s 表示。它位于 120 km 高处，层厚一般很薄，其半厚度值在几百米至约 1 km。然而，其电离程度相当强。

4.15.2.4　F 层

F 层由两个子层 F1 与 F2 组成。F1 子层位于 170 ~ 220 km 的高度，其半厚度的典型值为 50 km。就像 D 层与 E 层一样，它也只在白天时间出现。另一方面，F2 子层也在黑夜时间存在。它位于 225 ~ 450 km 高度，层厚的典型值为 100 ~ 200 km。

这两个分开的 F 层仅在白天时间存在。到了夜晚，这两层结合为一层，直接形成 F 层，通

① 半厚度指电子密度下降至其最大值一半时的厚度。

常位于 F1 与 F2 层的高度之间。因此，信号频率越低，在晚上要比白天传播得更远；对那些白天可用的频率在晚间就更可直接通过电离层传播。

以上所讨论的 D 层以及 E_s 层会出现电离层的变化情形，从而影响电离层的衰减特性，这将引起到达接收端信号的衰落。

4.15.3 近垂直入射天波

经由一个合适朝向的天线，高频信号可以基本上直接向上辐射至电离层。在适当的条件下，这些信号又将几乎是直接向下返回地面，形成一个尖圆锥形。这样，就可实现一个离发射机天线几百千米范围内的通信。这种通信模式被称为近垂直入射天波(Near Vertical Incident Skywave，NVIS)通信。此种通信模式的几何图形在图 4.34 中已给出，图中只能显示出地面覆盖范围的一半。为了使 NVIS 通信更加顺畅，信号必须是直接向上发射的。要实现这一点，可通过使天线水平地假设以确保天线的视轴竖直向上。天线也必须是处于适当的高度以使往上辐射的信号分量最大。

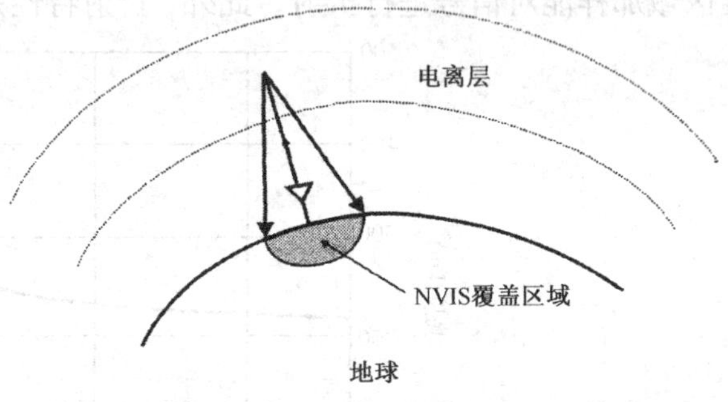

图 4.34 在高频范围内的 NVIS 用于近距离传播。信号直接向上，然后几乎全部直接返回地面

4.15.4 HF 衰落

电磁波在高频范围会出现衰落。这种衰落在 20 ~ 30 dB 甚至更高的范围会更严重。衰落的一个原因是由于通信的一个或更多个节点的移动。当一个通信接点改变位置时，它就改变了接收点。一个移动几十米的节点会改变一个波长那样多。由于正在接收的信号典型地要接受几个波，这些波随着移动就将有用地与破坏性地叠加在接收信号中。

在经由电离层折射与反射的高频传播中，由于电离层的改变与移动情形，无论通信节点是否移动，衰落也会出现。由于信号穿越大气层而出现的多径传播，信号也会出现衰落，从而有时对接收端信号有利，有时又完全不利。

实际上，一个电离层折射的波是在一个相对于空间某一特定点的区域内折射的。其折射指数在该区域内并不是一个常数，因此，波的极化的改变会引起接收端信号衰落的效应。

4.15.5 最高可用频率和最低可用频率

在任一给定的时间由电离层支撑的频率范围可构成一个频段。而这最低频率称为最低可用频率(LUF)，最高频率称为最高可用频率(MUF)。较低的频率是由白天太阳引起的电离度来确定的。典型的 MUF 与 LUF 特性曲线如图 4.35 所示，取决于信号频率与入射角，从电离层底部撞击的信号将被折射，或者将直接穿透并根本不返回地面，如图 4.36 所示。

地球大气层的电离是由太阳辐射而引起的。然而，太阳辐射并不是恒定的，它约以 10.7 年的周期而改变。太阳黑子是太阳上面的黑斑区域，而在此区域邻近又多半是强烈辐射耀斑，这类耀斑会增加电离程度而对地球的电离层产生影响。该影响结果为产生较高的临界频率，尤其是在最高层，即 F2 层。这又反过来在太阳活动的顶峰期推进远距离的通信。此外，随着太阳在一轴上旋转，其外围的辐射活动也不是恒定不变的，面向地球的高辐射区域又将引起附加的电离，该高辐射的区域也将旋转移去，这一旋转周期大约是 27 天。

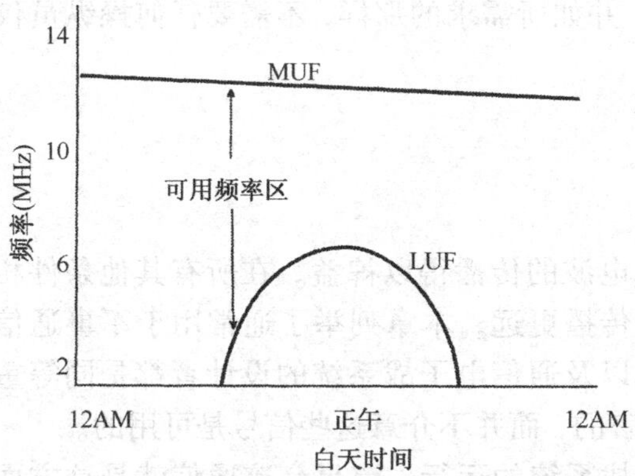

图 4.35 电离层传播的最高频率与最低频率

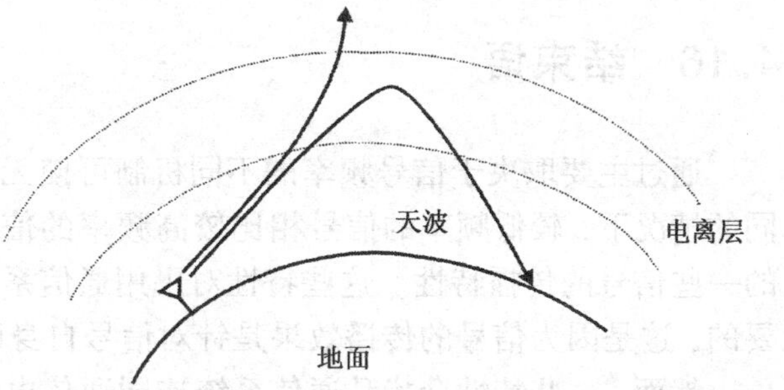

图 4.36 错误选择频率的高频信号或向天空的辐射角不恰当均会引起该信号直接穿过电离层而不返回地面。这也就是跳跃区的基本成因

4.15.6 自动链路建立

前述在高频段通信而出现的几种异常现象表明了利用高频段通信存在的一些困难。这些困难决定着使用的适当频率，正如前述，该适当的频率正是取决于电离层的状态。在以往，这需要娴熟的技师来做出这种对合适频率的选择，由此将高频段的合理利用转交给了技术专业人员。随着自动链路建立(Automatic Link Establishment，ALE)的技术发展，对适当频率的选择已可由无线电系统设备自身来完成，从而不再要求操作人员在这类传播环境与设备操作方面具有宽广的技术阅历。

这类自动设备采用改变频率的信号对电离层进行探测，并确定在哪一频率工作时性能最佳。它是通过衡量每一频率的接收信号的质量来确定的。在自动链路的每一端完成对信号质量的衡量。

用于 ALE 的全部技巧可总结如下：

- 给通信网中的每一个电台分配一个地址，作为一个包含有 1～15 个字符的呼叫符号。
- 在网中的每一个电台监控着一个预先确定好的频率数目，如以一个确定的扫描速率来监控在 2～100 之间的频率个数，而此速率可以是 2～10 个频率/秒 。
- 在 ALE 网中的每个电台以一定的间隔在每一个频率上发出它的呼叫符号。
- 在监测扫描时，假如一个电台收听到由另一个电台发出的呼叫符号，该电台就会应答。不管它应答与否，该电台会记录链路质量分析(LQA)值。
- 假如一个电台欲与另一个电台联系，那么它就将采用最大 LQA 值的电台，来选取该电台的频率，或者是呼叫扫描清单上的每一个频率。
- 假如一个电台需要通过呼叫符号或呼叫符号的部分来联系单一电台、一组电台、整个网络，或一个特殊的子网络(如“AA”在呼叫符号中的所有电台成员)，那么就将以网内安排的一个频率具有发出一个规定所需电台的呼叫符号的信息，或特殊地表示所有的或任意电台的呼叫符号。

- 假如一个电台接收到一个呼叫或发生一个呼叫，并对应合适的电台做出应答，那么该电台就将通知链路的操作员。

由此，ALE 允许任何所需数目的电台进行通信，并如所需求的那样，不需要任何操纵员仅专注于网络通信中。

4.16 结束语

通过主要取决于信号频率的不同机制可使无线电波的传播得以裨益。在所有其他条件相同的情况下，较低频率的信号相比较高频率的信号传播更远。本章列举了通常用于军事通信的一些信号的传播特性。这些特性对民用通信系统以及通信电子战系统的设计者都是同等重要的，这是因为信号的传播效果是针对信号自身而言的，而并不介意这些信号是可用的。

然而，一些特性会扰乱通信系统连同通信电子战系统的运行。流星余迹通信就是这方面的一个示例。在电子战系统中，目标位置是主要涉及通信信号较重要的可衡量参数之一，而它在流星余迹通信机制中是不可获得的，这是因为发射机是向流星而不向接收机发射信号的。

由于电离层会反射(折射)高频电波，因此远距离的通信是可以实现的。尽管存在一些例外，但这种形式的通信在远高于高频的范围是不太可能的。对于更高的频率范围，传播一般限制在无线电视距范围(4/3 地球模型)，这就大大地限制了两个通信节点在贴近地球时通信的距离。对于通信电子战系统，一般这就意味着要截获这种信号，通常更有效的是提升接收天线的高度。这种高度又常意味着需将接收天线设置在某种飞机上。

参考文献

[1] Hall, M. P. M., *Effects of the Troposphere on Radio Communication*, Stevenege, UK: Peter Peregrinus, Ltd., 1979.

[2] Shibuya, S., *A Basic Atlas of Radio Wave Propagation*, New York: Wiley, 1987.

[3] Parsons, D., *The Mobile Radio Propagation Channel*, New York: Wiley, 1994.

[4] Stuber, G. L., *Principles of Mobile Communications*, Boston: Kluwer Academic Publishers, 1996.

[5] Gagliardi, R. M., *Introduction to Communications Engineering*, New York: Wiley, 1988.

[6] *Reference Data for Radio Engineers*, Ch. 28, Indianapolis, IN: Howard W. Sams & Co., Inc., 1975.

[7] Davies, K., *Ionoshperic Radio*, London: Peter Peregrinus Ltd., 1989.

[8] Hall, M. P. M., *Effects of the Troposphere on Radio Communication*, Stevenege, UK: Peter Peregrinus, Ltd, 1979, p. 1.

[9] Rappaport, T. S., *Wireless Communications: Principles and Practice*, Upper Saddle River, NJ: Prentice Hall, 1996.

[10] Schanker, J. Z., *Meteor Burst Communications*, Norwood, MA: Artech House, 1990.

[11] Parsons, D., *The Mobile Radio Propagation Channel*, New York: Wiley, 1992, pp. 134-136.

[12] Wojnar, A. H., "Unknown Bounds on Performance in Nakagami Channels," *IEEE Transactions on Communications*, Vol. COM-34, No. 1, January 1986, pp. 22-24.

[13] Braun, G, *Planning and Engineering of Shortwave Links*, Siemens Aktiengesellschaft, New York: Wiley, 1986, p. 21.

[14] Davis, K., "Ionospheric Radio Propagation," NBS Monograph 80, U. S. Government Printing office, 1965.

第5章　射频噪声与干扰

5.1　概述

噪声是所有电子系统的天敌。在任何高于热力学温度零度时，电子器件中躁动的电子总在随机运动而形成随机电流。在诸如半导体与真空管的有源器件中电子的躁动也就形成了随机噪声电流，雷暴中的闪电则产生强大的随机脉冲信号。这些就是本章将要讨论的噪声源。

有多种引起较高频率范围的噪声机制。通常这些噪声源并不限制在高频范围，而且还往低延伸几乎接近直流成分。本章将主要讨论射频范围的噪声成因与效应。

可从两个方面对噪声源进行分类：那些在电子系统外部的噪声源与在该系统内部的噪声源。电子系统的设计者在很大程度上控制不了外部噪声源，但必须尽可能深地探讨其引起的噪声效应。另一方面，通过缜密地考虑，内部噪声源的效应可降至最低以使电子战系统的特性最佳。

还有一种现象有时可归类为噪声。这类现象是由于电子系统的非线性而产生的寄生响应。这类寄生响应是有害无益的，并且产生这类响应的各种机制也是不同的。在此，就不对这类寄生信号做进一步讨论。

来自任何噪声源的噪声对电子战系统的运行都是极其有害的。由于接收机被设计得非常灵敏，因此它们可接收很小的噪声。这类噪声可定义为噪声门限，在该门限以下，对信号的获取一般很困难。提高噪声门限就倾向于减小信号获取的范围。由于噪声会引起系统对角度与时间的衡量不如天线噪声那样准确，在对目标的地理位置计算中就会产生较大的误差。所以，电子战系统必须经由指挥与控制（C2）系统分配任务，然后经由射频通信来报告其结果。由于过量的噪声限制了指挥与控制链的长度，从而也就限制了系统位置的选择。

本章讨论在通信系统中，尤其是通信电子战系统中最关心的噪声源，其主要内容安排如下。5.1节对外部无线电噪声的主要源进行了讨论[1]；5.2节提供了电子战系统内在产生的噪声源。值得一提的是，振荡器中的相位噪声是现代通信电子战系统最重要的内部噪声源。

5.2　外部无线电噪声源

无线电接收系统外部的无线电噪声源来自如下几种[1]：

- 闪电放电的辐射（由于闪电引起的大气噪声）。
- 电机、电气与电子设备的电源传输线的非有意辐射或内燃机的点火（人为噪声）。
- 大气层的气体与水气现象引起的辐射。
- 在天线波束内的地面或其他障碍物引起的反射或绕射。
- 天体射频辐射源。

由于在同信道中传输不需要的信号或由于来自单个发射或接收系统的寄生发射信号也都属于噪声信号源，但它们并未纳入本章讨论的范围。由于这类噪声总是根据实际情形而定的，因此一般对这类噪声的专门讨论是很难的。

在一个电子战系统外部总有几种噪声源存在，而这些噪声源取决于所考虑的频率变化。人为噪声来源于固有机械或其他人造装置所产生的几种噪声源。自动点火装置、电焊机以及微波炉等就是这些噪声源的示例。显然，这种噪声的量将依赖于这类干扰源存在的数目。

在任意给定时刻，围绕地球的大气层包含着一定的热能。这种热能对空气中的电子加热，这反过来就会辐射出一定量的热噪声。这种噪声可由通信系统的天线所接收，并在系统的输入端呈现出来。与其他噪声源相比，这种噪声相当微弱。

噪声也可由宇宙中的能量源(星球)来生成，这包括太阳[1]。例如，假如一部分天线指向一个星球，那么，该星球就会形成有效的宽带能量而被引入天线系统。这类噪声一般都为宽带噪声，在频谱的显著部分包含着噪声能量。这种形式的噪声有时称为银河系噪声。

大气噪声的另一个主要原因是来自雷暴中的闪电。此种噪声源通常分布在高频范围，因此也可以传播得较远。在大气中每年发生数千次的雷暴，伴随的闪电次数就更不计其数了。因此，这种形式的噪声几乎是一个普遍存在的问题。

由这类噪声源产生的噪声大小的典型值如图 5.1 至图 5.5 所示，其随频率变化是显而易见的。出现的噪声总量可由一个倍乘因子乘以以上所提到的 kTB 所得，即

$$\begin{aligned} N_{\text{total}} &= N \times N_{\text{external}} \\ &= kTBFN_{\text{external}} \\ \frac{N_{\text{total}}}{kTB} &= FN_{\text{external}} \\ N_{\text{total, dBkTB}} &= 10\lg \frac{N_{\text{total}}}{kTB} = 10\lg F + 10\lg N_{\text{external}} \\ &= F_{\text{dB}} + N_{\text{external, dBkTB}} \end{aligned} \tag{5.1}$$

因此，大于 kTB 的总的噪声分贝数等于噪声指数分贝数加上相对于 kTB 的外部噪声分贝数。这也就是为何在 图 5.2 中的纵坐标均用这种分贝单位标记。

图 5.1[1]给出了不同种类的噪声在 10 kHz ~ 100 MHz 的频率范围内的外部噪声因子，对大气噪声、期望的每小时中的最小值就是那些超过时间 0.5% 的值。由于每天、每季度的所有时间以及整个地球表面均被纳入这些大气噪声曲线的考虑范围，因此会有较宽的变化。类似地，图 5.2[2]涵盖了从 100 MHz ~ 100 GHz 的频率范围。

图 5.1 和图 5.2 中显示的大部分结果可适用于全向天线(除非图上已注明)。然而，全向天线的结果会与这些曲线表明的结果不同。例如在 HF 处，由于闪电冲击引起的大气噪声以及采用窄波束天线，将会有高达 10 dB 的差异(5 dB 高于及 5 dB 低于已表示的 F_a 值)，这取决于天线的指向、频率与地理位置。

银河噪声的平均值(在整个天空内做平均)可由图 5.1 与图 5.2 标出的银河噪声曲线来确定，相应的衡量显示出这一曲线具有 ±2 dB 的差异。最低的银河噪声[窄波束天线朝着银河极(galactic pole)]要比在图 5.2 中显示的实银河噪声曲线低 3 dB。

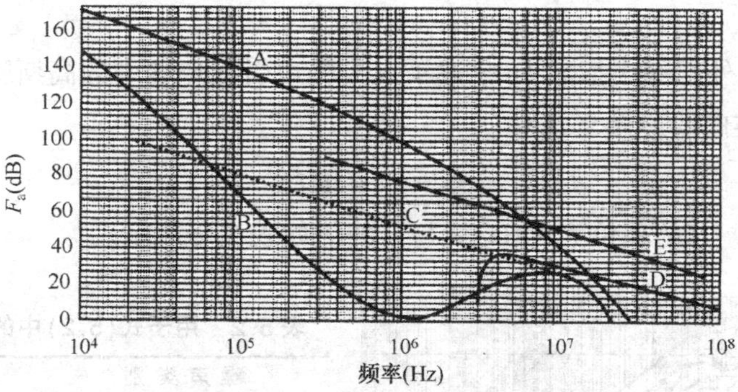

图 5.1　在低 VHF 的 F_a；低 RF 噪声；A：大气噪声，超过 0.5% 的时间值；B：大气噪声，超过 99.5% 的时间值；C：人为噪声，安静的接收站点；D：银河系噪声；E：中型商业地区人为噪声：预期的最小噪声电平（引自[2]。ⓒ Artech House 2004，允许引用）

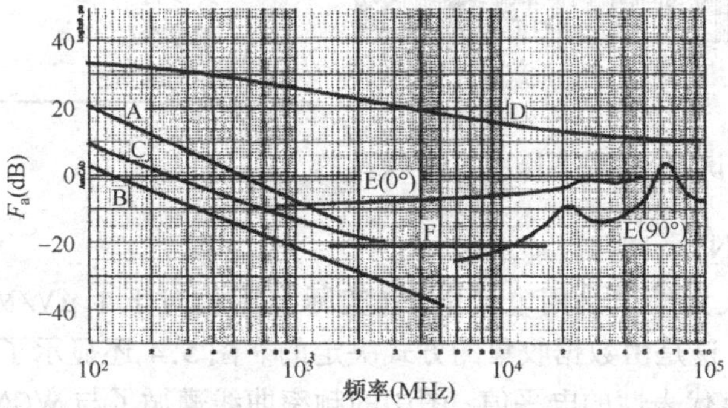

图 5.2　高射频噪声；A：估算的中型商业区人为噪声；B：银河噪声；C：朝着银河中心具有无限窄波束宽的银河噪声；D：不活跃太阳（1/2度波束宽指向太阳）；E：由于氧气和水气造成的天电噪声（很窄波束天线）较上部的曲线，0°仰角，较下部的曲线，90°仰角；F：黑体（宇宙背景），2.7K，期望的最低噪声电平（引自[2]。ⓒ Artech House 2004，允许引用）

5.2.1　人为噪声

人为噪声一般可分为类似于以前讨论的宽带高斯噪声（Wideband Gaussian Noise，WGN）和脉冲噪声（IN）两类[1]。后者噪声特性来自某些类型的噪声源，如汽车点火装置等。噪声类型根据现有的标准各异，譬如在一个城市设施的噪声比在农场的噪声要高。表 5.1 给出了由文献[1，3～5]提供的噪声衡量站点的定义。

表 5.1　人为噪声站点定义

类　别	定　义
市中心	大城市中心，紧挨轻工业，办公场所与公共交通系统（道路/火车/地铁）
工厂大厦	工业单位与承担中轻制造业的工厂产业活动
商业中心	包含办公自动化设备集中的现代商贸中心（个人计算机、传真机、复印机、电话等）
郊区	城镇/城市外围的主要居住区
乡村	乡村位置，但具有明显的人文活动（一小群房子与商店，小道路）
偏远乡村	乡村位置，几乎是无人群居住的地方

（引自[1]）

5.2.1.1 WGN

如以前定义的，外部噪声指数 F_a 描述了人为噪声引起环境中的高斯噪声电平。典型结果如图 5.3 所示。这类曲线遵循下式

$$F_a = c - d\lg f \tag{5.2}$$

式中 F_a 以 dB 为单位，f 的单位为 MHz，c 与 d 的值如表 5.2 所示。

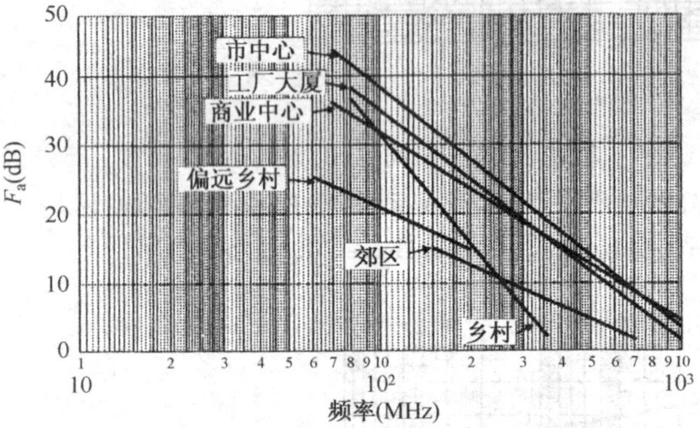

图 5.3 由于人为噪声源引起的外部高斯噪声(引自[1])

表 5.2 用于式(5.2)中的 WGN 的 c 与 d 值

噪声类别	c	d
市中心	111.6	36.1
工厂大厦	104.5	34.4
商业中心	89.5	28.4
郊区	60.8	20.8
乡村	141.0	54.5
偏远乡村	62.3	20.6
银河噪声	52.0	25.0

(引自[1])

5.2.1.2 脉冲噪声(IN)

由脉冲源发出的人为噪声是用电压电平(实际上用相对于 1 μV/MHz 的分贝数)来表示的，而不用功率电平。这是由数据收集的方式决定的。图 5.4 还显示了平均脉冲电压 M_w，用 dB(μV/MHz)表示的有代表性的电平值，图中的频率曲线遵循了与 WGN 曲线类似的关系

$$M_W = g - h\lg f \tag{5.3}$$

式中 f 的单位为 MHz，系数 g 和 h 值如表 5.3 所示。

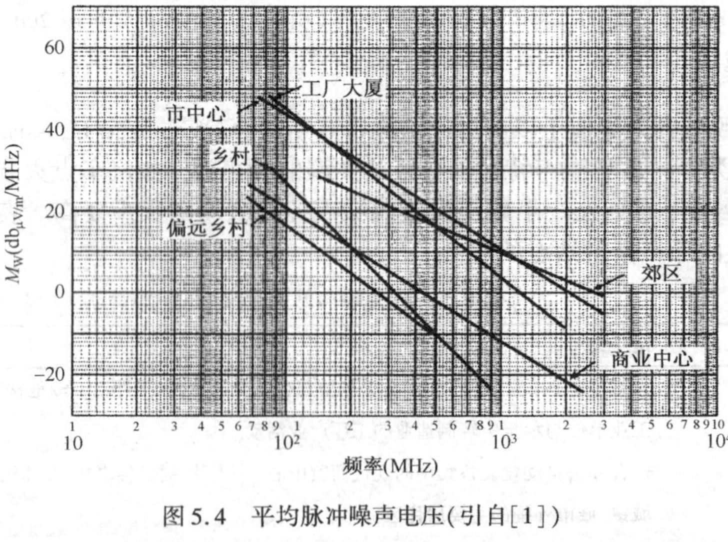

图 5.4 平均脉冲噪声电压(引自[1])

脉冲噪声电压的标准偏差

脉冲噪声标准偏差相对于频率的典型特性 S_W，如图 5.5 所示。在大多数情形中，有这样

一种良好的线性关系，即以 dB(μV /MHz)为单位的 S_W 随对数频率下降，则有

$$S_W = m - n\lg f \tag{5.4}$$

式中 f 的单位为 MHz，系数 m 和 n 值如表 5.4 所示。该式对检测到的脉冲数较为敏感。

表 5.3　用于式(5.3)中的脉冲噪声的 g 与 h 值

环境类别	g	h
市中心	79.3	32.9
工厂大厦	96.8	40.8
商业中心	56.6	32.6
郊区	45.9	21.9
乡村	104.1	55.3
偏远乡村	65.7	39.3

（引自[1]）

表 5.4　脉冲噪声标准偏差式(5.4)中的 m 与 n 值

环境类别	m	n
市中心	106.5	32.4
工厂大厦	116.3	35.6
商业中心	50.8	11.5
郊区	126.9	41.0
乡村	130.4	51.2
偏远乡村	100.9	45.6

（引自[1]）

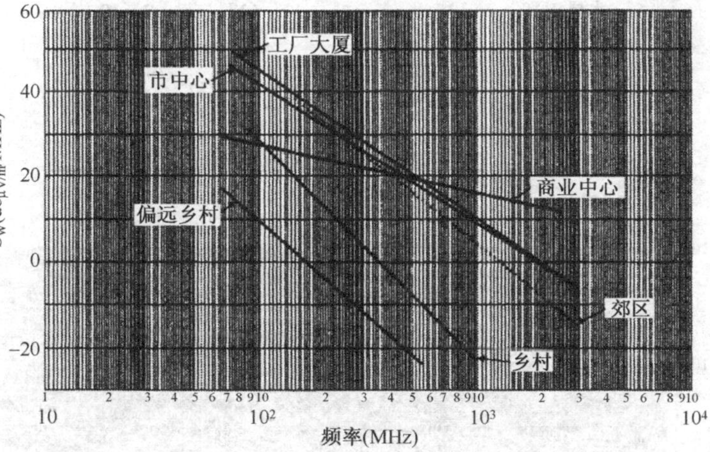

图 5.5　平均 IN 电压的标准偏差(引自[1])

5.2.1.3　来自星际的噪声

在天空的物体为射频噪声的源。来自这类源的噪声电平通常是用温度 t_b 来表示的。天线温度 t_a 为天线模式与天空及地面的亮度温度的卷积。对于那些模式只包含一个源的天线，天线温度与亮度温度(brightness temperature)是相同的(参见图 5.2 中的曲线 C，D 与 E)。

作为一般规则，对于 2 GHz 的通信有必要考虑来自太阳与银河系的噪声干扰，这类噪声似乎像一根强辐射宽阔皮带束缚着地球。对于 $f < 100$ MHz 的银河噪声，忽略电离层屏蔽，其中噪声指数为

$$F_{am} = 52 - 23\lg f \tag{5.5}$$

式中 f 的单位为 MHz。而在 2 GHz 以上，仅需考虑太阳与为数不多的如表 5.5 所示的几个强星源的噪声影响，这是因为宇宙背景仅作用 2.7 K，并且银河好像作为一个稍稍加强的狭窄区域，对在 0.1～100 GHz 范围内的星际噪声源的亮度温度范围如图 5.6 所示。

5.2.1.4　无意与有意的 EMI

正如电磁干扰(ElectroMagnetic Interference，EMI)可以是一个系统内部噪声源一样，它可

以是一个系统外部不需要的噪声源。与一个电子战系统紧邻的系统会发射出对前者正常运行有干扰的信号。对电子战系统而言，这会是一个特别重要的问题，因为这类系统与通信系统相比，大都为宽带系统。而宽带系统比许多其他系统都更易接受较宽范围内电磁干扰影响。此外，电子战系统的接收灵敏度通常都较高，以便其能接收遥远的信号。显然，这又使电子战系统更易受 EMI 的影响。

表 5.5 银河噪声源的特性

源	温度(K)	波束宽(度)
太阳	6000	0.5
月亮	200	0.5
星座(300 MHz)		
仙后座	3700	$<10^{-3}$
天鹅座	2650	$<10^{-3}$
金牛座	710	$<10^{-3}$
人马座	460	$<10^{-3}$
行星(10 MHz ~ 10 GHz)		
水星	613	2×10^{-3}
金星	235	6×10^{-3}
火星	217	4.3×10^{-3}
木星	138	1.3×10^{-3}
土星	123	5.7×10^{-3}
地球(离月球)	300	2

(引自[6])

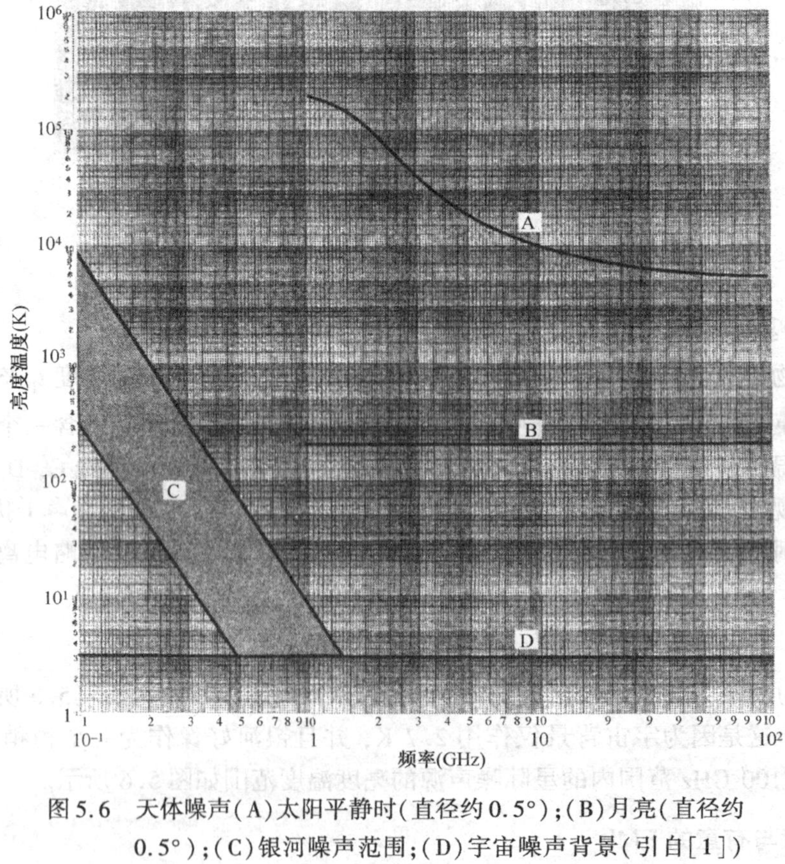

图 5.6 天体噪声(A)太阳平静时(直径约 0.5°)；(B)月亮(直径约 0.5°)；(C)银河噪声范围；(D)宇宙噪声背景(引自[1])

对电子战系统的人为干扰可视为噪声，并且可将其作为噪声来处理。这种类型的干扰有时也用于屏蔽己方的通信不被敌方的通信电子战系统所截获。

5.2.2　外部噪声总体

通信电子战系统外部噪声有几种噪声源，主要来源于闪电放电的大气噪声、由人造系统设备发出的噪声，以及从天体星球中发射出的噪声。这些噪声源的功率电平随其位置时间以及许多其他的因素而改变。对这类噪声环境的避免的确是无能为力的，电子战系统必须能够适应它们。

5.3　电子战系统的内部噪声

5.3.1　概述

噪声总是存在于通信系统以及瞄准它们的传感器中。当环境温度在热力学温度零度以上时，任何一个电子器件中的电子均会碰撞而产生热噪声，这就形成了系统内部噪声。当然，热噪声并不仅在系统自身内部，正如将要描述的，它也存在于大气中。这种附加的噪声会降低信号的质量，并使后续的信号处理，如解调更加困难。

在电子战系统中存在如下几种内部噪声源[7~13]：

(1) 热噪声源(Johnson 或 Nyquist 噪声)
(2) 散弹噪声
(3) 低频噪声(闪烁噪声)
(4) 半导体中的产生与复合噪声
(5) 振荡器相位噪声
(6) A/D 转换噪声
(7) 从一个部件到另一个部件的辐射噪声——(EMI)

本节将对上述的每一类噪声进行探讨。

5.3.2　宽带噪声源

热噪声与散弹噪声均为热噪声源，即每单位带宽上的功率(它也称为功率谱密度)为常数。即

$$\frac{\mathrm{d}P_{\text{noise}}}{\mathrm{d}f} = N_0 \tag{5.6}$$

5.3.2.1　热噪声

在 Planck 的黑体辐射理论中，辐射的能量为

$$\bar{E} = \frac{h\upsilon}{\mathrm{e}^{h\upsilon/kT} - 1} \tag{5.7}$$

辐射功率的谱密度可为

$$\frac{\mathrm{d}P}{\mathrm{d}\upsilon} = \bar{E} \tag{5.8}$$

因而,有

$$\frac{\mathrm{d}P}{\mathrm{d}\upsilon}=\frac{h\upsilon}{\mathrm{e}^{h\upsilon/kT}-1} \tag{5.9}$$

式中 P 可由等式两边变化求出。

在常温下的低频范围(小于 100 GHz),$hv \ll kT$,因此式中的指数项可用它的泰勒级数展开式的前两项来近似,并可忽略其误差。即

$$\mathrm{e}^{h\upsilon/kT}\approx 1+\frac{h\upsilon}{kT} \tag{5.10}$$

所以,有

$$\frac{\mathrm{d}P}{\mathrm{d}\upsilon}\approx\frac{h\upsilon}{1+\frac{h\upsilon}{kT}-1}=kT \tag{5.11}$$

因此,在低频处,频谱密度是与频率无关的常数。此外,在一个总的带宽 B 的范围内,可转换至一个外部器件的噪声功率为

$$P_n=\int_0^B \mathrm{d}P=\int_0^B kT\mathrm{d}\upsilon=kTB \tag{5.12}$$

为将上述结果应用到一个电阻的噪声,该电阻可以由电阻器、电容器、电感器或任何其他电器元件产生。考虑一个电阻 R_S,它的热噪声会引起如图 5.7 所示的噪声电压 V_n。该电阻与一个外部电阻相连接,产生噪声电流 I_n 流经负载电阻。消耗在这负载电阻 R_L 上的功率为

$$\frac{V_{nR_L}^2}{R_L}=\frac{V_n^2R_L}{(R_S+R_L)^2} \tag{5.13}$$

当外部负载电阻 R_L 与源电阻 R_S 相等时,会产生最大的功率转换。即

$$V_{nR_L}^2\Big|_{\text{maximum power transfer}}=\frac{V_n^2}{4} \tag{5.14}$$

由式(5.12)可知,可转换至 R_L 的最大功率为 kTB,因此,有

$$\frac{V_{nR_L}^2}{R_S}=\frac{V_n^2}{4R_S}=kTB \tag{5.15}$$

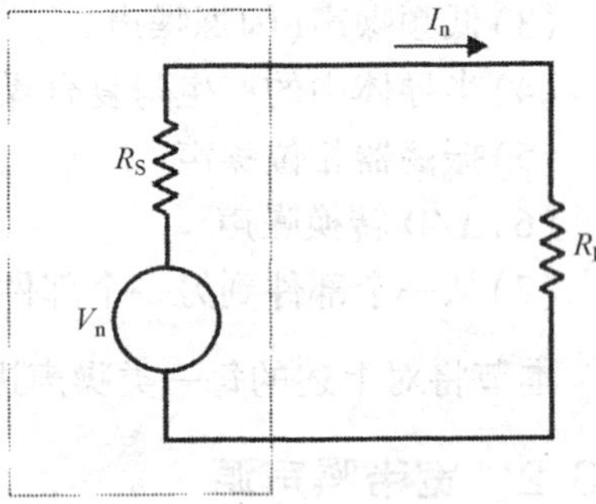

图 5.7 电阻噪声源,虚线框中包含了阻性噪声源的等效电路

和

$$P_n=\frac{V_n^2}{R_S}=4kTB \tag{5.16}$$

并且电阻器上的噪声功率频谱密度为

$$\frac{\mathrm{d}P_n}{\mathrm{d}B}=4kT \tag{5.17}$$

在这种近似中,v_n 与频率无关,因此,热噪声信号被称为"白噪声"。该噪声电压的数学模型是一个具有零均值与方差为 v_n^2 的高斯分布的随机变量。即使给定多个电阻器件,或多个噪声源,但一般认为它们的分布是相互独立的,这就意味着假如要同时考虑多个噪声源的结合作用,它们的和方差就等于各个方差之和(即将噪声功率相加,而不是将噪声电压相加)。

正如图 5.8 所示，可用戴维南或诺顿等效电路(它由一个噪声源与理想无噪声的电阻器件组成)来替代任何噪声(有温度的)电阻。假如将该等效电路连至一个带宽为 B Hz 的带通滤波器，然后再接上一个理想负载电阻器 R(该负载电阻值可对应选择为最大功率传输所需的值)那么传输该负载的噪声功率为

$$P_n = \left(\frac{\bar{v}_n}{2R_S}\right)^2 R = \frac{\bar{v}_n^2}{4R_S} \quad (5.18)$$

注意，电压是一个 RMS 量，因而在上式分母中不再含有 2。则

$$\overline{v_n^2} = 4k_B TBR_S \quad (5.19)$$

因此，有

$$P_n = \frac{4k_B TBR_S}{4R_S} = k_B TB \quad (5.20)$$

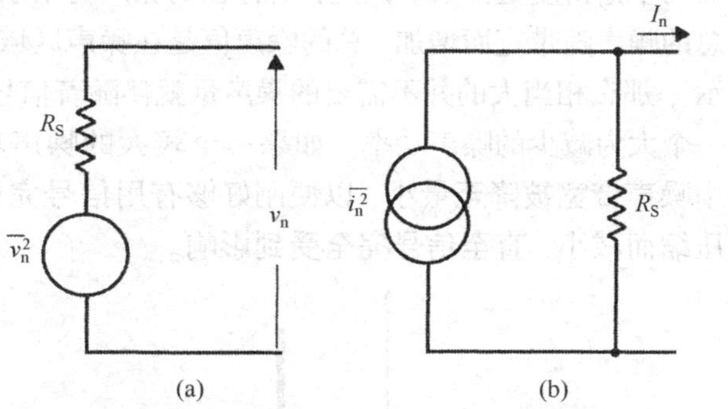

图 5.8　热噪声源的等效电路：(a)戴维南等效电路；(b)诺顿等效电路

5.3.2.2　散弹噪声

假如将一个额外的电子注入一个器件，它仅构成由单一电荷组成的持续 τ时间的电流脉冲，但仍然不算电流[14]。在一个真空管内，τ可能是从阴极至阳极的过渡时间。在一个半导体二极管内，τ则可以是复合时间(即该电子与一个原子重新结合所用的时间)。假如这些时间相对所感兴趣的时间区间是短的($\tau \ll 1/f$)，那么该电流脉冲可用一个单位强度冲激的模型来描述。一个冲激函数的傅里叶变换是一个“白”频谱，即在频率上的幅度分布是均匀的。之所以称为“白”，是因为所有的频率均存在，正如白光包含了所有的色彩成分(所有的波长/频率)一样。假如 N 个电子以相同的平均速率但在不同的时间向外发射，它们将会有相同的频谱分布，但具有不同的相位因子。例如，对具有相对相位 ϕ 的两个电流 i_a 和 i_b，总的 RMS 电流是

$$<i^2> = (i_a + i_b e^{j\phi})(i_a + i_b e^{-j\phi}) = i_a^2 + i_b^2 + 2i_a i_b \cos\phi \quad (5.21)$$

对随机相位，上式第 3 项平均值为零，因此有

$$<i^2> = i_p^2 + i_q^2 \quad (5.22)$$

将此扩展到在单位时间内有 N 个随机发射的电子，那么单个的电子频谱成分就直接正交相加而得到一个总电流为

$$i_n^2 = 2Nq_e^2 \quad (5.23)$$

式中 q_e 是单个电子的电荷，$q = 1.6022 \times 10^{-19}$C。平均电流或直流电流为

$$I = Nq_e \quad (5.24)$$

因此 $N = I/q_e$，并且有频谱噪声密度为

$$i_n^2 = \frac{dI_n^2}{df} = 2q_e I \quad (5.25)$$

式中 I 为通过这一器件的直流电流。

散弹噪声并不出现在以“欧姆”测定的导体中，因为在那可用电荷的数目基本上是无限的，并且由电荷密度局部的波动而引起的电场会将额外产生的载流子吸引以使载流子的总数平衡。

5.3.2.3 宽带噪声功率

电阻中的热噪声功率与半导体中散弹噪声的表达式均与频率无关。如上所述，这类噪声源的功率谱密度是常数。因此，所存在的噪声功率取决于所考虑的带宽。如图5.9至图5.11所示，总的噪声随带宽而增加，总的噪声值是在噪声区域上的积分值。如果噪声是宽带的，如图5.9所示，那么相当大的并不需要的噪声量就伴随着信号存在。若只考虑基带噪声，图5.10则显示了一个大为减少的噪声功率。如果一个较大的噪声功率存在，图5.11给出了一种理想情形，其中噪声带宽被降至最小，以便刚好够有用信号完好通过。然而，信噪比SNR随着过量带宽的压缩而减小，直至信号完全受到影响。

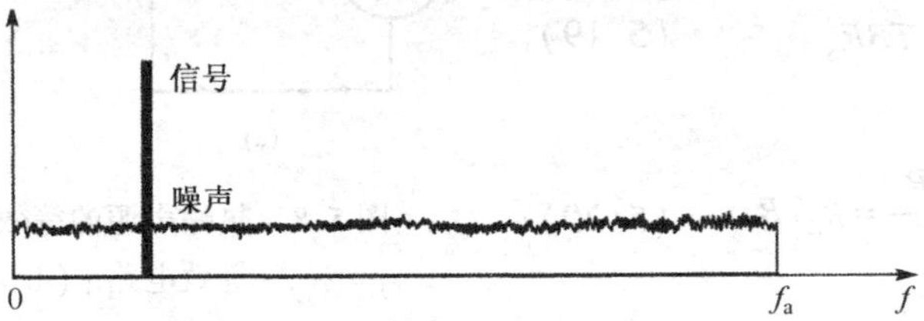

图5.9　宽带噪声频谱，比通常信号中信息处理所含多得多的噪声

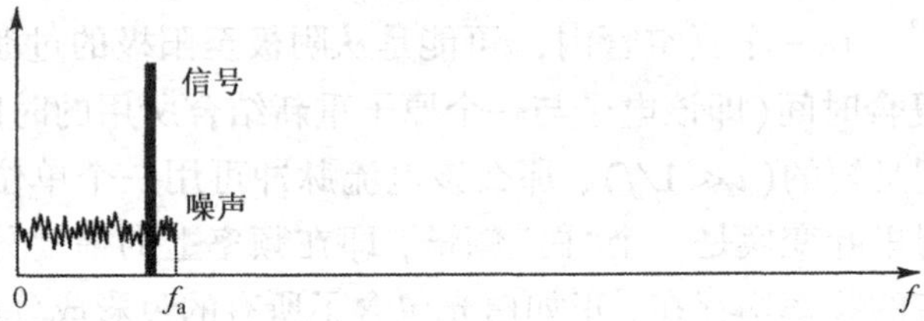

图5.10　低频噪声频谱，比在图5.9中所含少得多的噪声，但仍然超乎正常

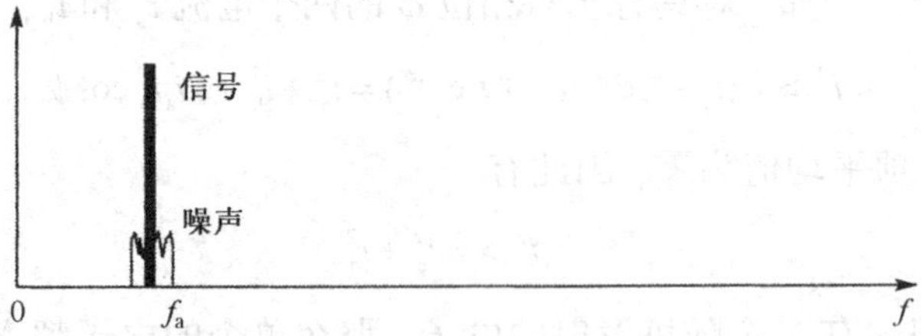

图5.11　带通噪声频谱，在此种情形中，带通滤波器只允许在信号带宽内的噪声存在

5.3.3 低频噪声

在许多物理现象中，低频率处总存在一个特征噪声，其频谱正比于$1/f^{\alpha}$，并且α在1的数量级上，如图5.12所示[15~19]。$\alpha = 0$时，这种噪声特性与热噪声相对应。$\alpha = 1$时，该噪声称为$1/f$噪声，即闪烁噪声与粉红噪声。$\alpha = 2$时，可观察到布朗噪声特性[20]，这种噪声可在相当宽的频率范围内测量到，但其典型范围是1 Hz ~ 10 kHz。注意，此频谱并不可能是f^{-1}在$f = 0$至$f = \infty$的范围，因为无论是功率密度的积分还是傅里叶变换均无确定值

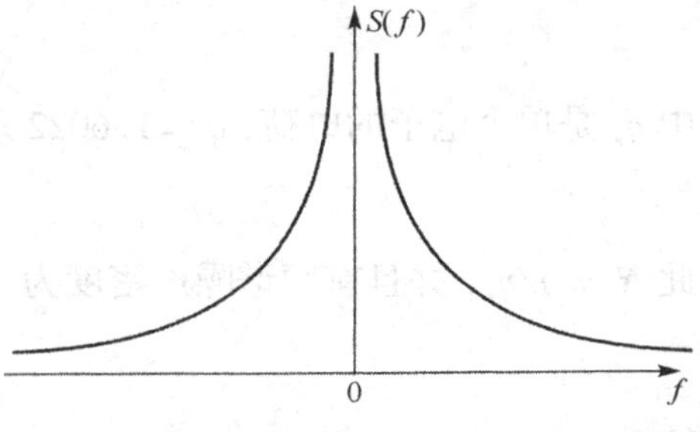

图5.12　低频噪声频谱随$1/f^2$变化特性($\alpha = 1$)

存在。而在某一较高的频率 f_h 处，其斜率一定要比 -1 更陡峭一些。然而，这一 f_h 值好像从未观测到，因为这 $1/f$ 噪声消失在总比该频率低的热噪声中。应当设置一个较低的界限，即比噪声频谱变平坦的位置更低的地方。在低至10^{-6}Hz 处测量显示此时的频率仍为 f^{-1} [21]。

5.3.4 产生 - 复合噪声

在半导体中，一个静电荷载流子的产生与复合过程就会产生噪声。这种噪声称为突发噪声或爆米花式噪声[14]。如图 5.13 所示，产生 - 复合噪声在低频率范围内是一个常数，接着过某一频率点后随 $1/f^2$ 呈比例下降。产生 - 复合噪声(g-r)过程是所有半导体特性的一个固有部分。在半导体中，载流子从一个特定的原子挣脱开来而产生自由载流子，这对半导体的导通机制及内部的漂移与扩散特性都是必要的。这也就产生了带电的施主离子或偶尔也将吸引过往载流子的受主离子。由于晶格结构中的热能作用，被俘获的载流子将在很短的时间内再度获得自由。这种过程是一连串的而独立的离散事件。每一个事件均会引起自由载流子数的波动，也就导致了半导体材料电阻的波动。如果将直流加到这种材料的器件，那该器件两端将出现随电阻变化的波动电压。这种产生 - 复合噪声为：(1) 如果没有加入直流，将不会出现；(2)为电流的函数，但它并不是由电流而产生的；(3)是低频率的噪声。这种机制产生了 Cauchy 频谱分布，在一些文献中又称为 Lorentzian 分布，如图 5.8 所示。在同一器件中不同的突发噪声机制对应着不同的转折频率。当突发噪声值在闪烁噪声时，前者就会在后者的直线频谱斜率上引起起伏变化。

半导体中载流子数 N 的频谱密度可为

$$S_N(f) \approx 4\frac{N_0 P_0}{N_0 + P_0}\frac{\tau}{1+\omega^2\tau^2} \tag{5.26}$$

式中 $\omega = 2\pi f$, N_0 是 N 的平衡值，$P_0 = N_0 - N_d$ 为常数，N_d 为半导体中的施主浓度，τ为产生 - 复合过程的时间常数。

式(5.26)给出了载流子密度波动的频谱密度关系式，并展示出了图 5.13 中所示的 Lorentzian 分布的特性。在低频部分的频率响应是一个常数，其转折频率为$f_c = 1/2\pi\tau$。在此频率以外，其响应斜率与 $1/f^2$ 呈比例下降。

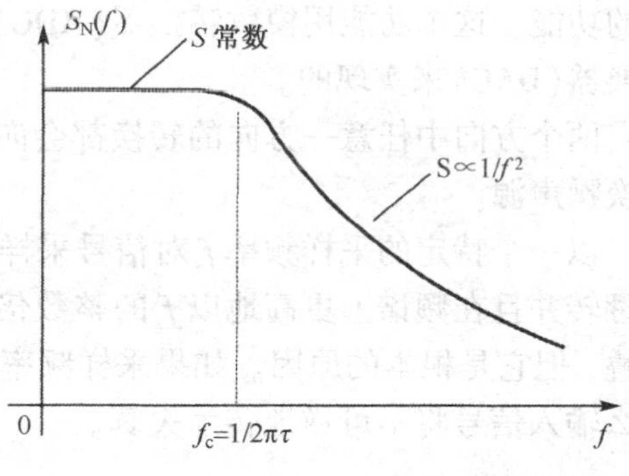

图 5.13　如 Lorentzian 的单一时间常数频谱具有一个由时间常数定义的尖锐转折

5.3.5 相位噪声

振荡器电路的相位噪声是现代通信系统中必须考虑的重要参数之一[22~26]。它在本质上不同于热噪声与散弹噪声，这不是一个噪声源。相位噪声是由于其他类型的噪声源引起振荡器工作频率的改变而形成的，它限制了信息信号的调制质量并使信号对邻道产生干扰。在接收机中，相位噪声会降低其选择及解调质量。在现今更复杂的调制方案中，如高阶相移键控(PSK)，低频相位噪声的问题就变得更尖锐。因此，在高频通信设计中使噪声降至最低，这对有限带宽的有效利用及获得较低误码率成为一项必不可少的工作。

相位噪声对电子战系统特性有相当大的影响。假定系统中每一个振荡器展现出如图 5.14 所示的功率谱密度特性，那么振荡器信号中有一些频率分量并不总是设计所需要的频率。

晶体管是振荡器中的一个关键器件。在有源器件的工作特性中，它们本质上在某一点上是非线性的，这种非线性过程噪声不同于线性电路所产生的噪声。对线性电路而言，对在工作频率f_0处的噪声建模通常就足够充分；而非线性电路则将低频噪声转换至工作频率的范围。以振荡器为例，在f_m处的$1/f$低频噪声将会被混频至f_0+f_m与f_0-f_m处的总的电路的相位噪声。因此，对晶体管的噪声建模可分成高频与低频的两端。图5.15给出二极管集电极低频噪声的频谱密度[A^2/Hz]图。

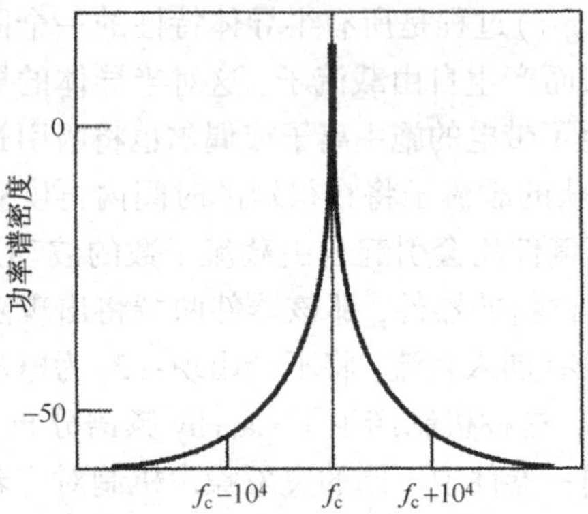

图5.14 相位噪声频谱

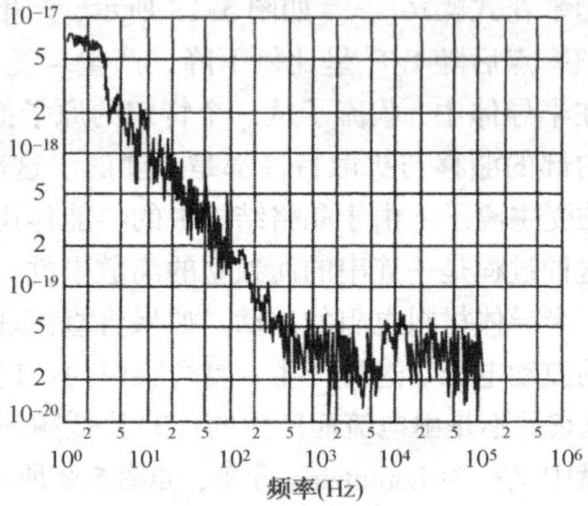

图5.15 在二极管集电极测量的低频噪声电流频谱密度($A^2/\sqrt{Hz}$)

5.4 数字信号处理中的噪声

在当前的电子战系统设计中，在数字域做的信号处理工作比在模拟域中做的要多得多。但是，通信信号本质上是模拟信号。因此，从模拟域到数字域的转换是一个常见并且被广泛采用的功能。这个功能用模数转换器(ADC)来实现。同样，从模拟域到数字域的转换是由数模转换器(DAC)来实现的。

两个方向中任意一方向的转换都会向所处理的信号中引入额外噪声。下面将讨论重要的转换噪声源。

以一个特定的采样频率f_s对信号采样会产生镜像效应，如图5.16所示。输入的频谱交替地翻转并且在频谱上更高地以f_s的整数倍为中心的地方复制产生能量区。虽然简单地讨论了混叠，但它是根本的原因。如果采样频率不够高，以至于不能包含输入频谱的所有能量成分，那么输入信号将不可逆地转为失真。

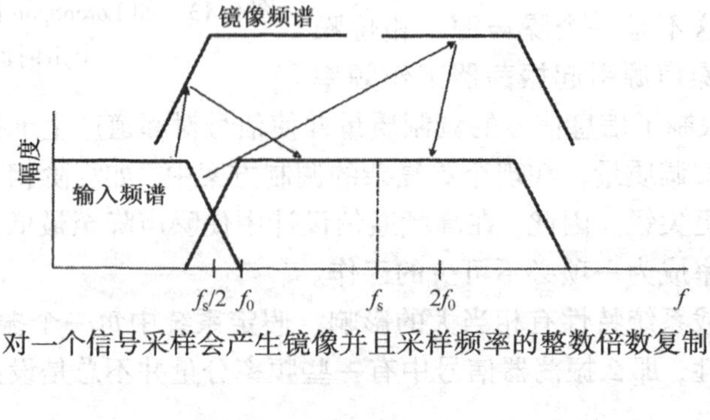

图5.16 对一个信号采样会产生镜像并且采样频率的整数倍数复制信号频谱

5.4.1 模数转换(ADC)量化噪声

量化噪声是由量化误差引起的。量化误差实际上是模拟信号在量化时引入的舍入误差。图 5.17 展示了一个具有 3 V 满刻度值的 2 bit 模数转换器的输出码和对应的输出电压。该图显示的 0 V、1 V、2 V 和 3 V 输入值分别对应 00、01、10、11 的数字输出码。如果将 1.75 V 的电压输入到转换器，那么输出的结果将会是 2 V 的电压所对应的 10。这在量化过程中产生 2 V - 1.75 V = 0.25 V 的误差被称为量化误差。假设量化误差是随机的，那么它可以被视为白噪声。

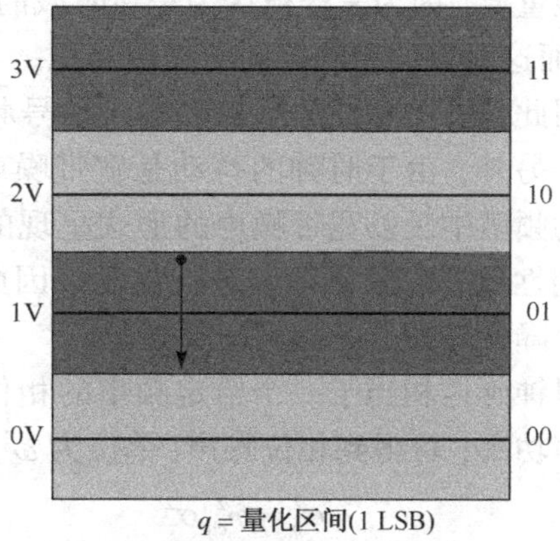

图 5.17　模数转换量化电平。该情况下展示了4种电平，分别对应00、01、10、11

一个模数转换器的量化噪声功率和 RMS 量化电压分别为

$$e_{\mathrm{RMS}}^2 = \frac{1}{q}\int_{-q/2}^{q/2} e^2 \mathrm{d}e = \frac{q^2}{12} \qquad \mathrm{V}^2 \tag{5.27}$$

式中 q 是图 5.17 中所示的量化区间。因此，有

$$e_{\mathrm{RMS}} = \frac{q}{\sqrt{12}} \tag{5.28}$$

例如，一个具有 2.5 V 满刻度值的 12 bit 模数转换器的 RMS 量化噪声为

$$e_{\mathrm{RMS}} = \frac{2.5/2^{12}}{\sqrt{12}} = 176\ \mu\mathrm{V}$$

以采样频率 f_s 量化的信号的所有噪声功率都折叠在 $0 \leqslant f \leqslant f_S/2$ 的频带内。假设噪声是随机的，那么噪声的功率谱密度为

$$E(f) = e_{\mathrm{RMS}}\sqrt{\frac{2}{f_s}} \qquad \mathrm{V}/\sqrt{\mathrm{Hz}} \tag{5.29}$$

通过平方并在 B 上进行积分把它转换成噪声功率，可得到

$$n_0^2 = e_{\mathrm{RMS}}^2\left(\frac{2B}{f_s}\right) \qquad \mathrm{V}^2 \tag{5.30}$$

和

$$n_0 = e_{\mathrm{RMS}}\sqrt{\frac{2B}{f_s}} \qquad \mathrm{V} \tag{5.31}$$

式中 n_0 是带内量化噪声，B 是输入信号的带宽，f_s 是采样频率。$f_s/2f_0$ 的大小一般被称为过采样率[27]。

5.4.2 数据转换器时钟抖动噪声

时钟抖动是转换过程中的另一个噪声源[28]。它的影响如图 5.18 所示。时域的抖动等同于频域的相位噪声。如图 5.14 所示，相位噪声使时钟的一些能量从它的基频处扩展开来。这一点很重要，因为采样被认为是在时域的混频或者是乘法(输入信号与采样函数或者脉冲串相乘)，而这时域的乘法等同于频域卷积。

因此，采样时钟的频谱和输入信号频谱做的是卷积。另外，由于时钟的抖动是宽带噪声，它在采样后的频谱中是以宽带噪声的形式呈现的。其频谱是周期性的，以采样频率进行重复。因此，该宽带噪声会降低转换器的噪声门限性能。

时钟延迟相当于一个给定频率的相位延迟。根据噪声功率，可得到相位噪声(单位为 $\omega^{1/2}$)

$$\sigma_\theta^2 = \omega_{\mathrm{clk}}^2 \sigma_\mathrm{t}^2 \tag{5.32}$$

式中 σ_t（单位为 $\mathrm{s}^{1/2}$）表示相位抖动；ω_{clk}（单位为 rad/s）是时钟频率，它能产生这样一种影响：信号的频率越高，相位噪声越严重。

相位噪声决定时钟的信噪比 SNR，用 γ_{clk} 表示

$$\gamma_{\mathrm{clk}} = -10\lg \sigma_\theta^2 \quad \mathrm{dB} \tag{5.33}$$

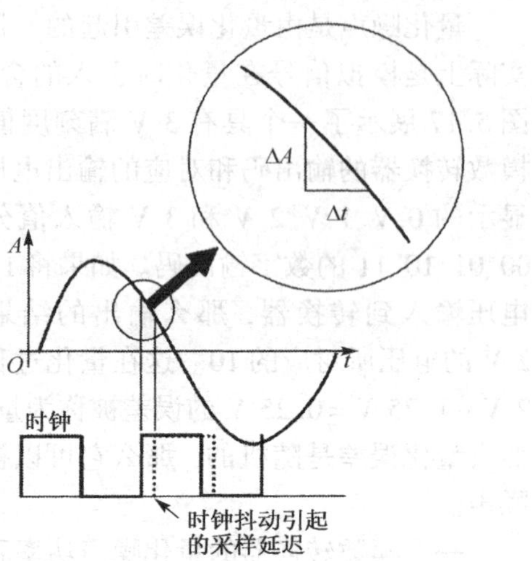

图 5.18　采样时钟抖动产生采样时间误差及因此带来的噪声

假设时钟抖动的带宽落入单一的奈奎斯特区域，并且包含量化噪声和热噪声，在单载波系统中，信噪比 γ 为

$$\gamma_{\mathrm{sig}} = \frac{1}{4\pi^2 \sigma_\mathrm{t}^2 f_0} \quad \mathrm{dB} \tag{5.34}$$

在多载波窄带系统中，参考多载波中一个载波信噪比，即多载波信噪比 γ_{sig} 表示为 dBc，具有与式(5.34)相同的形式，但是在分母中 f_0 将被所有频率项的和代替。假设每一个载波的功率是相同的，则有

$$\gamma_{\mathrm{sig}} = \frac{1}{4\pi^2 \sigma_\mathrm{t}^2 \sum_{i=1}^{M} f_i} \quad \mathrm{dB} \tag{5.35}$$

式中 M 是载波数量。它能提高量化噪声和热噪声的门限，因而显得很重要。所以在这种应用中，抖动对总的 γ 可能不会有很大贡献，而量化噪声和热噪声占主导地位。

在宽带系统中，假设数据具有零均值以及在频率 f_L 和 f_U 之间服从均匀分布的平坦频谱，信噪比为

$$\gamma_{\mathrm{sig}} = \frac{1}{\sigma_\mathrm{t}^2} \frac{3}{f_\mathrm{U}^2 + f_\mathrm{U} f_\mathrm{L} + f_\mathrm{L}^2} \tag{5.36}$$

在欠采样系统中，比如说那些时钟频率比信号带宽低的系统，要求时钟具有比基带系统更好的相位抖动性能。这是因为抖动足够大，而产生的噪声能在带内来回混叠(参见图 5.19)。在这种应用中，因为抖动而设定的 SNR 极限为

$$\gamma = -20\lg(2\pi f_{\mathrm{analog}} t_{\mathrm{RMSjitter}}) \ \mathrm{dB} \tag{5.37}$$

式中 f_{analog} 是输入频率，$t_{\mathrm{RMSjitter}}$ 是 RMS 抖动。给定一个工作频率和要求的 SNR，那么对时钟的抖动要求可以通过式(5.37)来获得。

采用 N 比特，假设需要被数字化的是一个正弦波，其峰 - 峰值为 2^N，RMS 值为 $2^{N-1}/\sqrt{2}$，

功率电平为 $S = 2^{2N-3}$。由于量化误差在 ±0.5 的范围内任何地方都能发生，这个区域的概率分布函数由 $p(x)=1$ 决定，噪声功率为

$$N_q = \int_{-1/2}^{1/2} x^2 p(x)\mathrm{d}x = \frac{1}{12} \tag{5.38}$$

因此，可得到量化噪声决定的 γ

$$\gamma = \frac{S}{N_q} = \frac{2^{2N-3}}{1/12} = 1.5 \times 2^{2N} \tag{5.39}$$

用 dB 表示为

$$\gamma = 6N + 1.76 \quad \text{dB} \tag{5.40}$$

这是一个经验方法，数字信号处理过程中，每额外增加 1 比特会相应增加 6 dB 的 SNR。

噪声的功率谱密度的一阶估计近似假定它在 $f=0$ 到 $f=f_s/2$ 的范围内是平坦的，其中 f_s 是采样频率。虽然实际的频谱是 sin *x*/*x* 的形状，但这种近似只产生几千分之一分贝的误差。

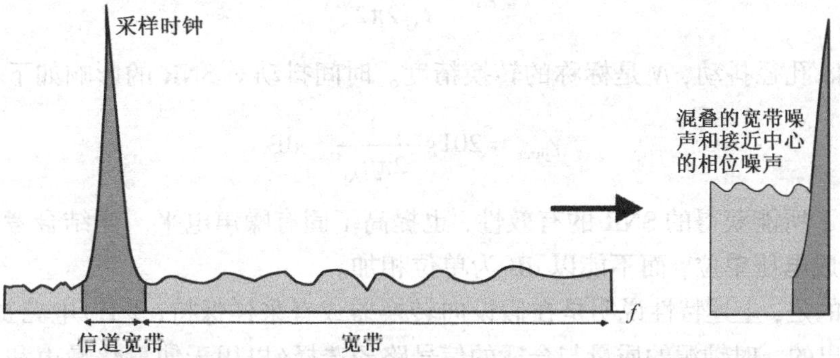

图 5.19　混杂的宽带噪声被转化成接近中心的相位噪声。如图 5.14 所示，这是零频率附近的 $1/f$ 相位功率谱密度波形最重要的噪声源

5.4.3　采样和定时

所有的实信号所显示出的相位噪声功率谱密度如图 5.14 所示，其定时如图 5.18 所示。时钟信号是用于触发与模数转换器相关联的采样和保持电路，而叠加在时钟上的噪声会造成在错误的时刻对信号采样，从而得到错误的采样幅度值。图 5.20展示了这种现象。采样的移动可称为抖动，它会降低模数转换器的精度。

对这种抖动的忍受能力的品质因数是指在不影响转换精度情况下所允许的抖动大小。这是本书接下来要确定的量。

用 $L(f)$ 表示功率谱密度(psd)，相位抖动在由 psd 计算得到的 f_1 和 f_2 范围内确定，即

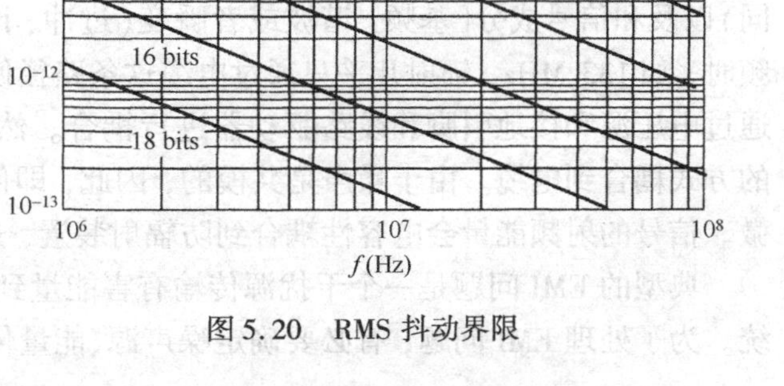

图 5.20　RMS 抖动界限

$$\phi_{\mathrm{j}}^{2}=\int_{f_1}^{f_2}L(f)\mathrm{d}f \quad \mathrm{rad}^2 \tag{5.41}$$

相应的时间抖动为

$$t_{\mathrm{j}}=\frac{\phi_{\mathrm{j}}}{2\pi f_0} \quad \mathrm{s} \tag{5.42}$$

式中f_0是中心频率，ϕ_{j}是相位抖动(单位为 rad)。

假设信号为$A\ \sin(2\pi f_c t)$，其中$A = 2^{N-1}$以f_s采样得到，并且要求的抖动至少要好 4 倍。因此，所要求的相位抖动为$\phi_{\mathrm{j}} = 2^{-N}$ RMS[28]。锁相环技术是可选择的一个现代技术，能够提供所要求的精度和低噪声抖动。

该抖动噪声对采样时间进行相位调制，限制了输入 dV/dt 的最大转换速率，因而限制了最大频率，这会产生一个小于 1/2 LSB 的 dV 误差，即

$$f_{\max}=\frac{1}{t_{\mathrm{AJ}}2\pi 2^{N-1}} \tag{5.43}$$

式中t_{AJ}是 RMS 孔径抖动，N是标称的转换精度。时间抖动对 SNR 的影响如下

$$\gamma_{\mathrm{jitter}}=20\lg\frac{1}{2\pi f t_{\mathrm{AJ}}} \quad \mathrm{dB} \tag{5.44}$$

定时抖动减小了所能获得的 SNR 的有效性，也提高了固有噪声电平。当结合考虑这些影响时，它们必须转换成电压单位，而不能以 dB 为单位相加。

值得注意的是，上述特性说明是在假设向转换器或者采样保持(S/H)电路提供无抖动转换时钟情况下做出的。时钟源的质量与合适的信号路径选择(以用于使量化噪声和串扰最小)很关键。例如，在一个 1 MHz 输入的 12 比特转换器中，仅仅 20 ps 的 RMS 抖动会减小 1.5 dB 的信噪比。如果分析表明所采用的时钟抖动可能是一个重要的误差因素，那么就应该确认并减少抖动源。

5.5 电磁干扰

这一节将讨论由电磁干扰(EMI)而产生的噪声，这些讨论大部分基于文献[3，29]。EMI(也称为射频噪声，RFI)是载有快速变化并能给其他电路引入有害干扰或噪声信号的电路所发出的电磁辐射。因为外部人为噪声也被视为一个 EMI 源，而在 5.2.1 节中已经对人为噪声进行了讨论，所以在这一节讨论系统内部产生的 EMI。该 EMI 噪声能在系统单一底架内和/或底架之间生成并产生影响。电缆和连接器也被视为 EMI 源。

辐射效率取决于与地和电源平面之间的高度(在 RF 情况下，其中一个的效率和另一个相同)以及和信号成分[基频，谐波或者瞬变(过冲、下冲、铃流)]的波长相关的导体长度。在低频时，如 133 MHz，辐射几乎只通过电缆这条路径使信号进出设备。射频噪声进入电源平面并通过电压源和接地引脚和线路驱动器进行耦合。然后，射频通过线路驱动器以共模节点噪声的方式耦合到电缆。由于噪声是共模的，因此，即使采用差分对传输方式，电磁防护也收效甚微。信号的射频能量会电容性耦合到防辐射装置，这样防辐射装置本身也会进行电磁辐射。

典型的 EMI 问题是一个干扰源传输有害能量到一个电路或系统，该能量会扰乱电路或系统。为了处理 EMI 问题，有必要确定噪声源、能量传输的路径以及容易受到干扰影响的部分。

5.5.1 EMI 源

从 EMI 源发出的电磁干扰按噪声分两个等级，这两个等级用干扰是重复还是单一(脉冲)信号来描述。

5.5.1.1 窄带重复源

开关式电源和计算机时钟是典型的 EMI 源，并且是典型的重复脉冲源。干扰包含许多来自 EMI 源的谐波。注意，这些源被视为是窄带的，因为每一个谐波的出现覆盖一个窄的带宽。然而，也可能会有很多这样的源，这些源在频谱上能延伸相当长的一段距离。

一个重复脉冲源可以用幅频图来刻画。适合描述时域波形的变量有基频 f_0 (单位为 Hz)、周期 $T = 1/f_0$ (单位为 s)、幅度峰-峰值 A(单位为 V 或者 A)、脉冲宽度 t (单位为 s)、脉冲上升时间 t_r (单位为 s)(更快上升时间产生更高的频率成分)、脉冲的全部时间 t_f (单位为 s)以及脉冲占空系数 $d = t/T$。

使用这些变量可以确定频域的最大辐射包络。频域的描述通常采用半对数图，通常纵轴刻度是相对于 μV 或者 μA 的分贝数，横轴刻度取对数的频率值。这种描述总能分成 3 个不同的部分：平稳的低频基础部分、具有 -20 dB 斜率的中频部分和具有 -40 dB 斜率的高频部分，如图 5.21 所示。

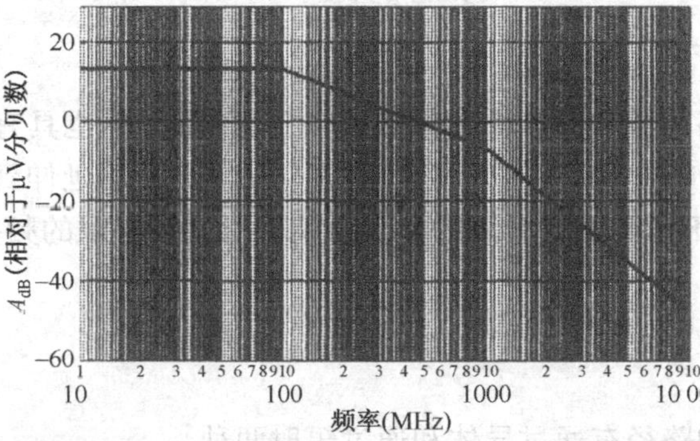

图 5.21　窄带 EMI 噪声。所有的 EMI 源都和这样的曲线近似匹配，尽管曲线的转折点可能不同——这里所展示的是一个代表

基础部分的表达式为

$$A_{dB} = 20\lg(2Ad \times 10^6) \tag{5.45}$$

标示出平稳部分和中频部分的第 1 个转折点的表达式为

$$f_1 = \frac{1}{\pi t} \tag{5.46}$$

同样，把中频部分和高频部分分开的第 2 个转折点的表达式为

$$f_2 = \frac{1}{\pi t_r} \tag{5.47}$$

或者

$$f_2 = \frac{1}{\pi t_f} \tag{5.48}$$

采用式(5.47)和式(5.48)中较大的一个。

由上述方法产生的曲线实际上表示一个包络。EMI 噪声的谐波幅度都小于这个包络幅度。第1个谐波在f_0处，更高次的谐波在f_0的整数倍处。在中频部分，基频f_0会出现在f_1的右边。这种包络预测方法并不能给出每一个特定谐波频率的实际幅度，就好比严密的傅里叶波形分析比全波傅里叶分析要快得多。以这种方式解答可能准确也可能不准确，这取决于特定的应用。

5.5.1.2　宽带源——单一脉冲信号

当 EMI 是单一脉冲而不是脉冲串时，频域的最大辐射包络包含上面所描述的同样的三个部分。然而，这种情况下，t 代表单一脉冲的宽度。决定平稳部分的表达式如下

$$A_{\mathrm{dB}} = 20\lg(2At\times10^{12}) \tag{5.49}$$

单位为 dBμV/MHz 或者 dBμA/MHz。第一转折频率描述了将斜率为零的平稳部分和中频部分分开，其表达式如下

$$f_1 = \frac{1}{\pi t} \tag{5.50}$$

将中频部分和具有 -40 dB 斜率部分分开的转折点的表达式如下

$$f_2 = \frac{1}{\pi t_{\mathrm{r}}} \tag{5.51}$$

或者

$$f_2 = \frac{1}{\pi t_{\mathrm{f}}} \tag{5.52}$$

取其中较大者。

虽然单一脉冲的包络函数和脉冲串的包络函数显然相似，但也具有明显不同，即前者和后者纵坐标单位分别为 dB/MHz 和 dB；单一脉冲的能量从零频开始延伸到无限大的频率（至少理论上）处，因为一个信号不可能既有有限的持续时间同时又有有限的频率扩展。单一脉冲中还存在不确定的谐波成分。

5.5.2　耦合路径

EMI 从源到目的地的路径有通过导体和通过辐射两种。

5.5.2.1　导体耦合路径

EMI 既能通过有意的传导路径又能通过无意的传导路径从源传输至目的地，下面的一个例子可以作为这两种情况的基础。电流产生电势需要电阻。一个导体有直流电阻和交流电阻两部分电阻。直流电阻由欧姆定理规定。然而，所有的导体中都有一个使通过导体的电流在导体的外表传输的效应。集肤效应迫使大部分的电流到达导线的表面，并且随着频率增加而加剧。减小导体的横截面面积和增加频率一样会使交流电阻随着频率增加而增加。总的电阻是直流电阻和交流电阻之和。

透入深度是指导体边缘距导体中电流下降到表面电流值的 $1/e$（约 37%）处的厚度，其表达式[30]为

$$\delta = \left(\frac{2\rho}{\omega\mu_0}\right)^{1/2} \quad \text{in} \tag{5.53}$$

式中ρ为导体体电阻率(对于铜$\rho = 6.787\times10^{-7}\,\Omega\cdot\text{in}$)；$\mu_0$为自由空间磁导率($\mu_0 = 3.192\ \text{Wb/A}\cdot\text{in}$)；$\omega$为角频率(单位为 rad/s)。

例如，在 $\delta = 8.2 \times 10^{-5}$ in 的铜导体中传输 1 GHz 射频信号，显然，大部分的 RF 电流在靠近导体表面的地方传输。

这种方式产生的交流电阻的大小为

$$R = (\rho\pi\mu)^{1/2} f^{1/2} \left(\frac{l}{\pi D}\right) \quad \Omega \tag{5.54}$$

式中 f 的单位为 Hz；l 是所考虑的导体长度，单位为英寸(in)；D 是导体的直径，单位为英寸。对于电子战系统所涉及的大部情况，交流电阻比直流电阻要大得多。

当区域内存在其他导体时，会产生电容效应。这个电容量的估算公式为

$$C = \frac{\varepsilon_0 A}{d} \quad \text{F} \tag{5.55}$$

式中 $\varepsilon_0 = 8.84 \times 10^{-12}$ F/m 是空气的介电常数；A 为两个导体的有效平面面积(单位为 m^2)；d 为两个导体之间的距离(单位为 m)。

就像在任何其他电路中一样，当提及频率时，与导体相关的电感、电容和交流电阻决定了导体的总有效阻抗，包括谐振和传输线效应(如特性阻抗、匹配/不匹配终端阻抗、能量反射和铃流)。

5.5.2.2 辐射耦合路径

有三种类型的辐射耦合方式：近场①电缆和电缆间的耦合，也被称为串扰；差模辐射和传输；共模辐射和传输。

差模是指两个导体之间以相反的方向流动的电流，或者两导体间相反的电压。共模是指在电源里流动然后返回到导体的同相电流，或者是两个导体之一到地之间的电压。

串扰

从一个电缆到另一个电缆的近场耦合是由从源电缆发出然后到达接收电缆的电场和/或磁场驱动的。从源电缆传输到接收电缆的信号的效率取决于电缆间距和各自的电缆方向、频率以及终端阻抗。增加电缆之间的间距或者以正确的角度交叉摆放电缆，可以使串扰最小化。通常，减小串扰的措施是避免将不同类的导体放置在同一电缆束中。

差模辐射

电路表现得就像环状辐射天线。如果线路的物理尺寸小到和线路信号或者重要的谐波的一个波长可比的时候，差模辐射的电磁信号能量为

$$E_{DM} = 263 \times 10^{-16} \frac{f^2 AI}{r} \quad \text{V/m} \tag{5.56}$$

式中 f 为频率(单位为 Hz)；A 为线路环状面积(单位为 m^2)；I 为电流(单位为 A)；r 为辐射电路和受影响的导体之间的距离(单位为 m)。

注意，由于辐射与驱动频率的平方成比例，这也会给数字时钟速率的提高增添较多障碍。

差模传输

电路也像环状接收天线那样起作用，它至少能够在如此高的一个频率上起作用，即对应着此频率，实际电路回路的最大尺寸应与所考虑的输入干扰频率对应的半波长相当。电路的传输电压的估算公式为

---

① 由于是近场的情况，信号并不是真正的辐射，而是耦合。

$$V = ELWf\frac{\pi}{150} \quad \text{V} \tag{5.57}$$

式中 E 为入射场的能量，单位为 V/m；L 为电路回路的长度(必须小于 $\lambda/2$)(单位为 m)；W 为电路回路的宽度(单位为 m)；f 为入射场的频率(单位为 MHz)。

对于 $L > \lambda/2$ ，有

$$V = \pi EW \quad \text{V} \tag{5.58}$$

共模辐射

共模辐射可从载有共模电流的环状导体中发出，在这种情况下式(5.56)适用。然而，在许多情况下，只有一个高阻抗的回路存在，如一个长导体，它由附属的电子线路并由一个小的对地寄生电容来完成闭合的回路，在这种情况下，可以认为辐射来自一个单极接地线，其表达式为

$$E_{\text{CM}} = 12.6\times10^{-7}\frac{fIL}{r} \tag{5.59}$$

式中 f 为频率(单位为 Hz)；I 为共模电流(单位为 A)；L 为共模线路/电缆联合的长度(单位为 m)；r 为到共模辐射电路的距离(单位为 m)。

共模传输

一个共模接收环可以根据式(5.57)传输能量。从上面等式看出，辐射和传输都与频率和电路尺寸有关。为了简化相关方程以及应用于最坏的情况，等式没有表现出对电路和场的方向的依存度。

5.5.2.3　EMI 防护

电磁防护就是通过一个导体障碍物将电路和环境隔离开来的方法。由于发射机的敏感性，通信电子战系统的各部分几乎都需要电磁防护。对于低频磁场，需要高的磁导率的防护导体。防护性能受到任何形式的阻断损害，如穿透的导线和缝隙。

5.5.3　小结

有效地处理 EMI 问题需要充分理解这里所讨论的问题的各部分(EMI 源、路径和受干扰物)、问题的程度以及要求的改进程度。可能最好的解决方法是在最开始的时候就设计好使 EMI 最小化。

通信电子战系统不可避免地拥有一个非常敏感的前端。如果大幅度的 EMI 信号(不管是由什么原因产生的)出现，这些敏感的电路很快就会过载，这称为减敏现象。接收机链通常有一个约 70 dB 的动态范围，因此，如果本地 EMI 信号大于考虑了这动态范围以后的噪声电平，那么整个接收链就会变得不灵敏。

5.6　放大器噪声

这一节将研究有噪声的放大器效能[31~37]。考虑一个由两级放大器(或放大装置)的放大链，它具有功率增益 A_1 和 A_2 以及输入噪声功率电平 N_1 和 N_2 ，如图 5.22 所示。一个功率为 S 的信号作用到第一级放大器，那么输入信噪比为 S/N_1。在第一级放大器输出端，信号功率为 A_1S，噪声功率为 A_1N_1。这两者都被第二级放大器放大，也就是说，第二级放大器也贡献了噪声，因此第二级放大器输出端信噪比为

$$\left(\frac{S}{N}\right)^2=\frac{(SA_1A_2)^2}{(N_1A_1A_2)^2+(N_2A_2)^2}=\frac{S^2}{N_1^2+\left(\frac{N_2}{A_1}\right)^2}$$
$$=\left(\frac{S}{N_1}\right)^2\frac{1}{1+\left(\frac{N_2}{A_1N_1}\right)^2} \tag{5.60}$$

虽然总的信噪比减小了，但如果第一级放大器的增益足够高，那么第二级放大器的贡献噪声可以忽略。因此，在一个精心设计的系统中，噪声由第一增益级控制。

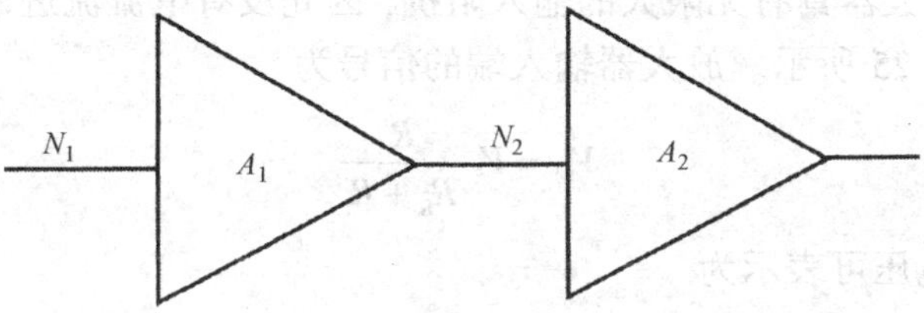

图 5.22　级联放大器。N_i 对应所示节点处的噪声功率

5.6.1 放大器噪声模型

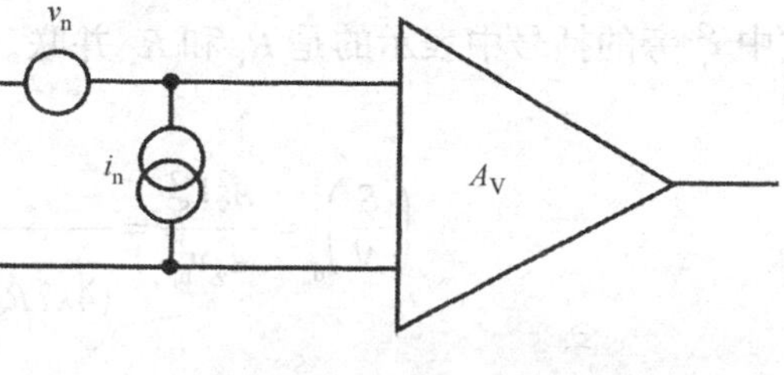

图 5.23　放大器噪声模型。输入端既有电压噪声源又有电流噪声源。由此而得的放大器(A_V)是无噪声的

任何放大器的噪声特性可完全由放大器输入端的电压噪声源和电流噪声源来描述，如图 5.23 所示[38]。典型的幅度值在纳伏/赫兹(nV/Hz)和法安/赫兹(fA/Hz)至皮安/赫兹(pA/Hz)的量级上。这里所说的噪声源幅度值是由频谱密度所描述的幅度值。该噪声源不必实际存在于输入端，噪声还是产生于放大器内部。假设输出端的所有内部噪声源合并后的噪声具有频谱密度 e_{no}，如果放大器的电压增益为 A_V，那么这等同于输入端有一个 $e_n = e_{no}/A_V$ 的电压噪声源。根据频谱密度可以很方便地表示输入噪声，因此可以单独地估计放大器的带宽效能。

假设一个电阻为 R_S 的传感器连接到一个电压增益为 A_V、输入阻抗无限大的放大器上，那么就没有电流流进放大器，如图 5.24 所示。输入的噪声电流 i_n 流经源电阻 R_S 产生噪声电压 i_nR_S，该噪声电压和源电阻的热噪声电压及放大器的噪声电压相加。由于它们是不相关的，因此所有项正交相加。放大器输出端总噪声电压为

$$v_{n_i}^2=4kTR_S+v_n^2+(i_nR_S)^2 \tag{5.61}$$

输出端总噪声电压

$$v_{n_o}^2=(A_Vv_{n_i})^2=A_V^2[4kTR_S+v_n^2+(i_nR_S)^2] \tag{5.62}$$

放大器输出端的信噪比为

$$\left(\frac{S}{N}\right)^2=\frac{A_V^2V_S^2}{A_V^2[4kTR_S+v_n^2+(i_nR_S)^2]} \tag{5.63}$$

它与放大器增益无关并等于输入的信噪比，因为输入噪声和信号都被放大了同样的量。

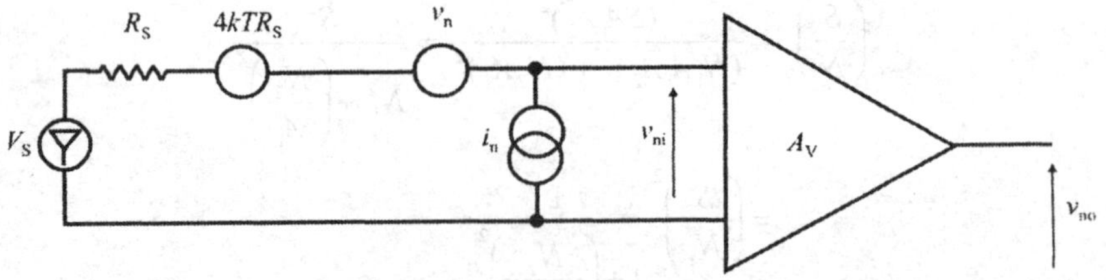

图 5.24 噪声天线源驱动的放大器。天线噪声电压由 $4kTR_s$ 的电压源表示。由此而得的天线和 R_S 是无噪声的

下面的例子中，放大器具有无限大的输入阻抗，因此没有电流流进放大器。现在假设输入阻抗是有限的，如图 5.25 所示。放大器输入端的信号为

$$V_{S_i} = V_S \frac{R_i}{R_S + R_i} \tag{5.64}$$

放大器输入端的噪声电压可表示为

$$v_{n_i}^2 = [4kTR_S + v_n^2]\left(\frac{R_i}{R_i + R_S}\right)^2 + i_n^2\left(\frac{R_i R_S}{R_i + R_S}\right)^2 \tag{5.65}$$

式中 i_n^2 旁的括号中表示的是 R_i 和 R_s 并联。放大器输出端的信噪比为

$$\left(\frac{S}{N}\right)_o^2 = \frac{A_V^2 V_{S_i}^2}{A_V^2 v_{n_i}^2} = \frac{V_S^2\left(\dfrac{R_i}{R_S + R_i}\right)^2}{(4kTR_S + v_n^2)\left(\dfrac{R_i}{R_S + R_i}\right)^2 + i_n^2\left(\dfrac{R_i R_S}{R_S + R_i}\right)^2} \tag{5.66}$$

$$= \frac{V_S^2}{(4kTR_S + v_n^2) + i_n^2 R_S^2}$$

和输入阻抗无限大情况一样。因此，SNR_o 和放大器输入阻抗是无关的。

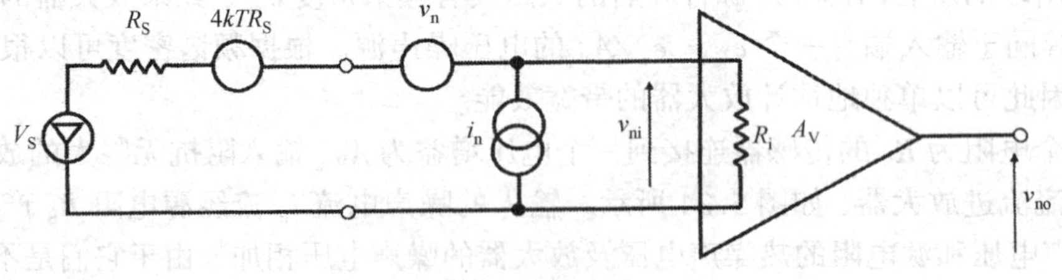

图 5.25 输入电阻为 R_i 的放大器

尽管上面推导使用的是电阻，显然其结果也适用于复阻抗输入的情况，如电阻性元件和容性或者感性元件相连接。

各个噪声源可以通过相关系数 γ 联系起来。在本例中，有

$$v_n^2 = v_{n_1}^2 + v_{n_2}^2 + 2\gamma v_{n_1} v_{n_2} \tag{5.67}$$

如果输入噪声电压和电流是相关的，那么输入的噪声电压变为

$$v_{n_i}^2 = 4kTR_S + v_n^2 + i_n^2 R_S^2 + 2\gamma v_n i_n R_S \tag{5.68}$$

通过在噪声功率谱上进行积分可以得到输出端的总噪声

$$P_n(f) \propto v_{n_o}^2(f) \tag{5.69}$$

输出端噪声电平取决于输出端噪声的频率分布，该频率分布由噪声功率谱密度(psd) $e_{no}(f)$ 确定；反过来，psd 又由输入噪声电压和电流的频谱分布和放大器的频率响应决定。因此，有

$$v_{n_o}^2 = \int_0^\infty e_{n_o}^2(f)\mathrm{d}f = \int_0^\infty e_{n_i}^2(f)|A_V(f)|^2\,\mathrm{d}f \tag{5.70}$$

放大器的增益因素以幅度值的平方形式出现，因为放大器通常具有取决于频率的增益和相位特性，所以增益是复数形式。

5.6.2　噪声带宽与信号带宽

考虑一个频率响应为 $A(f) = A_0G(f)$ 的放大器，其中 A_0 是最大增益，$G(f)$ 表示频率响应。例如对上面描述的简单放大器，即

$$A_v = g_m\left(\frac{1}{R_L} + \mathrm{j}\omega C_0\right)^{-1} = g_m R_L \frac{1}{1+\mathrm{j}\omega R_L C_0} \tag{5.71}$$

因此，有

$$A_0 = g_m R_L \tag{5.72}$$

和

$$G(f) = \frac{1}{1+\mathrm{j}\omega R_L C_0} \tag{5.73}$$

如果输入端出现频谱密度为 e_{n_i} 的白噪声(频谱密度是平坦的)，那么输出端的总噪声电压为

$$v_{n_o} = \sqrt{\int_0^\infty e_{n_i}^2|A_0G(f)|^2\,\mathrm{d}f} = e_{n_i}A_0\sqrt{\int_0^\infty G^2(f)\mathrm{d}f} = e_{n_i}A_0\sqrt{\Delta f_n} \tag{5.74}$$

式中 Δf_n 就是噪声带宽。

通常噪声带宽和信号带宽不同。如果最高截止频率由单一的 RC 时间常数决定，就像在 Lorentzian 分布中一样，那么信号带宽为

$$\Delta f_s = f_U = \frac{1}{2\pi RC} \tag{5.75}$$

噪声带宽为

$$\Delta f_n = \frac{1}{4RC} = \frac{\pi}{2}f_u \tag{5.76}$$

5.6.3　噪声带宽和低频(1/f)噪声

由于低频噪声的功率谱密度为

$$P_{nf} = \frac{S_f}{f} \tag{5.77}$$

和相应的电压密度为

$$e_{nf}^2 = \frac{A_f}{f} \tag{5.78}$$

因此，从f_1到f_2频带上的总噪声功率可通过对式(5.78)积分给出

$$v_{\mathrm{nf}}^2=\int_{f_1}^{f_2}\frac{A_{\mathrm{f}}}{f}\mathrm{d}f=A_{\mathrm{f}}\ln\left(\frac{f_2}{f_1}\right) \tag{5.79}$$

于是，一个$1/f$频谱的总噪声功率由最高截止频率和最低截止频率之比来决定。

通常，$1/f$噪声转角是这样规定的：它是一个频率，$1/f$噪声在该频率处截获白噪声功率电平。较高的白噪声电平会减小转角频率。因此，减小噪声转角不等于减小$1/f$噪声。

5.6.4 噪声系数和噪声指数

电子系统分析的一个关键参数是SNR，即

$$\gamma=\mathrm{SNR}=\frac{S}{N}=\frac{\text{信号功率}}{\text{噪声功率}} \tag{5.80}$$

高的SNR意味着信号能够被识别，而低SNR则意味着信号被噪声淹没。噪声系数是衡量信号通过任何处理级后SNR下降程度的一个尺度。噪声系数(f_{a})的定义是输出端总有效噪声功率与输出端仅由输入噪声产生的有效噪声之比

$$f_{\mathrm{a}}=\frac{\text{噪声功率输出}}{\text{理想噪声功率输出}=\text{增益}\times\text{噪声功率输入}}\geqslant 1 \tag{5.81}$$

当噪声系数用分贝表示时，就被称为噪声指数，其表达式为

$$F_{\mathrm{a}}=10\lg f_{\mathrm{a}} \tag{5.82}$$

对于一个理想原件，它不会增加输出噪声功率，输出噪声都是由于输入噪声而产生的，因此，$f_{\mathrm{a}}=1(F_{\mathrm{a}}=0\ \mathrm{dB})$。在此表达式中采用的增益是有效功率增益，如式(5.83)所示。

$$G_{\mathrm{A}}=\frac{P_{\mathrm{out}}}{P_{\mathrm{in}}}=\frac{S_{\mathrm{o}}}{S_{\mathrm{i}}} \tag{5.83}$$

很容易发现，噪声系数等于输入信噪比和输出信噪比之比

$$f_{\mathrm{a}}=\frac{N_{\mathrm{o}}}{N_{\mathrm{i}}G_{\mathrm{A}}}=\frac{N_{\mathrm{o}}}{N_{\mathrm{i}}S_{\mathrm{o}}/S_{\mathrm{i}}}=\frac{\dfrac{S_{\mathrm{i}}}{N_{\mathrm{i}}}}{\dfrac{S_{\mathrm{o}}}{N_{\mathrm{o}}}} \tag{5.84}$$

也可以把f_{a}写为

$$f_{\mathrm{a}}=\frac{G_{\mathrm{A}}N_{\mathrm{i}}+P_{\mathrm{n}}}{N_{\mathrm{i}}G_{\mathrm{A}}}=1+\frac{P_{\mathrm{n}}}{G_{\mathrm{A}}N_{\mathrm{i}}} \tag{5.85}$$

由于噪声系数是一个无量纲的量，因此，通常用噪声指数来表示。

工作温度为T时，噪声系数也可写为

$$f_{\mathrm{a}}=1+\frac{1-G_{\mathrm{A}}}{G_{\mathrm{A}}}\frac{T}{T_0} \tag{5.86}$$

式中参考温度$T_0=290\ \mathrm{K}$(接近室温)。当放大器工作在室温时，由此得到的噪声系数等于网络的功率损耗因子L_{A}，即

$$f_{\mathrm{a}}=\frac{1}{G_{\mathrm{A}}}=L_{\mathrm{A}} \tag{5.87}$$

5.6.4.1　有损耗元件

认识到元件输出端的噪声功率必须和输入端的噪声功率相同(如果不这样，能量会因为能量差而流进元件——热平衡)这一点，可以定义有损耗元件的噪声指数，即

$$G_{\mathrm{A}}N_{\mathrm{i}}+G_{\mathrm{A}}N_{\mathrm{added}}=N_{\mathrm{i}} \tag{5.88}$$

求解出输入的额外功率，得 $G_{\mathrm{A}}N_{\mathrm{added}}=N_{\mathrm{i}}(1-G_{\mathrm{A}})$。那么，噪声系数为

$$f_{\mathrm{a}}=1+\frac{\text{噪声加}}{G_{\mathrm{A}}N_{\mathrm{i}}}=1+\frac{G_{\mathrm{A}}N_{\mathrm{added}}}{G_{\mathrm{A}}N_{\mathrm{I}}}=1+\frac{N_{\mathrm{i}}(1-G_{\mathrm{A}})}{G_{\mathrm{A}}N_{\mathrm{i}}}=\frac{1}{G_{\mathrm{A}}}=L \tag{5.89}$$

式中 L 是组件的功率损耗。这样，噪声系数就和损耗一样。一个有损耗系统的元件如一段有损耗传输线，会导致 SNR 的下降。

5.6.4.2　级联网络

假设一个系统有两级

$$N_{\mathrm{o}}=G_{\mathrm{A}_2}N_{\mathrm{o}_1}+P_{\mathrm{n}_2}=G_{\mathrm{A}_2}(G_{\mathrm{A}_1}N_{\mathrm{i}}+P_{\mathrm{n}_1})+P_{\mathrm{n}_2} \tag{5.90}$$

$$f_{\mathrm{a}}=\frac{G_{\mathrm{A}_2}(G_{\mathrm{A}_1}N_{\mathrm{i}}+P_{\mathrm{n}_1})+P_{\mathrm{n}_2}}{N_{\mathrm{i}}G_{\mathrm{A}_1}G_{\mathrm{A}_2}}=1+\frac{P_{\mathrm{n}_1}}{N_{\mathrm{i}}G_{\mathrm{A}_1}}+\frac{P_{\mathrm{n}_2}}{N_{\mathrm{i}}G_{\mathrm{A}_1}G_{\mathrm{A}_2}} \tag{5.91}$$

如果 G_{A1} 很大，那么第一级将在获得一个小的噪声系数的过程中占主导地位，因为 G_{A_1} 出现在第二项和第三项(事实上，当级数大于两级时，余下的所有的项)的分母中。

根据两级噪声系数

$$f_{\mathrm{a}_1}=1+\frac{P_{\mathrm{n}_1}}{N_{\mathrm{i}}G_{\mathrm{A}_1}} \tag{5.92}$$

$$f_{\mathrm{a}_2}=1+\frac{P_{\mathrm{n}_2}}{N_{\mathrm{i}}G_{\mathrm{A}_2}} \tag{5.93}$$

则系统的噪声系数为

$$f_{\mathrm{a}}=f_{\mathrm{a}_1}+\frac{f_{\mathrm{a}_2}-1}{G_{\mathrm{A}_1}} \tag{5.94}$$

第二级对噪声系数的贡献被第一级的增益所除，因此，它的影响减小了。减小的量自然取决于第一级的增益。另一方面，可以看到，第一级是决定系统噪声系数最关键的一级，那么为了减小噪声，第一级的增益应该尽可能大。

当 n 个噪声线性放大器级联时，通常是这种情况，那么由 Friis 方程[39]可得噪声系数

$$f_{\mathrm{a}}=f_{\mathrm{a}_1}+\frac{f_{\mathrm{a}_2}-1}{G_1}+\frac{f_{\mathrm{a}_3}-1}{G_1G_2}+\cdots+\frac{f_{\mathrm{a}_n}-1}{G_1G_2\cdots G_{n-1}} \tag{5.95}$$

式中每一级的增益由 G_{i} 给出，噪声系数由 f_{i} 给出。在一个典型的电子战通信接收机中，需要计算噪声指数的线性级包括 RF 放大级和 IF 放大级(信号解调之前所有的级)。因此，为了使系统的噪声指数最小化，在 RF 路径前端使用高增益的放大级是很重要的。

当一个接收机嵌入到系统后，以同样方式来确定系统的噪声系数，但是必须考虑电缆损耗、信号分布损耗、前置放大增益等。接收机前端 RF 链中的各部分如图 5.26 所示。它包括天线、电缆并且可能还有一些天线中的放大器。第一放大级之前的损耗简单地加到该级的噪声系数中。将所有的参数用分贝表示，则系统的噪声指数的计算公式为

$$F_{\mathrm{a}}\,(\text{in dB}) = 10\lg\left[10^{F_{\mathrm{ap}}/10} + 10^{L_1/10} + 10^{(L_2 - G_{\mathrm{p}})/10} + 10^{(F_{\mathrm{aR}} - G_{\mathrm{p}})/10} - 10^{-G_{\mathrm{p}}/10}\right] \tag{5.96}$$

式中 F_{aR} 是接收机的噪声指数，F_{ap} 是前置放大器的噪声指数，L_2 是前置放大器和接收机之间的损耗。式(5.96)假设接收机的增益足够高，以至于接收机后面所有的级对系统的噪声指数的贡献可以忽略。

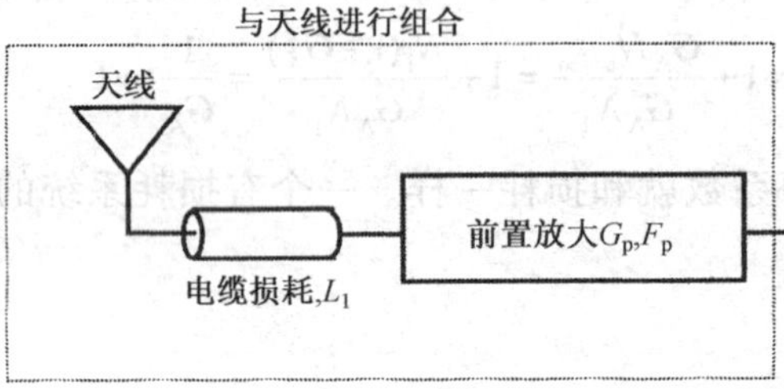

图 5.26　电子战系统中接收机前端 RF 链中的各部分

5.6.4.3　噪声匹配

噪声系数可表示为

$$f_{\mathrm{a}} = \frac{v_{\mathrm{n_i}}^2}{4kTR_{\mathrm{S}}} = 1 + \frac{v_{\mathrm{n}}^2 + (i_{\mathrm{n}}R_{\mathrm{S}})^2}{4kTR_{\mathrm{S}}} = 1 + \frac{v_{\mathrm{n}}^2}{4kTR_{\mathrm{S}}} + \frac{i_{\mathrm{n}}^2 R_{\mathrm{S}}}{4kT} \tag{5.97}$$

因此，当

$$R_{\mathrm{S}} = \frac{v_{\mathrm{n}}}{i_{\mathrm{n}}} \tag{5.98}$$

时，噪声系数达到最小。

在一个有阻性源的系统中，有

$$F_{\mathrm{a,opt}} = \frac{v_{\mathrm{n}} i_{\mathrm{n}}}{2kT} \tag{5.99}$$

然而，使用这个“噪声匹配”原理时，注意：

(1)功率并不总是合适的度量。有时噪声电压是最重要的。$R_{\mathrm{S}} = 0$ 时会产生最小的噪声电压 $e_{\mathrm{n_i}}$。

(2)只增加源电阻会增加总输出噪声而不会改善 SNR。噪声匹配的优点只有在同时对信号和有效源电阻进行调整的时候才能得到，例如，采用变压器进行调整。

采用变压器的噪声匹配

满足式(5.98)要求的一个方法是在天线和放大器之间插入一个变压器，如图 5.27 所示。天线通过一个匝数比为 $N = N_{\mathrm{S}}/N_{\mathrm{P}}$ 的变压器与放大器相连。假设变压器完全耦合，那么次级的信号为

$$V_{\mathrm{ss}} = NV_{\mathrm{S}} \tag{5.100}$$

处在次级的源的热噪声的表达式为

$$v_{\mathrm{nSS}}^2 = N^2 4kTR_{\mathrm{S}} \tag{5.101}$$

因为变压器也转变阻抗，所以次级的源电阻为

$$R_{\mathrm{SS}} = N^2 R_{\mathrm{S}} \tag{5.102}$$

因此，虽然信号增大了，但是由于输入噪声电流而产生的噪声贡献也增大了，即

$$v_{n_i}^2 = 4kTR_S N^2 + v_n^2 + R_S^2 N^4 i_n^2 \tag{5.103}$$

并且信噪比

$$\gamma^2 = \frac{V_S^2 N^2}{4kTR_S N^2 + v_n^2 + R_S^2 N^4 i_n^2} = \frac{V_S^2}{4kTR_S + \dfrac{v_n^2}{N^2} + R_S^2 N^2 i_n^2} \tag{5.104}$$

由于

$$R_S N^2 = \frac{v_n}{i_n} \tag{5.105}$$

达到最大值。

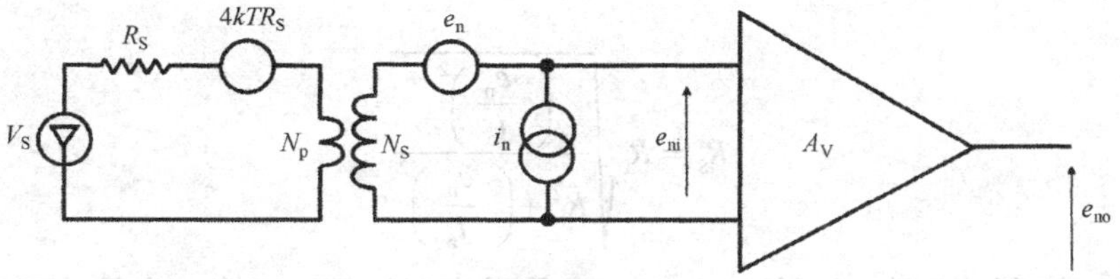

图 5.27　连接天线和放大器的变压器

信噪比最大化

考虑图 5.28，目标是选择 R_i 和 N_s 以使放大器输出的 γ 最大化。假设源的电抗部分和输入阻抗匹配，变压器是匹配原件。假设变压器和放大器是无噪声的，输出信号的功率为

$$P_s = \frac{V^2 N_s^2}{\left[G_i\left(\dfrac{1}{G_i} + \dfrac{N_s^2}{G_s}\right)\right]^2} A_v^2 \tag{5.106}$$

式中 $G_i = 1/R_i$，$G_s = 1/R_s$。同样，输出端的噪声功率为

$$P_n = e_n^2 k^2 + \frac{i_n^2}{\left(G_i + \dfrac{G_s}{N_s^2}\right)^2} A_v^2 \tag{5.107}$$

式中假设噪声电压、噪声电流以及信号都是独立的。

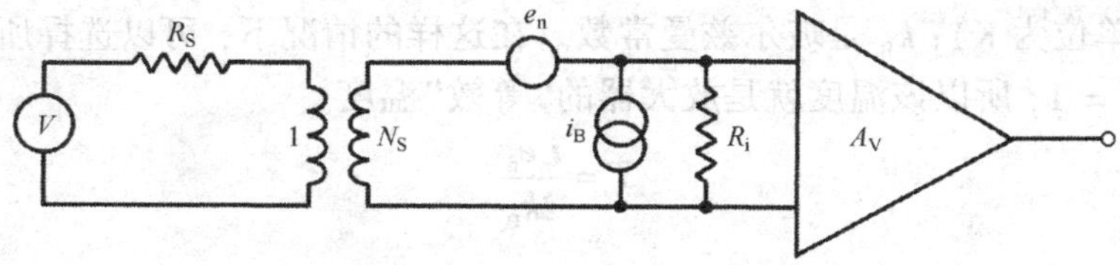

图 5.28　通过调节 R_i 和比例 $1:N_S$ 来最大化 SNR

因此，输出端的 γ 为

$$\gamma = \frac{\dfrac{V^2 N_s^2}{\left(1 + N_s^2 \dfrac{G_i}{G_s}\right)^2}}{e_n^2 + \dfrac{i_n^2}{\left(G_i + \dfrac{G_s}{N_s^2}\right)^2}} \tag{5.108}$$

通过对上式求导并令其为零，得到

$$N_s^4 = \frac{G_s^2}{G_i^2 + \dfrac{i_n^2}{e_n^2}} \tag{5.109}$$

由此可得到最大的 SNR。

当 $R_i \to \infty$ ($G_i \to 0$) 时，可得

$$N_s^2 = G_s \frac{e_n}{i_n} \tag{5.110}$$

通过选择 $N_s = 1$，可以得到放大器的噪声电阻 $R_S = e_n/i_n$。也可先设定 $N_s = 1$，然后再求解 R_S。

$$R_S = R_i \sqrt{\frac{\left(\dfrac{e_n}{i_n}\right)^2}{R_i^2 + \left(\dfrac{e_n}{i_n}\right)^2}} \tag{5.111}$$

根据 R_i 和 e_n/i_n，可得到两个不同的解。第一个是噪声匹配解，而第二个是功率匹配解。即

$$R_S >> \frac{e_n}{i_n} \qquad R_i >> \frac{e_n}{i_n} \tag{5.112}$$

和

$$R_S \approx R_i \qquad R_i << \frac{e_n}{i_n} \tag{5.113}$$

将式(5.109)代入式(5.108)，可得到

$$\gamma = \frac{V^2}{2R_S e_n^2 \left(\dfrac{1}{R_i} + \sqrt{\dfrac{1}{R_i^2} + \dfrac{i_n^2}{e_n^2}}\right)} \tag{5.114}$$

令 $R_i = \infty$，然后求出 i_n 和 e_n 的值，以此来观察 $\gamma = 1$ 时 R_S 的热噪声。因此，信号 V 就是 R_S 的热噪声。即

$$V^2 = 4R_S k_B T = 2R_S i_n e_n \tag{5.115}$$

式中 T 是温度(单位为 K)；k_B 是玻尔兹曼常数。在这样的情况下，可以选择所要求的 R_S 的温度。因为选择 $\gamma = 1$，所以该温度就是放大器的“等效”温度。

$$T = \frac{i_n e_n}{2k_B} \tag{5.116}$$

5.6.5 等效噪声温度

利用 $P = k_B TB$，可以根据等效噪声温度表示一个元件的噪声：

$$f_a = \frac{\dfrac{S_i}{k_B T_0 B}}{\dfrac{G_A S_i}{G_A k_B (T_0 + T_e) B}} = 1 + \frac{T_e}{T_0} \tag{5.117}$$

注意，式中 T_e 与式(5.86)中的 T 不同。当规定一个元件的等效噪声温度时，假设输入的噪声功率和室温对应，因此 $T_0 = 290$ K。等效温度是低噪声指数装置最有效的一个度量。

5.7 其他噪声因素

5.7.1 相关噪声

通常通信电子战系统中的噪声源是相互独立的，因此对 M 个独立的噪声源，总噪声是加性的。即

$$P_{\mathrm{n,total}} = \sum_{i=1}^{M} P_{\mathrm{n},i} \tag{5.118}$$

然而，在某些情况下，两个噪声参数是相干的。考虑图 5.29，如图中流经两个电阻的噪声电流是完全相关的，当然它们也必然相等。相干系统对相对相位很敏感。对于两个相干噪声源 N_1 和 N_2，总噪声为

$$N^2 = N_1^2 + N_2^2 + 2\gamma N_1 N_2 \tag{5.119}$$

式中相干系数 γ 取值从 -1（反相干，如相同但相位相差 180°）到 $+1$（相同，完全相关）。对于不相干的噪声成分，$\gamma = 0$，那么各自的电流噪声或者电压噪声贡献进行平方和，例如

$$v_{\mathrm{n,total}} = \sqrt{\sum_{i=1}^{M} v_{\mathrm{n},i}^2} \tag{5.120}$$

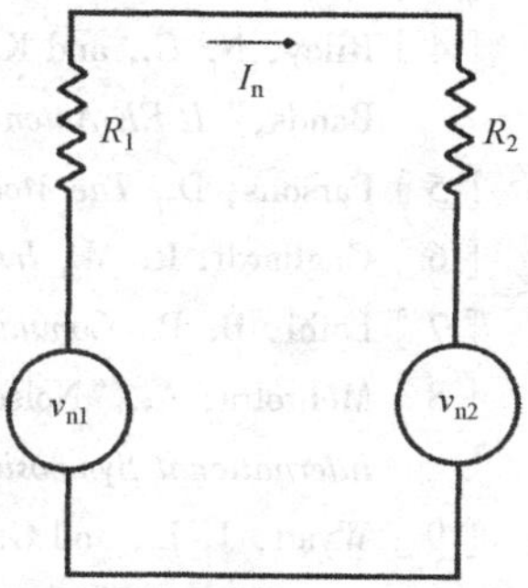

图 5.29　相关噪声电流

或

$$i_{\mathrm{n,total}} = \sqrt{\sum_{i=1}^{M} i_{\mathrm{n},i}^2} \tag{5.121}$$

5.7.2 电流分配噪声

双极型晶体管（BJT）的电流分配噪声是由于电流在节点处的重新组合而造成的，这样就产生了一个噪声电流

$$i_{\mathrm{p}}^2 = \frac{2kT}{r_{\mathrm{e}}'}\alpha_0(1-\alpha_0)B \tag{5.122}$$

式中 $kT = -174$ dBm/1Hz，B 是带宽，r_{e}' 是发射器电阻，BJT 的电流增益为 α_0。

5.8 结束语

本章讨论了影响通信电子战系统的主要的内部以及外部噪声源。

主要的外部噪声源是由大气、热运动以及人为造成的。在低射频范围内，大气噪声占主导地位，而热噪声在此所感兴趣的 RF 频谱上的任何地方都是相当稳定的。人为噪声由于它的特性，完全是不可预料的。在电子战系统所处的环境中——其中包含许多的人为噪声源，人为噪声可能是主要的外部噪声源。

本章也讨论了一些内部噪声源。此外，热噪声是一个内部噪声源，它产生于任何具有电阻性成分或者全部为电阻性的电子装置中。有源装置都有各自产生机理唯一的附加噪声源。EMI 是

由于一个装置到另一装置的无意辐射耦合而产生的噪声源。在敏感的 RF 系统中，如 EW 系统，EMI 是一个主要问题，并且如果要控制 EMI，必须从一开始就把 EMI 防护设计进去。

最后本章全面地讨论了放大器噪声，因为放大是几乎所有电路的一个普遍需求。

参考文献

[1] International Telecommunications Union Recommendation ITU. 372-8 (2005).

[2] Poisel, R. A., *Modern Communications Jamming Principles and Techniques*, Norwood, MA: Artech House, 2004, p. 15.

[3] Skomal, E. N., *Man-Made Radio Noise*, New York: Van Nostrand, 1978.

[4] Riley, N. G., and K. Docherty, "Modeling and Measurement of Man-Made Radio Noise in the VHF-UHF Bands," *IEEE Antennas and Propagation Symposium*, April 4-7 1995, pp. 313-316.

[5] Parsons, D., *The Mobile Radio Propagation Channel*, New York: Wiley, 1992, Ch. 9.

[6] Gagliardi, R. M., *Introduction to Communications Engineering*, 2nd Ed., New York: Wiley, 1988, p. 151.

[7] Lathi, B. P., *Communication Systems*, New York: Wiley, 1968, Chapter 6.

[8] Mehrotra, A., "Noise in Radio Frequency Circuits: Analysis and Design Implications," *Proceedings 2001 International Symposium on Quality Electronic Design*, March 26-28, 2001, pp. 469-476.

[9] Wyatt, J. L., and G. J. Coram, "Nonlinear Device Noise Models: Satisfying the Thermodynamic Requirements," *IEEE Transactions on Electron Devices*, Vol. 46, No. 1, January 1999, pp. 184-193.

[10] Roychowdhury, J., and A. Demir, "Estimating Noise in RF Systems", *IEEE/ACM International Conference on CAD*, *Digest of Technical Papers*, 1998, pp. 199-202.

[11] Hull, C. D., and R. G. Meyer, "A Systematic Approach to the Analysis of Noise in Mixers," *IEEE Transactions on Circuits and Systems-I: Fundamental Theory and Applications*, Vol. 40, No. 12, December 1993, pp. 909-919.

[12] Rizzoli, V., F. Mastri, and D. Masotti, "General Noise Analysis of Nonlinear Microwave Circuits by the Piecewise Harmonic-Balance Technique," *Transactions on Microwave Theory and Techniques*, Vol. 42, No. 5, May 1994, pp. 807-814.

[13] Niu, G., "Noise in SiGe HBT RF Technology: Physics, Modeling, and Circuit Implications," *Proceedings of the IEEE*, Vol. 93, No. 9, September 2005.

[14] Van Der Ziel, A., "Noise in Solid-State Devices and Lasers," *Proceedings of the IEEE*, Vol. 58, No. 8, August 1970, pp. 1178-1206.

[15] Van Der Ziel, A., "Unified Presentation of l/f Noise in Electronic Devices: Fundamental 1/f Noise Sources," *Proceedings of the IEEE*, Vol. 76, No. 3, March 1988, pp. 233-258.

[16] Hooge, F. N., "l/f Noise Sources," *IEEE Transactions on Electronic Devices*, Vol. 41, No. 11, November 1994, pp. 1923-1935.

[17] Keshner, M. S., "l/f Noise," *Proceedings of the IEEE*, Vol. 70, No. 3, March 1982, pp. 212-218.

[18] Leeson, D. B., "Simple Model of Feedback Oscillator Noise Spectrum," *Proceedings of the IEEE*, February 1966, pp. 329-330.

[19] Reimbold, G., "Modified l/f Trapping Noise Theory and Experiments in MOS Transistors Biased from Weak to Strong Inversion Influence of Interface States," *IEEE Transactions on Electronic Devices*, Vol. ED-31, No. 9, September 1984, pp. 1190-1198.

[20] Oksendal, B., *Stochastic Differential Equations*, Oslo: Springer, 2003.

[21] Kieinpenning, T. G. M., and A. H. de Kuijper, "Relation between Variance and Sample Duration of 1/f Noise Signals," *Journal of Applied Physics*, Vol. 6, p. 43, 1988.

[22] Lee, T. H., and A. Hajimiri, "Oscillator Phase Noise: A Tutorial," *IEEE Journal of Solid State Circuits*, Vol. 35, No. 3, March 2000, pp. 326-336.

[23] Demir, A., and J. Roychowdhury, "Phase Noise in Oscillators: A Unifying Theory and Numerical Methods for Characterization," *IEEE Transactions on Circuits and Systems-I: Fundamental Theory and Applications*, Vol. 47, No. 5, May 2000, pp. 655-674.

[24] Mini-Circuits, Inc., "Characterizing Phase Noise," *RF Design*, January 2003, pp. 58-59.

[25] Smith, P., "Little Known Characteristics of Phase Noise," *RF Design*, March 2004, pp. 46-52.

[26] Goldberg, G. -G., "Oscillator Phase Noise Revisited-A Heuristic Review," *RF Design*, January 2002, pp. 52-64.

[27] Candy, J. C., and G. C. Temes. "Oversampling Methods for A/D D/A Conversion, Oversampling Delta-Sigma Converters," *IEEE Press*, New Jersey, 1992, pp. 2-3.

[28] Goldberg, B. -G., "The Effects of Clock Jitter on Data Conversion Devised," *RF Design*, August 2002, pp. 26-32.

[29] Parker, W. H., "Electromagnetic Interference: A Tutorial," *Proceedings IEEE Aerospace Applications Conference* 1996, Vol. 3, February 3-10 1996, pp. 177-183.

[30] Terman, F. E., *Radio Engineers Handbook*, New York: McGraw-Hill, 1943, pp. 30-37.

[31] Rheinfelder, W. A., *Design of Low-Noise Transistor Input Circuits*, New York: Hayden, 1964.

[32] Israelsohn, J., "Noise 101," *EDN*, January 8, 2004, pp. 41-47.

[33] Israelsohn, J., "Noise 102," *EDN*. March 18, 2004, pp. 46-54.

[34] Martin, S., V. D. Archer III, D. M. Boulin, M. R. Frei, K. K. Ng, and R. -H Yan, "Device Noise in Silicon RF Technologies," *Bell Laboratories Technical Journal*, September 1997, pp. 30-45.

[35] Leach, W. M., "Fundamentals of Low-Noise Analog Circuit Design," *Proceedings of the IEEE*, Vol. 82, No. 10, October 1994, pp. 1515-1538.

[36] Nguyen, T. -K., C. -H. Kim, C. J. Ihm, M. -S. Yang, and S. -G. Lee, "CMOS Low-Noise Amplifier Design Optimization Techniques," *IEEE Transactions on Microwave Theory and Techniques*, Vol. 52, No. 5, May 2004, pp. 1433-1442.

[37] Roa, E., J. N. Soares, and W. Van Noije, "A Methodology for CMOS Low Noise Amplifier Design," *Proceedings of the 16th IEEE Symposium on Integrated Circuits and Systems Design*, 2003.

[38] Motchenbacher, C. D., and J. A. Connelley, *Low-Noise Electronic System Design*, New York: Wiley, 1993.

[39] Friis, H. T., "Noise Figures of Radio Receivers," *Proceedings of the IRE*, Vol. 32, July 1944, p. 418.

第6章　无线电通信技术

6.1　概述

理解通信技术对于掌握如何设计电子战系统起着非常重要的作用。正是通信技术使两个实体之间很容易地实现信息交换，因而它们就是传递信息的有效方式。信息不共享，则仅仅对拥有它的实体有用；如果信息被共享，它的用处就非常之大，而且利用信息能完成的事情也就非常之多。因此，对于任何以信息为基础的社会，信息传输均为至关重要，在军事方面更是如此。

现今已有很多详细讨论通信技术和系统的书籍与资料。本章仅在理解本书内容需要的深度上就通信技术及其系统理论提供一个导论，而不打算就此主题进行深入讨论。若读者欲进一步深入阅读，可以参阅文献[1 ~6]。本章所用的信息传输系统一般模型如图6.1所示，该系统有一个产生信息的信源，信息被传递到一个或多个信宿。实现信息传输的技术分类方式有多种，且迥异不同。但最基本的区别方式根据传输媒介是有线、光纤或无线来进行分类的。注意，信息存储这一方式，例如将信息存储在软盘上，它是另一种形式的信息传输系统，其中信息主要是在时间维度上被转移传输的。

不管为何种通信媒介，总存在与通信系统相伴相随的信道噪声。先假设所有噪声都是加性的。第5章已讨论了那些与通信电子战系统设计相关的比较重要的噪声内容。一言以蔽之，噪声就是除了那些所期望信号以外的所有信号。本章将讨论图6.1所示的通信系统，在本书剩余章节中将详细讨论干扰机、截获系统及其性能。

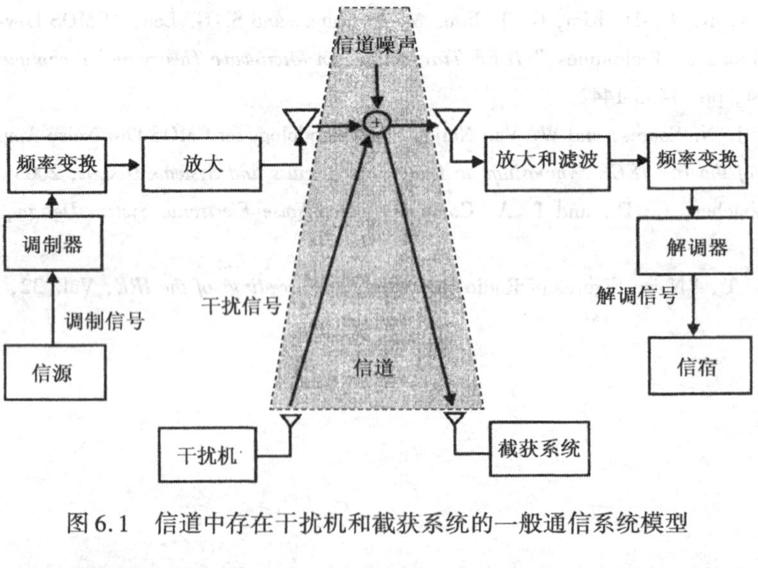

图6.1　信道中存在干扰机和截获系统的一般通信系统模型

通信系统可分为广播和组网通信两大类。然而，这类名称并不含有系统规模的意思，因为这两种系统的规模可很小也可很大。广播通信通常在一个地点产生信号，并发送给多个接收机。这种系统的例子是商用无线电和电视广播。另一方面，在组网通信中可能有多个信息源，信息要发送到其他多个地点，网络中的每一个通信节点都能够产生这样的信息。如因特网就是大型网络的一个例子。在军事上，移动战术指挥和控制系统通常由 VHF 和 UHF 无线电通信网络来实现。图 6.2 给出了广播通信与组网通信的根本区别。

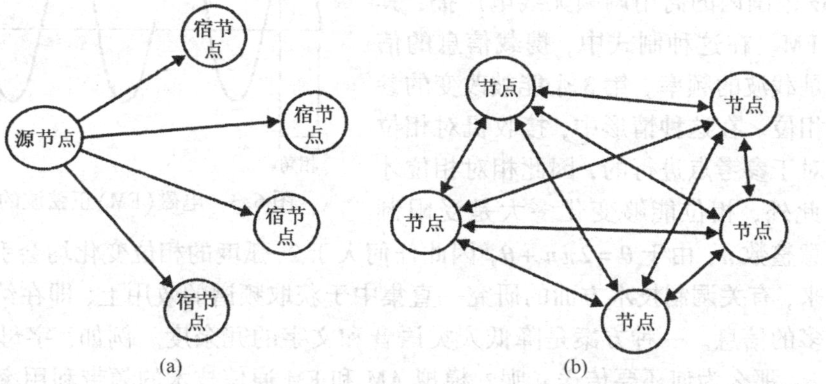

图 6.2　通信的两种基本形式：(a)广播；(b)组网

当然，这两种通信模式在军事通信中均为常见，人们期望通信电子战系统能与其中任一种通信模式进行对抗。广播电子战应用的一个实例是，在前苏联时期，它的干扰机成功地阻止了自由欧洲电台对东欧大部分地区的广播。对抗战术网络的电子战的示例就是经典的 VHF 干扰。

在战术移动网络中，通常有一个被称为网络控制站(NCS)的网络节点。一般而言，网络控制站就是包括用无线电管理该单元的人员在一起的节点。由于在 NCS 的通信流量通常大于其他节点的信息流量，因此，在某些情况下可根据此特性来识别 NCS。

本章将要探讨的剩余内容可依如下结构安排：6.2 节介绍在现代通信系统中使用的调制技术；接着两节讨论多用户共享的 RF 频谱接入技术方法；6.5 节介绍双工技术，双工是一种可供两个用户之间相互通信的技术；6.6 节简要介绍正交频分复用的基本原理。由于编码已在大部分现代数字通信系统使用，因此在 6.7 节中将讨论编码技术；接着两节讨论调制解调器及其协议与传真通信；最后以加密技术的导论部分作为本章的结束。

6.2　调制

用欲传输的信息来改变载波信号的过程称为调制。为何要将载有信息的信号加载到单独的载波上？其原因是将该信息信号搬移到适宜的更经济的传输频谱范围(这是因为频率越高，天线越小，因而所需的天线场地也越小；此外，还有其他的经济因素而决定)。

改变无线电载波信号以携载信息的基本制式有三种，即改变载波的幅度、频率及其瞬时相角，如图 6.3 所示。它们分别被称为幅度调制(AM)、频率调制(FM)和相位调制(PM)，而后两种又可称为角度调制。

欲经调制过程改变的信号称为载波信号，而携载信息去执行调制的信号称为调制信号，用 $m(t)$ 表示。已调制的载波信号为

$$s(t) = A(t)\cos[\varphi(t)] = A(t)\cos[2\pi f_c t + \Psi_c + \phi(t)] \tag{6.1}$$

式中 $A(t)$ 为信号幅度，f_c 为载波频率，Ψ_c 为载波信号的初始相位，$\phi(t)$ 为瞬时附加相位的缩写。AM 改变 $A(t)$，而相位和频率调制则是通过改变 $\phi(t)$ 来改变 $\varphi(t)$ 的。

众所周知，在美国，常用550 kHz～1.5 MHz的载波频率范围来传输商用无线电信号，其调制方式是AM，它改变的是载波幅度。对于频率在88～108 MHz范围内的商用调频无线电广播，其调制技术是FM。在这种制式中，携载信息的信号所改变的是载波的频率。第3个能被改变的参数就是载波相位。在这种情形中，接收机对相位的测量是相对于参考点进行的，因此相对相位才是重要的。此外，相位能够变化多大是受限制的。对于任意整数n，由于$\theta=2\pi n+\theta$，因此任何大于2π弧度的相位变化均会引起相位模糊。

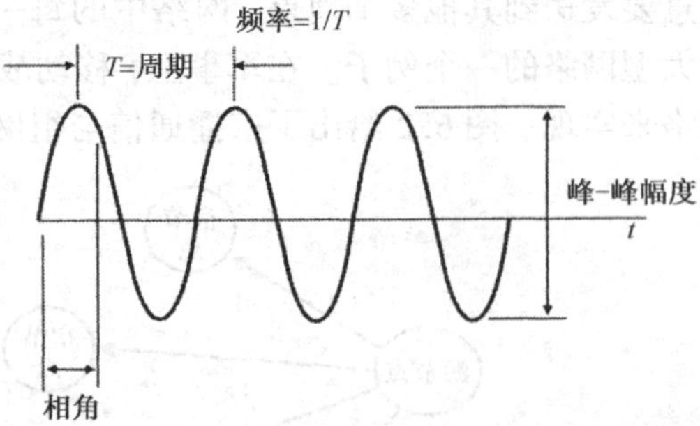

图6.3 电磁(EM)正弦波的基本参数

长期以来，有关调制技术方面的研究一直集中于获取频谱的效用上，即在给定的带宽内如何能携载更多的信息。一种方案是降低人类语音和文字的冗余度。例如，字母u(几乎)总是跟随着字母q，那么为何还要传送u呢？模拟AM和FM通信技术的频带利用率通常远低于等效的1 bps/Hz。用这些模拟调制技术来实现数字信息的调制，但效果也不好。另一方面，用调相技术已经取得射频带宽的4 bps/Hz，甚至更高的频带利用率，这就显示了此种调制方式的诱人之处。然而，这种高频谱效用的获得并不是无代价的。因为在这种调制方式中，为了建立和保持通信，在收、发信机之间需要设置同步序列及其电路。此外，为了避免相邻符号间的串扰，通信信道特性需要符合标准。还需要对通信信号进行适当的处理。

解调是调制的逆过程，即从载波中移出调制信号。解调并不同于检测，后者可用于两种方式。在通信术语中，检测是指对以数字信号形式传输的几个符号中究竟哪一个被传送的判断；对于通信电子战系统的设计，检测大都指对信道中是否有信号出现的判断。

有两种基本的解调类型:非相干解调和相干解调。对非相干解调的解调过程中没有利用载波的相位信息。而相干解调就一定要利用载波的相位信息，通常具有较好的性能，然而，它也常常伴随着较复杂的硬件实现。在相干解调下的系统性能，即指信号检测的性能。

对于所有的调相方案，接收机需要知道参考载波相位在何处，因而需要接收机与输入信号同步，以实现相干检测。在其所有的解调方案中，均需要对符号时钟的恢复。对于其他的调制方案，如果允许的话，也可以采用相干检测。采用相干检测一般可获得3 dB或更高的性能改善。

6.2.1 模拟调制

6.2.1.1 幅度调制

对载波信号进行幅度调制的过程如图6.4所示。如果调制信号是一个单音信号(单一频率，零宽带)，那么已调载波的频谱如图6.5所示。对于实际的具有确定非零带宽的基带波形，其调制频谱如图6.6所示。

图6.5和图6.6给出了双边带(DSB)AM的情形，在这种调制中，载波分量与信息分量一起被传送。如果载波(全部或部分)被抑制，称为抑制载波(SC)的DSB。如果信号的上边带被抑制，这种信号是单边带(SSB)的一种形式，称为下边带(LSB)。同样，如果下边带被抑制，这种SSB形式称为上边带(USB)。之所以可以抑制其中一个边带，是因为AM的每一个边带均包含相同的信息。抑制一个边带可以降低所需的传输带宽。如图6.5所示，已调

载波的带宽是一倍的基带带宽或两倍的基带带宽，前者对应于 AM SSB 调制，后者则是 AM DSB 调制。

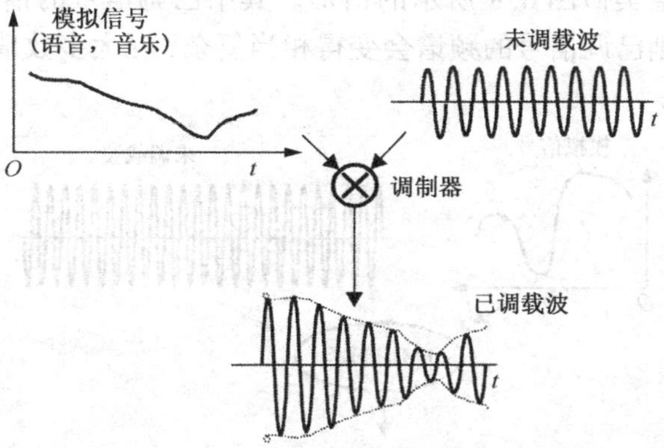

图 6.4　AM 改变载波波形的幅度

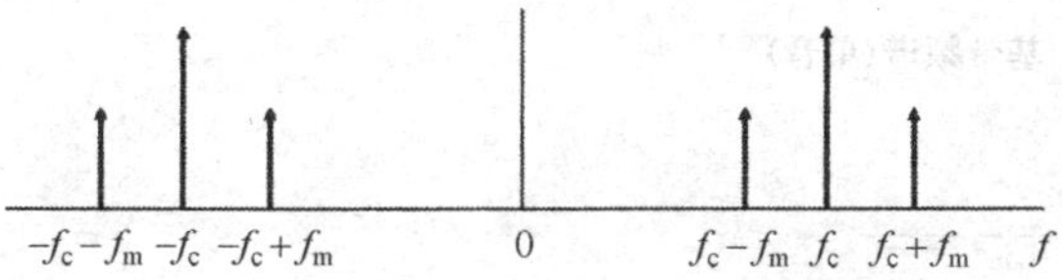

图 6.5　单音调制的 AM 信号的幅度频谱

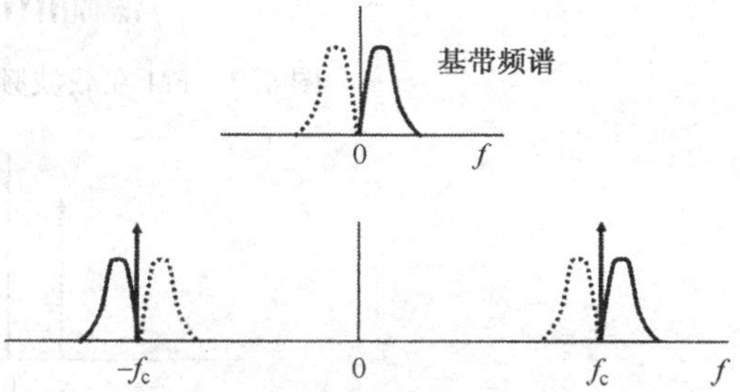

图 6.6　调制波形具有确定的非零带宽时的 AM 波形频谱

相对于其他的调制制式，大气噪声对 AM 的影响更大。这在较低的频段范围内尤为明显，因为闪电对 AM 信号会形成强烈的干扰。

6.2.1.2　角度调制

载波的瞬时相位为

$$\varphi(t) = 2\pi f_c t + \Psi_c + \phi(t) \tag{6.2}$$

而瞬时频率则为

$$f_i = \frac{1}{2\pi}\frac{d\varphi(t)}{dt} = f_c + \frac{1}{2\pi}\frac{d\phi(t)}{dt} \tag{6.3}$$

对于 PM 方式，有

$$\phi(t) = k_p m(t) \tag{6.4}$$

式中 k_p 为 PM 常数(单位为 rad/V 或 rad/A)。对于 FM，有

$$\phi(t) = k_m \int_{-\infty}^{t} m(\tau)\,d\tau \tag{6.5}$$

式中 k_m 为 FM 常数(单位为 rad/s/V 或 rad/s/A)。

那么，对于 PM 和 FM，已调的载波波形分别为(忽略 Ψ_c)

$$\text{PM:}\quad s(t) = A\cos[2\pi f_c t + k_p m(t)] \tag{6.6}$$

$$\text{FM:}\quad s(t) = A\cos\left[2\pi f_c t + k_f \int_{-\infty}^{t} m(\tau)\,d\tau\right] \tag{6.7}$$

对一个信号进行频率调制，其受到的影响如图 6.7 所示，瞬时频率被改变。FM 是一种非线性调制技术，因此它在频域内的变化影响要比上面 AM 的情形更加复杂。如果调制信号为单音信号，则已调载波的频谱类似图 6.8 所示的情形。其中已调信号的谱线间隔等于 f_m。如果调制信号不是一个单音，则已调信号的频谱会变得相当复杂，在大多数情况下还不得不依赖于闭合形式的数学分析。

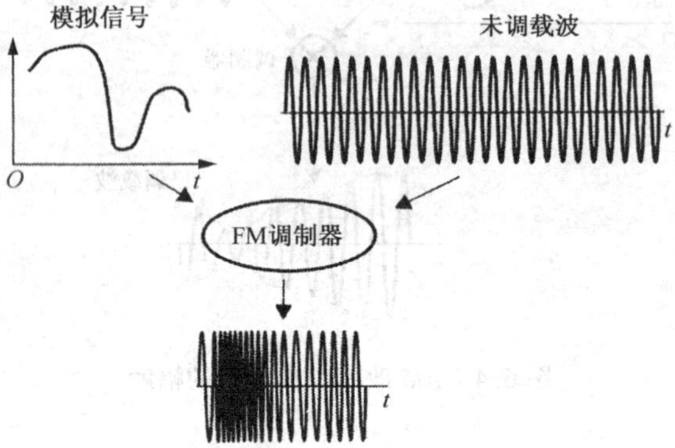

图 6.7　FM 在载波频率附近改变其瞬时频率

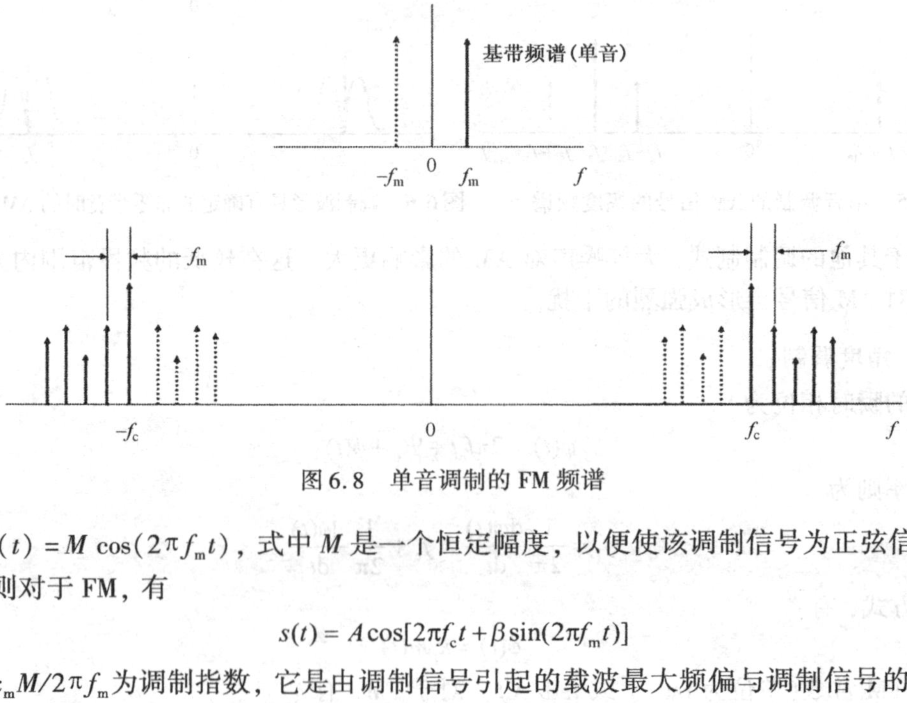

图 6.8　单音调制的 FM 频谱

设 $m(t)=M\cos(2\pi f_m t)$，式中 M 是一个恒定幅度，以便使该调制信号为正弦信号，并且 $f_m \ll f_c$。则对于 FM，有

$$s(t)=A\cos[2\pi f_c t+\beta\sin(2\pi f_m t)] \tag{6.8}$$

式中 $\beta=k_m M/2\pi f_m$ 为调制指数，它是由调制信号引起的载波最大频偏与调制信号的最高频率之比。

以上余弦式能展开为

$$\begin{aligned}\cos[2\pi f_c t+\beta\sin(2\pi f_m t)] &= J_0(\beta)\cos(2\pi f_c t)\\ &\quad+\sum_{n=1}^{\infty}(-1)^n J_n(\beta)[\cos(2\pi f_c-n2\pi f_m)t\\ &\quad+(-1)^n\cos(2\pi f_c+n2\pi f_m)t]\end{aligned} \tag{6.9}$$

式中 J_i 为第一类贝塞尔(Bessel)函数。当 β 较小时，有

$$J_0(\beta) \approx 1 - \left(\frac{\beta}{2}\right)^2 \tag{6.10}$$

$$J_n(\beta) \approx \frac{1}{n!}\left(\frac{\beta}{2}\right)^n,\ n \neq 0 \tag{6.11}$$

由此可得

$$s(t) \approx A\cos(2\pi f_c t) - \frac{A\beta}{2}\cos\left[2\pi(f_c - f_m t)\right] + \frac{A\beta}{2}\cos\left[2\pi(f_c + f_m)t\right] \tag{6.12}$$

因此，上式可简化为

$$s(t) \approx A\cos(2\pi f_c t) - A\beta\sin(2\pi f_m t)\sin(2\pi f_c t) \tag{6.13}$$

当 $\beta < 1$ 时，称为窄带 FM，信号带宽约为 $2f_m$。这种信号的频谱如图 6.9 所示(考虑了负频率部分)。

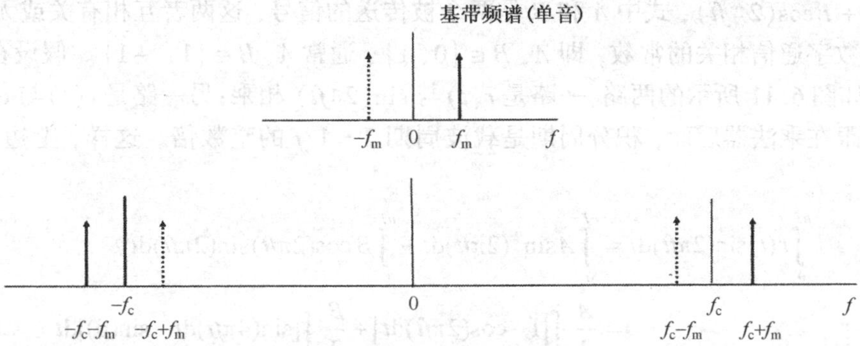

图 6.9　调制信号为单音的窄带 FM 频谱

FM 是一种非线性调制，可由式(6.7)至式(6.11)确定。对于线性调制的 AM，信号带宽的确定是直截了当的——1 倍基带带宽或者 2 倍基带带宽。对于 FM，却不能如此直接。Carson 推导出了一个 FM 信号带宽的近似表达式，称为 Carson 准则。由它所确定的信号带宽为

$$B_{IF} \approx 2(\Delta F + f_m) \tag{6.14}$$

式中调制指数 $\beta = \Delta F / f_m \gg 1$；$B_{IF}$ 为 IF 带宽，ΔF 为载波峰值频偏，f_m 为调制信号峰值频偏。

对于较小的调制指数，即 $2 < \beta < 10$，Carson 准则可扩展为

$$B_{IF} = 2(\Delta F + 2f_m) \tag{6.15}$$

一个有效且简单的 FM 调制器由压控振荡器(VCO)构成，其结构如图 6.10 所示。VCO 的特性表示在图 6.10 的上部。输入电压(相对于振荡器频率缓慢变化)控制 VCO 的振荡频率。在 VCO 的设计范围之内，此乃一种线性关系。

对于大多数公共 FM 蜂窝系统，$1 < \beta < 3$，因此不太符合 Carson 准则(不是一个很好的近似)。对于初始的北美模拟蜂窝电话标准，即高级移动电话系统(AMPS)，$\beta \approx 2.7$，由检测前的 18 dB 的载噪比(用 CNR_{IF} 表示)得到大约 40 dB 的检测输出信噪比(用 SNR_d 表示)。

对于 PM，频谱的推导与上面对 FM 的推导相同，并且许多结论是相同的。对于调相，Carson准则为

$$B_{IF} = 2(\beta + 1)f_m,\qquad \beta > 10 \tag{6.16}$$

$$B_{IF} \approx 2(\beta + 2)f_m,\qquad 2 < \beta < 10 \tag{6.17}$$

式中 $\beta = \Delta f / f_m$ 为调相指数，f_m 为最高调制频率。

两个基带信号能够利用同一个载波以正交传输的方式同时发送，称为正交调制。如果两个函数的内积为零，则它们正交。在此重要的是：两个定义在$(0, nT)$上的周期函数$f(t)$和$g(t)$，其中周期为T，n为整数，当且仅当

$$\int_0^{nT} f(t)g(t)\mathrm{d}t \begin{cases} \neq 0 \text{ 若 } f(t)=g(t) \\ =0 \text{ 若 } f(t)\neq g(t) \end{cases} \tag{6.18}$$

时，$f(t)$就与$g(t)$正交。在通信中重要应用的正交波形的特例就是$\sin 2\pi ft$和$\cos 2\pi ft$。

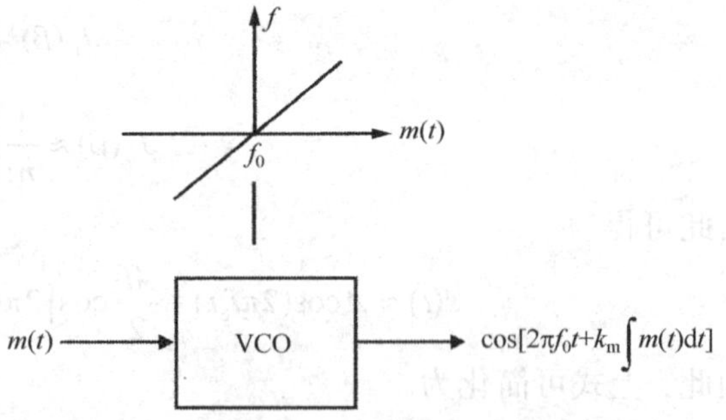

图 6.10 用 VCO 构造的 FM 调制器，图上部为VCO的转换特性

设$r(t)$表示接收的射频波形，且$r(t) = A\sin(2\pi ft) + B\cos(2\pi ft)$，式中$A$和$B$是两个被传送的信号，这两者互相有关或无关。$A$和$B$通常视为与数字通信相关的常数，即$A, B\in\{0, 1\}$，通常$A, B\in\{1, -1\}$。假设在接收机中，$r(t)$被分为如图 6.11 所示的两路：一路是$r(t)$与$\sin(2\pi ft)$相乘；另一路是$r(t)$与$\cos(2\pi ft)$相乘。积分器跟在乘法器后面，积分周期是载波周期$T=1/f$的整数倍。这样，上边一路积分器的输出为

$$\begin{aligned}\int_0^{nT} r(t)\sin(2\pi ft)\mathrm{d}t &= \int_0^{nT} A\sin^2(2\pi ft)\mathrm{d}t + \int_0^{nT} B\cos(2\pi ft)\sin(2\pi ft)\mathrm{d}t \\ &= \frac{A}{2}\int_0^{nT}[1-\cos(2\pi ft)\mathrm{d}t] + \frac{B}{2}\int_0^{nT}[\sin(4\pi ft)\mathrm{d}t - \sin(0)]\mathrm{d}t \\ &= \frac{A}{2}\int_0^{nT}\mathrm{d}t - \frac{A}{2}\int_0^{nT}\cos(2\pi ft)\mathrm{d}t \\ &\quad + \frac{B}{2}\int_0^{nT}\sin(4\pi ft)\mathrm{d}t - \frac{B}{2}\int_0^{nT}0\mathrm{d}t \\ &= \frac{AnT}{2} = KA\end{aligned} \tag{6.19}$$

式中，除第一项以外的所有积分都为零，这是因为任一零均值的周期函数在整数倍周期上的积分都为零；当然最后一项积分总是为零。根据前面讨论过的正交性，通过检查，式(6.19)第一行的第二个积分项等于零。同样可以证明，下边一个积分器的输出等于$BnT/2$。因此，积分器的输出是基带波形的固定整数倍。

当然，该结构确实对通信系统提出了一些要求。例如，发射机与接收机本振必须同步，从而使它们在相位上相互一致。如果它们的相位不一致，或者如果积分不在精确的整倍数周期上进行，则输出就不会精确地等于输入的整数倍，这将会有某种程度的偏差。也就是说，解调过程引入了某些噪声。当用做数字信号传输时，影响不太严重，这是因为它仅仅导致误码问题。例如，当传送的符号是A，与A对应的另一个可能符号是$-A$，如果已解调的符号更加接近$-A$而不是A，符号就会误判。信噪比(SNR)越低，发生误判的可能性就越大。

如果$A=a(t)$和$B=b(t)$都是时间的函数，上述的正交调制解调的分析和结构仍然适用。可是，如果$a(t)$和$b(t)$是含有信息的信号，则在发射机中进行调制之前必须先进行微分。于是，接收机中积分器的输出才将是基带信号的函数；否则，将是基带信号的积分值。

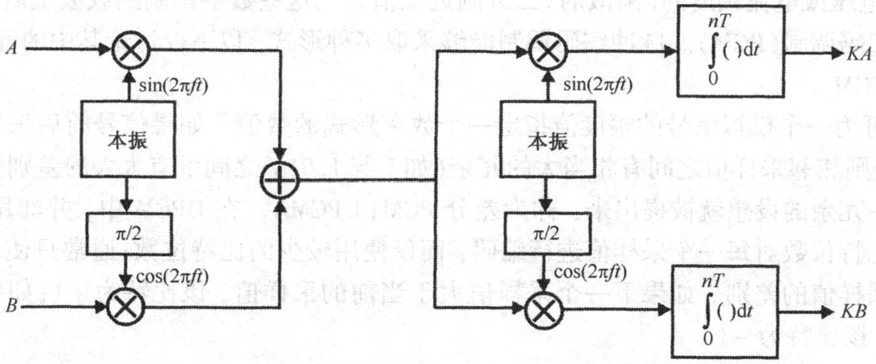

图6.11　正交调制解调器允许两个不同的信号共用同一载波传输

6.2.2 数字调制

近几十年来，数字信号传输技术已经相当普及[7]。原因很简单:用数字方法调制的信号通常比模拟方法调制的信号具有更高的频谱效率。此外，对数字信号，可以使用编码来补偿信道的不完善。对用于数字传输的载波也可以进行幅度调制、频率调制、相位调制或组合调制。

要传输的初始信号可以是数字信号或非数字信号。计算机间交换的初始信息就是数字信号;但在模拟电话上的交谈对应的电信号就不是。为了利用数字信号传输提供的优势，模拟语音信号就必须首先转换成数字形式。

诸如由公共交换电话网络(PSTN)提供的有线通信，就是一个相当良好的语音交流平台。该网络内引入的噪声很低，且干扰可控制。但在无线电通信中就大不相同，它是一个相当恶劣的环境，其外部噪声较高，干扰信号通常不能得到控制，尤其是传播参数难以确定。

如果 $s_2(t) = -s_1(t)$，则两个信号 $s_1(t)$ 和 $s_2(t)$ 是反相的，因而 $\{-1, +1\}$ 形成一组反相的结果，如图6.12所示。如果两个信号彼此保持确知的相位关系，则它们彼此是相干的;如果没有一致或确知的相位关系，这两个信号之间是非相干的。

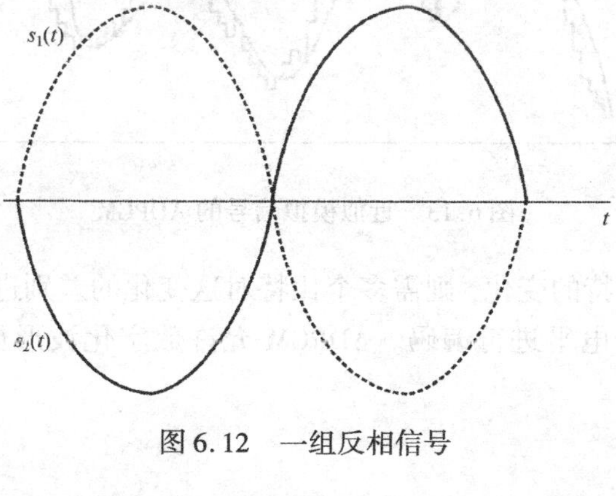

图6.12　一组反相信号

6.2.2.1 脉冲编码调制

为了在数字信道上传送人类语音和电视图像这样的模拟信息，必须首先将信号转换成数字形式，通常用模数(A/D)转换器来实现。A/D转换器将模拟信号变换成该信号的数字表示。在数字通信领域中，这些数字表示称为脉冲编码。A/D转换器的输出就是每一采样时刻输入到 A/D 的电压或电流幅度的(离散的)二进制近似值。当这些数字调制到载波上时，其结果就称为脉冲编码调制(PCM)。脉冲编码调制能够采取多种形式，以下仅讨论其中的部分形式。

差分 PCM

PCM 可为一个模拟信号的幅度值指定一个数字形式的数值。如果信号前后采样值间变化不是太快，则相邻采样值之间有相当大的冗余(如1与1.01V之间没有太大的差别)，那么，一种消除这一冗余的设想就被提出来，称为差分 PCM(DPCM)。在 DPCM 中，并非用 A/D 转换器的所有比特位数对每一个采样值进行编码，而仅使用较少的比特位数;通常只使用 1 比特来表示相邻采样值的差别。如果下一个采样值大于当前的采样值，该比特为 +1;如果下一个采样值较小，该比特为 -1。

自适应差分 PCM

自适应差分 PCM(ADPCM)是 DPCM 的一种变形。它与 DPCM 相似，只有当下一个采样值远大于当前采样值，则使用多个 +1 或 -1 来对变化进行编码。图 6.13 给出了 ADPCM 的工作原理。将模拟采样值的每一个数字化样值与前一个样值进行比较。对于 DPCM，如果该样值较大，用 +1(比特)来表示这一变化;如果该样值较小，用 -1(比特)来表示这一变化，但从图 6.13 可以看到，ADPCM 使用了一个以上的比特。只有 +1 比特和 -1 比特，没有零比特，因此如果信号没有变化，将交替编码为 +1 和 -1。在图 6.13 中能够看到这种情况，在模拟信号改变方向的地方，信号的变化足够小，小于一个样值的差别。在 ADPCM 中，存在某些位置，在一定次数的尝试(该例中尝试三次)之后，数字样值还不能赶上模拟波形的变化，就增大步进幅度(通过一个步进台阶)，直至模拟波形被匹配或超过。在匹配或超过处，步进的极性被取反，且幅度缩回到一个正常台阶的大小。

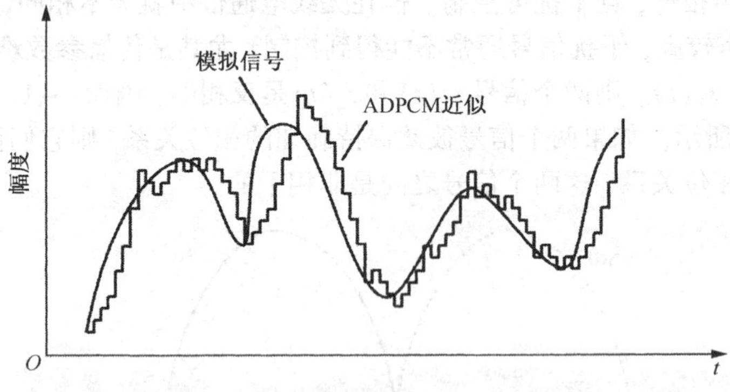

图 6.13 近似模拟信号的 ADPCM

既然利用了超过 1 比特的变化，则需多个比特对这变化的差别进行编码。例如，采用两个二进制比特来对高达四个电平进行编码。ADPCM 允许数字化波形更快地跟踪上模拟信号的变化。

6.2.2.2 功率效率

功率效率取决于所需要的每比特能量与噪声电平之比。例如，正如所规定的，功率效率可表示为 SNR(单位为瓦特小时/比特/带宽)，即 E_b/N_0，以产生一个特定的 BER。在地对地军用战术通信信道上，噪声和干扰使得 BER 的典型值为 10^{-2}，而卫星链路的 BER 典型值为 10^{-5} 或更好。BER 是一个系统设计参数，甚至在噪声严重、BER 一般很高的信道中，能够采用许多技术来实现较低的 BER。一般假定为加性高斯白噪声(AWGN)信道，尤其是在卫星链路。在这类链路中，假设噪声概率密度函数服从高斯分布，这种噪声可叠加在链路中传送的任何信号上。

6.2.2.3　带宽效率

带宽效率定义为 1 Hz 带宽上每秒钟所能传送的比特数。带宽效率越高，信道所能传送的信息就越多。频谱的总带宽是固定的，只是每一路信号要占有一定的带宽。在给定的频谱区域内，一旦每一个信道上都有信号传输，且又为了提高通信量，那就必须增大带宽效率。调制技术必须是带宽高效的，以允许尽可能多的通信用户共享传输媒介。

6.2.2.4　对数字通信的其他考虑

正如 3.5 节所讨论的，多径会引起同时接收到一个信号的两个或多个副本，它是由可能存在的一个或多个物体对信号的反射而引起的。有些调制方式比其他调制方式具有更好的抗多径效应能力。如果有些场合需要抗多径，则可选择这类合适的调制方式。

当其他信号与所需信号同时到达接收机而发生黏连时，就产生另一种形式的干扰。这种干扰称为同波道干扰，某些形式的信号处理技术对此具有更好的抵抗能力。

除去一些极端例外的情形之外，经济性总是需要考虑的因素。因此，人们常常关注通信系统的初期投资。但大多数情况下，拥有通信系统的费用远不止初期的投资，运营和维持(O&S)成本通常远高于其初期投资。通常使上述几项费用最低是十分重要的，蜂窝系统就是一例。如果没有可充电电池来降低手持电话设备的供电成本，那现代的移动蜂窝系统就不可能在经济性方面行得通。

当 RF 频谱被紧紧充塞，正如当今整个较低端的 RF 通信频段那样，信号能量的带外泄漏也是一个需要考虑的问题。它偶尔地会将一个信道的能量溢射于相邻信道。当然，在实际系统中，少许泄漏是不可避免的。但有一些方案具有更好的抗能量泄漏能力。

信号频谱的主瓣宽度越窄，调制方法的频谱效率就越高。然而这还不够，因为旁瓣的能量会暴露在相邻信道中，也会出现在相邻更远的信道中。每当一种调制方法展现它自己特有的性能时，它们一定都有一个目标，就是使信号的能量全部集中在所需的信道内。不但旁瓣直接干扰其他信道中的信号，而且溢射出的能量与旁瓣中的信号互相作用。系统是非线性时，这种互相作用能够产生无法忍受的交调干扰。邻道泄漏本身已浪费了信号能量，当泄漏出的能量变成交调分量时，会使功率效率进一步降低。

6.2.2.5　幅度和相位调制的星座图

在此叙述的大多数数字调制方案均能够借助于星座图来进行形象化展示。图 6.14 就是星座图的一个例子。一般而言，相位和幅度两者都能够被这些调制技术所调制(改变)。根据惯例，与(调制前的)载波同相的矢量分量称为同相分量，而在另一轴上的矢量分量称为正交分量。幅度与相位(以矢量符号表示)，或在 x、y 轴上的同相与正交分量的每一个组合，这种表示方法称为符号法。

6.2.2.6　幅移键控

当载波信号的振幅在两个(或多个)电平(通常是 A 和 0)之间改变时，该载波就被实施幅移键控(ASK)调制。最终的信号以及这种调制的简单概念上的实现如图 6.15 所示。如果其中一个电平为 0，这类调制可称为开关键控(OOK)，这最初是由莫尔斯用于电报而发明的调制形式。

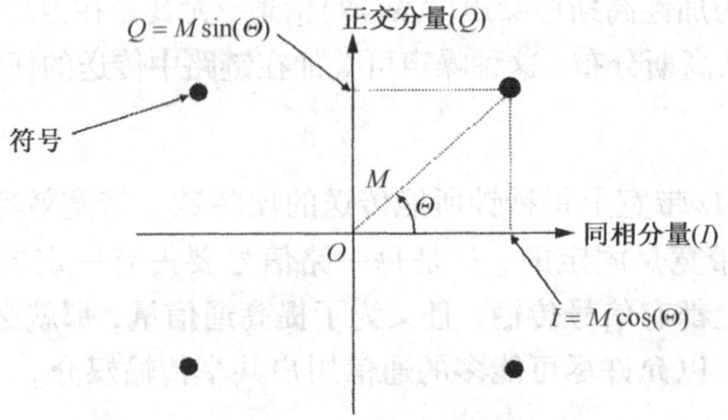

图 6.14 AM/PM 星座图

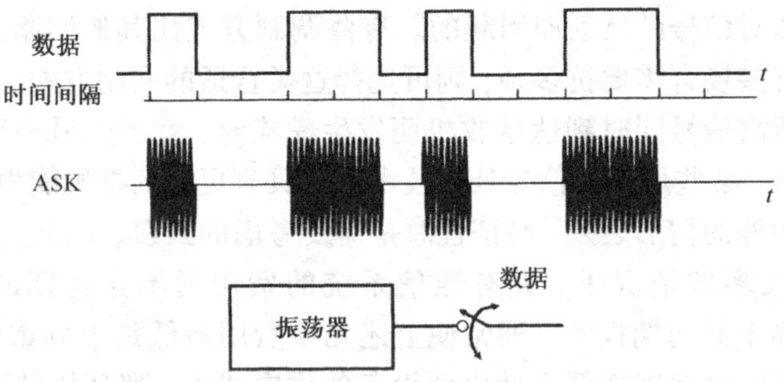

图 6.15 ASK 调制

OOK 用于数据传输是频谱污染最严重的振幅调制形式。振荡器的偏置电源或其电源的控制一旦发生改变，就会造成频谱污染。频谱污染的原因是：载波在方波调制信号的控制下发生开关转换，使已调信号频谱扩展在传送数据速率的许多倍之外。

控制载波的开关速率使振幅平滑升降，在不降低系统性能的情况下，可大大减少频谱污染。尽管针对载波源本身设计一个电路，可以获得上述效果。但使用混频器，在载波的恒定振幅上强加一个预先已成形的数据信号，这样实现起来通常会更简单，成本会更低。

6.2.2.7 频移键控

在频移键控(FSK)调制中，载波信号依照数字信号在两个(或多个)频率之间切换改变，如图 6.16 所示。其基本概念上的实现(参见图 6.16)是在两个频率之间的快速切换。切换可以在两个频率 f_{m1} 和 f_{m2} 间以及相应的信号间交替进行，f_{m1} 和 f_{m2} 用来对载波进行调频。注意，当数据改变时，载波相位一般是不连续的，除非该位置有控制相位连续的方式。

矢量调制器

矢量调制器也称为正交调制器，实现数学上的合成相加。两个输入信号 $\pm\cos\omega_m t$ 和 $\sin\omega_m t$ 分别与同相(如余弦)载波和正交(如正弦)载波相乘，然后将相乘结果求和，其中 ω_m 为施加在载波上的所需要的频移。加法器输出的信号是适当频移以后的载波。图 6.17 给出了该过程的方框图。用电路很容易实现该过程，只需单片集成电路的一小部分，所以还可以集成其他功能。为实现矢量调制器中的混频，Gilbert 混频器是当前普遍的选择，它是真正的四象限混频器，可以实现单片集成。

矢量调制器的功能可用模拟或数字形式实现。数字形式在 2008 年还有上限频率(约

100 MHz)的限制，而模拟单片形式可使用约 3 GHz 的频率上限。在较高的频率上实施混频和相加的过程时，这些芯片性能不太理想，在实用中会导致调制器的输出端出现调制信号的镜像，引起已调信号的失真。

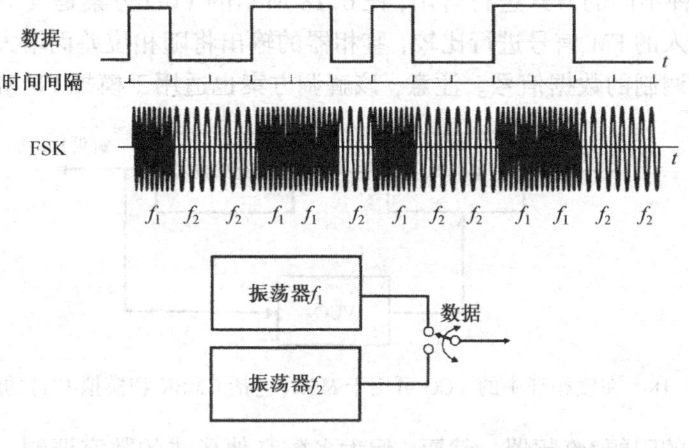

图 6.16　FSK 在两个(或多个)频率间切换发送频率

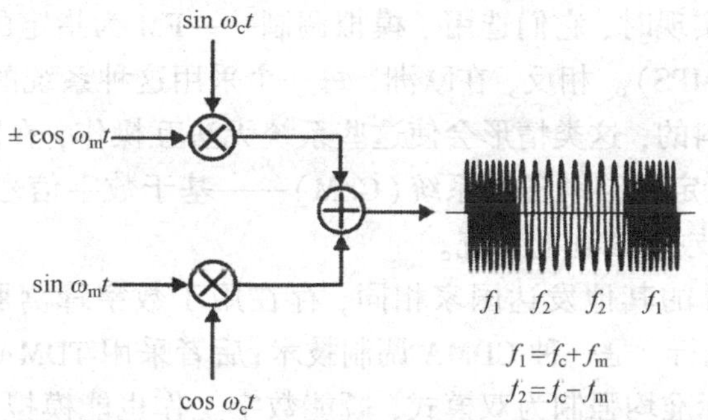

图 6.17　矢量调制器

如果馈送给矢量调制器的载波是发射机的最终输出频率，那么调制就直接施加在输出信号上，被称为直接变换发射机。

尽管图 6.17 显示的是 FSK(FM)调制，实际上，通过选择合适的参数，改变载波的不同参数(振幅、频率和相位)，能够实现任何形式的复合调制。

最小频移键控

最小频移键控(MSK)是 FSK 的一种特殊形式，其载波相位在符号转换处保持连续，通过使频率偏移等于调制信号比特速率的一半来实现。这一频移使信号继续保持正交性时的最小值。由于相位保持连续，因此没有相位的快速变化，并且最小频移键控即使在调制之后也保持恒模(振幅，后面给出定义)特性。MSK 频谱是可用的最净化频谱之一，因为它几乎没有能量泄漏。

高斯 MSK

当调制信号在对载波进行 MSK 调制之前先通过一个滤波器时，该滤波器的传递函数为

$$H(f)=e^{-\alpha f^2} \tag{6.20}$$

如此所得的 MSK 称为高斯 MSK(GMSK)。常数 α 为控制滤波器两侧边沿斜度的滤波器参数。

高斯 MSK 可展示出较好的频谱效率，它在频带边缘具有锐截止特性。这种截止特性对于像蜂窝无线电这样的窄带应用系统十分重要。此外它还具有合理的功率效率，被用于第二代蜂窝系统中，例如带宽效率为 1.35 bps/Hz 的全球移动系统(GSM)。

GMSK 能以几种不同的方式进行解调，图 6.18 所示的 VCO 方案是其中之一。VCO 输出信号的瞬时相位与输入的 FM 信号进行比较，鉴相器的输出将随相位差而增大或减小。该增大和减小函数刚好是已调制的数据信号。注意，该解调方案也适用于模拟 FM 和常规 FSK。

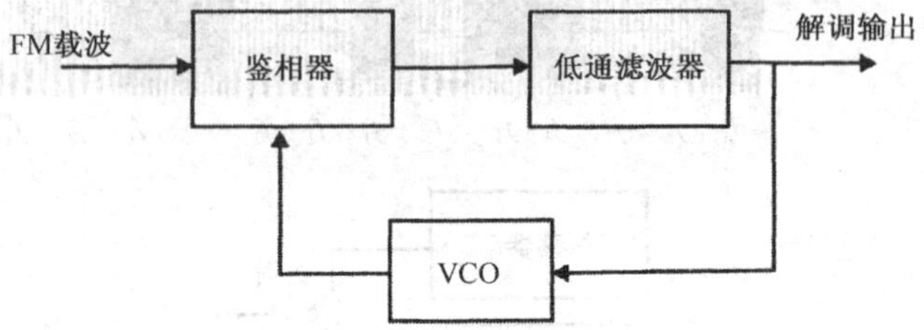

图 6.18 在锁相环中的 VCO 可用于 MSK(包括 GMSK 和模拟 FM)的解调

也可采用简单的限幅/鉴频器。然而，像大多数其他形式的数字调制一样，相干解调可以获得较好的性能。使用相干解调一般取得 3 dB 的 SNR 性能改善。

当蜂窝电话网首次实现时，它们选用了模拟调制——FM 为指定的调制方式，在北美称之为高级移动电话系统(AMPS)。相反，在欧洲，每一个采用这种系统的国家均又使用它们自己的标准。正如人们所预料的，这类情形会使这些系统无法互操作，在国家之间不能进行漫游。这就导致欧共体①组群特定的移动通信系统(GSM)——基于数字信号技术的第二代标准。它是一种基于 TDMA 技术支持 TDD 的系统。

在美国，与欧洲以外的其他发达国家相同，存在用于数字蜂窝服务的相互竞争的标准：IS-95 和 IS-54，前者更流行，是一种 CDMA 调制技术；后者采用 TDMA 技术。最初由美国 FCC 法令规定，这两种数字标准均强制为双模式，既能数字工作也能模拟工作。IS-136 和 IS-54 一样也是 TDMA 标准，只是早期的模拟 AMPS 所要求的双模式工作被取消了。

在许多地区和数字蜂窝业务中，可以得到数字数据移动业务。最流行的三种移动数据业务分别是分组交换数据网络(MOBITEX)、蜂窝数字分组数据(CDPD)和高级无线数据信息业务(ARDIS)。MOBITEX 和 CDPD 采用 GMSK，而 ARDIS 采用 FSK。这些是区域性的业务，一般用做企业内部的商业通信，尽管它们的带宽/数据速率有所受限。第三代(3G)蜂窝标准可提供相对高速的网络，使这些业务显得有些老套过时。3G 蜂窝标准的下行链路(电话系统到移动用户方向)数据可用速率超过 2 Mbps。这些 3G 标准使用了几种调制方式，但为了在无线信道上取得高速率，通常需采用一些相移键控调制方式。

6.2.2.8 相移键控

在相移键控(PSK)调制中，改变载波信号的相位，而其振幅(模)保持恒定。下面将讨论几种不同类型的 PSK。可以预计，调制类型越复杂，实现起来也越复杂。由于实际上必须测量载波相位，接收机需要某些形式的载波同步。在获得了这种同步后，还必须使同步保持下去，后者称为相位跟踪。

---

① 欧盟的前身——编者注。

最常用于功率有效通信的调制类型是二相 PSK(BPSK)、正交 PSK(QPSK)和偏移 QPSK(OQPSK)。BPSK 使用 0 和 $\pm\pi$ 弧度(0 和 ±180°)两个相位状态(在相邻符号周期之间改变)来携带信息信号。它实际上是从一个状态到另一个状态的转换，这种转换通常是重要的。QPSK 使用 0、$\pm\pi/2$ 和 π 弧度四个状态。OQPSK 也使用四个状态，但它们一般从 0 偏移 $\pi/4$ 弧度。MSK 也是一个流行的调制方案，它是在 OQPSK 调制前对基带信号进行了半正弦脉冲成形处理。如前所述，MSK 的频谱效率具有某些突出的特性。

BPSK

最简单的 PSK 形式是 BPSK。对应 1 和 0，或者 1 和 -1，载波相位在两个状态之间变化，其时域波形如图 6.19 所示。

BPSK 的实现就像载波与 +1 和 -1 相乘一样简单，在数学上就如同移相 π 弧度。由于其简单性，它经常应用于早期的卫星通信和扩展频谱系统中。然而在功率和频谱两方面，它都没有下面讨论的其他形式的 PSK 那样有效。

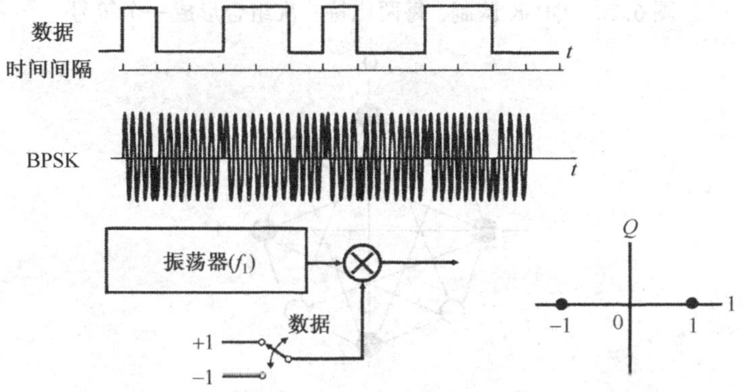

图 6.19　BPSK 调制

差分 BPSK(DBPSK 或 DPSK)是相位调制的一种形式，它不需要本地振荡器的同步。当前符号基于前一个符号，如果当前符号与前一符号不同，传输的是一种符号；如果相同，传输的就是另一种符号。

QPSK

在 QPSK 中，两个数据比特组合形成一个单一的符号，如图 6.20 所示。如星座图所示，每一个符号相距 $\pi/2$；它们都具有相同的振幅(通常取符号点位于单位圆上)。注意，在相位不连续处，存在载波振幅的变化。当相移 π 弧度，振幅变化最大。

OQPSK

如图 6.20 所示，普通 QPSK 显现出非恒定振幅特性。这一点可从相位在 0 到 π 的转换点看出，其振幅能从载波的最大值变到相反的另一极端。由于这一振幅变化，QPSK 不适合于放大器工作于接近高度非线性饱和区的任何应用场合，例如卫星通信和数字蜂窝电话系统，这样的振幅变化导致互调分量的产生。为了克服 QPSK 的这一缺陷，人们设计出 $\pi/4$ OQPSK，这种调制方案的星座图如图 6.21 所示。它只允许 $\pm\pi/4$ 和 $\pm 3\pi/4$ 的相移，不允许信号通过振幅为零的原点，以阻止发生较大的振幅变化。在每一次符号改变时，星座逆时针移动 $\pi/4$ 弧度，这就是前缀“偏移”的出处。因此，在 $t = t_i$ 时刻，$\pi/4$ 处的符号可能对应数据比特 00，而在 $t = t_{i+1}$ 时刻，$\pi/2$ 处的符号对应数据比特 00。由于整个星座发生偏移，所以其他符号同样一起移动。

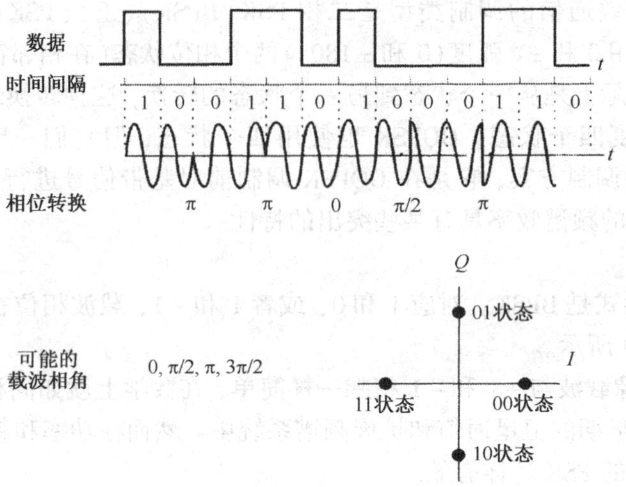

图 6.20 QPSK 调制，每两比特一次组合形成一个符号

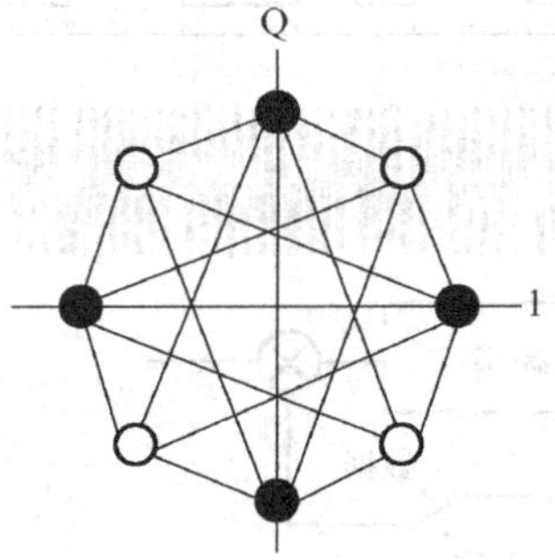

图 6.21 π/4 OQPSK 星座图①

互调失真最小化

卫星通信是远距离通信的主要方式之一。卫星上的放大器件称为行波管(TWT)，它能在卫星工作频率上产生能够进行通信的功率电平。这些有源器件工作在饱和或接近饱和状态，以取得最大效率。在饱和状态，已处于器件的非线性放大状态，而非线性器件使它们所放大的信号产生振幅失真。使这种失真最小的一种方法是采用已调载波信号具有恒定振幅(称为模)的调制技术。为了降低工作于非线性模式下高功率放大器(HPA)产生的频谱旁瓣，也需要恒定振幅调制。

像 GMSK 一样，π/4 OQPSK 调制也广泛应用于第二代蜂窝电话系统中。美国数字 AMPS 标准(IS-54)采用了 1.62 bps/Hz 的π/4 OQPSK，日本数字蜂窝实现也采用了 1.68 bps/Hz 的π/4 OQPSK。其他一些采用π/4 OQPSK 的系统是 1.44 bps/Hz 的欧洲 Tetra 和新的日本个人手持电话(PHP)系统。

总之，非线性放大(在卫星上，在蜂窝手机中，以及其他功率效率非常稀缺的场合)是采用π/4 OQPSK 调制的首要动因，星座在每一个相继的符号间隔移动π/4，从而不允许出现 ±π相移。这就提供了更加恒定的信号包络，降低了带外能量，进一步强化了 QPSK 的性能优势。表 6.1[8] 给出了一些常见的调制技术，并对上面的度量标准进行了比较。

① 原文中该图被遗漏，本图是根据该书第一版补上的——译者注。

表 6.1　简单数字调制方式间的效率和其他数据比较

调　制	带宽效率 Nyquist	带宽效率 零点到零点	$P_b=10^{-5}$ 时 E_b/N_0(dB)	对非线性的不敏感度[1]	实现的复杂度[2]
BPSK	1	0.5	9.6	D	A
QPSK	2	1	9.6	C	B
OQPSK	2	1	9.6	B	C
MSK	N/A	0.67	9.6	A	D

(引自[9][1]。从 A 到 D 顺序排列(A 最优，D 最差)[2]；从 A 到 D 降序排列)

2^n PSK

正如 QPSK 所显示的，调制比特位能组合形成更高进制类型的传输星座图(称为 2^n PSK)，人们已经实现 $n=8$ 或更高进制的 n 值调制。

6.2.2.9　正交振幅调制

当相角和振幅均用来将数据比特编码成码符号时，称为正交振幅调制(QAM)。载波信号的振幅和相位均依赖于被编码的二进制码字的值。相位是指载波相位从最近一个符号相对于某个绝对数值的变化。I 支路和 Q 支路的振幅和相位均被调制。QAM 中有 2^n 个离散的符号。当 $n=1$ 时，就是 BPSK。当 $n=2$，与上面讨论的 QPSK 相同。同相分量称为 I，另一个分量——正交分量称为 Q。与正交调制器一样，I 和 Q 同时传送两路数据流(参见 6.2.3 节)。

例如 $n=3$，对应于 8-QAM。进一步假设编码过程如表 6.2 所示。根据表 6.2，下面的数据流

001011010100101011101010100110101000

被分成八进制数据

001 011 010 100 101 011 101 010 100 110101 000

如表 6.3 所示的规律编码。

表 6.2　相移编码举例

二进制码字	振　幅	相　位
000	1	无
001	2	无
010	1	π/2
011	2	π/2
100	1	π
101	2	π
110	1	3π/2
111	2	3π/2

表 6.3　相位变化

数据码字	振　幅	相位变化
001	2	无
011	2	π/2
010	1	π/2
100	1	π
101	2	π
011	2	π/2
101	2	π
010	1	π/2
100	1	π
110	1	3π/2
101	2	π
000	1	无

上述 8-QAM 的星座图如图 6.22 所示。这种 8-QAM 编码使每个符号包含 3 比特，一个符号就是星座图中的一个点。在一个符号期间(如对 1200 波特就是 1/1200 s；对 2400 波特就是 1/2400 s)，该符号被发送。例如，假如信道是在电话线上加装调制解调器这样的语音级信道，则最终的数据率将是：对 1200 波特是 3600 bps；对 2400 波特是 7200 bps。编码位数是 2 的幂，经常有 8-QAM、16-QAM、64-QAM 和 256-QAM。此外，符号点没有必要一定位于坐标轴上。

用于个人计算机(PC)与本地 Internet 服务提供商之间互连的现代调制解调器在 33 kbps 以下使用 QAM 作为调制技术，其优点是速率快。本地电话线通常仅提供 300～3000 Hz 的通带，在 1 bps/Hz 的带宽效率(速率远快于老式编码方案)下，这些线路的数据吞吐量仅相当于3000 bps。使用 QAM 编码，可以得到远高于 1 bps/Hz 的带宽效率。例如，16-QAM 的每一个符号代表 16(2^4)个状态之一，因此每个符号发送 4 比特的信息，导致信息速率 4 倍的增加。

QAM 广泛应用于陆地无线链路，但它不适合卫星链路，原因是如前面讨论过的该已调信号固有的振幅变化。

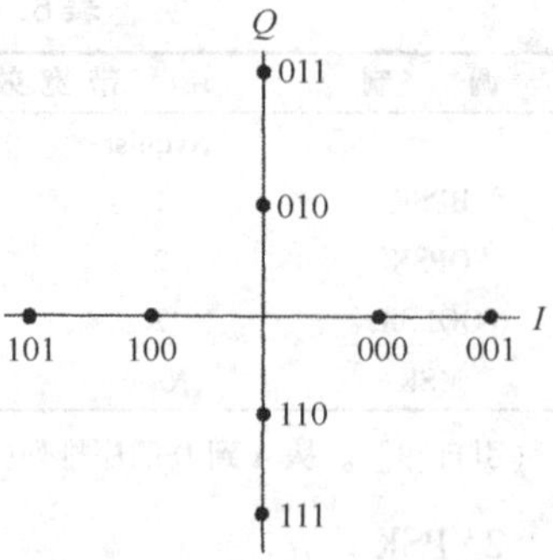

图 6.22 8-QAM 星座图

6.2.2.10 频谱效率

不同的调制方案泄漏至邻近信道和较远信道的能量是不同的，图 6.23 给出了这些调制技术的频谱效益性能比较。从图 6.23 可以明显看出，主要的折中之一是最邻近信道中的能量与所有较远信道中的能量和之比[9]。

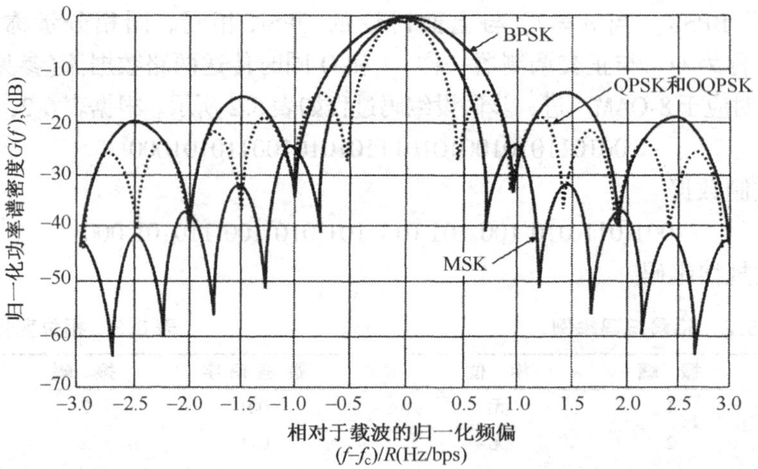

图 6.23 MSK、BPSK、QPSK 和 OQPSK 的频谱效率(引自[9]。©IEEE 1994，获许引用)

6.2.2.11 线性调制

这是一个与改变振幅来传递信息广泛相关的术语，其传输的信息可以是模拟或数字形式。线性调制信号的一般定义[10]如下：

> 设 $\varphi[f(t)]$ 是已调信号，$f(t)$ 是调制信号，如果 $\mathrm{d}\varphi[f(t)]/\mathrm{d}f(t)$ 与 $f(t)$ 无关，则调制方案是线性的，否则它就是非线性调制。

因此，AM 是线性调制的一种形式，由于

$$
\begin{aligned}
s(t) &= f(t)\cos(2\pi f_c t + \Psi_c) \\
\frac{\mathrm{d}s(t)}{\mathrm{d}f(t)} &= \frac{\mathrm{d}f(t)\cos(2\pi f_c t + \Psi_c)}{\mathrm{d}f(t)} \\
&= \cos(2\pi f_c t + \Psi_c)
\end{aligned}
\tag{6.21}
$$

并且 $\cos(2\pi f_c t + \Psi_c)$ 不依赖于 $f(t)$。采用这种线性技术对相位进行调制。

关注线性调制的原因是它们有相对较高的频谱效率。FM可以看成扩展频谱调制的一种形式，尽管人们一般不那样认为。扩展频谱定义的部分要素是扩展信号与信息信号不相关的，而FM并不适合这一点。无论如何，已调信号带宽一般远大于信息带宽。AM信号不是这样的，AM-DSB带宽仅为信息信号带宽的两倍，而对于AM-SSB，射频带宽与信息带宽相同。因此，这类信号具有较高的频谱效率。当然，不足之处是它们一般更加容易受到常见形式的噪声和干扰的影响。噪声和干扰在光纤作为传输媒质的PSTN应用中并不是一个大问题。由于光纤网络的固有特性，它比电缆和无线信道的噪声均要小得多。

如此窄的带宽会带来问题，因为接收设备必须十分确切地知道工作频率。实现这一要求的一种方法是在信号中插入一个单音导频信号。这种信号形式称为带内透明单音导频(TTIB)，下面将对此进行讨论。这种单音导频被置于频宽内一个非常特殊的位置，它可被接收机测量出来，以实现接收机的精确调谐。

正是由于RF频谱变得更加拥挤不堪，因而频谱效率就越发变得更加重要。更新的数字调制方案将更高的比特速率打包置入一个给定带宽的信道，8 bps/Hz和更高频谱效率已经很常见。未来在RF频谱的所有区域，能够预料信道的配置将会更窄。在美国军用的VHF范围，当前的信道配置为25 kHz，不久将降低到12.5 kHz和6.25 kHz。当使用复杂的数字调制方案时，这些较窄的带宽就能够承载与现今25 kHz信道所承载相同的信息速率。采用信道编码可以抵御线性调制的较高的噪声敏感性。

TTIB

有时可以方便地与信号一起发送同步单音导频信号。例如，这些导频信号可以用来同步本地振荡器，以实现同步检测。实现该方案的一个方法是采用TTIB。如图6.24所示，基带信号被分离开(从字面理解，单音导频不必放在频带的中心)，一个或多个单音导频被插入频带空隙中。在接收机中，导频被取出，信号被放回到一起。在此，不但信息能够与单音导频一同传递，而且带隙宽度也能被调制以传送信息。

6.2.2.12　噪声对数字调制的影响

不管是外部产生的噪声还是内部产生的噪声，也不管是发射机还是接收机产生的内部噪声，均会引起接收符号出现差错。噪声对QAM的影响如图6.25所示，对任何相位调制信号的影响也是相似的。如果噪声导致符号较接近其他某一符号的预期位置，接收机将不能正确判决哪一个符号被发送。因此，BER是信号SNR的函数。

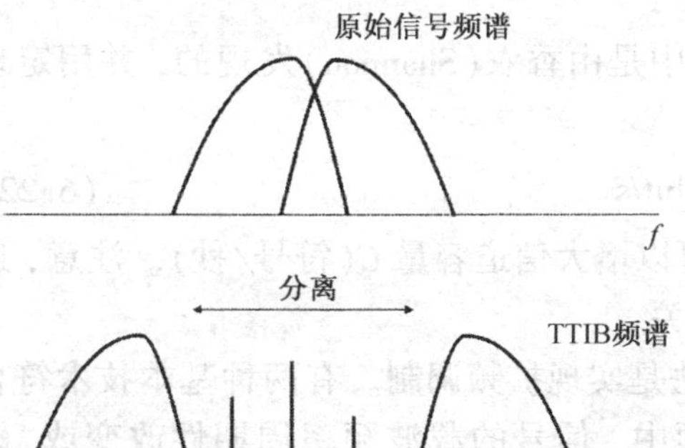

图6.24　TTIB频谱

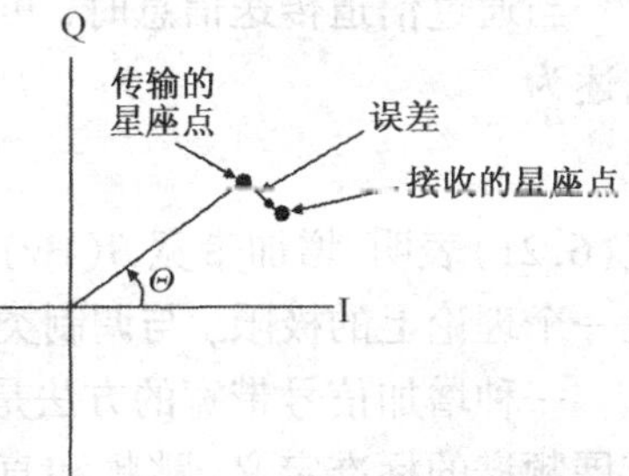

图6.25　噪声对QAM信号的影响

图6.26给出了几类较常用的数字调制对于指定生成的BER所需的SNR[11]。这些SNR是检测后或解调后的SNR(用SNR_d表示)。

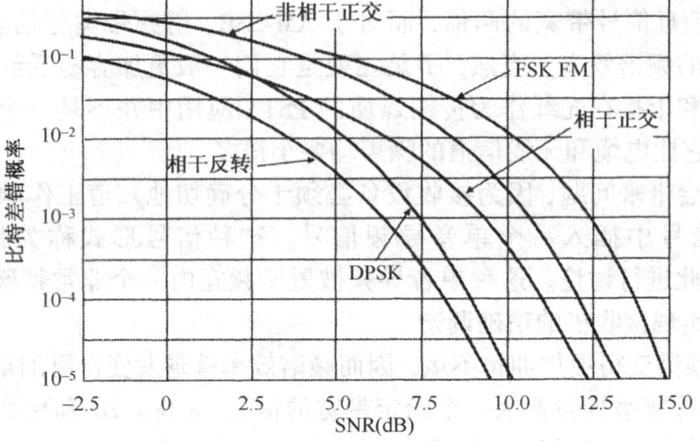

图6.26 特定的P_e性能与所需的解调后SNR(引自[11]。©John Wiley & Sons, 1988, 获许引用)

6.2.2.13 均衡

均衡是为弥补通信信道的不完善而对接收信号采取的滤波过程。通过发射机发送单音给接收机，可以测量信道的频率响应。接收机获知这些单音和它们传送的时间，确定已收到的单音状态好坏，以相应地设置滤波器系数。数字通信信道需要采用自适应均衡。没有均衡，ISI将变得太大，成为难以容忍的干扰，从实质上导致通信受阻。当一个信息符号干扰其他符号时，就出现了ISI。虽然自适应均衡通常也用于有线通信信道中，特别是将在6.8节讨论的采用调制解调器的通信中，但它对于无线通信也很重要。对于移动数据通信这样一个数字通信的延伸领域，它包含了蜂窝网络的数字覆盖，为有线通信开发的调制解调器通常也是无线通信所选择的技术，因为前者已是一个得以充分开发的技术领域。

数字信道中的后续符号被延迟，它比通过直接路径传输的符号要迟些到达接收机。只要延迟时间(也称为延迟扩展)超过符号时间的10%左右，ISI就会严重降低信道的性能。

6.3 扩频

当通过信道传送信息时，可以做一个折中。该折中是由香农(Shannon)发现的，并用定理描述为

$$C = B\lg_2(1+\delta) \quad \text{bit/s} \tag{6.22}$$

式(6.21)表明:增加带宽B(Hz)或增大信噪比δ，都可以增大信道容量C(符号/秒)。注意，这是一个理论上的极限，与调制类型和其他信道参数无关。

一种增加信号带宽的方法是采用FM，另一种方法是实现扩频调制。有两种基本技术符合扩展频谱的标准定义:跳频和直接序列扩频。在跳频中，信号的载波频率周期性改变或“跳变”。在直接序列扩频中，相对窄带的信息信号能量被扩展到一个很大的带宽上。当然，除了增加信道容量这一需求之外，还出于多种原因也需实现频谱扩展。由于跳频接收机需要知道信号已跳到什么频率上，因此它可对传输信号提供一定程度的庇护。对于窄带ES系统，这一

信息是预先不可知的。在直接序列系统中，由于能量被扩展至很宽的频带上，在信号所占据频谱的任何一个窄带部分，能量非常小——常常低于信道中存在的热噪声电平。因此，折中信号很难被检测到。

采用扩展频谱的另一个原因用于测距。并且直接序列扩频技术尤为适用，它是在GPS中采用的方法，以确定卫星到地球附近任意一特定点的距离。在GPS中由原子钟提供的精密定时，可以实现精确的测距。其中，先很精确地测量出序列间的相关性，再利用时间偏移来确定距离差。

6.3.1　直接序列扩频(DSSS)

考虑如图6.27所示的通信系统，符号 $j(t)$ 表示干扰信号(如干扰机)；$\eta(t)$ 表示通信信道内产生的噪声；数据序列 $d(t)=\{d_i\}$，$d_i \in \{-1, +1\}$ 与码片序列 $c(t)=\{c_i\}$ 相乘，$c_i \in \{-1, +1\}$，其过程如图6.28所示。码片速率 $1/T_c$ 远高于数据速率 $1/T_b$，而且每一数据比特所对应的码片数是一个整数，即 $N=T_b/T_c$。乘积 $d(t)c(t)$ 再乘上载波信号 $\cos(2\pi f_0 t)$，就形成如下的发送信号

$$s(t)=\sqrt{2S}d(t)c(t)\cos(2\pi f_0 t) \tag{6.23}$$

式中 S 为信号功率，因此每比特能量 $E_b=ST_b$。这是BPSK信号的一种形式，另一种等效的形式为[12]

$$s(t)=\sqrt{2S}\cos(2\pi f_0 t+d_n c_{nN+k}\frac{\pi}{2}) \tag{6.24}$$

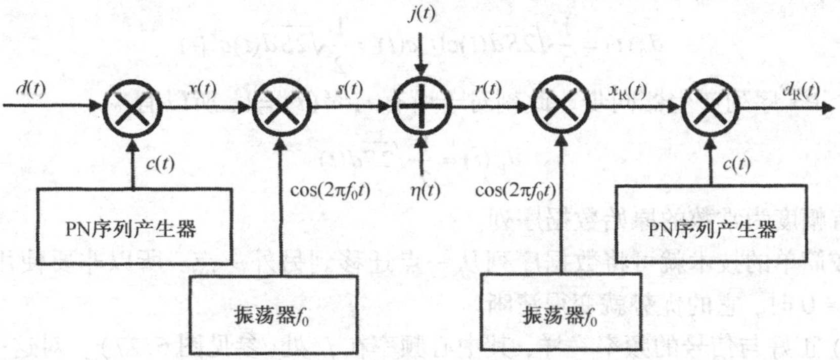

图6.27　BPSK/DSSS系统

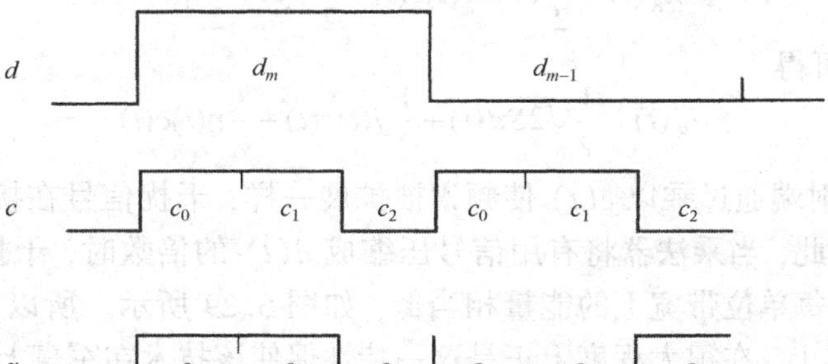

图6.28　数据序列与码片序列相乘

式中 $k=0, 1, 2, \cdots, N-1$，n 为整数，$nT_b+kT_c \leqslant t < nT_b+(k+1)T_c$。扩频系统的处理增益用 G_p 表示，它由扩展信号的带宽和未扩展信号的带宽之比给定，体现了扩展频谱系统的优点。因此，如果未扩展信号的带宽为 B_s，该信号通过某种方法扩展而占据 B_{ss} 的带宽，则有

$$G_p = \frac{B_{ss}}{B_s} \tag{6.25}$$

接收信号 $r(t)$ 为

$$r(t)=s(t)+j(t)+\eta(t)=\sqrt{2S}d(t)c(t)\cos(2\pi f_0 t)+j(t)+\eta(t) \tag{6.26}$$

通过 $r(t)$ 与发射机振荡器信号的恢复信号相乘，接收信号即被下变频(为简单起见，图中未画出滤波器、放大器和其他部件)。最终的信号包含有 $2f_0$ 和 $f=0$ 附近的分量。假设 $2f_0$ 项被滤除，只剩下 $f=0$ 附近的分量，还假设这些振荡器的频率严格相同并且同步。因此信号为

$$x_R(t)=\sqrt{2S}d(t)c(t)\cos(2\pi f_0 t)\cos(2\pi f_0 t)+j(t)\cos(2\pi f_0 t)+\eta(t)\cos(2\pi f_0 t) \tag{6.27}$$

如果 $j(t)=\eta(t)=0$，那么有

$$\begin{aligned} x_R(t) &= \sqrt{2S}d(t)c(t)\cos^2(2\pi f_0 t) \\ &= \sqrt{2S}d(t)c(t)\left(\frac{1}{2}+\frac{1}{2}\cos(2\pi 2f_0 t)\right) \\ &= \frac{1}{2}\sqrt{2S}d(t)c(t)+\frac{1}{2}\sqrt{2S}d(t)c(t)\cos(2\pi 2f_0 t) \end{aligned} \tag{6.28}$$

第二项被滤掉，只剩下第一项。

然后，$c(t)$ 乘以该信号，则结果是

$$d_R(t)=\frac{1}{2}\sqrt{2S}d(t)c(t)c(t)=\frac{1}{2}\sqrt{2S}d(t)c^2(t) \tag{6.29}$$

式中假定两个 PN 序列产生器同步。此刻对于所有 t，$c^2(t)=1$，所以有

$$d_R(t)=\frac{1}{2}\sqrt{2S}d(t) \tag{6.30}$$

这是一个具有幅度为常数的原始数据序列。

因为用较简单的技术就可将数据序列从一点迁移到另外一点，所以非要使用这一调制格式。当 $j(t) \neq 0$ 时，它的优势就变得清晰。

假定 $j(t)$ 正好与信号的频率一样，其中心频率在 f_0 处(参见图 6.27)。对这一情况，接收信号与本振信号相乘并滤除二倍频项之后，剩余的信号为

$$x_R(t)=\frac{1}{2}\sqrt{2S}d(t)c(t)+\frac{1}{2}j(t)+\frac{1}{2}\eta(t) \tag{6.31}$$

用 $c(t)$ 乘以该信号可得

$$d_R(t)=\frac{1}{2}\sqrt{2S}d(t)+\frac{1}{2}j(t)c(t)+\frac{1}{2}\eta(t)c(t) \tag{6.32}$$

正像 $d(t)$ 在发射端通过乘以 $c(t)$ 使频谱被扩展一样，干扰信号在接收端同样与 $c(t)$ 相乘，频谱被扩展。因此，当乘法器将有用信号压缩成 $d(t)$ 的倍数时，干扰信号在接收端得到扩展，从而使干扰在每单位带宽上的能量相当低，如图 6.29 所示。所以，扩展频谱表现出它的抗干扰特性。事实上，在很大程度上正是这一特性促使该技术在军事上得到发展。

由于噪声信号与扩频序列的本地恢复信号不相关，其频谱不会像干扰信号那样得到扩展，而是较完好地通过解扩过程。从图中可以看出，解扩以后的噪声功率等于输入到解扩器的噪声功率的极大部分(超过 90%，取决于有关的调制方式)[13]。

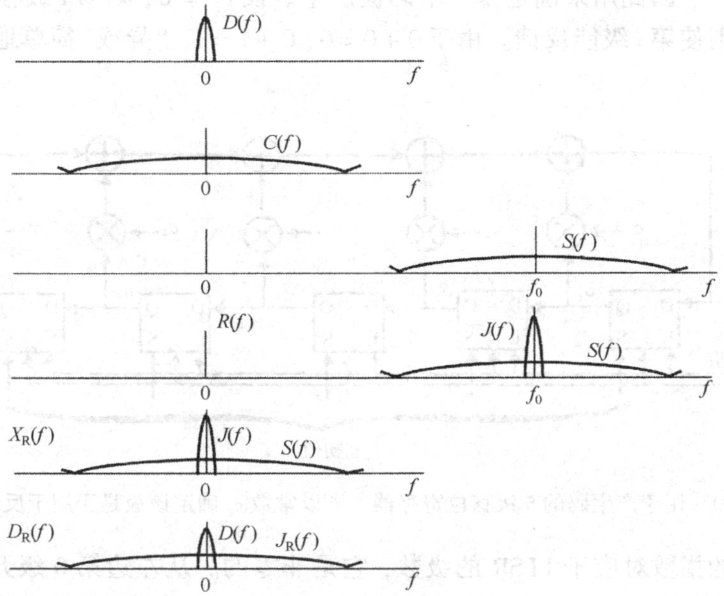

图 6.29　DSSS 系统的信号频谱

6.3.1.1　扩频码

用于产生扩频信号的码 $c(t)$ 通常是根据其具体特性来选择的。尤其重要的是，码片序列的均值近似为零

$$\bar{c} = \sum_{i=0}^{N-1} c_i \approx 0 \tag{6.33}$$

为使其成立，-1 的个数必须近似等于 +1 的个数。

第二个重要特性是它们的自相关性，可近似为一冲激函数

$$R_c(k) = \sum_{i=0}^{N-1} c_i c_{i+k} \approx \begin{cases} N, & k = 0 \\ 0, & k \neq 0 \end{cases} \tag{6.34}$$

需要注意的最后一个特性是：它们的互相关函数要尽可能接近于零。在扩频通信系统中，信号与本地产生的序列进行相关处理。如果两个扩频信号相关(它们的互相关不为零)，接收端就可能完全解调出不正确的信号；如果它们的互相关为零，就不会发生这种情况。

为了使均值近似为零，在任意实际长度的 PN 序列中，-1 的个数必须近似与 +1 的个数相同。个数差应该是 0 或仅为 1，这被称为"平衡特性"。PN 序列的游程特性描述如下

长度为 1 的游程占 $1/2(1/2^1)$
长度为 2 的游程占 $1/4(1/2^2)$
长度为 3 的游程占 $1/8(1/2^3)$

m 序列、Gold 码和 Kasami 序列这三种码常用于扩频信号，它们在不同程度上都显示出上面的特性。用于扩频的码由线性反馈移位寄存器(LFSR)产生。与 LFSR 相关联的是生成多项式，它决定了 LFSR 产生的码序列。例如，5 级 LFSR 如图 6.30 所示，其生成多项式为

$$g(c, a) = 1 + c_1a_1 + c_2a_2 + c_3a_3 + c_4a_4 + c_5a_5 \tag{6.35}$$

式中所有的加法执行模 2 加(称为"异或")，a_i，$c_i \in \{0, 1\}$。系数 c 决定该级移位寄存器是

否用于反馈路径中，因此用来确定哪一个码被产生。设 $c_i = 0$，则第 i 级移位寄存器不能反馈；而设 $c_i = 1$，则使第 i 级能反馈。由于 $0+0=0$，$0+1=1$，“异或”简单地让正确的比特值通过。

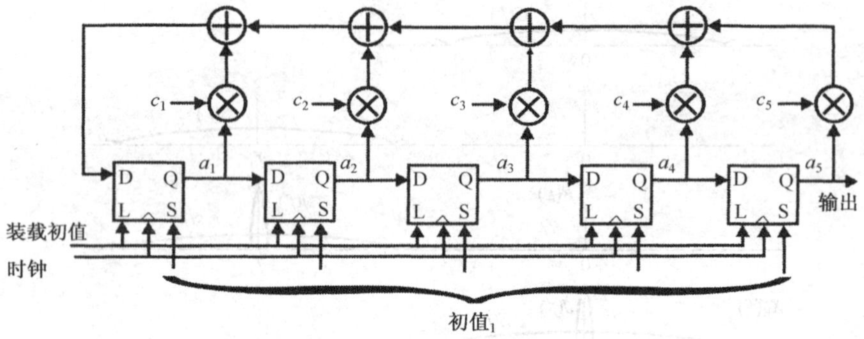

图 6.30　用于产生码的 5 级移位寄存器。乘以常数 c_i 确定该级是否用于反馈环路

生成多项式的指数对应于 LFSR 的级数，它是非零的。从左边第 0 级开始，然后是第一级，……等等。最开始一级和最后一级总被使用，中间各级决定产生哪一种特定的码序列。

可用于产生扩频通信码的 LFSR 的特性是后者所给出的输出序列。一个寄存器被置入初值，然后时钟序列信号驱动这一寄存器。可以设置寄存器，以产生它们所有的尽可能长的输出序列，这种序列称为最大长度序列或 m 序列。对于一个有 r 级的寄存器，m 序列的周期为 2^r-1，即序列在产生 2^r-1 个比特之后开始重复。m 序列的自相关函数是周期的，即

$$R(k)=\begin{cases}1, & k=nN\\ -\dfrac{1}{N}, & k\neq nN\end{cases} \tag{6.36}$$

式中 n 为任意整数，N 为序列周期。图 6.31 给出 $r=5$ 时的一个例子。虽然 m 序列的自相关特性很好，但其互相关特性却不如其他正交码那样好。

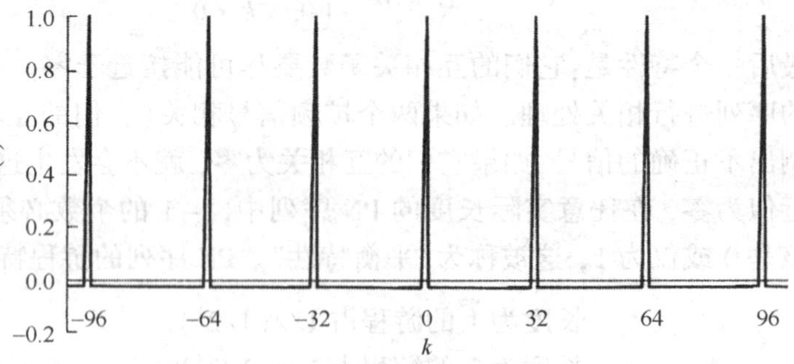

图 6.31　$r=5$ 时 m 序列的自相关函数

用两个相同长度的 m 序列，将其输出组合在一起，就产生出 Gold 码。图 6.32 给出 Gold 码产生的例子。并不是所有 m 序列对都能用来产生 Gold 码。那些能够产生 Gold 码的 m 序列对被称为优选对。Gold 码的自相关和互相关函数取三种值：$\{-1, -t(m), t(m)-2\}$，其中

$$t(m)=\begin{cases}2^{(m+1)/2}+1, & m\text{为奇数}\\ 2^{(m+2)/2}+1, & m\text{为偶数}\end{cases} \tag{6.37}$$

Gold 码的优点是它们的互相关函数均匀且有界，而且一个给定的 LFSR 结构能够产生一个庞大的序列族。

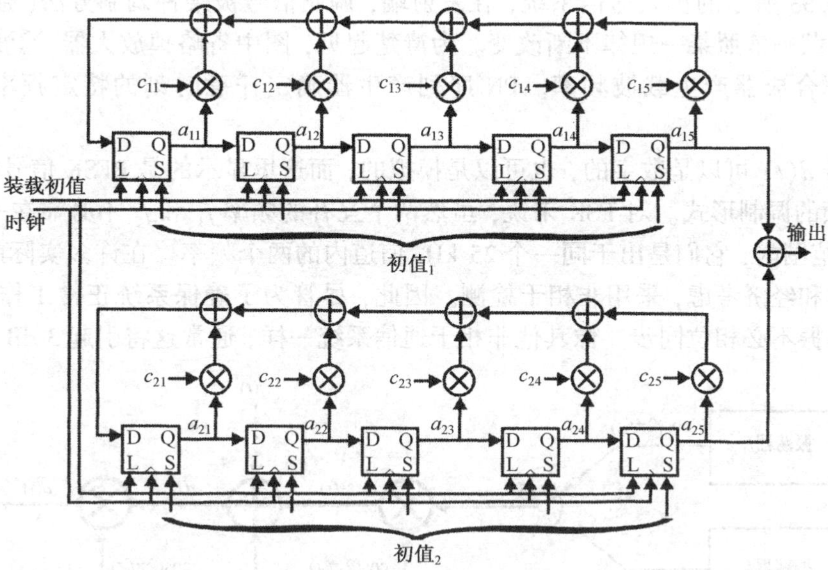

图 6.32　两个 5 级线性移位寄存器与它们相加(模 2 和)的输出并联以产生 Gold 码

Kasami 序列具有极低的互相关值，因而可用于异步扩频系统中。产生 Kasami 序列的过程与产生 Gold 码的过程相似，只是对不同的 m 序列进行抽取，再与原始序列进行组合。

Walsh-Hadamard 码是正交的，因而具有零互相关特性，这使它们特别适合扩频通信。因为在接收处理过程中，信号在接收端被相关处理。Walsh 函数由一组称为 Hadamard 矩阵的直接确定，Hadamard 矩阵递归定义为

$$\boldsymbol{H}_0=[0],\ \boldsymbol{H}_2=\begin{bmatrix}0&0\\0&1\end{bmatrix},\ \boldsymbol{H}_4=\begin{bmatrix}0&0&0&0\\0&1&0&1\\0&0&1&1\\0&1&1&0\end{bmatrix} \tag{6.38}$$

$$\boldsymbol{H}_{2N}=\begin{bmatrix}\boldsymbol{H}_N&\boldsymbol{H}_N\\\boldsymbol{H}_N&\bar{\boldsymbol{H}}_N\end{bmatrix}$$

式中 $\bar{\boldsymbol{H}}_N$ 是对 $\boldsymbol{H}_N$ 所有二进制元素的逐一取反得到的。除全 0 行以外，Hadamard 矩阵的所有行形成一个正交码字，能够像 LFSR 的生成多项式一样使用。通信系统中的每一个用户被赋予这些码序列中一个不同的码，干扰减到最小。实际上，全 0 行与其他行也是正交的，但它不能产生有意义的输出。

Walsh 函数用在扩频系统中的重大缺点是：虽然整个码字正交，但局部码字不正交。实际上，局部码字能出现相当大的互相关值。在 CDMA 无线通信未互相同步的情况下，会出现局部互相关，丧失掉正交码的许多优点。例如，在 IS-95 中，前向信道(基站到移动手持机)是同步的，但反向信道不同步，将呈现过多的局部相关。正因如此，Walsh 码在 IS-95 中用于前向信道，而不用于反向信道。

6.3.2 跳频扩频(FHSS)

考虑图 6.33 所示的扩频通信系统，在发射端，调制信号被某种调制方法(通常是 FM)附加在载频上，载频依照某一规律不断改变。为清楚起见，图中省略掉放大器、滤波器和其他部件。数控频率合成器产生载波频率。PN 序列产生器确定任意时刻的特定频率，这被称为 FHSS 系统。

信息信号 $d(t)$ 可以是数字的，也可以是模拟的，而这里显示的是 BFSK 信号。BFSK 是一种常用于跳频的调制形式。对 FSK 来说，虽然两个互补的频率 f_1 和 f_2 不必靠在一起，但通常在 VHF 频率范围内，它们是出于同一个 25 kHz 信道内的两个频率。在许多实际的 FHSS 应用中，出于简单和经济考虑，采用非相干检测。因此，尽管为了确保系统正常工作，PN 序列必须同步，但本振不必相位同步。像其他非相干通信系统一样，通常这将引起 3 dB 的性能损失。

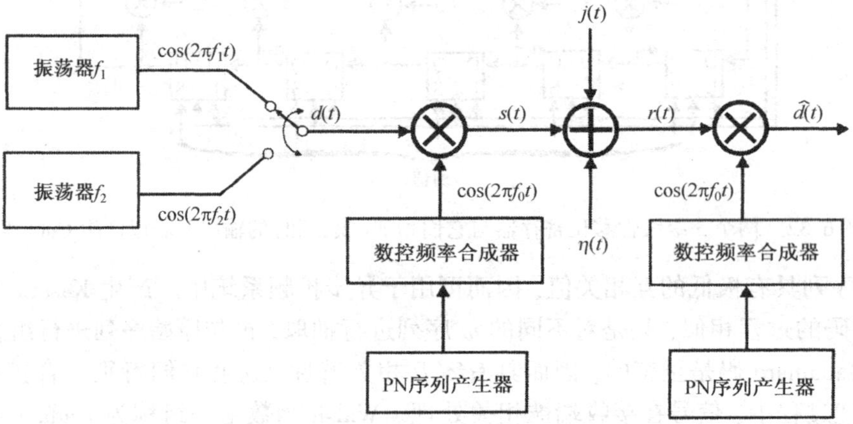

图 6.33 FHSS 通信系统方框图

在接收端，有一个由对等的 PN 序列产生器控制的等效频率合成器。同步时，收发两端的 PN 序列产生器同时改变频率控制字，并相互同步。一般利用可用频率信道的一个子集来实现 PN 序列产生器的同步。当需要同步(如一个新成员加入通信网络)时，所有的通信设备调谐到这些可用频率上。在这些信道上总有可用的同步信息。

函数 $j(t)$ 和 $J(f)$ 表示一个干扰信号，如一个干扰机，当出现干扰机和其他干扰时，FHSS 系统的优点可由图 6.34 显示出来。这里 BFSK 信号被发送，传输频率以跳变速率进行改变。尽管以跳频器为目标的干扰波形通常会覆盖很多个信道，但为了便于图解，这里只给出了一个窄带干扰信道的情形。在跳变期间，跳频信号可能会跳入干扰信号内，这样，该跳变期间的信息一般会被接收机丢失。通常，编码、交织和其他冗余方式作为发信方案的组成部分，从而当跳频信号跳入干扰信号内时，数据不会丢失。当然，如果信号是数字化的语音，则对数据比特的丢失总会有一定程度的容忍。在任何情况下，既然干扰信号频率固定，任何信息的丢失只是该跳期间的丢失，在先前的和后续的跳频期间，传递的信息可无阻碍地通过。

如果每次频率跳变有 1 个以上的数据比特被发送，则系统被称为慢跳频。相反，如果单一的数据比特用相继的几跳来发送，这种系统是快跳频系统。跳频速率用 R_h 表示，数据速率用 R_d 表示，因此，在慢跳频系统中，$T_b = 1/R_d \ll T_h = 1/R_h$。对于慢跳频系统，$R_d = 20$ kbps 时，典型地，$R_h = 100$ 跳/秒(hps)，$T_h = 10$ ms，$T_b = 50$ μs。该数据速率对应于数字化语音的近似速率。相反，对于数据速率相同的快跳频系统，$R_h = 40$ khps 或更快。

设 FHSS 系统总带宽 W_{SS} 的一部分被部分频带干扰所占据，比例用 α 表示。又设 γ_b 表示每比特能量 E_b 与干扰信号频谱密度 J_0 的比值，因而有

$$\gamma_b = \frac{E_b}{J_0} = \frac{W_{ss}/R_b}{J_{av}/P_{av}} \tag{6.39}$$

式中 $E_b = P_{av}/R_b$，$J_0 = J_{av}/W_{ss}$。对于慢跳频、非相干的 BFSK/FHSS 系统，存在干扰情况下的性能如图 6.35 所示[14]。例如，一个机载部分频带干扰机的有效辐射功率（ERP）为 1 kW（60 dBm），与一个 VHF 目标接收机的距离为 10 km，其想定如图 6.36 所示。因此，到达接收机的干扰波形衰减了约 80 dB，在接收机处形成 $J_{av} = -20$ dBm，即 $J_{av} = 10^{-5}$ W。如果 $W_{ss} = 10$ MHz，则 $J_0 = 10^{-12}$ W/Hz。假设通信链路是空对地，到地面接收机的距离为 1 km，目标发射机辐射 2 W(33 dBm)的功率，在这一 VHF 频率范围上，自由空间路径损耗大约为 60 dB，因而 $P_{av} = -27$ dBm，即 $P_{av} = 10^{-5.7}$ W。假设 $R_b = 20$ kbps，则 $E_b = 10^{-5.7} \div 2 \times 10^4 = 0.5 \times 10^{-9.7}$ W·s，且 $\gamma_b = 0.5 \times 10^{-9.7}/10^{-12} = 0.5 \times 10^{2.3}$，即 18 dB。在此情况下的比特错误概率约为 2×10^{-3}。

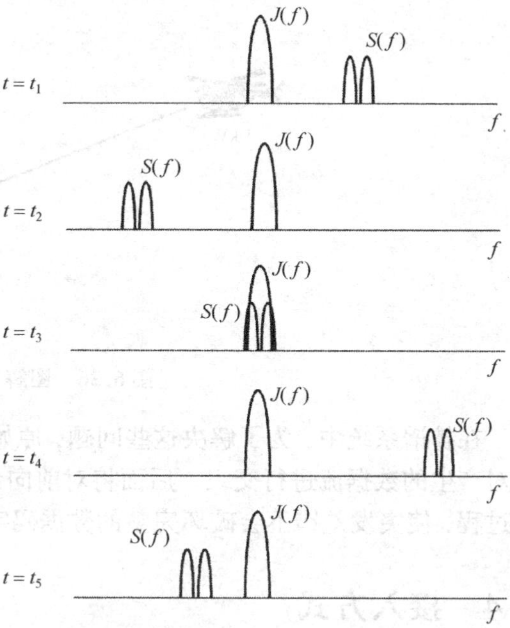

图 6.34　有固定部分频带干扰信号时的跳频目标的频谱

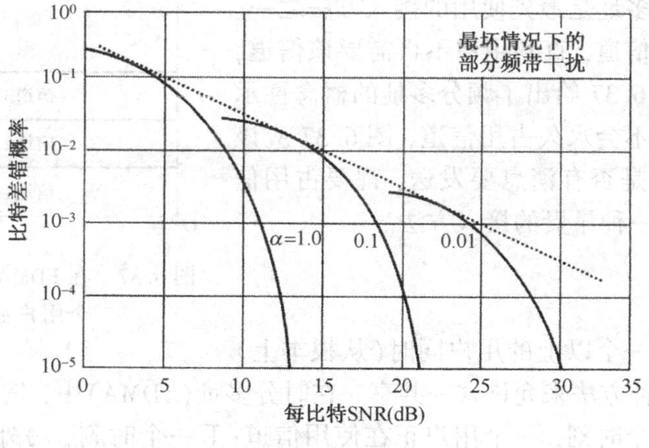

图 6.35　部分频带干扰下 BFSK/FHSS 系统的性能（引自[14]。©John Wiley & Sons，1885，获许引用）

跳频通信系统的选码与前面叙述的直接序列扩频相似。跳频码应该具有最小的互相关和性能良好的自相关。然而在跳频系统中，接收过程是不同的，因此较高的互相关值的影响是不同的。在 DS 系统中，当两个码具有较高的互相关性时，在接收端，不正确的信号能被正常解相关，实际上引入了不想要的干扰。在 FH 系统中，两个码具有高互相关性，将导致在两个序列之间产生相同频率的机会多于所期望的。因此，这两个发射机将比其他发射机更有可能跳到同一个频率上，也导致不期望的干扰（称为同波道干扰），但干扰的机理不同。

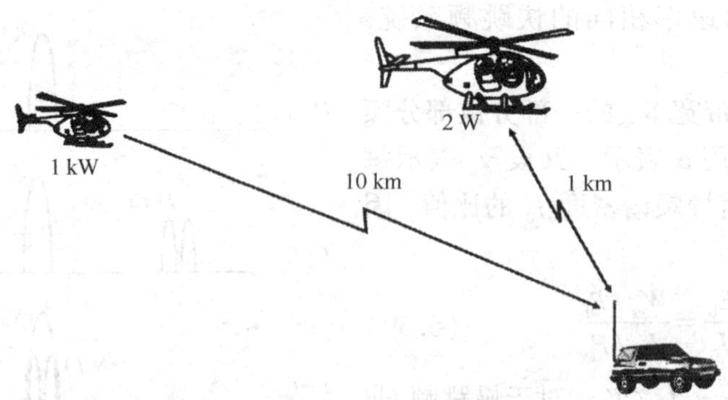

图 6.36　图解干扰效能的场景举例

在扩谱系统中，为了解决这些问题，原始的数据序列通常与前向纠错数据比特一起编码，并对产生的数据流进行交织。后面将对前向纠错做进一步讨论。比特交织是将数据比特混合的过程，使突发差错不会破坏完整的数据码字。

6.4　接入方式

允许通信信道的用户使用该信道所采用的技术称为通信系统的接入方法。有四种主要的接入方法，下面将予以介绍。通常将这些接入方法组合起来使用。

6.4.1　频分多址

在频分多址(FDMA)中，可用的频率信道在用户之间进行分配。频分多址是最先使用的接入方法之一。每一用户使用单独的信道，直到用户不再需要该信道，并且被释放为止。图 6.37 给出了频分多址的概念性示意图。每一用户通常不会永久占用信道，图 6.37 应该有所暗示。无论用户是否有消息要发送，都要占用信道，因而频分多址是一种昂贵的接入方法。

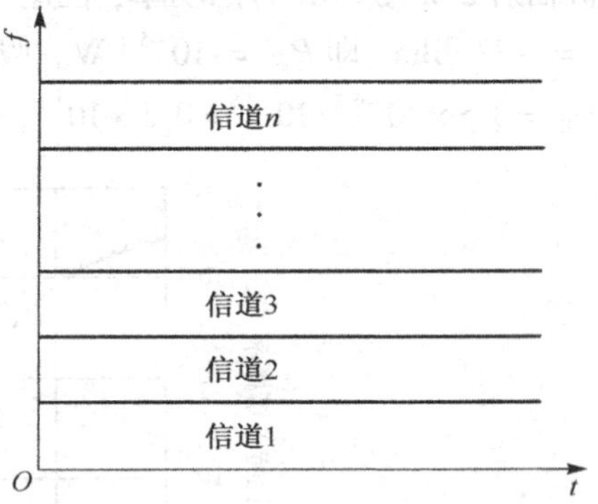

图 6.37　在 FDMA 中，频谱被分割，一个用户始终接入该频率信道

6.4.2　时分多址

如果频率信道被一个以上的用户同时(从根本上)共享，必须设计出某种方法来允许这一共享。在时分多址(TDMA)中，信道的使用时间在用户中进行分配。在某一个时刻，一个用户正在使用信道;下一个时刻，另外的用户拥有该信道。上述过程通常发生得非常快，以至于各用户不觉得信道在被共享。图 6.38 给出了 TDMA 的概念性示意图。通常频谱也可被信道化。

6.4.2.1　ALOHA

ALOHA 是一种当用户需要时就进行发送的时分多址方案。当一个以上的用户同时传送时，将会发生碰撞。如果这些碰撞使接收出现问题，数据会被错误接收，将导致没有 ACK 送回发射机，或者发送 NACK 给发射机。如果没有来自接收机的 ACK，消息被重新发送。

如果 T 为度量每帧时间成功传输的分组数的吞吐量，P 为每一分组时间提供传输的分组

数，则纯 ALOHA 的吞吐量为

$$T = Pe^{-2P} \tag{6.40}$$

如图 6.39 所示，纯 ALOHA 的峰值信道吞吐量为 0.18。这意味着如果信道速率为 1 Mbps，则通过该信道的最大吞吐量为 180 kbps。

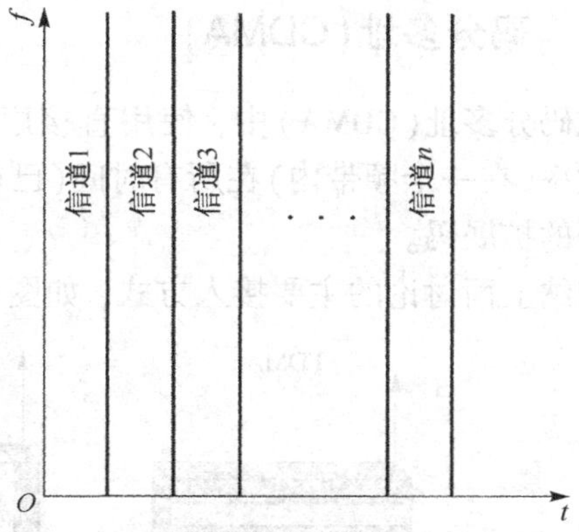

图 6.38　在 TDMA 中，频率在多个用户之间共享，每一用户获得一个时隙。通常频谱也可被信道化

6.4.2.2　时隙 ALOHA

与 ALOHA 相似，时隙 ALOHA 接入方法也是一种 TDMA 方案，不同之处是其传输边界能够及时得以同步。利用上面的符号定义，开槽 ALOHA 的信道吞吐量为

$$T = Pe^{-P} \tag{6.41}$$

因而，时隙 ALOHA 的最大吞吐量是纯 ALOHA 的两倍。如图 6.39 所示，它的最大吞吐量为 0.36，通过 1 Mbps 的信道，得到最大吞吐量为 360 kbps（在平均意义上）。

如图 6.39 所示，通过一个信道的吞吐量，尽管时隙 ALOHA 比纯 ALOHA 能够得到提高，但存在代价。由于网络中的所有发射机需要互相同步，由此带来的代价表现在系统的复杂性上。

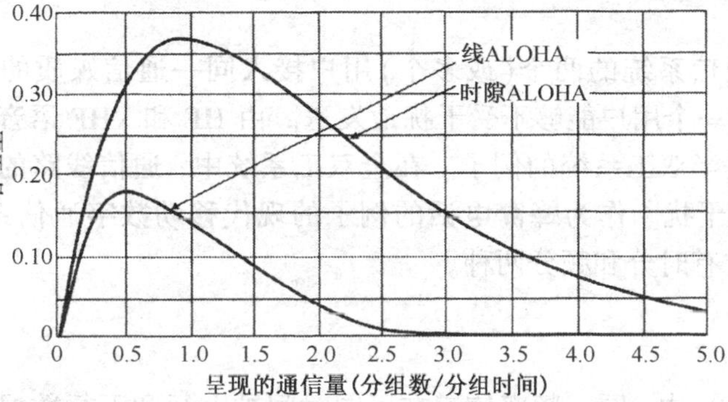

图 6.39　ALOHA 与时隙 ALOHA 协议的性能比较

6.4.3　载波侦听多址（CSMA）

当试图在一个信道中进行传输前，首先需对此信道做一侦听，看是否有用户已经在使用，这种接入方式称为载波侦听多址（CSMA），是时分多址的一种形式。这种接入方式能够检测到碰撞发生，例如通过收听一个确认应答。利用这种碰撞检测，缩写为 CSMA/CD。

在有线网络中，时隙 ALOHA 的最大吞吐量为 36%，而 CSMA 的最大吞吐量为 50%。因而，使用这些方案有相当大的开销。对于无线系统，捕获效应可以增大吞吐量。

6.4.4　按需分配多址（DAMA）

一个单独的、较低数据速率的、因而不昂贵的信道能够用来请求用做较高速率的信道，因此变成一个较昂贵的信道。根据某种预先设定的优先级方案，请求者被赋予信道的使用权，用户在信道归他们使用时得到通知，这种接入方式称为按需分配多址（DAMA）。它是基于时间共享信道，实质上是 TDMA 的一种形式。

6.4.5　码分多址(CDMA)

在码分多址(CDMA)中，使用直接序列扩频(DSSS)或跳频扩频(FHSS)来共享信道[15]。所有频率(在一个频带内)在所有时间(已被分配)被所有用户共享，频带内的每一用户使用一个不同的扩展码。

归纳上面讨论的主要接入方式，如图 6.40 所示。

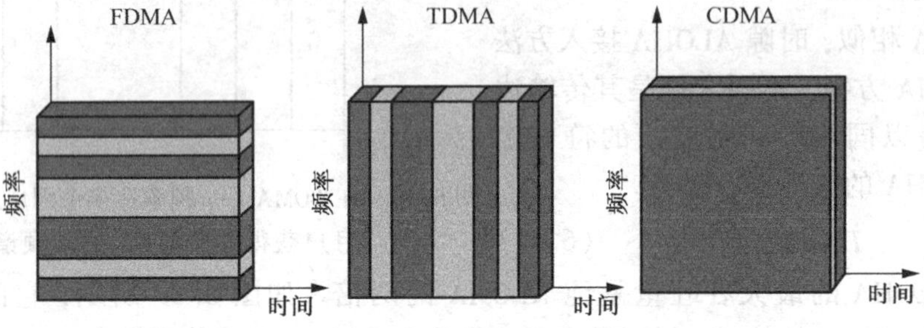

图 6.40　信道接入方式

6.5　双工

双工是指允许通信系统的两个(或多个)用户接入同一通信媒质的方法。在半双工系统中，在同一时间只有一个用户能够不受干扰地发送。由 HF 和 VHF 语音无线电实现的早期形式的军用战术通信是半双工系统的例子。在全双工系统中，通信线路的用户之一或双方能够同时发送，而无互相干扰。作为蜂窝电话的例子的现代移动数字通信系统就是全双工系统。通常使用的双工形式有时分和频分两种。

6.5.1　时分双工

在时分双工(TDD)中，同一频率信道在不同时间被上行和下行数据流所使用，如图 6.41 所示。其概念与上面叙述的 TDMA 相似，但所用的措词意味着背景有所不同。对于所有的全双工通信系统，总需要某种形式的双工，当两个信道在时间上被分开但却使用同一频率，被称为 TDD。

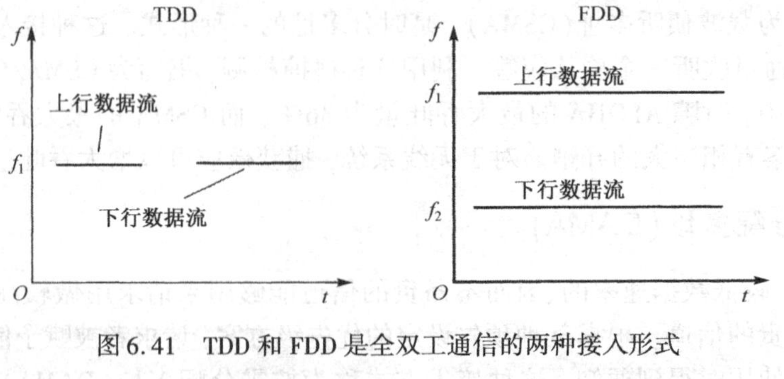

图 6.41　TDD 和 FDD 是全双工通信的两种接入形式

上行和下行数据流在时间上依序相继排列。为确保信号间不互相干扰，并且允许系统存在延时，例如与有限传播次数相关的时延，通常在两个时间事件之间配置有防护时间。

6.5.2　频分双工

与TDD类似，在频分双工(FDD)中，数据流在同一时间发送，但在不同的频率信道上，如图6.40所示。这与频分多址相似，不同之处集中在双工方面。

6.6　正交频分复用(OFDM)

正交频分复用(OFDM)也称为离散多音(DMT)，是降低恶劣信道影响的一种技术。例如多径效应、干扰和脉冲噪声是移动通信信道的典型特性，这些效应会阻碍高速通信(数Mbps)。在一般的FDM系统中，邻近信道常用保护带分开。保护带是为避免信道间互相干扰而设的不使用的频率。显然这在频谱利用率上是低效的。

一个替代方案是使邻近信道互相正交。这时每一个信道支持相对低的比特率，信道边带可以重叠，仍能呈现有效的信号形式。

在实现中，载波发生器和相干解调器的数量会相当大；而实际上，当从傅里叶变换域进行观察时，信号在接收机中可以采用傅里叶变换来解调，就像信号在发射机中采用傅里叶反变换来合成一样。

OFDM是一类特殊的FDM，可以看做调制和多址方案的结合。鉴于TDMA根据时间来分割，CDMA根据扩频码来分割，像常规的FDM一样，OFDM也根据频率来分割。频谱被分成许多等间隔的子带宽，每一子带中心含有单音载波。每个用户的部分信息用一个单音来承载，OFDM允许每一个单音频谱之间存在重叠。而常规FDM的载波频带之间一般需要保护带，以减轻相互之间的干扰。OFDM单音之间相互正交，正因为正交，才不会相互干扰。

图6.42给出了五信道OFDM系统的频谱特性。该例中，五个单音的频域图突出显示了单音间的正交属性。每个单音的峰值对应于其他所有单音的零电平或空号，当接收机在信道中心的单音频率上取样，只出现需要的信号能量，当然还要加上无论何时信道内都会出现的其他噪声。

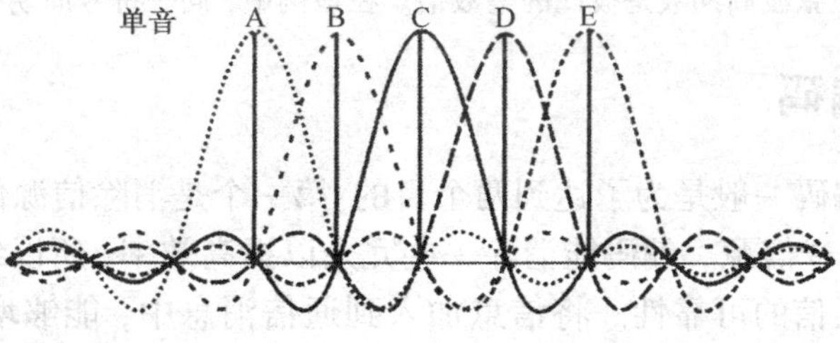

图6.42　OFDM信道{A,B,C,D,E}，每个信道承载一个相对低速的波形，信号按照彼此不会相互干扰的规律做信号定时取样

任何标准的调制技术(AM,FM,PM)都可用来将信息调制到单音载频上，但一般更倾向于使用相位调制，BPSK和QPSK被广泛采用。原始数据流被分成N路并行的数据流，每路速率为原始速率的$1/N$。每路数据流又被安排到唯一的单音频率上，通过快速傅里叶反变换(IFFT)组合在一起，产生待发送的时域波形。显示OFDM发射机主要功能的方框图如图6.43所示。需要周期前缀插入功能，以在符号间提供保护时间。

举一个特例。假设有100个单音载频；一个10 Mbps速率的单一数据流，分成每一路速率都为100 kbps的100路数据流。通过产生较低速率的并行数据流，调制符号带宽有效地降低了100倍，或者由于带宽与符号周期间的反比关系，调制符号周期增加了100倍。因为典型的多径时延扩展只是变长符号周期的很小一部分，所以能从根本上消除码间窜扰(ISI)。OFDM也称为多址技术，当单独的或成组的单音载频被指派给不同的用户时，就是这种情况，所以该结构称为正交频分多址OFDMA。

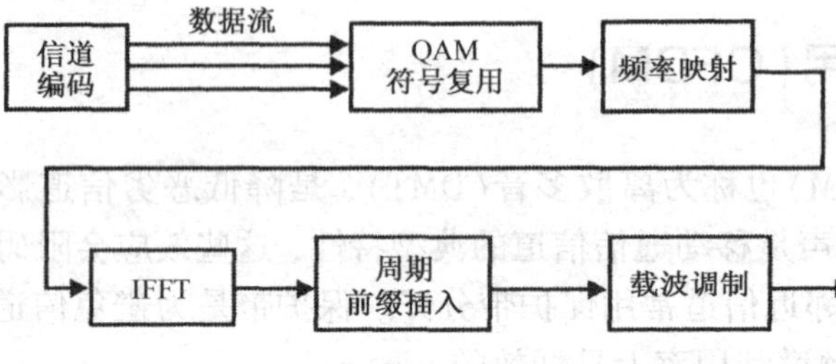

图6.43　OFDM发射机

为了确保单音之间正交，符号时间必须包含每个正弦单音波形的一个或多个周期，可以将符号周期设置为单音载频周期整数倍来实现，如图6.42所示，单音频率间隔为$1/T$。图6.44给出了三个单音在一个符号周期内的例子，在符号期间，都有整数个单音。

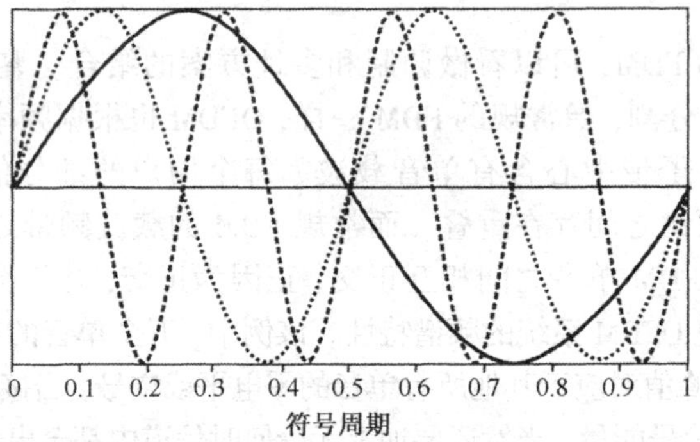

图6.44　正弦波周期数是彼此的整数倍。在该例中，同一符号周期有三个波形

6.7　通信信号编码

对通信信号进行编码一般是为了达到两个目的：第一个是消除信源信息的冗余。许多信源呈现出冗余特征，如语音信源。编码能消除一些冗余以提高效率，所以编码的第一个原因是压缩信息。第二是提高通信的可靠性。将信息加入到通信消息中，能够增加消息正确接收的概率，所以编码的第二个原因是增加信息冗余。

6.7.1　用于数据压缩的信源编码

人们常见的许多信源包含冗余信息。其中人类语音是一个特别差的信源。为了使通信信源的效率最大化，在传输信息前，可能要求消除尽可能多的冗余，对信息存储也有如此要求。减少这种冗余的技术称为数据压缩方法，下面将讨论其中的部分技术。现代信息压缩技术能够使图像以300:1或更高的压缩比来传输，而不牺牲图像质量[16]。

6.7.1.1　语音编码技术

0阶模型或编码方法只利用数据的当前值进行编码。例如英语字母中的“u”，在标准英语中，该字母出现的概率是1/100。该字符的熵导致其需用6.6比特来编码 。熵是一个术语，描述一段数据随机性的大小。它是一个从热力学借鉴的术语，在热力学中熵描述气体随机性的大小。随机性越大，字符出现的可能性越小，熵越大，需要更多的比特对其进行编码。反之，字符出现的可能性就越大。为了使传送这种普通字符所需要的比特数最少，必须分派尽可能少的比特。

对于一阶模型，前一个字符被包含在编码过程中。例如，如果q是前面的字符，这时当前字符为u的概率是95%。在这种情况下，仅仅需要0.074比特(平均意义上)对当前字符进行编码。信源编码技术对了解电子战系统设计是重要的，因为信源编码被用来通过窄传输信道以获得尽可能多的信息。

游程长度编码被广泛地应用于传真通信，它将一串相同字符(如空白字符)编码为紧接着重复次数的字符。Huffman编码根据字符在消息中出现的次数对字母表(如英语)中的字符分配比特数。那些出现次数最多的字符分配最少的比特数，因而传送消息所需的比特数最少。算术编码采用相似的理念来实现类似的目标。在较高层级的通信中存在相当大的冗余，如英文文本。像LZ-77和LZ-78这种基于Trie的编码，通过使用对前面传送的短语的指针，指示短语从何处开始以及短语有多长，来对短语进行寻址。由于在消息通信中无信息损失，所以这些编码技术是无损的，它们通常能达到10:1的压缩比范围。

6.7.1.2　图像压缩技术

在全球范围内，无论是商界还是军事领域，观看和传送图像的需求变得越来越普遍。在商业领域，通过Internet传递静止图片和通过有线电视传递活动图像是两种主流的应用。电视图像信号由6.5 MHz的模拟带宽组成。如果电视信号以最小的速率数字化，例如，以9 MHz的Nyquist速率采样，10 bit编码，最终的比特流将是90 Mbps。这是传送该信号以及将它存储于DVD光盘所要求的数据速率。幸运的是，在大部分视频信号中存有相当大的冗余，信源编码技术可用来减小或消除冗余。实现这些技术需要在图像质量与实现复杂度间进行基本折中。图像中的冗余度能够用图像中基本数据之间关联程度来描述。

变换技术常常被用来降低对图像传输和存储的需求。最常见的变换是离散余弦变换(DCT)，其他已经采用的变换有Harr变换和Walsh-Hadamard变换。在均方意义下最有效的变换是Karhunen-Loeve变换(KLT)；然而与其他变换相比，其实现非常复杂。DCT因为简单且性能接近KLT而最常用。

视频信号的冗余呈现两种形式——单一图像内的空间冗余和相邻图像间的时间冗余。为了解决前者，联合图片专家组(JPEG)建立了静止图片的视频压缩标准。DCT被用来对图片的8×8像素的子图像进行变换，DCT系数一般在零点附近最大，通常降低相当快。因此，为表示图像只需要保留很少的系数。此外，这些系数被Huffman编码，对经常出现的系数指派较短的码字，并且对Huffman编码结果应用了游程编码。其结果是单幅图像的编码极为有效。这种单幅图像的编码被称为帧内编码，它是个人计算机(PC)中流行的JPG图片编码的基础。

为了消除相邻图像间的冗余，使用了帧间编码。正像单幅图像内在空间上存在相当大的冗余一样，前后相邻的两幅图像之间也存在相当大的冗余。在一定的活动图像速度下，物体从一幅图像到下一幅图像通常没有太多的移动。

H.261标准采用了64 kbps的倍数传输速率，能够与综合业务数字网(ISDN)保持兼容。它比较前后两帧图像之间的16×16的像块，并且将像块之间的差别进行编码，而不是对图像本身编码。使用该协议能够实现1.5 Mbps的数据速率。

活动图像专家组(MPEG)为传输和存储活动视频提出了MPEG1、MPEG2和MPEG6三个标准。MPEG1被提出用来支持CD-ROM上的视频，作为标准的一部分，支持约1.5 Mbps的数据速率。用于运动补偿的单独的前向预测，以及前向和后向(双向)预测是标准的一部分内容。前向预测类似于H.262的描述，其中对活动预测进行了计算。除了当前图像利用下一帧来减少冗余之外，后向预测实现了同样的思想。

MPEG1允许数据速率高达1.5 Mbps，因而需要一个更高速率的标准，特别是通过有线电视系统传输视频信号，因此提出了MPEG2标准。MPEG2允许高达15 Mbps的传输。作为MPEG2标准的一部分，可以指定SNR的需求以及适应该需求的编码。因此，可以提前规定信号质量，以便能够应用合适的编码，并且对图像进行相应的编码。如前所述的90 Mbps的电视数据速率能够采用MPEG2进行编码，编码成5 Mbps左右。

有损编码能够应用在允许图像编码有一定损失的场合。例如，一帧静止图片能够在图片数据有一些损失的情况下被充分描述。无损编码是当损失不想要或不允许时的编码。X射线图片的编码可能是无损编码的例子，严格要求用尽可能最高的分辨率来传送一幅图像。在无损编码情况下，传送和存储图像的资金投入都没有比保留所有可能的数据重要。

人们在这一速度频谱的另一端上又提出了MPEG4。它可应用于可视电话场合，如视频会议，不大可能会有快速的运动，在传输中能够容忍存在一定的损失，而且常规的窄带PSTN是传输媒介(以2700 Hz的保证带宽)。这个标准实现5～64 kbps的速率。

6.7.1.3 色度二次采样

所有上面这些用于视频图像压缩的编码技术都实现了被称为色度二次采样的技术。每个像素由3个8比特的值来表示：一个表示亮度或辉度；其余两个表示色度或颜色。如果两个水平相邻的像素颜色相同，通过对原来的颜色取平均来确定其颜色，并且只传输和存储一个颜色值，这种方法称为4:2:2的二次采样。这种编码使数据速率的需求减小三分之一，并且图像在感觉上仅有细微的差别。

同样，对颜色的欠采样能应用在图像的垂直方向上，称为4:2:0的二次采样，但通常图像的改变可以觉察出来。这种方法实现了一半的速率压缩。

如果图像中的信息能被充分地转换成黑和白，这时所有的颜色信息能被清除。例如，视频会议可不需要颜色信息而仍然有效，结果成为黑、白和灰色的图像。这种情况下的数据速率已经减小了三分之二。

6.7.1.4 密图法

密图法是将消息隐藏入另一条消息之中的技术，这样检测前一条消息是否存在就受到阻碍。实现该技术的一种方法是将消息嵌入到图像文件中。这样的图像文件通常由许多像素，即字节组成。根据要发送消息的不同，可以只改变少许比特。嵌入消息的图像称为覆盖图像，采用某种算法将消息插入到覆盖图像中。消息的有意接收者既知道原始覆盖图像，也知道编码算法，所以能够恢复承载信息的消息。编码算法可以采用许多形式，其中对几个像素比特进行"异或"运算是一种方法。每个像素或每 n 个像素改变1比特，就是另一种方法。

图像可以是彩色的，也可以是灰度等级的，任何一种图像都能运用密图法。图像越杂乱无章，越容易隐藏消息的出现。改变像素的最不重要的比特(如描述彩色图像的一个比特)，对色彩仅有轻微的改变——通常人眼是察觉不出来的。如果用3个字节或24比特表示一个像素，在一幅大图像中，每个像素改变1比特是不会引人注意的。

6.7.1.5　通信电子战应用

除 MPEG4 以外，在此所叙述的视频标准的频带太宽，无法应用于更加关注的前向配置的军事战术系统，大部分战术无线电系统不能用来传输 H. 261，MPEG1 和 MPEG2 制式具有的数据速率。带宽需求限定了它们需要工作于较高的频率范围，并具备了足够的带宽。战斗期间师级以上编队和其他各级配备的通信设备，都具有足够的容量支持这些通信。通常战术无线电系统是前向配置的，不具有足够的容量。近期 MPEG4 标准能够在这些无线电系统上传送视频信号。

然而，并不是较高数据速率的信号不受关注。视频远程会议已成为兵力调整和筹划军事行动的常见手段，因此通过大家所知的手段进行类似通信是十分有意义的。攻击这种通信的系统和设备明显不同于攻击战术通信的系统和设备。在电缆和光缆能够使用的情况下，带宽通常不是一个难题。

密图法对电子战系统提出了一个特别具有挑战性的难题。人们通过观察一幅截获的图像，很难破译隐藏于图像中的信息。如果机器可以进入到原始覆盖图像和编码算法，那它也只能获知消息的存在，在这种环境下，将不再需要电子战系统。

6.7.2　用于差错控制的信道编码

信道编码一般用在通信和数据存储系统(数据存储实际上是在第四维——时间上进行的一种通信形式)中，用于差错控制。无噪的实际通信信道是不存在的——在这种情况下，噪声被定义为除了有用信号以外的任何信号，因此比特差错必然会发生。

一些通信形式比其他形式更能容忍比特差错。例如，数字化的语音在变得难以理解之前可以容忍相当高的比特差错率。相反，计算机间的数字交换(如银行交易)必须几乎无差错地完成。后者需要大量工作来确保信息的正确交换。

因此，编码技术被用来完成差错控制。在某些情况下，对差错进行简单的检测就足够了。这时，要么数据中的错误比特被直接丢弃，如在语音通信中；要么数据能被丢弃，并且能够请求信源重发数据。在其他情况下，能够对数据进行编码，以至于(在某种限度内)数据中的差错能在接收端得到纠正。这两种方法的使用需要权衡考虑。

数字通信最重要的优点之一是有能力检测和纠正数据流中的差错，这是用编码技术来完成的。虽然全面讨论差错检测和纠错编码的问题已超出了本书范围，但是有必要讨论对信息战有关的一些重要话题。

假定完成通信的信道为二进制对称信道(BSC)，这意味着差错发生的概率与传送的比特无关。如果无差错发生的概率表示为 p，也称为信道的可靠性，那么错误的概率为 $1-p$，如图 6.45 所示。注意，如果存在有关的调制解调器(将在后面讨论)，那么它通常被考虑为信道的一部分。

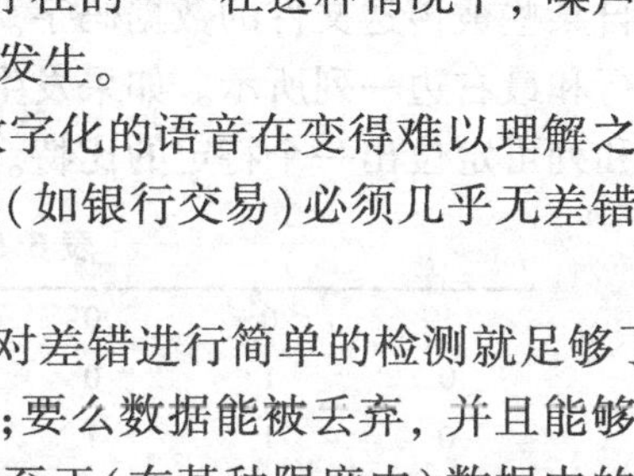

图 6.45　二进制对称信道图形描述

6.7.2.1　检错

在一些系统实现中，可以允许一些数据的丢失，但不希望数据以错误的形式存在。某些实现是通过将数据流中的大部分数据与其中个别的数据段相对照进行纠错的，对大部分数据正确性进行检验的方法，就是检验每一个数据段正确性的方法。

奇偶校验

在数据码字中增加一个或多个比特可以实现错误检测。这种方案中的最简单的做法是增加一个奇偶校验位。加上一个校验位，使一个码字(一个码字被定义为任一个比特数大于2的集合)中“1”的总数为奇数时，称为奇校验；“1”的总数为偶数，称为偶校验。假设有4个码字00，01，10和11待发送，且已知(确保合理的程度)差错只发生在任一码字中的一个比特，于是这些码字经过偶校验编码，如表6.4所示。其中被编码的数据码字位于表格的左列，偶校验位在第二列给出。可能接收到的编码字由正确的编码字或者其中一位错误的码字(位于最后三列)组成。通过观察可知，错误接收的编码码字没有一个符合规则，因而在传输中必然发生一个差错，该差错能被检测到。

表6.4 附加到数据码字上的校验位

数据字码	校验位	错误位		
		1	2	3
00	0	100	010	001
01	1	111	010	010
10	1	001	111	100
11	0	010	100	111

数字数据能被组织到矩阵中，如表6.5所示(采用偶校验)。这些8比特的字节可能代表来自某些被传送文件的数据码字。每一行附加一个校验位，每一列附加一个校验位，如最下面一行和最右边一列所示。如果发生单个差错，不仅能被检测到，而且还能被纠正，因为有错的行和列可定位出一个特定的比特。

表6.5 将(偶)校验位加到行和列的示例

1	0	0	1	1	0	0	1	**0**
0	1	0	1	1	0	0	1	**0**
0	1	1	1	1	1	0	0	**1**
1	0	0	1	0	0	0	0	**0**
0	1	1	0	0	1	1	1	**0**
0	0	1	0	1	1	0	0	**1**
1	0	0	0	0	0	1	0	**0**
0	0	0	0	1	1	1	0	**1**
1	**1**	**1**	**1**	**1**	**0**	**1**	**1**	

循环冗余校验

循环冗余校验(CRC)是一种十分常见的用于检错的编码技术，常被用在自动请求重发(ARQ)方案中。该技术因为容易实现而流行，有非常好的检错能力，用于检错所需的额外代价很少，而且有专门计算处理CRC的集成电路可用。

CRC基于二进制数据流能作为二进制多项式来处理的基本思想，这些数据流可以进行加、减、乘、除运算，就好像它们是数字一样。这些二进制数是多项式的系数。例如，如果二进制码字为1010011，则相应的二进制多项式为

$$g(x)=1x^6+0x^5+1x^4+0x^3+0x^2+1x^1+1x^0 \tag{6.42}$$

简化为

$$g(x)=x^6+x^4+x+1 \tag{6.43}$$

进行 CRC 处理的数据流称为帧，对每一帧都计算帧校验序列(FCS)。在 CRC 中，计算 FCS，因此来自附加 FCS 后的原始数据帧的数据序列刚好被一个多项式整除(无余式)。这个特定的多项式根据希望检测的差错类型来选定。一些常用的多项式为

$$\begin{aligned}
\text{CRC}-12: g(x) &= x^{12}+x^{11}+x^{3}+x^{2}+x+1\\
\text{CRC}-16: g(x) &= x^{16}+x^{15}+x^{2}+1\\
\text{CRC}-\text{ITU}: g(x) &= x^{16}+x^{12}+x^{5}+1\\
\text{CRC}-32: g(x) &= x^{32}+x^{26}+x^{23}+x^{22}+x^{16}+x^{12}+x^{11}+x^{10}\\
&\quad +x^{8}+x^{7}+x^{6}+x^{4}+x^{2}+x+1
\end{aligned} \tag{6.44}$$

如果 $d(x)$ 是对应于被编码的数据帧的二进制多项式，用 $g(x)$ 除以 $d(x)$，得到第一个 $r(x)$

$$\frac{d(x)}{g(x)} = q(x)+r(x) \tag{6.45}$$

这时，被发送的最终数据帧是原始数据帧加上 $r(x)$。在接收端，序列被 $g(x)$ 除，如果传输中无错，则除法运算的余式为零。

该编码以概率 1 检测长度小于等于 $(n-k)$ 的突发错误，以概率 $(1-2^{-(n-k-1)})$ 检测长度等于 $(n-k+1)$ 的突发错误，以概率 $(1-2^{-(n-k)})$ 检测长度大于 $(n-k+1)$ 的突发错误[17]。据估计，当采用一个 17 比特的多项式，发生 1 比特错误不可检测的概率是 $1/10^{16}$。

CRC 算法的实现无论是硬件还是软件都很容易。使用移位寄存器的硬件实现如图 6.46 所示，其中实现的是多项式 x^5+x^3+x+1。"异或"门(内部有 + 号的圆圈)与生成多项式中的非零系数一一对应，但最高阶系数除外。这些"异或"门的输入是前一级和作为反馈的最高位。为使用该电路，当产生 FCS 时，首先将后面附加 n 个零的数据帧从左边进入移位寄存器。当寄存器已经被时钟触发了 $n+k$ 次后，它将正好持有 FCS。为检验接收帧，该帧应从左边移入寄存器，$n+k$ 个时钟周期之后，如果该帧无差错，则寄存器正好保持全零。

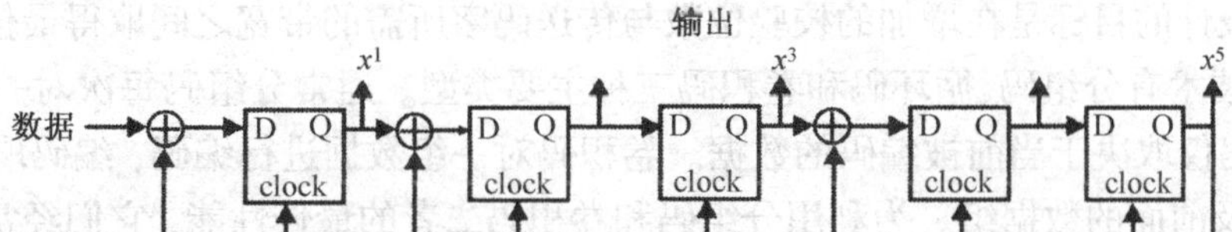

图 6.46　产生和计算 CRC 的线性移位寄存器，基于多项式 $g(x)=x^5+x^3+x+1$

素数的特性使 CRC 过程能够完成。素数是一个只能被自身和 1 整除的数，不会产生余数。在一定的合理假设之下，如果一个给定位数的整数被一个素数除，那么余数在所有位数相同的数字中是唯一的。例如在移位寄存器构成的图 6.46 中，数据流有效地除以素数 41$(2^5+2^3+2^1+2^0)$。

校验和

校验和是通过对数据的值求和(不担心溢出)来对一组数据码字进行计算而得到的，好像这些数据一直是数字。因此，加法以模 2^n 方式进行，其中 n 是码字中的数据比特的位数。校验和根据被发送(或存储)的数据组进行计算，并被附加到数据上，好像它是数据组的一部分。当数据被校验时，校验和与数据一道相加，其结果为零，除非有一个差错。它实现了合理程度的检错。如果数据是完全随机的，且每一数据码字长度为 16 比特，则对于一个不正确的数据组，校验和被计算为正确的机会约为 1/64 000。

6.7.2.2 纠错

被广泛采用的纠错技术有前向纠错(FEC)和自动请求重发(ARQ)两种。在 FEC 中，校验位被附加到向外发送的数据流中，所以接收端的算法能纠正错误接收的比特。在 ARQ 中，额外的校验位也被附加到向外发送的数据流中，而在接收端，接收的数据流被检验是否有错，一旦出现任何差错，则提出重发数据的请求。

图 6.47 所示的 QAM 的星座图显示了数据点的位置偏移。图中给出一个具有低 SNR 的星座与一个具有相对较高 SNR 的星座。在 SNR 足够低的情况下，接收端将判决一些符号错误。所有通信系统的信号功率被限定在某一电平，电平越低，星座图中的符号越靠近在一起。因此，许多数字通信系统采用差错控制，或检错或纠错。

ARQ

ARQ 是一种相对简单的纠错形式，也是效率最低的形式之一。当采用上面叙述过的或其他一种检错技术，接收的数据码字被检验是否正确。如果确定数据有错，给发送端返回一个 NACK，表示数据应该被重新发送。当重发时，整个数据序列被重新发送。因此在低 SNR 环境下，信道可能很快被错误接收时的重发消息所阻塞。这样设计 FEC 方案来解决 ARQ 固有的低效率问题。

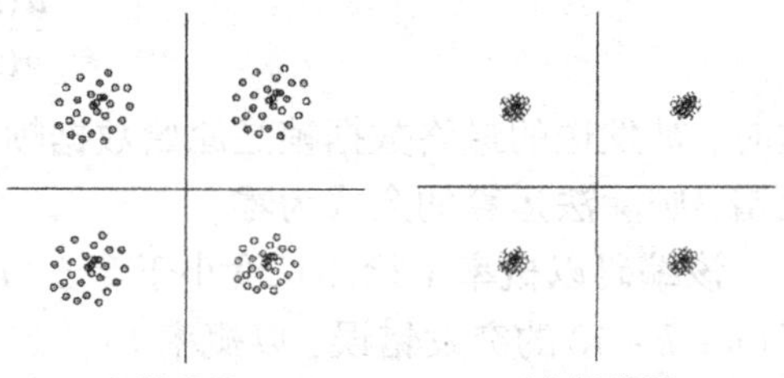

图 6.47 噪声对 QAM 星座的影响

FEC

为了纠正差错而在每一数据码字转换为符号前适当附加一些校验位，称为 FEC。它确实减少了给定带宽上能够发送的数据位数，但在许多情况下，这是一种有利的折中。当然，随着带宽的增加，能够发送更多的数据比特，但这意味着更多的噪声进入接收机，从而增大了 BER。所以，FEC 编码设计的目标是在增加的校验位数与传送码字所需的带宽之间取得最佳折中。

纠错编码技术有分组码、循环码和卷积码三种主要类型。通常分组码每次对一大组数据进行编码，并且编码仅取决于当前被编码的数据。卷积码对一组数据进行编码，编码取决于当前被编码的数据组以及前面的数据组。为利用分组码和卷积码二者的最佳性能，它们经常被组合使用。

举一个简单的纠错例子。假设只有两个可能被发送的数据码字 01 和 10，且已知(确保合理的程度)任一符号中只有一个比特发生差错，表 6.6 给出了一种可能的编码。被发送的数据码字在最左列，附加的纠错位在第二列。当传输无差错时，链接在一起的这两列被接收到。表中剩余的列包含可能接收到出错的编码码字，依赖于哪一个编码码字被发送以及哪一位发生差错。对比两行可清楚显示，在只有一位(或无)错误的假定下，无论接收到哪一个被编码的符号，都能映射回正确的数据码字，从而形成一个纠错编码。

这个例子指出了实现纠错的必要性，加上两个校验位以纠正两位的数据码字。这是一种极端情况，当数据码字的位数增大时，相对于数据位数的校验位数会减少。

表 6.6 数据码字的附加纠错比特

数据码字	纠错位	错误位			
		1	2	3	4
01	00	1100	0000	0110	0101
10	11	0011	1111	1001	1010

突发差错保护

假设下面矩阵的每一列是一个被发送的数据码字，且已被编码，每一数据码字中至多2 比特的差错在接收端能得到纠正。这些数据字的传输顺序一般是 $x_{1,1}$，$x_{1,2}$，$x_{1,3}$，…，即沿列垂直向下。假设改变顺序，数据位按水平顺序发送，即 $x_{1,1}$，$x_{2,1}$，$x_{3,1}$，…。这时即使一个 14 比特长的突发错误发生，数据码字也能正确传递，这是因为一个如此长度或更短的突发差错保证在任一原始数据码字中错误不会多于 2 比特。通常一个 14 比特的突发差错将破坏 2 个或3 个数据码字(该例中，码字 = 字节)，与突发差错从何处开始有关。

$$
\begin{array}{c}
x_{1,1}x_{2,1}x_{3,1}x_{4,1}x_{5,1}x_{6,1}x_{7,1}\\
x_{1,2}x_{2,2}x_{3,2}x_{4,2}x_{5,2}x_{6,2}x_{7,2}\\
x_{1,3}x_{2,3}x_{3,3}x_{4,3}x_{5,3}x_{6,3}x_{7,3}\\
x_{1,4}x_{2,4}x_{3,4}x_{4,4}x_{5,4}x_{6,4}x_{7,4}\\
x_{1,5}x_{2,5}x_{3,5}x_{4,5}x_{5,5}x_{6,5}x_{7,5}\\
x_{1,6}x_{2,6}x_{3,6}x_{4,6}x_{5,6}x_{6,6}x_{7,6}\\
x_{1,7}x_{2,7}x_{3,7}x_{4,7}x_{5,7}x_{6,7}x_{7,7}\\
x_{1,8}x_{2,8}x_{3,8}x_{4,8}x_{5,8}x_{6,8}x_{7,8}
\end{array}
$$

汉明权重和距离

一个二进制码字的汉明权重用 $w(\cdot)$ 表示，是码字中非零元素的个数。如果(1, 0, 1, 1, 1, 0)是一个码字，那么 $w(1, 0, 1, 1, 1, 0) = 4$。

交织将突发差错的影响分布到几个数据码字中，可以从根本上改变信道的差错特性，从突发差错信道变成随机差错信道。就像刚刚给出的按行发送的例子这样交织，对于保护数据码字被交织期间的编码通信是有效的。但应当记住的是，那种交织并没有减小长期间(long-term)的 BER，因为这类差错依然发生[18]。

汉明距离 d 是在所有编码码字中任意两个不同码字的不同码元位置的最小个数。例如，如果编码由两个码字(1, 0, 1, 1, 1, 0)和(0, 0, 1, 1, 0, 1)组成，则 $d = 3$，因为这两个码字在第一和最后两个比特位置上不同。一个编码的性能部分地由 d 确定，即

(1)能被检测出的错误个数小于或等于 d。

(2)能被纠正的错误个数小于或等于 $\lfloor (d-2)/2 \rfloor$，其中 $\lfloor x \rfloor$ 表示小于 x 的最大整数。

分组码

当一个 k 比特的数据码字需要发送，而实际发送了 n 比特，则每一个码字被附加上 $n-k$ 比特。该 $n-k$ 比特是以特定的方法选择的校验位，使差错控制能够实现。有 2^k 个可能的消息待发送，有 2^n 个可能的编码码字被传输。2^k 个消息称为分组码，可能的 2^n 个被传送的符号中的每一个都称为一个码字。

虽然有许多种码可用，但这里给出的例子都是线性系统分组码。在这些编码类型中，校验位通过数据位的模 2 加得到(线性码)，并且最终的校验位被附加到数据位的后边(系统码)。

汉明码

正如上面所述，可以将数据组织到一个矩阵中，并将奇偶校验位分配到该矩阵的行和列。这样的排列有利于某种检错和纠错的进行。将奇偶校验位应用于数据位的各种组合(不仅是行和列)的思想能够被推广。如果数据位数为 d，校验位数为 p，则有 $d + p + 1 \leqslant 2^p$。

码长为 c 的汉明码是将 p 个校验位附加到 d 个数据位上形成一个码字，这样的码标记为

(c, d)汉明码。汉明码由生成矩阵 $\boldsymbol{G}$ 确定，即

$$\boldsymbol{G}=[\boldsymbol{I}:\boldsymbol{P}] \tag{6.46}$$

式中 $\boldsymbol{I}$ 为单位矩阵，$\boldsymbol{P}$ 确定了特定的汉明码。由 $\boldsymbol{d}=[d_1, d_2, d_3, d_4]$ 给定的数据码字与 $\boldsymbol{G}$ 相乘，形成编码码字 $\boldsymbol{c}=[d_1, d_2, d_3, d_4, p_1, p_2, p_3]$，即 $\boldsymbol{c}=\boldsymbol{d}^{\mathrm{T}}\boldsymbol{G}$（都为模 2 数学运算）。挑选 $\boldsymbol{P}$ 的列，使每一列都是唯一的，因此强迫校验运算在不同的数据分组上进行，组合后没有全零行。

一个(7, 4)汉明码的例子由生成矩阵给定

$$\boldsymbol{G}=\begin{bmatrix}1&0&0&0&1&1&1\\0&1&0&0&0&1&1\\0&0&1&0&1&0&1\\0&0&0&1&1&1&0\end{bmatrix} \tag{6.47}$$

假设对如下数据码字编码

$$\boldsymbol{d}=\begin{bmatrix}1\\1\\0\\1\end{bmatrix} \tag{6.48}$$

因此，生成如下的码字

$$\boldsymbol{c}=[1\ \ 1\ \ 0\ \ 1\ \ 0\ \ 1\ \ 0] \tag{6.49}$$

很明显，前面 4 比特是原始数据码字，后 3 比特是附加的校验位。

在接收端，输入数据流由以下矩阵进行校验

$$\boldsymbol{H}=[\boldsymbol{P}^{\mathrm{T}}\ \ \boldsymbol{I}] \tag{6.50}$$

以形成校正子 $\boldsymbol{s}$。对于数据码字，$\boldsymbol{s}=\boldsymbol{H}\,\boldsymbol{c}$。如果 $\boldsymbol{s}=0$，则数据被正确接收；如果 $\boldsymbol{s}\neq0$，则错误已经发生。

本例中

$$\boldsymbol{s}=\boldsymbol{H}\boldsymbol{c}=\begin{bmatrix}1&0&1&1&1&0&0\\1&1&0&1&0&1&0\\1&1&1&0&0&0&1\end{bmatrix}\begin{bmatrix}1\\1\\0\\1\\0\\1\\0\end{bmatrix}=\begin{bmatrix}0\\0\\0\end{bmatrix} \tag{6.51}$$

（记住，执行模 2 运算）。相反，如果接收到[1001010]，那么

$$\boldsymbol{s}=\boldsymbol{H}\boldsymbol{c}=\begin{bmatrix}1&0&1&1&1&0&0\\1&1&0&1&0&1&0\\1&1&1&0&0&0&1\end{bmatrix}\begin{bmatrix}1\\0\\0\\1\\0\\1\\0\end{bmatrix}=\begin{bmatrix}0\\1\\1\end{bmatrix} \tag{6.52}$$

表明在传输中已发生一个错误。

循环码

当 $(x_0, x_1, \cdots, x_n)$ 为一个码字，$(x_1, x_2, \cdots, x_n, x_0)$ 也是一个码字，则该码称为循环码。后一个码字称为前一个码字的置换。由 Bose，Chaudhuri 和 Hocquenghem 三人提出的 BCH 码就是循环码，Reed-Solomon 码是 BCH 码的一种形式。它们都被用于 CD 播放器中。

卷积码

卷积码字通过将码元序列组合在一起来产生。因此，当前码字取决于被编码的当前信息位，也取决于前面的一定数量的信息位。信息位按顺序装载进移位寄存器，移位寄存器的各级输出以模 2 相结合，以产生卷积码。移位寄存器的长度称为约束长度，用 K 表示。输入数据码字的位数与输出位数的比值 v 称为码率。例如，图 6.48 显示了这样一个卷积编码器。其中，$K=3$，$r=1/v=1/2$，因为 1 个输入比特产生 2 个输出比特。本例中

$$c_1 = a_1 + a_2 + a_3 \tag{6.53}$$

$$c_2 = a_1 + a_3 \tag{6.54}$$

该移位寄存器的初值为零。

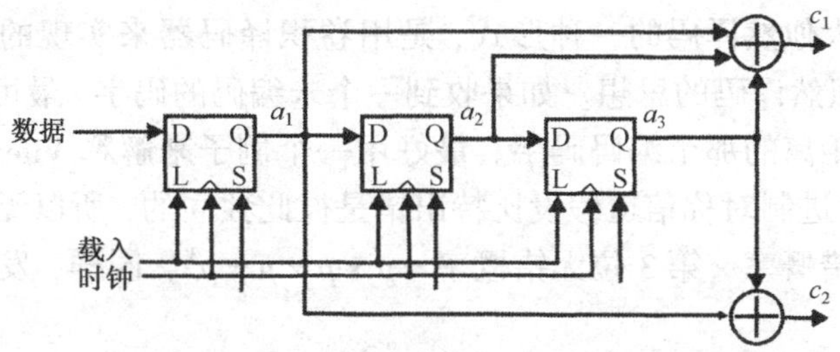

图 6.48　$K=3$ 且 $r=1/2$ 的卷积编码器

这样的卷积编码器是有限状态机，下一个状态由输入数据和当前状态确定。本例的状态机如图 6.49 所示。该状态机的状态定义为 (a_1, a_2)，输出为 (c_1, c_2)。

网格图是显示卷积编码器工作过程的一种方式。图 6.50 显示了图 6.48 所示编码器的网格图。图中，下一个时钟脉冲将输入载入第一级、且所有其他各级向右移动一个位置后，x/yy 对应于：x = 输入，yy = 输出。

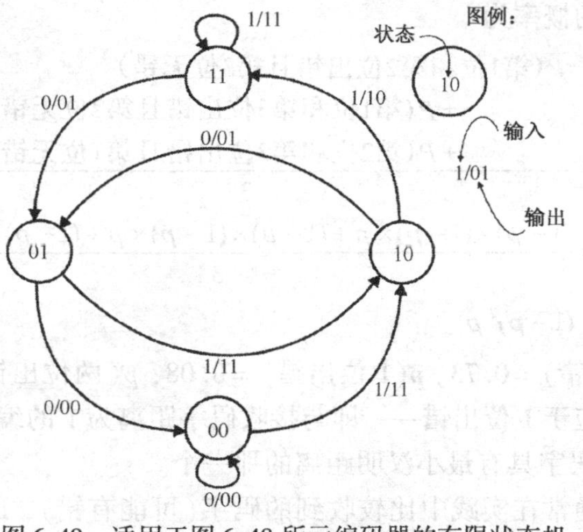

图 6.49　适用于图 6.48 所示编码器的有限状态机

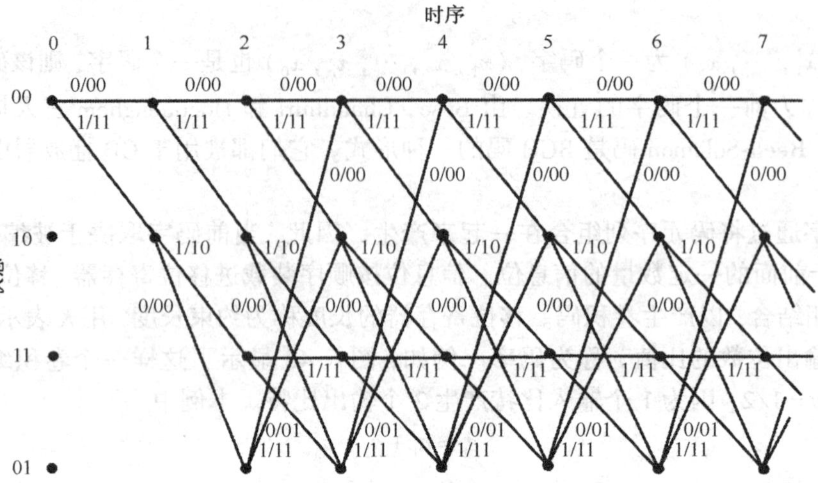

图 6.50 适用于图 6.48 所示编码器的网格图

Viterbi 译码

Viterbi 译码是最大似然译码的一种形式，是用卷积译码器来实现的。由上面的汉明距离的概念，引出了最大似然译码的思想。如果收到一个未编码的码字，最可能的发送码字是与接收码字具有最小汉明距离的那个编码码字。最好用一个例子来解释 Viterbi 译码。假设所考虑的码长度为 3，因为二进制对称信道假设比特出错是彼此独立的，所以无错的概率等于第 1 位无错概率 × 第 2 位无错概率 × 第 3 位无错概率 $=p\times p\times p=p^3$。同样，发生 1 位错误的方式有三种，其概率为

$$P(1位出错)=\frac{\begin{aligned}&P(第1位出错且第2位、第3位无错)\\&+P(第2位出错且第1位、第3位无错)\\&+P(第3位出错且第1位、第2位无错)\end{aligned}}{3} \tag{6.55}$$

$$=\frac{(1-p)\times p\times p+(1-p)\times p\times p+(1-p)\times p\times p}{3} \tag{6.56}$$

$$=(1-p)p^2 \tag{6.57}$$

最后，有两位出错的概率为

$$P(两位出错)=\frac{\begin{aligned}&P(第1位和第2位出错且第3位无错)\\&+P(第1位和第3位出错且第2位无错)\\&+P(第2位和第3位出错且第1位无错)\end{aligned}}{3} \tag{6.58}$$

$$=\frac{(1-p)\times(1-p)\times p+(1-p)\times(1-p)\times p+(1-p)\times(1-p)\times p}{3} \tag{6.59}$$

$$=(1-p)^2p \tag{6.60}$$

假设 $p=0.9$，那么 p(无错) $=0.73$，p(1 位出错) $=0.08$，p(两位出错) $=0.009$。因此如果有错误出现，最大概率对应于 1 位出错——即与接收码字距离为 1 的编码码字。因而，最可能的编码码字是与接收到的码字具有最小汉明距离的那一个。

如果码字比较短，通常在实践中比较收到的码字(可能有错)，通过查表去找到与接收码字最接近的码字。对于长码，采用这种查表技术是不现实的。为此提出一种更有效的方

法——Viterbi 译码算法进行这种比较。Viterbi 译码过程是删减根据码字的接收所进行搜索的列表。最可能的码字被保存一段时间。当接收到一个新的编码符号，计算由新接收符号和先前接收符号链接构成的序列与经过网格图的每一幸存路径之间的汉明距离。在下一个符号期间，具有最小汉明距离的那些序列被保留，并且重复这一过程。在某一指定数量的符号周期之后，对接收到的符号序列进行判决。Viterbi 译码算法的过程可以通过分析一个例子得到最好的理解。假设在上面的编码器中，接收端码字的深度为 5 个符号，最大汉明距离为 $d=4$ 位。那么通过最先收到的 5 个符号，保留所有可能的序列。表 6.7 显示了该例子中的接收序列。当接收到第 6 个符号，第 1 个符号被丢弃，只有那些汉明距离小于 5 的符号被保留下来，如表 6.8 所示。注意，即使比第 5 个更早接收的符号被丢弃，但汉明距离是总距离。总距离容易计算，因为最后接收到的符号与来自网格图的可能符号之间的差只是简单被加到连续的合计中。

表 6.7　与图 6.42 所示编码器对应的译码器的前 5 个时间间隔

时间间隔	00	1	2	3	4	5	6	7	
传输数据		1	0	1	1	0	1	0	
编码器状态	00	10	01	10	11	01	10	01	
无错码序列		11	01	11	01	01	11	01	
接收序列		11	01	10	01	11			
幸存码字							前面状态	当前状态	汉明距离
		00	00	00	00	00	00	00	7
		00	00	00	00	11	00	10	5
		00	00	00	11	00	10	01	7
		00	00	00	11	10	10	11	6
		00	00	11	00	00	01	00	7
		00	00	11	00	11	01	10	5
		00	00	11	10	01	11	01	7
		00	00	11	10	11	11	11	6
		00	11	10	01	00	01	00	5
		00	11	10	01	11	01	10	3
		00	11	10	11	01	11	01	5
		00	11	10	11	11	11	11	4
		00	11	00	00	00	00	00	7
		00	11	00	00	11	00	10	5
		00	11	00	11	00	10	01	7
		00	11	00	11	10	10	11	6
		11	00	00	00	00	00	00	5
		11	00	00	00	11	00	10	3
		11	00	00	11	00	10	01	5
		11	00	00	11	10	10	11	4
		11	00	11	00	00	01	00	5
		11	00	11	00	11	01	10	3
		11	00	11	10	01	11	01	5
		11	00	11	10	11	11	11	4
		11	10	01	00	00	01	00	7
		11	10	01	00	11	01	10	5
		11	10	01	11	00	10	01	7
		11	01	01	11	10	10	11	4
		11	10	11	01	00	01	00	5
		11	10	11	01	11	01	10	3
		11	10	11	11	01	11	01	5
		11	10	11	11	11	11	11	4

表 6.8 与图 6.42 所示编码器对应的第 6 个时间间隔

时间间隔		1	2	3	4	5	6	7		
传输数据			0	1	1	0	1	0		
编码器状态	00	10	01	10	11	01	10	01		
无错码序列			01	11	01	01	11	01		
接收序列			01	10	01	11	11			
								前面状态	当前状态	汉明距离
幸存码字			11	10	01	11	00	10	01	5
			11	10	01	11	10	10	11	4
			11	10	11	11	01	11	01	5
			11	10	11	11	11	11	11	4
			00	00	00	11	00	10	01	5
			00	00	00	11	10	10	11	4
			00	00	11	10	01	11	01	5
			00	00	11	10	11	11	11	4
			00	11	00	11	00	10	01	5
			00	11	00	11	10	10	11	4
			00	11	10	11	01	11	01	5
			00	11	10	11	11	11	11	4
			01	01	11	10	01	11	01	5
			01	01	11	10	11	11	11	4
			10	11	01	11	00	10	01	5
			10	11	01	11	10	10	11	4
			10	11	11	11	01	11	01	5
			10	11	11	11	11	11	11	4

本例中，为了使序列得以保留，设定最大汉明距离 $d=4$。保留具有 3 个最小汉明距离的序列的策略，比 d 设定固定值可能更有意义。

逐幸存处理(PSP)

对卷积码进行最大似然译码的一个新方法被称为逐幸存处理(PSP)[19]。根据所用译码方案的不同，大多数译码器需要输入部分或全部与接收信号有关的参数。这些参数包括 SNR 和载波相位。因此，假定它们已知或者在全局意义上已被估计出，然后输入到译码算法中，用于经过网格图的全部路径，例如前面提到的 Viterbi 算法就是如此。

在 PSP 中，情况不是这样。信道被假定是未知的，事实上，信道可以是时变的。经过网格图的每一个幸存路径保留它自己对这些参数的估计值，并且用每一个接收的新符号对这些估计值进行更新。因此 PSP 确保比其他常规译码算法更能提高性能。

软译码

在迄今为止所叙述的译码器中，在某种程度上判决结果为：一个被译码的码元是 1 或者 0，或者已经接收到一个特定序列，这被称为硬判决译码。在最大似然译码中，基于接收的码元来计算似然比，该比值是 0 与 1 之间的概率值。如果这些值从译码器输出，并且用来对接收的码元进行判决，而不是让译码器输出一个 1 或者 0，被称为软判决译码。

在硬判决中，译码过程中的某些有用信息没有用来决定哪一个码元被接收的判决过程，这一信息损失导致性能降低。通常软判决译码改善误码性能约为 2 dB，即在低 2 dB 的信噪比条件下，获得相同的 BER 性能。

链接码

这种编码技术采用一个码跟着另一个码的方法，称为外和内编码器/译码器。交织也常被用来提高比特差错性能，检错和纠错的效果是不同的。

Turbo 码

使用编码技术的经典难题之一是译码器的复杂性。码产生器通常是简单的装置，但当码变得比较复杂时，译码器也变复杂了。

Turbo 码没有这一困难，它采用被称为最大后验（MAP）处理的方法。如果 $P(A)$ 是事件 A 发生的先验概率，在此情况下的事件是传输码字 A，即 $P(A)$ 是 A 完全发生的概率，那么根据 Bayes 定理有

$$P(A|B)=P(B|A)P(A)/P(B) \tag{6.61}$$

式中 $P\ (A/B)$ 是给定事件 B 被观察到条件下事件 A 发生的后验概率。$P(B/A)$ 称为似然函数，$P(B)$ 被称为证据。MAP 准则根据后验概率最大来选定 A。

这些码也称为并行级联卷积码。编码器由两个或多个卷积编码器组成，其中每一个编码器产生一个子码。交织器（用π表示）使各子编码器互相连接。该交织器接近于完全搅乱输入序列的所谓均匀交织器。编码器生成的码字由输入到第一个编码器的原始数据以及后续各子编码器产生的码元按适当顺序组成。通常，不传送除第一个子编码器以外的任何其他子编码器产生的系统码元。Turbe 码编码器的一个例子如图 6.51 所示[20]。

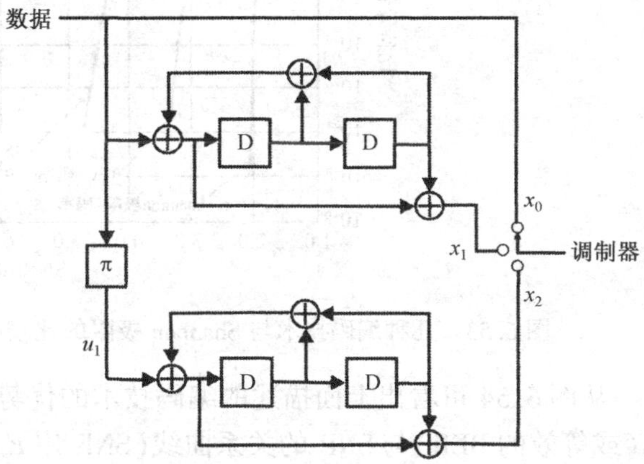

图 6.51　Turbo 码编码器示例

译码器由与每一个编码模块对应的子译码模块组成。译码器对其输入序列进行软判决译码，使用同编码器一样的交织器将各子译码模块输出互连起来。研究指出：当 $E_b/N_0=-0.06$、码率为 1/15 时，通过仿真，Turbo 码能实现 10^{-6} 的 BER[21]。

Reed Solomon 码

Reed Solomon（RS）码是系统线性分组码，是 BCH 码的部分子集，称为非二进制 BCH 码。它是分组码，这是因为原始信息被分成固定长度的分组，每一个分组被分成 m 比特的符号。它也是线性码，因为每 m 比特的符号都是一个有效符号，而且每个码字都包含原始数据，所以它是系统码。传输码字包含原始数据，再加上额外的 CRC 或校验位。这种码用 RS(n, k) 表示，有 m 比特符号。这意味着编码器每次取 k 个 m 比特的数据符号，加上 $n-k$ 个校验符号，生成一个 n 长符号的码字（每个符号 m 比特）。图 6.52 给出该码的一个例子 RS(255, 223)。

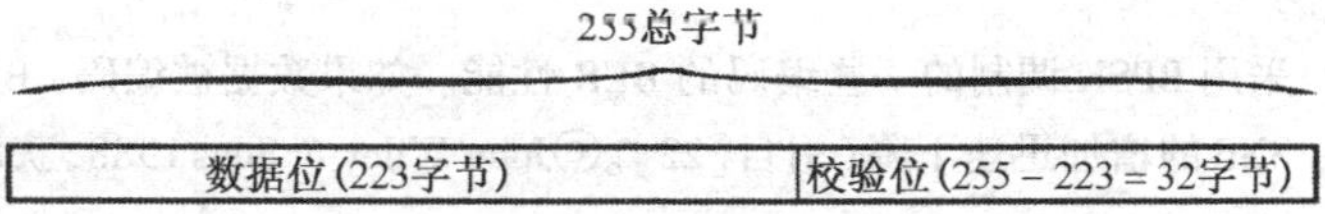

图 6.52　RS(255, 223) 的 Reed Solomon 码示例

RS 码基于 Galois 域（GF，有限域）[22]，该域表示为 GF(p^m) 形式，其中 p 为任意素数。RS 码利用 GF(2^m) 形式的 Galois 域，其中域的元素可用 m 个二进制比特表示。GF(2^8) 形式的 RS 码用于数字通信是一种性能良好的编码。

图6.53给出了几种纠错技术与Shannon极限的比较[23]。对于式(6.22)给定的特定噪声电平，限制信道通信容量的Shannon极限是信道理论上的最大信息传输速率。假设高斯白噪声被用于这些数据，可以看出，Turbo编码信道(TPC)在性能上超过所有其他编码技术，对本例，它仅与Shannon极限相差大约1 dB。在大部分BER < 10^{-4}的情况下，其性能比次优的RS码要好1.5 dB左右。图6.53也显示了未编码的二进制PSK信道情况。

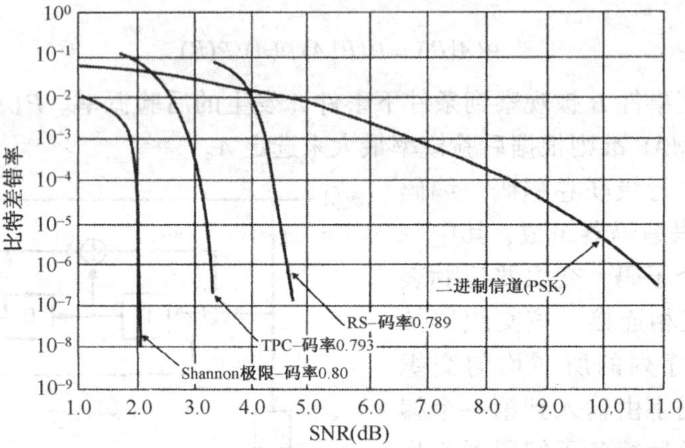

图6.53　几种编码技术与Shannon极限的比较(引自[21]。ⓒEE Times 1998，获许引用)

从图6.54可看出上面描述的编码技术的优势[24]，该图给出了几个编码方案的比特差错概率(或等效的BER)与SNR的关系曲线(SNR用E_b/N_0表示)。相对于未编码的数据流，当SNR很低时，编码可取得非常好的性能。

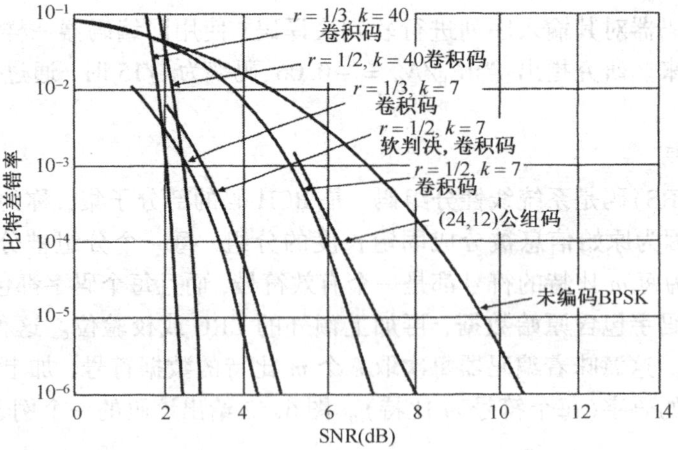

图6.54　采用BPSK调制的一些编码的BER性能。如果数据被编码，BER随着SNR的增加迅速下降(引自[22]。ⓒJohn Wiley & Sons 1988，获许引用)

BCH编码

对于所有正整数，存在$m \geqslant 3$和$p < 2^{m-1}$的二进制BCH码[25]，称为(n, k, p) BCH码，参数说明如下：分组长度$n = 2^{m-1}$；校验位数$n - k \leqslant mp$；最小距离$d_{\min} \geqslant 2p + 1$。

这样的每个BCH码可纠正p位错误，所以也称它为纠正p个错误的码。几种流行的BCH码性能如图6.54所示，其中与未编码性能进行了比较。

6.8 调制解调器

调制解调器(Modem)意指将调制器和解调器合写在一起，它是将信息从数字域转换到模拟域并且再转回到数字域的一种器件。如果数据通过大量现有的全球范围的电信基础设施进行传送，就必须以模拟形式进行。

Modem主要用于数字设备间(主要是计算机间)通过模拟网络进行通信。它们是广域网的关键器件，但它们所能传送的数据速率相对较低。虽然最初用于有线通信，但它们也能在无线网络中以无线方式工作。由于无线环境更加容易出错，需要某种形式的检错和纠错。通常这些能力不属Modem，而是在数据流被送到Modem进行传送之前，纠检错码被插入数据流之中。有了网格编码调制和Viterbi译码所代表的卷积编译码，这种情况正在发生改变。

已经提出了一些标准或规范，所以来自不同生产厂家的Modem之间能够实现互操作。国际电信联盟——电信标准化组(ITU-TSS或ITU-T)是联合国的一个机构，传统上它根据互相间的协议成为这类标准的管理组织，这样的规范称为ITU建议。表6.9列出了应用于Modem通信的建议。除了最后一个建议外，所有建议都是通过Modem用模拟技术来传送数字数据。相反，V.90未将数字数据转换成模拟形式，数字数据以数字形式在信道上传送。

表6.9　ITU的Modem各项建议的特征

建　议	比特率(bps)	波特率(sps)	调　制	编　码
V.17	7200	1200	QAM	无
V.17	9600	1200	QAM	无
V.17	12 000	1200	QAM	无
V.17	14 400	1200	QAM	无
V.21	300	300	FSK	无
V.22	1200	600	PSK	无
V.22bis	1200	600	QAM	无
V.22bis	2400	600	2^4QAM	无
V.23	600	600	FSK	无
V23	1200	1200	FSK	无
V26	1200	1200	BPSK	无
V26	2400	1200	2^2PSK	无
V.27bis	2400	1200	2^2PSK	无
V.27bis	4800	1200	2^3PSK	无
V.27ter	2400	1200	2^2PSK	无
V.27ter	4800	1600	2^3PSK	无
V.29	4800	2400	2^2PSK	无
V.29	7200	2400	2^3QAM	无
V.29	9600	2400	2^4QAM	无
V32	2400	2400	BPSK	无
V.32	4800	2400	QPSK	无
V.32	9600	2400	2^4QAM	无
V.32	9600	2400	2^5QAM	Trellis(2 dim)
V.32bis	4800	2400	QAM	Trellis(2 dim)
V.32bis	7200	2400	2^5QAM	Trellis(2 dim)

(续表)

建　议	比特率(bps)	波特率(sps)	调　制	编　码
V.32bis	9600	2400	QAM	Trellis(2 dim)
V.32bis	12 000	2400	QAM	Trellis(2 dim)
V.32bis	14 400	2400	2^6QAM	Trellis(2 dim)
V.32terbo	16 800	2400	QAM	Trellis(2 dim)
V.32terbo	19 200	2400	2^9QAM	Trellis(2 dim)
V.33	14 400	2400	2^7QAM	Trellis(2 dim)
V.34	28 800	2400 ~ 3249	2^8 ~ 2^9QAM	Trellis(4 dim)
V.34bis	33 600	2400 ~ 3249	2^8 ~ 2^9QAM	Trellis(4 dim)
V.90	56 000	N/A	PAM	无

sps 表示秒采样次数，bps 为每秒比特数。

依照较高数据速率规范构造的 Modem 是与较低数据速率的 Modem 向下兼容的，通常 Modem 也能处理几种其他规范。这些规范对信道提供了训练，它是一种形式的均衡。训练序列被用于均衡，对于接收 Modem 来说，发送的数据是已知的，检查接收序列的正确性，并且确定 ISI。如果存在太多的干扰或其他引起性能下降的因素(如噪声)，通知发送 Modem 降低数据速率。通过这种方式，发送端与接收端之间实现握手，确立了信道所能支持的最高速率，并且用该速率传递消息。

根据式(6.1)给定的 Shannon 定理，只存在高斯噪声干扰情况下，对 2700 Hz 带宽的无记忆语音级信道，表 6.10 给出了 SNR 变化时的最大信道容量。美国的电话系统有一个规定的(理论上)39.5 dB 的噪声限制动态范围，但更典型的值在 30 ~ 35 dB 范围。由于确保的带宽仅为 2700 Hz，可以期待数据速率为 27 kbps 或更低。对于 RF 链路，信噪比通常远低于该值，尤其是在 VHF 范围。

表 6.10　2700 Hz 信道的容量

SNR(dB)	信道容量(bps)
5	5590
10	9340
20	17 977
30	26 912
40	35 877

正因如此，Modem 常常利用编码方案来增加数据速率。网格编码调制(TCM)是广为应用的选择。使用 TCM 后，Modem 能够达到 8 比特/符号，在 2400 符号/秒的信号速率下，提供 19.2 kbps 的数据速率。该速率是 GMSK 或 $\pi/4$ QPSK 的 4 倍。

与同速率的 TCM 相比，未被编码的 QAM 以 9600 bps 速率通过 2400 波特语音级信道有 14 dB 的优势。TCM 信号以 19 200 bps 速率通过该信道，具有大约相同的 BER 性能。

速率为 9600 bps 的 V.32 为它的 TCM 指定了一种卷积码，使得通过二线式电路进行全双工通信更加容易。在 V.32 中，编码增益可达到 4 dB。为了解释典型的编码方案，下面给出 V.32 的细节。V.32 的两个基本模式能以 4800 bps 或 9600 bps 的数据速率工作，两者都是以 2400 波特率在二线式电路上进行全双工通信。前者用于未编码的传送，而后者实现了 TCM。4800 bps 速率的 16 QAM 星座图如图 6.55 所示，而图 6.56 给出了用于 9600 bps 速率的 2^5QAM 星座图。

对于 2^4QAM，4 个数据比特被组合成用于传输的一个星座点。对于 2^5QAM，明显需要 5 比特，但该 5 比特是由与 2^4QAM 相同的 4 个数据比特构成的，第 5 个比特是为实现差错控制而被 TCM 加到数据流的结果。前两个数据比特 $Q1$ 和 $Q2$ 首先根据如下公式进行差分编码

$$Y1_n = Q1_n \oplus Y1_{n-1} \tag{6.62}$$

$$Y2_n = (Q1_n \oplus Y1_{n-1}) \oplus Y2_{n-1} \oplus Q2_n \tag{6.63}$$

式中 n 为比特间隔数。

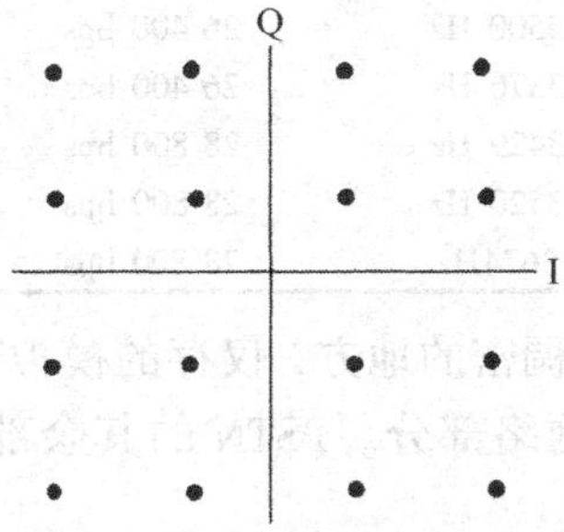

图 6.55 V.32 的星座图

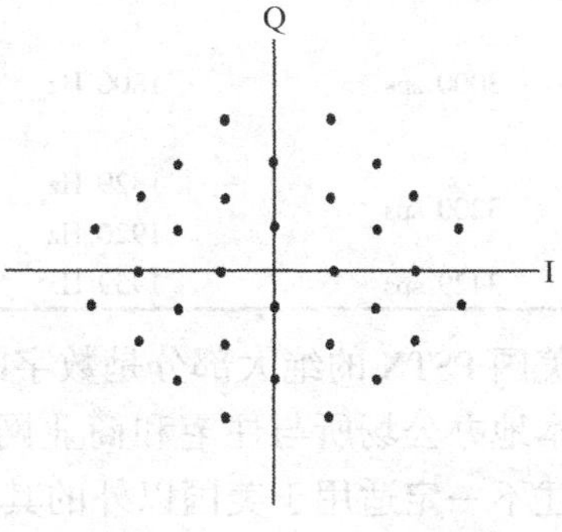

图 6.56 V.36 的星座图

这一编码防止了信道中的180°相位模糊。后两个数据比特 $Q3$ 和 $Q4$ 不编码。那么 $Y1$ 和 $Y2$ 被用来形成携带 FEC 信息的 $Y0$。$Y0$ 是 $r=2/3$、$K=3$ 的卷积编码器的输出。

该编码器以及其他 TCM 编码器中的组合逻辑是由用于译码的星座中的组合所定义的规则来进行设计的。在任意给定集合中，星座点间的欧几里得距离在分解过程的每一步都被最大化。

在解调器中，Viterbi 译码算法被用于先前提到的 V.32 中，这是一个使均方误差最小的卷积码译码器。

在 V.34 中，高于 28 800 bps 的数据速率是可能的。33 600 bps 和 38 400 bps 的数据速率在理论上是有可能的，但传输的线路有必要是超净无噪与平衡的。当 V.42 与 V.34 组合起来，高达 115 000 bps 的速率在理论上是可能的。普通电话线的带宽一般为 300 ~ 3000 Hz。该频率带宽的轻微变化可能对通过这些线路的数据速率具有很不利的影响。传送这些高数据率所需的带宽如表 6.11 所示。现代 Modem 通过交换用于可测量到的已知比特图案的训练序列以及通过对信道的探测，可调整这些带宽以兼容实际使用的 PSTN 线路。探测是在已知频率和电平上发送，并测量信道的响应。人们希望用 ISDN 来明显改变这一情形，因为不需要 Modem，通信从一开始就是数字的，并且在整个传输途径上保持数字形式。然而，ISDN 需要接口装置。由于上面讨论的 Modem 建议不可避免地与 Internet 相连，由此产生了 V.90 建议。Modem 采用某种形式的 QAM 用数字数据对低频率载波进行调制和解调。由于 A/D 转换所含有的量化噪声，从根本上将其速率限制在大约 30 kbps。V.90 的下行路径不采用这种调制方式，它以数字形式发送，PSTN 好像就是数字网络。信息被脉冲振幅调制(PAM)到下行方向的线路(从服务提供商到用户住宅)上。依赖于电话线路质量，这种方式的速率可能高至 56 kbps。由于 Internet 的高速传输主要是下行数据流，如上行数据流通常由低速按键信号组成，因此用 V.90 通过 Internet 可具有相当高的吞吐量。V.90 中的模拟上行标准是 V.36。

表 6.11 有可能通过带限 PSTN 信道的比特速率

符号率	载频	带宽需求	最大比特率
2400 sps	1600 Hz	400 ~ 2800 Hz	21 600 bps
	1800 Hz	600 ~ 3000 Hz	21 600 bps
2743 sps	1646 Hz	274 ~ 3018 Hz	24 000 bps
	1829 Hz	457 ~ 3200 Hz	24 000 bps

(续表)

符 号 率	载 频	带宽需求	最大比特率
2800 sps	1680 Hz	280 ~ 3080 Hz	24 000 bps
	1867 Hz	467 ~ 3267 Hz	24 000 bps
3000 sps	1800 Hz	300 ~ 3300 Hz	26 400 bps
		500 ~ 3500 Hz	26 400 bps
		375 ~ 3376 Hz	26 400 bps
3200 sps	1829 Hz	229 ~ 3429 Hz	28 800 bps
	1920 Hz	320 ~ 3520 Hz	28 800 bps
3429 sps	1959 Hz	244 ~ 3674Hz	28 800 bps

实际上，美国PSTN的绝大部分是数字的。在人口稠密的地方，仅存的模拟部分是在本地环路上，它是本地办公场所与住宅和商业网点相连的网络部分。PSTN的其余部分是数字的。然而，这一表述不一定适用于美国以外的其他国家。

6.9 传真

传真通信是通过模拟通信系统传递图像——通常是打字的纸张。第I类传真是一个过时的标准，以AM或FM作为调制方案。采用AM时，像素越黑，载波的幅度也越大；采用FM时，像素越黑，调制音频也越高。第Ⅱ类传真也是一个几乎过时的老标准，它采用残留边带AM作为其调制方案，像素越白，发射的音频越高。这些标准几乎已经全部被第Ⅲ类传真所取代。

第Ⅲ类传真协议使用游程编码。它提取像素的每一行，并在传送前对其进行游程编码。这是一维编码，对每一行进行编码，而不是对一整页编码。二维编码用游程编码方法对第一行进行编码，像刚刚描述的一样，但后面的行以与前一行的差的方式进行编码。由于行与行之间通常有相当大的相关性，因而可以获得相当大的压缩。该规范进行检错而不纠错，因此错误能够顺着各页向下传播。正因如此，对于标准分辨率传真，限定两行用这种方式进行编码，而对于高分辨率传真，限制为四行。

第Ⅳ类传真标准涵盖以64 kbps的速率在ISDN上进行的传真传送。在这种情况下，压缩与刚才描述的二维压缩相同，但在基于第一行进行编码的行的数量上无限制。

对每一类传真标准，都存在等级划分，它从根本上描述了Modem为发送和接收传真消息所必须完成的处理量。在第一级中，大部分工作必须由计算机来完成，并且传真Modem的工作限制为对载波的调制和异步/同步转换。在第二级标准中，Modem比较灵巧，并且必须完成更多的处理过程，特别是Modem要负责调制、异步/同步转换以及处理传真协议，计算机只负责图像压缩(当然还有全面管理)。

6.10 通信安全

与信息传递相关最重要的问题之一是信息安全或信息保密。军事通信传统上一直如此，而且在私人领域也变得越来越重要。现在，对解决这一问题的不分领域的技术在本节进行讨论。

6.10.1 数据加密

加密是保护从一地传到另一地的信息的最常见的方法。信息加密是对信息施加数字运算，使未授权者不能解读信息。密码术是对其使用者受益的一种电子防护技术，它是将信息从当前状态转换到另一个内容被隐藏状态的过程，利用诸如密钥这种要素的适当知识，原始内容能从加密状态中被重新恢复；而没有这种知识，数据就不能被恢复。处于任何状态的任何信息都能被加密。最著名的也许是书面或无线电通信的加密。其他形式包括对PC磁盘数据的加密、两岁孩子不能理解父母的口头拼字。Arthur Conan Doyle爵士在处理密码术时赋予Sherlock Holmes特殊的技巧。

历史上，密码术是一个被政府掌控的领域，但近来私人部门对此引起了浓厚的兴趣。已经开发出多种保护信息的技术，使合法通信节点之间传递密钥变得相对容易。

认证是验证某些数据产生者的身份的过程，所以验证了数据的完整性。主体是身份已被鉴别的成员，验证者是想要进行检验的人。数据完整性意味着保证接收的数据与产生的数据相同。机密性是指防止信息泄露，免遭未被授权者接收。授权是保证主体可以执行操作的过程。

用户认可是指数据源没有能力否定由该数据源产生的数据。如果过程是正确的，并且识别了一个特定的数据源，那么它必定是数据源。

6.10.2　公钥加密

在公钥加密系统中，每一个实体 i 有一个所有人都知道的公钥 U_i 和仅被该实体知道的私钥 R_i。一份给实体 i 的消息使用 U_i 加密，而实体 i 使用 R_i 来对消息解密。如果用一个实体的公钥加密，那么只能用该实体的私钥解密。

公钥加密是非对称加密，因为链路的每一端使用不同的密码变量来对数据进行加密和解密。这是相对于对称加密而言的，在对称加密系统中，链路两端使用相同的密码变量。图6.57通过一个例子描述了这一加密技术的工作过程[25]。

由于使用公钥密码术，涉及大量的(因而是缓慢的)计算，大部分时间被用于交换会话密钥，因而通信能以非常快的对称方式进行。公钥也被用于交换数字签名。

会话密钥等价于所谓的一次性便笺。这种方案只使用密钥一次(用于当前的会话)，之后被丢弃。这种技术实际上不可能被破译，因为密钥只使用一次。

加密简介

公钥加密术对加密和解密使用不同的密钥，其建立过程如图6.57所示，然后再将密钥分配给每一个用户。每当有人想发送信息，它查找接收者的公钥，并用它去对消息加密。然后接收者使用其个人的私钥对消息解密。为简单起见，下面的例子使用较小的素数，实际上密钥是非常大的数字，使得外人难以对 N 进行因式分解和解密消息。发送者和接收者双方必须在硬件或计算机软件中使用相同的加密算法。该例根据“美国技术评估办公室的1987报告:保密，数据共享”进行改写，其算法基于公钥RSA算法(按麻省理工学院的三个发明者——Ronald Rivest，Adi Shamir和Leonard Adelman的名字命名)。

生成公钥

1. 取一奇数　$E=5$
2. 取两个素数 P 和 Q，其中 $(P-1)(Q-1)-1$ 可被 E 整除　$P=7$，$Q=17$
3. P 乘以 Q 得到　$N=P\times Q=7\times 17=119$
4. 将 N 和 E 相连，得到加密钥或公钥 $=NE=1195$

生成私钥

1. P、Q 和 E 都减1，将三者相乘，并加1 $(P-1)(Q-1)(E-1)+1=6\times 16\times 4+1=385$
2. 将上面结果除以 E，得到　$D=385/5=77$
3. 将 N 和 D 相连，得到解密钥或私钥　私钥 $=ND=11\ 977$

图6.57　RSA公钥加密算法举例(引自[24]。©1989，IEEE，获许引印)

用公钥对消息加密

1. 消息被转换成等效的数值,例如字母S可用19表示,明文=19
2. 算法:
   a)以 E 为幂,增大明文 $19^5=2\ 476\ 099$
   b)除以 N $2\ 476\ 099/119=20\ 807$,余数为66
3. 余数就是加密值或密文 密文=66

用私钥对密文解密

1. 算法:
   a)以 D 为幂,增大密文 $66^{77}=1.27\cdots E140$
   b)除以 N $1.27\cdots E140/119=1.069\cdots E138$
   余数为19
2. 余数就是解密的值或明文 明文=19

图6.57(续) RSA公开钥加密算法举例(引自[24]。©1989, IEEE, 获许引印)

6.10.3 数字签名

由于电子商务(如Internet网上零售)的大规模出现,已经凸显一个安全问题:一个人如何知道在交易的另一端是他所宣称的那个人。在老式的塑料信用卡和银行支票的模拟领域,采用的方法是检验信用卡或支票上的签名和身份证上的图像。类似的这些技术在Internet上不实用,如果电子商务要生存,必须进行身份验证。

采用公钥密码术可以使这种检验变得容易实现,该方法名称为数字签名。为了理解它如何工作,需要理解杂散Hash函数,它是取一个数(A)、并转换成另一个数(B)的过程,其反变换(已知B,恢复A)几乎是不可能的。有两个最流行的Hash算法:一个由MIT的Ron Rivest所发明,称为MD5算法;另一个由NISF和NSA所发明,称为安全Hash算法(SHA)。前一个算法产生一个128位的数,后一个算法产生一个160位的数。当然,位数越多,数据越安全。

对于一条没有被改变而通过的消息(或如果被改变,其变化在接收端被检测),发送端对消息内容进行Hash运算、再对Hash过的消息用公钥加密,然后发送出去,并且随同消息一起发送加密的Hash值。接收者使用发送者的私钥对Hash值进行解密,用与发送者所用的相同算法对消息进行Hash运算,并且将发送的Hash值与在接收端计算得到Hash值进行比较。如果它们匹配,那么保证接收者得到的消息未发生改变;如果不匹配,事实上可以确信消息不是来自发送者,因为Hash值是唯一的。Hash值就是数字签名,因为它是由文档产生的唯一的数值。如果公钥和私钥是正确的,则加密、解密过程只能正确进行;如果密钥不正确,Hash值将不能正确解密,信息将是杂乱无章的。

6.10.4 数字加密标准

攻击加密系统的方法之一是采用穷举法。加密算法一般不保密,其原因很简单。如果需要对算法保密,则算法本身易受攻击——必须对算法采取措施,防止可能的入侵者。这种弱点是劣质加密系统的特性。更加常见的是对密钥保密,而不是对使用密钥的算法保密。对一个加密系统的穷举攻击转换为所使用的计算能力,尝试每一个可能的密钥组合,直至发现有一个密钥可以恢复原始消息或至少一条有意义的消息。

人们可能会问:如何知道是否得到原始消息或一些其他消息,除非已经知道原始消息。这是一个有趣的悖论,通常情况下原始消息绝不会是杂乱无章或毫无意义的,因此,如果得到一条有意义的消息,很明显已经得到了原始消息。

密钥越长，加密系统对付穷举攻击越安全。举例说明为什么这是正确的。如果只使用 8 位进行加密，为了找到正确密钥，那么将不得不尝试 $2^8=256$ 种不同的密钥值。如果尝试一个值费时 1 ms，那么为了破解该密码，只需要 256 ms（平均来说是其一半）。相反，如果密钥长度是 100 位，那么将不得不尝试 $2^{100}/2$ 个不同的值。在相同的计算机上，每尝试一次花费 1 ms，破解该密码将花费 10^{19} 年的时间。攻击加密系统所需要的时间和时间上的改进服从 Moore 定律，如图 6.58 所示[25]。

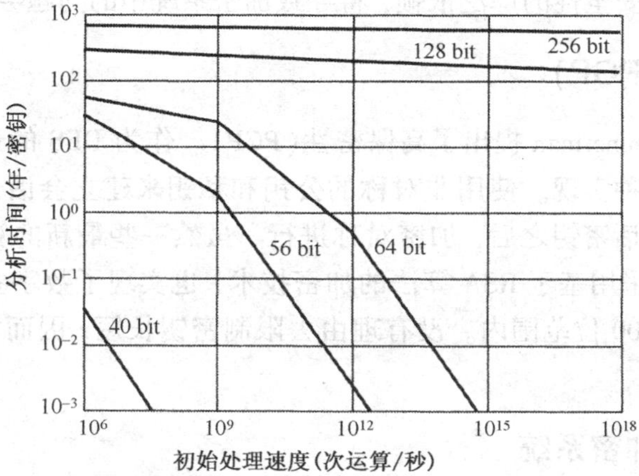

图 6.58　恢复密钥所需要的时间（引自[26]。ⓒArtech House，获许引用）

实行并行处理能够显著降低每次尝试的 1 ms 的等效时间。上例中的 1 ms 比高性能计算机的处理要慢得多。如果认定最终结果是值得的，使用现实的次数和大量的并行计算机，穷举法在合理的时间内有可能攻破基于 100 位的密码系统。

1977 年被美国政府采纳数据加密标准（DES）作为标准技术，用于对敏感但未分密级的信息进行加密[例如美国国防部（DoD）不将 DES 用于加密的数据，它希望保持部门的单独信息隔离，包括企业也是如此]。私人领域可以将其作为一种加密手段，提供一种适度的安全方法，以保护其敏感信息。它采用 56 位密钥，在采用该标准期间，对于当时存在的和设计中的计算机速度，具有相当可观的保护能力。该标准提供了 72 057 594 037 927 936 个可能的不同密钥。

DES 采用分组加密技术而不是流密码。这意味着长度为 64 位的数据分组同时被加密。在流密码中，每次加密一位。扰乱和扩散是算法的核心技术，数据被这两种技术运算 16 次，这种运算由密钥确定。扩散就是将明文扩展到密文上，使明文中的固有冗余（假设明文是英文文本，则有大量的冗余）被隐藏。这种方法的一个简单例子是明文中的字符转换。扰乱是用密文来破坏明文关系的过程。扰乱的一个简单方法是置换，据说 Julius Caesar 使用该技术移动字母表三个位置，并相应地置换字符。在加密过程的每一轮，都要执行扰乱和扩散。

算法的另一个重要部分是数据的重排列，因而遇到雪崩准则。这确保一位数据至少影响两次置换。这样，如果密文只发生一处变化，解密后的明文就明显不同于加密前的明文。算法的实际安全性凭借非线性处理进程来实现。

通常使用这种密钥的方法是数据比特与密钥比特进行“异或”运算。实际上，处理远比这要复杂，要采用发送者和合法接收者都知道的、可以正确复原的一系列移位和重排列。由于密钥对第三方是未知的，其破获的数据流看起来是随机的。

1993 年 DES 被 NIST 重新鉴定，但由于它易受现代并行计算机的攻击，所以它的时限受到限制，其编码在 1998 年被破译。如果最终结果值得付出努力，这样的穷举攻击是可行的。国际银行业是一个例子，多次尝试中的一次成功就能够导致大量钱款转账到错误账户上。

对于战术通信的安全性来说，加密常常被认为太困难，以至不能依赖。如果加密还没有实现，未来将发生根本性变化，因为许多通信——战术的和其他形式的通信正变成数字的。以数字形式产生的信号易于加密——用于电子信号的现代加密技术通常包括加密前的模数转换。商业领域凸现的对数据安全性的广泛依赖，将导致加密系统中的问题会被迅速解决。

6.10.5 高保密性(PGP)

1991 年，Phillip Zimmerman 提出了高保密性(PGP)。作为 DES 的选择之一，它是用于加密的上面几个概念的一种实现。使用非对称的公钥和私钥来建立会话，为每一个新会话交换一个会话密钥。建立会话密钥之后，加密对称进行。虽然一些最新的算法也支持 Diffie-Hellrnan 密钥格式，但 PGP 采用基于 RSA 算法的加密技术，也实现了数字签名。该密钥可以非常长，当前的实现是在 4000 位范围内。没有理由去限制密钥长短，因而如果需要的话，可以实现更长的密钥。

6.10.6 Fortezza 加密系统

长期以来，人们认可美国国防部内的某些信息不是秘密但却是敏感的，不希望未授权用户接触它，后勤信息就是一例。例如，基于每天运进战区的军火数量就能够判断出迫近的进攻行动计划。这类信息通常被视为不保密的，但不让敌方知道它将是有益的。商界和工业界对于保护信息不泄露给未授权者有同等的要求。

为满足这种要求，美国国家安全局(NSA)建立了 Fortezza 计划。像大多数密码计划一样，它有两个部分:完成功能的硬件和相应的软件;处理加密密钥的管理体系。

一般而言，尽管没有特别的约束对硬件加以限制，但硬件的发展导致了一个用于系统实现的 PCMCIA 结构。PCMCIA 体系已经成为工业标准，特别是对于小型计算机，在该结构中，Fortezza 系统的实现将允许最大可能用户数目的良好迁移。

已经实现了密钥管理结构，所以任何授权个人或组织能够根据所设定的职权获得一个密钥。名单被保存，以便于这些密钥持有者容易使用。

Fortezza 实现了两层密码系统，非对称方法和对称方法二者都在 Fortezza 系统中。在非对称方法中，链路两端使用不同的密钥;而在对称方法中，使用相同的密钥。用来对消息流通进行加密的密钥首先在链路两端采用前面描述的非对称公钥加密方案进行传递。一旦密钥被交换，使用该密钥对消息进行对称加密，因为公钥系统的加密计算需要大量的开销。

数字签名标准(DSS)是基于数字签名算法(DSA)的，它被嵌入到 Fortezza 的 PCMCIA 芯片中。

6.10.7 托管加密系统

在美国，有人提出了密钥托管系统用于电话安全的想法。该系统的一种实现是将唯一的设备密钥在电话被制造后且使用前安置到电话机中，这一密钥是芯片的一部分，该芯片称为限波芯片。当投入使用时，密钥分为两部分，密钥的每一部分分别给予两个不同的托管持有者。

最初开发这种方法是为了对可能通过电话系统传输的语音进行加密，但它也能扩展到数据通信。

密钥托管系统被提议允许政府在得到法律监听许可时接入私人通信。如果没有能力进行监听，据说非法活动可能被隐藏，现在可以实施法律而接入私人通信。关于是否应该允许政府控制加密的私人通信，存有较大的争论。在这一标准中，有一个法律强制接入字段(LEAF)，它允许合法监听这类加密通信。美国提议的密钥托管系统使用托管加密标准(EES)。

EES的目的是阻止未授权团体监听电话交谈。每一个限波芯片被赋予一个唯一的识别号码和密钥。这一信息被政府保存，密钥分为两半，两个政府机构分别持有一半密钥。

实际上，每一次交互涉及三个密钥。会话密钥对每一次交互是唯一的，它以对称的模式产生并使用一次。电话制造商可以自由选择生成会话密钥的方式——它不是EES的组成部分。第二个密钥是前述的每一个限波芯片的唯一密钥，用来对会话密钥加密。加密后的会话密钥、电话机的唯一识别号码、计算得到的校验和三者一起用族密钥加密，族密钥对所有限波芯片是通用的。然后，通过族密钥加密的消息被发往接收者。LEAF在EES会话的起始处发送。如果接收者未收到一个有效的LEAF，则不允许会话。LEAF长度为128位，每一个芯片识别号码长度为32位，会话密钥长度为80位，而校验和长度为16位。

EES的目的是便于由合适的法官授权的合法监听(今天在美国，进行监听由法庭判决授权)。这种监听可能由录音谈话开始，包括LEAF。然后，使用族密钥对LEAF进行解密，得到限波芯片识别号码、校验和，以及被加密的会话密钥。根据这样获得的芯片识别号码，从持有机构得到芯片密钥的两半。使用该两半芯片密钥，去解密会话密钥，导致能对监听的通话进行解密。

美国国家科学技术学会(NIST)被提议作为两个托管机构之一。另一个被提议的机构是美国财政部自动化系统部门。

6.10.8 用无线电重置密钥

任意一个加密系统的难题之一是对加密设备重新置入密钥。过去已经建立起庞大的管理机构，以执行这一任务。重置密钥通常由专业人员完成，他携带新的密钥资料给加密设备，并装载新的密钥。当然，这既费时又昂贵。因为确保必要安全性的需要，所以该方法一直被军方所容忍。

然而，有可能从中心位置通过无线电对远处的设备重置密钥，但也存在与此相关的问题，这就是人们如何让自己相信远处的加密设备是由所假定的人所掌控。因此安全保护必须加进密钥系统中，以防止发生非常事件。

6.11 结束语

本章介绍了用于通信系统的几种基本技术。陈旧的模拟通信系统迅速被数字通信系统所取代，其原因是数字通信在频谱上较模拟通信更为有效，因此宝贵的RF频谱能够用来支持更多的通信。在能够安置光纤以利于通信的情况下，如在PSTN基础设施中，光纤是优选的传输媒质，因为通过光纤能够传输若干吉比特/秒的数据。在许多情况下，不能使用光纤和电缆，军事力量的机动便是其中一例，这种情况下的地形起伏不平，通信线路不能经济地放置到适当位置，因此必须通过空中进行RF通信。

在当今世界上大多数发达国家的一个基于信息的社会中，各国的军事力量也变或基于信息化。在这种情形下，信息通信成为决定性因素。甚至在战术场合，数据正以日益增加的数量在进行交换，这需要更高的数据速率。其中更加依赖图像的传输就是一个例子。

由于 Internet 上电子商务的驱动，安全通信的需求正在促使加密技术变得更为可靠和易于使用。现代加密技术正在世界范围普及，将使通信电子战系统改变其工作模式，以提供来自该系统的正确信息。

参考文献

[1] Torrieri, D. J., *Principles of Secure Communication Systems*, 2nd Ed., Norwood, MA: Artech House, 1992.

[2] Stuber, G. L., *Principles of Mobile Communication*, Boston: Kluwer Academic Publishers, 1996.

[3] Simon, M. K., S. M. Hinedi, and W. C. Lindsey, *Digital Communication Techniques: Signal Design and Detection*, Upper Saddle River, NJ: Prentice Hall, 1995.

[4] Gagliardi, R. M., *Introduction to Communication Engineering*, 2nd Ed., New York: Wiley, 1988.

[5] Proakis, J. G., *Digital Communications*, 2nd Ed., New York: McGraw-Hill, 1989.

[6] Das, J., S. K. Mullick, and P. K. Chatterlee, *Principles of Digital Communication: Signal Representation, Detection, Estimation, and Information Coding*, New York: Wiley, 1986.

[7] Xiong, F., "Modern Techniques in Satellite Communications," *IEEE Communications Magazine*, August 1994, pp. 84-98.

[8] Xiong, F., "Modem Techniques in Satellite Communications," *IEEE Communications Magazine*, August 1994, p. 89.

[9] Xiong, F., "Modem Techniques in Satellite Communications," *IEEE Communications Magazine*, August 1994, p. 88.

[10] Lathi, B. P., *Communication Systems*, New York: John Wiley & Sons, 1968, p. 228.

[11] Gagliardi, R. M., *Introduction to Communication Engineering*, 2nd Ed., New York: Wiley, 1988, p. 336.

[12] Simon, M. K., et al., *Spread Spectrum Communications*, Volume 1, Rockville, MD: Computer Science Press, 1985, p. 143.

[13] Yost, R. A., and R. H. Pettit, "Susceptibility of DS/FH, Binary DPSK to Partial and Full Band Barrage Jamming," *IEEE Transactions on Aerospace and Electronic Systems*, Vol. AES- 17, No. 5, September 1981, pp. 693-700.

[14] Proakis, J. G., *Digital Communications*, *3rd Ed.*, New York: McGraw-Hill, 1995, p. 735.

[15] Kohno, R., R. Meidan, and L. B. Milstein, "Spread Spectrum Access Methods for Wireless Communications," *IEEE Communications Magazine*, January 1995, pp. 58-67.

[16] Anderson, T., "HARC: The Newest Wave in Image Compression," *Technology Transfer Business*, Fall 1995, p. 73.

[17] Das, J., S. K. Mullick, and P. K. Chatterlee, *Principles of Digital Communication: Signal Representation, Detection, Estimation, and Information Coding*, New York: Wiley, 1986, p. 505.

[18] Liu, H., H. Ma, M. El Zarki, and S. Gupta, "Error Control Schemes for Networks: An Overview," *Mobile Networks and Applications*, No. 2, 1997, pp. 167-182.

[19] Polydoros, A., and G. Paparisto, "Per-Survivor Processing for Joint Data/Channel Estimation in Multipath Fading and Co-Channel Interference Channels," Communication Sciences Institute, University of Southern California, Electrical Engineering Systems, Los Angeles, CA, 1996.

[20] Divsalar, D., and F. Pollara, "Multiple Turbo Codes," Jet Propulsion Laboratory, California Institute of Technology, Pasadena, CA, 1995, Figure 1.

[21] Divsalar, D., and F. Pollara, "Turbo Trellis Coded Modulation with Interactive Decoding for Mobile Satellite Communications," Jet Propulsion Laboratory, California Institute of Technology, Pasadena, CA, 1998.

[22] Poisel, R. A., *Foundations of Communication Electronic Warfare*, Norwood, MA: Artech House, 2008, Ch. 2.

[23] Thompson, B., "Error Codes Widen Design Window," accessed February 2008, http://www. eetimes. com/story/OEG 19981231 S0003.

[24] Gagliardi, R. M., *Introduction to Communication Engineering*, 2nd Ed., New York: Wiley, 1988, p. 370.

[25] Frater, M. R., and M. Ryan, *Electronic Warfare for the Digitized Battlefield*, Norwood, MA: Artech House, 2001, p. 70.

[26] Fitzgerald, P., "The Quest for Intruder-Proof Computer Systems," *IEEE Spectrum*, July 1989, p. 25.

第7章 信号处理

7.1 概述

通信电子战系统中的信号处理具有多种形式。收到的信号必须进行处理以从中提取信息。通信电子战系统要发射的信号也必须进行处理以获得正确的形式。因此，为了理解这类系统的设计和工作原理，掌握信号处理基础很重要。

信号通常传递着信息战信号处理中感兴趣的信息。光线，刺激人们的眼睛让人们看见物体，是一种信号。变化的空气气压，带有能让人们耳朵听到音调，也是一种信号。改变一些媒体的某些特征以使信息便于用信号传输。刚才提到的空气就是这方面的一个示例。信号处理用来将信号从一种形式转换到另一种形式，在信号上叠加某些特性，或者使信号的某些特性便于测量。在某一域中显著的特征在另一域中可能会被掩盖，因此必须对信号进行转换以恢复其特征。

当实际信号是模拟的时候，通常采用模拟的形式进行处理，或在某种情形下转换为数字形式。例如，语音通过电话进行传输的方式就是模拟信号的例子——至少在 20 世纪 90 年代以前是这样的。虽然通过电缆和直播卫星将数字电视信号引入到家庭的运动正在快速发展，但现在美国的广播电视信号仍然是模拟信号。

某些信号本身就是数字形式，在这种情况下，为了用模拟技术进行处理，必须将其转换为模拟信号。通常，以数字形式出现的数字信号就是为了利用数字信号处理的，因此很少将其转换为模拟信号。如随机数序列和显示数字符号的数字钟就是以数字形式出现的一些例子，它们和手表中旋转的指针不同。

本章分为两个主要部分：首先讨论对电子战系统信号处理很重要的一些信号处理基本原理，包括正交函数的定义、信号处理时常见的主要变换、带通信号采样定理、周期平稳信号处理以及高阶统计；然后给出了信号处理原理的一些典型应用，包括信号检测、分类和识别/辨识。

7.2 正交函数

定义在区间 $x_1 \leqslant x \leqslant x_2$ 上的函数集合 $\Phi = \{\phi_1, \phi_2, \cdots, \phi_N\}$，如果满足下述条件

$$\int_{x_1}^{x_2} \phi_i(x)\phi_j^*(x)\mathrm{d}x = k_{ij}\delta_{ij} \tag{7.1}$$

就是正交的(如果函数是复数，则为单式)。式中 k_{ij}是某一常数，*表示复数共轭。δ_{ij}是狄拉克冲激函数，定义为

$$\delta_{ij} = \begin{cases} 1, & i = j \\ 0, & \text{其他} \end{cases} \tag{7.2}$$

如果 $k_{ij} = 1$，那么集合 Φ 是正交的。因为结果可以很容易地归一化到实轴单位间隔上，不失一般性，通常假设 $x_1 = 0$ 和 $x_2 = 1$。

$f(x)$可以由这些函数的线性组合来近似

$$\hat{f}(x)=\sum_{i=1}^{N}c_i\phi_i(x) \tag{7.3}$$

其中

$$c_i=\int_0^1 f(x)\phi_i^* \mathrm{d}x \tag{7.4}$$

因此，Φ 是$f(x)$基函数的集合。$f(x)$的这种线性组合称为将$f(x)$投影到 Φ 上。如果任一(分段)连续的函数$f(x)$都可以用这种方式表示，且给出的均方误差(MSE)

$$\mathrm{MSE}=\int_0^1\left|f(x)-\hat{f}(x)\right|^2 \mathrm{d}x \tag{7.5}$$

对于N收敛到0，那么 Φ 是完备的。

当$f(x)$定义在离散点时，上述积分由求和代替。其正交性定义为

$$\frac{1}{N}\sum_{j=1}^{N}\phi_i(x_j)\phi(x_j)=\delta_{ik} \tag{7.6}$$

近似函数$\hat{f}(x_j)$定义为

$$\hat{f}(x_j)=\sum_{i=1}^{N}c_i\phi_i(x_j) \tag{7.7}$$

其中

$$c_i=\frac{1}{N}\sum f(x_j)\phi_i^*(x_j) \tag{7.8}$$

Parseval 关系表明，x 域的能量必须等于变换域的能量，即

$$\sum_{i=1}^{N}\left|c_i\right|^2=\frac{1}{N}\sum_{i=1}^{N}\left|f(x_i)\right|^2 \tag{7.9}$$

7.3 变换

变换是一种数学处理，将信号从一种数学域转换到另一域(如从时域t到频域f)，将信号从一种表述形式转换到另一种有很多方法。有很多原因要实现这种变换，其中之一就是确定信号的频率成分。另一个原因是要算出将信号从一个地方传输到另一个地方更有效的方法。人们已经发现了许多对信号处理有用的变换，下面只讨论其中的一部分。

7.3.1 三角变换

有几种变换关系基于三角函数，特别是正弦和余弦函数。本节给出了其中对于理解电子战系统很重要的一些变换。

7.3.1.1 傅里叶变换

大多数射频电子战系统信号处理中实现的主要功能之一就是检测信号的存在，同时确定这些信号的频率，通常依靠计算信号的傅里叶变换来实现。这种变换的用途之一是确定频谱的能量成分，因此能给出信号的中心频率和带宽。

在信号处理中傅里叶变换可能是使用最多的，特别是快速傅里叶变换(FFT)。1965 年，Cooley 和 Tukey 在 Bell 实验室计算机上发现了计算信号短时傅里叶变换(STFT)的 FFT。9.3.2.3 节中讨论的压缩接收机实质上就是傅里叶变换计算器，是基于 Bragg 核的声光处理器。数字接收机通常计算傅里叶变换以确定信号的频谱。FFT 一般用数字信号处理器进行计算，通常用一片或多片半导体芯片实现。

由于种种原因，知道这些频率成分有时非常有用。为使这一问题形象化，一个简单的方法是考虑美国调频广播电台全频段内的信号，也就是说，从 88 ~ 108 MHz 内出现的所有信号。当然，监听这样的信号没有意义，因为无法理解。然而，对这一信号进行傅里叶变换，已存在的调频电台信道就会显露出来，在其中一个信道附近放置一个适当的滤波器，只允许该信号通过，就可以清晰地听到它。

傅里叶变换的基本函数是 $\sin x$ 和 $\cos x$。傅里叶变换是完备的变换。正交性表明，除非两个函数都是同一个基函数，否则基函数的内积必须为零。设 T 表示正弦和余弦的周期值，有

$$\int_0^T \sin x \cos x \mathrm{d}x = \frac{1}{2}\int_0^T \sin 2x \mathrm{d}x + \frac{1}{2}\int_0^T \sin 0 \mathrm{d}x \tag{7.10}$$

上式右边的第一个积分为零，因为任一正弦函数整数周期内的积分都是零，第二个积分也是零，因为 $\sin 0 = 0$。因此，正弦和余弦函数是正交的。

时间信号 $s(t)$ 的傅里叶变换为

$$S(f) = \int_{-\infty}^{\infty} s(t)\mathrm{e}^{-\mathrm{j}2\pi ft}\mathrm{d}t \tag{7.11}$$

式中 f 是频率(单位为 Hz)，t 是时间(单位为 s)。尽管积分号是从负无穷到正无穷，而多数实际感兴趣的信号具有有限的时间范围，但是对实际信号的一些数学近似的确包含了无限时间。限制时间范围可能会引起一些意想不到的结果，因为从数学上讲，不可能同时限制信号的时间和频率范围。因此，定义在一段时间区间(t_1, t_2)上的信号具有无限的频率成分。同样，频率范围为(f_1, f_2)的信号必须在所有时间范围内存在。

频率为 f_0 的非调制余弦波傅里叶变换的幅度是两个脉冲函数，如图 7.1 所示。有人可能会对负频率感到奇怪。到目前为止，物理上还没有表明存在负频率，而在数学计算上却是必需的。对于处理平滑、连续的函数，傅里叶变换特别有用。然而，对于不连续的函数或非平稳的数据，傅里叶变换却不那么好用。用正弦函数来近似方波的例子可以说明这一点。其结果是众所周知的 Gibbs 现象，该现象描述了不连续点的振荡，如图 7.2 所示。无论在变换中包含多少正弦函数，仍然存在振荡过冲，其幅度大约是脉冲幅度的 18%。

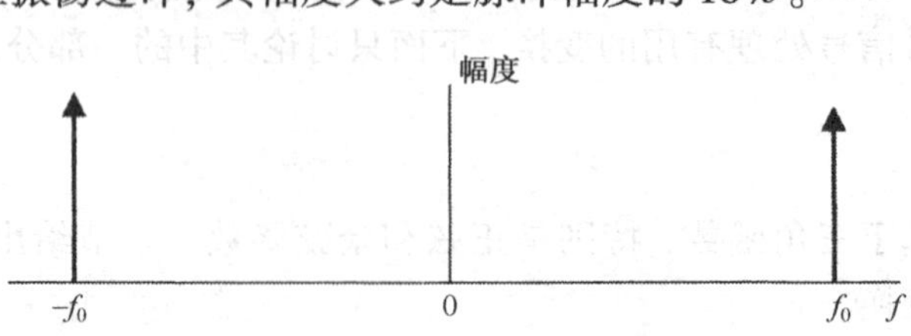

图 7.1　余弦函数的傅里叶变换

因为计算傅里叶变换的实际实现过程只能覆盖有限的时间，所以人们就设计出了 STFT。这一变换本质上是在信号上加时间窗，窗口的持续时间比整个信号的持续时间短。STFT 只计算该时间段上的傅里叶变换。其效果等价于将信号乘以幅度为 1、范围为 $0 \sim T$ 或 $-T/2 \sim +T/2$(结果

与0～T相同)的单位脉冲时间窗。因为时域的乘法等价于频域的卷积，单位脉冲的频谱具有 sin x/x 形状，所以正弦波的STFT谱幅度结果如图7.3所示。每个脉冲的频谱范围(带宽)比理论上的单根线要大。加窗实质上是把信号在频域上扩展了。这些频率并不是原始信号，因此这一过程是人为引入的新信号。

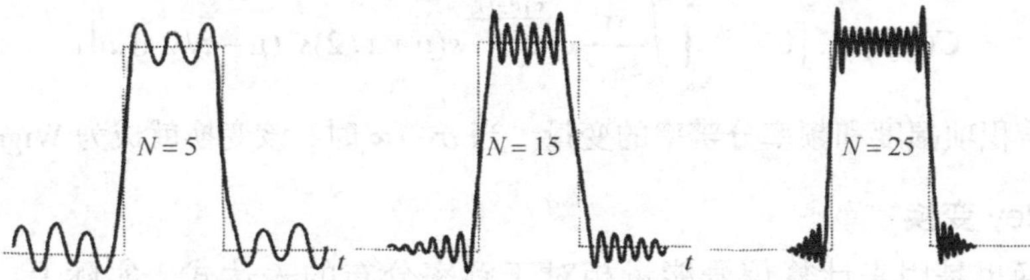

图7.2　当试图用傅里叶系数近似一个非连续波形时，会出现很明显的Gibbs现象

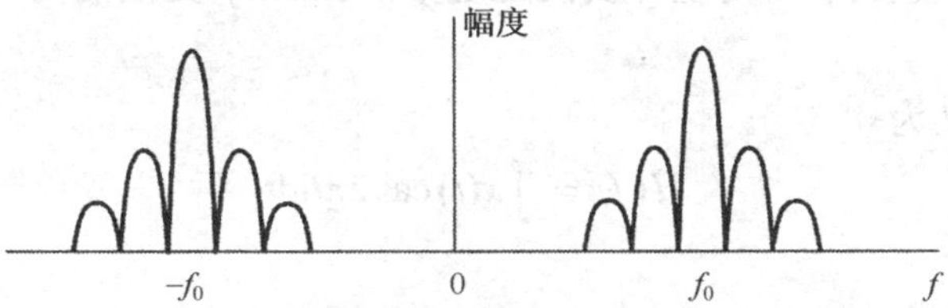

图7.3　时间加窗余弦信号的效果

STFT的特性之一是不可能同时选择任意时间窗口和任意频率范围。这两种参数互相关联。时间分辨率越小，频率分辨率就越大，反之亦然，时间分辨率越大，频率分辨率就越小。可以用测不准不等式表示这一特性，在傅里叶分析中表述为

$$\Delta f\,\Delta t \geqslant \frac{1}{4\pi} \tag{7.12}$$

式中 Δf 和 Δt 定义为它们的二阶矩除以所分析信号的能量。

通常假设信号是平稳的和各态历经的①。信号是平稳时，傅里叶变换的统计不随时间变化，因为信号不随时间变化。实际上，这几乎是不可能的，然而信号不随时间变化的这种假设却很普遍。因为对STFT，平稳性的假设只是在信号的数据采样时间段是必需的。各态历经的特性使得对来自整个信号集合中的一个信号的特定实现可以被计算出来，并且可用于表示整个集合。

为了处理非平稳信号，已开发出比STFT更复杂的变换，如Wigner-Ville分布(分布是指能量相对于频率的分布，而且这里是非相关的)。这些变换确定了频率相对于时间的分布。遗憾的是，这些变换都是非线性的，如果要同时分析两个或更多的信号，就会产生所谓的交叉乘积项[1]。信号 $s(t)$ 的连续Wigner-Ville变换为

$$W(t,f) = \int_{-\infty}^{\infty} s(t+\tau/2)s^*(t-\tau/2)\mathrm{e}^{-\mathrm{j}2\pi f t}\,\mathrm{d}\tau \tag{7.13}$$

因此，Wigner-Ville分布是信号自相关函数的傅里叶变换。对于时间序列 $x(n)$，其离散形式为

$$W_{\mathrm{d}}(n,f) = 2\sum_{k=-\infty}^{\infty} h_{\mathrm{N}}^2(k)x(n+k)x^*(n-k)\mathrm{e}^{-\mathrm{j}4\pi fk} \tag{7.14}$$

---

① 如果序列的统计特征不随时间变化，那么它就是平衡的。如果序列在一段时间的统计特征与整个序列的统计特征相同，那么它就是遍历的。

式中 $h_N(k)$ 是为了平滑频率响应的数据窗口。与 STFT 一样，该变换的优点之一是实时的，且没有虚部。

为了对付交叉乘积项，人们开发出了 Choi-Williams 变换。除了乘积项有所抑制外(不是消除)，它和 Wigner-Ville 分布相似。Choi-Williams 变换为

$$C(t,f)=\int_{-\infty}^{\infty}\mathrm{e}^{-\mathrm{j}2\pi ft}\int_{-\infty}^{\infty}\sqrt{\frac{\sigma}{4\pi\tau^2}}\mathrm{e}^{-\frac{\sigma(\mu-t)^2}{4\tau^2}}s(\mu+\tau/2)s^*(\mu-\tau/2)\mathrm{d}\mu\mathrm{d}\tau \tag{7.15}$$

式中 σ 是控制乘积项幅度和频率分辨率的变量。当 $\sigma\to\infty$ 时，该变换就成为 Wigner-Ville 分布。

7.3.1.2 Hartley 变换

Hartley 变换也是用来计算信号能量相对于频率分布的表达式。实际上，傅里叶变换和 Hartley 变换在数学上彼此是相关的。Hartley 变换的优点是有时其计算方法比傅里叶变换更有效。Hartley 变换以实数进行，而傅里叶变换是复数。Hartley 变换的另一个优点是容易用实际硬件来实现的。

Hartley 变换对定义为

$$H(f)=\int_{-\infty}^{\infty}x(t)\operatorname{cas}2\pi ft\mathrm{d}t \tag{7.16}$$

和

$$x(t)=\int_{-\infty}^{\infty}H(f)\operatorname{cas}2\pi ft\mathrm{d}f \tag{7.17}$$

式中 $\operatorname{cas} x = \cos x + \sin x$ (cas 三个字母分别代表cosine and sine)。这和傅里叶变换相似，但不相同。例如，一般来说，$H(f)$ 是实数，而傅里叶变换是复数[2]。

当输入序列定义为 x_k 时，离散 Hartley 变换对定义为

$$H_{N,f}(x)=\frac{1}{N}\sum_{k=0}^{N-1}x_k\operatorname{cas}\left(\frac{2\pi}{N}fk\right) \tag{7.18}$$

和

$$H_{N,k}^{-1}(\nu)=\sum_{f=0}^{N-1}\nu_f\operatorname{cas}\left(\frac{2\pi}{N}fk\right)=x_k \tag{7.19}$$

式中 $\operatorname{cas} x=\cos x+\sin x$。Hartley 变换可用递归关系式进行计算，便于进行快速 Hartley 变换。其关系式为

$$H_k(\nu)=H_{k-1,\mathrm{odd}}(\nu)\cos\left(\frac{2\pi}{N}\nu\right)+H_{k-1,\mathrm{even}}\sin\left(\frac{2\pi}{N}\nu\right) \tag{7.20}$$

离散 Hartley 变换非常快，具有极低的计算需求，尤其是 cas x 项事先计算好存储在表中。

7.3.1.3 离散余弦变换

离散余弦变换(DCT)是现代图像压缩算法，如 JPEG 和 MPEG 普遍采用的变换。这样做是因为涉及的计算量很小。一维变换关系定义如下

$$X_n=\frac{C(n)}{2}\sum_{k=0}^{N-1}x_k\cos\left[\frac{(2k+1)n\pi}{2N}\right] \tag{7.21}$$

和

$$x_k=\sum_{n=0}^{N-1}\frac{C(n)}{2}X_n\cos\left[\frac{(2k+1)n\pi}{2N}\right] \tag{7.22}$$

其中

$$C(n)=\begin{cases}\frac{1}{\sqrt{2}}, n=0\\1,\text{其他}\end{cases}\tag{7.23}$$

图像变换或交换使用二维离散余弦变换。确定出变换系数，传输这些系数而不是原始图像采样数据本身，这是一种更有效传输图像的方法。其二维变换和逆变换定义为

$$X_{k,m}=\frac{2}{N}C(k)C(m)\sum_{i=0}^{N-1}\sum_{j=0}^{N-1}x_{i,j}\cos\left[\frac{(2i+1)k\pi}{2N}\right]\cos\left[\frac{(2j+1)m\pi}{2N}\right]\tag{7.24}$$

和

$$x_{i,j}=\frac{2}{N}\sum_{k=0}^{N-1}\sum_{m=0}^{N-1}C(k)C(m)X_{k,m}\cos\left[\frac{(2i+1)k\pi}{2N}\right]\cos\left[\frac{(2j+1)m\pi}{2N}\right]\tag{7.25}$$

对于图像处理，二维变换在 $N\times N$ 像素块上进行，像素标记为 $x_{i,j}$。

离散余弦变换具有快速形式。此外，余弦变换是独立的，可以先按行进行再按列对图像进行变换。这样可以降低涉及的计算量。

7.3.2 Haar 变换

对于处理非连续函数和非平稳函数，Haar 变换很有用。它是一种完备的变换，也是现有算法中最快的，因为变换只涉及 0，1，-1，$\sqrt{2}$ 和 $-\sqrt{2}$。例如，8×8 Haar 变换矩阵为

$$\boldsymbol{H}_8=\frac{1}{\sqrt{8}}\begin{bmatrix}1&1&1&1&1&1&1&1\\1&1&1&1&-1&-1&-1&-1\\\sqrt{2}&\sqrt{2}&-\sqrt{2}&-\sqrt{2}&0&0&0&0\\0&0&0&0&\sqrt{2}&\sqrt{2}&-\sqrt{2}&-\sqrt{2}\\2&-2&0&0&0&0&0&0\\0&0&2&-2&0&0&0&0\\0&0&0&0&2&-2&0&0\\0&0&0&0&0&0&2&-2\end{bmatrix}\tag{7.26}$$

当 Haar 矩阵乘以信号矢量时，该信号矢量就能被从低频到高频采样。也就是说，如果

$$\boldsymbol{f}(x)=\boldsymbol{H}_8\boldsymbol{g}(x)\tag{7.27}$$

那么有

$$\begin{bmatrix}f_1\\f_2\\f_3\\f_4\\f_5\\f_6\\f_7\\f_8\end{bmatrix}=\frac{1}{\sqrt{8}}\begin{bmatrix}1&1&1&1&1&1&1&1\\1&1&1&1&-1&-1&-1&-1\\\sqrt{2}&\sqrt{2}&-\sqrt{2}&-\sqrt{2}&0&0&0&0\\0&0&0&0&\sqrt{2}&\sqrt{2}&-\sqrt{2}&-\sqrt{2}\\2&-2&0&0&0&0&0&0\\0&0&2&-2&0&0&0&0\\0&0&0&0&2&-2&0&0\\0&0&0&0&0&0&2&-2\end{bmatrix}\begin{bmatrix}g_1\\g_2\\g_3\\g_4\\g_5\\g_6\\g_7\\g_8\end{bmatrix}\tag{7.28}$$

$$
= \frac{1}{\sqrt{8}} \begin{bmatrix} g_1 + g_2 + g_3 + g_4 + g_5 + g_6 + g_7 + g_8 \\ g_1 + g_2 + g_3 + g_4 - g_5 - g_6 - g_7 - g_8 \\ \sqrt{2}g_1 + \sqrt{2}g_2 - \sqrt{2}g_3 - \sqrt{2}g_4 \\ \sqrt{2}g_5 + \sqrt{2}g_6 - \sqrt{2}g_7 - \sqrt{2}g_8 \\ 2g_1 - 2g_2 \\ 2g_3 - 2g_4 \\ 2g_5 - 2g_6 \\ 2g_7 - 2g_8 \end{bmatrix} \tag{7.29}
$$

因此，f_1是均值的度量；f_2是前 4 个采样点相对于后 4 个的差值的度量；f_3是前 2 个采样点相对于紧接着的两个采样点均值差的度量，以此类推。f_i的序号越高，数据度量的“频率”越高。如果输入采样 g_i对应于图像的像素集，那么 8 ×8 Haar 变换就会产生像素集合的构成信息。例如，平均值表示像素集合的亮度，而后面 4 项表示其边缘。

7.3.3 小波变换

和 STFT 一样，小波变换是线性变换。该变换涉及选择时频窗的问题，对于高频使用短时间窗，对于低频使用长时间窗。傅里叶变换假设信号过去一直保持当前的形式(即平稳的)，在将其应用到不满足该假设的信号时，就会出错。小波不做该假设，因此避免了这种情形。所以，对于非平稳信号分析，小波非常有用。特别是用小波分析非连续(或近似为非连续)信号很有用。非连续性是信号瞬时突变或不平滑。实际中不存在非连续性，但是也存在着几乎出现不连续的情形——非常接近，以至于对信号的工程分析必须把它们看做是非连续的。因此，对这类信号的变换能力很重要[3]。

在小波变换中使用不同的时间窗口。短时间窗用于较高的频率，长时间窗口用于较低的频率。就像滤波器中维持等 Q 值一样，部分边带相对于中心频率不变。小波变换的结果使用时间可伸缩性表示，而不是傅里叶分析的时频表示。在傅里叶分析中，为了获取信号频域的实际表示，一般需要许多变换项，即需要获取许多正弦和余弦项。在小波分析中，一般需要较少的项。

小波变换相对于傅里叶变换的另一个优点是后者的时间和频率的分辨率不能独立设置，而前者却可以。在傅里叶分析中，如果想要精细的频率分辨率，就必须牺牲时间分辨率。如果想要精细的时间分辨率，就应放弃频率分辨率。

对于 STFT，一旦选择一个窗口，时间和频率的分辨率就保持固定了。对于连续小波变换，只是$\Delta f/f$或频率分辨率与频率的比值是常数。在高频，时间分辨率变得任意小，在低频，频率的分辨率变得任意小。

图 7.4 给出了其最上面锯齿波的小波分量[4]。注意，基函数是如何与波形不同部分相关联的。在不连续处较短的小波幅度较大，而在较长的斜面持续期间，较长的小波具有较大的幅度。图 7.5 说明了利用小波可以降低噪声(滤波)[4]。通信中信号受到噪声的有意或无意干扰，利用小波降噪非常有用。实现降噪的方法是把低于某一阈值的基函数系数置零，再通过逆变换重新获得信号。小波已经应用于计算机音乐合成的声音信号的特征表示[5]、数字信道的通信编码[6,7]、计算机视觉[8]和图形学[9]。

数据压缩是小波变换更有用、更令人感兴趣的特性之一。图像数据的大多数能量位于很少的小波系数上。在典型应用中，对于准确重建原始数据序列，只有 3% ~5% 的小波系数是必要的。其他的小波系数按某种机制被置零(如系数的阈值和百分比)。

如果合理选择构成小波的基函数，利用小波系数对函数的表示可以做到效率非常高，即只有很少的系数是非零的。因此，可以用比原始函数少得多的字符存储或传输这些系数。

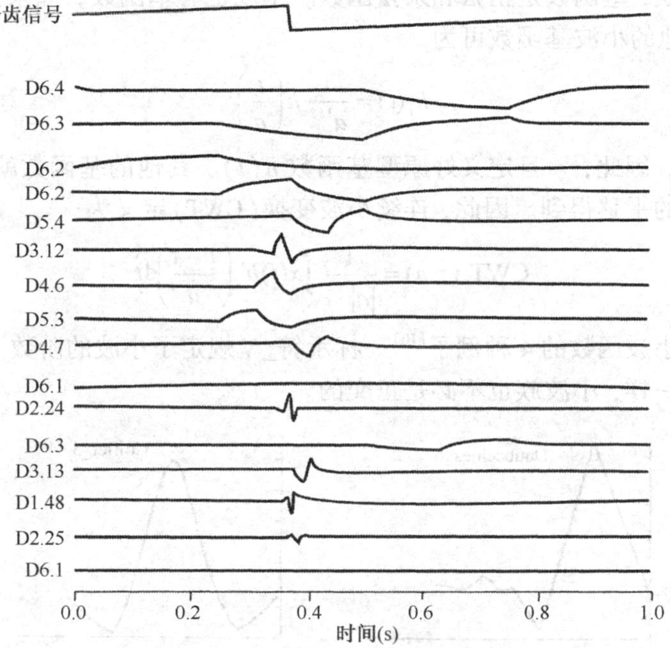

图 7.4　原像小波函数的伸缩(引自[4]。IEEE 1996，获许引用)

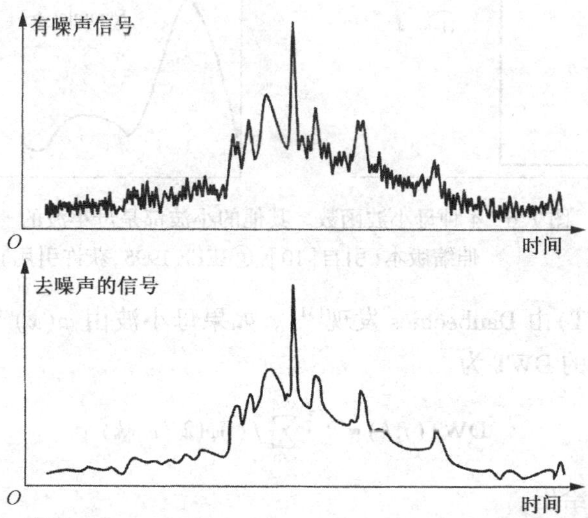

图 7.5　对时域波形进行小波变换，去掉阈值以下的系数重构波形后的平滑效果(引自[4]。©IEEE 1996，获许引用)

像下面要讨论 Haar 小波一样的小波族数目繁多。选择合适的小波族解决面临的问题是应用技术的挑战之一。傅里叶变换定义在无限的 x 轴上，与其相反，小波只具有紧支撑。也就是说，只在部分 x 轴上小波才是非零的。紧支撑的优点是小波具有表示这样特性的函数能力：函数仅位于部分 x 轴。同样，当函数与小波基匹配时，函数的大多数能量局限在几个系数上。另一方面，噪声一般是均匀分布的。因此，为了降低函数的噪声，只需要保留适当的几个系数，而将其余都清零。这种处理能确保 SNR 具有相当大的提高。

对于傅里叶变换，基函数是正弦和余弦函数。小波也有基函数。如果 $h(t)$ 是小波原函数，也称为母函数，其他的小波基函数可为

$$h_a(t)=\frac{1}{a^{1/2}}h\left(\frac{t}{a}\right) \tag{7.30}$$

式中 a 是伸缩因子。因此，一旦定义好原型基函数 $h(t)$，其他的基函数就可以通过时间和幅度的伸缩以及时间的平移得到。因此，连续小波变换(CWT)定义为

$$\mathrm{CWT}_x(\tau,a)=\frac{1}{|a|^{1/2}}\int x(t)h^*\left(\frac{t-\tau}{a}\right)\mathrm{d}t \tag{7.31}$$

图 7.6 给出母小波函数的 4 种例子[10]。标示符_N 规定了小波的阶数。注意，与其他基函数集不必是正交的一样，小波族也不必是正交的。

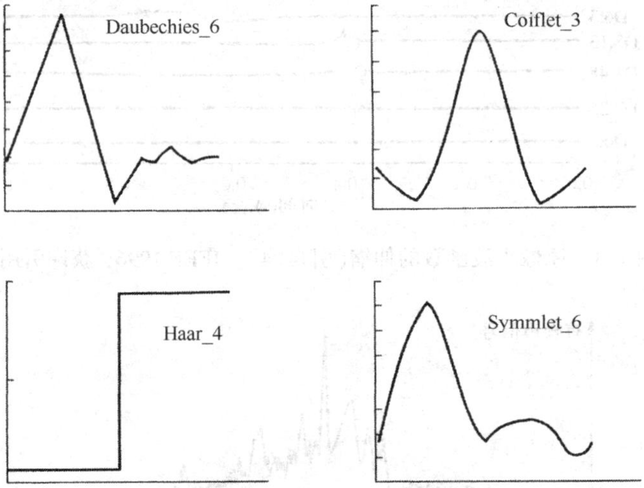

图 7.6　4 种母小波函数。其他的小波都是母小波的伸缩版本(引自[10]。©IEEE 1995，获许引用)

离散小波变换(DWT)由 Daubechies 发现[11]。如果母小波由 $\varphi(x)$ 给出，那么用小波基函数表示的离散函数 $f(i)$ 的 DWT 为

$$\mathrm{DWT}(j,k)=2^{-\frac{j}{2}}\sum_{i=0}^{N-1}f(i)\phi(2^{-j}i-k) \tag{7.32}$$

其中基函数由下式递归给出：

$$\varphi(x)=\sum_{i=0}^{M-1}c_i\phi(2x-k) \tag{7.33}$$

式中 M 是非零系数数目，也称为小波的阶数。其逆变换为

$$f(i)=\sum_{j=0}^{N-1}\sum_{k=0}^{M-1}\mathrm{DWT}(j,k)2^{-\frac{j}{2}}\phi\left(2^{-j}i-k\right) \tag{7.34}$$

这些函数构成一个正交基。与CWT一样，它们都是母小波的幅度加权和平移版本，而加权和平移都是按2的幂次进行。式中j和k是对母函数进行伸缩的整数系数。参数j决定着小波的宽度，而k控制其在x轴上的位置。

基于母小波定义的尺度函数$w(x)$为

$$w(x)=\sum_{k=0}^{N-1}(-1)^k c_{1-k}\phi(2x-k) \tag{7.35}$$

式中c_k为小波系数。这些系数满足如下约束关系

$$\sum_{k=0}^{N-1}c_k=2\sum_{k=0}^{N-1}c_k c_{k-2j}=2\delta_j \tag{7.36}$$

式中δ是冲激函数，j是位置序号。式(7.36)为归一化方程。系数集合$\{c_0, c_1, \cdots, c_{N-1}\}$通常被认为是作用于原始数据上的滤波器。通过这样处理，确保了中间结果表示为平滑后的数据和细节性的数据。

任何函数$g(x)$都可以表示为序列的扩展，就像上述傅里叶变换一样：对于适当的系数$c_{j,k}$，有

$$g(x)=c_0+\sum_{j=0}^{\infty}\sum_{k=0}^{2^j-1}c_{j,k}\phi_{j,k}(x) \tag{7.37}$$

表7.1给出了一些常见小波族的小波系数。

前述Haar变换就是一种小波变换，虽然Haar发现其变换时，还没有发明小波变换。Haar变换以图7.7示出的Haar基函数为基，其中只给出了前8个函数。Haar函数定义在区间(0, 1)上，显然，这些函数都是同一函数的平移或幅度变化版本。

表7.1 一些小波族的小波系数

小　波	c_0	c_1	c_2	c_3	c_4	c_5
Daubechies_4	$\frac{1+\sqrt{3}}{4}$	$\frac{3+\sqrt{3}}{4}$	$\frac{3-\sqrt{3}}{4}$	$\frac{1-\sqrt{3}}{4}$		
Daubechies_6	0.332671	0.806801	0.459877	-0.135011	-0.085441	0.035226

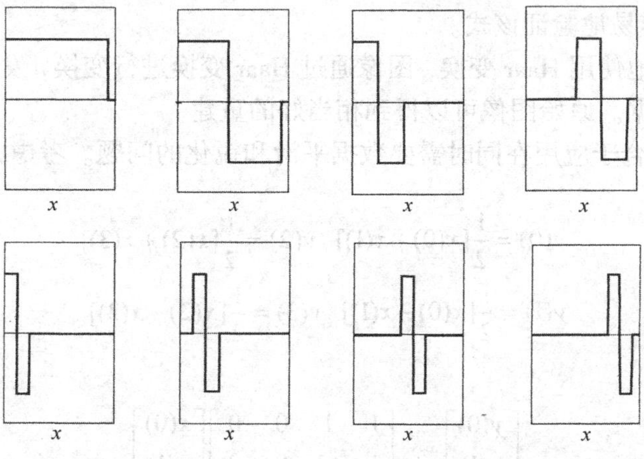

图7.7 构成Haar小波变换基的Haar函数

7.3.3.1　Haar 小波

图 7.8 所示的函数是来自小波函数 Haar 族中小波函数。该小波族包含该函数以及所有对该函数沿 x 轴按整数量平移，以 2^k 为因子进行小波伸缩，以 2^m 为单位相乘进行平移，其中 k 和 m 是整数。

例如，图 7.8 所示的伸缩可表示为

$$d(x)=\varphi(2x)+\varphi(2x-1) \tag{7.38}$$

任何伸缩都能以这种形式用 θ 小波表示。这一点从图 7.8 可以立即观察到。$\varphi(2x)$ 的频率是 $\varphi(x)$ 的 2 倍，而 $\varphi(2x-1)$ 只是 $\varphi(2x)$ 在 x 方向上的平移频率(移动 1 个位置)。

$$\varphi(x)=\begin{cases}1, & 0\leqslant x<\dfrac{1}{2}\\ -1, & \dfrac{1}{2}\leqslant x<1\\ 0, & \text{其他}\end{cases} \tag{7.39}$$

且

$$\phi_{j,k}(x)=\phi(2^j x-k) \tag{7.40}$$

那么，图 7.7 所示的函数为

$$\begin{aligned}&\phi_{0,0}=\phi(x) && \phi_{1,0}=\phi(2x)\\ &\phi_{1,1}=\phi(2x-1) && \phi_{2,0}=\phi(4x)\\ &\phi_{2,1}=\phi(4x-1) && \phi_{2,2}=\phi(4x-2)\\ &\phi_{2,3}=\phi(4x-3)\end{aligned} \tag{7.41}$$

这些函数在(0，1)上是正交的，因为

$$\int_0^1\phi(x)\phi_{j,k}(x)\mathrm{d}x=0 \tag{7.42}$$

$$\int_0^1\phi_{j,k}(x)\phi_{n,m}(x)\mathrm{d}x=0\quad(j,k)\neq(n,m) \tag{7.43}$$

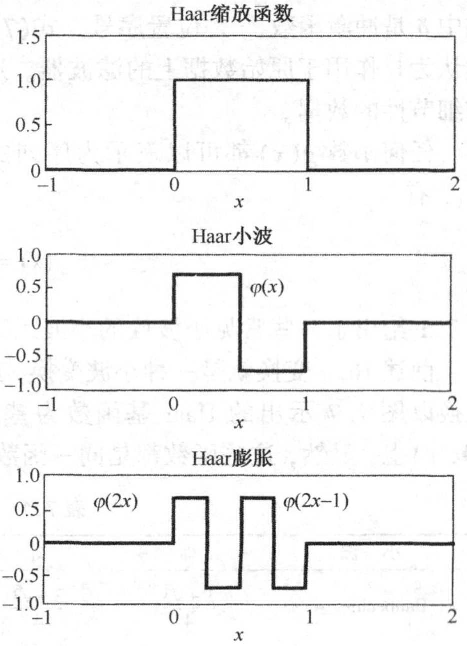

图 7.8　Haar 小波函数

观察图 7.7，可以很容易地验证该式。

图像处理中大量地使用 Haar 变换，图像通过 Haar 变换进行变换，发送或存储的是变换后的系数而不是原始数据。原始图像可以得到相当好的重建。

Haar 变换特别适合于应用在同时需要数据平滑和锐化的问题。考虑 $N=4$ 简单情形，线性方程组为

$$\begin{aligned}&y(0)=\frac{1}{2}[x(0)+x(1)] \quad y(2)=\frac{1}{2}[x(2)+x(3)]\\ &y(1)=\frac{1}{2}[x(0)-x(1)] \quad y(3)=\frac{1}{2}[x(2)-x(3)]\end{aligned} \tag{7.44}$$

以矩阵形式表示为

$$\begin{bmatrix}y(0)\\y(1)\\y(2)\\y(3)\end{bmatrix}=\frac{1}{2}\begin{bmatrix}1&1&0&0\\1&-1&0&0\\0&0&1&1\\0&0&1&-1\end{bmatrix}\begin{bmatrix}x(0)\\x(1)\\x(2)\\x(3)\end{bmatrix} \tag{7.45}$$

求和的方程完成两个时间序列的平均，而求差的方程是微分的离散形式。该变换总的效果是用求和方程实现平滑，用微分锐化数据的差别。微分易于增强输入数据中变化快的部分。求和表达式形成低通滤波器，抑制输入数据中的高频信息，而求差表达式构成高通滤波器，这种滤波器抑制低频信息，增强高频信息。

对于较大的数据集合，其递归方程如下

$$\begin{aligned} y(2n) &= \frac{1}{2}[x(2n)+x(2n+1)] \quad \text{低通滤波器} \\ y(2n) &= \frac{1}{2}[x(2n)-x(2n+1)] \quad \text{高通滤波器} \end{aligned} \tag{7.46}$$

7.3.4 快速变换

上面讨论的变换是通信电子战信号处理中最常见的，它需要 N^2[表示为$\mathcal{O}(N^2)$]阶运算实现，其中 N 是变换的数据数目。对于较大的 N 值，特别是当信号处理必须实时或近实时完成时，其计算可能会变得无法处理。但是，当 N 是2的幂次时，对于多数一元变换，存在着快速版本。其基本原理是将变换矩阵转换为子问题，而这些子问题的计算结果可以用于随后的处理中而不需要重新计算。例如，快速傅里叶变换，可以用$\mathcal{O}(N\log N)$次计算实现。对这些量的比较是非常有意义的。表7.2给出了 $N=2^M$ 几种不同数值的比较。显然，即使是相对较小的 M 值，较长(非快速)变换的运算数量也很快变得无法使用。

快速变换通常以信号流图的形式给出。例如，考虑上述8×8 Haar变换。式(7.26)给出了变换的矩阵。该变换的信号流阵列如图7.9所示(忽略了$1/\sqrt{8}$)[12]。该变换需要$2(N-1)$次加法和减法，是能获得最快的一元变换。

表7.2 计算变换需要的运算量近似值比较

M	$N=2^M$	N^2	$N\log N$
1	2	4	0.60
2	4	16	2
3	8	64	7
4	16	256	19
5	32	1024	48
6	64	4096	116
7	128	16 384	270
8	256	65 536	617
9	512	262 144	1387
10	1024	1 048 576	3083

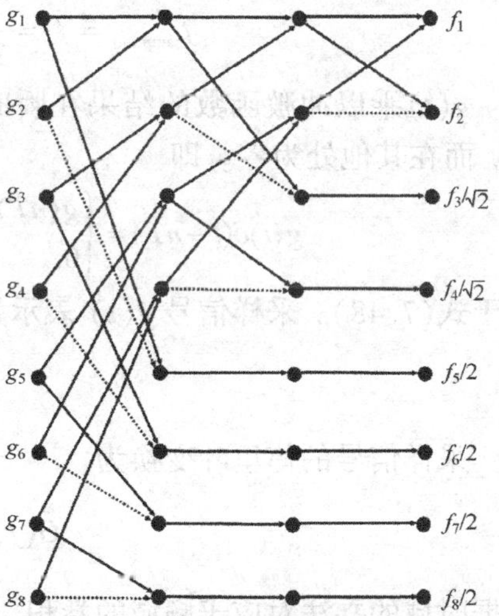

图7.9 快速Haar变换的信号流图。实线表示加法，虚线表示减法(引自[12]。R. Bock 1999，获许引用)

7.4 信号采样

电子战系统中，大多数现代信号处理是在数字域中实现的，这是因为易于实现某些功能；性能稳定，不随时间和温度而变化；能利用高性能/速度通用处理器。

如果要处理的信号开始不是数字形式，必须首先转换成数字形式。例如，即使是数字通信信号，传递的信息本身是数字的，但是调制后的信号不是以数字形式传输的。发射前它要被调制到适当的载波信号上，通常为正弦波信号。这种信号就是一个模拟信号。

将模拟信号转换为等价①的数字形式需要对模拟信号采样，通常利用ADC。对作用于其上的采样率具有一定的要求，大致由模拟信号的带宽 B 确定。这意味着所处理的是带限信号。如图7.10所示，带宽定义在区域f_L和f_U之间。注意，由于下面即将要解释的原因，带宽定义不包括f_L和f_U，因此 $B < f_U - f_L$。

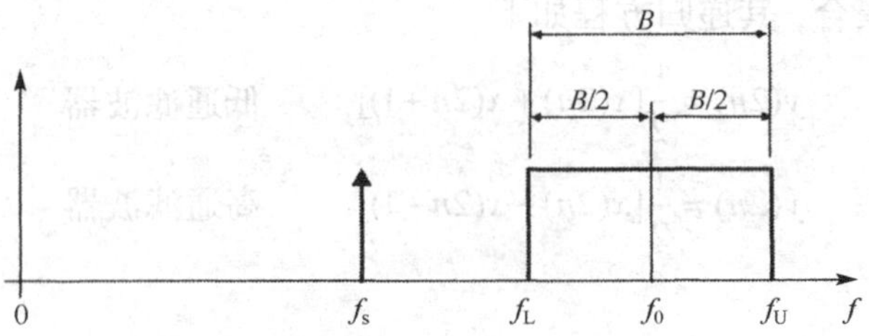

图7.10　信号带宽的定义

7.4.1　带限采样

如果信号频谱幅度只是在一段频率上是非零的，该信号就是带限的。考虑信号 $g(t)$，其频谱如图7.11所示，在f_U之上的频率为零。对于这种基带或低通信号，f_U也是带宽(B)(基带信号的带宽只定义为正频率，因为还没有发现负频率的物理意义)。可用无限长冲激响应函数序列乘以 $g(t)$ 以数学形式表示对 $g(t)$ 采样。为便于说明，假设均匀采样。均匀采样采用单次采样时间间隔 T 来描述。这些冲激函数数学表示为

$$\sum_{n=-\infty}^{\infty}\delta(t-nT)$$

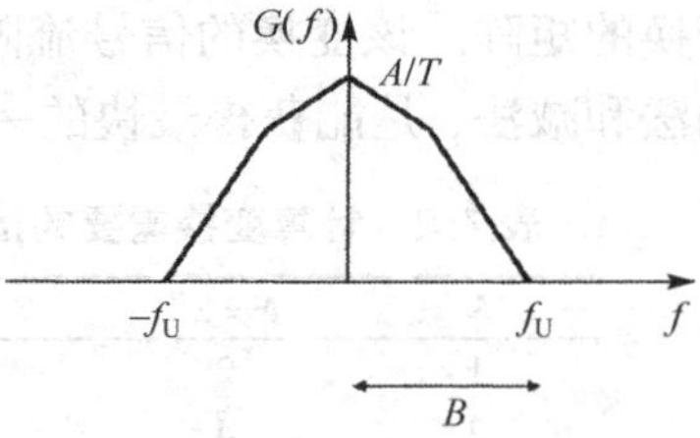

图7.11　信号的频谱，$G(f)$

采样频率可为

$$f_{\text{sampling}} \triangleq f_s = \frac{1}{T} \tag{7.47}$$

$g(t)$乘以冲激函数的结果在瞬时采样处的值为 $g(t)$ 的值，而在其他处为零。即

$$g(t)\delta(t-nT)=\begin{cases} g(nT), & t=nT \\ 0, & \text{其他} \end{cases} \tag{7.48}$$

基于式(7.48)，采样信号 $\hat{g}(t)$ 表示为

$$\hat{g}(t)=g(t)\sum_{n=-\infty}^{\infty}\delta(t-nT) \tag{7.49}$$

采样信号的傅里叶变换为

$$\hat{G}(f)=\mathcal{F}\{\hat{g}(t)\}=\int_{-\infty}^{\infty}\hat{g}(t)\mathrm{e}^{-\mathrm{j}2\pi ft}\mathrm{d}t \tag{7.50}$$

根据时域的乘法对应于频域的卷积，$\hat{G}(f)$ 可以表示为

$$\hat{G}(f)=G(f)*\mathcal{F}\left\{\sum_{n=-\infty}^{\infty}\delta(t-nT)\right\} \tag{7.51}$$

已知图7.11给出的原始信号的频谱 $G(f)$，因此需要找到冲激序列的傅里叶变换以求出式(7.51)的值，这是下面要做的事。

① 等价的是指原始的模拟信号可以从其等价的采样形式中唯一而完美地恢复出来。

冲激序列是周期函数，因此可以表示为傅里叶序列

$$\sum_{n=-\infty}^{\infty}\delta(t-nT)=\sum_{n=-\infty}^{\infty}a_n\mathrm{e}^{\mathrm{j}2\pi\frac{n}{T}t} \tag{7.52}$$

其中傅里叶系数为

$$a_n=\frac{1}{T}\int_{-T/2}^{T/2}\sum_{n=-\infty}^{\infty}\delta(t-nT)\mathrm{e}^{-\mathrm{j}2\pi\frac{n}{T}t}\mathrm{d}t \tag{7.53}$$

式(7.53)的求和包含了无穷多冲激函数。但包含这些冲激函数的积分区间是$(-T/2, T/2)$。该区间中冲击函数序列的唯一非零项是 $n=0$ 处的冲激函数。因此，如果把积分限改为$(-\infty, +\infty)$，求和改为只包括$n=0$处的非零项，积分的结果相同。在$n=0$处的冲激函数正好是$\delta(t-0t)=\delta(t)$。因此，可以将式(7.53)重写为

$$a_n=\frac{1}{T}\int_{-\infty}^{\infty}\delta(t)\mathrm{e}^{-\mathrm{j}2\pi\frac{n}{T}t}\mathrm{d}t=\frac{1}{T}\mathcal{F}\{\delta(t)\}\big|_{f=n/T}=\frac{1}{T} \tag{7.54}$$

因为①$\mathcal{F}\{\delta(t)\}\big|_{f=n/T}=1$，所以式(7.52)变为

$$\sum_{n=-\infty}^{\infty}\delta(t-nT)=\frac{1}{T}\sum_{n=-\infty}^{\infty}\mathrm{e}^{\mathrm{j}2\pi\frac{n}{T}t} \tag{7.55}$$

时域信号可以从其傅里叶逆变换得到

$$f(t)=\mathcal{F}^{-1}\{F(f)\}\triangleq\int_{-\infty}^{\infty}F(f)\mathrm{e}^{\mathrm{j}2\pi ft}\mathrm{d}f \tag{7.56}$$

利用冲激函数的采样特性，可得

$$\mathcal{F}^{-1}\{\delta(f-f_0)\}=\int_{-\infty}^{\infty}\delta(f-f_0)\mathrm{e}^{\mathrm{j}2\pi ft}\mathrm{d}f=\mathrm{e}^{\mathrm{j}2\pi f_0 t} \tag{7.57}$$

因此有

$$\mathrm{e}^{\mathrm{j}2\pi\frac{n}{T}t}=\int_{-\infty}^{\infty}\delta\left(f-\frac{n}{T}\right)\mathrm{e}^{\mathrm{j}2\pi ft}\mathrm{d}f \tag{7.58}$$

$$\mathcal{F}\left\{\sum_{n=-\infty}^{\infty}\delta(t-nT)\right\}=\frac{1}{T}\sum_{n=-\infty}^{\infty}\delta\left(f-\frac{n}{T}\right)=\frac{1}{T}\sum_{n=-\infty}^{\infty}\delta(f-nf_s) \tag{7.59}$$

根据式(7.59)，采样函数的傅里叶变换可以为

$$\hat{G}(f)=G(f)*\frac{1}{T}\sum_{n=-\infty}^{\infty}\delta\left(f-\frac{n}{T}\right) \tag{7.60}$$

两个函数的卷积定义为

$$A(f)*B(f)\triangleq\int_{-\infty}^{\infty}A(z)B(f-z)\mathrm{d}z=\int_{-\infty}^{\infty}A(f-z)B(z)\mathrm{d}z \tag{7.61}$$

因此有

---

① 这一结果也来自于冲激函数的采样特性。该特性表明

$$\int_{-\infty}^{\infty}\delta(t-0)\mathrm{e}^{-\mathrm{j}2\pi\frac{n}{T}t}\mathrm{d}t=\mathrm{e}^{-\mathrm{j}2\pi\frac{n}{T}t}\Big|_{t=0}=1$$

Brigham 对冲激函数及其特性做了较好的回顾[13]。

$$\hat{G}(f)=\int_{-\infty}^{\infty}G(f)\frac{1}{T}\sum_{n=-\infty}^{\infty}\delta\left(f-z-\frac{n}{T}\right)\mathrm{d}z$$

但是，积分只是求和的极限形式，因此可以交换积分和求和的次序，得到

$$\hat{G}(f)=\frac{1}{T}\sum_{n=-\infty}^{\infty}\int_{-\infty}^{\infty}G(f)\delta\left(f-z-\frac{n}{T}\right)\mathrm{d}z$$

再利用冲激函数的采样特性

$$\begin{aligned}\hat{G}(f)&=\frac{1}{T}\sum_{n=-\infty}^{\infty}G\left(f-\frac{n}{T}\right)\\&=\frac{1}{T}\sum_{n=-\infty}^{\infty}G(f-nf_s)\end{aligned}\tag{7.62}$$

式(7.62)通常称为采样定理。它表明，以均匀时间间隔 T 秒在时域采样，在频域每隔 $1/T$ Hz 重复未被采样的信号频谱。图 7.12 阐述了这一点，频谱 $\hat{G}(f)$ 的每个非零部分的峰值通过 $1/T$ 归一化为 A/T。

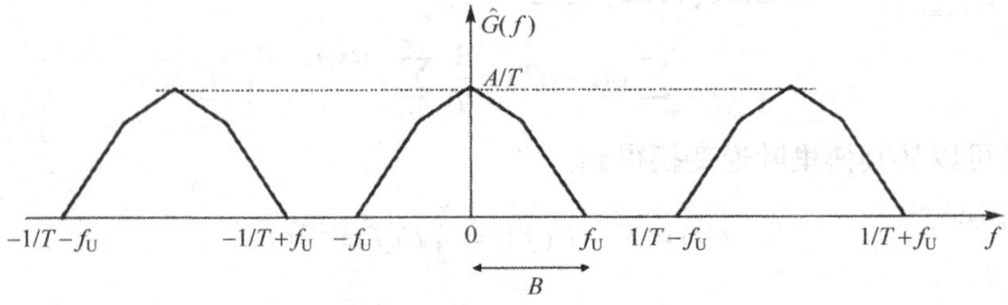

图 7.12 采样信号的频谱包含 $G(f)$，以采样频率的倍数重复

7.4.2 频谱混叠

如图 7.12 所示，逐个谱复制不会重叠。如果原始信号在频域处理后要被恢复出来，必须这样做。混叠是对两个复制谱重叠时的叫法。多个谱组合起来，产生新的频率分量，虚假的信号就被“混叠”进原始谱中。如图 7.13 所示，高频分量 f_H 已被混叠进基带谱。由图 7.12 可知，为了避免混叠，必须确保 $1/T>2f_U$，或 $1/T>2B$。该结果可以用采样频率术语表述为

$$f_s\geqslant 2B\tag{7.63}$$

即为 Nyquist 准则。利用低通滤波器从采样信号中取出原始频谱，通过幅度调节可以恢复出原始信号。因此，利用截止频率为 f_U 的低通滤波器提取信号不会消除混叠的高频成分。

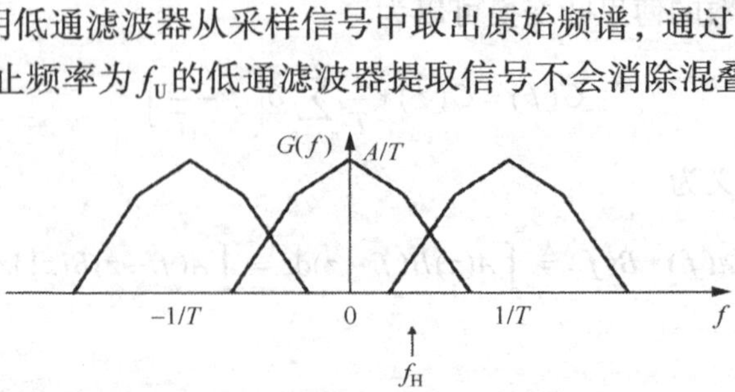

图 7.13 混叠现象。采样频率不够高，不能防止 $G(f)$ 重复频谱之间的重叠

考虑一类称为带通信号的特殊带限信号。带通信号特征是 $f_L>0$。例如，图 7.14 所示的带通信号在频率 f_L 和 f_H 之间具有能量，其带宽定义为 $B=f_U-f_L$。

根据上述方法确定出采样率，以均匀的采样率 T 对信号采样，以 $1/T$ 为间隔重复其频谱。因为在零和 f_L 之间实际上包含了零幅度的频谱，实际的信道带宽小于 f_U。因此，可以使用比占用 $f_L = 0$ 和 f_U 之间全部频率的信号较低的采样频率。例如，假设 $B = f_U/2$。为了满足 Nyquist 准则，最小的采样频率是 f_U，产生图 7.15所示的采样频谱。

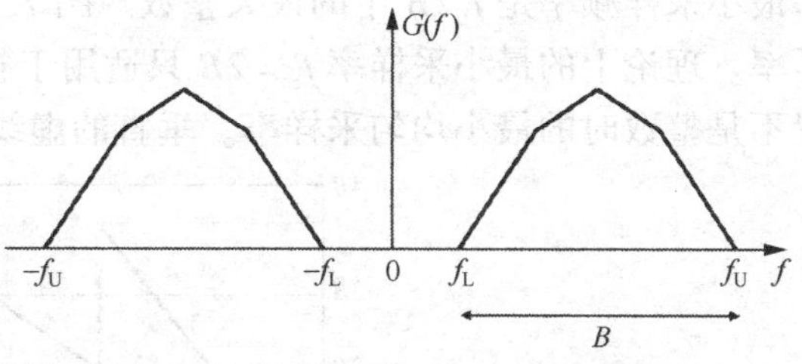

图 7.14　带通信号 $G(f)$ 的频谱

由此可见，采样没有产生混叠，因此可以利用较好的低通滤波器从采样信号提取原始信号。对本例，值得注意的是基带信号和带通信号之间的区别。对于基带信号，带宽只依赖于出现的最高频率，因此采样率也如此。对于带通信号，带宽通常小于其最高频率。

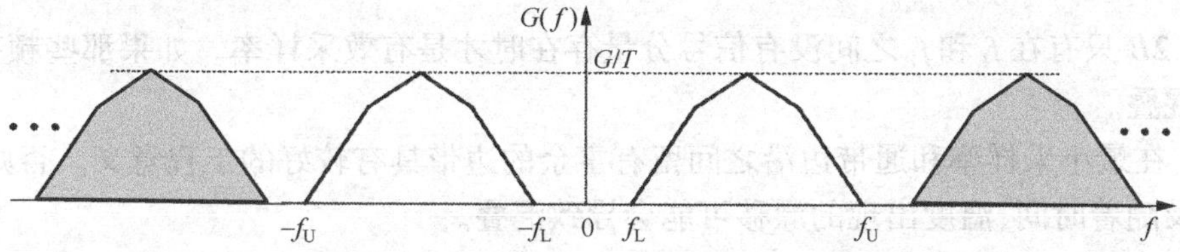

图 7.15　包含多个 $G(f)$ 的被采样带通信号的频谱

7.4.3　采样信号的恢复

基带和带通信号都具有相同的最大频率，这决定了恢复被采样信号的方法。只是在恢复的方法中包含能将原始信号频谱隔离出来的带通滤波器时，带通信号才可以采用较低的采样频率(如图 7.16 所示的白色矩形)。而用于基带信号恢复的低通滤波器不能恢复出原始的带通信号，因为它包含了图 7.16 所示的阴影部分。因此，如果使用低通滤波器恢复图 7.16 中的带通信号，必须使用 $2f_U$ 的采样率才能避免混叠。

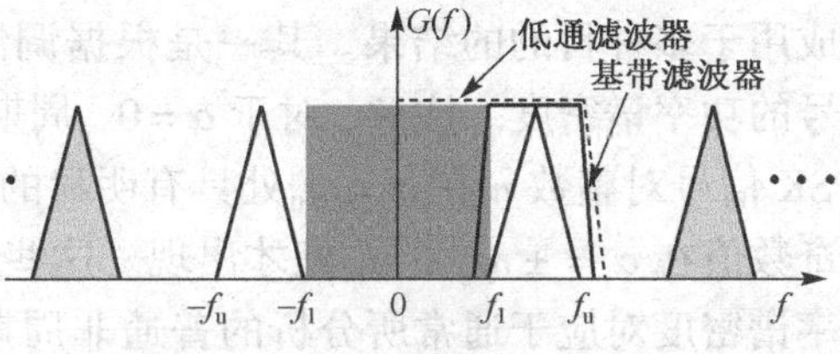

图 7.16　带通信号的恢复

因此，只要遵守 Nyquist 准则，带限信号可以被采样，且能被完全恢复。对于带通信号，Nyquist 准则只有在用带通滤波器恢复时才确保没有混叠。否则，将需要更高的采样频率。

最后一个需要考虑的是带限信号的假设。从数学上讲，信号都不可能是真正带限的。不可能拥有只在有限时间周期内存在的带限信号。也就是说，如果信号是时间上有限的，那么其频谱就是无限的;如果信号的带宽是有限，那么其持续时间就是无限的。然而，可以近似地把这些条件看做是任意接近。对大多数实际感兴趣的情形，这里给出的分析都是有效的。

均匀采样的采样定律可以概括为

$$f_{s,\min} = 2\frac{f_U}{n} \tag{7.64}$$

其中

$$n = \left\lfloor \frac{f_U}{B} \right\rfloor \tag{7.65}$$

即最小采样频率是f_U/B中的最大整数。图7.17阐述了式(7.64)给出的带通滤波器的最小采样率。理论上的最小采样率$f_s=2B$只适用于整数频带位置①。图7.17中的直线对应于频段位置不是整数时的最小均匀采样率。垂直的虚线是函数中的非连续处，没有可允许的采样率。

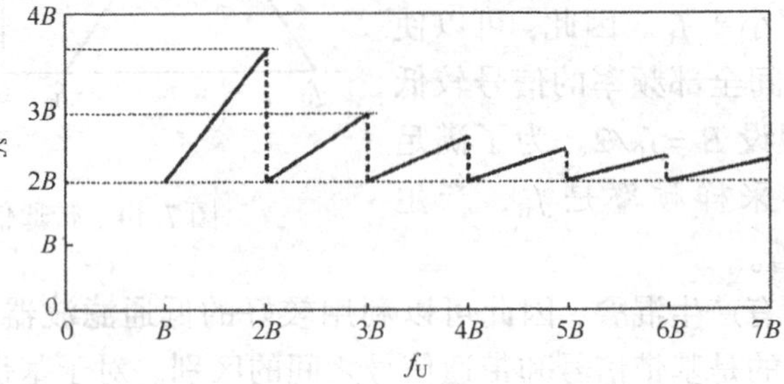

图7.17　带通信号的最小采样频率(引自[14]。©IEEE 1991，获许引用)

注意，2B只有在f_L和f_H之间没有信号分量存在时才是有效采样率。如果那些频率有能量，就会引起混叠。

显然，在最小采样率和通带边沿之间留有富余的边带具有较好的工程意义。否则，实现上的缺陷以及随着时间、温度出现的漂移可能会导致混叠。

7.5　周期平稳信号处理

多数统计(随机)信号分析都假设信号具有平稳特性——其特性不随时间变化。这一假设常常无法应用。事实上，对大多数实际令人感兴趣的信号，其统计特性具有周期性。这些信号都是周期平稳的，因为其统计特性是周期的——在时间上是周期的。周期特性的计算可能会形成用于多种目的的结果。其一是根据调制类型进行分类的。图7.18给出[15] QPSK和MSK信号的功率谱密度。注意，对于$\alpha=0$，周期特性实质上是相同的，对于$\alpha\neq 0$，它们截然不同。QPSK信号对整数n在$\alpha=nf_0$处具有明显的特征，而MSK信号只对n偶数值在$\alpha=nf_0$处、对n的奇数值在$\alpha=\pm nf_c\pm nf_0$处才出现。这些差别可以用来区分被分析的信号类型。当$\alpha=0$时，功率谱密度对应于通常所分析的普通非周期性谱密度。这种谱对于这类调制是唯一的，如果可以获得评估该谱的自动均值，那么就可以识别出其调制类型。

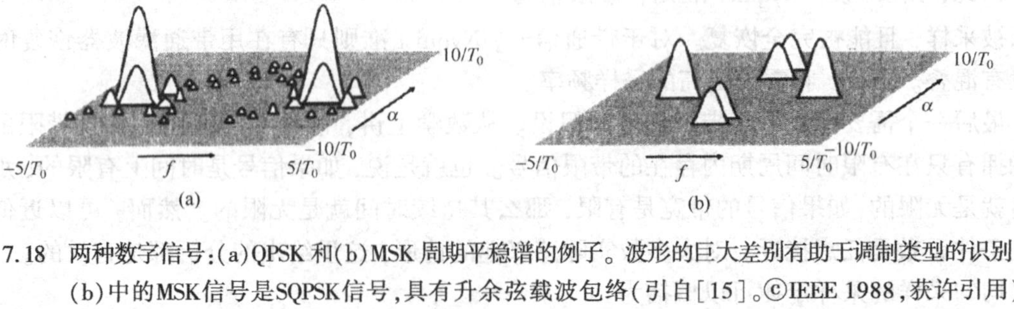

图7.18　两种数字信号：(a)QPSK和(b)MSK周期平稳谱的例子。波形的巨大差别有助于调制类型的识别；(b)中的MSK信号是SQPSK信号，具有升余弦载波包络(引自[15]。©IEEE 1988，获许引用)

一些得到认可的应用包括信号检测、分类、参数估计、TDOA估计、空间滤波、测向、信号提取的移频滤波以及移频预测。

① 带通信号的频段位置是带宽相对于起始频率f_1的分数。整数频段位置在$f_L=cB$处，其中c是非负的整数。低通对应于$c=0$。

在军用战术设备中，调制类型的识别极其有用，有多方面的原因。首先，它提供了与电台可能相关的军事单位类型的迹象，而且可能提供所属梯队的信息以及其他称为战场电子序列(EOB)的相关信息。其次，在解调资源自动分配时，先要确定调制类型，才能正确分配资源。后者在非军事设备中用于通用调制解调时非常有用。例如，为了选择解调器，有必要知道调制类型。

另一个优点是高斯噪声不具有周期平稳特性。因此，周期平稳谱是无噪声的，所以 ES 系统的截获范围也得到扩展，等效于灵敏度的增加。由图 7.18 也可以看到这一无噪声特性。

7.6 高阶统计

多数人所知道的随机过程统计特性的计算称为一阶统计。这一术语可以通过广义化计算统计的方程推广为高阶统计。如果 $\boldsymbol{x}=\{x_i\}$，$i=1,\cdots,N$，表示随机序列或信号的采样值，那么该序列矩为

$$m_n=\mathcal{E}\{x^n\} \tag{7.66}$$

其中 $\mathcal{E}\{\}$ 表示期望运算

$$\mathcal{E}\left\{x^n\right\}=\int_{-\infty}^{\infty}x^n p(x)\mathrm{d}x \tag{7.67}$$

式中 $p(x)$①是 x 的概率密度(pdf)[16]。

如果信号是遍历的且平稳的，那么，这些矩可以估计为

$$m_n=\frac{1}{N}\sum_{i=0}^{N-1}x_i^n \tag{7.68}$$

如果序列是零均值的，那么该序列 n 阶的累积量为

$$c_n(t_1,t_2,\cdots,t_n)=\mathcal{E}\{x(t)x(t+t_1)x(t+t_2)\cdots x(t+t_n)\} \tag{7.69}$$

特别是 $n=2$，$x(t)$二阶累积量是

$$c_2(t_1)=\mathcal{E}\{x(t)x(t+t_1)\} \tag{7.70}$$

即二阶累积量是 x 的自回归函数。$c_2(t_1)$的傅里叶变换时大家熟悉的概率密度(psd)函数

$$\mathrm{psd}(f_1)=\int_{-\infty}^{\infty}c_2(t_1)\mathrm{e}^{-\mathrm{j}2\pi f_1 t}\mathrm{d}t_1 \tag{7.71}$$

通常高阶谱的傅里叶变换称为多谱。

x 的三阶累积量为

$$c_3(t_1,t_2)=\mathcal{E}\{x(t)x(t+t_1)x(t+t_2)\} \tag{7.72}$$

其傅里叶变换称为双谱(记为 B_x)，即

$$B_x(f_1,f_2)=\int_{-\infty}^{\infty}\int_{-\infty}^{\infty}c_3(t_1,t_2)\mathrm{e}^{-\mathrm{j}2\pi(f_1t_1+f_2t_2)}\mathrm{d}t_1\mathrm{d}t_2 \tag{7.73}$$

通常，计算 B_x更有效的方法是

$$B_x(f_1,f_2)=\mathcal{E}\{X(f_1)X(f_2)X^*(f_1+f_2)\} \tag{7.74}$$

式中 $X(f)$是 $x(t)$的傅里叶变换。

---

① x^n是$\{x_1^n,x_2^n,\cdots,x_N^n\}$的简写形式。

习惯上,前4个累积量的计算公式为

$$c_1 = m_1 \tag{7.75}$$

$$c_2 = m_2 - m_1^2 \tag{7.76}$$

$$c_3 = m_3 - 3m_1m_2 + 2m_1^3 \tag{7.77}$$

$$c_4 = m_4 - 3m_2^2 - 4m_1m_3 + 12m_2m_1^2 - 6m_1^4 \tag{7.78}$$

这些都称为高阶谱(HOS)

有几种潜在有用的累积量。如果 $x(t)$ 具有对称 pdf 的随机过程,包括高斯随机变量的情形,那么所有的二阶以上的高阶累积量等于零。另外,两个随机变量和的累积量等于独立变量累积量的和。

如果高斯噪声叠加到非高斯通信信号上,那么其和的累积量将是信号的累积量,因为噪声分量的累积量都为零。在接收系统的前端电子器件中产生的是近似高斯噪声。实际上近似高斯噪声是带限的,而真正的高斯噪声则不是。正是这种噪声源,以及来自外部信源的噪声,如附近发射机建立的电场限制了 ES 系统的范围。因此,计算这类时间序列的累积量可以扩展电子战系统的动态范围。

因为高斯噪声的高阶统计量为零,如果为了信号检测之用来计算噪声,那在其结果中就不会有噪声存在,因此噪声的有害影响也就会降低。当然,实际上,噪声不是真正高斯的,通常在 HOS 中会出现一些残存的影响。

因此,与随机序列 x 相关的高阶统计可用于多种目的。它们可以用来降低或减少某种形式的加性噪声,也可用于其他噪声环境中做信号检测。某些类型的信号只有在高阶统计计算中显现出的特征才能用于信号分类。

7.7 应用

本节给出通信电子战系统中上述通用信号处理技术的某些应用,包括信号检测、信号分类、目标识别和鉴定、语言识别以及发射机识别。这些都是电子战系统中无数信号处理任务中的少数例子。

7.7.1 信号检测

在许多通信电子战系统中,接收机用来搜索射频频谱以寻找具有能量的信道。这是信号检测的问题,是这类系统必须实现的首要功能之一。信号检测通常和随后讨论的信号分类一起使用[17, 18]。

对射频频谱的搜索可以进一步分为一般性搜索和定向搜索。在一般性搜索中,通常以 f_{start} 到 f_{stop} 的形式规定一个或多个扫描范围。有时也规定步进频率,通常为一个信道的宽度(例如,在军用 VHF 频率范围,信道是 25 kHz 宽)。接着从 f_{start} 开始搜索,到 f_{stop} 停止搜索。这种搜索常常是连续的和重复不断的。当不知道或只是部分已知特定目标的频率时,通常进行一般性搜索。注意,这种形式的搜索这里描述为顺序搜索,如果使用宽带的信道化接收机,也可以是并行搜索。在这种情形中,根据进行搜索频谱的位置,信道化一般也是对应于一个信道宽度的。

对于定向搜索,使用特定的频率搜索。这些频率构成一个列表,接收机轮流调谐到每个频率上,寻找感兴趣信号的出现。当频率已知时,使用这种模式。

也可以组合使用一般性搜索和定向搜索。实际上，这很可能是最常见的操作模式。尽管许多频率可能是已知的，但是某些重要的目标可能会改变频率，而这些频率又是未知的。对目标网络进行电子攻击的结果就是其典型的例子。

这两类搜索策略都需要测量接收机所调谐的信道能量。因为噪声总是伴随着信号而存在的，而噪声只能以统计的形式描述，所以信号检测就是概率统计过程。即使感兴趣的信号是确定性的，参数也完全已知，接收机检测信号的能力也只能以统计方式来描述。

在对信号进行任何处理之前，首先必须检测信号。即必须首先确认信号存在。一般地说，检测是指确定两个或更多的假设中哪一个是正确的。然而，有时信号检测也作为信号分类问题的结果之一，信号不存在的假设是要检验的假设之一。除信号外的其他类都不存在，这就意味着信号出现，信号也就被检测到。

在通信电子战系统设计中还存在着另一种信号检测方法。因为目标环境是典型非合作型的，通常必须扫描射频频谱以寻找信号。当扫描到信号时，信号就被检测到。因为射频频谱处处都是信道化的（尽管信道的大小是变化的），这些信道中的信号检测一般都是通过测量能量来实现的。

7.7.1.1　假设检验

假设两个刻画信道中信号 $s(t)$ 的出现与否，记为 H_0 和 H_1，即

$$\begin{aligned} H_0 &: r(t) = n(t) \\ H_1 &: r(t) = s(t) + n(t) \end{aligned} \tag{7.79}$$

式中 $r(t)$ 是接收到的信号，包含 $s(t)$ 以及与之并存的噪声 $n(t)$，或者只是噪声。假设检验是基于测量集合来估计某些假设有效性的统计过程。假设被测参数显现在变量 x 中，判决变量是 $x = f(p_1, p_2, \cdots, p_N)$，其中 p_i 是被测参数。

当判决规则是"确定最可能出现概率的假设时"，称为 MAP 准则。因此，有

$$\begin{aligned} H_0:\quad & P\{H_0|x\} > P\{H_1|x\} \text{ 或 } P\{H_0|x\} / P\{H_1|x\} > 1 \\ H_1:\quad & P\{H_0|x\} < P\{H_1|x\} \text{ 或 } P\{H_0|x\} / P\{H_1|x\} < 1 \end{aligned} \tag{7.80}$$

利用条件概率的定义

$$\begin{aligned} P\{H_0|x\} &= P\{H_0\}P\{x|H_0\}/P\{x\} \\ P\{H_1|x\} &= P\{H_1\}P\{x|H_1\}/P\{x\} \end{aligned} \tag{7.81}$$

式中 $P\{H_0\}$ 是 H_0 出现的先验概率，而 $P\{H_1\}$ 是 H_1 出现的先验概率。如果

$$\frac{P\{H_0|x\}}{P\{H_1|x\}} = \frac{P\{H_0\}P\{x|H_0\}/P\{x\}}{P\{H_1\}P\{x|H_1\}/P\{x\}} > 1 \tag{7.82}$$

或

$$\frac{P\{x|H_0\}}{P\{x|H_1\}} > \frac{P\{H_1\}}{P\{H_0\}} \tag{7.83}$$

就判决为 H_0。

回顾概率密度函数的定义（参见附录 A），概率是概率密度函数下的面积。如果 $p(\xi)$ 是概率密度函数，那么（参考图 7.19）有

$$P\{a \leqslant x \leqslant b\} = \int_a^b p(\xi)\mathrm{d}\xi \tag{7.84}$$

当 $\Delta x = b - a$ 趋近 0 时，有

$$\lim_{\Delta x \to 0} \frac{P\{x|H_0\}}{P\{x|H_1\}} = \lim_{\Delta x \to 0} \frac{\int_a^b p(\xi|H_0)\mathrm{d}\xi}{\int_a^b p(\xi|H_1)\mathrm{d}\xi} = \frac{p(x|H_0)}{p(x|H_1)} \tag{7.85}$$

这一比值称为似然比，记为 λ_0。因此有

$$\lambda_1 = \frac{p(x|H_1)}{p(x|H_0)} > \frac{P\{H_0\}}{P\{H_1\}} \quad \text{对假设} H_1 \tag{7.86}$$

$$\lambda_0 = \frac{p(x|H_0)}{p(x|H_1)} \geqslant \frac{P\{H_1\}}{P\{H_0\}} \quad \text{对假设} H_0 \tag{7.87}$$

虽然分析过程中是将比值和一个阈值比较，但是，可以很容易地将其扩展为任意阈值 ζ。该参数就成为这些不等式右边的乘子。

假设 $p(x|H_0)$ 和 $p(x|H_1)$ 是已知的，P_m 表示漏检概率，它是信号(H_1)出现却没有被检测到的概率。如图 7.20 所示，它是阈值点 ζ 左侧曲线 $p(x|H_1)$ 下的面积。因此

$$P_m = \int_{-\infty}^{\zeta} p(\xi|H_1)\mathrm{d}\xi \tag{7.88}$$

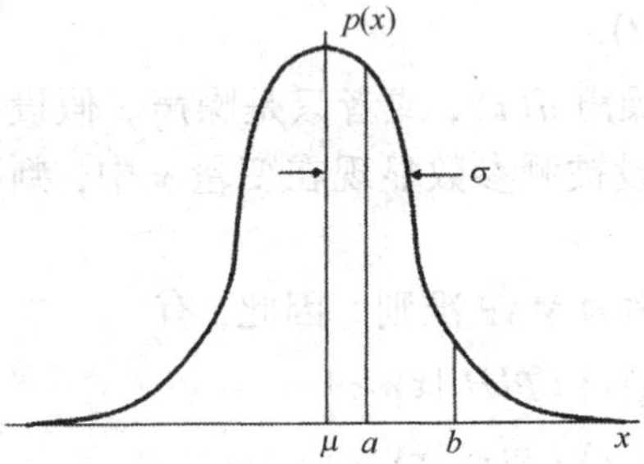

图 7.19　事件的概率是两点之间概率密度函数下的面积

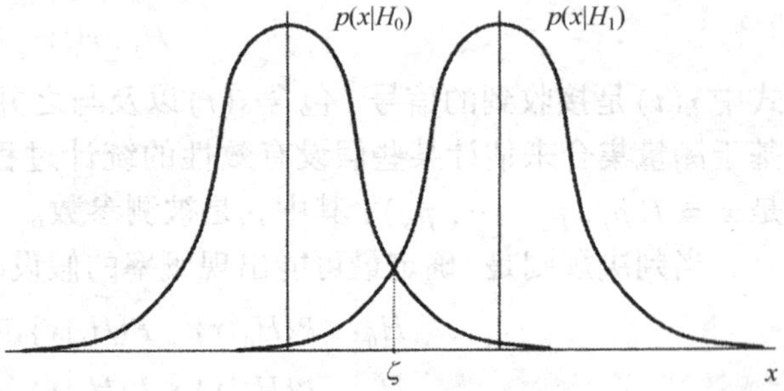

图 7.20　H_0 和 H_1 的概率密度函数

设 P_{fa} 表示虚警概率，它是信号(H_0)没有出现但判为出现的概率。在图 7.20 中，它是阈值点 ζ 右侧曲线 $p(x|H_0)$ 下的面积。因此

$$P_{fa} = \int_{\zeta}^{\infty} p(\xi|H_0)\mathrm{d}\xi \tag{7.89}$$

这两种概率都是对错误的度量。因此，总的错误概率(记为 P_e)是这两个量的和

$$P_e = P_m + P_{fa} \tag{7.90}$$

检测概率(记为 P_d)等于 1 减去漏检概率的差，即

$$P_d = 1 - P_m = 1 - \int_{-\infty}^{\zeta} p(\xi|H_1)\mathrm{d}\xi = \int_{\zeta}^{\infty} p(\xi|H_1)\mathrm{d}\xi \tag{7.91}$$

7.7.1.2　检测的噪声效应

SNR 是确定信号检测能力的主要参数。假设 $p_n(v)$ 表示接收机没有信号时输出功率的概

率密度函数，即输出只包含噪声；$p_{n+s}(v)$ 表示有信号时输出的概率密度函数。图7.21示出了上述两种假设的条件下两接收机输出密度函数。假设只有噪声的概率密度函数具有零均值，因此在信号出现时，检测器输出的均值大于没有信号出现时的均值。

使用这些概念的接收机的特征一般用接收机工作特性(ROC)曲线来表示。图7.22给出了典型的ROC曲线，清楚地显示出 P_d 和 P_{fa} 是如何权衡的。如果想要获得较高的 P_d，那么一般都需要有较高的 P_d。两者都要达到最优通常是不可能的。

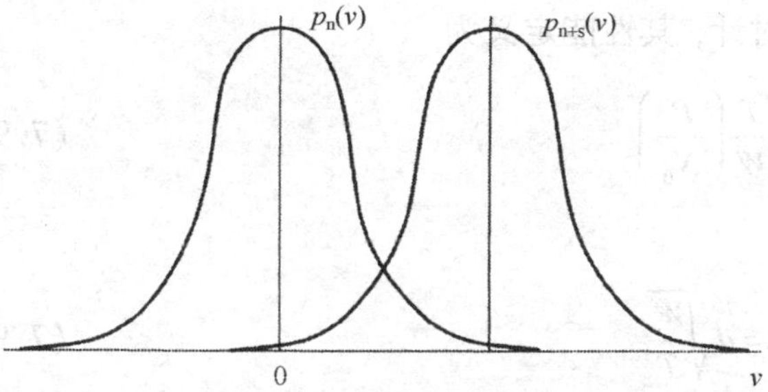

图7.21 检测器只有噪声的输出概率密度函数[$p_n(v)$]和具有信号加噪声的输出概率密度函数[$p_{n+s}(v)$]

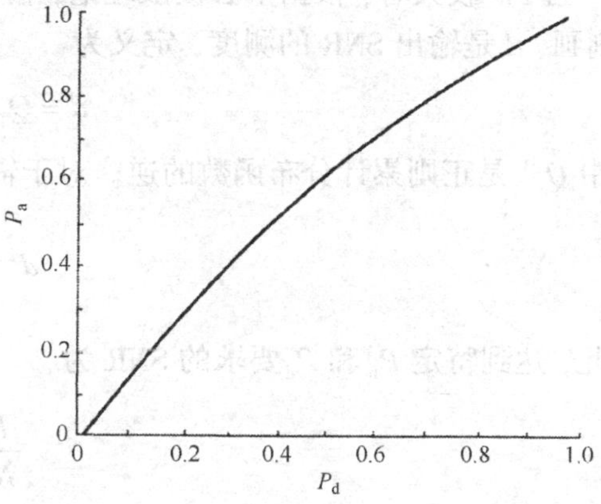

图7.22 典型ROC曲线

7.7.1.3 辐射计

图7.23给出了辐射计的框图[19, 20]。由于辐射计的真正实现是可行的(至少近似可行)，所以辐射计常作为与其他类型信号检测器进行比较的标准。辐射计是能量检测器，假设信号只持续0～T，或对信号的分析是在区间$(0, T)$，则信号 $s(t)$ 中的能量为

$$E = \int_0^T s^2(t)\ \mathrm{d}t \tag{7.92}$$

如果假设信号是谱密度平坦且噪声为高斯噪声[21]的平稳过程，那么辐射计是最优检测器。辐射计的输入是要检测的信号。它被送到带通滤波器，带宽足以让 $r(t)$ 通过，没有明显的失真，得到 $s(t)$。该信号被平方后，从0～T积分，积分结果 $y(t)$ 和阈值 V_{th} 进行比较。如果 $y(t) > V_{th}$，那么指示信号出现。如果 $y(t) < V_{th}$，那么指示信号没有出现。

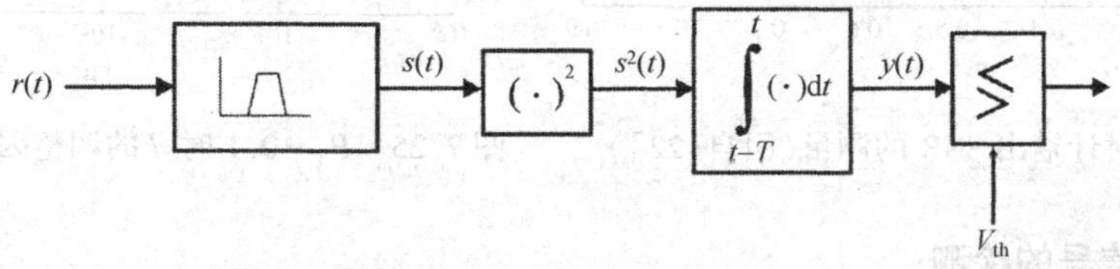

图7.23 测量时间段$(0, T)$之间能量的辐射计框图/信号流图

对于实际的通信电子战系统，宽带辐射计是一种理想化的器件，实际使用受到限制。更常见的是利用窄带辐射计测量频道的能量，通常称为信道化辐射计，其性能及其他参数依赖于信号持续时间的长短。例如，对于特殊的移动电台的信号，可以是相当长的一段时间，而对于快速跳频目标，可以是很短的时间。

确定辐射计性能的方法[22]如下:假设只输入有噪声，那么输出统计具有自由度为 $2TW$ 的 χ 方特性，其中 T 是积分时间，W 是噪声带宽。如果信号出现，输出统计也是 χ 方特性，但是非中心的。非中心参数为 $2E/N_0$，其中输入信号的能量 E 定义为

$$E = P_s T \tag{7.93}$$

即单边噪声谱密度(单位为 W/H)，P_s 是信号的功率。

当 TW 较大时，根据中心极限理论，输出的统计近似为高斯型的。这些统计的特征由因子 d 刻画，d 是输出 SNR 的测度，定义为

$$d = Q^{-1}(P_{fa}) - Q^{-1}(P_d) \tag{7.94}$$

式中 Q^{-1} 是正则累计分布函数的逆。对于辐射计，其性能定义为

$$d^2 = \frac{T}{W}\left(\frac{P_s}{N_0}\right)^2 \tag{7.95}$$

因此，达到特定 P_{fa} 和 P_d 要求的 SNR 为

$$\frac{P_s}{N_0} = d\sqrt{\frac{W}{T}} \tag{7.96}$$

参数 d 可以用数值确定。图 7.24 给出了一些令人感兴趣的典型性能参数值。

对于通信电子战应用，TW 一般不大。在低频 VHF 频率范围，信道化辐射计的数值可能是 $T = 1$ ms 且 $W = 25$ kHz，因此 $TW = 25$，由上述分析形成非常乐观的 d 值[22]。从截获的观点来看，这是有利的;而从通信者的观点来看，这是不利的。本例中，用 Woodring 提供的因子 η 乘以 d 进行校正分析。图 7.25 和图 7.26 给出了两种情形 $P_d = 0.9$ 和 $P_d = 0.1$ 因子 η 的曲线。因此，对于较小的 TW，使用 ηd 代替。

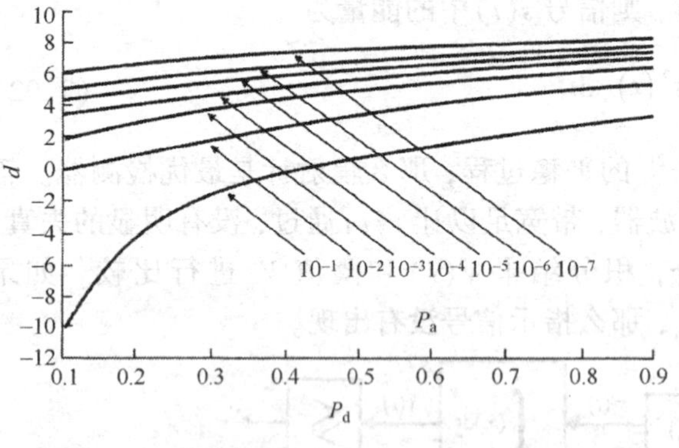

图 7.24 对辐射计输出 SNR 的测量(引自[22])

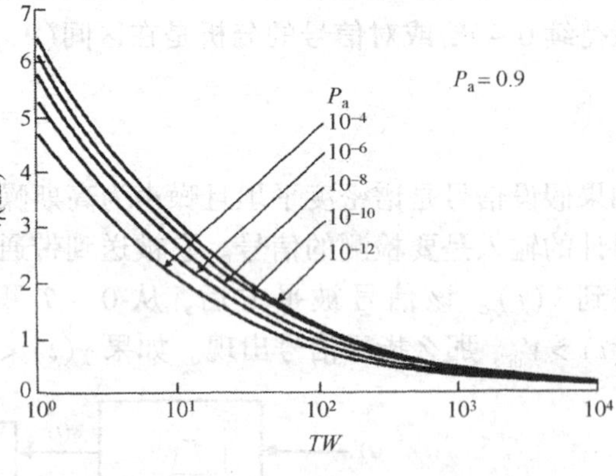

图 7.25 $P_d = 0.1$ 时 d 的调整因子 η(引自[22])

7.7.1.4 跳频信号的检测

如果对信号完全不了解，上面讨论的宽带辐射计是信号的最优检测器。如果输入信号首先被滤波，就要构造信道化检测器。一种构造跳频信号检测器的方法是把工作于输入信号上的 G 个带通辐射计组合起来(其中 G 是跳频目标使用的信道数)。这些信道的每一个都具有与目标电台信道化匹配的带宽。经过 N_h 跳，每跳持续 T_h 之后，信道化辐射计的输出和阈值 η 相比较，在假设 H_0(没有信号)条件下，输出应该小于 η;在 H_1(有信号)的条件下，输出应

该大于 η。如果对感兴趣的信号知道得更多，那么辐射计就不是一个最优信号检测器。一般来说，最优信号检测器对每种信号都不相同。这些最优信号检测器可以相当复杂。图7.27示出了慢跳信号最优检测器的结构，它一跳之内采用多个频率（多FSK，MFSK），且一跳之内采用连续相位[23]。本例中，检测器是最优平均似然比（ALR）意义上的。对于图7.27，E_h是每一跳的能量，$N_0/2$ 是双边带噪声电平，$I_0(\cdot)$是修正的零阶 Bessel 函数，N_d是每一跳的数据码字符数，f_i为第 i 个信道对应的频率，θ_i为其对应的本地振荡器相位，函数 $\varphi(d_i, t)$ 是基带数据调制。

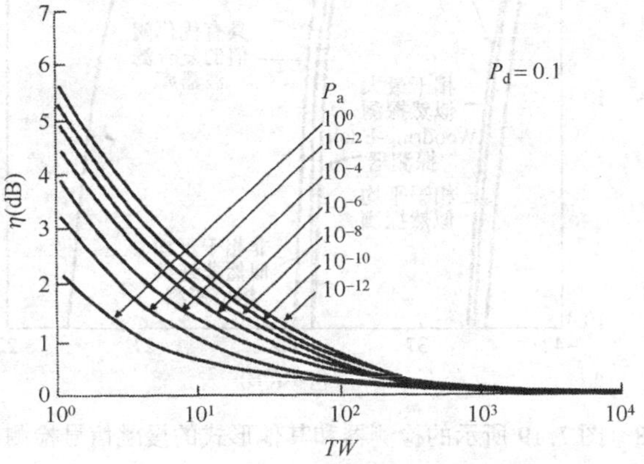

图7.26 $P_d = 0.9$ 时，对于小 TW 值时的调整因子 η（引自[22]）

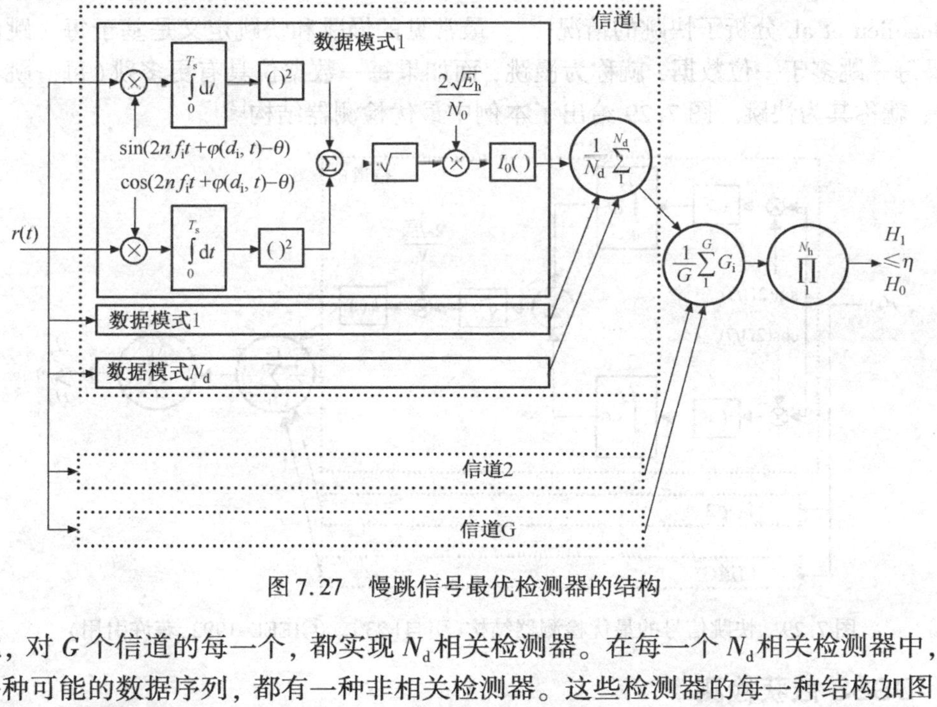

图7.27 慢跳信号最优检测器的结构

因此，对 G 个信道的每一个，都实现 N_d相关检测器。在每一个 N_d相关检测器中，对于出现的每一种可能的数据序列，都有一种非相关检测器。这些检测器的每一种结构如图7.27所示。每一种结构都包含两个由乘法器、积分器和平方电路组成的并行信道。把两个信道加起来，然后计算其结果的平方根。接着乘以 SNR 估计，计算 Bessel 函数。如图7.27所示，所有的计算都在信道中实现。在每个信道内，数据模式信道的输出被加起来，然后把每个信道的结果加起来。N_h跳之后，计算每一跳结果的乘积，并行地和每一种可能的输入序列进行比较，后者即是最大似然阈值。基于ALR最优化和基于最大似然比(MLR)最优化之间的区别是，前者平均比值取决于确定了全部序列之后。与ALR相比，MLR检测是次最优的，因为在分析中没有考虑所有的输入序列。图7.28说明了上述最优检测器和其他技术之间性能的比较[24]。

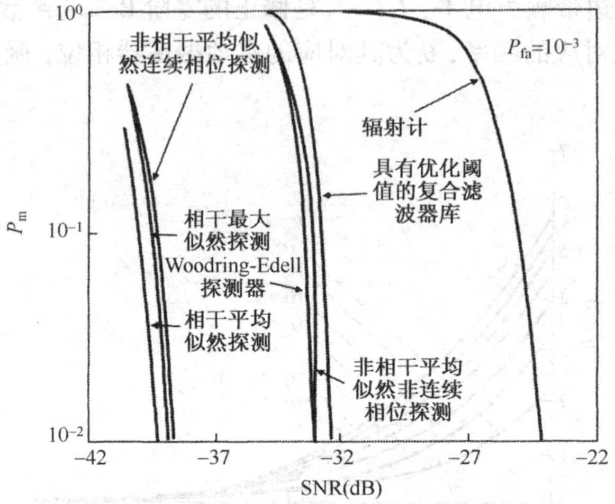

图7.28　图7.19所示的检测器和其他形式的慢跳信号检测器检测丢失的概率比较(引自[25]。©IEEE 1994,获许引用)

对于一跳之内符号之间具有连续相位而跳与跳之间不连续的慢跳目标，上述检测器是最优的。Beaulieu et al.分析了快跳的情况[25]。最常见的慢跳和快跳定义是基于每一跳的数据位数。如果每一跳多于一位数据，就称为慢跳，而如果每一数据位具有更多跳(每一跳不到一个数据位)，就称其为快跳。图7.29给出了本例中最优检测器结构[23]。

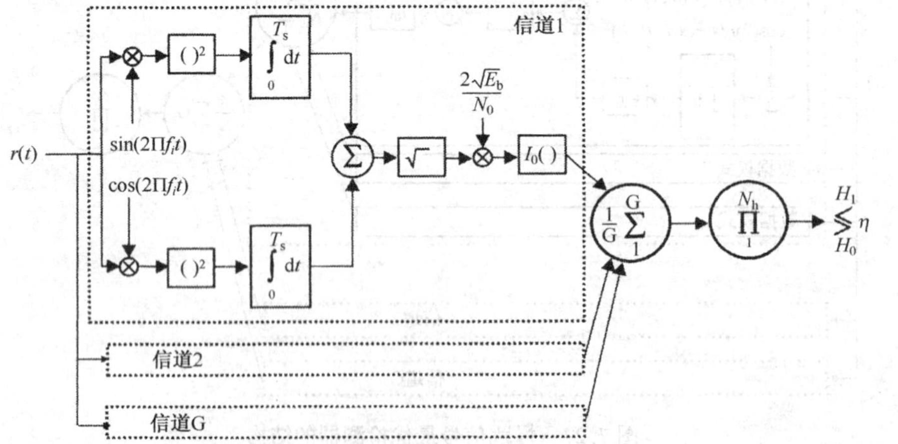

图7.29　快跳信号的最优检测器结构(引自[23]。©IEEE 1992,获许引用)

7.7.2 DSSS截获检测

本节将比较用来检测DSSS信号是否存在传统的三种能量检测器的性能。辐射计不依赖于对感兴趣信号(SOI)参数的了解。其他两种检测器结构，码片率检测器和频率倍增器，依赖于SOI参数。然而，这些参数很容易提取。

辐射计通过对信号进行平方且在一个符号时间 T_s 内积分，直接测量输入信号的能量。其结果和阈值 β 进行比较(β 是所需要的虚警概率 P_{fa} 的函数)。码片率检测器把信号和其延时的复共轭相乘，其延时是一个码片的持续时间。乘法器的净输出是两倍码片率的确定性单音和噪声。Neyman-Pearson 准则通常用于信号检测。该准则确定了检测概率 P_d，而 P_d 是特定虚警概率 P_{fa} 时输入 SNR 的函数。在相同的观测数据送到两种截获检测器时，具有最大 P_d 的那个检测器就被确定为最佳检测器。

Neyman-Pearson 准则非常接近地表示了典型系统的需求，但通常很难评估，而且在权衡分析中会混淆其重要作用。因此，人们常常使用其他的性能测试，如输出 SNR 来代替。通过使输出 SNR 最大可以确定多个检测器中最佳的，或特定检测器中的最佳实现。

下面证明输出 SNR 对于评估和优化特定检测器类非常有用，而应用到不同类的检测器时是不恰当的。这是因为不同的检测器类，判决变量的分布可能不同。

Rifkin 公布了对信号截获三种类型截获行为的分析[26]，特别研究了辐射计以及用于检测 DSSS BPSK/QPSK 的信号特征检测器两种形式，如图 7.30 所示。两种特征检测器在结构上相似，如图 7.31 所示。频率加倍器的特征形成器阐述在图 7.32 中，而码片率检测器的特征形成器如图 7.33 所示。本节研究这三种截获检测器的两种性能测量、输出 SNR 和检测概率。

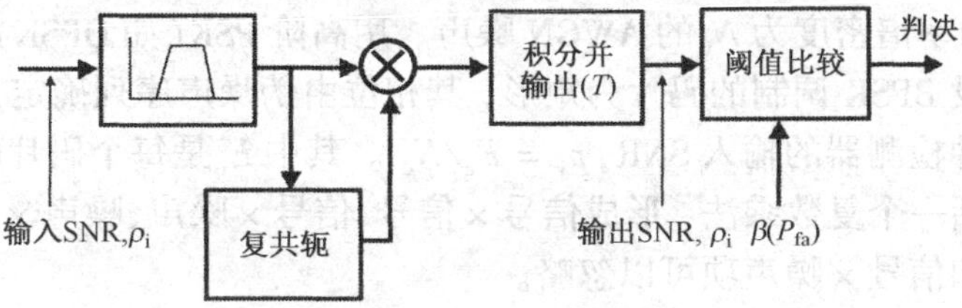

图 7.30 Rifkin 辐射计(引自[26]。©IEEE 1994，获许引用)

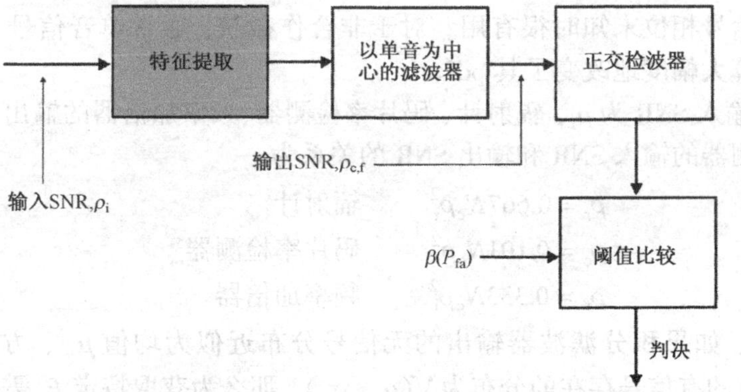

图 7.31 特征检测器(引自[26]。©IEEE 1994，获许引用)

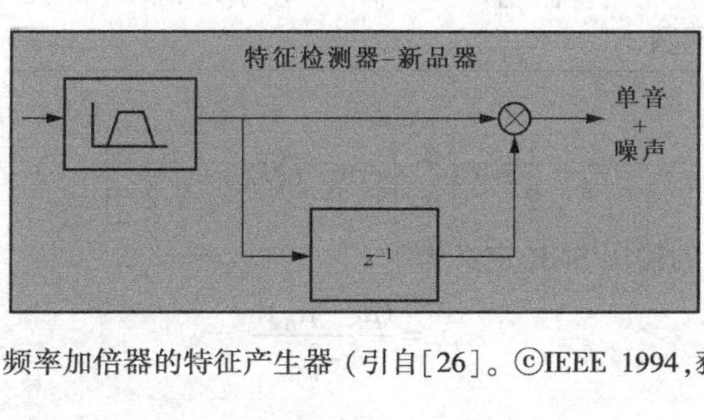

图 7.32 频率加倍器的特征产生器(引自[26]。©IEEE 1994，获许引用)

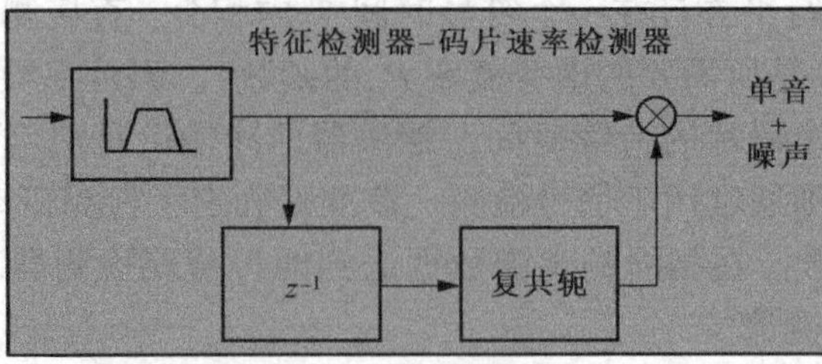

图 7.33 码片率检测器的特征产生器(引自[26]。©IEEE 1994,获许引用)

假设:①噪声是功率已知或被估计出的 AWGN;②感兴趣信号的功率谱密度是已知的;③对于 DSSS,典型的 SNR 远小于单位 1;④观察时间远大于码片持续时间。

如 Rifkin 所确定的那样,验证了一些特定的例子。在同等输出 SNR 的条件下,对于判决变量利用 Neyman-Pearson 准则的辐射计性能不如特征检测器。然而,当 Neyman-Pearson 准则在同等输入 SNR 时,辐射计总是具有较好的特征检测。

7.7.2.1 检测器结构

图 7.30 和图 7.31 给出了所有三种检测器的结构。每一种检测器的输入都以 BPSK 调制信号,具有单边带功率谱密度为 N_0 的 AWGN 噪声。用高阶 PSK(如 QPSK)进行 DSSS 调制,结果也不会改变。假设 BPSK 调制的码片为矩形,其相位由伪噪声序列确定,序列时钟速率远高于符号速率。每一种检测器的输入 SNR,$p_i = E_c/N_0$。其中 E_c 是每个码片的能量,满足 $p_i \ll 1$。每种截获检测器包括一个复数乘法,形成信号×信号、信号×噪声、噪声×噪声项;低输入 SNR 表示信号×信号项和信号×噪声项可以忽略。

对辐射计输出的复数乘法积分后可以直接与阈值比较做出判决。然而,特征检测器产生的单音必须进一步处理以形成判决变量,如图 7.32 和图 7.33 所示。二次检测形成输入幅度的平方,在单音信号相位未知时很有用。对于非合作截获,通常单音信号相位是未知的。然而,幅度平方运算大幅度地改变了其 pdf。

设检测器的输入 SNR 为 ρ_i,辐射计、码片率检测器、频率加倍器的输出 SNR 分别为 ρ_r,ρ_c 和 ρ_f,则三种检测器的输入 SNR 和输出 SNR 的关系为

$$\rho_r = 0.667 N_c \rho_i^2 \quad \text{辐射计} \tag{7.97}$$

$$\rho_c = 0.101 N_c \rho_i^2 \quad \text{码片率检测器} \tag{7.98}$$

$$\rho_f = 0.333 N_c \rho_i^2 \quad \text{频率加倍器} \tag{7.99}$$

对于辐射计,如果积分滤波器输出的无信号分布近似为均值 μ_n,方差 σ_n^2 的正态分布 $\mathcal{N}(\mu_n, \sigma_n)$,对应的有信号存在的分布为 $\mathcal{N}(\mu_s, \sigma_s)$,那么为获取特定 P_{fa} 需要的阈值为[26]

$$\beta(P_{fa}) = \sqrt{2}\sigma_n \operatorname{erfc}^{-1}(2P_{fa}) + \mu_n \tag{7.100}$$

式中 erfc(·)是复错误函数。

检测概率为

$$P_d = \frac{1}{2}\operatorname{erfc}\left\{\frac{\sigma_n}{\sigma_S}\left[\operatorname{erfc}^{-1}(2P_{fa}) - \sqrt{\frac{\rho_r}{2}}\right]\right\} \tag{7.101}$$

式中辐射计判决变量 ρ_r 的输出 SNR 定义为

$$\rho_r = \frac{(\mu_S - \mu_n)^2}{\sigma_n^2} \tag{7.102}$$

因为输入 SNR ≪0，复乘法器输出的信号 × 信号、信号 × 噪声项都可以忽略，因此 $\sigma_n \approx \sigma_s$。因此，式(7.101)简化为

$$P_d = \frac{1}{2}\text{erfc}\left[\text{erfc}^{-1}(2P_{fa}) - \sqrt{\frac{\rho_r}{2}}\right] \tag{7.103}$$

对于频率加倍器和码片率检测器，复数乘法器的输出是确定的单音和噪声。因为 SNR ≪0，可以忽略信号 × 噪声、信号 × 信号项，根据中心极限定理的证明，假设 $N_c \gg 1$，由于是单音信号，乘法器上信号的 pdf 近似为零均值高斯分布。如果检测判决变量是对两个独立 r. v. s 求平方再相加得到的，那么其结果是 Rice 分布。因此，这两个检测器的阈值为

$$\beta = -2\sigma^2 \ln(P_{fa}) \tag{7.104}$$

式中 σ^2 是判决变量的方差。因此，检测概率为

$$P_d = \int_{-\ln(P_{fa})}^{\infty} e^{-(z+\rho_{c,f})} I_0\left(2\sqrt{z\rho_{c,f}}\right) dz \tag{7.105}$$

三种检测器来自感兴趣信号混合器输出的确定性分量差别很大。对于辐射计，该分量是一个常数(中心大约在 0 Hz)。对于码片率检测器，该分量是一单音序列，中心位于多倍码片率处。对于频率加倍器，该分量也是单音序列，中心位于两倍载频处，偏离两倍码片率。THC 码片率检测器和频率加倍器通常被分类为特征检测器，因为它们都使用了感兴趣信号的信号特征信息(即键控码率和载频)。如图 7.32 和图 7.33 所示，特征检测器利用输入和其延迟版本进行复数乘法以形成可以检测及与门限比较的特征(即一个或多个单音)。

7.7.2.2　结果

图 7.34 给出了 $N_c = 10^6$ 时所考虑的三种检测器输入/输出 SNR 之间的关系。从图 7.34 可以看出，对于所有的输入 SNR，辐射计具有最佳检测性能。然而，判决变量的不同分布会得到其他的结论。图 7.35 给出了 P_d 随着输出 SNR 变化的函数。这些曲线是相交的，因此，有时辐射计较好，而有时特征检测器较好。

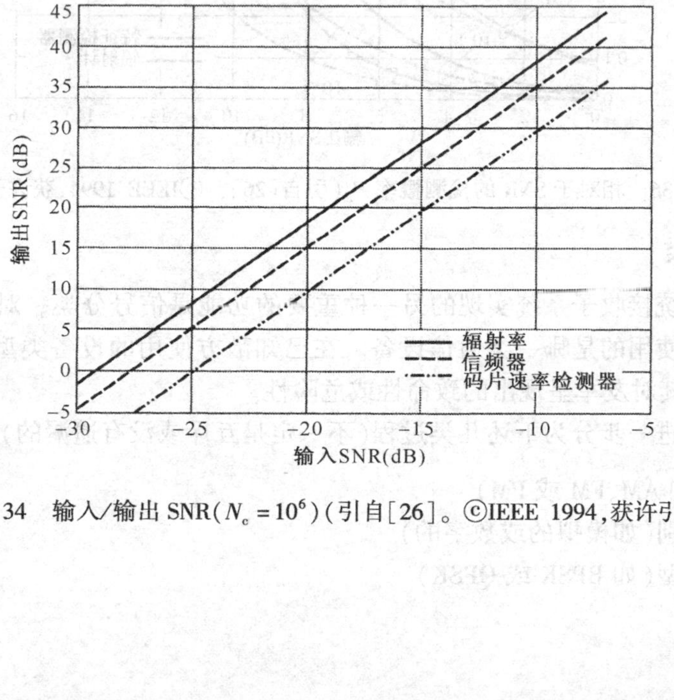

图 7.34　输入/输出 SNR($N_c = 10^6$)(引自[26]。©IEEE 1994，获许引用)

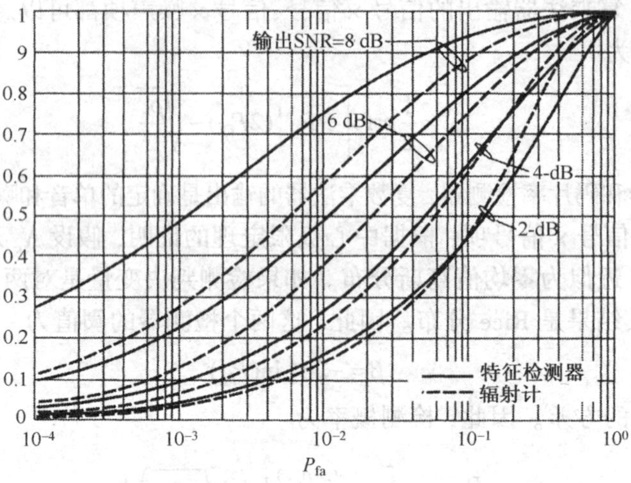

图 7.35　Rifkin ROC(引自[26]。©IEEE 1994 获许引用)

图 7.36 进一步证实了这一结论，图中检测概率曲线相对于输出 SNR，ρ_r 或 $\rho_{c,f}$。曲线是否相交依赖于所选择的 P_{fa}的值，这说明有时辐射计较好，而在其他情形中特征检测器较好。然而，如上所述，相对于输入 SNR 比较检测概率时，辐射计总是较好的(辐射计是 AWGN 中的最佳检测器)。

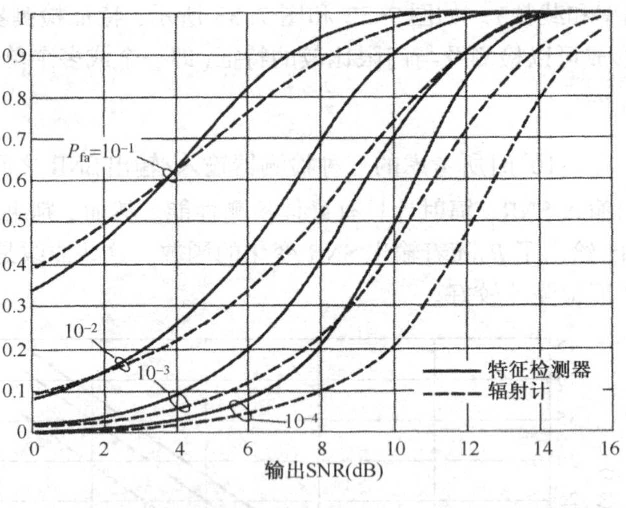

图 7.36　相对于 SNR 的检测概率 P_d(引自[26]。©IEEE 1994，获许引用)

7.7.3　信号分类

通信电子战系统接收子系统实现的另一种重要的功能是信号分类。对信号分类有助于确定 EOB，指明正在使用的是哪一类通信设备。在已知敌方使用的设备类型时，有时要指明对手是谁，或者指明其对友军呈现出的致命性或危险性。

信号分类可以进一步分为下述几类过程(不一定是互斥或没有遗漏的)：

- 调制识别(如 AM、FM 或 PM)
- 信号类型识别(如模拟的或数字的)
- 哪种数字类型(如 BPSK 或 QPSK)

- 哪种调制解调器标准(如 V.32 或 V.90)
- 哪种多路复用类型(如 FDM 或脉冲位置调制 PPM)
- 对 FDM，每信道中的信号类型
- 特定的发射器识别(如发射器序列号)

一般来说，有两种处理信号分类问题的方法。第一种方法有点特别。信号特征的确定大致是通过推理大约可能具有什么意义来实现的，例如，幅度直方图可能会较好地区分开 AM 和其他恒定幅度类型的信号。这是第一步称为特征提取。第一步所提取的计算特征接着被用来实现模式识别，把一种信号和其他信号区分开来。神经网络是一种相当好且速度快的模式识别方法，通常被应用到这种形式的信号分类中。

第二种是基于概率的理论(称为判决理论)的一般性方法。先确定似然比，基于随机信号的概率密度函数建立假设。然后确定代价函数，利用似然比得到最小代价，使该方法在这种意义上是最佳的，其代价被最小化。

仿真实验结果证实，在较低 SNR 条件下后一种方法比前一种方法更具有可操作性。当 SNR 下降到大约 15 dB 时，前一种方法性能趋向于下降。至少在仿真中后一种方法在 SNR 小于 0 时还能正常运行。当涉及长目标范围时，这种分类器在低 SNR 条件下工作很重要。分类器越健壮，其应用就越多。

7.7.3.1 模式分类方法

讨论信号检测时，在二进制假设问题即确定信道中信号的存在性中引入了假设检验的概念。信号分类的问题也可以用类似的术语表述，虽然需要推广到多个假设。本例有 N 种假设：选择 $N-1$ 个信号类型中的一个，以及选择第 N 个信号，即“不是前面的任一个”。

作为简单的例子，假设感兴趣的分类如下：AM，DSB，AM SSB，宽带 FM(BW >100 kHz)，窄带 FM(BW <100 kHz)。那么，假设 H_1 表示 AM DSB，H_2 表示 AM SSB，H_3 表示宽带 FM，H_4 表示窄带 FM，H_5 表示其他(不能确定的或不是规定信号类型的信号)。

这些分类方法的第一步是提取有关的特征。对于这个简单的例子，包含下面的这些特征：p_1 为调制前信号的带宽，p_2 为 AM 解调器输出的 SNR，p_3 为 FM 解调器输出的 SNR。

图 7.37 以图表方式说明了这一点，默认的带通滤波器带宽适合于信号无失真地通过。本例中，BW = 150 kHz 可能正合适。

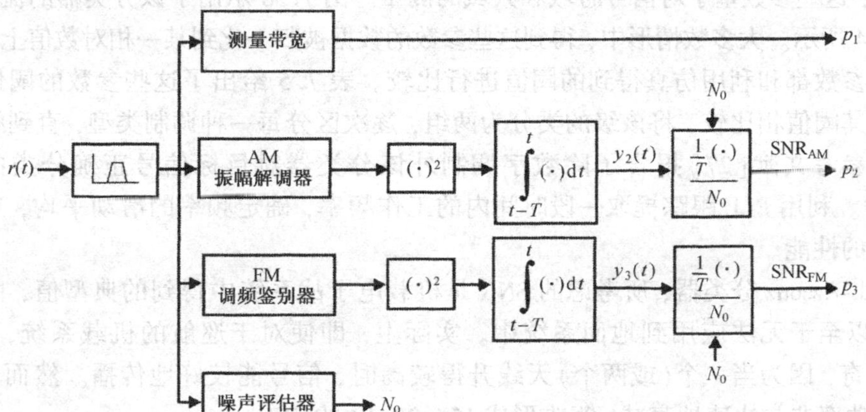

图 7.37 简单的模式识别信号分类器

利用这些特征在假设中进行选择的逻辑步骤如下。在这一简单方案中，模拟 AM SSB 带宽可能很窄，因此信号的带宽将是一个重要的判符。窄带 FM 比宽带 FM 具有较窄的带宽测度。这些特点和 AM 及 FM 解调器输出端的 SNR 组合起来，确定信号存在的类型。在那些可能混淆的情形中，分类器指明不确定的结果，该结果可能是该情形中所需要的输出。本例中，SNR 计算的阈值电平为 6 dB。实际上，这是一个要从实验中确定的阈值。表 7.3 给出了所要实现过程的全部逻辑推理。

表 7.3 示例分类器的假设选择

p_1	p_2	p_3	选 择
<5 kHz	<6 dB	<6 dB	H_5
<5 kHz	<6 dB	>6 dB	H_4
<5 kHz	>6 dB	<6 dB	H_2
<5 kHz	>6 dB	>6 dB	H_5
>5 kHz 和 <100 kHz	<6 dB	<6 dB	H_5
>5 kHz 和 <100 kHz	<6 dB	>6 dB	H_4
>5 kHz 和 <100 kHz	>6 dB	<6 dB	H_1
>5 kHz 和 <100 kHz	>6 dB	>6 dB	H_5
>100 kHz	<6 dB	<6 dB	H_5
>100 kHz	<6 dB	>6 dB	H_3
>100 kHz	>6 dB	<6 dB	H_1
>100 kHz	>6 dB	>6 dB	H_5

与其他通信信号处理的问题一样，对信号准确分类形成障碍的主要原因是噪声。上述例子中，有 SNR 计算中所用的噪声电平估计 N_0存在是非常明显的。该噪声已在第 2 章中讨论过。因为在所有实际的通信信号中，噪声总是存在的，通常信号分类所计算的参数都是统计性的。例如，信号在短时间区间内的各阶统计矩就是常用的参数，最常用的是二阶矩，有时也使用较高阶矩。

Nandi-Azzouz 分类器

Nandi 和 Azzouz 提出了一种通信信号自动分类算法[27~29]。该算法将问题划分为 13 种模拟和数字调制类型：AM、FM、MFSK($M=2, 4$)、MASK($M=2, 4$)、DSB、LSB、MPSK($M=2, 4$)、残留边带(VSB)以及组合调制。其中，组合是指信号同时在幅度和相位上都有调制。有 9 种参数用于实现信号分类，这些参数基于对信号时域和频域的测量。图 7.38 示出了该分类器的流程，其参数定义如表 7.4 所示。大多数情形中，得到这些参数的数据被归一化到某一相对数值上。

每一个参数都和利用仿真得到的阈值进行比较。表 7.5 给出了这些参数的阈值。每一级一个参数与其阈值相比较，将该级的类分为两组，逐次区分每一种调制类型，直到组中只剩下一种类型。参考文献[27]报告了除数字调制外该分类器对目标信号正确分类的结果，如图 7.39所示。利用 PLL 跟踪提取一段时间内的工作频率，确定频率的滑动平均，这些参数可获得非常好的性能。

对 Nandi-Azzouz 分类器，所考虑的 SNR 是机载电子战系统中得到的典型值，由于这些典型值太大，以至于无法应用到地面系统中。实际上，即使对于巡航的机载系统，15 ~ 20 dB SNR 并不稀奇，因为当一个(或两个)天线升得较高时，信号能较好地传播。然而，对于地对地的应用，功率非常快速地衰减，很难形成 15 ~ 20 dB 的 SNR。

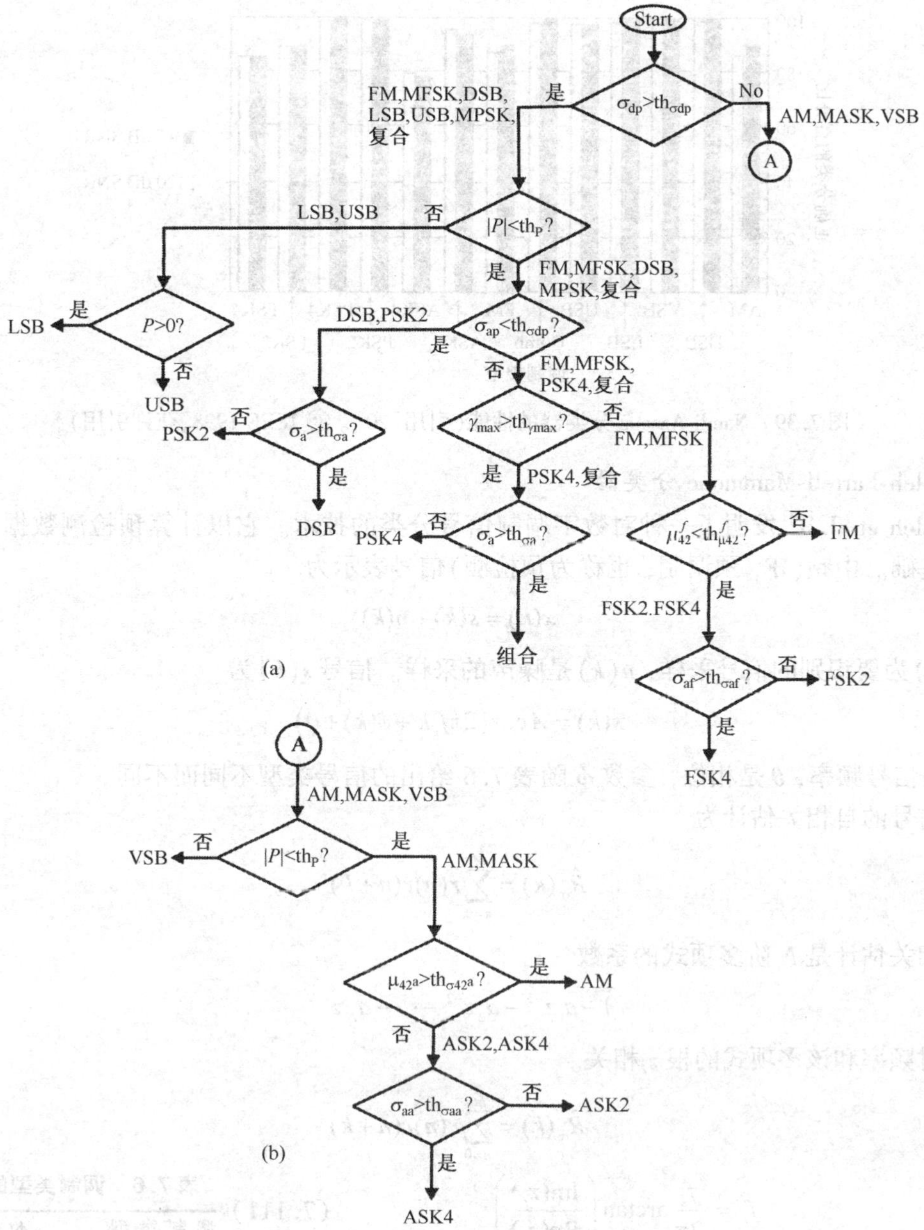

图 7.38　(a) Nandi-Azzouz 信号分类器流程；(b)流程的另一部分

表 7.4　Nandi-Azzouz 模式识别信号分类器的参数

参　数	定　义
γ_{max}	零中心瞬时幅度的 PSD 最大值
σ_{ap}	瞬时相位绝对值的标准差
σ_{dp}	瞬时相位的标准差
P	信号谱的对称性
σ_{aa}	瞬时幅度绝对值的标准差
σ_{af}	瞬时频率绝对值的标准差
σ_a	瞬时幅度的标准差
μ_{42}^{a}	瞬时幅度的 Kurtosis 值
μ_{42}^{f}	瞬时频率的 Kurtosis 值

表 7.5　Nandi-Azzouz 分类器参数的阈值

参　数	阈值(th_i)
γ_{max}	2.5
σ_{ap}	π/5.5
σ_{dp}	π/6
P	0.6
σ_{aa}	0.13
σ_{af}	2.15
σ_a	2.03
μ_{42}^{a}	0.25
μ_{42}^{f}	0.4

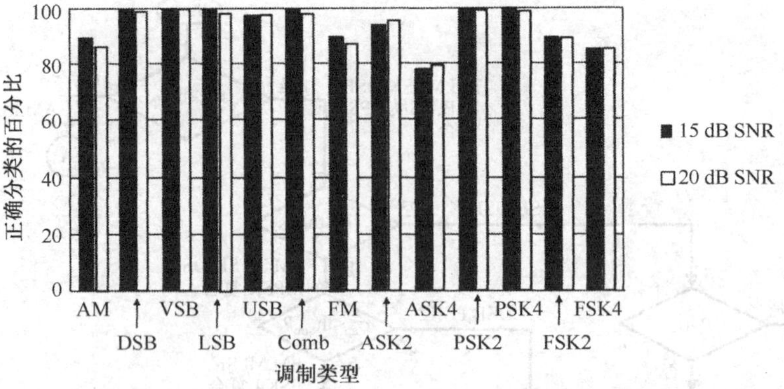

图 7.39 Nandi-Azzouz 分类器的性能(引用[20]。© IEEE 1998,获许引用)

Assaleh-Farrell-Mammone 分类器

Assaleh et al.[30] 发明了一种对数字调制信号分类的技术。它以计算预检测数据的自相关系数为基础。中频(IF,预调制,也称为预检测)信号表示为

$$x(k)=s(k)+n(k) \tag{7.106}$$

式中 $s(k)$ 为要识别的信号采样,$n(k)$ 是噪声的采样。信号 $s(k)$ 为

$$s(k)=A\cos\left(2\pi f_c k+\phi(k)+\theta\right) \tag{7.107}$$

式中 f_c 是信号频率,θ 是相位,参数 ϕ 随表 7.6 给出的信号类型不同而不同。

该信号的自相关估计为

$$\hat{R}_{rr}(k)=\sum_{n=0}^{M}r(n)r(n+k) \tag{7.108}$$

这些自相关估计是 N 阶多项式的系数

$$1-a_1z^{-1}-a_2z^{-2}-\cdots-a_Nz^{-N} \tag{7.109}$$

平均瞬时频率和该多项式的根 z_i 相关。

$$\hat{R}_{rr}(k)=\sum_{n=0}^{M}r(n)r(n+k) \tag{7.110}$$

$$f_i=\frac{f_s}{2\pi}\arctan\left(\frac{\mathrm{Im}(z_i)}{\mathrm{Re}(z_i)}\right) \tag{7.111}$$

根的带宽为

$$\mathrm{BW}_i=-\frac{f_s}{\pi}10\lg\left[\frac{1}{\mathrm{Im}^2(z_i)+\mathrm{Re}^2(z_i)}\right] \tag{7.112}$$

表 7.6 调制类型的相移值

调制类型	$\phi(k)$
CW	0
BPSK	$0,\ \pi$
QPSK	$0,\ \pm\pi/2,\ \pi$
BFSK	$\pm 2\pi f_d k$
QFSK	$\pm\pi f_d k,\ \pm 2\pi f_d k$

式中 f_s 是采样率。表 7.6 正是用这两个参数对信号进行分类的。分类算法如图 7.40 所示,通常采用二阶模型($N=2$)已经足够。

图 7.41 给出了针对所考虑的信号分类器的仿真性能,其中 SNR 为 15 dB,对许多电子战应用这是相当高的(一般要求目标距离较远,通常在 10 dB SNR 左右)。在试验条件下可以得到几乎完美的分类。然而,在噪声环境中,该算法的鲁棒性没有测试。

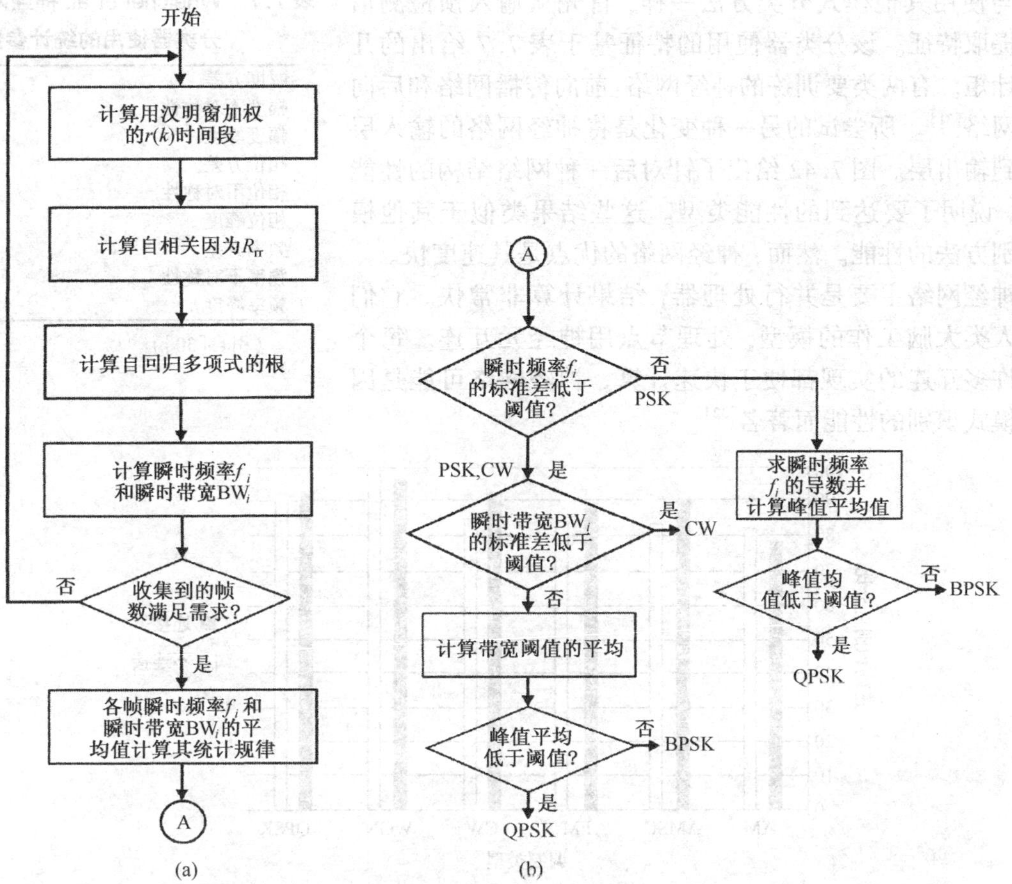

图 7.40　(a) Assaleh-Farrell-Mammone 信号分类器的流图；(b)该分类器的另一部分(引自[30]。©IEEE 1992，获许引用)

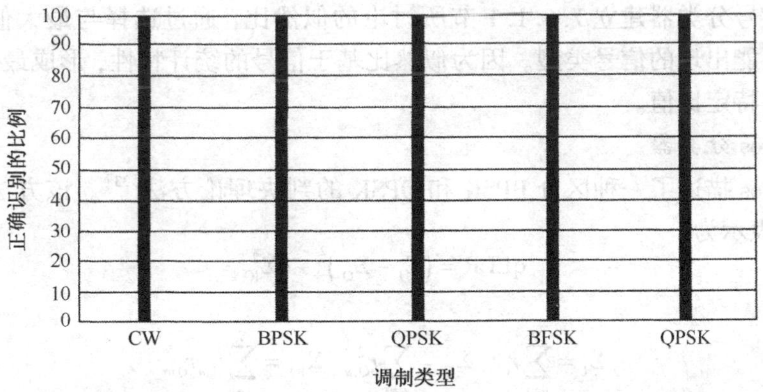

图 7.41　Assaleh-Farrell-Mammone 分类器的仿真性能结果(引自[30]。©IEEE 1992，获许引用)

Whelchel-McNeill-Hughes-Loos 分类器

Whelchel et al. [31] 描述了利用神经网络实现调制的分类器。该分类器涉及的信号是 AM、AM SC、FM、CW、WGN(宽带高斯噪声)以及 QPSK。在所描述的两个实验中，信号的 SNR 是 23 dB 和 30 dB，具有较高的 SNR 值。

与使用其他模式分类方法一样，首先从输入预检测信号中提取特征。该分类器使用的特征基于表7.7给出的几种统计矩。有两类要训练的神经网络:前向传播网络和后向传播网络[31]。所尝试的另一种变化是将神经网络的输入层连接到输出层。图7.42给出了针对后一种网络结构的性能结果，说明了要达到的性能类型。这些结果类似于其他模式识别方法的性能。然而，神经网络的优点是其速度快。

神经网络主要是并行处理器，结果计算非常快。它们模仿人类大脑工作的模型，处理节点用神经元互连。每个节点许多互连的实现都便于快速计算。神经网络可能是因为其模式识别的性能而著名[32]。

表7.7 Whelchel et al.神经网络分类器使用的统计参数

幅度方差
幅度不对称性
幅度峰度
相位方差
相位不对称性
相位峰度
频率方差
频率不对称性
频率峰度

(引自[30])

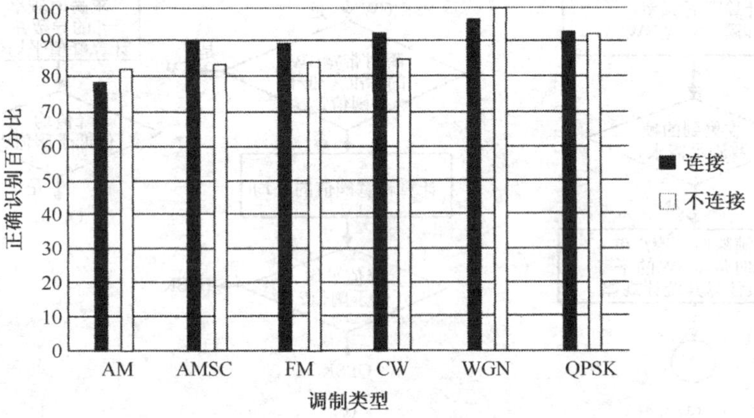

图7.42 Whelchel et al.神经网络信号分类器的性能(引自[31]。©IEEE 1989,获许引用)

7.7.3.2 判决理论法

判决理论信号分类器建立7.6.1.1节所讨论的似然比，通过选择与最大似然比相对应的信号来计算最可能出现的信号类型。因为似然比基于信号的统计特性，形成最优判决，最优性能依赖于所用的特定比值。

Kim-Polydoros 分类器

Kim-Polydoros 描述了一种区分BPSK和QPSK的判决理论方法[33]。该方法所确定的准似然比(qLLR)可表示为

$$\text{qLLR} = \left(\Sigma_{\text{I}} - \Sigma_{\text{Q}}\right)^2 + 4\Sigma_{\text{IQ}}^2 \tag{7.113}$$

其中

$$\Sigma_{\text{I}} = \sum_{n=1}^{N} r_{1,n}^2 \quad \Sigma_{\text{Q}} = \sum_{n=1}^{N} r_{\text{Q},n}^2 \quad \Sigma_{\text{IQ}} = \sum_{n=1}^{N} r_{1,n} r_{\text{Q},n} \tag{7.114}$$

输入 $r(t)$ 匹配滤波器的输出复包络为

$$\tilde{r}_n = r_{1,n} + j r_{\text{Q},n} \tag{7.115}$$

且分量为

$$r_{1,n} = \int_{(n-1)T_s}^{nT_s} r(t)\cos(2\pi f_c t)\mathrm{d}t \; r_{\text{Q},n} = \int_{(n-1)T_s}^{nT_s} r(t)\sin(2\pi f_c t)\mathrm{d}t \tag{7.116}$$

式中 f_c 是载频，$n = 1, 2, \cdots, N$，N 是被处理的符号数。

参考文献[28]把Kim-Polydoros分类器和其他两种分类器进行了比较。所参考的平方率分类器(SLC)只是对输入信号进行平方。因为 $\cos^2 x = [1 + \cos(2x)]/2$，实质上它就是信号倍频。如果在倍频信号中找到显著分量，那么，输入频率就是 x。对于BPSK，倍频项的数据率是输入的2倍，而对于QPSK，倍频项的数据率是输入的4倍。另一种被讨论的简单分类器是基于相位的分类器(PBC)，它直接基于从符号到符号之间的相位变化而工作的。生成这些相位变化的直方图，基于这些直方图判断该信号是BPSK还是QPSK。该方法仿真结果如图7.43所示，其中所包含的符号数 $N = 100$。由此可知，即使SNR低到 -5 dB，qLLR算法也可以得到高于80%的正确分类，其性能远远胜过其他两类。

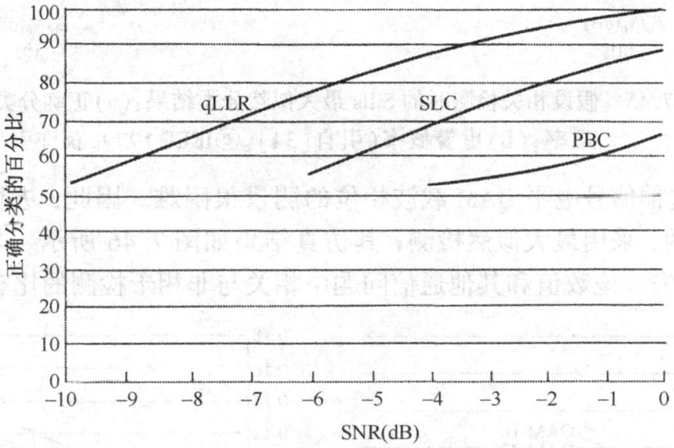

图7.43 Kim and Polydoros分类器的性能(引自[33]。©IEEE 1988,获许引用)

Sills 分类器

Sills比较了所感兴趣的调制为三种PSK和三种QAM信号[30]时相干和非相干最大似然调制分类的性能。特别地，所研究的调制如图7.44所示。相关最大似然分类器是传统类型的分类器，它在给定相关检测器输出的条件下，使特定调制类型的概率最大化。其中，假设信号所有参数都已知，包括载波相位。仿真结果如图7.45所示。当在SNR大于10 dB的时段内，至少在90%的时间内所有的信号均可被正确分类。

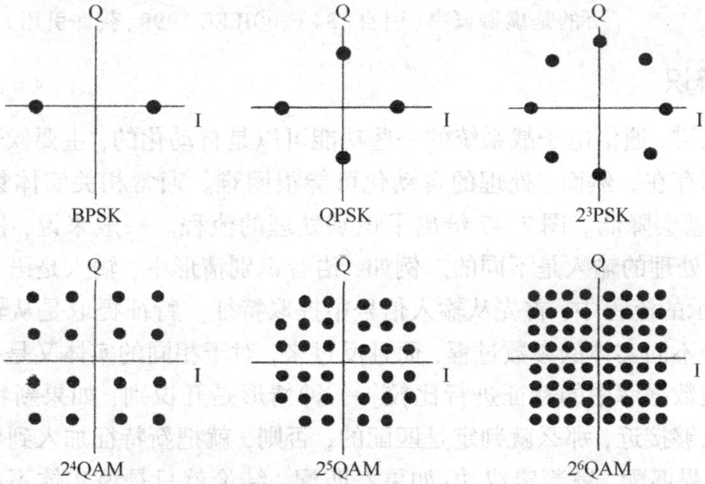

图7.44 Sills用于信号分类所考虑的标准调制对应的星座图(引自[34]。©IEEE 1999,获许引用)

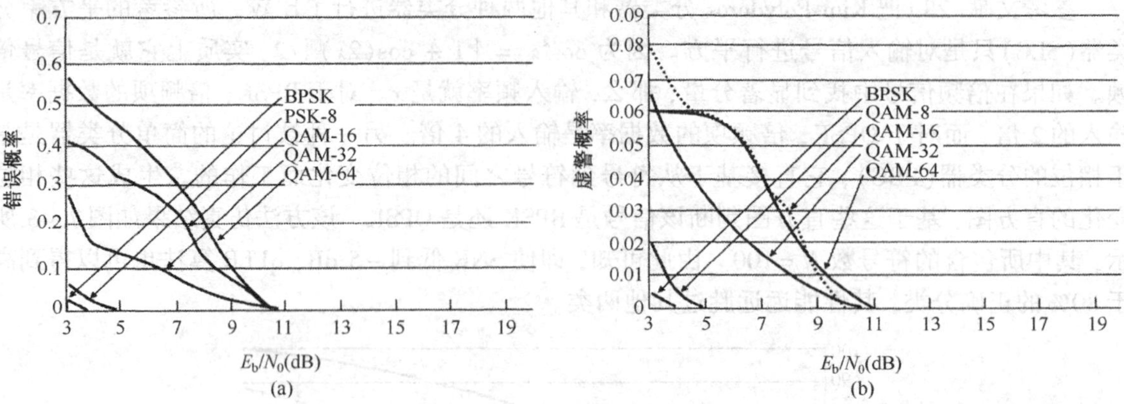

图 7.45 假设相关检测时的 Sills 最大似然分类结果:(a)正确分类的概率;(b)虚警概率(引自[34]。©IEEE 1999,获许引用)

确切地说,对这种信号电平 QAM 载波相位的测量很困难。因此,进行了第二种仿真,假设载波相位是未知的,采用最大似然检测,其仿真结果如图 7.46 所示。与相干情形相比,大约有 3 dB 的性能损失。该数值和其他通信问题中相关与非相干检测的比有所不同。

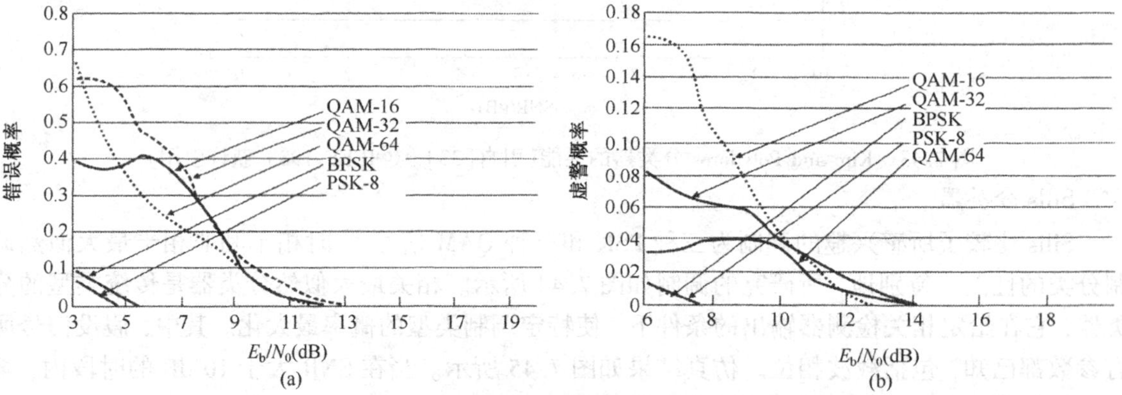

图 7.46 Sills 非相关最大似然分类:(a)所示的是正确概率;(b)所示的是虚警概率(引自[34]。©IEEE 1999,获许引用)

7.7.4 识别/辨识

从某种程度上讲,通信电子战系统的一些功能可以是自动化的,主要候选的处理功能是可以识别或鉴别实体存在。然而,处理的自动化可能很困难。通常相关实体集合的大小是有限的,否则,其性能就会降低。图 7.47 给出了识别处理的流程。一般来说,依赖于要实现的处理类型,因此这些处理的输入是不同的。例如,语音识别情形中,输入是语音。

在图 7.47 所示的流程中,首先从输入信号中提取特征。特征提取是从输入信号中确定哪些是可以用来区分不同实体的参数过程,而且反过来,对于相同的实体又是一致的。这些特征用来与存储在本地数据库中的特征进行比较。一种情形是开识别,如果新特征和数据库中的实体特征匹配得足够接近,那么就判定是匹配的,否则,就把新特征加入到数据库中。另一种情形是闭识别,如果匹配,就判定成功;如果不匹配,结论就只是该实体不在数据库中,即新特征没有被加到数据库中。

图 7.48 阐述了验证过程的流程。它和识别处理有一点区别，只需要一次比较，即把特征和要验证的特定实体相比较。

当所考虑的实体集合不受限制时是开识别，把某种形式的身份鉴别和所有新遇到的实体相关联。当实体的集合受到限制时是闭识别，要回答的问题是当前的实体是否属于该集合。

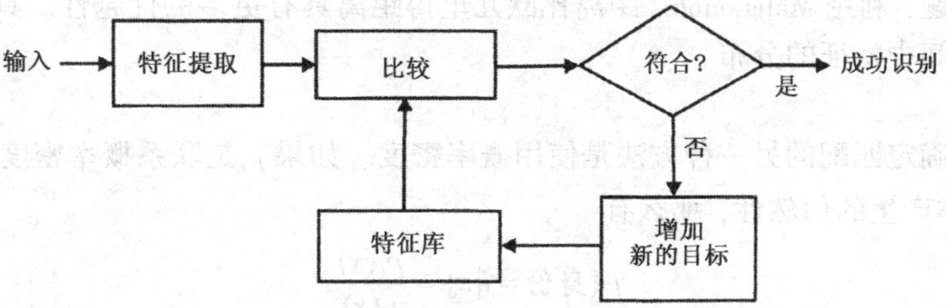

图 7.47　识别/身份鉴别过程的流程

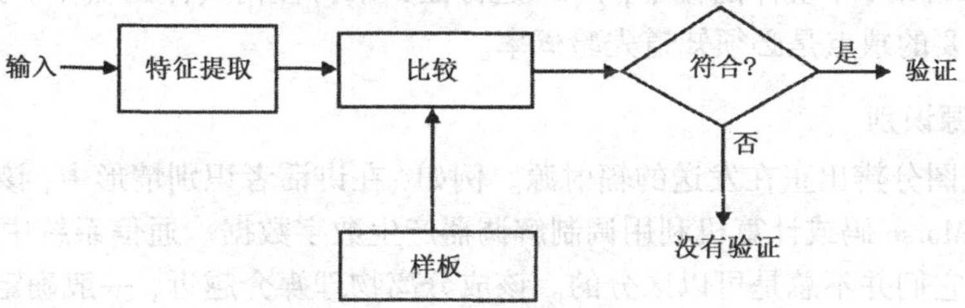

图 7.48　验证过程的流程

7.7.4.1　数学建模

和其他处理过程一样，基于特征将实体分组。这些特征构成一个应该被分割为区域的空间。每一个这样的区域和单个判决相对应。图 7.49 说明了只有两种特征的特征空间。其中黑色的圆点代表每个区域中两种特征的均值，边界将它划分为独立的区域。每一种特征必须足够健壮，以使对于相同的实体是一致的，对于不同的实体具有足够的差异。所示的每一区域与单个实体有关的特征组合相对应。区域之间存在着结果不定的间隙，需要它来表示这种不确定性。可以成功地将神经网络和模糊逻辑应用到识别问题上。实际上，空间可以是 N 维的，其特征构成超空间。

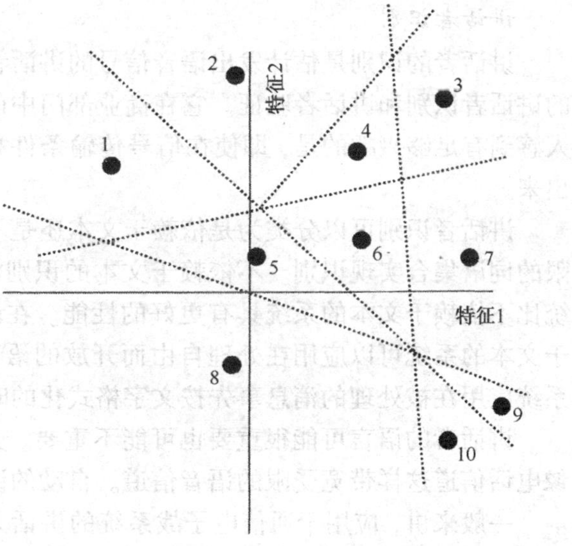

图 7.49　为了身份识别对特征空间进行分割。本例中，有两种特征构成特征空间，区域是现行分割的

统计建模

特征空间任一点 x 和代表特定实体的点 μ 之间的距离可以采用几种方法来计算。最常用的是欧几里得距离，即

$$d_{\mathrm{E}}^2 = (x-\mu)^2 \tag{7.117}$$

另一种是 Mahalonobis 距离，对于 $\boldsymbol{X} = \{x_1, x_2, \cdots, x_n\}$，有

$$d_{\mathrm{M}}^{2}=(\overline{x}-\mu)^{\mathrm{T}}\Sigma^{-1}(\overline{x}-\mu) \tag{7.118}$$

式中 μ 和 Σ 分别是训练特征的均值和方差，$\bar{x}$ 是特征矢量的均值。

与点 $(x_1, x_2, \cdots, x_n)$ 等欧几里得距离的点构成一个半径为 d_E、中心为该点的超圆。与该点等 Mahalonobis 距离的点构成一个超级椭圆。轴线由特征矢量和协方差矩阵 Σ 的特征值确定。对某些问题，利用 Mahalonobis 距离比欧几里得距离具有更多的优越性。具体使用哪一种依赖于特征空间中特征的分布。

概率建模

利用特征确定匹配的另一种方法是使用概率密度。如果 p_i 是联系概率密度，$p_i(x)$ 是特征 x 由第 i 个实体产生的似然性，那么有

$$P\{\text{身份}=i|x\}=\frac{p_i(x)}{p(x)}P_i \tag{7.119}$$

式中 P_i 是输入来自第 i 个实体的概率，$p(x)$ 是特征 x 来自任何实体的概率。这是 Bayes 规则，如前所述，其主要的缺点是必须知道先验概率。

7.7.4.2 辐射源识别

这一功能试图分辨出正在发送的辐射源。例如，在讲话者识别情形中，该辐射源可能是人的语音、键控的 Morse 码或计算机利用调制解调器产生数字数据。通信系统中每一成分都有其自身的特征，但它们并不总是可以区分的。该成分离物理媒介越近，一般确定其特征越容易。

辐射源识别技术的性能依赖于要识别的类型。机器特征一般比系统用户强加的特征更可靠。

讲话者识别

讲话者的识别是估计发出语音信号的讲话者身份的过程[35]。该功能可以分为前面所讨论的讲话者识别和讲话者验证。它在商业部门中的应用是用于银行业务自动化和语音邮件。令人感到有足够兴趣的是，即使在信号传输条件相当差的时候，也几乎没有困难将讲话人识别出来。

讲话者识别可以分类为是依赖于文本还是不依赖于文本。依赖于文本的系统允许只用有限的词语集合实现识别。不依赖于文本的识别没有这样的约束。一般来说，依赖于文本的系统比不依赖于文本的系统具有更好的性能。在电子战通信系统中，两种需求都存在。不依赖于文本的系统可以应用在处理自由而开放的语音时，在很多情况中都可应用。依赖于文本的系统应用在被处理的消息事先按文字格式化的时候，如炮兵要求开火。

讲话者的语言可能很重要也可能不重要。人类能相当好地识别他人的语音，即使是通过像电话信道这样带宽受限的语音信道。自动的讲话人识别的目标是要使机器也去做同样的事。

一般来讲，应用于通信电子战系统的讲话人识别应该是不依赖于文本且是健壮的。后者意味着性能随着 SNR 降低必须平滑地衰减。前者要求不是必需的，但这种情况比较特殊。

与通过噪声与干扰普遍存在的无线信道相比，在相当平静无噪的信道中(如电话线中)的识别问题则显得更加容易一些。然而，通过电话线，信道的变化也可能是一个问题。随着数字电话和光纤电话基础结构的出现，电话线上的噪声很快成为过去的问题(在发达国家以及不发达国家城区的任何地方)。

一般以 20 ms 采样来计算语音频谱。通常用于讲话者识别的特征是基于对数倒谱。对数倒谱包含着语音时延信息。如果帧代表语音信号的一个时间片段，则

$$\text{对数倒谱(帧)} = \mathrm{FFT}^{-1}(\lg|\mathrm{FFT}(\text{帧})|) \tag{7.120}$$

一般只需要保留前几个对数倒谱系数作为特征。对数倒谱用于估计讲话者声道参数。对数倒谱后续的计算分别从与声道有关的以及与音调信息有关的语音参数中获得。

人类发音的一种模型是让空气通过声带产生的周期性脉冲。声道对这些脉冲滤波，正是声道的参数将一个人和另一个人区分开。这些过程可以看作为(短期)线性时变过程，因此，如果$P(f)$表示声带产生发出的脉冲的傅里叶变换，且$T(f)$表示声道的滤波函数，那么有

$$S(f)=P(f)T(f) \tag{7.121}$$

式中$S(f)$是语音信号$s(t)$的傅里叶变换。用对数表示为

$$\lg[S(f)]=\lg[P(f)]+\lg[T(f)] \tag{7.122}$$

周期性脉冲在$\log[P(f)]$谱中产生峰值，而声道的特征在第二项中，由变化很慢的变量表示，因此由对数倒谱的形状表征，也由较低的对数倒谱分量值表征。在该过程中，log|FFT|的较高频率成分被抑制，因为人们觉得人声的低频成分具有更有用的信息。最终结果称为 mel 对数倒谱。这种方法产生的特征构成特征空间的点。理想地讲，该空间中单个而明确的点代表一个讲话人，但是定义不明确的边界可能会产生混淆的结果。

莫尔斯码发报员识别

莫尔斯码是发送表示某种语言，如英语编码的点画线。除了和用于发射码字的发射机有关的那些特征外，按键人员的特征有时也可用于区分发报员。特定的发报员可能会具有一致的点画周期，可以和其他这类发报员区分开来。特定的符号序列可能具有可重复的特征，可用于识别。在英语中，u(··–)字符几乎总是跟着 q(··–·)，这一序列总是由特定莫尔斯码发报员以独特的方式(如速度)发出。码符的持续时间是另一种可能的参数。

按键本身具有可以使用的可测特征。当然，识别按键，不必识别操作员，但从信息观点也是有用的。

对于特定的发射机，开启和切断时射频载波幅度的暂态过程可能是唯一的，这足以用来区分不同的发射机，对识别也是很有用的。图7.50说明了这样的几种情形。两个开启的暂态过程，而切断时的状态也是显然各异的。如果这些特征在一段时间内是可重复的(越长越好)，那么它们就可以用来跟踪目标。通常诸如此类的特征是不变的，除非对系统进行了维修，改变了对建立这种行为有影响的任何一个元件。

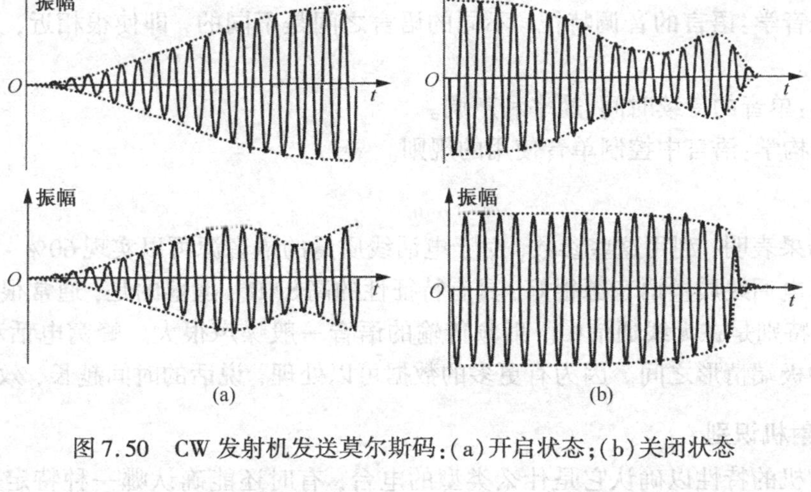

图7.50 CW发射机发送莫尔斯码：(a)开启状态；(b)关闭状态

机器(计算机)识别

当计算机利用调制解调器通信时，调制解调器的特征可以代表可用于识别的特征。FSK 调制解调器中的音调频率是一种简单的例子。这些音调每次发送时不同，但呈现出可测量的统计特性。

在 PSK 调制解调器中的移相或 QAM 中的移相和幅度变化也具有统计特征。两种这类调制解调器具有图 7.51 所示的星座，可以提取其特征用于识别。例如，一种特征可以只是幅度。另一种特征是星座点离中心的距离。

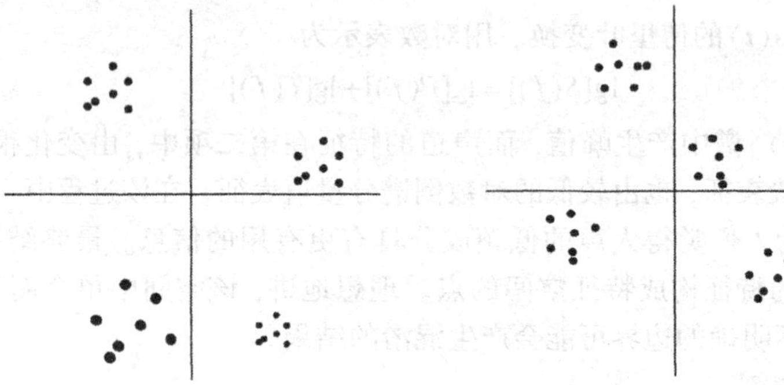

图 7.51 呈现不同特征的两种 QAM 或 PSK 星座，可能对调制解调器识别有用

即使没有使用调制解调器，通信媒体直接用数字信号驱动(如 V.90)，信源会包含可识别的特征。系统时钟的定时抖动对某个或一类机器来说是唯一的。波特率特性是可用的特征性幅度移变，也可能包含特征。

7.7.4.3 语言识别

对传输内容很重要的情形，且传输是语音会话，有必要首先确认会话以哪种语言进行[36]。因此，自动语言识别是必要的。这一点在可以自动翻译时特别必要。语言识别和自动翻译系统也可以应用到手写的文本上。这里，它不是感兴趣的情形。

对商业部门，语言识别也很重要，例如，对于电话公司，利用正确的语言，呼叫可以路由到操作员。对于国际商业交易，也是同样的。

语言识别的特征通常基于语言的声学特征。声学特征是一种语言区别于所有其他语言的唯一特征。确认声学特征可能的信息源如下：

- 声学语音学：语言的音调特征，不同的语言之间是不同的，即使很相近，所用的频率也会不同。
- 韵律学：单音的持续时间、速率和声调。
- 音位结构学：语言中控制单音使用的规则。
- 词汇。

近期的结果表明，利用这些参数，对于电话线质量的语音源可以实现 60%～80% 的正确语言分类。通常电话线质量语音源很好，具有特征性的高 SNR。遗憾的是，通常很难获得电话线质量的语音，特别是在无线通信中。射频传输的语音一般噪声很大。蜂窝电话和 PCS 电话语音介于这两种极端情形之间。因为有更多的数据可以处理，说话的时间越长，效果越好。

7.7.4.4 发射机识别

分析发射机的特性以确认它是什么类型的电台，有时还能确认哪一种特定的发射机。发射机类型的识别可有助于确定 EOB。当发射机可以和特定的单位相关联时，识别出过去已经截获的特定发射机，可有助于在一段时空内跟踪战场单位。

类型

某些参数有助于识别出发射机的类型，它包括带宽、工作频率、调制类型(如 AM，FM 与 FSK)和功率电平。随着软件可编程无线电技术的出现，由于它可模拟其他无线电台的波形，这就又可能将使电台类型的识别变得较为困难。

工作频率是构建发射机目的的指示。例如，接收到 VHF 频率范围低端的信号表明该电台可能是军用系统。接收到 130 MHz 范围的信号表明该电台可能用于航空交通管制。

调制类型的识别可用于利用类型来隔离发射机。即使同一类电台，由于用于调制器的元件变化，调制系数也会有某种变化。

对于上述发送莫尔斯码的发射机，在 PTT 无线网络中的暂态过程也用做特征。对 CW 或 AM 发射机，图 7.50 给出的特征可以用于 PTT 网络。对于 FM 情形，信号首先要解调，但解调输出会呈现出类似于图 7.50 所示的特征。频谱中任何位置上非有意的单音可能表明发射机中特定振荡器，很可能对同一类发射机是唯一的。

细节

一旦检测到发射机，提取出参数，如果第二次截获它，可以再一次识别出特定的发射机。如果特定的发射机和使用它的单位可以建立关联，那么就可以在一段时间内跟踪特定的单位或人。人们太希望能自动提取特征，因为主要区域偶然事件(MRC)中发射电台太多，以至于操作员很难提取特征。为了对发射机类型进行识别和其他目的，这些特征很可能包括上述参数的精细测量。

对于 MFSK，可以确定频率单音的统计变化。其自然方法是用前面讨论过的 FFT。有些脉冲发射机在脉冲上呈现出非有意的调制。由于众多的原因，这种调制可能是发射机产生的低幅度 AM 或 FM 信号。

发射机滤波器呈现出振铃效应。多数宽带发射机在最后一级放大器输出和天线之前采用调谐滤波器。其目的是实现天线和放大器之间的匹配，以达到将最大功率传输到天线。这些滤波器一般带宽非常窄，因此具有很高的 Q 值。高 Q 值滤波器易于振铃或振荡。这种振铃会大到足以能检测到，在特征识别中是有用的。

语音 PTT 网络中的背景噪声含有电台工作周边区域[在坦克内或在繁忙的战术作战中心(TOC)中就是例子]的非自然因素。而在较长的时间内，这些特征很可能会改变(如 TOC 中的背景噪声)，在短暂的条件下，它们对于跟踪目标是有用的。

预检测信号的频谱形状是可测量的，包含了有用的特征。对无线电台的选择性是由调制过程中滤波器特性曲线有多尖锐来决定的。如果信号频谱的下降沿是陡峭的，表明电台是有选择性的，相反下降沿较宽，可能表明是另一类电台。为了消除调制效应，需要将用于此目的的频谱进行平均。

7.8 结束语

本章为读者介绍了一些通信电子战中与信号处理有关的基础概念。这些系统中可能有大量的信号处理任务是计算傅里叶变换，或者与快速傅里叶变换近似。该变换对于确定信号的频率内容很有用，是许多信号检测功能需求的基础。

在处理通信信号时，总是存在着噪声。有些较新的信号处理技术，如小波变换、周期平稳处理，以及高阶信号处理均可用来降低这种噪声，使信号检测的功能实现更佳。

本章也讨论了许多信号处理的一些应用。虽然没有包含所有的，但却给出了一些信号处理技术的应用说明。

参考文献

[1] Stephens, J. P., "Advances in Signal Processing Technology for Electronic Warfare," *IEEE Aerospace and Electronic Systems Magazine*, November 1996, pp. 31-37.

[2] Bracewell, R. N., *The Hartley Transform*, Oxford, UK: Oxford University Press, 1986, p. 7.

[3] Rioul, O., and M. Vetterli, "Wavelets and Signal Processing," *IEEE Signal Processing Magazine*, October 1991, pp. 14 37.

[4] Bruce, A., D. Donoho, and H. Gao, "Wavelet Analysis," *IEEE Spectrum*, October 1996, pp. 26-35.

[5] Guillemain, P., and R. Kronland-Martinet, "Characterization of Acoustic Signals through Continuous Linear Time-Frequency Representations," *Proceedings of the IEEE*, Vol. 84, No. 4, April 1996, pp. 561-585.

[6] Ramchandran, K., M. Vetterli, and C. Herley, "Wavelets, Subband Coding, and Best Bases," *Proceedings of the IEEE*, Vol. 84, No. 4, April 1996, pp. 561-585.

[7] Womell, G., "Emerging Applications of Multirate Signal Processing and Wavelets in Digital Communications," *Proceedings of the IEEE*, Vol. 84, No. 4, April 1996, pp. 561-585.

[8] Mallat, S., "Wavelets for Vision," *Proceedings of the IEEE*, Vol. 84, No. 4, April 1996, pp. 604-614.

[9] Schroder, P., "Wavelets in Computer Graphics," *Proceedings of the IEEE*, Vol. 84, No. 4, April 1996, pp. 561-585.

[10] Graps, A., "Introduction to Wavelets," accessed November 2007, http://www/arma. com/IEEEwave/IW _see _wave. html.

[11] Daubechies, I., "Orthonormal Bases of Compactly Supported Wavelets," *Communications on Pure and Applied Mathematics*, Vol. 41, 1998, pp. 909-996.

[12] Bock, R. K., "Fast Transforms," *The Data Analysis Briefbook*, accessed March 2008, http://ikpe 1101. ikp. kfa-juelich. de/briefbook_data_analysis/node83. html.

[13] Brigham, E. O., *The Fast Fourier Transform*, Englewood Cliffs, NJ: Prentice-Hall, 1974, Appendix A.

[14] Vaughn, R. G., N. L. Scott, and D. R. White, "The Theory of Bandpass Sampling," *IEEE Transactions on Signal Processing*, Vol. 39, No. 9, September 1991, pp. 1973-1984.

[15] Gardner, W. A., "Signal Interception: A Unifying Theoretical Framework for Feature Detection," *IEEE Transactions on Communications*, Vol. 36, No. 8, August 1988, pp. 897-906.

[16] Mendel, J. M., "Tutorial on Higher-Order Statistics (Spectra) in Signal Processing and System Theory: Theoretical Results and Some Applications," *Proceedings of the IEEE*, Vol. 79, No. 3, March 1991, pp. 278-305.

[17] Kostylev, V. I., "Energy Detection of a Signal with Random Amplitude," *Proceedings IEEE International Conference on Communications*, 2002, April 28-May 2, Vol. 3, pp. 1606-1610.

[18] Root, W. L., "An Introduction to the Theory of the Detection of Signals in Noise," *Proceedings of the IEEE*, Vol. 58, No. 5, May 1970, pp. 610-623.

[19] Sonninschein, A., and P. M. Fishman, "Radiometric Detection of Spread-Spectrum Signals in Noise of Uncertain Power," *IEEE Transactions on Aerospace and Electronic Systems*, Vol. 28, No. 3, July 1992, pp. 654-660.

[20] Mills, R. E., and G. E. Prescott, "A Comparison of Various Radiometer Detection Models," *IEEE Transactions on Aerospace and Electronic Systems*, Vol. 32, No. 1, January 1996, pp. 467-473.

[21] Torrieri, D. J., *Principles of Secure Communication Systems*, 2nd Ed., Norwood, MA: Artech House, 1992, pp. 294-307.

[22] Woodring, D. G., "Performance of Optimum and Suboptimum Detectors for Spread Spectrum Waveforms," NRL Report 8432, December 30, 1980.

[23] Levitt, B. K., and U. Cheng, "Optimum Detection of Frequency-Hopped Signals," *Proceedings IEEE MILCOM*, 1992.

[24] Levitt, B. K., et al., "Optimum Detection of Slow Frequency-Hopping Signals," *IEEE Transactions on Communications*, Vol. 42, Nos. 2/3/4, February/March/April 1994, p. 1990.

[25] Beaulieu, N. C., W. L. Hopkins, and P. J. McLane, "Interception of Frequency-Hopped Spread-Spectrum Signals," *IEEE Journal on Selected Areas of Communications*, Vol. 8, No. 5, June 1990, pp. 854-855.

[26] Rifkin, R., "Comparison of Performance Measures for Intercept Detectors," *Proceedings IEEE Tactical Communications Conference, 1994, Digital Technical for the Tactical Communicator*, pp. 510-517.

[27] Nandi, A. K., and E. E. Azzouz, "Algorithms for Automatic Modulation Recognition of Communication Signals," *IEEE Transactions on Communications*, Vol. 46, No. 4, April 1998, pp. 431-436.

[28] Azzouz, E. E., and A. K. Nandi, "Procedure for Automatic Recognition of Analogue and Digital Modulations," *IEEE Proceedings——Communications*, Vol. 143, No. 5, October 1996, pp. 259-266.

[29] Azzouz, E. E., and A. K. Nandi, *Automatic Modulation Recognition of Communication Signals*, Boston, MA: Kluwer Academic Publishers, 1996.

[30] Assaleh, K., K. Farreli, and R. J. Mammone, "A New Method of Modulation Classification for Digitally Modulated Signals," *Proceedings IEEE MILCOM*, 1992, pp. 712-716.

[31] Whelchel, J. E., et al., "Signal Understanding: An Artificial Intelligence Approach to Modulation Classification," *Proceedings IEEE MILCOM*, 1984, pp. 231-236.

[32] Hush, D. R., and B. G. Home, "Progress in Supervised Neural Networks," *IEEE Signal Processing Magazine*, January 1993.

[33] Kim, K., and A. Polydoros, "Digital Modulation Classification: The BPSK versus QPSK Case," *Proceedings IEEE MILCOM*, 1988, pp. 431-436.

[34] Sills, J. A., "Maximum-Likelihood Modulation Classification for PSK/QAM," *Proceedings IEEE MILCOM*, 1999.

[35] Gish, H., and M. Schmidt, "Text-Independent Speaker Identification," *IEEE Signal Processing Magazine*, October 1994, pp. 18-32.

[36] Muthusamy, Y. K., E. Barnard, and R. A. Cole, "Reviewing Automatic Language Identification," *IEEE Signal Processing Magazine*, October 1994, pp. 33-41.

第 8 章　测向定位技术

8.1　概述

如前所述，确定发射目标的地理位置是电子支援的重要方面，通常称之为定位。有多种实现定位的方法，本章只描述其中的一些内容。在所有情况下，都使用与输入信号有关的一些参数，如两个或更多位置到达时间或到达时间差计算发射机的位置。

8.2　方位估计

定位技术之一是确定两个或更多位置的输入信号相对于电磁北或真北①的到达角(AOA)或方位线(LOB)。这些方位交汇的位置被认为是目标的位置。有时称之为三角测量。因此，这些方位将称为定位线(LOP)。

为了确定 LOP，可以使用几种技术。可以测量两副或更多天线单元之间信号相位(或几乎是等价的时间差)。另外，如果天线有方向性，也可以测出这两个信号之间的幅度差。如果一副或更多天线相对于其他天线或目标运动，测量两副天线之间的频率差可以用来确定方位。本节将讨论其中的一些技术。

LOP 系统一般不工作在信号的频域。信号频率一般被转换到中频，然后，基于这一转换的信号来做相位时间的测量。忽略噪声或其他错误来源，射频信号的中频版本具有和射频同样的信息——通常只是频率较低一些。以后可互换地使用射频或中频的信号，如果差别很大，就标注出来。

8.2.1　圆形天线阵法

用于方位确定的天线阵更常用的形式之一是圆形阵，通常称为圆形布置的天线阵(CDAA)。图 8.1 阐述了在一个天线杆上安装的四元阵例子。有时圆形阵中也包含一个检测天线，用于去除方位模糊。可以通过将其他天线单元的输出相位组合起来构成虚拟的检测天线[1]。

设 R 是 CDAA 的半径。因此，R 是从阵列中心到任一天线单元所测出的“臂”长。有时将数值 $2R/\lambda$ 称为圆形阵列的孔径，它表示天线阵相对于正交于天线平面穿过的信号所呈现的波长数，该正交平面就是由连接天线单元的支架确定的平面。

图 8.2 给出了以相位复矢量表示的输入信号 $s(t)$。如前所述，EM 波具有相应的幅度为 E 的电场 $E(t)$。电场的垂直分量是使垂直方向天线感应的唯一部分。因此，E_{vert} 由 $E\cos\alpha$ 给出，相应的信号幅度必须利用该因子进行调整。

---

① 非地磁北，两者不同——译者注。

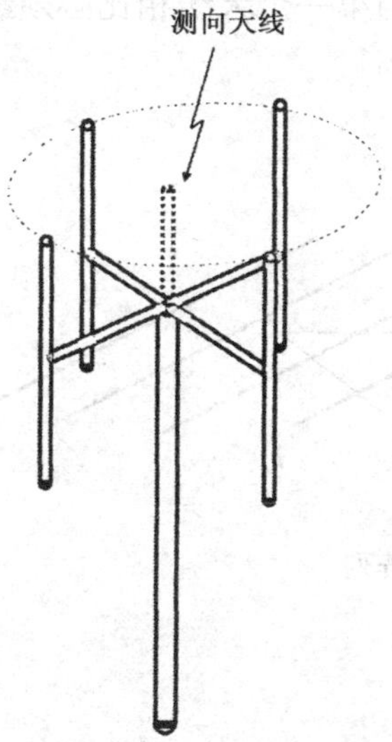

图 8.1　四边形天线阵也构成一个圆形阵。其中圆不是天线的一部分，是为了显示四边形阵圆形的本质

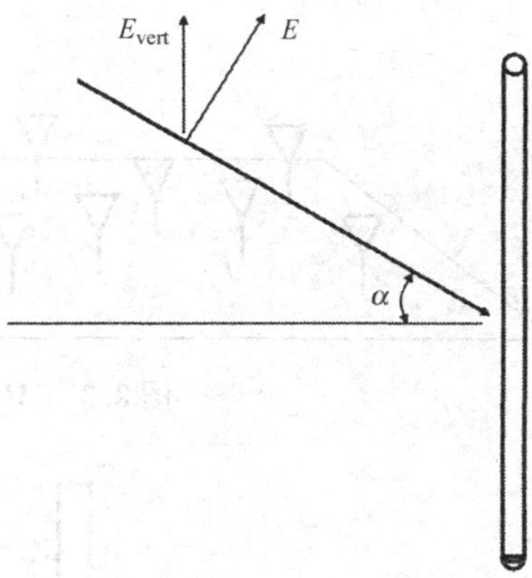

图 8.2　任意方向入射到垂直方向天线的电场只会在天线上感应出电场的垂直分量

8.2.2　干涉测量法

测量输入信号 AOA 进而确定 LOP 的常用技术是干涉测量法。在干涉测量法中，直接利用某些方法测出两个天线之间的相差 $\Delta\phi_{12}$ 或时差 Δt_{12}。这两种测量方法产生同样的结果，其主要的差别在于测量内容。

也可以实现有源干涉测量[2]。在这种干涉测量中，先发射一个信号，然后测量返回信号的相位或时间差。

有两种基本的干涉测量类型。第一种是测量两个天线之间的相差以及由该角度导出的到达角度。称这种类型的干涉测量法为相位干涉测量法。第二种类型是测量两副天线信号到达的时间差。为了进行这种测量，必须具有与信号有关的某些特征，可以用做时间标记，如雷达脉冲的前沿。如没有这一特征，必须将两副天线上的信号互相关。相关峰值出现的地方就是时间差值的表示。这种方法称之为到达时间干涉测量法。下面将讨论涉及相位干涉测量法的概念。

8.2.2.1　相位干涉测量法

考虑图 8.3 所示的 M 个传感器的任意平面阵列。如果 $s(t)$ 表示来自远场信源辐射的信号，在 $t \in \{1, 2, \cdots, K\}$ 的每个时刻，与这些天线输出相连的 M 个窄带接收机信道的输出可以表示为

$$\boldsymbol{r}(t)=\boldsymbol{a}(\theta)s(t)+\boldsymbol{n}(t), \qquad t=1,2,\cdots,K \tag{8.1}$$

式中 $\boldsymbol{r}(t)$ 是具有复数的 $M\times 1$ 矢量，K 是获取的（快照）采样点数，$\boldsymbol{n}(t)$ 是 $M\times 1$ 非相关的天线 AWGN 采样的矢量，$\boldsymbol{a}(\theta)$ 表示信号入射方向为 θ 时 $M\times 1$ 阵列的相位响应复数矢量。

干涉测量法测量成对天线单元的相差。通常，一副天线设计为参考天线，其他每一个单元和该参考相比较计算出相差。一般，第 i 个单元和第 j 个单元之间估计的相差 $\hat{\phi}_{ij}$ 为

$$\hat{\phi}_{ij}=\arg\left(\frac{1}{K}\sum_{t=1}^{K} r_i(t) r_j^*(t)\right) \tag{8.2}$$

如图8.4所示，信号从一个天线辐射传输到另一个天线，与第一个天线相比必须经过额外的距离 $d = D\sin\varphi$。这会使信号引起附加的相移，即

$$\phi=\frac{2\pi D}{\lambda}\sin\varphi \tag{8.3}$$

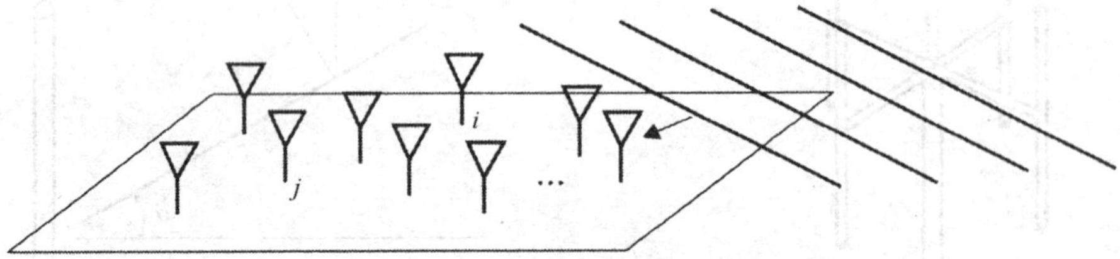

图8.3　*M*个传感器的任意阵列

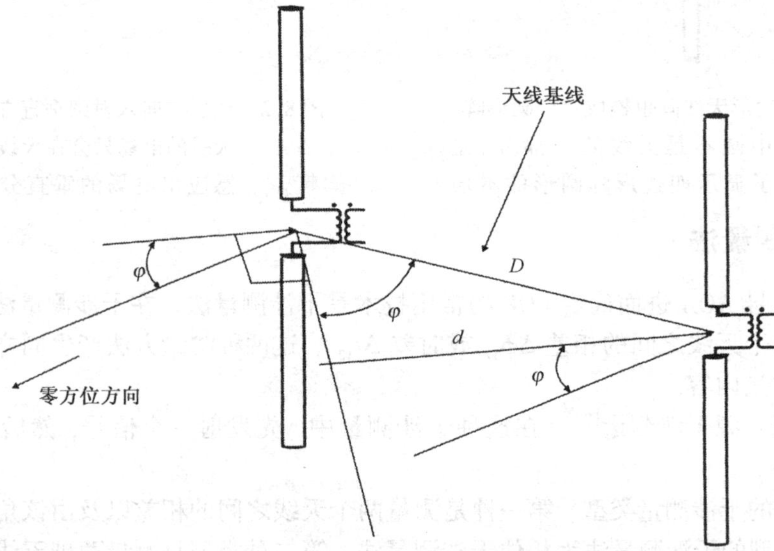

图8.4　干涉测量法变量的定义

为了确定计算信号到达方位过程中相位角度计算的误差，考虑下述讨论[3]。如果 U 表示某一系统参数，它是变量 u_1，u_2，…，u_N 表示的独立测量值的函数，且 u_i 具有概率误差 $e(u_i)$，那么 U 的概率误差近似为

$$e(U)=\sqrt{\left(\frac{\partial U}{\partial u_1}\right)^2 e^2(u_1)+\left(\frac{\partial U}{\partial u_2}\right)^2 e^2(u_2)+\cdots+\left(\frac{\partial U}{\partial u_N}\right)^2 e^2(u_N)} \tag{8.4}$$

如果概率误差来自独立的零均值统计集合，那么概率误差是相同的，标准差为 $e(u_i) = \sigma_i$。考虑简化条件下只有一个独立变量 φ。因此，$U = \phi$，$u_1 = \varphi$。假设 ϕ 的均值为零，则有

$$\sigma_\phi=\sqrt{\left(\frac{\partial\phi}{\partial\varphi}\right)^2\sigma_\varphi^2}=\frac{\partial\phi}{\partial\varphi}\sigma_\varphi \tag{8.5}$$

式(8.3)计算的偏微分

$$\frac{\partial\phi}{\partial\varphi}=\frac{2\pi D}{\lambda}\cos\varphi \tag{8.6}$$

得到方位计算标准差的表达式为

$$\sigma_\phi = \frac{2\pi D}{\lambda}\cos\varphi\sigma_\varphi \tag{8.7}$$

因此，当 $\varphi = 0$ 或远离基线两端时，方位测量标准差最大。对于 $\varphi = \pi/2$ 或正交于基线时，方位测量标准差最大。

有噪声存在时，对信号参数可以测量的准确程度具有理论界限。这里使用的一种被称为 Cramer-Rao 下界，它是白噪声存在时参数估计准确性的测度。白噪声是多数情况下的近似，是相当好的近似。例如，当电台没有调谐到台时，有时从电台听到的嘶嘶声，特别是在音量调大以后，非常接近于白噪声。术语“白”来自于白光包含所有颜色的事实——白噪声包含所有频率的能量。

对于定位系统的干涉测量法线，假设到达角 θ 不随测量时段而变化，Cramer-Rao 界 σ 可以计算为[4]

$$\sigma^2 = \left(\frac{E}{N_0}\right)^{-1} \tag{8.8}$$

式中 E 是两副天线信号的能量(W · s)(假设是相同的)，N_0 是两副天线的噪声谱密度(W/Hz)，假设它们相同，且彼此独立。

为了将式(8.8)转化为可用的形式，令 N 是噪声功率，B 是噪声带宽(习惯假设为中频带宽)，回想 $E = S(\text{W})T(\text{s})$，且 $N(\text{W}) = N_0(\text{W/Hz})B(\text{Hz})$，则经过简单代数运算，有

$$\sigma^2(\varphi) = \left(\frac{S}{N}TB\right)^{-1} \tag{8.9}$$

式中 $\sigma(\varphi)$ 单位为 rad。因此，增加 SNR、积分时间或测量带宽就可以减少方差(准确性提高)。然而，注意增加感兴趣信号带宽外的带宽将会降低 SNR，因此必须要小心。在这些假设条件下，假设噪声带宽 $B = 200$ kHz，可能的最佳仪表准确性由 LOP 测量的标准差给出，图 8.5 给出了相对于(功率)SNR 和不同测量时间的结果。

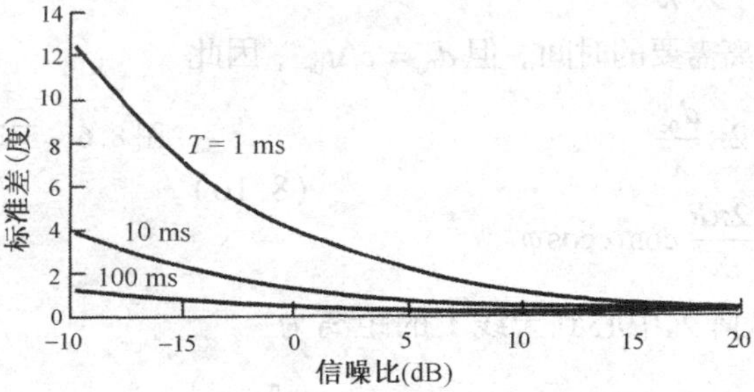

图 8.5　$B = 200$ kHz 时 Cramer Rao 相干测量法界限

8.2.2.2　相关

使用该方法，利用存储(校准)的两副天线之间相差响应，计算这两副天线之间相差采样的相关[5~8]。相关函数为

$$r_{xy}(i) = \frac{\boldsymbol{\phi}_{\mathrm{m}}^{\mathrm{T}}\boldsymbol{\phi}_{\mathrm{R}}(i)}{\sqrt{\boldsymbol{\phi}_{\mathrm{m}}^{\mathrm{T}}\boldsymbol{\phi}_{\mathrm{m}}\boldsymbol{\phi}_{\mathrm{R}}^{\mathrm{T}}(i)\boldsymbol{\phi}_{\mathrm{R}}(i)}} \tag{8.10}$$

式中 $\boldsymbol{\phi}_{\mathrm{m}}$ 是被测的相差矢量，$\boldsymbol{\phi}_{\mathrm{R}}(i)$ 是第 i 个校准的相差矢量。使式(8.10)最大的角度用做正确相差的估计。

8.2.2.3 最小平方误差

利用最小平方误差法，将式(8.1)响应矢量和存储的响应矢量比较，选择使矢量差最小的响应矢量。LSE 目标函数为

$$g(\theta)=\boldsymbol{e}^{\mathrm{T}}(\theta)\boldsymbol{R}_{\mathrm{LSE}}^{-1}\boldsymbol{e}(\theta) \tag{8.11}$$

如对于 $M=4$，有

$$e(\theta)=\left[\hat{\phi}_{13}-\phi_{13}(\theta),\cdots,\hat{\phi}_{41}-\phi_{41}(\theta)\right]^{\mathrm{T}} \tag{8.12}$$

选择 $\hat{\theta}$，使

$$g(\hat{\theta})=\max_{\theta} g(\theta) \tag{8.13}$$

8.2.2.4 三通道干涉测量法

图 8.6 所示的天线结构可用做三通道干涉测量法。由三个天线单元建立起三个基线，每个基线对应一个天线对。图 8.7 示出了该天线结构的俯视图。AOA 与天线参数之间的关系如下所述。

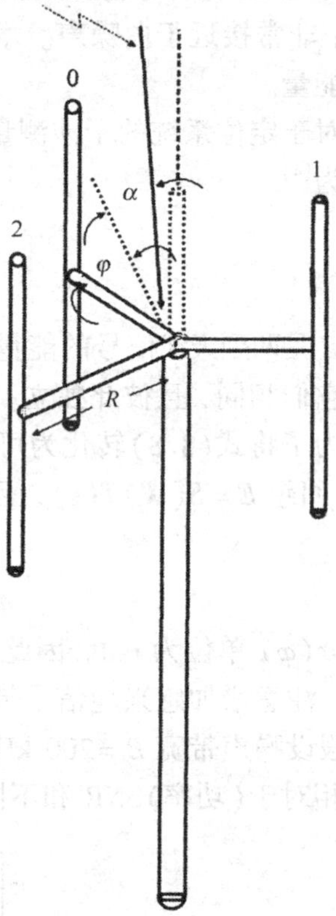

图 8.6 三通道干涉测量法变量的定义

令 $d_{0\mathrm{c}}$ 为信号以方位角 θ 和仰角 α 穿过该天线阵的天线 0 和天线阵中心之间行走的距离，其计算公式为

$$d_{0\mathrm{c}}=R\cos\alpha\cos\varphi \tag{8.14}$$

要求 $\cos\alpha$ 项反映垂直于天线平面的信号，如前所述。与该距离对应的相差为

$$\begin{aligned}\phi_{0\mathrm{c}}&=2\pi f\Delta t_{0\mathrm{c}}\\&=2\pi\frac{c}{\lambda}\Delta t_{0\mathrm{c}}\end{aligned} \tag{8.15}$$

式中 $\Delta t_{0\mathrm{c}}$ 是信号穿过该距离需要的时间。但 $d_{0\mathrm{c}}=c\Delta t_{0\mathrm{c}}$，因此

$$\begin{aligned}\phi_{0\mathrm{c}}&=2\pi\frac{d_{0\mathrm{c}}}{\lambda}\\&=\frac{2\pi R}{\lambda}\cos\alpha\cos\varphi\end{aligned} \tag{8.16}$$

类似地，同一信号从阵列中心到天线 1 的距离为

$$d_{\mathrm{c}1}=R\cos\alpha\cos\left(\frac{\pi}{3}+\varphi\right) \tag{8.17}$$

相应的相差为

$$\phi_{\mathrm{c}1}=-\frac{2\pi R}{\lambda}\cos\alpha\cos\left(\frac{\pi}{3}+\varphi\right)^{①} \tag{8.18}$$

式中负号是必需的，因为天线 1 的相位滞后于阵列中心的相位。

---

① 原书此式等号后无负号，根据上下文疑有误——译者注。

阵列中心和天线 2 之间的距离为

$$d_{c2}=R\cos\alpha\cos\left(\frac{\pi}{3}-\varphi\right) \tag{8.19}$$

相差为

$$\phi_{c2}=\frac{2\pi R}{\lambda}\cos\alpha\cos\left(\frac{\pi}{3}-\varphi\right) \tag{8.20}$$

因此，每副天线的信号可以用 AOA 和仰角表述为

$$s_0(t)=s(t)\cos\alpha \mathrm{e}^{\mathrm{j}\frac{2\pi R}{\lambda}\cos\alpha\cos\varphi} \tag{8.21}$$

$$s_1(t)=s(t)\cos\alpha \mathrm{e}^{-\mathrm{j}\frac{2\pi R}{\lambda}\cos\alpha\cos\left(\frac{\pi}{3}+\varphi\right)} \tag{8.22}$$

$$s_2(t)=s(t)\cos\alpha \mathrm{e}^{-\mathrm{j}\frac{2\pi R}{\lambda}\cos\alpha\cos\left(\frac{\pi}{3}-\varphi\right)} \tag{8.23}$$

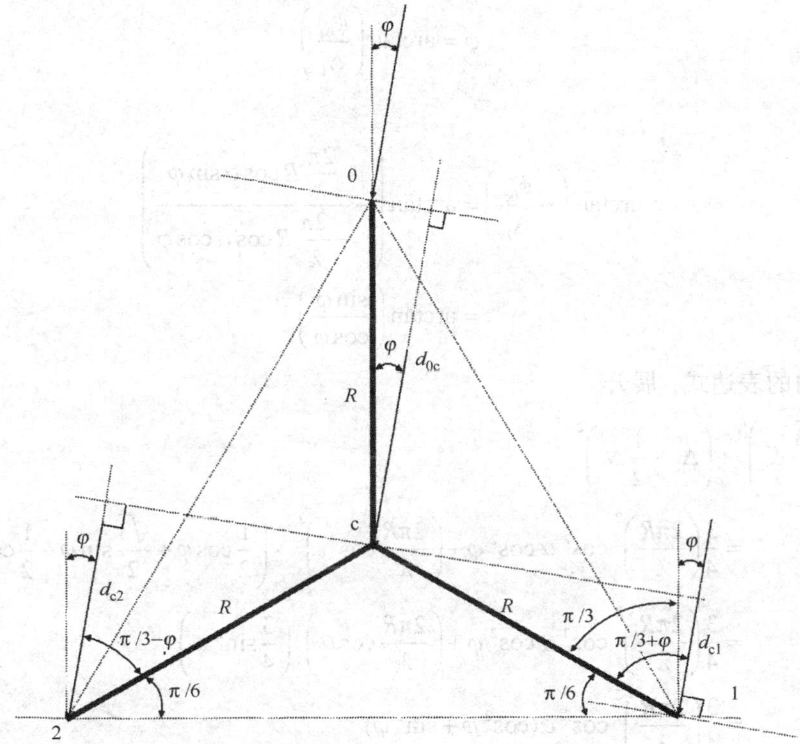

图 8.7　三通道干涉测量法俯视图，给出了波前穿过阵列时角度和波前的定义

为了计算 AOA、φ 以及仰角 α，首先定义 $\Delta_1=\phi_{c2}-\phi_{c1}$，那么

$$\begin{aligned}\Delta_1&=-\frac{2\pi}{\lambda}R\cos\alpha\left[\cos\left(\frac{\pi}{3}-\varphi\right)+\cos\left(\frac{\pi}{3}+\varphi\right)\right]\\&=-\frac{2\pi}{\lambda}R\cos\alpha\left[\begin{aligned}&\cos\left(\frac{\pi}{3}\right)\cos\varphi+\sin\left(\frac{\pi}{3}\right)\sin\varphi\\&\qquad+\cos\left(\frac{\pi}{3}\right)\cos\varphi-\sin\left(\frac{\pi}{3}\right)\sin\varphi\end{aligned}\right]\end{aligned}$$

$$
\begin{aligned}
&= -\frac{2\pi}{\lambda} R\cos\alpha\left[2\cos\left(\frac{\pi}{3}\right)\cos\varphi\right] \\
&= \frac{2\pi}{\lambda} R\cos\alpha\cos\varphi
\end{aligned}
\tag{8.24}
$$

定义 $\Delta_2 = \phi_{0c} + \phi_{c1}$，那么

$$
\begin{aligned}
\Delta_2 &= \frac{2\pi}{\lambda} R\cos\alpha\left[\cos\theta - \cos\left(\frac{\pi}{3}+\varphi\right)\right] \\
&= \frac{2\pi}{\lambda} R\cos\alpha\left[\cos\theta - \cos\left(\frac{\pi}{3}\right)\cos\varphi + \sin\left(\frac{\pi}{3}\right)\sin\varphi\right] \\
&= \frac{2\pi}{\lambda} R\cos\alpha\left[\frac{1}{2}\cos\varphi + \frac{\sqrt{3}}{2}\sin\varphi\right]
\end{aligned}
\tag{8.25}
$$

AOA 为

$$
\varphi = \arctan\left(\frac{\phi_{0c}}{\Delta_1}\right) \tag{8.26}
$$

因为

$$
\begin{aligned}
\arctan\left(-\frac{\phi_{0c}}{\Delta_1}\right) &= \arctan\left(-\frac{\frac{2\pi}{\lambda}R\cos\alpha\sin\varphi}{-\frac{2\pi}{\lambda}R\cos\alpha\cos\varphi}\right) \\
&= \arctan\left(\frac{\sin\varphi}{\cos\varphi}\right)
\end{aligned}
\tag{8.27}
$$

为了得到仰角的表达式，展开

$$
\begin{aligned}
&\left(\frac{\sqrt{3}}{2}\Delta_1\right)^2 + \left(\Delta_2 - \frac{1}{2}\Delta_1\right)^2 \\
&= \frac{3}{4}\left(\frac{2\pi R}{\lambda}\right)^2 \cos^2\alpha\cos^2\varphi + \left(\frac{2\pi R}{\lambda}\cos\alpha\right)^2 \times \left(\frac{1}{2}\cos\varphi + \frac{\sqrt{3}}{2}\sin\varphi - \frac{1}{2}\cos\varphi\right)^2 \\
&= \frac{3}{4}\left(\frac{2\pi R}{\lambda}\right)^2 \cos^2\alpha\cos^2\varphi + \left(\frac{2\pi R}{\lambda}\cos\alpha\right)^2 \left(\frac{3}{4}\sin^2\varphi\right) \\
&= \frac{3}{4}\left(\frac{2\pi R}{\lambda}\right)^2 \cos^2\alpha(\cos^2\varphi + \sin^2\varphi) \\
&= \frac{3}{4}\left(\frac{2\pi R}{\lambda}\right)^2 \cos^2\alpha
\end{aligned}
$$

所以

$$
\alpha = \arccos\sqrt{\frac{4}{3}\left(\frac{\lambda}{2\pi R}\right)^2\left[\left(\frac{\sqrt{3}}{2}\Delta_1\right)^2 + \left(\Delta_2 - \frac{1}{2}\Delta_1\right)^2\right]} \tag{8.28}
$$

因此，通过测量天线单元之间的相差，可以利用三通道干涉测量法确定天线平面的 AOA 以及信号仰角 AOA。其测量依赖于阵列参数 R 和信号的频率(波长)。天线阵半径相对于信号波长越大，测量的这些 AOA 就越好。然而，其长度有限制。由于基线长，本例中就是沿着阵

列外围的对角线，必须小于波长的一半，以免引起模糊。如果大于半波长，那么多个 AOA 就会产生相同的时间差，因此具有相同的示向角度。天线阵最高工作频率的波长最小，因此可以预期最低的工作频率测量准确性最差。

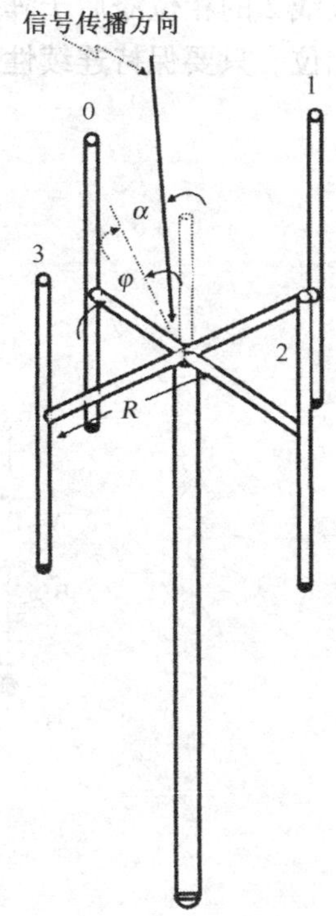

图 8.8　定义四单元圆阵有关的术语

8.2.2.5　四单元干涉测量法

图 8.8 给出了四单元圆阵天线的集合关系，而图 8.9 给出了其俯视图。如上所述，R 为阵列半径，信号 $s(t)$ 的方位 AOA 为 θ，信号在垂直维(顶点)处相对于阵列平面的到达角为 α，信号频率为 $f=c/\lambda$，天线单元数位 $N=4$，c 为光速。假设 $R<\lambda/4$，因此不会产生相位模糊。

如果 $s(t)$ 表示阵列中心的信号，那么在每个天线单元就存在着 $s(t)$ 的一个副本，但相位有某种程度的移变。因此

$$s_0(t)=s(t)\cos\alpha \mathrm{e}^{\mathrm{j}\cos(\alpha)\phi_0} \tag{8.29}$$

$$s_1(t)=s(t)\cos\alpha \mathrm{e}^{\mathrm{j}\cos(\alpha)\phi_1} \tag{8.30}$$

$$s_2(t)=s(t)\cos\alpha \mathrm{e}^{\mathrm{j}\cos(\alpha)\phi_2} \tag{8.31}$$

$$s_3(t)=s(t)\cos\alpha \mathrm{e}^{\mathrm{j}\cos(\alpha)\phi_3} \tag{8.32}$$

式中 ϕ_i 表示这种相移。如上所述，乘以 $s(t)$ 的乘积项 $\cos\alpha$ 将输入信号 $s(t)$ 的幅度投影至与阵列平面垂直的方向上，因为信号相对于该平面的方位角度为 α。在图 8.9 中，天线单元 1 的相差可以计算如下

$$\cos\alpha\sin\varphi=\frac{d_{1c}}{R} \tag{8.33}$$

式中 d_{1c} 是阵列平面中信号从等相位线 A-A′到 B-B′的距离。因为

$$\begin{aligned}\phi_{1c}&=2\pi f\Delta t_{1c}\\&=\frac{2\pi c\Delta t_{1c}}{\lambda}\\&=\frac{2\pi\cos\alpha d_{1c}}{\lambda}\\&=\frac{2\pi R}{\lambda}\cos\alpha\sin\varphi\end{aligned} \tag{8.34}$$

但是

$$\sin\beta=\cos\left(\beta-\frac{\pi}{2}\right) \tag{8.35}$$

对于任意 β，有

$$\phi_{1c}=\frac{2\pi R}{\lambda}\cos\alpha\cos\left(\varphi-\frac{\pi}{2}\right) \tag{8.36}$$

信号在阵列中心与天线 2 之间必须走过的距离为

$$d_{c2}=R\cos\alpha\cos\varphi \tag{8.37}$$

与该距离对应的相移为

$$\phi_{c2}=-\frac{2\pi R}{\lambda}\cos\alpha\cos\varphi \tag{8.38}$$

因为天线 2 的相位滞后于阵列中心，所以需要负号，而在上面的天线 1 与天线 2 的相位超前中心的相位。只要保持连续性，这些符号可以取反。

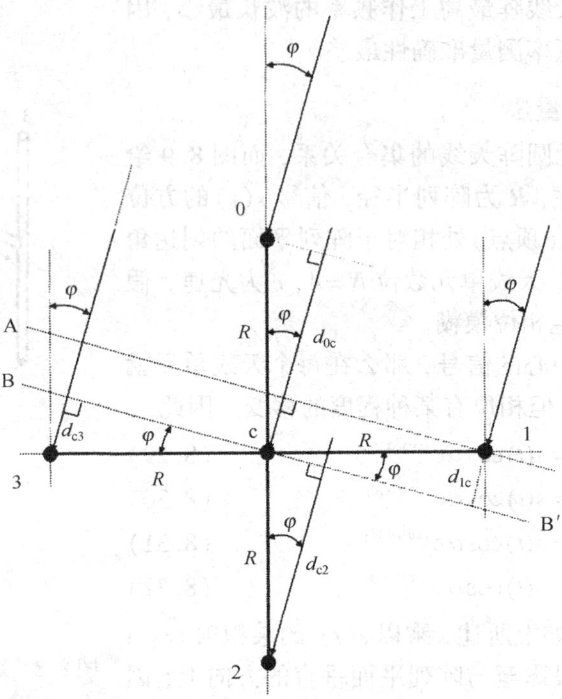

图 8.9 向下俯视四单元圆阵列的角度和相位线

类似地，信号在阵列中心与天线 3 之间必须走过的距离为

$$d_{c3} = R\cos\alpha\sin\varphi \tag{8.39}$$

而相应的相移为

$$\begin{aligned}\phi_{c3} &= -\frac{2\pi R}{\lambda}\cos\alpha\sin\varphi \\ &= -\frac{2\pi R}{\lambda}\cos\alpha\cos\left(\varphi-\frac{\pi}{2}\right)\end{aligned} \tag{8.40}$$

由于 3 的相位滞后于阵列中心，因此负号是必需的。

信号在阵列中心与天线 0 之间必须走过的距离为

$$d_{0c} = R\cos\alpha\cos\varphi \tag{8.41}$$

因此

$$\phi_{0c} = \frac{2\pi R}{\lambda}\cos\alpha\cos\varphi \tag{8.42}$$

式(8.29)至式(8.42)可以总结为

$$s_i(t) = s(t)\cos\alpha \mathrm{e}^{\mathrm{j}\frac{2\pi R}{\lambda}\cos\alpha\cos(-\frac{2\pi i}{N}+\varphi)}, \quad i=1,2,3,4 \tag{8.43}$$

且

$$\phi_i = \frac{2\pi R}{\lambda}\cos(-\frac{2\pi i}{N}+\varphi), \quad i=1,2,3,4 \tag{8.44}$$

为了确定方位，计算

$$\frac{\phi_{1c}}{\phi_{0c}}=\frac{\frac{2\pi R}{\lambda}\cos\alpha\sin\varphi}{\frac{2\pi R}{\lambda}\cos\alpha\cos\varphi} \tag{8.45}$$

因此

$$\varphi=\arctan\left(\frac{\phi_{1c}}{\phi_{0c}}\right) \tag{8.46}$$

这一计算得到 $0\leqslant\varphi<\pi$，因此，ϕ_{c2} 和 ϕ_{c3} 用来确定信号来自天线阵的哪一侧。

为了确定仰角，计算

$$\begin{aligned}\phi_{0c}^2+\phi_{1c}^2&=\left(\frac{2\pi R}{\lambda}\right)^2\cos^2\alpha\cos^2\varphi+\left(\frac{2\pi R}{\lambda}\right)^2\cos^2\alpha\cos^2\varphi\\&=\left(\frac{2\pi R}{\lambda}\right)^2\cos^2\alpha\left(\cos^2\varphi+\sin^2\varphi\right)\end{aligned} \tag{8.47}$$

得到

$$\alpha=\sqrt{\arccos\left[\left(\frac{\lambda}{2\pi R}\right)^2\left(\phi_{0c}^2+\phi_{1c}^2\right)\right]} \tag{8.48}$$

因此，与通道相干测量法一样，四单元圆形天线阵也可用于测量信号的 AOA，因而便于计算到达目标位置的直线，也允许计算仰角 AOA。

8.2.3　单脉冲测向器

以特定的方式对几副天线接收到的信号移相，然后比较这些信号之间的相位关系，将天线阵的相位信息转化为幅度差，以便计算信号的 AOA。图 8.10 给出了实现这一运算的一种结构[9]。本例中，将 Butler 矩阵的模式 1 输出之间的幅度关系与模式 0 输出进行比较。

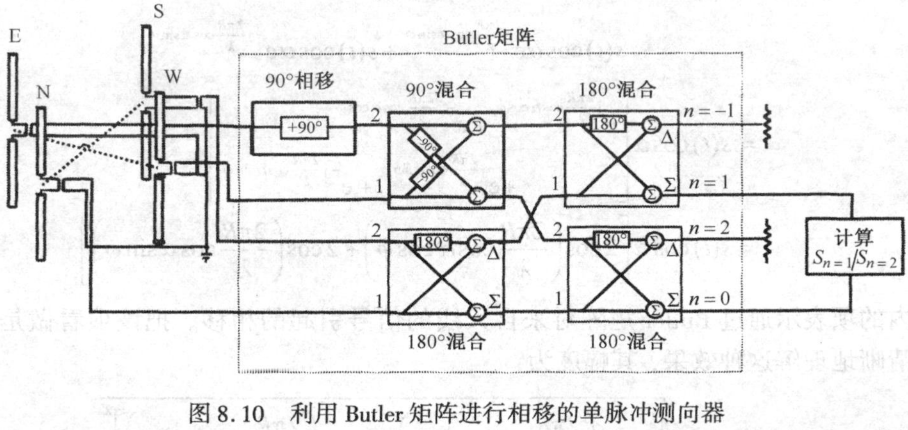

图 8.10　利用 Butler 矩阵进行相移的单脉冲测向器

这类系统最重要的优点之一是其运行速度较快。所有必要的计算均以硬件的形式实现，可以瞬时得到结果。实际上，单脉冲的称呼就是基于这一瞬时运算，沿用雷达系统的名称。在雷达系统中，到达角以单脉冲的方式测量。

用于实现必要相移的设备称为混合电路。这些元件以几种可能的方式将输入相位移相，同时使用 90°混合电路和 180°混合电路，如图 8.10 所示。一般，对于 180°混合电路，一个输出对相移输入求和，而另一个输出的输入是其他输入 180°移相的版本。图 8.10 中，90°混合电路输入都移向 -90°。

在前述推导中，将朝北的天线记为天线 0，朝西的记为天线 1，朝南的记为天线 2，朝东的记为天线 3，那么可以如下分析 Butler 矩阵单脉冲测向器。只需要跟踪一下通过 Butler 矩阵的信号，就可以得到下述结果

$$s_{\mathrm{N}}(t)=s_0(t)=s(t)\cos\alpha \mathrm{e}^{\mathrm{j}\frac{2\pi R}{\lambda}\cos\alpha\cos\varphi} \tag{8.49}$$

$$\begin{aligned}s_{\mathrm{W}}(t)=s_1(t)&=s(t)\cos\alpha \mathrm{e}^{\mathrm{j}\frac{2\pi R}{\lambda}\cos\alpha\cos(-\frac{2\pi}{4}+\varphi)}\\&=s(t)\cos\alpha \mathrm{e}^{\mathrm{j}\frac{2\pi R}{\lambda}\cos\alpha[\cos(-\frac{\pi}{2})\cos\varphi-\sin(-\frac{\pi}{2})\sin\varphi]}\\&=s(t)\cos\alpha \mathrm{e}^{\mathrm{j}\frac{2\pi R}{\lambda}\cos\alpha\sin\varphi}\end{aligned} \tag{8.50}$$

$$\begin{aligned}s_{\mathrm{E}}(t)=s_3(t)&=s(t)\cos\alpha \mathrm{e}^{\mathrm{j}\frac{2\pi R}{\lambda}\cos\alpha\cos(-\frac{6\pi}{4}+\varphi)}\\&=s(t)\cos\alpha\times \mathrm{e}^{\mathrm{j}\frac{2\pi R}{\lambda}\cos\alpha[\cos(-\frac{3\pi}{2})\cos\varphi-\sin(-\frac{3\pi}{2})\sin\varphi]}\\&=s(t)\cos\alpha \mathrm{e}^{-\mathrm{j}\frac{2\pi R}{\lambda}\cos\alpha\sin\varphi}\end{aligned} \tag{8.51}$$

$$\begin{aligned}s_{\mathrm{S}}(t)=s_2(t)&=s(t)\cos\alpha \mathrm{e}^{\mathrm{j}\frac{2\pi R}{\lambda}\cos\alpha\cos(-\pi+\varphi)}\\&=s(t)\cos\alpha \mathrm{e}^{\mathrm{j}\frac{2\pi R}{\lambda}\cos\alpha[\cos(-\pi)\cos\varphi-\sin(-\pi)\sin\varphi]}\\&=s(t)\cos\alpha \mathrm{e}^{-\mathrm{j}\frac{2\pi R}{\lambda}\cos\alpha\cos\varphi}\end{aligned} \tag{8.52}$$

因此模式 0 输出

$$\begin{aligned}s_{n=0}(t)&=s_{\mathrm{N}}(t)+s_{\mathrm{S}}(t)+s_{\mathrm{W}}(t)+s_{\mathrm{E}}(t)\mathrm{e}^{\mathrm{j}\frac{\pi}{2}}\mathrm{e}^{-\mathrm{j}\frac{\pi}{2}}\\&=s(t)\cos\alpha \mathrm{e}^{\mathrm{j}\frac{2\pi R}{\lambda}\cos\alpha\cos\varphi}+s(t)\cos\alpha \mathrm{e}^{-\mathrm{j}\frac{2\pi R}{\lambda}\cos\alpha\cos\varphi}\\&\quad+s(t)\cos\alpha \mathrm{e}^{\mathrm{j}\frac{2\pi R}{\lambda}\cos\alpha\sin\varphi}+s(t)\cos\alpha \mathrm{e}^{-\mathrm{j}\frac{2\pi R}{\lambda}\cos\alpha\sin\varphi}\\&=s(t)\cos\alpha\begin{bmatrix}\mathrm{e}^{\mathrm{j}\frac{2\pi R}{\lambda}\cos\alpha\cos\varphi}+\mathrm{e}^{-\mathrm{j}\frac{2\pi R}{\lambda}\cos\alpha\cos\varphi}\\+\mathrm{e}^{\mathrm{j}\frac{2\pi R}{\lambda}\cos\alpha\sin\varphi}+\mathrm{e}^{-\mathrm{j}\frac{2\pi R}{\lambda}\cos\alpha\sin\varphi}\end{bmatrix}\\&=s(t)\cos\alpha\left[2\cos\left(\frac{2\pi R}{\lambda}\cos\alpha\cos\varphi\right)+2\cos\left(\frac{2\pi R}{\lambda}\cos\alpha\sin\varphi\right)\right]\end{aligned} \tag{8.53}$$

式中括号内的项表示通过 Butler 矩阵对来自天线的信号引起的相移。把该项看做是移相器也许可以更清晰地理解这种效果，其幅度为

$$\begin{aligned}幅度_{n=0}&=\sqrt{\left[2\cos\left(\frac{2\pi R}{\lambda}\cos\alpha\cos\varphi\right)+2\cos\left(\frac{2\pi R}{\lambda}\cos\alpha\sin\varphi\right)\right]^2}\\&=2\cos\left(\frac{2\pi R}{\lambda}\cos\alpha\cos\varphi\right)+2\cos\left(\frac{2\pi R}{\lambda}\cos\alpha\sin\varphi\right)\end{aligned} \tag{8.54}$$

类似地，Butler 矩阵的 $n=1$ 输出计算如下

$$s_{n=1}(t)=s_{\mathrm{N}}(t)+s_{\mathrm{S}}(t)\mathrm{e}^{\mathrm{j}\pi}+s_{\mathrm{W}}(t)\mathrm{e}^{-\mathrm{j}\frac{\pi}{2}}+s_{\mathrm{E}}(t)\mathrm{e}^{\mathrm{j}\frac{\pi}{2}}$$
$$=s(t)\cos\alpha\mathrm{e}^{\mathrm{j}\frac{2\pi R}{\lambda}\cos\alpha\cos\varphi}-s(t)\cos\alpha\mathrm{e}^{-\mathrm{j}\frac{2\pi R}{\lambda}\cos\alpha\cos\varphi} \tag{8.55}$$
$$-\mathrm{j}s(t)\cos\alpha\mathrm{e}^{\mathrm{j}\frac{2\pi R}{\lambda}\cos\alpha\sin\varphi}+\mathrm{j}s(t)\cos\alpha\mathrm{e}^{-\mathrm{j}\frac{2\pi R}{\lambda}\cos\alpha\sin\varphi}$$

$s_{n=1}$的幅度为

$$\text{幅度}_{n=1}=\sqrt{4\sin^2\left(\frac{2\pi R}{\lambda}\cos\alpha\sin\varphi\right)+4\sin^2\left(\frac{2\pi R}{\lambda}\cos\alpha\cos\varphi\right)} \tag{8.56}$$

图 8.11 给出了 $n=0$ 和 $n=1$ 单脉冲阵的幅度响应模式。

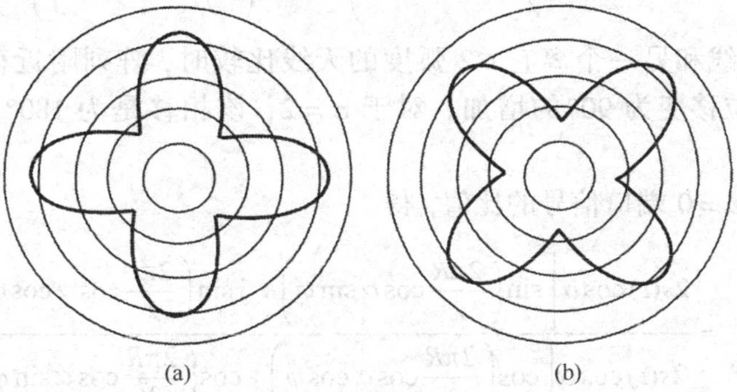

图 8.11　单脉冲阵的幅度响应模式：(a) $n=0$；(b) $n=1$

采用类似的方法，计算出 $n=-1$ 端口处的输出为

$$s_{n=-1}(t)=s(t)\cos\alpha\begin{bmatrix}\mathrm{e}^{\mathrm{j}\frac{2\pi R}{\lambda}\cos\alpha\cos\varphi}-\mathrm{e}^{-\mathrm{j}\frac{2\pi R}{\lambda}\cos\alpha\cos\varphi}\\-\mathrm{j}\mathrm{e}^{\mathrm{j}\frac{2\pi R}{\lambda}\cos\alpha\sin\varphi}+\mathrm{j}\mathrm{e}^{-\mathrm{j}\frac{2\pi R}{\lambda}\cos\alpha\sin\varphi}\end{bmatrix}$$
$$=s(t)\cos\alpha\begin{bmatrix}2\mathrm{j}\sin\left(\frac{2\pi R}{\lambda}\cos\alpha\cos\varphi\right)\\-2\mathrm{j}^2\sin\left(\frac{2\pi R}{\lambda}\cos\alpha\sin\varphi\right)\end{bmatrix}$$
$$=s(t)\cos\alpha\begin{bmatrix}2\sin\left(\frac{2\pi R}{\lambda}\cos\alpha\sin\varphi\right)\\+\mathrm{j}2\sin\left(\frac{2\pi R}{\lambda}\cos\alpha\cos\varphi\right)\end{bmatrix} \tag{8.57}$$
$$=s(t)\cos\alpha\begin{bmatrix}-2\sin\left(\frac{2\pi R}{\lambda}\cos\alpha\sin\varphi\right)\\+\mathrm{j}2\sin\left(\frac{2\pi R}{\lambda}\cos\alpha\cos\varphi\right)\end{bmatrix}$$

其幅度为

$$\text{幅度}_{n=-1}=\sqrt{4\sin^2\left(\frac{2\pi R}{\lambda}\cos\alpha\sin\varphi\right)+4\sin^2\left(\frac{2\pi R}{\lambda}\cos\alpha\cos\varphi\right)} \tag{8.58}$$

注意，该幅度和 $n=1$ 端口的幅度是相同的。只是这些端口的相移不同。因此，无论是 $n=1$ 还是 $n=-1$ 端口的幅度都可以用来与 $n=0$ 端口比较以确定到达角。

最后，$n=2$ 端口的信号为

$$s_{n=2}(t)=s(t)\cos\alpha\left[2\cos\left(\frac{2\pi R}{\lambda}\cos\alpha\cos\varphi\right)-2\cos\left(\frac{2\pi R}{\lambda}\cos\alpha\sin\varphi\right)\right] \tag{8.59}$$

其幅度为

$$\begin{aligned}\text{幅度}_{n=2}&=\sqrt{\left[2\cos\left(\frac{2\pi R}{\lambda}\cos\alpha\cos\varphi\right)-2\cos\left(\frac{2\pi R}{\lambda}\cos\alpha\sin\varphi\right)\right]^2}\\&=2\cos\left(\frac{2\pi R}{\lambda}\cos\alpha\cos\varphi\right)-2\cos\left(\frac{2\pi R}{\lambda}\cos\alpha\sin\varphi\right)\end{aligned} \tag{8.60}$$

注意，将一个天线和另一个离它π/2 弧度的天线比较时，阵列附近存在相位增加。对于 $n=1$ 和 $n=-1$，相位移变为 90°的增加。对于 $n=2$，该相移是为 180°[0，180;0，360，以及0，540]。

取 $n=1$ 端口和 $n=0$ 端口信号的比值，得

$$\frac{s_{n=1}}{s_{n=0}}=\frac{2s(t)\cos\alpha\left[\sin\left(\frac{2\pi R}{\lambda}\cos\alpha\sin\varphi\right)+\mathrm{j}\sin\left(\frac{2\pi r}{\lambda}\cos\alpha\cos\varphi\right)\right]}{2s(t)\cos\alpha\left[\cos\left(\frac{2\pi R}{\lambda}\cos\alpha\cos\varphi\right)+\cos\left(\frac{2\pi R}{\lambda}\cos\alpha\sin\varphi\right)\right]} \tag{8.61}$$

将其分解为实部和虚部，删除一部分项，得到

$$\text{幅度}_{1/0}=\left\{\left[\frac{\sin\left(\frac{2\pi R}{\lambda}\cos\alpha\sin\varphi\right)}{\cos\left(\frac{2\pi R}{\lambda}\cos\alpha\cos\varphi\right)+\cos\left(\frac{2\pi R}{\lambda}\cos\alpha\sin\varphi\right)}\right]^2+\left[\frac{\sin\left(\frac{2\pi R}{\lambda}\cos\alpha\cos\varphi\right)}{\cos\left(\frac{2\pi R}{\lambda}\cos\alpha\cos\varphi\right)+\sin\left(\frac{2\pi R}{\lambda}\cos\alpha\sin\varphi\right)}\right]^2\right\}^{1/2} \tag{8.62}$$

图 8.12 绘出了 $R/\lambda=0.067$ 时的幅度比函数。该比值依赖于信号的 AOA，随着角度的不同，得到不同的幅度。注意，存在模糊性。对于阵列附近以几种不同的角度达到的信号，该比值会形成相同的结果。因此，需要额外的信息解决这些模糊性。假设信号只从有限的方向集合到达，如从 0 ~ π/4，就不会有模糊。如果情况不是这样，通常利用位于阵列中心的检测天线解决模糊性。它提供一个零参考相差。当获取 $n=-1$ 和 $n=0$ 信号的比值时，会得到类似的结果。实际上，它们两个都是负值。

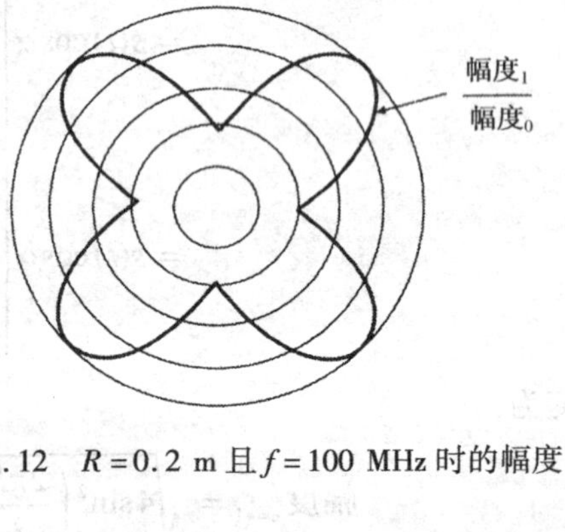

图 8.12 $R=0.2$ m 且 $f=100$ MHz 时的幅度比

8.2.4 振幅测向器

方向性天线的天线响应方向图可以用来测量信号到达的方向[10]。也可以将幅度和相位组合起来寻找方向[11]。考虑两个偶极子天线系统，其配置如图 8.13 所示的 Adcock 结构，幅度响应的方向图如图 8.14 所示。其中 φ_1 到达的信号幅度将比以 φ_2 到达的信号幅度大，幅度之差可用于 AOA 的指示。

该天线结构的输出为

$$\begin{aligned} v(t) &= s_0(t) - s_2(t) \\ &= s(t)\cos\alpha\left[\mathrm{e}^{\mathrm{j}\frac{2\pi R}{\lambda}\cos\alpha\cos\varphi} - \mathrm{e}^{-\mathrm{j}\frac{2\pi R}{\lambda}\cos\alpha\cos\varphi}\right] \\ &= s(t)\cos\alpha\left[\begin{array}{l}\cos\left(\frac{2\pi R}{\lambda}\cos\alpha\cos\varphi\right) + \mathrm{j}\sin\left(\frac{2\pi R}{\lambda}\cos\alpha\cos\varphi\right) \\ \quad -\cos\left(\frac{2\pi R}{\lambda}\cos\alpha\cos\varphi\right) + \mathrm{j}\sin\left(\frac{2\pi R}{\lambda}\cos\alpha\cos\varphi\right)\end{array}\right] \\ &= s(t)\cos\alpha\left[\mathrm{j}2\sin\left(\frac{2\pi R}{\lambda}\cos\alpha\cos\varphi\right)\right] \end{aligned} \tag{8.63}$$

幅度为

$$幅度_{v(t)} = 2\sin\left(\frac{2\pi R}{\lambda}\cos\alpha\cos\varphi\right) \tag{8.64}$$

对这种简单情形，因为存在着其他也可产生同样幅度的方位，所以可能会产生模糊性。可以结合与该天线正交放置的偶极子对来消除模糊性。

因为很难制造出这样的天线：对所有方位和所有频率幅度响应都准确已知，特别是在低频范围，比幅法测向只用在方位精度测量不重要的时候。另外，该天线结构也是将信号进行转换的一种方式，类似于前面所讨论的混合电路。

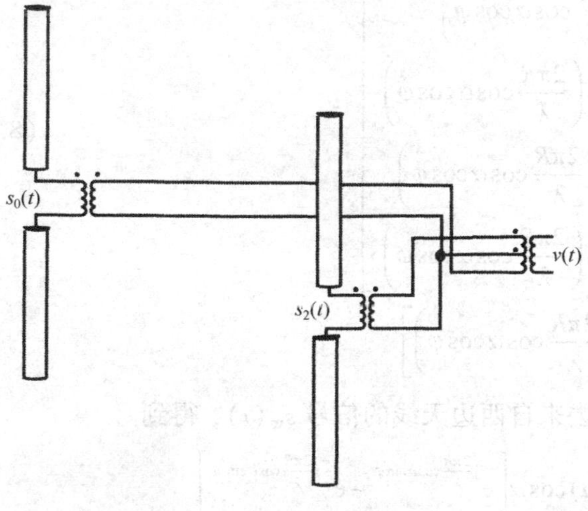

图 8.13 Adcock 天线阵结构

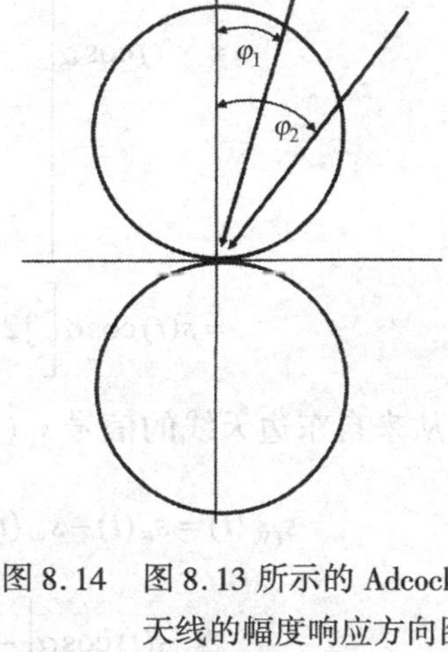

图 8.14 图 8.13 所示的 Adcock 天线的幅度响应方向图

8.2.4.1 Watson-Watt 测向器

这种形式的测向器采用前述幅度测向技术。一般采用圆形偶极子阵，通常是正交放置的偶极子集合，如图 8.15 所示。把这些天线的所有 4 个输出组合起来形成检测天线，或者如图 8.15 所示放置一个独立的检测天线。

在 Watson-Watt 测向结构中也可以使用正交放置的环天线。接收机排列是相同的，与偶极子排列一样，正交天线的输出可以组合起来产生检测输出，而不需要独立的天线。

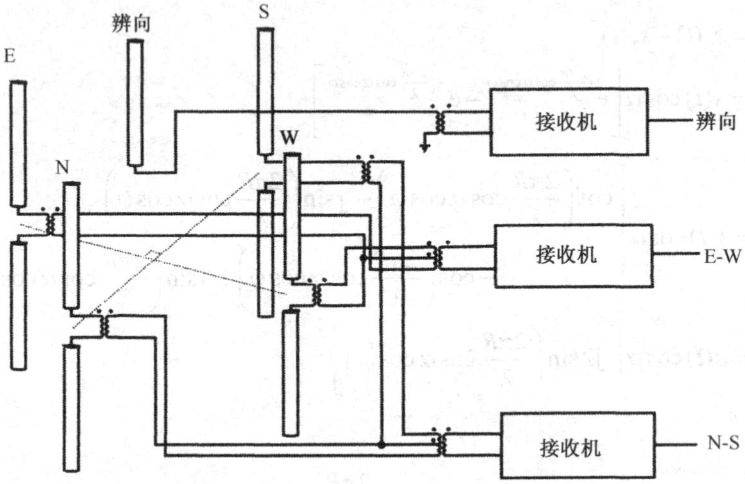

图 8.15　Watson-Watt 测向结构

在这种结构中，AOA 确定如下。从来自北边天线的信号 $s_N(t)$ 减去来自南边天线的信号 $s_S(t)$，得到

$$s_{NS}(t)=s_N(tt)-s_S(t)=s(t)\cos\alpha\left[e^{j\frac{2\pi R}{\lambda}\cos\alpha\cos\varphi}-e^{-j\frac{2\pi R}{\lambda}\cos\alpha\cos\varphi}\right]$$

$$=s(t)\cos\alpha\left[\begin{array}{l}\cos\left(\dfrac{2\pi R}{\lambda}\cos\alpha\cos\varphi\right)\\ +\ \mathrm{j}\sin\left(\dfrac{2\pi R}{\lambda}\cos\alpha\cos\varphi\right)\\ -\ \cos\left(\dfrac{2\pi R}{\lambda}\cos\alpha\cos\varphi\right)\\ +\ \mathrm{j}\sin\left(\dfrac{2\pi R}{\lambda}\cos\alpha\cos\varphi\right)\end{array}\right] \tag{8.65}$$

$$=s(t)\cos\alpha\left[\mathrm{j}2\sin\left(\frac{2\pi R}{\lambda}\cos\alpha\cos\varphi\right)\right]$$

同样，从来自东边天线的信号 $s_E(t)$ 减去来自西边天线的信号 $s_W(t)$，得到

$$s_{EW}(t)=s_E(t)-s_W(t)=s(t)\cos\alpha\left[e^{j\frac{2\pi R}{\lambda}\cos\alpha\sin\varphi}-e^{-j\frac{2\pi R}{\lambda}\cos\alpha\sin\varphi}\right]$$
$$=s(t)\cos\alpha\left[-\mathrm{j}2\sin\left(\frac{2\pi R}{\lambda}\cos\alpha\sin\varphi\right)\right] \tag{8.66}$$

于是，得到这两个量的幅度比

$$\frac{s_{\mathrm{EW}}(t)}{s_{\mathrm{NS}}(t)}=\frac{-\sin\left(\dfrac{2\pi R}{\lambda}\cos\alpha\sin\varphi\right)}{\sin\left(\dfrac{2\pi R}{\lambda}\cos\alpha\cos\varphi\right)} \tag{8.67}$$

Watson-Watt 原则是基于对上述比值求 arctan 得到 AOA 的近似值而来的，即

$$\varphi\approx\arctan\frac{s_{\mathrm{EW}}(t)}{s_{\mathrm{NS}}(t)} \tag{8.68}$$

图 8.16 绘出了 $R=0.3$ m 且 $f=200$ MHz 时该比值相对于方位的曲线。

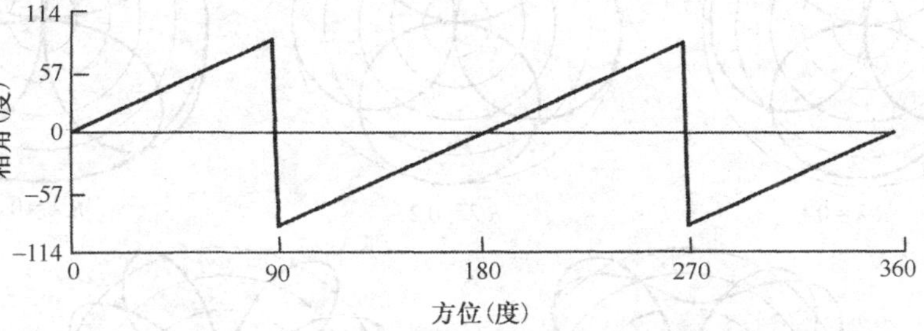

图 8.16　arctan $s_{\mathrm{EW}}(t)/s_{\mathrm{NS}}(t)$ 给出的指示性的相角

对于 $R=0.1$ m 和 $f=200$ MHz($\lambda=1.5$ m)，$R/\lambda=0.067$ 是一非常典型的参数，南北和东西向的天线方向图如图 8.17 所示。图 8.18 是几种其他 R/λ 值的方向图。

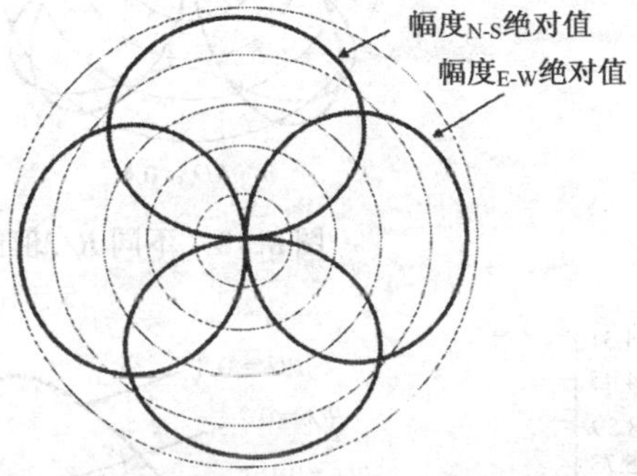

图 8.17　Watson-Watt Adcock 阵的南北和东西向天线方向图。本例中，$R=0.1$ m 且 $f=200$ MHz。为了绘图方便，只绘出了绝对数值

这种近似不准确的程度称为步进误差。因此，图 8.19 给出了真正的 φ 相对于式(8.59)所给出函数的曲线。对于较小的 R/λ 值，该误差不太大。但当 R 变大(或波长相对于 R 变得较小)时，误差就变得很明显。这一特征类似于上述讨论的阵列响应方向图。实际上，它是由同一效果引起的。注意，步进误差是一种系统误差(由系统特征引起，总是存在的)，因此，许多情形中，可以通过校准消除。这种校准通常要从已知方向朝阵列发送信号，一次一个方向。测量阵列响应，与真正的净值比较。其差值存储在校准表中。因此，图 8.19所绘出的是真正的 φ 相对于式(8.59)所给出函数的曲线。对于较小的 R/λ 值，该误差不太大。但是当 R 变大(或波长相对于 R 变得较小)时，误差就变得很明显。这一特征类似于上述讨论的阵列响应方向图。实际上，它是由同一效果引起的。注意，步进误差是一种系统误差(由系统特征引起，总是存在的)，因此，许多情形中，可以通过校准消除。这种校准通常要从已知方向朝阵列发送信号，一次一个方向。测量阵列响应，与真正的净值比较。其差值存储在校准表中①。有必要不只在一种高度上做校准。

① 原文此部分重复，已删减——译者注。

该系统的优点之一是瞬时的，这在测试定位持续时间较短的信号时特别重要。然而，为了保证瞬时性，必须有三个接收通道。另外，如果需要使硬件最小化，天线方向图可以是电扫描的，单个接收机通道就足够了。

在组合有检测数据时的天线响应方向图如图8.20所示。主方向图发生变化，即使用单个接收机，也可以得到不模糊的方位。注意，把信号组合起来，只是单脉冲方法中实现移向操作的另一种方法。

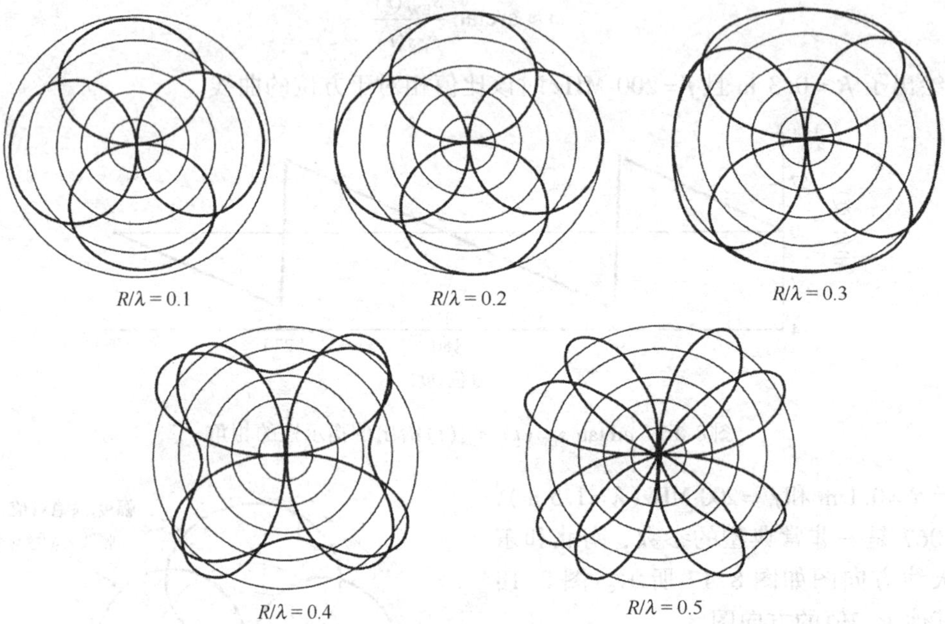

图8.18　不同R/λ值的南北和东西方向响应的方向图

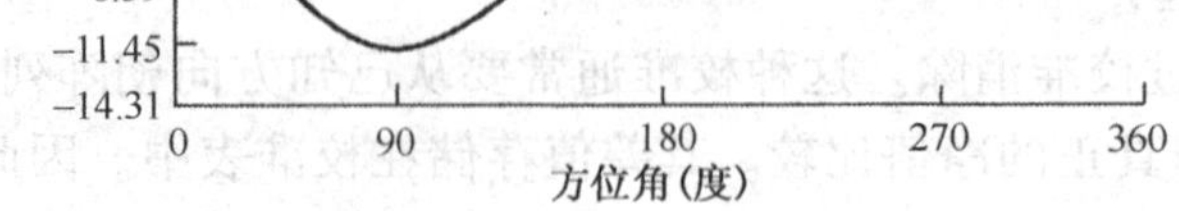

图8.19　近似到$\arctan(s_{E-W}/s_{N-S})$引起的步进误差

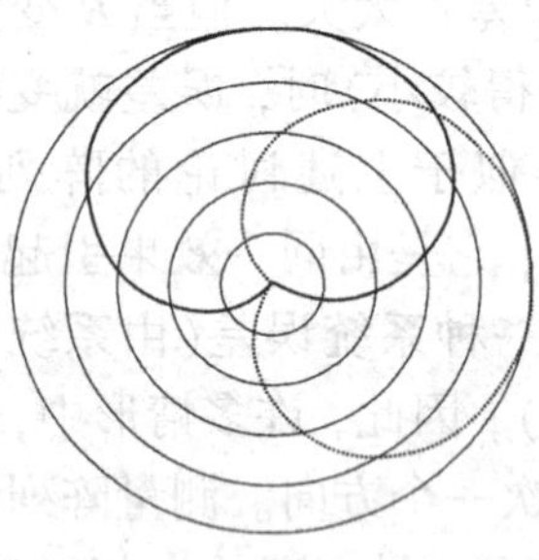

图8.20　在南北向和东西向方向图组合有检测数据时天线响应方向图

8.2.5　多普勒测向器

如果天线朝信号源移动，那么天线的信号频率就高于天线静止的时候。如果天线背离信号源移动，那么其信号频率就比真正的频率要低一些。这些频率差是一种称为多普勒频移的效果，与人们听到经过的一列火车时一样，当火车向你驶来的时候比它经过且走远后听起来频率高一些，走远的时候语音信号的频率较低[12]。

可以利用这些效果来确定信号的到达角。可以让天线在电磁场中旋转，如图 8.21 所示，测量输出频率。到达旋转天线的信号与静止天线测出的真正频率之间的频差决定了 AOA。

考虑图 8.22 所示的框图，它是图 8.21 的俯视图。令 v 是朝信号方向的旋转天线速度，f_0 是信号频率，c 是传播速度。假设 $v \ll c$，多普勒相移近似表示为

$$\Delta f = \frac{v}{c} f_0 \tag{8.69}$$

如图 8.22 所示，切线速度 v_t 为

$$v_t = B\omega \tag{8.70}$$

式中 B 是基线长度，ω 是旋转天线的角速度。速度 v 与切线速度有关，即

$$v = v_t \cos\left(\frac{\pi}{2} - \Psi\right) = v_t \sin\Psi \tag{8.71}$$

因此，多普勒频移为

$$\Delta f = \frac{B\omega}{c} f_0 \sin\Psi \tag{8.72}$$

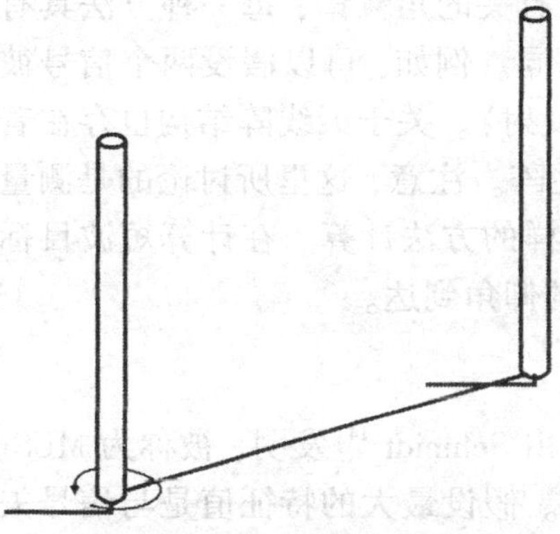

图 8.21　多普勒天线结构

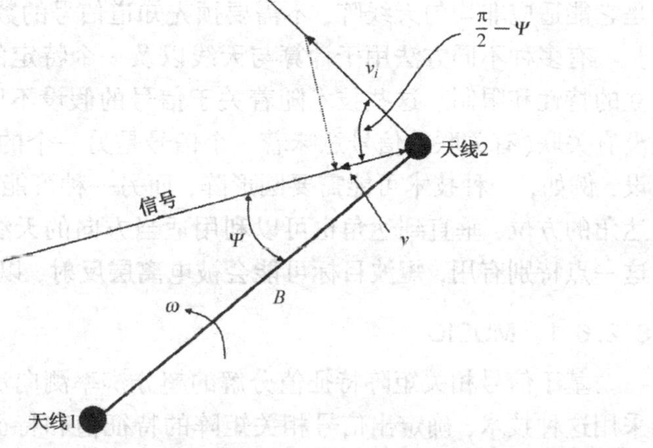

图 8.22　多普勒旋转天线阵地俯视图。天线 1 是静止天线，而天线2围绕它旋转

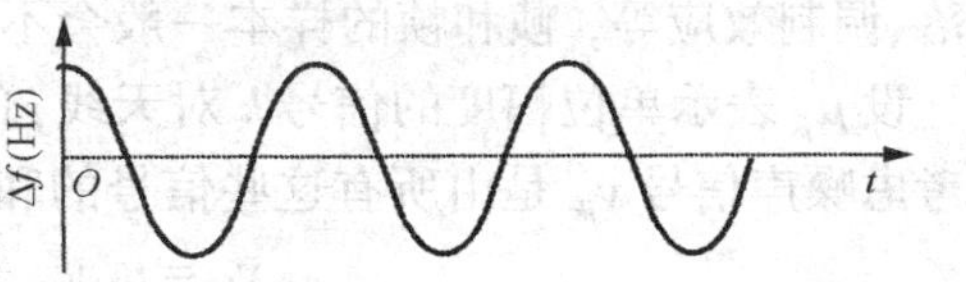

图 8.23　Doppler 测向系统中两信号的比较输出

位于圆中心的检测天线确定了真正的频率，其响应如图 8.23 所示。当旋转天线朝信号源移动时，差频为正，而当其离开时，差频为负。在很多实现中，使用圆形固定天线阵，而不是机械旋转天线。旋转效果可以通过轮流电子切换阵列中的天线达到。检测天线实际上不是必需的，因为圆形阵中所有天线的输出可以在相位上组合起来，实现这一功能。

8.2.6　阵列处理方位估计

在实用的测向应用中，希望确定 LOP 的频率处通常不止一个信号存在。当两个独立的发射机使用同一信道就是这种情况，一个信号从两个或更多方向天线达到时也是这种情形。前一种情形称为互信道干扰，后一种情形称为多径干扰（参见第 4 章）。

以上描述的许多技术都无法正确计算这些情形中任何信号源的方位。通常计算其他的某些值,有时是信号的矢量和,有时不是,依赖于所用的方法。因此,还要求有其他的确定方位的方法。

为了处理多个信号而得到的算法统称为阵列处理测向,有时称为超分辨率测向。Gething称之为“多分量波场”[13]。一般与这些算法有关的准则有三个。第一准则是能分辨出以间距很近的方位到达的两个信号。两个信号到达的方位越近(要把它分开),计算出两个明确的AOA越困难。第二个准则反映在计算方位的偏差上,以表示分辨到什么程度。因为实际情形中AOA的测量是统计计算,这种偏差是密度函数偏离真实值均值的一种偏差。经常要彼此平衡这两个准则。增加其中的一个会对另一个起负面影响。第三个准则是易变性,与概率密度函数标准差对应,代表噪声出现时计算预期会变化的方位范围。

大多数高分辨率技术需要在控制矢量所展开的空间搜索。也就是说,假设信号从特定的方向到达,利用该假设计算控制矢量。假设正确的结果是最大谱幅度的方位。因此,对于围绕天线阵的增量方位,要求解一系列线性方程。下面讨论计算投射到天线阵的信号方位角的两种技术:MUSIC和波束成形。

用于谱估计的多信号分类(MUSIC)技术对于全相关的信号很敏感,因为此时协方差矩阵是奇异的(后面将描述这一点)。因此,算法的性能依赖于信号的相关度。MUSIC的优点之一是它能适应非均匀天线阵,不需要预先知道信号的数量。

有多种不同方法用于计算与天线以及一个特定的算法有关的角频谱,每一种方法具有独立的特性和限制。这些技术随着关于信号的假设不同而不同。例如,可以假设两个信号彼此没有关联(有关联的信号意味着一个信号是另一个的多径反射)。关于天线阵结构也存在着假设,例如,一种技术可能需要圆形阵,而另一种可能是线性阵。注意,这里所讨论的是测量到达角的方位,垂直到达角也可以利用适当方向的天线用同样的方法计算。在计算短波目标时这一点特别有用,短波目标可能会被电离层反射,以非零的仰角到达。

8.2.6.1 MUSIC

基于信号相关矩阵特征值分解的超分辨率测向法首先由Schmidt[14]发明,被称为MUSIC。采用这种技术,确定出信号相关矩阵的特征值和特征矢量。假设最大的特征值是与信号矢量相关的,最小的特征值和噪声矢量相关。收集对天线数据的依次采样。这些样本中的每一个对应于单一帧。因为,一般来说,射频信号本质上是随机的,由于随机噪声和其他原因如信号衰落、调制效应等,帧和帧的样本一般会不同。

设μ_{jk}表示单位幅度的信号k对天线j的贡献,如果第i帧中信号k的幅度是Ψ_{ki},天线j没有考虑噪声信号v_{jk}是由所有这些信号的和决定的。因此,对于S个信号和N副天线,有

$$\begin{aligned} v_{1i} &= \mu_{11}\psi_{1i} + \mu_{12}\psi_{2i} + \cdots + \mu_{1R}\psi_{Si} \\ v_{2i} &= \mu_{21}\psi_{1i} + \mu_{22}\psi_{2i} + \cdots + \mu_{2R}\psi_{Si} \\ &\vdots \\ v_{Ni} &= \mu_{N1}\psi_{1i} + \mu_{N2}\psi_{2i} + \cdots + \mu_{NR}\psi_{Si} \end{aligned} \tag{8.73}$$

或

$$v_{ji} = \sum_{k=1}^{S} \mu_{jk}\psi_{ki} \tag{8.74}$$

式中乘积$\mu_{jk}\psi_{ki}$表示第i帧期间由于信号k在天线j引起的信号。注意,如果只有一个信号存在,那么这些方程的右边将只有一项。

包含有噪声分量 η_{ji} 时，式(8.74)变为

$$\nu_{ki}=\sum_{k=1}^{S}\mu_{jk}\psi_{ki}+\eta_{ji} \tag{8.75}$$

即

$$\boldsymbol{v}_i=\boldsymbol{M}\boldsymbol{\varphi}_i+\boldsymbol{\eta}_i \tag{8.76}$$

在式(8.76)中，当矩阵 $\boldsymbol{M}$ 是常数时，$\boldsymbol{v}_i$，$\boldsymbol{\eta}_i$ 和 $\boldsymbol{\varphi}_i$ 逐帧不同。$\boldsymbol{M}$ 是恒定天线几何的函数和基线(因此也是 AOA)上两副天线信号到达时间差的函数，假设所感兴趣时间段是常数，如果只有一个信号，那么 $\boldsymbol{M}$ 是列矢量。因此这种列矢量标记为 $\boldsymbol{m}^{<i>}$。

$\boldsymbol{M}$ 的列是和第 i 个天线有关的控制矢量，即

$$\boldsymbol{m}_i=\mathrm{e}^{\mathrm{j}2\pi\boldsymbol{k}\cdot\boldsymbol{r}_i} \tag{8.77}$$

这种控制矢量是在信号从 k 方向来的第 i 个天线的响应。

因为高斯噪声的随机特性，$\boldsymbol{\eta}_i$ 会发生变化。由于信号因某些效应而不是噪声而引起的随机变化，$\boldsymbol{\varphi}_i$ 也会变化。这些效应包括用于获取 $\boldsymbol{\varphi}_i$ 的天线信号的衰落和随机调制。

假设节与节以及帧与帧之间的噪声不相关，且为零均值、标准差为 σ 的高斯噪声。用标记 $\mathcal{E}\{x\}$ 表示 x 的期望值，那么有

$$\begin{aligned}\mathcal{E}\{\eta_{ji}\}&=0\\ \mathcal{E}\{\eta_{ji}\eta_{ki}\}&=\sigma^2\delta_{jk}\end{aligned} \tag{8.78}$$

式中 δ_{ij} 是 Kronecker 增量函数。矩阵的期望值为各元素期望值的矩阵，即

$$\mathcal{E}\left\{\begin{bmatrix}x_1 & x_2\\ x_3 & x_4\end{bmatrix}\right\}=\begin{bmatrix}\mathcal{E}\{x_1\} & \mathcal{E}\{x_2\}\\ \mathcal{E}\{x_3\} & \mathcal{E}\{x_4\}\end{bmatrix} \tag{8.79}$$

矩阵 $\boldsymbol{G}=[g_{ij}]$ 的共轭转置是标记为 $\boldsymbol{G}^{\mathrm{H}}$ 的矩阵，条件为 $g_{ij}=\bar{g}_{ji}$，其中上画线表示共轭。有时称 $\boldsymbol{G}^{\mathrm{H}}$ 为 $\boldsymbol{G}$ 的 Hermitian 矩阵。同样，已知矩阵 $\boldsymbol{G}$ 的 $g_{ij}=\bar{g}_{ji}$，那么 $\boldsymbol{G}$ 为 Hermitian 矩阵。

样本协方差矩阵 $\boldsymbol{\Gamma}$ 的产生通过构造下述矩阵形成

$$\boldsymbol{Y}=[\boldsymbol{v}_1\quad \boldsymbol{v}_2\quad \cdots\quad \boldsymbol{v}_F] \tag{8.80}$$

式中 F 是收集的帧数。该矩阵的每一列相应于来自天线的一组数据样本。那么有

$$\begin{aligned}\boldsymbol{\Gamma}&=\mathcal{E}\left\{\boldsymbol{Y}\boldsymbol{Y}^{\mathrm{H}}\right\}\\ &=\mathcal{E}\left\{[\boldsymbol{v}_1\quad \boldsymbol{v}_2\quad \cdots\quad \boldsymbol{v}_F]\begin{bmatrix}\boldsymbol{v}_1^{\mathrm{H}}\\ \boldsymbol{v}_2^{\mathrm{H}}\\ \vdots\\ \boldsymbol{v}_F^{\mathrm{H}}\end{bmatrix}\right\}\\ &=\mathcal{E}\left\{\left[\boldsymbol{v}_1\boldsymbol{v}_1^{\mathrm{H}}+\boldsymbol{v}_2\boldsymbol{v}_2^{\mathrm{H}}+\cdots+\boldsymbol{v}_F\boldsymbol{v}_F^{\mathrm{H}}\right]\right\}\\ &=\left[\mathcal{E}\left\{\boldsymbol{v}_1\boldsymbol{v}_1^{\mathrm{H}}\right\}+\mathcal{E}\left\{\boldsymbol{v}_2\boldsymbol{v}_2^{\mathrm{H}}\right\}+\cdots+\mathcal{E}\left\{\boldsymbol{v}_F\boldsymbol{v}_F^{\mathrm{H}}\right\}\right]\end{aligned} \tag{8.81}$$

考虑该矩阵的任一元素

$$\begin{aligned}\mathcal{E}\{\boldsymbol{v}_\iota\boldsymbol{v}_\iota^{\mathrm{H}}\}&=\mathcal{E}\{(\boldsymbol{M}\boldsymbol{\varphi}_\iota+\boldsymbol{\eta}_\iota)(\boldsymbol{M}\boldsymbol{v}_\iota+\boldsymbol{\eta}_\iota)^{\mathrm{H}}\}\\ &=\mathcal{E}\{(\boldsymbol{M}\boldsymbol{\varphi}_\iota+\boldsymbol{\eta}_\iota)(\boldsymbol{\varphi}_\iota^{\mathrm{H}}\boldsymbol{M}^{\mathrm{H}}+\boldsymbol{\eta}_\iota^{\mathrm{H}})\}\\ &=\mathcal{E}\{\boldsymbol{M}\boldsymbol{\varphi}_\iota\boldsymbol{\varphi}_\iota^{\mathrm{H}}\boldsymbol{M}^{\mathrm{H}}+\boldsymbol{M}\boldsymbol{\varphi}_\iota\boldsymbol{\eta}_\iota^{\mathrm{H}}+\boldsymbol{\eta}_\iota\boldsymbol{\varphi}_\iota^{\mathrm{H}}\boldsymbol{M}^{\mathrm{H}}+\boldsymbol{\eta}_\iota\boldsymbol{\eta}_\iota^{\mathrm{H}}\}\\ &=\mathcal{E}\{\boldsymbol{M}\boldsymbol{\varphi}_\iota\boldsymbol{\varphi}_\iota^{\mathrm{H}}\boldsymbol{M}^{\mathrm{H}}\}+\mathcal{E}\{\boldsymbol{M}\boldsymbol{\varphi}_\iota\boldsymbol{\eta}_\iota^{\mathrm{H}}\}+\mathcal{E}\{\boldsymbol{\eta}_\iota\boldsymbol{\varphi}_\iota^{\mathrm{H}}\boldsymbol{M}^{\mathrm{H}}\}+\mathcal{E}\{\boldsymbol{\eta}_\iota\boldsymbol{\eta}_\iota^{\mathrm{H}}\}\\ &=\boldsymbol{M}\mathcal{E}\left\{\boldsymbol{\varphi}_\iota\boldsymbol{\varphi}_\iota^{\mathrm{H}}\right\}\boldsymbol{M}^{\mathrm{H}}+\boldsymbol{M}\mathcal{E}\{\boldsymbol{\varphi}_\iota\boldsymbol{\eta}_\iota^{\mathrm{H}}\}+\mathcal{E}\{\boldsymbol{\eta}_\iota\boldsymbol{\varphi}_\iota^{\mathrm{H}}\}\boldsymbol{M}^{\mathrm{H}}+\mathcal{E}\{\boldsymbol{\eta}_\iota\boldsymbol{\eta}_\iota^{\mathrm{H}}\}\\ &=\boldsymbol{M}\boldsymbol{H}\boldsymbol{M}^{\mathrm{H}}+\boldsymbol{\Phi}\end{aligned} \tag{8.82}$$

最后一步是因为假设信号和噪声不相关。其中

$$\boldsymbol{H}=\mathcal{E}\left\{\boldsymbol{\varphi}_{\iota}\boldsymbol{\varphi}_{\rho}^{\mathrm{H}}\right\}=\mathcal{E}\left\{\begin{bmatrix}\varphi_{1\iota}\\ \varphi_{2\iota}\\ \varphi_{3\iota}\\ \vdots\\ \varphi_{S\iota}\end{bmatrix}\begin{bmatrix}\bar{\varphi}_{1\rho} & \bar{\varphi}_{2\rho} & \bar{\varphi}_{3\rho}\cdots\bar{\varphi}_{S\rho}\end{bmatrix}\right\}$$

$$=\mathcal{E}\left\{\begin{bmatrix}\varphi_{1\iota}\bar{\varphi}_{1\rho} & \varphi_{1\iota}\bar{\varphi}_{2\rho} & \varphi_{1\iota}\bar{\varphi}_{3\rho} & \cdots & \varphi_{1\iota}\bar{\varphi}_{S\rho}\\ \varphi_{2\iota}\bar{\varphi}_{1\rho} & \varphi_{2\iota}\bar{\varphi}_{2\rho} & \varphi_{2\iota}\bar{\varphi}_{3\rho} & \cdots & \varphi_{2\iota}\bar{\varphi}_{S\rho}\\ \varphi_{3\iota}\bar{\varphi}_{1\rho} & \varphi_{3\iota}\bar{\varphi}_{2\rho} & \varphi_{3\iota}\bar{\varphi}_{3\rho} & \cdots & \varphi_{3\iota}\bar{\varphi}_{S\rho}\\ \vdots & \vdots & \vdots & \ddots & \vdots\\ \varphi_{S\iota}\bar{\varphi}_{1\rho} & \varphi_{S\iota}\bar{\varphi}_{2\rho} & \varphi_{S\iota}\bar{\varphi}_{3\rho} & \cdots & \varphi_{S\iota}\bar{\varphi}_{S\rho}\end{bmatrix}\right\} \tag{8.83}$$

且

$$\boldsymbol{\Phi}=\mathcal{E}\left\{\boldsymbol{\eta}_{\iota}\boldsymbol{\eta}_{\rho}^{\mathrm{H}}\right\}=\mathcal{E}\left\{\begin{bmatrix}\eta_{1\iota}\\ \eta_{2\iota}\\ \eta_{3\iota}\\ \vdots\\ \eta_{N\iota}\end{bmatrix}\begin{bmatrix}\eta_{1\rho} & \eta_{2\rho} & \eta_{3\rho}\cdots\eta_{N\rho}\end{bmatrix}\right\}=\mathcal{E}\left\{\begin{bmatrix}\eta_{1\iota}\bar{\eta}_{1\rho} & \eta_{1\iota}\bar{\eta}_{2\rho} & \eta_{1\iota}\bar{\eta}_{3\rho} & \cdots & \eta_{1\iota}\bar{\eta}_{N\rho}\\ \eta_{2\iota}\bar{\eta}_{1\rho} & \eta_{2\iota}\bar{\eta}_{2\rho} & \eta_{2\iota}\bar{\eta}_{3\rho} & \cdots & \eta_{2\iota}\bar{\eta}_{N\rho}\\ \eta_{3\iota}\bar{\eta}_{1\rho} & \eta_{3\iota}\bar{\eta}_{2\rho} & \eta_{3\iota}\bar{\eta}_{3\rho} & \cdots & \eta_{3\iota}\bar{\eta}_{N\rho}\\ \vdots & \vdots & \vdots & \ddots & \vdots\\ \eta_{N\iota}\bar{\eta}_{1\rho} & \eta_{N\iota}\bar{\eta}_{2\rho} & \eta_{N\iota}\bar{\eta}_{3\rho} & \cdots & \eta_{N\iota}\bar{\eta}_{N\rho}\end{bmatrix}\right\} \tag{8.84}$$

式中 $\boldsymbol{\Gamma}$、$\boldsymbol{H}$、$\boldsymbol{\Phi}$ 分别是 $(N\times N)$、$(S\times S)$ 和 $(N\times N)$ 阶平方矩阵，$\boldsymbol{M}$ 和 $\boldsymbol{M}^{\mathrm{H}}$ 分别是 $(N\times S)$ 和 $(S\times N)$ 阶。

在没有噪声、测量误差或其他随机影响，当 R 小于 $(N-1)$ 时，系统必须由多种因素确定，通过在每一帧测量出的元素 $\boldsymbol{v}_i$ 满足一种或多种线性关系，且 $\boldsymbol{\Gamma}$ 阶次将下降为 r，称之具有无效的 $(N-r)$。

将上述噪声模型应用到大样本帧上，$\boldsymbol{\Phi}$ 的非对角元素趋近于零，式(8.85)①具有非对称形式

$$\boldsymbol{\Gamma}=\boldsymbol{MHM}^{\mathrm{H}}+\sigma^2\boldsymbol{I} \tag{8.85}$$

对于完全非相关的噪声，$\boldsymbol{H}$ 的非对角元素也趋向于零。$\boldsymbol{\Gamma}$ 的非对角元素包含到达信号的方向信息，不趋向于零。但是主对角元素都是实数，趋向于一致。物理解释是所有天线在较长采样周期内期望有近似相同的功率。

估计 $\boldsymbol{\Gamma}$ 的常用方法是对帧数据求平均，即

$$\hat{\boldsymbol{\Gamma}}=\frac{1}{F}\sum_{i=1}^{F}\boldsymbol{v}_i\boldsymbol{v}_i^{\mathrm{H}}$$

$$=\frac{1}{F}\sum_{i=1}^{F}\begin{bmatrix}v_{1i}v_{1i}^{\mathrm{H}} & v_{1i}v_{2i}^{\mathrm{H}} & \cdots & v_{1i}v_{Ni}^{\mathrm{H}}\\ v_{2i}v_{1i}^{\mathrm{H}} & v_{2i}v_{2i}^{\mathrm{H}} & \cdots & v_{2i}v_{Ni}^{\mathrm{H}}\\ \vdots & \vdots & \ddots & \vdots\\ v_{Ni}v_{Ni}^{\mathrm{H}} & v_{Ni}v_{2i}^{\mathrm{H}} & \cdots & v_{Ni}v_{Ni}^{\mathrm{H}}\end{bmatrix} \tag{8.86}$$

对于上述方法，帧数据必须是零均值统计过程的样本。其原因是 TDOA 信息位于 $\hat{\boldsymbol{\Gamma}}$ 非对

① 原文中为式(8.72)，有误——译者注。

角元素上。如果帧数据不基于零均值过程，那么帧协方差矩阵 $\boldsymbol{v}_i\boldsymbol{v}_i^{\mathrm{H}}$ 的非对角元素平均值将不会趋近于零。因此，它们就会对引起错误结果的 $\hat{\boldsymbol{\Gamma}}$ 中非对角元素做出贡献。

计算 TDOA

做以下分析的目的是为了确知到达一对天线的多个信号的 TDOA。上述讨论是这一过程的基础。

平方矩阵 $\boldsymbol{G}(N\times N)$ 的特征矢量是一非零列矢量 $\boldsymbol{e}_i$，满足

$$\boldsymbol{G}\boldsymbol{e}_i=\lambda_i\boldsymbol{e}_i \tag{8.87}$$

相应的标量 λ_i 称为特征值。$\boldsymbol{G}$ 的特征值由 $\boldsymbol{G}$ 的特征方程求得，即

$$\det\left[\boldsymbol{G}-\lambda\boldsymbol{I}\right]=0 \tag{8.88}$$

式中 $\boldsymbol{I}$ 是单位矩阵。矩阵 $\boldsymbol{G}$ 具有 N 个特征值，没有必要所有的特征值都不同。和任一λ相应的特征值构成一个独立的矢量集合，形成与λ相应的线性簇的基。这一线性簇称为和λ相应的特征矢量簇。一旦找到了该特征矢量，相关的特征矢量就可通过求解式(8.77)来确定。

当 $\hat{\boldsymbol{\Gamma}}$的特征值被确定时，被分为两组。第一组比第二组的值大。第二组没有噪声，也没有测量误差，彼此相等，且值较小。较大特征值的数目是出现的连续波数目的测度。在多数感兴趣情形中，$\boldsymbol{\Gamma}$ 是奇异的，一般 $S<N-1$ 。MUSIC 是建立在对协方差矩阵 $\boldsymbol{\Gamma}$ 的奇异值分解的基础上的。

奇异值分解

任何 $m\times n$ 矩阵 $\boldsymbol{Y}$ 可以分解为

$$\boldsymbol{Y}=\boldsymbol{U}\boldsymbol{\Sigma}\boldsymbol{V}^{\mathrm{H}}=\left[\boldsymbol{U}_{\mathrm{s}}\quad\boldsymbol{U}_{\mathrm{o}}\right]\begin{bmatrix}\boldsymbol{\Sigma}_{\mathrm{s}} & \boldsymbol{0}\\ \boldsymbol{0} & \boldsymbol{0}\end{bmatrix}\begin{bmatrix}\boldsymbol{V}_{\mathrm{s}}^{\mathrm{H}}\\ \boldsymbol{V}_{\mathrm{o}}^{\mathrm{H}}\end{bmatrix} \tag{8.89}$$

式中 $\boldsymbol{U}$ 是 $m\times n$ 维正交矩阵，$\boldsymbol{V}$ 是 $n\times m$ 维正交矩阵，$\boldsymbol{\Sigma}_s$ 是 $r\times r$ 维实数对角矩阵，非负元素 σ_i，$i=1,2,\cdots,r=\min(m,n)$ 按降阶排列

$$\sigma_1\geqslant\sigma_2\geqslant\cdots\geqslant\sigma_r>\sigma_{r+1}=\sigma_{r+2}=\cdots=0 \tag{8.90}$$

这些 σ_i 称为 $\boldsymbol{Y}$ 的奇异值。$\boldsymbol{U}$ 的第 r 列是 $\boldsymbol{Y}$ 的左侧奇异矢量，$\boldsymbol{V}$ 的第 r 列是 $\boldsymbol{Y}$ 的右侧奇异矢量。$\boldsymbol{\Sigma}$ 的结构为

$$\boldsymbol{\Sigma}=\begin{bmatrix}\sigma_1 & & & & & \\ & \sigma_2 & & \boldsymbol{0} & & \\ & & \ddots & & & \\ & & & \sigma_r & & \\ & & & & 0 & \\ & \boldsymbol{0} & & & 0 & \\ & & & & & \ddots \\ & & & & & 0\end{bmatrix}=\begin{cases}\begin{bmatrix}\boldsymbol{\Sigma}_{\mathrm{s}}\\ \boldsymbol{0}\end{bmatrix}, & \text{若 } m\geqslant n\\ \left[\boldsymbol{\Sigma}_{\mathrm{s}}\quad\boldsymbol{0}\right], & \text{若 } m<n\end{cases} \tag{8.91}$$

式中 r 是 $\boldsymbol{Y}$ 的阶数。因此，$\boldsymbol{U}_{\mathrm{s}}$包含和非零奇异值相应的左侧奇异矢量，$\boldsymbol{U}_{\mathrm{o}}$包含和非零奇异值相应的左侧奇异矢量。这些 $\boldsymbol{U}_{\mathrm{s}}$矢量占有包含在 $\boldsymbol{M}$ 中的矢量的子空间。$\boldsymbol{U}_{\mathrm{o}}$占有正交子空间，因此有

$$\boldsymbol{m}^{\langle i\rangle\mathrm{H}}\boldsymbol{U}_{\mathrm{o}}=\boldsymbol{0} \tag{8.92}$$

同样，奇异矢量也被归一化，因此 $\boldsymbol{U}^{\mathrm{H}}\boldsymbol{U}=\boldsymbol{I}$。

$\boldsymbol{U}$ 是 $\boldsymbol{YY}^{\mathrm{T}}$ 的 $m\times n$ 维正交归一化行特征矢量矩阵，而 $\boldsymbol{V}$ 是 $\boldsymbol{Y}^{\mathrm{T}}\boldsymbol{Y}$ 的 $n\times n$ 维正交归一化列特征矢量矩阵。$\boldsymbol{Y}$ 的奇异值定义为 $\boldsymbol{YY}^{\mathrm{T}}$ 特征值的非负平方根。

奇异值分解是因为其解决最小平方问题而著名。对于由下述方程组定义的线性系统

$$\boldsymbol{Ax}=\boldsymbol{b} \tag{8.93}$$

式中 $\boldsymbol{A}$ 是 $m\times n$ 维的，$\boldsymbol{x}$ 和 $\boldsymbol{b}$ 是矢量，那么，最小平方解是满足

$$\min_{\boldsymbol{x}}\left\|\boldsymbol{Ax}-\boldsymbol{b}\right\| \tag{8.94}$$

的 $\boldsymbol{x}$ 值，即

$$\hat{\boldsymbol{x}}=\boldsymbol{V\Sigma}^{\diamond}\boldsymbol{U}^{\mathrm{T}}\boldsymbol{b} \tag{8.95}$$

矩阵 $\boldsymbol{\Sigma}^{0}$ 为

$$\boldsymbol{\Sigma}^{\diamond}=\begin{bmatrix}1/\sigma_1 & & & 0 & 0 & \cdots & 0\\ & \ddots & & & & & \\ & & 1/\sigma_r & & \vdots & & \vdots\\ & & & 0 & & & \\ & & & & \ddots & & \\ & & & & 0 & 0\cdots & 0\end{bmatrix} \tag{8.96}$$

那么，矩阵

$$\boldsymbol{A}^{\diamond}=\boldsymbol{V\Sigma}^{\diamond}\boldsymbol{U}^{\mathrm{T}} \tag{8.97}$$

称为 $\boldsymbol{A}$ 的伪逆。

注意，如果从 $\boldsymbol{\Sigma}^{0}$ 中去掉零，$\boldsymbol{U}$ 和 $\boldsymbol{V}$ 的维数就可适当缩减，$\mathrm{rank}(\boldsymbol{A})=r$，它的解缩减为

$$\boldsymbol{x}=\left(\boldsymbol{A}^{\mathrm{T}}\boldsymbol{A}\right)^{-1}\boldsymbol{A}^{\mathrm{T}}\boldsymbol{b} \tag{8.98}$$

利用 $\boldsymbol{A}=\boldsymbol{U\Sigma V}^{\mathrm{T}}$

$$\boldsymbol{x}=\boldsymbol{V\Sigma}^{-1}\boldsymbol{U}^{\mathrm{T}}\boldsymbol{b} \tag{8.99}$$

因为 $\boldsymbol{\Gamma}$ 是正定的，且是 Hermitian 的，式(8.85)可以表示为

$$\boldsymbol{\Gamma}=\boldsymbol{U\Sigma U}^{\mathrm{H}} \tag{8.100}$$

式中 $\boldsymbol{U}$ 是单位矩阵①。注意，矢量 $\boldsymbol{x}$ 和 $\boldsymbol{M}^{\mathrm{H}}$ 正交，那么它是特征值为 σ^2 的 $\boldsymbol{\Gamma}$ 矩阵的特征矢量，因为

$$\boldsymbol{\Gamma x}=\boldsymbol{MHM}^{\mathrm{H}}\boldsymbol{x}+\sigma^2\boldsymbol{x}=\sigma^2\boldsymbol{x} \tag{8.101}$$

特征值为 σ^2 的 $\boldsymbol{\Gamma}$ 矩阵特征矢量依赖于 $\mathcal{N}(\boldsymbol{M}^{\mathrm{H}})$，后者为 $\boldsymbol{M}^{\mathrm{H}}$ 的零空间。因此，最小的 $(N-L)$ 个非零特征值为

$$\lambda_{L+1}=\lambda_{L+2}=\cdots\lambda_N=\sigma^2 \tag{8.102}$$

因此，可以把特征矢量区分为噪声特征矢量(和最小的特征值对应)和信号特征矢量(和最大的特征值对应)，协方差矩阵 $\boldsymbol{\Gamma}$ 可以写为

$$\boldsymbol{\Gamma}=\boldsymbol{U}_{\mathrm{s}}\boldsymbol{\Sigma}_{\mathrm{s}}\boldsymbol{U}_{\mathrm{s}}^{\mathrm{H}}+\boldsymbol{U}_{\mathrm{n}}\boldsymbol{\Sigma}_{\mathrm{n}}\boldsymbol{U}_{\mathrm{n}}^{\mathrm{H}} \tag{8.103}$$

设 $\mathcal{R}(\boldsymbol{X})$ 表示 $\boldsymbol{X}$ 的列空间，$\boldsymbol{Q}$ 的列空间和 $\boldsymbol{M}$ 的正交互补，因为

$$\mathcal{R}(\boldsymbol{Q})=\mathcal{N}(\boldsymbol{M}^{\mathrm{H}})=^{\perp}\mathcal{R}(\boldsymbol{M}) \tag{8.104}$$

① 如果 $\boldsymbol{UU}^{\mathrm{H}}=\boldsymbol{U}^{\mathrm{H}}\boldsymbol{U}=\boldsymbol{I}_n$，那么就说 $n\times n$ 维矩阵 $\boldsymbol{U}$ 是单位矩阵。

式中$\mathcal{N}(A)$是$\boldsymbol{A}$的零空间。因此有

$$\mathcal{R}(\boldsymbol{U}_s)=\mathcal{R}(\boldsymbol{M}) \tag{8.105}$$

$$\mathcal{R}(\boldsymbol{U}_n)=^{\perp}\mathcal{R}(\boldsymbol{M}^{H}) \tag{8.106}$$

式中$\mathcal{R}(\boldsymbol{U}_s)$称为信号子空间，$\mathcal{R}(\boldsymbol{U}_n)$称为噪声子空间。对这些信号和噪声子空间的投影算子定义为

$$\boldsymbol{P}_M=\boldsymbol{M}\boldsymbol{M}^{\diamond}=\boldsymbol{U}_s\left(\boldsymbol{U}_s^{H}\boldsymbol{U}_s\right)^{-1}\boldsymbol{U}_s^{H}=\boldsymbol{U}_s\boldsymbol{U}_s^{H} \tag{8.107}$$

$$\boldsymbol{P}_M^{\perp}=\boldsymbol{I}-\boldsymbol{M}\boldsymbol{M}^{\diamond}=\boldsymbol{U}_n\left(\boldsymbol{U}_n^{H}\boldsymbol{U}_n\right)^{-1}\boldsymbol{U}_n^{H}=\boldsymbol{U}_n\boldsymbol{U}_n^{H} \tag{8.108}$$

确定TDOA

可以分析协方差矩阵$\boldsymbol{\Gamma}$的特征结构以确定TDOA。然而，$\boldsymbol{\Gamma}$的正态非奇异特征在某些情形中可能会引起数值问题。利用该技术，把N维空间分为信号子空间和正交噪声子空间。计算方法是基于协方差矩阵的估计$\hat{\boldsymbol{\Gamma}}$，需要确定该矩阵的特征值和特征矢量，如前所述，特征值形成两个集合，一个比另一个包含较多的特征值。从$k=0$开始，直到$k=N$，这里k是被估计的特征值数目，针对出现的信号数目，选择逻辑分界点。将较大(数值较大，不是基数较大)集合中信号子空间特征值相应的特征矢量记为$\boldsymbol{R}_s$，取值范围是信号子空间，而将较小集合相应的特征矢量记为$\boldsymbol{R}_n$，取值范围为噪声子空间。

取值噪声子空间的特征矢量矩阵$\boldsymbol{R}_n$用于计算函数

$$P_{\text{MUSIC}}=\frac{1}{\boldsymbol{\Omega}^{H}\boldsymbol{R}_n\boldsymbol{R}_n^{H}\boldsymbol{\Omega}} \tag{8.109}$$

式中分母由于正交性趋向于零。确定出该函数的峰值，最高峰值S是时间差出现处的一个估计值。P_{MUSIC}的仿真结果，如图8.24[15]所示。本例中，有两个信号经过天线阵列，都以45°方位，而仰角差是10°。该图的正截面是到达方位角和到达仰角。纵坐标是单位为dB的阵列幅度相应。显然峰值很尖锐。

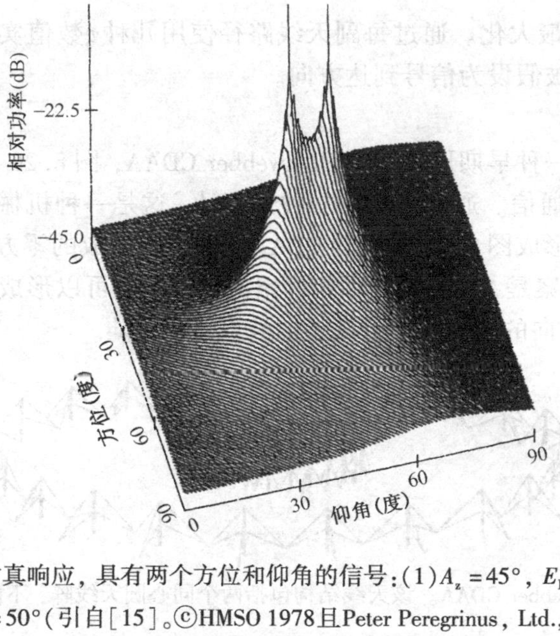

图8.24 阵列的仿真响应，具有两个方位和仰角的信号：(1)$A_z=45°$，$E_l=40°$，且(2)$A_z=45°$，$E_l=50°$(引自[15]。©HMSO 1978且Peter Peregrinus，Ltd.，1990，获许引用)

MUSIC 只是称为超分辨率阵列处理技术领域的一个实例。该处理的其他类型具有图 8.24 类似的峰值，每一个算法都有其自身的优点和缺点[15]。MUSIC 主要的缺点是它不能区分完全关联的(相关的)信号。

8.2.6.2 波束成形

处理伴随信道问题最古老的技术之一是波束成形。通常不认为该技术是超分辨率系列，因为历史上使用该技术不是把两个信号分开，而是抑制除给定方向的所有方向天线响应。利用该方法，K 副天线阵列的输出被乘上加权值，加权值通常为复数且被延时。权值的幅度影响着来自特定天线单元的信号幅度，而权值的相位改变着信号的相位。这些乘法器以及延时单元的输出接着被加权形成天线的方向图。通过适当地调整权值和延时，天线的"波束"可以被控制指向给定的方向，增强该方向的接收能力，同时抑制其他方向的接收能力。图 8.25 给出了波束成形结构。

如果 $x_j(t)$ 表示第 j 个天线单元的输出，$s(t)$ 是要发射的信号，那么

$$x_j(t) = s(t + t_j) + n_j(t) \tag{8.110}$$

式中 $n_j(t)$ 表示第 j 个天线单元的加性噪声。这些信号被乘上幅度为 w_j 的权值，延时为 τ_j，然后被求和。波束成形的输出为

$$y(t) = \sum_{j=1}^{K} w_j x_j(t - \tau_j) \tag{8.111}$$

如果调整时延，使 $t_j = \tau_j$，假设权值设为 1，那么

$$\begin{aligned} y(t) &= Ks(t) + \sum_{j=1}^{K} n_j(t - \tau_j) \\ &= \sum_{j=1}^{K} w_j s(t + t_j - \tau_j) + w_j n_j(t - \tau_j) \end{aligned} \tag{8.112}$$

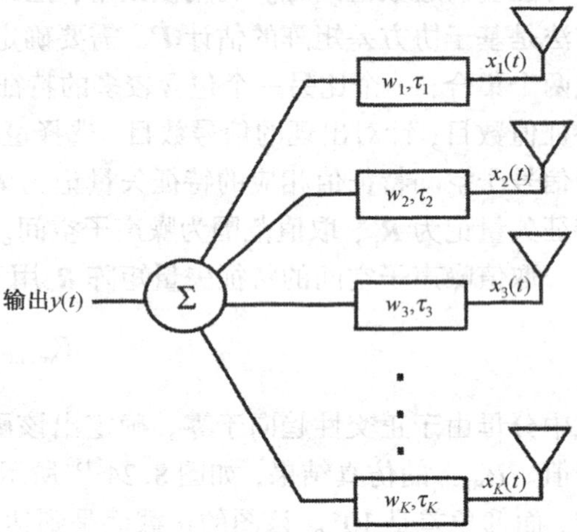

图 8.25 波束成形网的许多类型之一

在适当条件下将使 $y(t)$ 最大化。通过每副天线路径使用几种 τ_j 数值实现搜索方位的范围。那些具有最大响应的方向被假设为信号到达方向。

Wullenwebber CDAA

波束成形测向器的一种早期形式是 Wullenwebber CDAA，图 8.26 给出了它的结构[16]。其测向器目标是远程短波通信。通常它使用一种角度计，这是一种机械旋转移相网络，图 8.27 为其典型代表。移相器形成图 8.28 所示的 CDAA 方向图，形成的零方向用于指示短波信号的到达方向[16]。另一种方案是，如果使用移相网络的路径和，可以形成到达信号方向的单一最大值。图 8.28 中的零方向的优点是进行测量的波束边缘很陡。

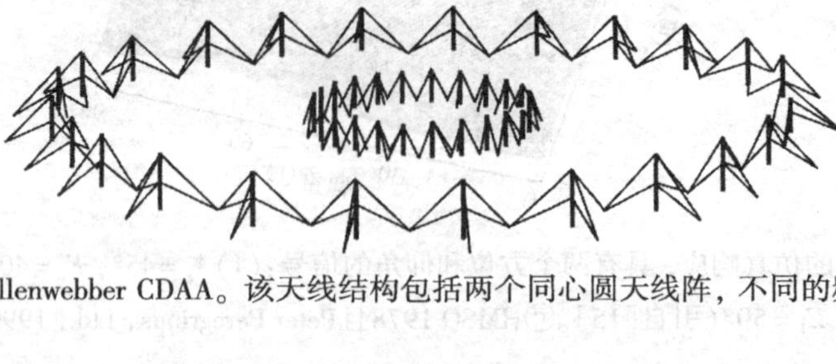

图 8.26 Wullenwebber CDAA。该天线结构包括两个同心圆天线阵，不同的频段尺寸不同

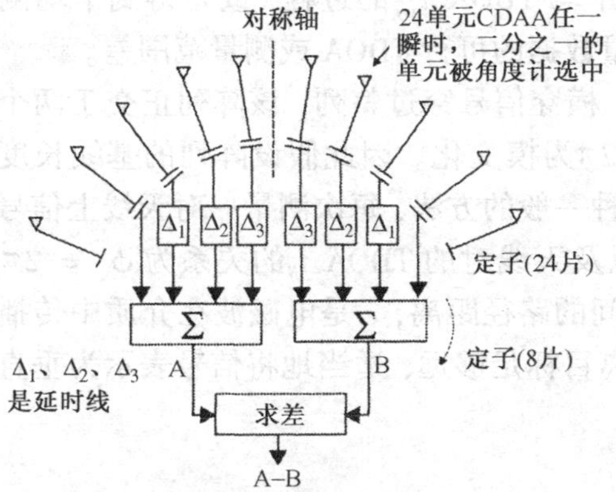

图 8.27　角度计中的移相网络(引自[16]。©Controller HMSO 1978 and Peter Peregrinus, Ltd., 1990, 获许引用)

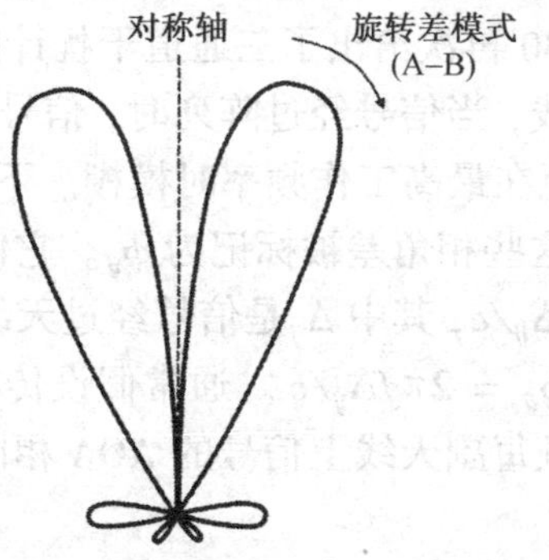

图 8.28　角度计的 Wullenwebber 天线方向图(引自[16]。©Controller HMSO 1978 and Peter Peregrinus, Ltd., 1990, 获许引用)

Wullenwebber 阵列是宽孔径测向器(WADF)[16]的表现形式。一般这类天线具有两个或更多的环以覆盖 3 MHz(λ=300 m)到 30 MHz(λ=30 m)完整的短波频段。图 8.26 中较大的阵列直径一般为 150 m，而较高频率范围的内环直径一般为 50 m。

然而，在较高纬度处使用时要小心，因为它和较低维度的传播模式不同[17~19]。

8.2.7　方位线(LOB)优化

Schmidt[20]以及其他一些人研究过最小平方定位范围差的问题。目标到两个传感器的范围差形成一个双曲线，如图 8.29 所示。因此，目标所处的位置就存在着模糊的答案。为了确认目标在该 LOP 上的位置，两个传感器中的任一个(或两者都)必须移动到另一个位置，进行另一次测量，或必须增加第三个传感器形成第二条基线(没有必要需要第三个)。由 LOP 交汇确定的最终位置就是唯一的。

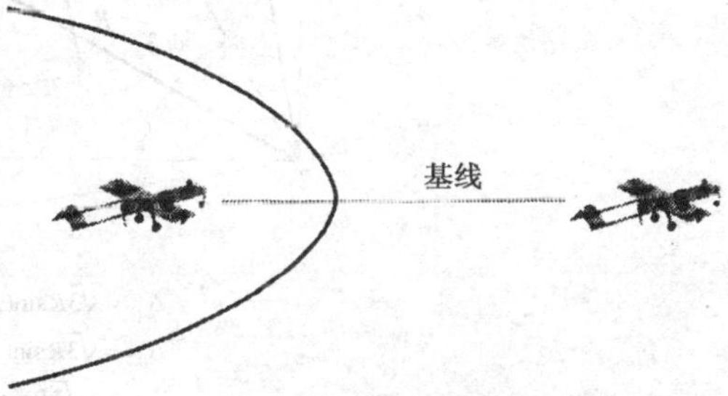

图 8.29　形成单个基线的两个传感器构成一个双曲线，目标在双曲线上

在所示的情形中，传感器被分得很开。然而没有必要如此。例如，传感器可以是同一阵列中的两副天线。该阵列的范围差仍然是双曲线，但是为了计算目标位置，这种方法很困难。LOP 交会于离阵列很大的范围。在计算 LOP 中很小的误差会导致计算目标位置较大的错误，因为 LOP 在离阵列较远的区域实际上是平行的。

获取目标 PF 的另一技术是测量两个或更多的传感器到目标的 LOP。两个或更多(最好是这样)LOB 交会的位置就是假定目标所在的位置。确定这些方位线的方法之一是利用相位干涉测量法，测量 $N>2$ 副天线之间的相差，如 8.2.2 节所述的那样计算 LOB。

8.2.7.1　相差平均

Schmidt[20]证明了 TDOA 平均过程形成基于测量范围差的最小平方意义上最接近可行地理位置的理论。基于测量范围差计算产生地理位置，在某种程度上可扩展用于证明：对于 N 通道干涉计，用同样的方法计算信号相差形成最小平方意义上的最佳方位。

TDOA 平均是从测量的 TDOA 或测量差去除平均 TDOA τ_{avg}的过程，或是得到平均测量差 Δ_{avg}的过程。这会形成最小平方意义上最接近测量数据的可行 TDOA 或测量范围差。

图 8.30 再次给出了三通道干扰计的俯视图。横穿信号穿过整列，该阵列正交于两个阵列平面和天线，当信号经过阵列时，信号的相角以 2π为模变化。因此假设阵列的基线长度足够小，以避免在最高工作频率时模糊。下面通过几种一般的方法，每次测量一对天线上信号之间的相差。这些相角差被标记为 ϕ_{ij}。它们与频率以及天线对的 TDOA τ_{ij}的关系为 $\phi_{ij} = 2\pi f \tau_{ij}$。因为 $\tau_{ij} = \Delta_{ij}/c$，其中 Δ_{ij}是信号经过天线 i 和 j 之间的路径距离，c 是电磁波在介质中传播的速度，因此 $\phi_{ij} = 2\pi f\Delta_{ij}/c$。通常假设传感器系统离目标足够远，适当地将信号表示为垂直极化平面波，且每副天线上信号的 AOA 相同。

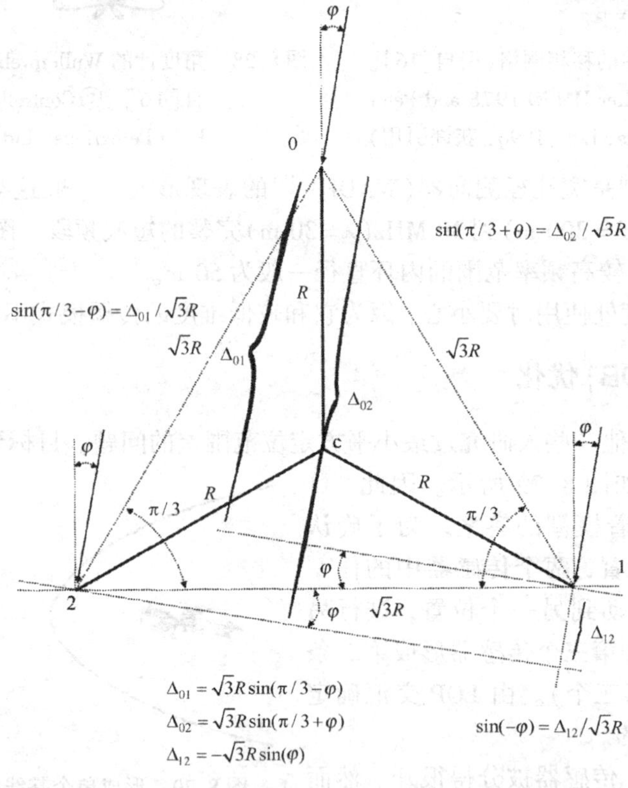

图 8.30 构成相干计的 $N=3$ 通道天线阵俯视图

理论上讲，围绕任何环形天线集合的相差之和为零。实际上，由于测量误差和噪声，其和一般是非零的。Schmidt[20] 描述的过程去除了和测量范围差有关的测量误差，假设传感器是宽间距的(即不是图 8.30 所示的天线阵，而是分离的传感器)。这里所描述的过程假设传感器包含了所示出的天线阵列，所有的天线具有相同的地理位置，虽然被所示的基线所分隔开。

任何情况下，由于测量噪声，被测的相差不必和任何合理的 AOA 对应。因此，利用 Schmidt 确定最近可行位置，就是要寻找基于最近可行相角的 AOA。这被称为相差平均。最后的相差测量由多种因素确定，因为不止一个方程，而只有一个依赖于可变的 θ，因此产生最小平方最优化。

Schmidt 描述的过程从每次测量中扣除了平均距离，或等价地说，平均 TDOA，因此计算出最近合理的范围差集合。因此

$$\Delta_{avg} = \frac{1}{3}\left(\Delta_{01} + \Delta_{12} + \Delta_{20}\right) \tag{8.113}$$

且从每次测量减去 Δ_{avg}。因为 $\Delta_{ij} = c\phi_{ij}/2\pi f$，所以平均范围差可以表示为

$$\Delta_{avg} = \frac{c}{2\pi f}\frac{1}{3}\left(\phi_{01} + \phi_{12} + \phi_{20}\right) \tag{8.114}$$

但被测相差的平均值为

$$\frac{1}{3}\left(\phi_{01} + \phi_{12} + \phi_{20}\right) = \phi_{avg} \tag{8.115}$$

因此，从被测相差中扣除平均相差将产生合理的且是最小平方最优化可调的相差集合。

如图 8.31 所示，AOA 为 φ 的信号的路径差为

$$\begin{aligned}\Delta_{01} &= d_1 - d_0 = \sqrt{3}R\sin\left(\frac{\pi}{3}+\varphi\right)\\ \Delta_{02} &= d_2 - d_0 = \sqrt{3}R\sin\left(\frac{\pi}{3}-\varphi\right)\\ \Delta_{12} &= d_2 - d_1 = \sqrt{3}R\sin\left(-\varphi\right)\end{aligned} \tag{8.116}$$

式中 d_i 表示天线 i 离目标的距离。相应的距离为 Δ_{01} 和 Δ_{12}，且 $\Delta_{20} = -\Delta_{02}$。在定义所涉及角度的符号时，应该小心。当然，超过 2π弧度，这些方程就会有模糊，对于 AOA，每个都产生两种可能的答案。然而，同一时间得到的任何两个方程将产生唯一的答案。

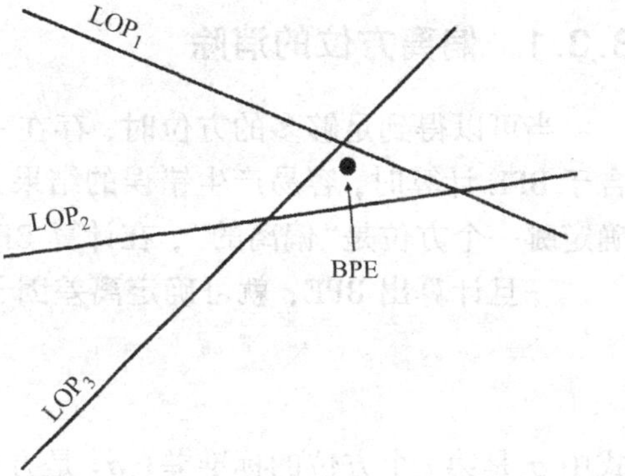

图 8.31　确定 BPE。它是独立 LOP 的某种函数

因此，计算 AOA 的过程为

(1) 测量所有天线对之间的相差，产生 $\binom{N}{2}$ 个相差测度。

(2) 利用式(8.103)确定平均路径差。

(3) 利用式(8.105)计算 AOA φ。

只要单元数 $N>2$，这一过程适合于任何相干天线阵。当 $N>3$ 时，一次取一个包含 3 个单元的子阵列，并应用上述过程。

8.3　定位算法

上述讨论是以测量天线阵电磁波波前的方位和可能的仰角 AOA 为基础，主要围绕计算 LOP，假设辐射源在 LOP 上。目标可能位于 LOP 上的任一点，因此，其位置还没有被确定。对某些情形，只知道 LOP 是有用的，例如基于方位引导导弹。引导干扰机天线指向是只知道 LOP 就是有用的另一种情形。然而，对于多数电子支援应用，通常这是不够的。两个或更多这样的 LOP 常常组合起来对目标定位。如果只能得到两个 LOP，所计算的定位结果称为交点，使用三个或更多 LOP 时，称为定位。

交点比定位的可靠性差。两个 LOP 总是交于唯一一点，当然，除去它们是平行的。三个或更多实际的 LOP 很少交于同一点。因为确定目标的地理位置是一个统计过程，计算绝对位置(交点表示的)是不可靠的。一般来说，对于任一统计过程，能得到解决问题的相关数据越

多越好，独立的统计结果一般会提高准确度，反比于所做的测量次数的某种幂次。

可以得到许多基于多线定位便于计算发射机位置的算法。这种计算出的位置估计称为最佳点估计(BPE)。本节给出其中的一些算法。图 8.31 阐述了这一问题。一般来说，根据 BPE，同时计算出一个区域，在这个区域内发射机位于其中的概率是规定的，通常为 50% 或 90%。最常见的区域是椭圆，这种情形称之为 EEP。其他的形式有圆(称为 CEP)以及矩形。

在这些计算过程中，如果系统实际的准确性不知道，一般假设系统方位的先验方差是系统的仪表准确性(如通过测量)。通常利用实验和测试来确定它，有时称之为阵列校准，或只是校准。对于地面系统，一般用旋转表做此用途。对于较大的飞行器，该飞行器相对于已知的发射机位置飞行，并收集数据。对于宽带系统，这种校准表可能会很大。

8.3.1 偏离方位的消除

当可以得到足够多的方位时，存在一种消除偏离方位的技术[21]。这种偏离的方位，在包含于 BPE 计算时，容易产生错误的结果，因为根据其真实的定义，它们不会指向目标。如果能确定哪一个方位是“偏离的”，在计算 BPE 时就可以消除它们。

一旦计算出 BPE，就可确定离差因子，即

$$E=\sum\frac{\varphi_i^2}{\sigma_i^2} \tag{8.117}$$

式中 σ_i是第 i 个方位的标准差(σ_i^2 是方差)，θ_i是第 i 个 AOA 和到 BPE 的第 i 条线之间的差。如果出现较大的偏差，这个数将会很大。为了去除这些方位，一次去除一个方位，并重新计算离差因子。最佳的估计应该是和最小离差因子相关的，被去除的可能就是偏差的方位。

为了应用这一技术最少需要 4 个 LOP。对于 3 个 LOP，去除其中的一个会导致只有两条定位线余下，因此只有一个交点。只基于两个方位，不可能区分这些 BPE 中的哪一个是正确的。因此，一次最少需要 3 个 LOP，因此初始化的时候至少要 4 个。

从计算 BPE 中去除方位的时候必须小心。如果开始有足够的 LOP，这里描述的技术就可以应用，但是如果没有就不行。一般来说，哪一个方位准确地和离目标的方位相对应，哪一个可能不是，并不是已知的。对于从 BPE 计算中去除方位，一般也没有统计基础。可能存在着例外，诸如方位正被计算时，系统操作员“听到”干扰。另一种情形可能是在测量方位时已知系统不起作用。

8.3.2 Stansfield 定位算法

第一个开发出的用于计算发射机位置的基于多条方位线的算法要归功于 Stansfield[22]。该算法中，假设电子支援系统的方位误差为正态(高斯)分布的。那么，多条方位线的联合概率密度函数就是多元高斯概率密度函数。BPE 的最大似然估计器就是使联合概率密度函数方程中的指数最大化(这将使总的误差概率最小，因为指数是负的)。

利用图 8.32 来定义变量，那么在 LOP 和真实目标位置之间的误差距离的联合概率密度标可记为 p_i，即

$$P(p_1,\ p_2,\ \cdots,\ p_N)=\frac{1}{(2\pi)^{N/2}\sum_{i=1}^{N}\sigma_{p_i}}\exp\left(-\frac{1}{2}\sum_{i=1}^{N}\frac{p_i^2}{\sigma_{p_i}^2}\right) \tag{8.118}$$

式中 N 为 LOP 的数目。

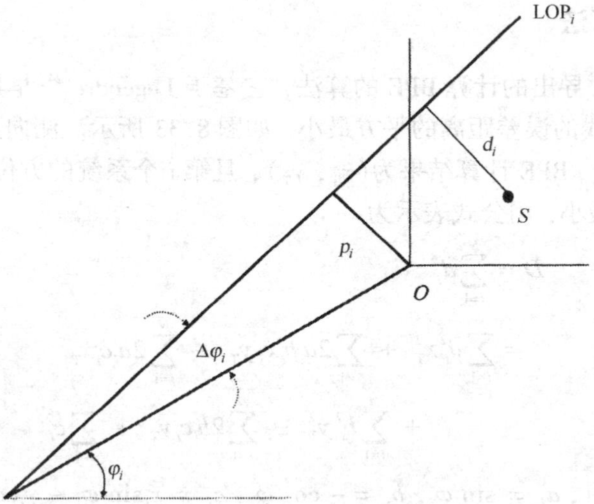

图 8.32　用于推导 Stansfield 定位算法术语的定义(引自[21]。©1947，IRE，获许引用)

假设目标位于点 $S=(x_T, y_T)$，因此

$$d_i = p_i + x_T\sin\varphi_i - y_T\cos\varphi_i \tag{8.119}$$

式中 d_i 是点 S 到 LOP$_i$ 的距离。假设角度误差很小，以使 $p_i \approx \Delta\varphi_i D_i$，因此 $\sigma_{pi} = D_i\sigma_\varphi$。

类似于上面的表达式，d_i 的联合概率密度为

$$\begin{aligned} P(d_1,d_2,\cdots,d_N) &= \frac{1}{(2\pi)^{N/2}\sum_{i=1}^{N}\sigma_{p_i}}\exp\left(-\frac{1}{2}\sum_{i=1}^{N}\frac{d_i^2}{\sigma_{p_i}^2}\right) \\ &= \frac{1}{(2\pi)^{N/2}\sum_{i=1}^{N}\sigma_{p_i}}\exp\left[-\frac{1}{2}\sum_{i=1}^{N}\frac{(p_i + x_T\sin\varphi_i - y_T\cos\varphi_i)^2}{\sigma_{p_i}^2}\right] \end{aligned} \tag{8.120}$$

式(8.120)使指数最大化的 x_T 和 y_T 数值是具有最大概率是目标的坐标，即 BPE 的坐标。由此得到目标表达式的坐标[22]

$$\begin{aligned} x_T &= \frac{1}{ab-c^2}\sum_{i=1}^{N}p_i\frac{c\cos\varphi_i - b\sin\varphi_i}{\sigma_{p_i}^2} \\ y_T &= \frac{1}{ab-c^2}\sum_{i=1}^{N}p_i\frac{a\cos\varphi_i - c\sin\kappa_i}{\sigma_{p_i}^2} \end{aligned} \tag{8.121}$$

其中：

$$\tan\varphi_i = \frac{y'-y_i}{x-x_i} \qquad y' = (x_T - x_i)\tan\varphi_i + y_i \qquad d_i = a_i x_T + b_i y_T - c_i \qquad b = \sum_{i=1}^{N}\frac{\cos^2\varphi_i}{\sigma_{p_i}^2 D_i^2}$$

$$\cos\varphi_i = \frac{d_i}{y'-y_T} \qquad d_i = [(x_T - x_i)\tan\varphi_i + y_i - y_T]\cos\varphi_i \qquad a = \sum_{i=1}^{N}\frac{\sin^2\varphi_i}{\sigma_{p_i}^2 D_i^2} \qquad c = \sum_{i=1}^{N}\frac{\sin\varphi_i\cos\varphi_i}{\sigma_{p_i}^2 D_i^2}$$

且 d_i 是真实位置和系统 i 之间的距离①。

① 原文中为 D_i，有误——译者注。

8.3.3 均方距离算法

本节给出 Brown[23] 导出的计算 BPE 的算法，它基于 Legendre[24] 早期的算法，这种算法基于使 BPE 离被测位置线的误差距离的平方最小，如图 8.33 所示。测向系统位于坐标(x_i，y_i)，第 i 个系统的方位是 φ_i，BPE 计算结果为(x_T，y_T)，且第 i 个系统的方位误差是 $\Delta\varphi_i$。为了使总的误差距离的平方和最小，用公式表示为

$$\begin{aligned} D &= \sum_{i=1}^{N} d_i^2 \\ &= \sum_{i=1}^{N} a_i^2 x_T^2 + \sum_{i=1}^{N} 2a_i b_i x_T y_T - \sum_{i=1}^{N} 2a_i c_i x_T \\ &\quad + \sum_{i=1}^{N} b_i^2 y_T^2 - \sum_{i=1}^{N} 2b_i c_i y_T + \sum_{i=1}^{N} c_i^2 \end{aligned} \tag{8.122}$$

式中，N 为 LOP 的数目，$a_i = \sin\varphi_i$，$b_i = -\cos\varphi_i$，$c_i = x_i\sin\varphi_i - y_i\cos\varphi_i$。

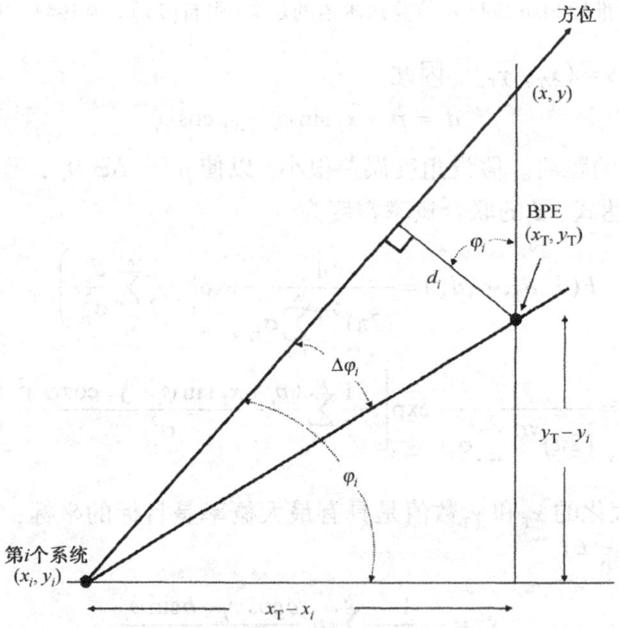

图 8.33 推导 Brown 均方距离算法的术语的定义(引自[11])

将 D 相对于 x_T 与 y_T 的导数置为零，求出使总平方距离最小化的 x_T，y_T 值

$$\begin{aligned} \frac{\partial D}{\partial x_T} &= 0 = 2x_T\sum_{i=1}^{N} a_i^2 + 2y_T\sum_{i=1}^{N} a_i b_i - 2\sum_{i=1}^{N} a_i c_i \\ \frac{\partial D}{\partial y_T} &= 0 = 2x_T\sum_{i=1}^{N} a_i b_i + 2y_T\sum_{i=1}^{N} b_i^2 - 2\sum_{i=1}^{N} b_i c_i \end{aligned} \tag{8.123}$$

得到

$$x_T = \frac{\sum_{i=1}^{N} b_i^2 \sum_{i=1}^{N} a_i c_i - \sum_{i=1}^{N} a_i b_i \sum_{i=1}^{N} b_i c_i}{\sum_{i=1}^{N} a_i^2 \sum_{i=1}^{N} b_i^2 - \left(\sum_{i=1}^{N} a_i b_i\right)^2} \tag{8.124}$$

$$y_{\mathrm{T}}=\frac{\sum_{i=1}^{N}a_i^2\sum_{i=1}^{N}b_ic_i-\sum_{i=1}^{N}a_ib_i\sum_{i=1}^{N}a_ic_i}{\sum_{i=1}^{N}a_i^2\sum_{i=1}^{N}b_i^2-\left(\sum_{i=1}^{N}a_ib_i\right)^2} \tag{8.125}$$

Hertel 基于线性系统理论将这些结果利用统计估计学进行了扩展（Hertel，R.，personal communication，1982）。上述第 i 个系统的误差距离表述为

$$d_i=a_ix_{\mathrm{T}}+b_iy_{\mathrm{T}}-c_i \tag{8.126}$$

式中 i 是方位线的第 i 个测量值，a_i、b_i和 c_i上面已经给出。以矩阵的形式表示为

$$\boldsymbol{d}=\boldsymbol{H}\boldsymbol{p}-\boldsymbol{c} \tag{8.127}$$

式中

$$\boldsymbol{c}=\begin{bmatrix}c_1\\c_2\\c_3\\\vdots\\c_N\end{bmatrix}\quad \boldsymbol{p}=\begin{bmatrix}x_{\mathrm{T}}\\y_{\mathrm{T}}\end{bmatrix}\quad \boldsymbol{H}=\begin{bmatrix}a_1&b_1\\a_2&b_2\\a_3&b_3\\\vdots&\vdots\\a_N&b_N\end{bmatrix}\quad \boldsymbol{d}=\begin{bmatrix}d_1\\d_2\\d_3\\\vdots\\d_N\end{bmatrix}$$

目标位置矢量 $\boldsymbol{p}$ 的最小误差估计器[25]为

$$\hat{\boldsymbol{p}}=\left[\boldsymbol{H}^{\mathrm{T}}\boldsymbol{R}^{-1}\boldsymbol{H}\right]^{-1}\boldsymbol{H}^{\mathrm{T}}\boldsymbol{R}^{-1}\boldsymbol{c} \tag{8.128}$$

式中 -1 表示逆，T 表示转置，$\boldsymbol{R}$ 是加权矩阵，选择它是为了在某种以上最优化计算。该估计器的方差[25]为

$$\boldsymbol{Q}=\left[\boldsymbol{H}^{\mathrm{T}}\boldsymbol{R}^{-1}\boldsymbol{H}\right]^{-1}=\begin{bmatrix}\sigma_x^2&\rho\sigma_x\sigma_y\\\rho\sigma_x\sigma_y&\sigma_y^2\end{bmatrix} \tag{8.129}$$

这是一个协方差矩阵[26]。EEP 参数和该协方差矩阵的元素的关系如下

$$L_{\mathrm{A}}=\text{半长轴}=\frac{2\left(\sigma_x^2\sigma_y^2-\rho^2\sigma_x^2\sigma_y^2\right)C^2}{\sigma_x^2+\sigma_y^2-\left[\left(\sigma_y^2-\sigma_x^2\right)^2+4\rho^2\sigma_x^2\sigma_y^2\right]^{1/2}}$$

$$L_{\mathrm{I}}=\text{半短轴}=\frac{2\left(\sigma_x^2\sigma_y^2-\rho^2\sigma_x^2\sigma_y^2\right)C^2}{\sigma_x^2+\sigma_y^2+\left[\left(\sigma_y^2-\sigma_x^2\right)^2+4\rho^2\sigma_x^2\sigma_y^2\right]^{1/2}} \tag{8.130}$$

其中

$$\tan 2\Psi=\frac{2\rho\sigma_x\sigma_y}{\sigma_y^2-\sigma_x^2} \tag{8.131}$$

$$C=-2\ln(1-P_{\mathrm{e}})$$

式中 P_{e}为位于内部的概率，Ψ 是椭圆的半长轴相对于 x 轴的倾角。

在该算法的一个应用中，$\boldsymbol{R}^{-1}$为

$$\boldsymbol{R}^{-1}=\frac{1}{\sum_i \mathrm{QF}_i}\begin{bmatrix}\mathrm{QF}_1 & 0 & 0 & \cdots & 0\\ 0 & \mathrm{QF}_2 & 0 & \cdots & 0\\ 0 & 0 & \mathrm{QF}_3 & \cdots & 0\\ \vdots & \vdots & \vdots & \ddots & \vdots\\ 0 & 0 & 0 & \cdots & \mathrm{QF}_N\end{bmatrix}\times\begin{bmatrix}\sigma_{d_1}^{-2} & 0 & 0 & \cdots & 0\\ 0 & \sigma_{d_2}^{-2} & 0 & \cdots & 0\\ 0 & 0 & \sigma_{d_3}^{-2} & \cdots & 0\\ \vdots & \vdots & \vdots & \ddots & \vdots\\ 0 & 0 & 0 & \cdots & \sigma_{d_N}^{-2}\end{bmatrix} \tag{8.132}$$

式中 QF_i是和测度 i 有关的某些质量因子。它是测度的方差，当它有意义时可能是某些高阶统计，例如 SNR 的测度。

8.3.4 组合误差线

以上计算发射机位置 BPE 的算法也计算出一个椭圆，发射机以特定的概率位于椭圆内。如果有多个 BPE 以及有关的 EEP，对于给定的发射机，可以把这些位置估计和其相应的 EEP 组合起来对 BPE 和 EEP 进一步加工。假设有关的随机变量具有对称的密度函数，包括高斯情形，这种情况是真实的。图 8.33 给出了这种例子，它将两种原始的 EEP 组合起来。最终的 EEP 是图 8.34 中最小的。原始的 EEP 必须基于相同的概率，例如，50% 和 90% 。如果不是这样，必须调整原始的误差线。幸运的是，这种计算很简单，如上所述。Blachman[27] 推导了基于二维的组合 EEP 的方法。这些结果又被 Roecker[28] 利用统计估计理论扩展到包括了所需要的多维。

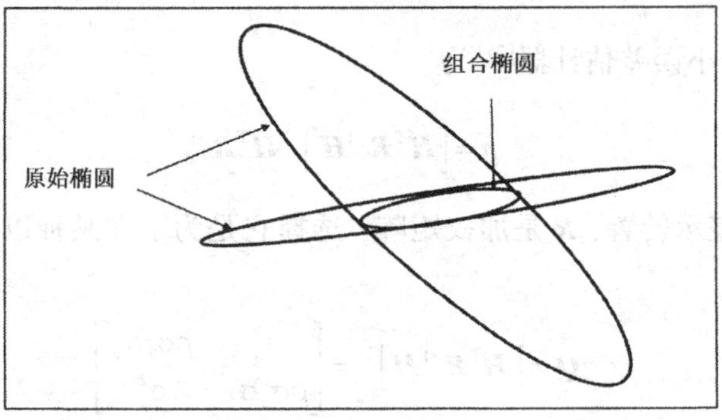

图 8.34 当误差椭圆重叠时将其组合起来

如果原始的 EEP 方程为

$$a_i x^2+b_i xy+c_i y^2-d_i x-e_i y+f_i=1,\qquad i=1,2,\cdots,N \tag{8.133}$$

其椭圆的中心标记为 α_i 和 β_i，长半轴的长度标记为 $L_{\mathrm{A}i}$，短半轴的长度标记为 L_{1i}，长半轴相对于 x 轴的角度标记为 Ψ_i，该方程中的参数为

$$\begin{aligned}
&a_i=\frac{\cos^2\Psi_i}{L_{\mathrm{A}i}^2}+\frac{\sin^2\Psi_i}{L_{1i}^2}\qquad b_i=2\cos\Psi_i\sin\Psi\left(\frac{1}{L_{\mathrm{A}i}^2}-\frac{1}{L_{1i}^2}\right)\\
&d_i=2a_i\alpha_i+b_i\beta_i\\
&e_i=b_i\alpha_i+2c_i\beta_i\qquad c_i=\frac{\sin^2\Psi_i}{L_{\mathrm{A}i}^2}+\frac{\cos^2\Psi_i}{L_{1i}^2}\\
&f_i=a_i\alpha_i^2+b_i\alpha_i\beta_i+c_i\beta_i^2
\end{aligned} \tag{8.134}$$

合成椭圆的参数由下面的这些参数确定。合成椭圆的方程为

$$ax^2+bxy+cy^2-dx-ey+f=1 \tag{8.135}$$

其中

$$a=\sum_{i=1}^{N}a_i \qquad e=\sum_{i=1}^{N}e_i$$

$$\alpha=\frac{2cd-ae}{4ac-b^2}$$

$$b=\sum_{i=1}^{N}b_i \qquad \beta=\frac{2ae-bd}{4ac-b^2}$$

$$c=\sum_{i=1}^{N}c_i \qquad \Psi=\frac{1}{2}\arctan\frac{-b}{c-a}$$

$$d=\sum_{i=1}^{N}d_i \qquad f=a\alpha^2+b\alpha\beta+c\beta^2$$

合成椭圆的长半轴和短半轴为

$$L_A=\sqrt{\frac{2}{a+c-\sqrt{(a-c)^2+b^2}}}$$
$$L_1=\sqrt{\frac{2}{a+c+\sqrt{(a-c)^2+b^2}}} \tag{8.136}$$

当原始的椭圆重叠部分较多时，如图 8.34 所示，合成椭圆主要包含在原始椭圆重叠区域内。否则，合成椭圆可能会落在原始 EEP 的边界之外，如图 8.35 所示。然而，合成椭圆的长半轴和短半轴总是比原始 EEP 小。因此，只要满足上述条件，对于给定的概率，合成椭圆就总是产生较好的(较小的)误差轮廓。

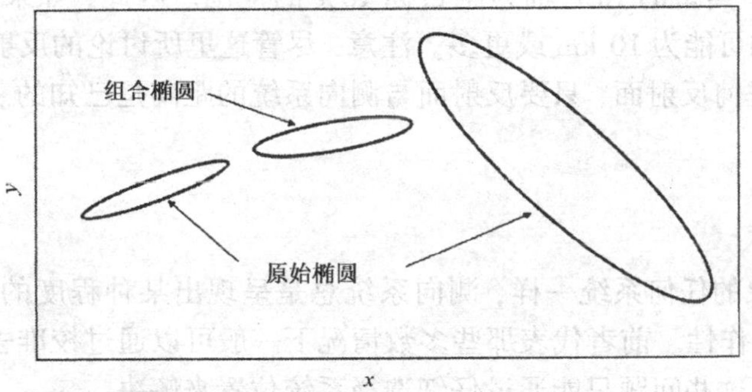

图 8.35　当两原始误差椭圆不重叠时将其组合起来可能会产生意外的结果

8.4　单站定位技术

短波信号通过天波路径传播，其信号源可以使用前面讨论的技术利用三角测量进行定位。然而，在某种情形下，也可以利用单个电子支援系统达成这一目的。如果短波信号折射通过的电离层的海拔高度，更准确地说，等价的反射信号的层高是已知的，如图 8.36 所示，那么发射机就可以被定位，因为已知目标的范围和其到达角。这种技术利用了 Breit-Tuve①

① Breit-Tuve 理论表明，信号通过电离层的群路径长度为 $P'=TA+AR$，其中 TA 是发射机(T)和电离层中等价的反射点(A)之间的距离，AR 是从 A 到接收机(R)之间的距离。假设地球是平的，且电离层是水平分层的。

和 Martyn① 用扁平电离层近似的等价路径理论[29]。假设电磁波在发射机和电子支援系统之间的中点被反射。高程角与范围和电离层高度的关系如下

$$\tan\theta = \frac{h}{R/2} \tag{8.137}$$

则

$$R = \frac{2h}{\tan\theta} \tag{8.138}$$

所以通过测量海拔高度 AOA，可以估计到目标距离。尽管推导过程利用了电离层和地球是平面的事实，也可以利用球面来推导它，且更准确。

用于测量相对于频率电离层高度的设备称为电离层探测仪。垂直探测仪一般辐射扫射信号，对于倾斜的探测仪以一定角度辐射。返程的反射时间和信号的发射时间相比较以确定电离层高度。探测仪结果的显示值称为电离图

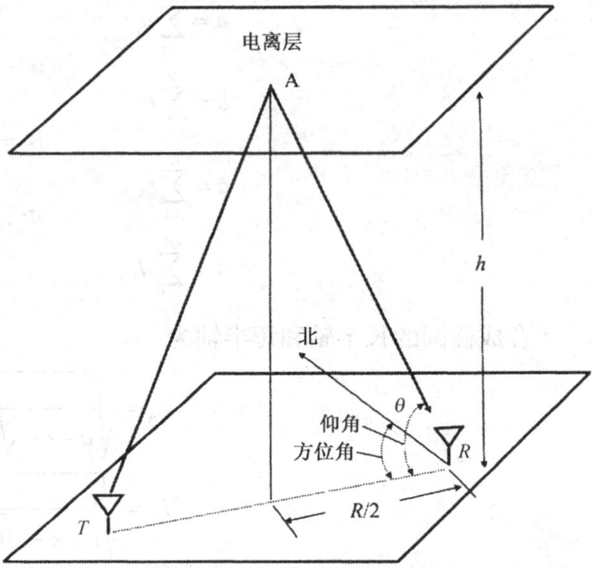

图 8.36　短波发射机的单站定位

当然，垂直探测仪直接测量其正上方的电离层高度。通常假设电离层是均匀的，且整个区域的高度是一致的。一般在电子支援站点处测量电离层高度，假设反射点的高度也相同。实际上很少是这样，因此，这种测量发射机位置的技术并不准确。典型的 EEP 轴为距目标 10% 的范围。因此，如果目标离电子支援系统 100 km，EEP 的主轴可能为 10 km 或更多。注意，尽管这里所讨论的反射面是电离层，在某种情况下也可以使用任何反射面，只要反射面与测向系统的距离是已知的。

8.5　定位精度

和测量物理现象的任何系统一样，测向系统总是呈现出某种程度的误差。这种误差一般既有系统性，也有操作性。前者代表那些多数情况下一般可以通过校准去除误差，后者是由某些环境因素导致的，这些问题只能通过仔细选择系统位置来解决。

现在的问题是要基于几处独立的物理位置计算的 LOP 来计算发射机的位置。可以从配置在地面上的不同系统或从移动飞行器上得到这些 LOP。无论哪种情况，其结果如图 8.31 所示。方位一般不会交会于一点，但是会描绘出一个区域。Stansfield[22] 称这些区域为“三角帽”。

8.5.1　几何精度系数

电子支援系统基线的结构可能会影响三角计算的定位精度。这种情形称为精度的几何降低(GDOP)。考虑图 8.37，假设电子支援系统位于接近地球的表面，使传播特性满足 $1/R^4$，可以看到其效果[30]。本例中示出的是一个线性基线，三个电子支援系统位于 $y/L = -0.5, 0$, 及

① Martyn 等价路径理论表明，电离层反射的虚拟高度(参见图 8.36 中的 h)是相同的，无论信号是倾斜还是垂直发射的。这允许使用垂直测高以确认 A 点的 h(假设它们是相同的)。

0.5，其中 L 为单位一致的基线长度。注意，因为基线的结构，只需要第一象限与第四象限是对称的。

其中 x/L 近似为 1.0，y/L 近似为 0.5，$CEP/L\sigma_L = 2$，因此，如果基线长度 $L = 20$ km，且系统方位标准差 $\sigma = 5° = 0.09$ rad，那么定位的准确性为

$$\text{CEP} = 2 \times 20(\text{km}) \times 0.09(\text{rad}) = 3600 \text{ m}$$

随着目标离基线垂直平分线越远，准确性也随着降低——GDOP 效应。在基线末端，所有的方位都是相同的，因此不能交汇于单个点。此时没有解，CEP 或 EEP 是无界的。

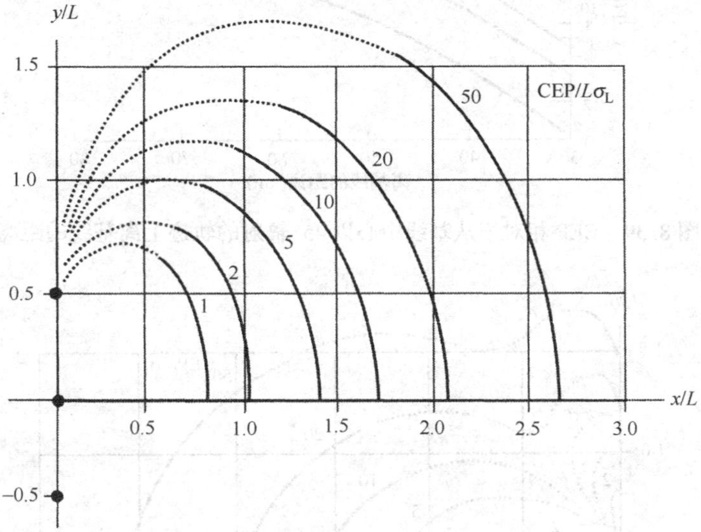

图 8.37　线性基线的常数 $CEP/L\sigma_L$ 轮廓(引自[28]。©IEEE 1984，获许引用)

这些曲线远离垂直平分线的部分代表 CEP 准确性不是很好的测量区域。其中，协方差矩阵的两个特征值 λ_1 和 λ_2(对于二维 PF 计算)一个远大于另一个，$\lambda_2/\lambda_1 < 0.01$。计算变为

$$\frac{L_A}{3.552\sqrt{\kappa}L\sigma} = 常数 \tag{8.139}$$

其中

$$L_A = 2\sqrt{\kappa\lambda_1} \tag{8.140}$$

是 EEP 主轴的长度，且

$$\kappa = -2\ln(1 - P_e) \tag{8.141}$$

式中 P_e 是位于 EEP 或 CEP 内的概率[30]。

为了说明这些误差界限的重要性，图 8.38 给出了当发射机位于基线的垂直平分线上时发射机定位的 CEP 曲线。本例中，基线是线性的，如图 8.37 所示，且其端到端长度为 30 km。可以看到，90% CEP 是离基线距离以及测向系统准确性的函数。

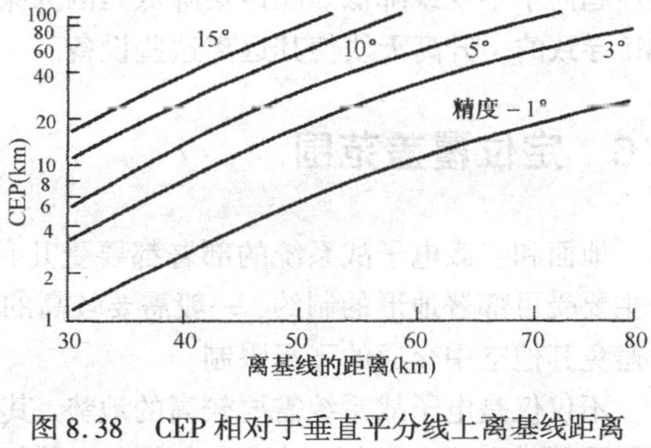

图 8.38　CEP 相对于垂直平分线上离基线距离

从图 8.39 可以看到 GDOP 的效果，其中给出了与图 8.38 类似的曲线，不同的是，本例

中基线的辐射是以45°角从中心电子战系统辐射的。显然，远离轴线，准确性就会降低。

凹基线的一组曲线如图8.40所示。本例中，基线扩展的效果也很清晰。由任何电子支援系统对组成的独立的基线扩展会导致无界的CEP。远离这些基线，即使是很近的定位也可能会具有很大的误差。

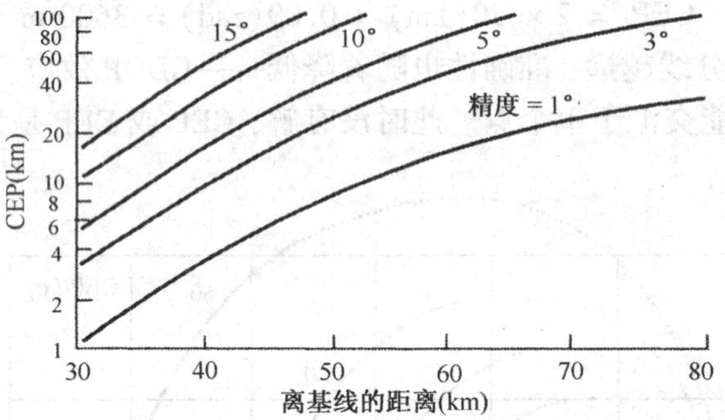

图8.39 CEP相对于从基线中心以45°辐射的轨迹上离基线的距离

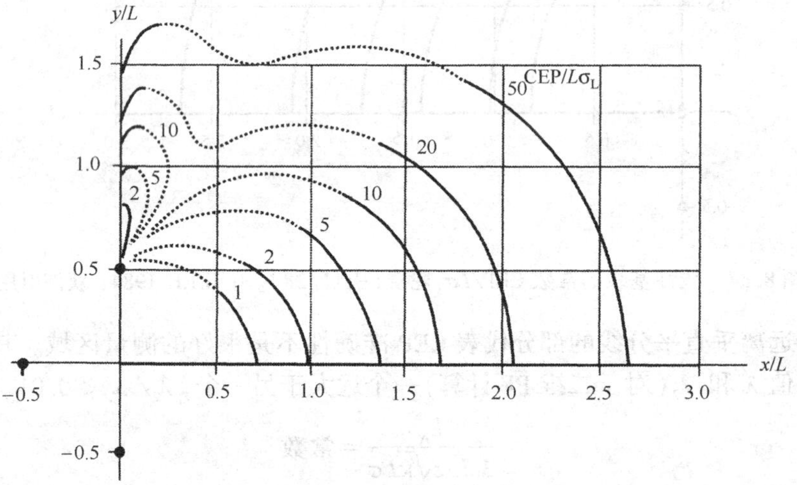

图8.40 常数CEP/$L\sigma$的轮廓，其中基线是V形的(引自[28]。©IEEE 1984，获许引用)

如前所讨论的，定位的准确性依赖于电子支援系统的SNR。因此，抬高电子支援系统，一般趋向于提高定位的准确性，因为式(2.43)给出的接收功率随着天线高度的增加而增加，而噪声趋向于不变或降低。噪声会降低是因为某些噪声是由电子战系统中其他电子设备引起的EMI导致的。升高天线使其远离这些设备。

8.6 定位覆盖范围

地面和空载电子战系统的部署都要受几种因素的制约，但一般是不同的。地面系统的部署主要受可部署地形的制约，一般需要较高的地面，以使覆盖区域最大。空载系统受天气以及为避免其他空中交通的飞行限制。

不仅仅是电子战系统需要较高的地势，其他的军事系统也需要这样的地形，如通信中继以及地面警戒雷达。因此，对于来自具有相同频带的其他系统干扰的规划是明智的。

重要的是记住：在确定信号截获的覆盖区域时，区域由每个独立系统覆盖区域的并集所确定，与之相反，定位的覆盖区域由两个或更多系统覆盖区域的交集所确定。一个系统移动到一个不同的位置，当然，也可能会到达两个或更多的系统位置。因此，一套电子战系统的定位覆盖区域总是小于截获覆盖区域。

电子战系统的配置会影响目标定位的准确性。要覆盖的区域可以为方位搜索规定出较好的基线。一般来说，为了定位的准确性，最好使感兴趣的目标区域保持在电子战系统形成的虚基线的垂直平分线上。显然从图8.37和图8.40可以看到这一点，它表明了GDOP的效果。可获得的最佳准确性是在该平分线上，而最差的是在虚基线的远端。

在用LOP计算BPE时，最好尽可能以接近于π/4弧度的交叉角度去获取LOP。以小于该交叉角度，目标比需要的离得较远，或基线比需要的短。以大于该交叉角度，目标离基线太近，GDOP也会增加（极限是目标位于虚基线，准确性趋向于零，这意味着误差趋向于无穷）。为了达到这些角度要求，如果只考虑电子支援系统，空载系统不应该以直线飞行。如图8.41所示，它应该以半圆的样式围绕着感兴趣的地理区域飞行。图8.42给出了当所考虑的是地面系统时对应的情形，其中基线的形状或多或少地为半圆形的配置。

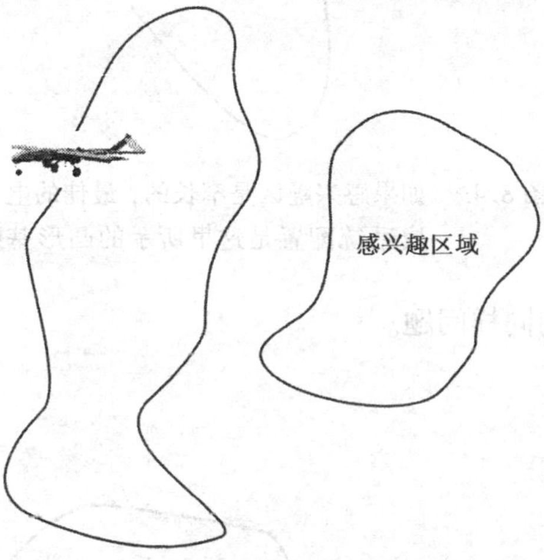

图8.41　空载飞行路径，尽可能地围绕感兴趣区

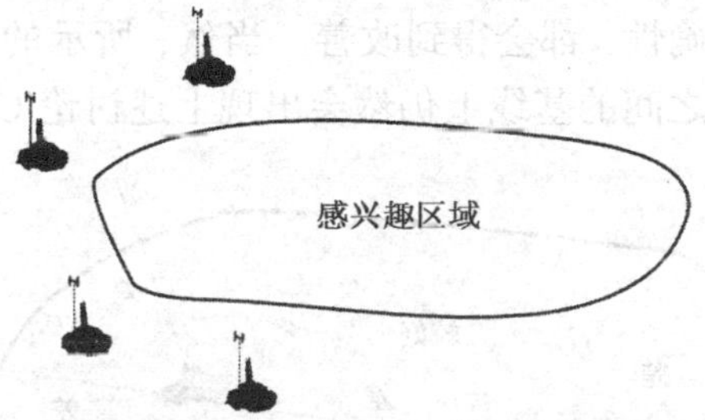

图8.42　如果目标区域很窄且纵深很深，电子战系统应该配置为凹形的结构以使定位精度最高

显然空载系统是移动的，单个平台就可以按时间顺序收集几个方位。如果目标辐射足够长时间的信号，那么该方法就产生足够的方位来计算目标位置。对于频率捷变目标，可能有些难度。当采用UAS作为电子战传感器系统，那么可以飞越目标区域。如果正确使用的话，不仅可以提高对功率特别低的目标覆盖范围，也可以提高测向集合精度。

对于地面系统，在收集数据时，收集系统不必移动。因此，一般同时需要多个电子战系统和其他的系统一起来收集方位。最常用的配置包含了同时工作的地面系统和空载系统（对于海上舰载应用和视距电子战，一般只使用空载的情形，因为如果电子战由舰船来执行，目标将会非常靠近，指挥舰很可能不能忍受。对于短波，这些方法都可以，因为短波信号可以传播得很远）。

无论电子战系统是空载系统还是地面系统，如果感兴趣区很宽且纵深很浅，那么最佳的基线配置是凸形的，如图8.43所示。这种结构每一边由四个电子战系统中的三个提供较好的覆盖，为了覆盖宽度牺牲第4个系统的方位。本质上讲，这种结构试图针对在覆盖区的一部分中的目标形成一个直线基线。

另一方面，如果要覆盖的区域很窄，纵深很深，那么最佳的就是凹形基线，如图 8.41 所示。这里使用了 4 个方位，牺牲了覆盖的宽度。

当只能得到 3 个地面系统，且覆盖区域是非线性时，覆盖的质量在某种程度上将小于平衡的传感器系统。此处非线性是指在友军和中立的民众以及敌军混合在一起的时候。可以证明，由于缺少关于要覆盖的特定区域，最佳的配置是覆盖整个区域，或多或少的是一个圆，感兴趣区域是一个三角形，如图 8.44所示。然而，由于上述描述的 GDOP 效果，系统构成的任何基线的直线定位精度将会减少。增大这一配置，用一个 UAS 上的测向系统和3 个地面系统相链接，将会大幅提高覆盖的准确性和覆盖的区域。

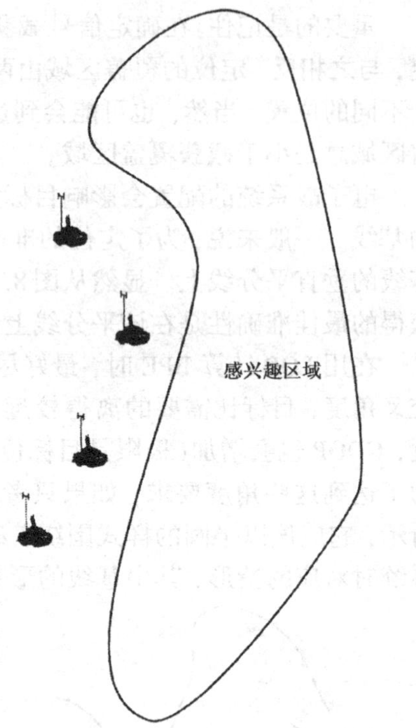

图 8.43　如果感兴趣区是窄长的，最佳的电子战系统配置是这里所示的凸形基线

利用两个或多个远程的空载系统可以获得最佳的测向集合边界，它们可以是固定翼也可以是旋转翼飞行器，或者是 UAS 加 UAS。此时，假设 UAS 可以飞过目标区，且是图 8.45 所示的几何区。由于飞越该区域，覆盖区被扩展，因此紧邻 UAS 附近。另外，由于更靠近目标，无论呈现什么样的 LOP 不准确性，都会得到改善。当然，所示的任意两个系统之间的基线上仍然会出现上述讨论 GDOP 的同样问题。

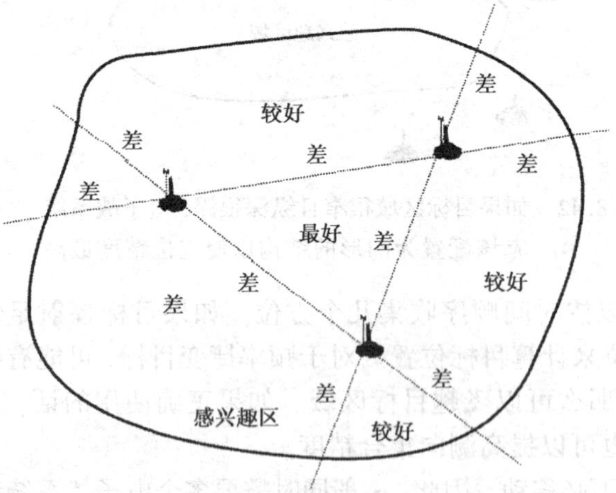

图 8.44　非线性战区中具有三个地面系统测向覆盖预期的质量

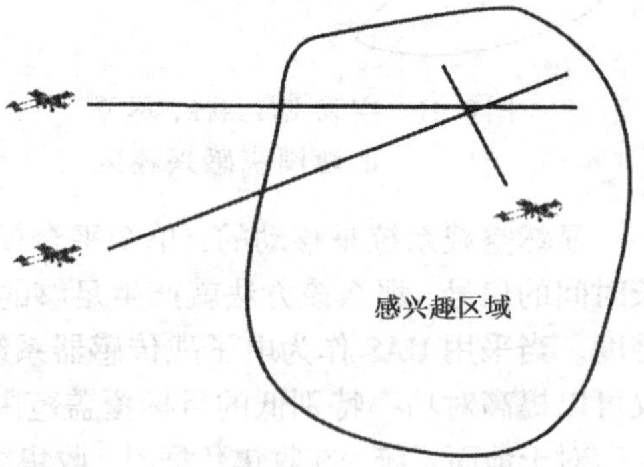

图 8.45　当两个是平衡的一个飞越感兴趣区域时的3个空载测向系统结构

8.7 结束语

本章给出了计算 LOP 的几种技术。多数技术用两副或多副天线测量相差、到这些天线的到达时间差，或对两副或多副天线上的幅度比较，或者测量旋转天线相对于静止天线的多普勒频移。无论什么技术，都是估计到目标的方位角。

在对天线校准后，这些方法实际实现的系统准确性可以准确到 1°或 2°或更小。由于所涉及的工作环境，一般工作的准确性在某种程度上要比这更差。本章也给出了三种定位算法，它们利用两个或更多收集站的 LOP 计算目标的位置。

在短波频率范围，长距离通信依赖于电离层对信号的反射，只要已知或估计出电离层反射点的高度，就可以用单站计算出定位。这种技术测量出目标的距离和方位，其准确性大约是距离的 10%。另外，与较高频率测量一样，两个或更多的系统可以组网。

参考文献

[1] Lim, J. S., C.-G. Jung, and G. S. Chae, "A Design of Precision RF Direction Finding Device Using Circular Interferometer," *Proceedings of 2004 Intelligent Signal Processing and Communication Systems*, 2004, ISPACS, November 18-19, 2004, pp. 713-716.

[2] Messer, H., G. Singal, and L. Bialy, "On the Achievable DF Accuracy of Two Kinds of Active Interferometers," *IEEE Transactions on Aerospace and Electronic Systems*, Vol. 32, No. 3, July 1996, pp. 1158-1164.

[3] Pender, H., and K. McIlwain, *Electrical Engineers Handbook: Electric Communication and Electronics*, 4th Ed., New York: John Wiley & Sons, 1963, p. 1-16.

[4] Torrerr'i, D. J., *Principles of Secure Communication Systems*, 2nd Ed., Norwood, MA: Artech House, 1992, p. 353.

[5] Struckman, K., "Correlation Interferometer Geolocation," *Proceedings IEEE MILCOM* 2006, pp. 1141-1144.

[6] Balogh, L., and I. Kollar, "Angle of Arrival Estimation Based on Interferometer Principle," *Proceedings WISP* 2003, Budapest, September 4-6, 2003, pp. 219-223.

[7] Xiaobo, A., and F. Zhenghe, "A Single Channel Correlative Interferometer Direction Finder Using VXI Receiver," *Proceedings IEEE 2002 3rd International Conference on Microwave and Millimeter Wave Technology*, pp. 1158-1161.

[8] Park, C.-S, and D.-Y Kim, "The Fast Correlative Interferometer Direction Finder Using I/Q Demodulator," *Proceedings IEEE Asia-Pacific Conference on Communications*, 2006, APCC 2-6, August 2006, pp. 1-5.

[9] Wiley, R. G., *Electronic Intelligence: The Interception of Radar Signals*, Dedham, MA: Artech House, 1985, p. 102.

[10] Gregoire, D. G., and G. B. Singletary, "Advanced ESM AOA and Location Techniques," *Proceedings of the IEEE 1989 National Aerospace and Electronics Conference*, NAECON 1989, Volume 2, May 22-26 1989, pp. 917-924.

[11] Brinegar, C., "Passive Direction Finding: Combining Amplitude and Phase Based Methods," *Proceedings of the IEEE 2000 National Aerospace and Electronics Conference*, NAECON 2000, October 10-12 2000, pp. 78-84.

[12] Peavy, D., and T. Ogunfunmi, "The Single Channel Interferometer Using a Pseudo-Doppler Direction Finding System," *Proceedings 1997 IEEE International Conference on Acoustics, Speech, and Signal Processing*, ICASSP-97, Volume 5, April 21-24, 1997, pp. 4129-4132.

[13] Gething, P. J. D., *Radio Direction Finding and Superresolution*, London: Peter Peregrinus Ltd., 1991, Ch. 3.

[14] Schmidt, R. O., "Multiple Emitter Location and Signal Parameter Estimation," *Proceedings of the RADC Spectrum Estimation Workshop*, Griffiths Air Force Base, Rome, NY, 1979, pp. 243-258; republished in

IEEE Transactions on Antennas and Propagation, Vol. AP-34, No. 3, March 1986, pp. 276-280.

[15] Gething, P. J. D, *Radio Direction Finding and Superresolution*, London: Peter Peregrinus Ltd., 1991, p. 217.

[16] Gething, P. J. D., *Radio Direction Finding and Superresolution*, London: Peter Peregrinus Ltd., 1991, Ch. 1.

[17] Warrington, E. M., P. Hamadyk, and T. B. Jones, "Direction of Arrival Measurements of Oblique Chirp Sounder Signals at a High Latitude Site," *Eighth IEEE International Conference on Antennas and Propagation*, 1993, pp. 492-495.

[18] Jones, T. B., and E. M. Warrington, "Direction of Arrival Measurements of HF Signals Propagated over High Latitude Paths," *IEE Colloquium on High Latitude Ionospheric Propagation*, April 29, 1992, pp. 3/1-3/8.

[19] Warrington, E. M., and T. B. Jones, "Observations of the Direction of Arrival of HF Signals Propagated over High Latitude and Mid Latitude Paths," *Eighth IEEE International Conference on Antennas and Propagation*, 1993, pp. 419-422.

[20] Schmidt, R. O., "Least Squares Range Difference Location," *IEEE Transactions on Aerospace and Electronic Systems*, Vol. 32, No. 1, Jan 1996, pp. 234-242.

[21] Gething, P. J. D., *Radio Direction Finding and Superresolution*, London: Peter Peregrinus Ltd., 1991, p. 316.

[22] Stansfield, R. G., "Statistical Theory of D. F. Fixing," *Journal Institute of Electrical Engineers*, Vol. 94, Part IIIa, 1947, pp. 762-770.

[23] Brown, R. M., *Emitter Location Using Bearing Measurements from a Moving Platform*, NRL Report 8483, Naval Research Laboratory, Washington, D. C., June 1981.

[24] Legendre, A., *Nouvelles Methods Pour la Determination des Orbites des Cometes*, Paris, 1805, pp. 72-75.

[25] Sage, A. P., and J. L. Melsa, *Estimation Theory with Applications to Communications and Control*, New York: John Wiley & Sons, 1983, pp. 237-239 and pp. 244-245.

[26] Foy, W. H., "Position Location Solutions by Taylor Series Estimation," *IEEE Transactions on Aerospace and Electronic Systems*, March 1976, pp. 187-193.

[27] Blachman, N. M., "On Combining Target-Location Ellipses," *IEEE Transactions on Aerospace and Electronic Systems*, Vol. AES-27, No. 2, March 1989, pp. 284-287.

[28] Roecker, J. A., "On Combining Multidimensional Target Location Ellipsoids," *IEEE Transactions on Aerospace and Electronic Systems*, Vol. 27, No. 1, January 1991, pp. 175-176.

[29] Davis, K., "Ionospheric Radio Propagation," NBS Monograph 80, U. S. Government Printing Office, 1965, pp. 161-162.

[30] Torrerri, D. J., "Statistical Theory of Passive Location Systems," *IEEE Transactions on Aerospace and Electronic Systems*, Vol. AES-20, No. 2, March 1984, pp. 183-197.

第 9 章　双曲定位技术

9.1 概述

当使用两个分散得很开的传感器或移动传感器测量 TOA、TDOA(τ)、到达频率差($\dot{\tau}$)或另一种称为多普勒差值定位发射源时，就产生了双曲 LOP。通常这些曲线的交叉点被认为是发射位置。为了通过运动获得频率差，要么是传感器系统，要么是目标，或者两者都必须在运动中。因此，这种系统一般安装在空载平台上。对双曲定位处理细节感兴趣的读者，可参阅参考文献[1～19]。

9.2 到达时间差(TDOA)

两个或更多分散的传感器上信号的到达时间差可以用于估计发射目标的集合位置[20]。图 9.1给出了几何图形，为了简化，只给出了两个接收系统。因为发射机与/或接收系统可以升高，r_1和 r_2是发射机和传感器之间的斜距。

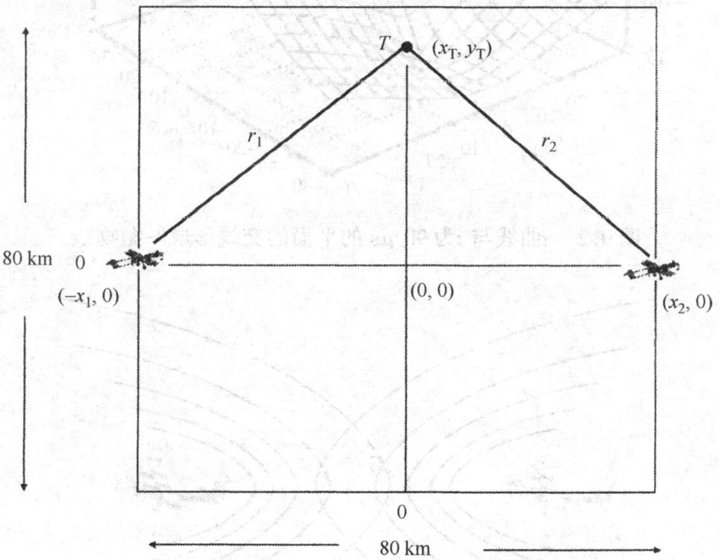

图 9.1　阐述τ和 $\dot{\tau}$ 发射机定位概念的示意图

这些距离可以表述为

$$r_i = ct_i, \qquad i = 1, 2 \tag{9.1}$$

式中 t_i是信号离开发射机以及它到达传感器之间的时间，c 是信号的传播速度，一般对于空中的通信信号假设是光速。τ是信号到达一个接收站与另一个接收站之间的时间差，即

$$\tau = t_2 - t_1 = \frac{r_2}{c} - \frac{r_1}{c} = \frac{1}{c}(r_2 - r_1) \tag{9.2}$$

由图 9.1 可知

$$r_i = \sqrt{(x_T - x_i)^2 + y_T^2}, \qquad i = 1,2 \tag{9.3}$$

因此

$$\tau = \frac{1}{c}\left[\sqrt{(x_T - x_1)^2 + y_T^2} - \sqrt{(x_T - x_2)^2 + y_T^2}\right] \tag{9.4}$$

该式定义的曲线为抛物线。因为 t_2 可能小于或大于 t_1，τ 可能大于或小于零。对于图 9.1 所示的场景，τ 等值线[参见式(9.4)]如图 9.2 所示。τ 大约在 -130 ~ +130 μs 之间变化。图 9.2 也示出了常数曲线，它是一个平面，本例中 τ=90 μs。当被转换为距离时，这些曲线的截面就构成双曲线。当从上向下观察时，这几种曲线如图 9.3 所示。

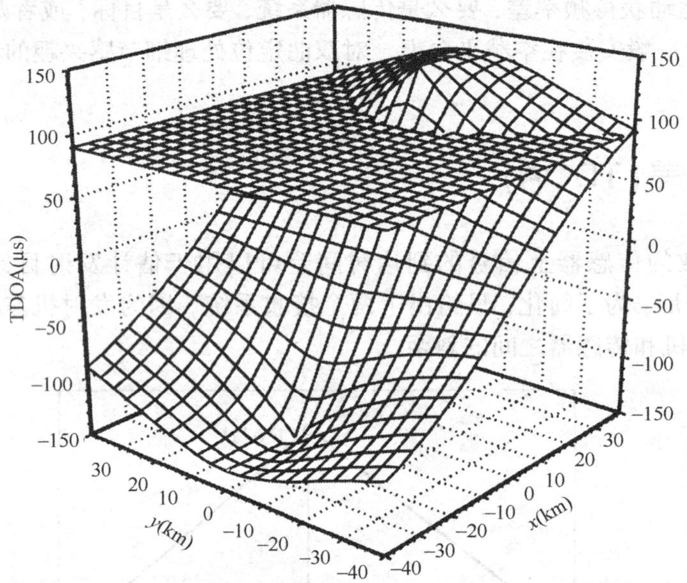

图 9.2 τ 曲线与 τ 为 90 μs 的平面的交线形成一抛物线

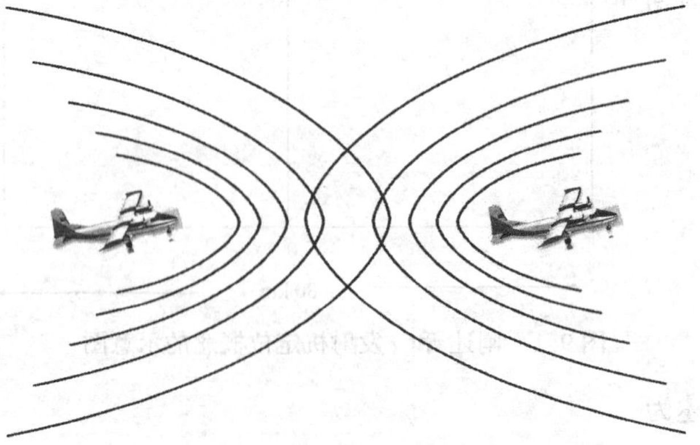

图 9.3 基于常数 τ 的常数 d 的线条为双曲线

显然，只有两个传感器的系统不会实时产生唯一的地理定位。为了实现定位，至少需要三种传感器系统。假设有 S 个传感器可用于计算定位[21]，如上所述，主要方程为

$$d_i - d_j = \|\boldsymbol{r}_i - \boldsymbol{r}_{\mathrm{T}}\| - \|\boldsymbol{r}_j - \boldsymbol{r}_{\mathrm{T}}\| = c(t_i - t_j) = ct_{i,j}, \qquad i,j = 0,1,\cdots,S-1 \tag{9.5}$$

对于所有传感器对(i, j)，其中$\boldsymbol{r}_i$相应于从原点到传感器i的矢量，$\boldsymbol{r}_{\mathrm{T}}$相应于从原点到目标的矢量。

不失一般性，假设所有到达时间都相对于位于坐标(0, 0)传感器的到达时间，如图9.4所示。因此，不使用任意(i, j)的时间差，只对所有i使用$(i, 0)$。对本例，因为$r_j = 0$，方程变为

$$d_i = \|\boldsymbol{r}_i - \boldsymbol{r}_{\mathrm{T}}\| = c(t_{i,0} + t_0) \tag{9.6}$$

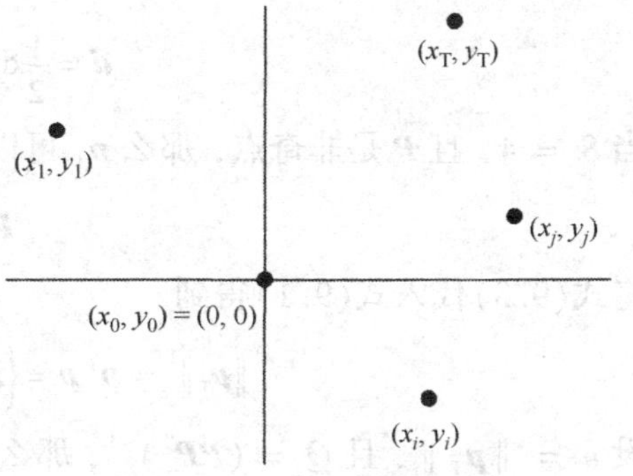

图9.4　二维传感器栅格和目标

对式(9.6)平方得到

$$(x_i - x_{\mathrm{T}})^2 + (y_i - y_{\mathrm{T}})^2 + (z_i - z_{\mathrm{T}})^2 = c^2(t_{i,0} + t_0)^2 \tag{9.7}$$

展开得

$$\begin{aligned} x_i^2 - 2x_i x_{\mathrm{T}} + x_{\mathrm{T}}^2 + y_i^2 - 2y_i y_{\mathrm{T}} + y_{\mathrm{T}}^2 + z_i^2 - 2z_i z_{\mathrm{T}} + z_{\mathrm{T}}^2 \\ = c^2(t_{i,0}^2 + 2t_{i,0} + t_0^2) \end{aligned} \tag{9.8}$$

在参考点(0, 0)有

$$\|\boldsymbol{x}\|^2 = \boldsymbol{x}^{\mathrm{T}}\boldsymbol{x} = x_{\mathrm{T}}^2 + y_{\mathrm{T}}^2 + z_{\mathrm{T}}^2 = c^2 t_0^2 \tag{9.9}$$

式(9.8)减去式(9.9)得

$$x_i^2 + y_i^2 + z_i^2 - 2(x_i x_{\mathrm{T}} + y_i y_{\mathrm{T}} + z_i z_{\mathrm{T}}) = c^2 t_{i,0}^2 + 2c^2 t_{i,0} \tag{9.10}$$

或

$$\begin{bmatrix} x_i & y_i & z_i \end{bmatrix} \begin{bmatrix} x_{\mathrm{T}} \\ y_{\mathrm{T}} \\ z_{\mathrm{T}} \end{bmatrix} + ct_{i,0}\sqrt{x_{\mathrm{T}}^2 + y_{\mathrm{T}}^2 + z_{\mathrm{T}}^2} = \sum -\frac{1}{2}c^2 t_{i,0}^2 + \frac{1}{2}(x_i^2 + y_i^2 + z_i^2) \tag{9.11}$$

它利用了恒等式

$$ct_0 = \sqrt{x_{\mathrm{T}}^2 + y_{\mathrm{T}}^2 + z_{\mathrm{T}}^2} \tag{9.12}$$

用矩阵形式表示

$$\boldsymbol{p}_i \boldsymbol{p}_{\mathrm{T}} + ct_{i,0}\|\boldsymbol{x}_{\mathrm{T}}\| = -\frac{1}{2}ct_{i,0}^2 + \frac{1}{2}\|\boldsymbol{p}_i\|^2 \tag{9.13}$$

式中$\boldsymbol{p}_i$是传感器i的位置矢量，$\boldsymbol{p}_i = [x_i \quad y_i \quad z_i]^{\mathrm{T}}$，$\boldsymbol{p}_{\mathrm{T}}$是目标的位置矢量，三维形式为$\boldsymbol{p}_{\mathrm{T}} = [x_{\mathrm{T}} \quad y_{\mathrm{T}} \quad z_{\mathrm{T}}]^{\mathrm{T}}$。

将结果扩展为所有的$i = 1, \cdots, S$，得

$$\boldsymbol{P}\boldsymbol{p}_{\mathrm{T}} + \boldsymbol{c}\|\boldsymbol{p}_{\mathrm{T}}\| = \boldsymbol{d} \tag{9.14}$$

其中

$$\boldsymbol{P} = \begin{bmatrix} x_1 & y_1 & z_1 \\ x_2 & y_2 & z_2 \\ \vdots & \vdots & \vdots \\ x_{S-1} & y_{S-1} & z_{S-1} \end{bmatrix} \qquad \boldsymbol{p}_{\mathrm{T}} = \begin{bmatrix} x_{\mathrm{T}} \\ y_{\mathrm{T}} \\ z_{\mathrm{T}} \end{bmatrix}$$

$$\boldsymbol{c}=c\boldsymbol{t} \quad \boldsymbol{t}=\begin{bmatrix} t_{1,0} \\ t_{2,0} \\ \vdots \\ t_{S-1,0} \end{bmatrix} \tag{9.15}$$

$$\boldsymbol{d}=\frac{1}{2}\mathrm{diag}\left(\boldsymbol{PP}^{\mathrm{T}}-c^2\boldsymbol{tt}^{\mathrm{T}}\right)$$

当 $S=4$，且 $\boldsymbol{P}$ 是非奇点，那么 $\boldsymbol{p}_{\mathrm{T}}$ 可以确定为

$$\boldsymbol{p}_{\mathrm{T}}=\boldsymbol{P}^{-1}\left(\boldsymbol{d}-\boldsymbol{c}\|\boldsymbol{p}_{\mathrm{T}}\|\right) \tag{9.16}$$

将式(9.3)代入式(9.1)得到

$$\|\boldsymbol{p}_{\mathrm{T}}\|^2=\boldsymbol{p}^{\mathrm{T}}\boldsymbol{p}=\left\{\boldsymbol{P}^{-1}\left(\boldsymbol{d}-\boldsymbol{c}\|\boldsymbol{p}_{\mathrm{T}}\|\right)\right\}^{\mathrm{T}}\left\{\boldsymbol{P}^{-1}\left(\boldsymbol{d}-\boldsymbol{c}\|\boldsymbol{p}_{\mathrm{T}}\|\right)\right\} \tag{9.17}$$

设 $a=\|\boldsymbol{p}_{\mathrm{T}}\|$，且 $\boldsymbol{Q}=(\boldsymbol{PP}^{\mathrm{T}})^{-1}$，那么式(9.17)变为

$$\left(\boldsymbol{c}^{\mathrm{T}}\boldsymbol{Qc}-1\right)a^2-2\boldsymbol{d}^{\mathrm{T}}\boldsymbol{Qc}a+\boldsymbol{d}^{\mathrm{T}}\boldsymbol{Qd}=0 \tag{9.18}$$

这是一个二次方程，对于目标离原点的距离 a，可以很容易求解。将该距离代入式(9.14)求解目标定位的问题，得到两个结果，因此，必须使用其他信息确定哪一个是正解。通常有一个根是负值，因为 a 是表示到目标的距离，所以正根是正确的。否则，必须采用其他信息。

一般 $S>4$，因此，这是一个超定方程系统，因而不使用逆，而是使用下列的伪逆

$$\boldsymbol{P}^{\diamond}=(\boldsymbol{P}^{\mathrm{T}}\boldsymbol{P})^{-1}\boldsymbol{P}^{\mathrm{T}} \tag{9.19}$$

伪逆利用最小平方差概念求解式(9.14)(参见11.2.6.1节)。

通常利用参数估计的Cramer-Rao界限评测该参数用于测量的准确程度。它表示在合理的假设条件下能得到的最好性能。对传感器处信号TOA估计的Cramer-Rao界限[22]为

$$\sigma_{\mathrm{t}}^2\geqslant\left(\frac{2E}{N_0}\beta^2\right)^{-1} \tag{9.20}$$

式中 σ_{t}^2 是测量的方差(单位是 s^2)，本例中，E 是信号的能量(如W·s)，N_0是单位带宽呈现的噪声电平(如W/Hz)，β 是信号占用带宽的测度(单位是rad)。式(9.20)化简为

$$\sigma_{\mathrm{t}}=\frac{1}{\beta}\frac{1}{\sqrt{BT\gamma}} \tag{9.21}$$

式中 B 是接收机噪声带宽，T 是积分时间，γ 是两个传感器站点的有效输入SNR。

β 是弧度频率的均方根，是信号带宽的测量，定义为

$$\beta=2\pi\left[\frac{\int_{-\infty}^{\infty}f^2|S(f)|^2\,\mathrm{d}f}{\int_{-\infty}^{\infty}|S(f)|^2\,\mathrm{d}f}\right]^{1/2} \tag{9.22}$$

式中 $S(f)$ 是信号的频谱。例如，对于图9.5所示的频域内边缘尖锐的理想信号，$\beta=\pi B/\sqrt{3}$(其中 B 的单位是Hz)。

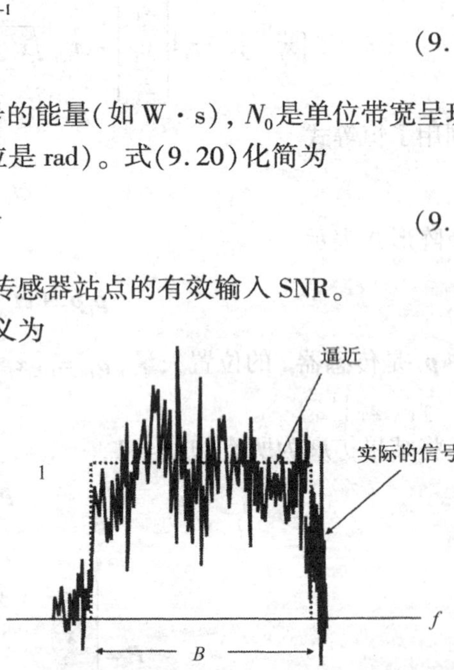

图9.5 对通信信号进行近似的理想信号的例子

因此，γ 是两个传感器的复合SNR。如果 γ_1 和 γ_2 分别是两个传感器的SNR，那么 γ 为

$$\frac{1}{\gamma}=\frac{1}{2}\left[\frac{1}{\gamma_1}+\frac{1}{\gamma_2}+\frac{1}{\gamma_1\gamma_2}\right] \tag{9.23}$$

注意，这里没有对如何确定 TDOA 做任何假设。已证明，可以利用相位数据估计 TDOA[23,24]。在某些情况下，信号包含了特定时刻出现的特征，这一时刻也可被测出。该到达时刻(TOA)可以与参考传感器进行比较，确定出传感器之间的 TDOA。例如，脉冲雷达，具有可以使用的雷达脉冲前沿。其他信号可能具有特定的数据模式用于时间测量。甚至在多径信道中也可以计算出时间延时[25~27]。这种基于特征的 TOA 测量最大优势是计算成对的 TDOA，这只需要和其他传感器交换有限数量的条件信息。

当不能获得这些特征时，通常获得准确时间测量的另一方法是采用互相关[27~35]。它计算(同时)来自两个传感器信号的互相关。两个信号的 TDOA 由结果中的峰值表示。把两个传感器同时结合起来出现的多个 TDOA 就可用来确定目标的位置。

如果传感器物理距离上相隔较远，计算 TDOA 的互相关最大缺点之一是其对数据带宽的需求。情况并不总是这样，一般来说，互相关需要两个预先检测信号的相关。它们可以转换成数字形式，但仍然需要相当大的带宽需求。

9.2.1　采用 TDOA 测量的定位

本节给出由 Ham[36] and Bard, Ham and Jones[37] 最先提出的定位计算法。这只是文献中记录的众多算法之一，但它精简、直白，便于理解。

TOA 测量需要成对的 TDOA 计算

$$\Delta t_i=t_i-t_0 \tag{9.24}$$

式中，t_0是一个未知量，代表在参考传感器站点目标信号的 TOA，不失一般性，假设参考传感器站点位于 $\boldsymbol{x}_0=(x_0,\ y_0,\ z_0)=(0,0,0)$，$t_i$是传感器站点 i 的目标信号到达时间。在三维空间中，第 i 个站点的信号到达时间受约束于

$$(x-x_i)^2+(y-y_i)^2+(z-z_i)^2=c^2(\Delta t_i+t_0)^2 \tag{9.25}$$

式中，c 是光速，$\boldsymbol{x}=(x,\ y,\ z)$是目标的位置，$\boldsymbol{x}_i=(x_i,\ y_i,\ z_i)$是第 i 个目标的位置。在参考站点

$$x^2+y^2+z^2=c^2t_0^2=r_0^2=\|\boldsymbol{x}\|^2=\boldsymbol{x}^{\mathrm{T}}\boldsymbol{x} \tag{9.26}$$

式(9.25)减去式(9.26)得

$$\begin{aligned}&[x_i\quad y_i\quad z_i]\begin{bmatrix}x\\y\\z\end{bmatrix}+c\Delta t_i\sqrt{x^2+y^2+z^2}\\&=-\frac{1}{2}c^2\Delta t_i^2+\frac{1}{2}\left(x_i^2+y_i^2+z_i^2\right),\qquad i-1,2,\cdots,M\end{aligned} \tag{9.27}$$

式中 M 是远程传感器的数目(包括参考站，共有 $M+1$ 个传感器)。用矢量形式表示式(9.27)可得

$$\boldsymbol{x}_i\boldsymbol{x}+c\Delta t_i\|\boldsymbol{x}\|=-\frac{1}{2}c^2\Delta t_i^2+\frac{1}{2}\|\boldsymbol{x}_i\|^2 \tag{9.28}$$

相对于位置坐标计算测量的梯度为

$$\frac{\partial}{\partial\boldsymbol{x}}\boldsymbol{x}_i\boldsymbol{x}+c\frac{\partial}{\partial\boldsymbol{x}}\Delta t_i\|\boldsymbol{x}\|=-\frac{1}{2}c^2\frac{\partial}{\partial\boldsymbol{x}}\Delta t_i^2 \tag{9.29}$$

整理得

$$\boldsymbol{x}_i^{\mathrm{T}}+c\left(\Delta t_i \frac{\boldsymbol{x}}{\|\boldsymbol{x}\|}+\|\boldsymbol{x}\| \frac{\partial \Delta t_i}{\partial \boldsymbol{x}}\right)=-c^2 \Delta t_i \frac{\partial \Delta t_i}{\partial \boldsymbol{x}} \tag{9.30}$$

式(9.30)的解为

$$\frac{\partial \Delta t_i}{\partial \boldsymbol{x}}=-\frac{1}{c}\left(\frac{\boldsymbol{x}-\boldsymbol{x}_i^{\mathrm{T}}}{\left\|\boldsymbol{x}-\boldsymbol{x}_i^{\mathrm{T}}\right\|}-\frac{\boldsymbol{x}}{\|\boldsymbol{x}\|}\right) \tag{9.31}$$

定义梯度矩阵

$$\boldsymbol{H}=\left[\left(\frac{\partial \Delta t_1}{\partial \boldsymbol{x}}\right)^{\mathrm{T}} \quad \left(\frac{\partial \Delta t_2}{\partial \boldsymbol{x}}\right)^{\mathrm{T}} \cdots \left(\frac{\partial \Delta t_M}{\partial \boldsymbol{x}}\right)^{\mathrm{T}}\right]^{\mathrm{T}} \tag{9.32}$$

式(9.27)定义矩阵方程的第 i 行

$$\boldsymbol{X}\boldsymbol{x}+c\|\boldsymbol{x}\|_2=\boldsymbol{m} \tag{9.33}$$

式中 $\boldsymbol{X}=[\boldsymbol{x}_1^{\mathrm{T}} \quad \boldsymbol{x}_2^{\mathrm{T}} \quad \cdots \quad \boldsymbol{x}_M^{\mathrm{T}}]^{\mathrm{T}} \in \Re^{M\times 3}$，$\Delta \boldsymbol{t}$ 为时间差测量矢量

$$\boldsymbol{c}=c\Delta \boldsymbol{t} \in \Re^{M\times 1}$$

$\|\cdot\|_2$ 是 L_2 范数。

$$\boldsymbol{m}=\left[\frac{1}{2}\left(\boldsymbol{X}\boldsymbol{X}^{\mathrm{T}}-\boldsymbol{c}\boldsymbol{c}^{\mathrm{T}}\right)\right]_{ii}, \qquad i=1,2,\cdots,M \in \Re^{M\times 1}$$

式(9.33)是 TDOA 方程。用公式表示为

$$\left(\boldsymbol{c}^{\mathrm{T}} \boldsymbol{\Phi} \boldsymbol{c}-1\right) r_o^2-2 \boldsymbol{m}^{\mathrm{T}} \boldsymbol{\Phi} c r_0+\boldsymbol{m}^{\mathrm{T}} \boldsymbol{\Phi} \boldsymbol{m}=0 \tag{9.34}$$

式中

$$\boldsymbol{\Phi}=\boldsymbol{Q}^{-1} \boldsymbol{X}\left(\boldsymbol{X}^{\mathrm{T}} \boldsymbol{Q}^{-1} \boldsymbol{X}^{\mathrm{T}} \boldsymbol{Q}^{-1} \boldsymbol{X}\right)^{-1} \boldsymbol{X}^{\mathrm{T}} \boldsymbol{Q}^{-1} \tag{9.35}$$

$\boldsymbol{Q}$ 是噪声的协方差

$$\boldsymbol{Q}=\mathcal{E}\{\eta \eta^{\mathrm{T}}\} \tag{9.36}$$

且

$$\mathcal{E}\{\eta\}=0 \tag{9.37}$$

求解式(9.34)得 r_0，而目标的位置计算公式为

$$\hat{\boldsymbol{x}}(r_0)=\left(\boldsymbol{X}^{\mathrm{T}} \boldsymbol{Q}^{-1} \boldsymbol{X}\right)^{-1} \boldsymbol{X}^{\mathrm{T}} \boldsymbol{Q}^{-1}\left(\boldsymbol{m}-\boldsymbol{c} r_0\right) \tag{9.38}$$

因此，所得的目标定位估计可以利用 $\hat{\boldsymbol{x}}$ 附近的泰勒级数展开得到

$$\Delta t_i=f(\boldsymbol{x}_i, \boldsymbol{x})=f(\boldsymbol{x}_i, \hat{\boldsymbol{x}}+\Delta \boldsymbol{x}) \tag{9.39}$$

$\hat{\boldsymbol{x}}$ 附近的泰勒级数展开为

$$\Delta t_i=f(\boldsymbol{x}_i, \boldsymbol{x})=f(\boldsymbol{x}_i, \hat{\boldsymbol{x}})+\frac{\partial f(\boldsymbol{x}_i, \hat{\boldsymbol{x}})^{\mathrm{T}}}{\partial \hat{\boldsymbol{x}}} \Delta \boldsymbol{x}+\cdots \tag{9.40}$$

对式(9.40)的导数为式(9.32)的第 i 行。因此，得到线性方程(忽略泰勒级数中的二阶和高阶项)

$$c\Delta \boldsymbol{t}-f(\boldsymbol{x}, \hat{\boldsymbol{x}})=\boldsymbol{H}\Delta \boldsymbol{x} \tag{9.41}$$

其中

$$f(\boldsymbol{x}, \hat{\boldsymbol{x}})=\left[\begin{array}{c}\left\|\hat{\boldsymbol{x}}-\boldsymbol{x}_1^{\mathrm{T}}\right\|-\|\boldsymbol{x}\| \\ \left\|\hat{\boldsymbol{x}}-\boldsymbol{x}_2^{\mathrm{T}}\right\|-\|\hat{\boldsymbol{x}}\| \\ \vdots \\ \left\|\hat{\boldsymbol{x}}-\boldsymbol{x}_M^{\mathrm{T}}\right\|-\|\hat{\boldsymbol{x}}\|\end{array}\right] \tag{9.42}$$

9.2.2 几何精度因子

就像第8章中所讨论的用方位测量定位一样，和TDOA定位相关联的有GDOP[36, 38]。如果L表示包含坐标为(0，$-L/2$)，(0，0)和(0，$L/2$)的三个传感器的线性阵列的距离，TDOA误差的标准差下限为

$$\sigma_{\mathrm{tL}}^2 = \frac{N_0 L^n \exp(\alpha L)}{2\beta^2 T K_{\mathrm{E}}} \tag{9.43}$$

式中$N_0/2$是双边噪声功率谱密度，n是第4章中讨论的传播损耗指数($n=4$接近地面)，T是总测量时间，K_{E}是与接收机平均信号功率有关的常数，R_{S}定义为

$$R_{\mathrm{S}} = K_{\mathrm{E}} \exp\left(-\alpha \frac{D}{D^n}\right) \tag{9.44}$$

式中α是传播常数。对于与我们有关的多数频率范围，$\alpha = 0$。当$n=4$时，三个传感器配置的GDOP如图9.6所示。当评估的误差曲线远离垂直平分线时应该特别小心，因为在此情况下，测量相关矩阵的特征值可能会导致CEP不稳定的数值计算。因此，CEP是准确性不很好的测量，应该用EEP计算代替。

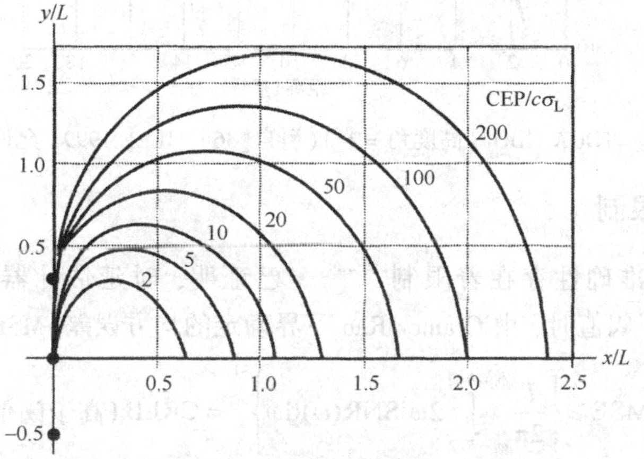

图9.6 TDOA的等CEP GDOP线，其中c为光速(引自[38]。©IEEE 1984，获许引用)

通信信号谱近似如图9.5所示，利用式(9.21)作为σ_{tL}的近似，那么在基线的垂直平分线上$x/L = 1$处，有

$$\frac{\mathrm{CEP}}{c\sigma_t} \approx 9$$

因此，对于$T=10$ s，$B=25$ kHz，且$\gamma=10$ dB，有

$$\mathrm{CEP} \approx 37.7 \text{ m}$$

它说明了利用TDOA定位技术相关的准确定位能力。

同样，与方位确定一样，TDOA定位计算在基线远端形成较大的误差，特别是对于只有三个传感器的ES系统。这可以从图9.6中看出，每个线性基线的远端趋向无穷。

式(9.32)给出的梯度矩阵第i行等于站点矢量到第i个传感器矢量的单位直线和到目标的单位矢量之间的差值。GDOP定义为

$$\mathrm{GDOP} = \sqrt{\mathrm{tr}\left(\boldsymbol{H}^{\mathrm{T}}\boldsymbol{H}\right)^{-1}} \tag{9.45}$$

GDOP 是误差的标准离差的因子。如果 σ_d 表示测量的标准离差，那么计算出的定位球形不确定性为

$$不确定性 = GDOP \times \sigma_d \tag{9.46}$$

例如，如果每个信道上 $\sigma_d = 10$ m(33 ns)，且 GDOP 是 30，那么该区域球形不确定性均方根是 300 m。

对于圆对称近似平面的阵列，其 GDOP 如图 9.7 所示(n 是传感器的数目)。当仰角为 2^0 时，n 在 4～10 之间变化。

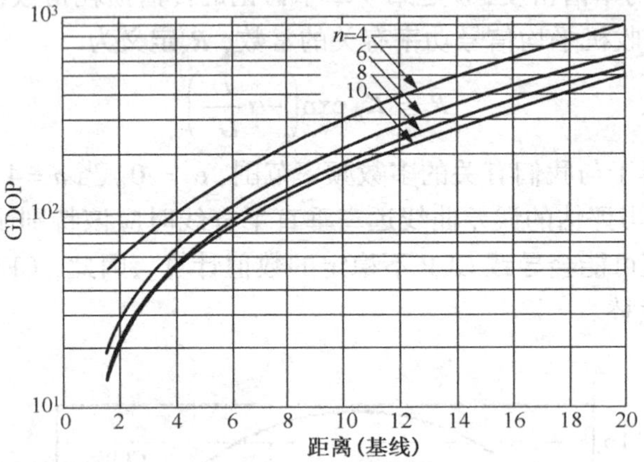

图 9.7 TDOA GDOP(高度角 =2°)(引自[36]。IEEE 1999，允许引用)

9.2.3 时延估算限制

时延可以估计的准确性存在着限制[39～45]。已证明，时延估计器呈现出尖锐的阈值现象[39,46]。当 SNR 高于阈值时，由 Cramer-Rao 下界确定的均方误差(MSE)为

$$\text{MSE} \geqslant \left\{ \frac{T}{2\pi} \int_{\omega_0 - B/2}^{\omega_0 + B/2} 2\omega^2 \text{SNR}(\omega) \mathrm{d}\omega \right\}^{-1} = \text{CRLB}\ (\text{高于阈值}) \tag{9.47}$$

其中

$$\text{SNR}(\omega) = \frac{\dfrac{S(\omega)}{N_1(\omega)} \dfrac{S(\omega)}{N_2(\omega)}}{1 + \dfrac{S(\omega)}{N_1(\omega)} + \dfrac{S(\omega)}{N_2(\omega)}}$$

对于

$$|\omega \pm \omega_0| \leqslant \frac{B}{2}$$

式中 B 是信号的带宽，$S(\omega)$ 是两个传感器收到的信号(一个是另一个的延时版本)，$N_1(\omega)$ 和 $N_2(\omega)$ 是两个传感器的噪声密度。当 SNR 低于阈值时，MSE 的下限为

$$\text{MSE} \geqslant \left\{ \frac{T}{2\pi} \int_{\omega_0 - B/2}^{\omega_0 + B/2} 2(\omega - \omega_0)^2 \text{SNR}(\omega) \mathrm{d}\omega \right\}^{-1}\ (\text{低于阈值}) \tag{9.48}$$

对于常数 SNR，式(9.47)成为

$$\mathrm{MSE} \geqslant \frac{1}{\left(2\omega_0^2 + \frac{B^2}{6}\right)\left(\frac{BT}{2\pi}\right)\mathrm{SNR}} \quad \text{(高于阈值)} \tag{9.49}$$

式(9.48)变为

$$\mathrm{MSE} \geqslant \frac{1}{\left(\frac{B^2}{6}\right)\left(\frac{BT}{2\pi}\right)\mathrm{SNR}} \quad \text{(低于阈值)} \tag{9.50}$$

这些表达式中的 SNR 阈值为

$$\left(\frac{BT}{2\pi}\right)\mathrm{SNR} = 0.28Q^2 \tag{9.51}$$

其中

$$Q = \frac{\omega_0}{B} \tag{9.52}$$

式(9.51)的左边是积分后的 SNR。对于合适的 Q 值，如高于 100，所需积分后的 SNR 相当大，因此对于多数问题，时延估计是在低于阈值的条件下完成的。

9.3 差分多普勒

对于所有实际感兴趣的情况，所有的传感器目标速度远小于光速，到达的频差，或者差分多普勒为

$$\dot{\tau} = \frac{v_2}{c} f_0 - \frac{v_1}{c} f_0 = \frac{f_0}{c}(v_2 - v_1) \tag{9.53}$$

式中 v_i 表示传感器相对于发射机径向瞬时速度，f_0 是发射信号的频率。因此

$$\dot{\tau} = \frac{f_0}{c}\left(\frac{\mathrm{d}r_2}{\mathrm{d}t} - \frac{\mathrm{d}r_1}{\mathrm{d}t}\right) \tag{9.54}$$

式中 r_i 是发射机和传感器之间的距离，如图 9.1 所示。因此，$\mathrm{d}r_i/\mathrm{d}t$ 是径向距离变化的速率。从式(9.3)得

$$\frac{\mathrm{d}r_i}{\mathrm{d}t} = \frac{\mathrm{d}\left[(x_\mathrm{T} - x_i)^2 + y_\mathrm{T}^2\right]^{1/2}}{\mathrm{d}t} \tag{9.55}$$

$$= \frac{(x_\mathrm{T} - x_i)}{\left[(x_\mathrm{T} - x_i)^2 + y_\mathrm{T}^2\right]^{1/2}} \frac{\mathrm{d}x_i}{\mathrm{d}t}, \ i = 1,2 \tag{9.56}$$

假设飞机以平行于 x 轴同样的速度飞行，因此，$\mathrm{d}y_i/\mathrm{d}t = 0$。令 $v = v_1 = \mathrm{d}x_1/\mathrm{d}t = v_2 = \mathrm{d}x_2/\mathrm{d}t$，那么

$$\dot{\tau} = \frac{f_0 v}{c}\left\{\frac{(x_\mathrm{T} - x_1)}{\left[(x_\mathrm{T} - x_1)^2 + y_\mathrm{T}^2\right]^{1/2}} \quad \frac{(x_\mathrm{T} - x_2)}{\left[(x_\mathrm{T} - x_2)^2 + y_\mathrm{T}^2\right]^{1/2}}\right\} \tag{9.57}$$

本例中该表达式形成的表面如图 9.8 所示。注意，最大的差分多普勒频率近似为 6.5 Hz 左右。对于试图从 100 MHz 测出这样的频差是一个相当小的量。这里所考虑的例子使用了慢速飞行应用中的典型值。这就是差分多普勒值如此低的部分原因——电子战系统的速度很低(对于零速度，差分多普勒也是零)。因此，速度越低，差分多普勒分量越小。电子战系统移动速度越快，差分多普勒可测值就越大。差分多普勒曲线是复数二次函数。观察图 9.9 可以看到其形式，其中上表面几乎是从顶向下看的，图中也给出了 $\dot{\tau} = 4.5$ Hz 和表面轮廓的截面。用上述方

法观察时，$\dot{\tau}$曲线看起来如图9.10中的那样所示。只有来自两个传感器平台的$\dot{\tau}$不会形成唯一的定位。$\dot{\tau}$的Cramer-Rao界限估计为

$$\sigma_{\mathrm{f}}=\frac{1}{T_{\mathrm{e}}}\frac{1}{\sqrt{BT\gamma}} \tag{9.58}$$

式中B、T和γ如上所述，σ_{f}是$\dot{\tau}$测量值的标准差，T_{e}是均方根积分时间

$$T_{\mathrm{e}}=2\pi\left[\frac{\int_{-\infty}^{\infty}t^2|u(t)|^2\,\mathrm{d}t}{\int_{-\infty}^{\infty}|u(t)|^2\,\mathrm{d}t}\right]^{1/2} \tag{9.59}$$

式中$u(t)$是积分时间的概率密度函数。同样，如实际的积分时间是T，那么，$T_{\mathrm{e}}=\pi T/\sqrt{3}$。

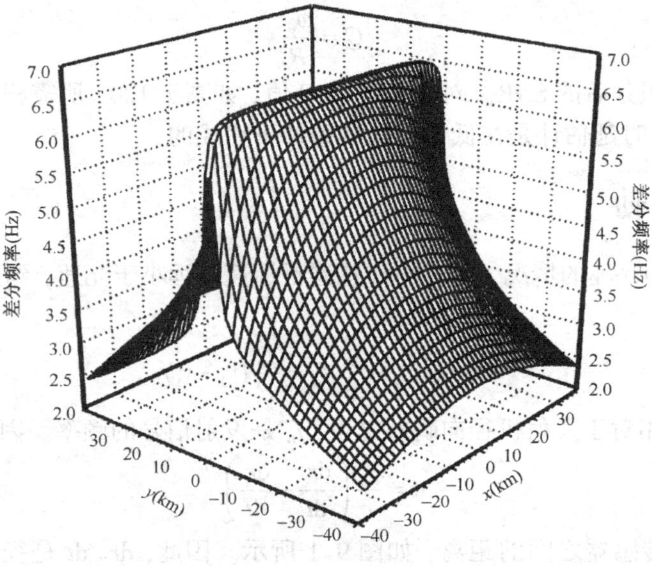

图9.8　例子中的差分多普勒曲面。在本例中，$v=10$ m/s，且$f=100$ MHz

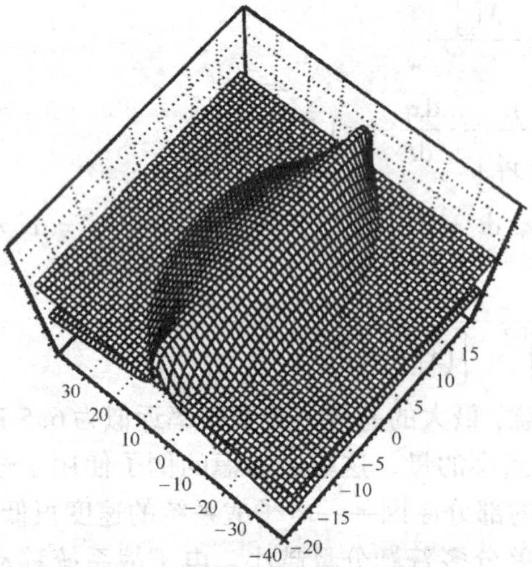
图9.9　$\dot{\tau}$差分轮廓的顶视图。其形状类似于椭圆，但是实际上是复数

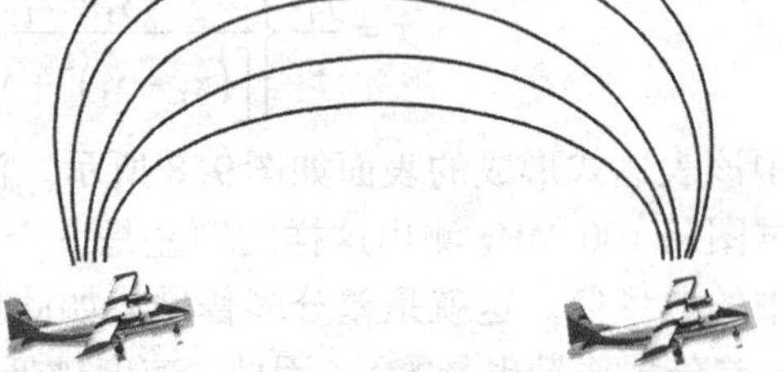
图9.10　等$\dot{\tau}$线是复数二次曲线

9.4　交叉模糊函数处理

计算通信目标 τ和 $\dot{\tau}$的另一种方法是利用交叉模糊函数(CAF)[4, 11, 47, 48]。这种计算同时得到两个传感器的 τ和 $\dot{\tau}$，为了产生足够的信息计算定位，必须为每一对传感器计算 CAF。CAF 是广义化的互相关函数

$$\mathrm{CAF}(\tau,t)=\int_0^T s_1(t)s_2(t+\tau)\mathrm{e}^{-\mathrm{j}\omega t}\,\mathrm{d}t \tag{9.60}$$

模糊函数幅度的三维图形曲线表示了一个轴上的频谱幅度作为因变量，相对于其他两个轴的两个独立变量 τ和 $\dot{\tau}$的变化关系。利用模糊函数的计算，可以得到高精度的目标定位。图 9.11 给出了一个模糊函数的轮廓图。搜索模糊函数的幅度，确定最高的峰值位置。假设这一峰值出现处的 τ和 $\dot{\tau}$的结果值是和发射机对应的，最高峰值的宽度 τ和 $\dot{\tau}$的标准差测度如图 9.11所示。

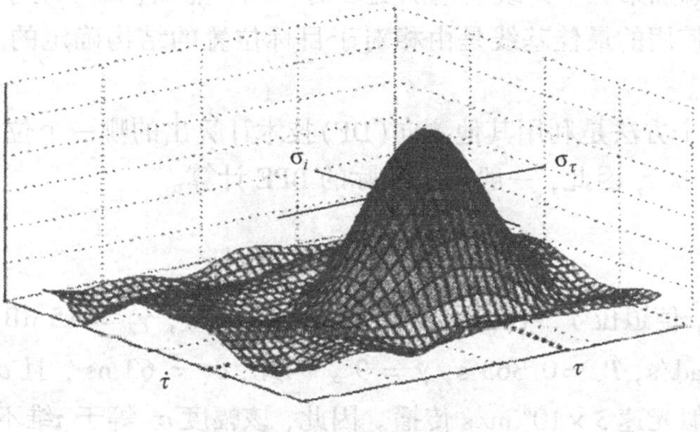

图 9.11　CAF 幅度的例子

两个传感器无论是 τ还是 $\dot{\tau}$都没有唯一解。存在无穷多个点导致相同的 τ和 $\dot{\tau}$值。图 9.3 和图 9.11 说明了这一点。把 τ和 $\dot{\tau}$组合起来时，就不再存在无穷多个点，但仍然存在不止一个点。图 9.12 给出了利用组合的 τ和 $\dot{\tau}$计算发射机定位的示例解决方法。对于所示的两个平台，发射机可能在点 1 或点 2，计算的解可能是相同的。

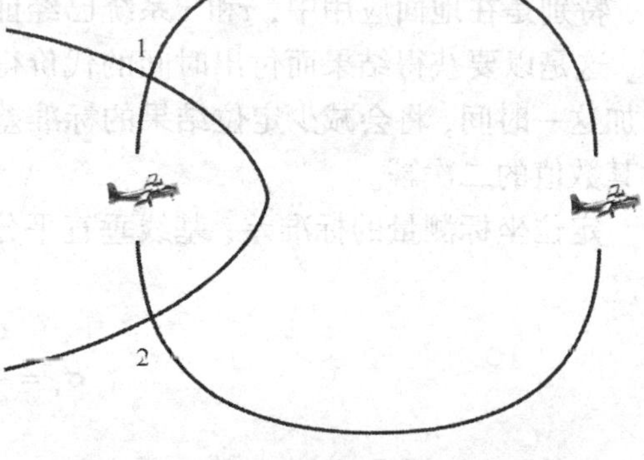

图 9.12　利用两个平台将 τ的解和 $\dot{\tau}$的解组合起来得不到唯一定位

有多种方法解决这种模糊性，其中之一是增加第三个传感器。另外，只要发射机不停地发射足够长的时间，两个传感器的一个或两个可能移到另一个位置，重复处理，得到如图 9.13 所示的唯一解。用第二个基线计算的轮廓在点 1 或在点 2相交，但不会两者都相交。第二个传感器移动到另一个位置，或在结构中存在第三个传感器，因此可以形成第二个基线。本例中，发射机位于位置 1，那是两个基线轮廓交叉的位置，而对于位置 2，轮廓的交叉点不同。这里代价是需要时间或第三个传感器平台。

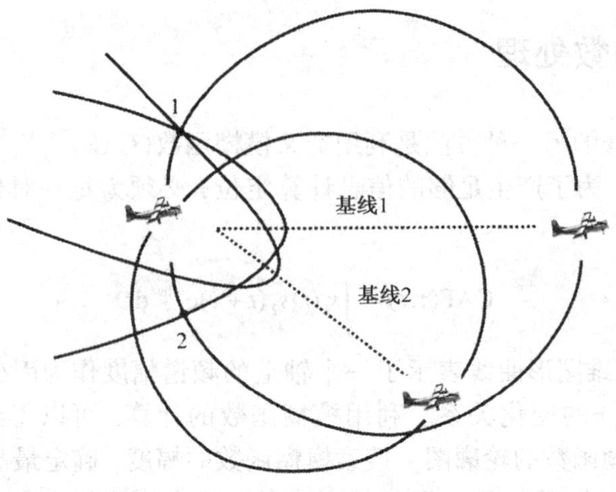

图 9.13 添加第二个基线消除了只有单个基线固有的模糊

当然，在结构中添加第三个系统会增加更多的基线。然而，对于刚才所描述的过程只需要两个基线。实际上，使用的最佳基线是由相对于目标位置的结构确定的。一些基线对会比另一些产生更好的结果。

解决模糊的另一个方法是利用其他测向(DF)技术计算出的哪一个位置和目标对应。这种技术一般准确性小于 $\tau/\dot{\tau}$，因此，一般用于实际的 BPE 计算。

9.4.1 定位精度

假设 $B=25$ kHz，信道位于 VHF 频段；$\gamma_1=10$ dB(10)，$\gamma_2=15$ dB(32)。设 $T=100$ ms，那么 $\beta=90.7\times10^3$ rad/s，$T_e=0.363$ s，$\gamma=9$。因此，$\sigma_t=63$ ns，且 $\sigma_f=16.1$ MHz。为了表述简洁，信号以近似光速 3×10^8 m/s 传播。因此，该幅度 σ_t 等于 τ维不确定性区域，大约为 20 m。在多普勒方向，解释没有这样直接。

在受到与干涉仪以及其他 DF 系统同样有害因素影响的条件下，尤其是由于多径反射衰落，特别是在地面应用中，τ和 $\dot{\tau}$系统已经证实可达到比其他典型的 DF 系统更好的准确性。然而，这是以要获得结果而付出时间的代价得到的。积分时间是上述方程分母中的因子。因此，增加这一时间，将会减少定位结果的标准差。为了得到这种准确性的结果，通常增加积分时间为其数值的二次幂。

定位坐标测量的标准差，基线垂直平分线上的计算值如图 9.14 所示，依赖于

$$\sigma_x=\frac{c\sigma_t\sqrt{\left(\frac{b}{2}\right)^2+D^2}}{D} \tag{9.61}$$

且

$$\sigma_y=\frac{\lambda\sigma_f\left[\left(\frac{b}{2}\right)^2+D^2\right]^{3/2}}{vbD} \tag{9.62}$$

式中 λ是波长，v 是电子战系统的速度，b 是基线长度，D 是离基线的距离。

定位计算的标准差构成椭圆形误差概率轮廓的长短轴。如上所述，近似(接近 10%)的

CEP 估计轮廓可以从这两个值中得到，即

$$\mathrm{CEP} = 0.75\sqrt{\sigma_x^2 + \sigma_y^2} \tag{9.63}$$

为了获得用 τ和 $\dot{\tau}$ 处理可能的定位准确性直观感觉，考虑如下例子。假设目标发射足够大的功率，使两个机载电子战系统每一个都收到 SNR 为 10 dB 的信号；所发射的频率为 50 MHz，信号带宽是 25 kHz，积分时间是 0.3 s，系统之间的距离是 50 km，机载系统的速度是 32 m/s，侧对着目标。基线垂直平分线上可能的定位准确性如图 9.14 所示。

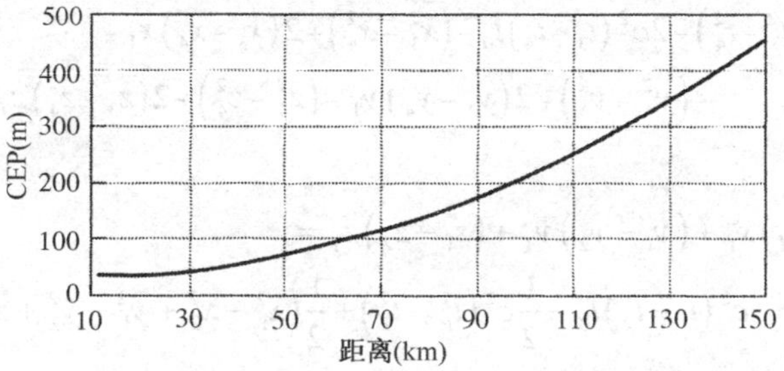

图 9.14　传感器基线垂直平分线上 CEP 相对于基线距离的函数

可以看到，采用这些参数，距离超过 150 km 时，可能的定位准确性小于 500 m。注意，这些结果是沿着基线的垂直平分线上得到的。偏离基线，GDOP 将会降低上述讨论的准确性。

9.5　到达时间

9.4 节给出了基于测量目标辐射电磁波的 τ和 $\dot{\tau}$ 的目标定位法。本节所讨论的是基于测量 4 个(或更多)电子战系统信号波前 TOA 计算目标地理位置的算法。其推导参阅参考文献[31]。设目标的位置 $r_{\mathrm{T}} = (x_{\mathrm{T}}, y_{\mathrm{T}}, z_{\mathrm{T}})$，系统的位置 $r_i = (x_i, y_i, z_i) = 1, 2, 3, 4$。进一步设信号的发送时间为 t_0，且 t_i，$i = 1, 2, 3, 4$ 是每个接收系统信号的到达时间。系统和目标之间的欧几里得距离为

$$d_i = \|r_i - r_{\mathrm{T}}\| = \sqrt{(x_i - x_{\mathrm{T}})^2 + (y_i - y_{\mathrm{T}})^2 + (z_i - z_{\mathrm{T}})^2} \tag{9.64}$$

d_i 与到达时间 t_i 的关系为

$$d_i = c(t_i - t_0) \tag{9.65}$$

式中 c 是光速。因此，使这些表达式相等再平方，得到

$$\begin{aligned} c^2 t_1^2 - 2c^2 t_1 t_0 + c^2 t_0^2 - x_1^2 + 2x_1 x_{\mathrm{T}} - x_{\mathrm{T}}^2 - y_1^2 + \\ 2y_1 y_{\mathrm{T}} - y_{\mathrm{T}}^2 - z_1^2 + 2z_1 z_{\mathrm{T}} - z_{\mathrm{T}}^2 = 0 \end{aligned} \tag{9.66}$$

$$\begin{aligned} c^2 t_2^2 - 2c^2 t_2 t_0 + c^2 t_0^2 - x_2^2 + 2x_2 x_{\mathrm{T}} - x_{\mathrm{T}}^2 - y_2^2 + \\ 2y_2 y_{\mathrm{T}} - y_{\mathrm{T}}^2 - z_2^2 + 2z_2 z_{\mathrm{T}} - z_{\mathrm{T}}^2 = 0 \end{aligned} \tag{9.67}$$

$$\begin{aligned} c^2 t_3^2 - 2c^2 t_3 t_0 + c^2 t_0^2 - x_3^2 + 2x_3 x_{\mathrm{T}} - x_{\mathrm{T}}^2 - y_3^2 + \\ 2y_3 y_{\mathrm{T}} - y_{\mathrm{T}}^2 - z_3^2 + 2z_3 z_{\mathrm{T}} - z_{\mathrm{T}}^2 = 0 \end{aligned} \tag{9.68}$$

$$\begin{aligned} c^2 t_4^2 - 2c^2 t_4 t_0 + c^2 t_0^2 - x_4^2 + 2x_4 x_{\mathrm{T}} - x_{\mathrm{T}}^2 - y_4^2 + \\ 2y_4 y_{\mathrm{T}} - y_{\mathrm{T}}^2 - z_4^2 + 2z_4 z_{\mathrm{T}} - z_{\mathrm{T}}^2 = 0 \end{aligned} \tag{9.69}$$

将这些方程两两相减，可以从其中消除 t^2，使其成为包含 t_0 的线性方程组。这样，才能使所得的方程彼此独立。

从式(9.36a)减去式(9.36b)，接着从式(9.36b)减去式(9.36c)，最后从式(9.36c)减去式(9.36d)，得到

$$c^2\left(t_1^2-t_2^2\right)-2c^2\left(t_1-t_2\right)t_0-\left(x_1^2-x_2^2\right)+2\left(x_1-x_2\right)x_{\mathrm{T}} \\ -\left(y_1^2-y_2^2\right)+2\left(y_1-y_2\right)y_{\mathrm{T}}-\left(z_1^2-z_2^2\right)+2\left(z_1-z_2\right)z_{\mathrm{T}}=0 \tag{9.70}$$

$$c^2\left(t_2^2-t_3^2\right)-2c^2\left(t_2-t_3\right)t_0-\left(x_2^2-x_3^2\right)+2\left(x_2-x_3\right)x_{\mathrm{T}} \\ -\left(y_2^2-y_3^2\right)+2\left(y_2-y_3\right)y_{\mathrm{T}}-\left(z_2^2-z_3^2\right)+2\left(z_2-z_3\right)z_{\mathrm{T}}=0 \tag{9.71}$$

$$c^2\left(t_3^2-t_4^2\right)-2c^2\left(t_3-t_4\right)t_0-\left(x_3^2-x_4^2\right)+2\left(x_3-x_4\right)x_{\mathrm{T}} \\ -\left(y_3^2-y_4^2\right)+2\left(y_3-y_4\right)y_{\mathrm{T}}-\left(z_3^2-z_4^2\right)+2\left(z_3-z_4\right)z_{\mathrm{T}}=0 \tag{9.72}$$

移项得

$$\left(x_1-x_2\right)x_{\mathrm{T}}+\left(y_1-y_2\right)y_{\mathrm{T}}+\left(z_1-z_2\right)z_{\mathrm{T}}= \\ c^2\left(t_1-t_2\right)t_0-\frac{1}{2}c^2\left(t_1^2-t_2^2\right)+\frac{1}{2}\left(x_1^2-x_2^2+y_1^2-y_2^2+z_1^2-z_2^2\right) \tag{9.73}$$

$$\left(x_2-x_3\right)x_{\mathrm{T}}+\left(y_2-y_3\right)y_{\mathrm{T}}+\left(z_2-z_3\right)z_{\mathrm{T}}= \\ c^2\left(t_2-t_3\right)t_0-\frac{1}{2}c^2\left(t_2^2-t_3^2\right)+\frac{1}{2}\left(x_2^2-x_3^2+y_2^2-y_3^2+z_2^2-z_3^2\right) \tag{9.74}$$

$$\left(x_3-x_4\right)x_{\mathrm{T}}+\left(y_3-y_4\right)y_{\mathrm{T}}+\left(z_3-z_4\right)z_{\mathrm{T}}= \\ c^2\left(t_3-t_4\right)t_0-\frac{1}{2}c^2\left(t_3^2-t_4^2\right)+\frac{1}{2}\left(x_3^2-x_4^2+y_3^2-y_4^2+z_3^2-z_4^2\right) \tag{9.75}$$

众所周知

$$\begin{aligned}\|\boldsymbol{r}_1\|^2&=x_1^2+y_1^2+z_1^2\\ \|\boldsymbol{r}_2\|^2&=x_2^2+y_2^2+z_2^2\\ \|\boldsymbol{r}_3\|^2&=x_3^2+y_3^2+z_3^2\\ \|\boldsymbol{r}_4\|^2&=x_4^2+y_4^2+z_4^2\end{aligned} \tag{9.76}$$

这些方程可以用矩阵的形式写为

$$\boldsymbol{A}\boldsymbol{r}_{\mathrm{T}}=c^2\boldsymbol{u}t_0+\boldsymbol{s} \tag{9.77}$$

其中

$$\boldsymbol{A}=\begin{bmatrix}x_1-x_2 & y_1-y_2 & z_1-z_2\\ x_2-x_3 & y_2-y_3 & z_2-z_3\\ x_3-x_4 & y_3-y_4 & z_3-z_4\end{bmatrix}$$

$$\boldsymbol{u}=\begin{bmatrix}t_1-t_2\\ t_2-t_3\\ t_3-t_4\end{bmatrix}$$

$$\boldsymbol{s}=\frac{1}{2}\begin{bmatrix}\|\boldsymbol{r}_1\|^2-\|\boldsymbol{r}_2\|^2-c^2\left(t_1^2-t_2^2\right)\\ \|\boldsymbol{r}_2\|^2-\|\boldsymbol{r}_3\|^2-c^2\left(t_2^2-t_3^2\right)\\ \|\boldsymbol{r}_3\|^2-\|\boldsymbol{r}_4\|^2-c^2\left(t_3^2-t_4^2\right)\end{bmatrix}$$

该方程的解为

$$\boldsymbol{r}_{\mathrm{T}} = c^2\boldsymbol{A}^{-1}\boldsymbol{u}t_0 + \boldsymbol{A}^{-1}\boldsymbol{s} \tag{9.78}$$

假设 $\boldsymbol{A}^{-1}$存在，设

$$\begin{aligned}\boldsymbol{v} &= \boldsymbol{A}^{-1}\boldsymbol{u}\\ \boldsymbol{w} &= \boldsymbol{A}^{-1}\boldsymbol{s}\end{aligned} \tag{9.79}$$

将这一解代入式(9.34)中的任一个得到

$$d_1^2 = \|\boldsymbol{r}_{\mathrm{T}} - \boldsymbol{r}_1\|^2 = c^2(t_1 - t_0)^2 \tag{9.80}$$

$$\|\boldsymbol{v}t + \boldsymbol{w} - \boldsymbol{r}_1\|^2 = c^2t_1^2 - 2c^2t_1t_0 + c^2t_0^2 \tag{9.81}$$

$$\|\boldsymbol{v}t + (\boldsymbol{w} - \boldsymbol{r}_1)\|^2 - c^2t_0^2 + 2c^2t_1t_0 - c^2t_1^2 = 0 \tag{9.82}$$

设

$$\boldsymbol{v} = \begin{bmatrix} v_1 \\ v_2 \\ v_3 \end{bmatrix} \tag{9.83}$$

$$\boldsymbol{w} - \boldsymbol{r}_1 = \begin{bmatrix} q_1 \\ q_2 \\ q_3 \end{bmatrix} \tag{9.84}$$

那么

$$\begin{aligned}\|\boldsymbol{v}t + (\boldsymbol{w} - \boldsymbol{r}_1)\|^2 &= (v_1t_0 - q_1)^2 + (v_2t_0 - q_2)^2 + (v_3t_0 - q_3)^2\\ &= v_1^2t_0^2 - 2v_1q_1t_0 + q_1^2 + v_2^2t_0^2 - 2v_2q_2t_0 + q_2^2 + v_3^2t_0^2 - 2v_3q_3t_0 + q_3^2\\ &= (v_1^2 + v_2^2 + v_3^2)t_0^2 - 2(v_1q_1 + v_2q_2 + v_3q_3)t_0 + (q_1^2 + q_2^2 + q_3^2)\\ &= \|\boldsymbol{v}\|^2t_0^2 - 2\boldsymbol{v}^{\mathrm{T}}(\boldsymbol{w} - \boldsymbol{r}_1)t_0 + \|\boldsymbol{w} - \boldsymbol{r}_1\|^2\end{aligned} \tag{9.85}$$

因此

$$\begin{aligned}\|\boldsymbol{v}\|^2t_0^2 - 2\boldsymbol{v}^{\mathrm{T}}(\boldsymbol{w} - \boldsymbol{r}_1)t_0 + \|\boldsymbol{w} - \boldsymbol{r}_1\|^2 - c^2t_0^2 + 2c^2t_1t_0 - c^2t_1^2 = 0\\ \left(\|\boldsymbol{v}\|^2 - c^2\right)t_0^2 + 2\left[c^2t_1 - \boldsymbol{v}^{\mathrm{T}}(\boldsymbol{w} - \boldsymbol{r}_1)\right]t_0 + \left[\|\boldsymbol{w} - \boldsymbol{r}_1\|^2 - c^2t_1^2\right] = 0\end{aligned} \tag{9.86}$$

式(9.86)可以求出信号发射的时间 t_0。有两个解与多项式的两个根相对应。因此，必须要有其他的信息来确认哪一个结果是正确的。一旦确定出 t_0，就可以代入式(9.42)确定 $\boldsymbol{r}_{\mathrm{T}}$。当然，对于原始方程中的任一个都是有效的，不仅仅是 $i = 1$。

9.6　发射机 TDOA 渐近线定位

Dogancay 提出了使用双曲线的渐进扩展作为定位估计[49]，而不是基于 TDOA 双曲线的交叉来估计目标位置。这种技术比寻找双曲线的交叉要快得多，可提供适当的准确性。

9.7　多目标

在实际利用 TDOA 或其他类型定位技术中，重要的问题是处理多个目标。在大多数军事应用中，频谱极其拥挤——既包含友军也包含目标信号。Sathyan 等人[50]讨论了与目标有关的问题。

9.8 结束语

本章给出了以测量两个或更多较远独立平台的 TOA、TDOA 或差分多普勒为基础的双曲定位技术。经实践证明这些技术能比第 8 章给出的测向技术得到更好的准确性。图 9.12 阐述了该系统可能的准确性。但是，一般来说，DF 法需要较长的积分时间。

除了处理时间，在 CAF 处理过程中一般还需要相当复杂的信号处理以计算模糊曲面。当模糊曲面包含大量数据点时，需要高速信号处理器。

最后，正如所预期的，需要准确知道平台参数以充分利用二次技术准确的 PF 能力。这些参数包括三维坐标、速度和加速度。

参考文献

[1] Chan, Y. T., and K. C. Ho, "An Efficient Closed-Form Localization Solution from Time Difference of Arrival Measurements," *Proceedings IEEE MILCOM*, 1994, pp. II-393-II-396.

[2] Ho, K. C., and Y. T. Chan, "Solution and Performance Analysis of Geolocation by TDOA," *IEEE Transactions on Aerospace and Electronic Systems*, Vol. 29, No. 4, October 1993, pp. 1311-1322.

[3] Stein, S., "Algorithms for Ambiguity Function Processing," *IEEE Transactions on Acoustics, Speech, and Signal Processing*, Vol. ASSP-29, No. 3, June 1981, pp. 588-599.

[4] Ho, K. C., and Y. T. Chan, "Geolocation of a Known Altitude Object from TDOA and FDOA Measurements," *IEEE Transactions on Aerospace and Electronic Systems*, Vol. 33, No. 3, July 1997, pp. 770-783.

[5] Chan, Y. T., and K. C. Ho, "A Simple and Efficient Estimator for Hyperbolic Location," *IEEE Transactions on Signal Processing*, Vol. 42, No. 8, August 1994, pp. 1905-1915.

[6] Bard, J. D., F. M. Ham, and W. L. Jones, "An Algebraic Solution to the Time Difference of Arrival Equations," *Proceedings IEEE MILCOM*, 1996, pp. 313-319.

[7] Schau, H. C., and A. Z. Robinson, "Passive Source Localization Employing Intersecting Spherical Surfaces from Time-of-Arrival Differences," *IEEE Transactions on Acoustics, Speech, and Signal Processing*, Vol. ASSP-35, No. 8, August 1987, pp. 1223-1225.

[8] Quazi, A. H., "An Overview on the Time Delay Estimate in Active and Passive Systems for Target Localization," *IEEE Transactions on Acoustics, Speech, and Signal Processing*, Vol. ASSP-29, No. 3, June 1981, pp. 527-533.

[9] Campbell, L. L., "Asymptotics of Performance of Estimators of Arrival Time," *ISIT*, 1998.

[10] Gardner, W. A., and C. K. Chen, "Interference-Tolerant Time-Difference-of-Arrival Estimation for Modulated Signals," *IEEE Transactions on Acoustics, Speech, and Signal Processing*, Vol. 36, No. 9, September 1988, pp. 1385-1395.

[11] Rusu, P., "A TOA-FOA Approach to Find the Position and Velocity of RF Emitters," Applied Research Laboratories, The University of Texas at Austin.

[12] Yost, G. P., and S. Panchapakesan, "Automatic Location Identification Using a Hybrid Technique," *Proceedings Vehicular Technology Conference*, 1998, pp. 264-267.

[13] Yuan, Y. X., G. C. Carter, and J. E. Salt, "Correlation Among Time Difference of Arrival Estimators and Its Effect on Localization in a Multipath Environment," *Proceedings IEEE MILCOM*, 1995, pp. 3163-3166.

[14] Chestnut, P. C., "Emitter Location Accuracy Using TDOA and Differential Doppler," *IEEE Transactions on Aerospace and Electronic Systems*, Vol. AES-18, No. 2, March 1982, pp. 214-218.

[15] Belanger, S. P., "An EM Algorithm for Multisensor TDOA/DD Estimation in a Muitipath Propagation Environment," *Proceedings IEEE MILCOM*, 1996, pp. 3110-3120.

[16] Schmidt, R., "Least Squares Range Difference Location," *IEEE Transactions on Aerospace and Electronic Systems*, Vol. 32, No. 1, January 1996, pp. 234-242.

[17] Shin, D. C., and C. L. Nikias, "Complex Ambiguity Function Based on Fourth-Order Statistics for Joint Estimation of Frequency-Delay and Time-Delay of Arrival," *Proceedings IEEE MILCOM*, 1993, pp. 461-465.

[18] Smith, J. O., and J. S. Abel, "Closed-Form Least-Squares Source Location Estimation from Range-Difference Measurements," *IEEE Transactions on Acoustics, Speech, and Signal Processing*, Vol. ASSP-35, No. 2, December 1987, pp. 1661-1669.

[19] Fang, B. T., "Simple Solutions for Hyperbolic and Related Position Fixes," *IEEE Transactions on Aerospace and Electronic Systems*, Vol. 26, No. 5, September 1990, pp. 748-753.

[20] Wiley, R. G., *Electronic Intelligence: The Interception of Radar Signals*, Dedham, MA: Artech House, 1985, pp. 116-121.

[21] Bard, J. D., and F. M. Ham, "Time Difference of Arrival Dilution of Precision and Applications," *IEEE Transactions on Signal Processing*, Vol. 47, No. 2, February 1999, pp. 521-523.

[22] Whalen, A. D., *Detection of Signals in Noise*, New York: Academic Press, 1971, p. 339.

[23] Piersol, A., "Time Delay Estimation Using Phase Data," *IEEE Transactions on Acoustics, Speech, and Signal Processing*, Vol. ASSP-29, No. 3, June 1981, pp. 471-477.

[24] Rodriguez, M. A., R. H. Williams, and T. J. Carlow, "Signal Delay and Waveform Estimation Using Unwrapped Phase Averaging," *IEEE Transactions on Acoustics, Speech, and Signal Processing*, Vol. ASSP-29, No. 3, June 1981, pp. 508-513.

[25] Saarnisaari, H., "ML Time Delay Estimation in a Multipath Channel," *Proceedings IEEE 1996 4th International Symposium on Spread Spectrum Techniques and Applications*, Vol. 3, September 22-25 1996, pp. 1001-1011.

[26] Owsley, N. L., and G. R. Swope, "Time Delay Estimation in a Sensor Array," *IEEE Transactions on Acoustics, Speech, and Signal Processing*, Vol. ASSP-29, No. 3, June 1981, pp. 519-523.

[27] Knapp, C. H., and G. C. Carter, "The Generalized Correlation Method for Estimation of Time Delay," *IEEE Transactions on Acoustics, Speech, and Signal Processing*, Vol. ASSP-24, August 1976, pp. 320-327.

[28] Wuu, C-Y, and A. E. Pearson, "Time-Delay Estimation Involving Received Signals," *IEEE Transactions on Acoustics, Speech, and Signal Processing*, Vol. ASSP-32, No. 4, August 1984, pp. 828-835.

[29] Azania, M., and D. Hertz, "Time Delay Estimation by Generalized Cross Correlation Methods," *IEEE Transactions on Acoustics, Speech, and Signal Processing*, Vol. ASSP-32, No. 2, April 1984, pp. 280-285.

[30] Krolik, J., M. Eizenman, and S. Pasupathy, "Time Delay Estimation of Signals with Uncertain Spectra," *IEEE Transactions on Acoustics, Speech, and Signal Processing*, Vol. 36, No. 12, December 1988, pp. 1801-1811.

[31] Rusu, P., "The Equivalence of TOA and TDOA RF Transmitter Location," Applied Research Laboratories, The University of Texas at Austin, Austin, TX.

[32] Cusani, R., "Performance of Fast Time Delay Estimators," *IEEE Transactions on Acoustics, Speech, and Signal Processing*, Vol. 37, No. 5, May 1989, pp. 757-759.

[33] Nikias, C. L., and R. Pan, "Time Delay Estimation in Unknown Gaussian Spatially Correlated Noise," *IEEE Transactions on Acoustics, Speech, and Signal Processing*, Vol. 36, No. 11, November 1988, pp. 1706-1714.

[34] Rusu, P., and L. C. Giulianelli, "Covariance of Time-Difference of Arrival Residuals Among Pairs of Observers for RF Emitter Location Systems," The Applied Physics Laboratories, The University of Texas at Austin.

[35] Yuan, Y. X., G. C. Carter, and J. E. Salt, "Correlation among Time Difference of Arrival Estimators and its Effect on Localization in a Multipath Environment," *Proceedings IEEE 1995 International Conference on Acoustics, Speech, and Signal Processing*, ICASSP-95, Vol. 5, pp. 3163-3166.

[36] Bard, J. D., and F. M. Ham, "Time Difference of Arrival Dilution of Precisions and Applications," *IEEE Transactions on Signal Processing*, Vol. 47, No. 2, February 1999, pp. 521-523.

[37] Bard, J. D., F. Ham, and W. L. Jones, "An Algebraic Solution to the Time Difference of Arrival Equations," *Proceedings IEEE Southeastern Conference*, Tampa, FI, April 11-14, 1996, pp. 313-319.

[38] Torrerri, D. J., "Statistical Theory of Passive Location Systems," *IEEE Transactions on Aerospace and Electronic Systems*, Vol. AES-20, No. 2, March 1984, pp. 183-198.

[39] Weiss, A. J., and E. Weinstein, "Fundamental Limitations in Passive Time Delay Estimation, Part I: Narrowband Systems," *IEEE Transactions on Acoustics, Speech, and Signal Processing*, Vol. ASSP-31, No. 2, April 1983, pp. 472-485.

[40] Weinstein, E., and A. J. Weiss, "Fundamental Limitations in Passive Time Delay Estimation, Part II: Wide-Band Systems," *IEEE Transactions on Acoustics, Speech, and Signal Processing*, Vol. ASSP-32, No. 5, October 1984, pp. 1064-1077.

[41] Weiss, A. J., "Composite Bound on Arrival Time Estimation Errors," *IEEE Transactions on Aerospace and Electronic Systems*, Vol. AES-22, No. 6, November 1986, pp. 751-756.

[42] Weiss, A. J., and Z. Stein, "Optimal Below Threshold Delay Estimation for Radio Signals," *IEEE Transactions on Aerospace and Electronic Systems*, Vol. AES-23, No. 6, November 1987, pp. 726-730.

[43] Weiss, A. J., "Bounds on Time-Delay Estimation for Monochromatic Signals," *IEEE Transactions on Aerospace and Electronic Systems*, Vol. AES-23, No. 6, November 1987, pp. 798-808.

[44] Chow, S-K., and P. M. Shelties, "Delay Estimation Using Narrow-Band Processes," *IEEE Transactions on Acoustics, Speech, and Signal Processing*, Vol. ASSP-29, No. 3, June 1981, pp. 478-484.

[45] Campbell, L. L., "Asymptotics of Performance of Estimators of Arrival Time," *ISIT* 1998, Cambridge, MA, August 16-21.

[46] Chow, S. K., and P. M. Schultheiss, "Delay Estimation Using Narrow-Band Processes," *IEEE Transactions on Acoustics, Speech, and Signal Processing*, Vol. ASSP-29, No. 3, June 1981, pp. 478-484.

[47] Stein, S., "Algorithms for Ambiguity Function Processing," *IEEE Transactions on Acoustics, Speech, and Signal Processing*, Vol. ASSP-29, No. 3, June 1981, pp. 588-599.

[48] Chestnut, P. C., "Emitter Location Accuracy Using TDOA and Differential Doppler," *IEEE Transactions on Aerospace and Electronic Systems*, Vol. AES-18, No. 2, March 1982, pp. 214-218.

[49] Dogancay, K., "Emitter Localization Using Clustering-Based Bearing Association," *IEEE Transactions on Aerospace and Electronic Systems*, Vol. 41, No. 2, April 2005, pp. 525-536.

[50] Sathyan, T., A. Sinha, and T. Kirubarajan, "Passive Geolocation and Tracking of an Unknown Number of Emitters," *IEEE Transactions on Aerospace and Electronic Systems*, Vol. 42, No. 2, April 2006, pp. 740-749.

第二部分　通信电子战系统特性

第10章　早期进入有组织的电子支援
第11章　跳频发射机的探测与定位
第12章　信号探测距离
第13章　衰落信道干扰性能
第14章　电子攻击：无人机攻击和陆基攻击
第15章　一次性使用的干扰机

第 10 章　早期进入有组织的电子支援

10.1　概述

在任何类型的敌对行动中，美国军队都要求搜集敌方部署和意图的战场信息。有助于满足这一要求的方法之一是，利用地面和机载收集平台截获与对手有关的通信。早期进入力量在概念上主要限于能获得的有组织的空中支援。对这些力量的情报支援可能来自更高的梯队，特别是国家资源。然而，在某些情形中，由于进入或其他原因需要有组织的资源提供电子支援。这种方式可以提供的收集能力自然很有限。轻型单人可携带类型的设备将是可提供的相当令人满意的设备[1~8]。

本章给出了地面通信截获系统对早期进入力量可能遇到的威胁通信环境的实施对策。它以仿真为基础，从操作和工程意义上对可能影响性能的不同系统权衡值进行了比较。例如，要求基于截获准备预格式化的报告消息，会严重降低系统的输出吗?

在仿真中使用了两种独立的模型:目标环境模型和收集系统模型。信号环境模型不代表世界任何特殊的部分或任何特别的敌对威胁。从 VHF 军用频率范围低端随机选取目标频率，在一个 30 km 见方的区域内随机配置。收集系统模型不代表任何特定的现存系统，但是确实紧密而翔实地对实现通信截获任务必需的操作和系统步骤进行了建模。

10.2　目标模型

目标环境包括所选的单工、明码电文、VHF、PTT、地面静止通信网。仿真了截获系统投入运行后前 4 小时内发生的战术通信。假设没有目标环境(如频率)的先验知识(这是一种悲观的假设)，仿真变量是威胁通信网络的数量，即 100，200 和 300 个，每个网络包含 5 个节点。这是对旅级规模的敌对力量的近似。

在任何实际情况下，战术网络的通信都以几种形式出现。对于建模而言，仿真特定的通信结构。在每一通信交换情形中，一号网络成员(称为 NCS)首先发射。这一发射时间的长度是平均值为 5 s、标准差为 1.67 s 且最小时间为 1 s 的高斯随机量。接着是一段时间的静默，其持续时间随机选取，其平均值为 3 s、标准差为 1.33 s 且最小值为 1 s。二号网络成员在统计特征与 NCS 一样的随机统计特性的时间里发射信号。接着是一段与上述统计特性同样的静默时间。再接着 NCS 发射到第 3 个站，第 3 个站响应。之后，NCS 发射到第 4 个站，第 4 个站响应。最后，NCS 发射到第 5 个站，第 5 个站响应。每个网络按照这种方式重复，其时间是一个高斯随机变量，称为网络时间。该变量的均值在 150 ~ 450 s 之间变化，而标准差在 50 ~ 150 s 之间变化。这一过程原理如图 10.1 所示。

随机地将目标网络放在 30 km × 30 km 区域内。战术上，在任意给定网络上的节点分开是合理的。因此，发射机不是集中在任一特定的区域。可能这与实际的情况不完全一致，因为一般情况下，如果有前线，人们希望发射机集中在靠近部队的前线(FLOT)，而不是在后方。所使用的 Longley-Rice 传播模型参数假设发射机位置是随机的(这与发射机为了通信目的仔细选址有关)。在整个仿真期间，假设目标是平稳的。

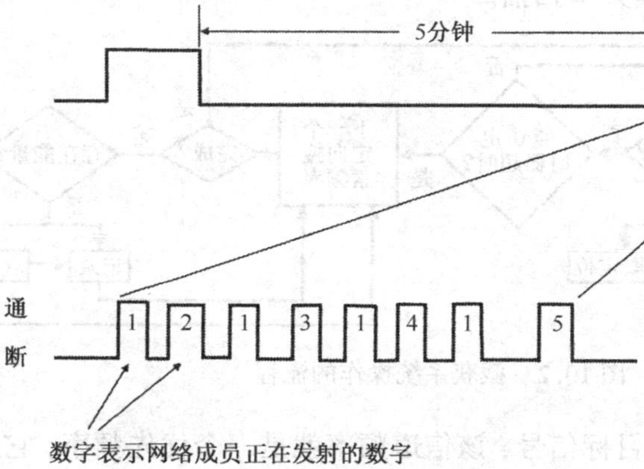

图 10.1 目标通信链路定时

假设所有目标有效辐射功率都是 20 W，垂直极化，发射机天线高度为 5 m。计算信号的距离损失时使用 Longley-Rice 信号传播模型[9]，使用的地质变量值认为是世界上多数区域可找到的典型地面条件，地形起伏缓慢，土质不干也不湿。特别地，它是一种赤道气候，Δh 值为 100 m。该模型已经被广泛用来对信号发生在地球附近的损失进行近似。

限制信号截获的主要变量是接收站点传输的 SNR。因此，只要可以计算出 SNR，就可以在仿真中包含噪声模型。所使用的噪声模型是基于第 3 章中描述的 CCIR 报告的，它包含典型的田园噪声环境。在发射频率点上出现的噪声量会叠加在接收系统所接收到的信号上，并且如果 SNR 不超过一个特定的数值，此特定值依赖于截获还是实施测向，即认为该信号是可检测的还是不可检测的。

10.3 截获系统模型

截获系统由三个具有测向能力的接收系统组成。每个系统都有一个操作员，典型的单人携带配置。这些接收机可由操作员在频率集(从已知频率集)中选台，也能在两个频率之间扫描。如果在信道(频率)中检测到能量，接收机就停在那里直到搜索操作结束(以后定义)，此时选择下一个频率。仿真中使用的搜索模型包括分配给操作员的起始频带，把 30 ~ 90 MHz 战术 VHF、PTT 频带分成几个相等增量所决定的特定频带。每个分割频带被分给不同的操作员[10~12]。

开始仿真时，每个 VHF 接收机以中频带宽(IFBW)一半的步长开始，从其最低频率扫描到最高频率，IFBW 是仿真参数。系统在每个信道上停留 25 ms，除非在该信道检测到能量。当在某一特殊频率上检测到能量时，该频率进入定向搜索列表，操作员就跟踪(复制)该频率。图 10.2 给出了截获系统操作的流程。

由于通信通常发生在两个人之间，在一个信道上，当一方发射停止后，为了能听到后续的通信(如果存在的话)，最好继续在该信道上停一会。这种能力被包含在仿真中，停留持续的时间称为过渡时间。设置该定时器为 15 s。当信号低于截获 SNR 时，过渡定时器开始启动，截获 SNR 是一个仿真参数。对于所有的仿真，接收机需要 6 dB SNR 才开始停止扫描，一旦停在一个目标上，必须有3 dB的SNR才能维持在该处。如果没有3 dB的SNR，过渡定时器继续运行。一旦过渡定时器终止，就是后处理时间段。这种后处理时间段是一个15 s、100 s和200 s的变量集合。后处理之后，继续频率扫描。

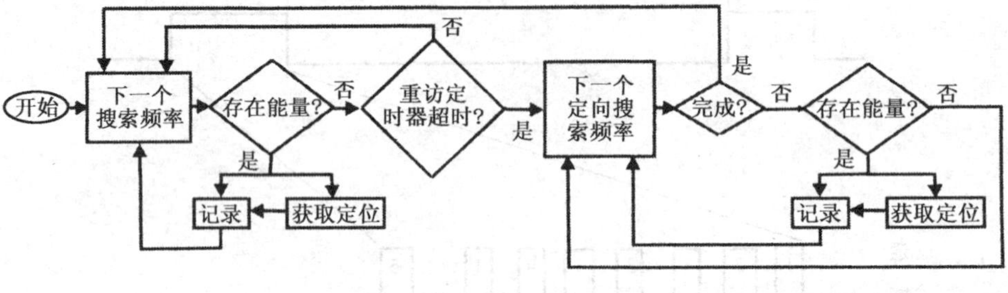

图10.2 截获系统操作的流程

一旦发现了一个信道包含了目标信号，该信道频率就是一个优先频率，它应当比其他信道得到更频繁的访问。由上面所描述的普通搜索模式表明，这些频率被保存在所谓的定向搜索列表中。在扫描被阻断，定向搜索频率被检测之前，常规搜索所花费的时间称为重访时间。该仿真的重访时间为7 s。

截获系统通过网络连接在一起，这样可以获取目标定位。设测向积分时间(获取LOB所需的时间量)为2 s，网络周期时间(获取定位所需的总时间)是8 s。如果在操作员需要定位时测向网络很忙，这一请求就进入一个长队列。如果队列已满，那么该请求就被否决。任一系统中任何操作员都可能会请求定位，但是队列长度是针对整个网络的。为了每个系统获取可用于后续定位计算中的LOB，必须有 -6 dB的SNR。仿真模型包括叠加到LOB的高斯随机误差，形成的有效LOB准确度为0°均值和3°rms误差。所用的定位算法为10.3.3节所描述的Brown算法。

假设NATO电台具有自动识别150 Hz压制单音的能力，那么没有友方信号干扰截获过程。因此，没有必要对友方信号频率环境建模。

假设每个操作员都有一台计算机，操作员可以将描述截获操作的消息预格式化，将它们从截获系统传到分析中心。对分析中心的建模不是仿真的一部分，处理这些消息花费的时间称为后处理时间的仿真变量。当后处理时间设置为15 s(最低数值)时，是对这样的环境的近似：操作员终端对该目标定位自主操作，自动将频率送到分析中心，不需要操作员介入。这是大多数目标搜索可以实现的一种模式。后处理时间为15 s、100 s和200 s，以阐述使操作员准备简短而有限报告的效果。这种报告除了目标定位和频率，典型的是所截获发送的简要纲要，它是在预格式化的消息格式中截获的。例如，这种信息包括哪个网络节点是NCS。后处理后，操作员和设备就可以自由地继续截获操作。

假设FLOT是从坐标(0, 0)到(0, 30)的垂直线，截获系统放置于FLOT友方一侧，坐标为(-5, 7.5)，(-8, 15)，(-5, 22.5)。所有距离都以千米为单位。截获系统的天线高度为7 m。

除了如上述建模的外部噪声外，搜索系统中的射频接收分量叠加有热噪声。在第5章所讨论的等效系统噪声指数(NF)中，这种现象很明显。NF是仿真参数，设为10 dB、15 dB和20 dB。呈现的外部噪声量和NF一起用于SNR计算中设置噪声数值。尽管它不能控制一个工作参数，但是NF是其他变量中设置系统灵敏度的一个最重要的设计权衡参数。

搜索带宽(IFBW)也是模型参数，在10~250 kHz之间变化。搜索带宽越宽，扫描过程就越快。然而，正如第 5 章所讨论的，接收噪声直接随带宽而变化。因此，一般在搜索时间和搜索带宽之间的权衡是必要的。

信号消失之后，接收机继续停留在所调谐的频率上一段时间，称为停留时间。在紧随信号终止的一段时间内是系统寻找同一网络内其他成员的另一次发射的时间。

接收系统天线的高度，加上系统的灵敏度，大致决定了搜索系统可以听到的目标区域的范围。对于本次仿真，该高度是 7 m。如前所述，系统灵敏度依赖于接收机的中频带宽，其值设为 10 kHz、50 kHz 和 250 kHz。

IFBW 越宽，对出现的频谱搜索的步进速度就越快，因此，加快了较早检测到正在发射的信号概率。然而，带宽越宽，就会允许更多的噪声进入通带，因此其 SNR 就会降低，使较远的目标更难于检测。带宽也越宽，也使 VHF 频率信道重叠起来，因此增加了互信道干扰的概率（通带中不止一个信号，因此监听其中任一个都很难）。系统的灵敏度如表 10.1 所示。

表 10.1　系统灵敏度（dBm）相对于 IFBW 和噪声数的近似值

	噪声数（dB）		
IFBW	10	15	20
10 kHz	−124	−119	−114
50 kHz	−117	−112	−107
250 kHz	−110	−105	−100

仿真中使用的天线是地面通信截获系统使用的“典型”天线。它们在水平面上是全向天线，在仿真中所用频率的频带的低端增益约为 −20 dB，高端增益约为 −3 dB。当然，接收（以及对应的发射）天线的高度，很大程度上决定了可以接收的信号功率量。另一方面，接收站呈现的噪声量不依赖于接收机天线的高度。

10.4　仿真结果

在该分析中变化的参数是目标网络的数目、接收机的搜索带宽、系统噪声数、后处理时间和仿真持续时间。这里，目标指特定的通信节点或电台。目标网络是工作于同一频率上偶尔彼此通信的目标集合。每一个网络有一个网络控制站，它比其他的站点要通信更多的次数。一般网络控制站与单位的指挥官联系在一起。如果收集到和一个网络有关的一次或多次发射，就认为检测到该网络。如果收集到和一个目标有关的一次或多次发射，就认为检测到该目标了。因为在通信开始时发送自己的呼号是惯例，如果收集到目标的一次或多次发射而且在发射的前 2 s 之内，就认为是被识别出。令 $P_{\rm det}$ 为后验概率，是对目标发射机的检测概率（至少一次），$P_{\rm id}$ 为目标发射（至少一次）的识别概率，$P_{\rm loc}$ 为目标发射（至少一次）的定位概率，$P_{\rm id,\ NCS}$ 为网络控制站的识别概率，$P_{\rm loc,\ NCS}$ 为网络控制站的定位概率，它们都是搜索和分析的统计量。

有三种原因来解释为什么对目标发射机的方位获取不到：（1）获得数据链路的时候剩余的时间太少（开始测向识别之前，信号已经消失）；（2）可以得到的 LOB 太少（ <2）（因为很多搜索站点的信号都太弱）；（3）当操作员请求使用测向资源时，测向队列已经满了。其他都是等同的，也就是说，所有的目标都可以被所有的站点“听到”，如果测向资源全时段忙，那么每小时可以获得 450 个定位结果。

可能会得到错误目标的定位，因为定位处理需要一段时间。当操作员请求定位而测向资源忙时，这一请求可能会进入较长的队列。当可以使用测向资源时，测向请求被批准，但此时不同的网络成员可能处于运行状态，这种情况下定位就是一个错误的目标。因为目标是根据其工作频率识别的，即使该目标是错误的，也可能定位到同一网络中的另一个成员。对于所定位的目标是否是 NCS，这可能会引起混乱，但是，在这种情况下，战术背景下的结果并不是没有用途的数据。错误定位的总数表明了这种情况发生的概率值。

对于每种仿真变量条件，使用不同的随机种子实现 10 次仿真。计算结果的均值，在随后的分析中要用到。

10.4.1 与目标网络数有关的性能

目标网络数变化时的结果如图 10.3 和图 10.4 所示。图 10.3 是找到网络控制站的能力。正如所期待的，所找到的数目随着网络数目的减少而增加。这是因为：(1)截获系统的操作员较忙，因为有较多的目标要对付；(2)较多的目标网络可能会在范围之外，降低了结果的百分比。因为一次发射在一半时被检测到，考虑驻留时间是 15 s，后处理时间较少，每次截获操作员大约需要花费 46 s。这意味着操作员全时段工作，每个操作员每小时可能会处理 78 个目标。注意，这些目标中有些不必是唯一的，有些可能会重叠。因此，最多可以处理 234 个目标。忽略考虑可测性，那么最大可以检测到 234 个网络。由于图 10.1 所示的目标网络上的通信特征，$P_{\mathrm{id,\ NCS}}$ 将是同样量级的概率，因为一个网络循环将会在中间遇到。同样，后面的网络成员比前面的具有较多被检测的机会，形成期望的 P_{id} 大约是 $P_{\mathrm{id,\ NCS}}$ 的一半。

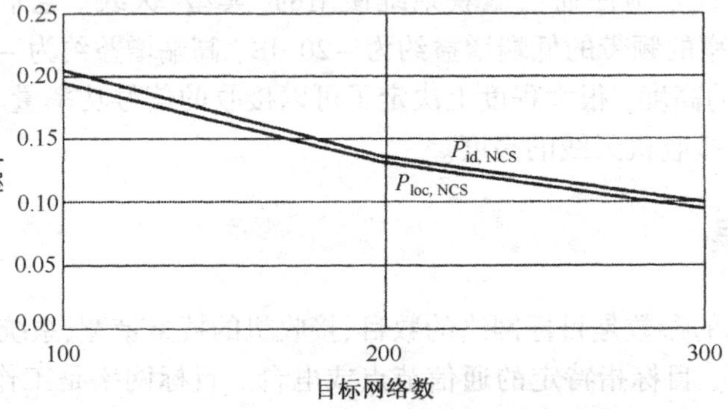

图 10.3 NCS 搜索结果与目标网络数的对比

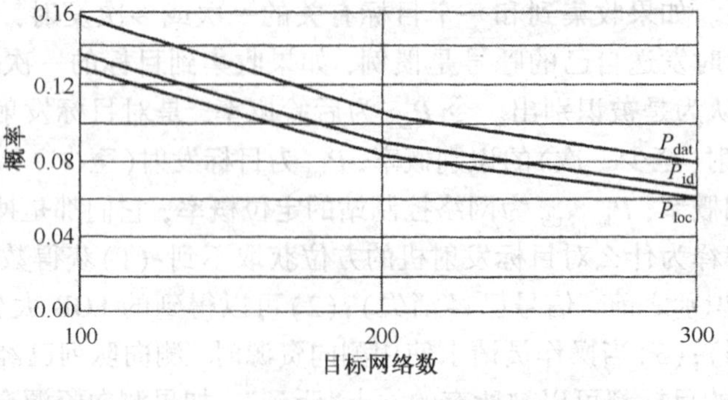

图 10.4 通用搜索特性与目标网络的对比

上述分析忽略了任何侦听能力的限制因素，接收机天线高度只有 7 m。从使用的角度看，这是实际情况，而这并不是截获站点更容易具有较大的范围。当然，如果可行，山顶有益于扩展其范围。这种山顶只是电子战系统的少数，而且还必须与其他设备共享诸如较高的地面。无论如何像这样较短的天线，不会有较大的范围。当然，不足以扩展到目标空间 30 km 的范围。因此，随着更多的目标被加入，由于它们是均匀地加在整个战场，加在范围外的比加在范围内的多。因此，随着目标的增加，搜索的统计量减少。对于定位和识别，存在着附加的定时约束，使这些概率小于检测结果。

这些定时约束的限制效果如图 10.3 和图 10.4 所示。在图 10.3 中，一个 NCS 定位和识别的概率大致是相同的，从 100 个目标网络时的 0.2 变化到 300 个目标网络时的大约 0.1。P_{loc}，P_{det}，P_{id} 与目标网络数的关系如图 10.4 所示。这些值在某种程度上低于 NCS 的，这与上述讨论一致。P_{det} 并不完全是 NCS 的 1/2，它们从 100 个网络时的大约 0.15 变化到 300 个网络时的 0.07。因为数据链路周期时间为 8 s，所以 P_{det} 略高于 P_{loc} 和 P_{id}，P_{loc} 和 P_{id} 大致相同，P_{loc} 低于 P_{det}。测向资源的争夺会导致某些定位点丢失，即使目标被检测到。P_{id} 较低，因为不是所有被检测的目标是在前 2 s 内检测到的。实际上，如前所述，较早的网络成员很少被识别出，而如果检测到网络，较后的网络成员就会被识别出。P_{loc} 和 P_{id} 结果或多或少相同的事实是一种巧合，没有任何基本参数表明这会发生。

10.4.2 搜索带宽

搜索带宽越宽，搜索频宽被覆盖得就越快。由第 3 章所描述的 CCIR 模型可以获得进入系统的外部噪声量。本例中，假设田野噪声水平较高。这些值的分贝数是高于 kTB 的，其中 B 是系统带宽。因此，搜索带宽越宽，进入系统的外部噪声就越多。因此，要权衡的是速度相对于信号的电平，这两者均会限制系统在寻找目标信号上的一般性能。

在密集目标环境中，搜索带宽比信道分配宽意味着互信道干扰增加。实际上，即使目标环境不密集，互信道干扰也有可能，但是，这种互信道至少理论上是由友邻电台干扰目标引起的。对于较宽的带宽，这种互相干扰可能会由两个友邻的(两个或更多的)目标引起的。在 30 ~ 90 MHz 之间有 2400 个 25 kHz 的信道。最多只有 300 个目标网络时，两个相邻的信道都被占用的概率很小(大约是 12%)。然而，当带宽是 250 kHz 时，这是 10 个信道的宽度，这种情况下互信道干扰的可能性是必然的(在两个网络同时工作的条件下)。尽管互信道干扰是操作上很重要的考虑，但是本仿真中没有包括这一效果。

该系统开始于没有先验信息的目标环境。因此，开始时，所有的搜索来自“从 f_1 到 f_2 以 1/2 IFBW 为步进”变化的普通搜索列表。随着时间变化，会发现更多的目标，一个更有方向性的搜索就会实施。实际上这种“冷启动”几乎不存在，因为较高级别层的信息源会尽可能提供敌方军队的信息。这种信息几乎总是包括网络使用的某些数据。

$P_{id, NCS}$ 和 $P_{loc, NCS}$ 相对于搜索带宽的结果如图 10.5 所示。随着带宽增加，变化并不明显。这表明，较快的普通搜索时间并不增加找到 NCS 的能力，这也意味着，对于这一功能，噪声增加的效果并不明显。一般来说，类似的目标节点搜索的一般特性如图 10.6 所示。两种相反的效果互相平衡。随着带宽从 10 kHz 增加到 50 kHz，目标节点搜索的普通特性略微上升，这意味着搜索速率越快，找到的目标就越多，尽管这种效果不是很明显。额外增加的噪声并不大。从10 kHz 增加到 50 kHz，噪声的增加大约是 7 dB。另一方面，随着带宽从 50 kHz 增加到 250 kHz，搜索的性能将下降，但是差别不大。增加大约又是 7 dB，但是从 10 kHz 增加到 250 kHz，噪声增加了 14 dB。从下面增加噪声数字的结果可以看到这是一个起相反作用的情况。在这种情况中，搜索速率及外部噪声都保持恒定，因为带宽是常数。增加噪声数字确实减少了搜索性能。因此，通过展宽搜索带宽、增加搜索速率来增加搜索性能，或多或少由于接收更多的噪声而使系统灵敏度减少。

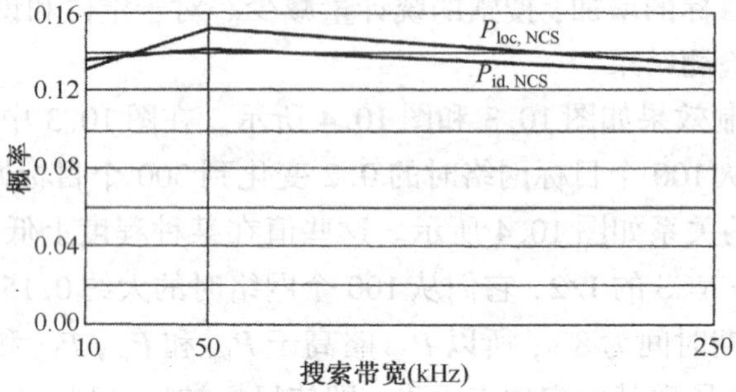

图 10.5 NCS 搜索性能与搜索带宽的对比

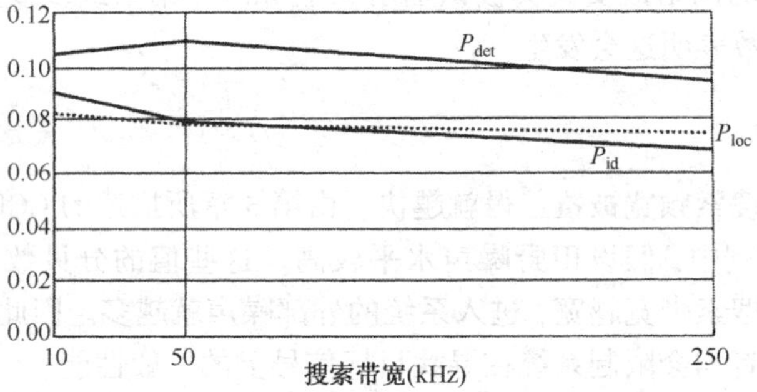

图 10.6 一般搜索性能与搜索带宽的对比

图 10.6 绘出了 P_{det}、P_{loc}、P_{id} 相对于搜索带宽的曲线。其效果和上述 NCS 搜索的统计相同，原因也相同。对于所有实际目标，这些结果表明，搜索带宽的大小没有什么差别。然而并不是这样，只是因为这里没有对此建模。实际上，截获系统的范围太小，使用最窄的搜索带宽也是由于较低的 SNR 引起的限制所产生的表象。所使用的带宽越宽，呈现的噪声量也越大(如 10.3 节所述)。另一方面，使用较宽的搜索带宽，减少了搜索信号射频频谱需要花费的时间量，因此增加了较快检测信号的概率。显然，使用较窄的带宽，以较慢的速度搜索较好，至少在这里所建模的有限目标环境中是这样的。

10.4.3 噪声系数

系统噪声系数构成了噪声的底限。它和外部接收到的噪声一起决定了所收到的信号是否可以检测。如果收到的信号低于最小可检测信号电平，那么就没有足够的能量出现。对于较高的频率，低噪声系数是典型的，但在这里所感兴趣的范围内，考虑 15 dB 为噪声系数的典型值，那 10 dB 就非常不错了。噪声系数是可以和其他设计参数权衡的设计参数。定位和识别概率与噪声系数的对比如图 10.7 所示。一般关于搜索的可变系统噪声系数如图 10.8 所示。其结果表明，一般噪声系数越低，搜索结果也越好。10 dB 噪声系数大约使搜索结果提高 20%，超过 15 dB。

图 10.7 和图 10.8 所示的结果从某种程度上令人吃惊。在所考虑的频率范围内，有时认

为，外部的噪声限制了搜索性能。图10.7和图10.8的结果表明，对于所考虑的噪声，并不总是这样，因为降低噪声系数而外部噪声数字不变对搜索性能影响很大。

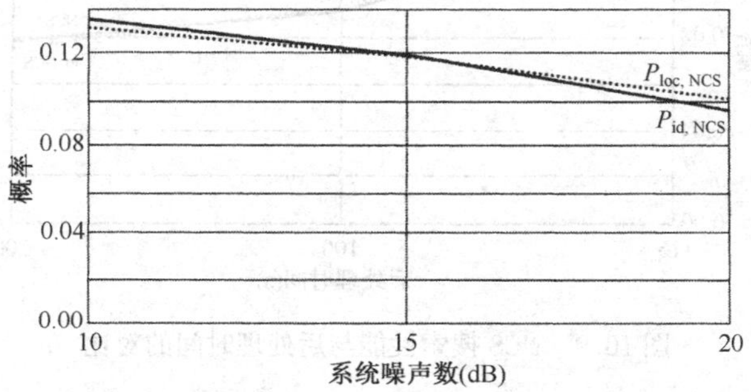

图10.7　NCS搜索性能与系统噪声系数的对比

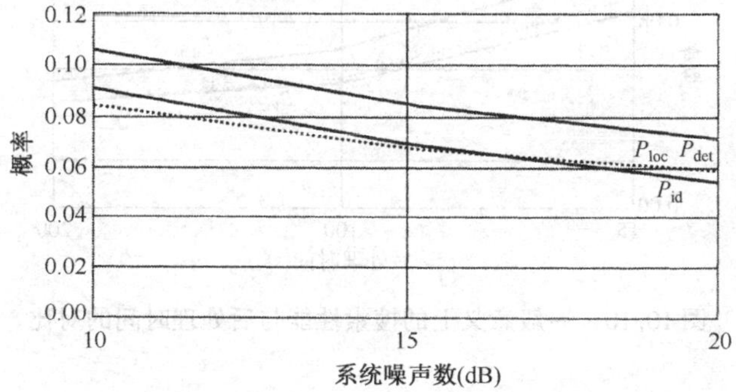

图10.8　一般搜索性能与系统噪声系数的对比

正如所期望的，随着噪声系数的增加，增加的噪声降低了检测范围，使检测概率减少。然而，这些结果表明，在系统设计中必须要考虑噪声系数。

10.4.4　后处理时间

NCS搜索后处理时间的变化情况如图10.9所示，其中绘出了$P_{id, NCS}$和$P_{loc, NCS}$。这两个变量大致相同，在0.12～0.08之间变化。随着后处理时间的变化，性能逐渐降低时由于操作员不能连续进行一般性搜索。实际上，在后处理进行时，不进行截获——信号溜走了。在早期进入的情况下，在GS模式时，在第一批处理期间，可能需要在截获系统上记录消息，只是确认对NCS的检测、定位或识别。否则，当对目标环境知道很少时，可能不必要对每次截获进行报告。

一般意义上的目标搜索性能与后处理时间的对比如图10.10所示。关于NCS目标搜索，同样的效果也很明显。在200 s后处理时间搜索了15 s大约一半的目标。这也表明，对于该系统，这是目标丰富的环境，在电子战系统的范围内仍然有目标要搜索。

在找到网络的频率时，对该网络的搜索可被分配给某处搜索团队的一个操作员，之后，该操作员只复制这一频率，这等价于近似使用3个操作员对200个网络情况下的网络控制站的识别和定位概率(忽略瞬时听力因素) = 0.015。在15 s后处理时间时，搜索和占有搜索资源的效果使被搜索的NCS数目增加到大约为8。在200 s的后处理时间，这一数目降低到大约5个。这些数字表明早期描述的处理流确实使工作得到增强。

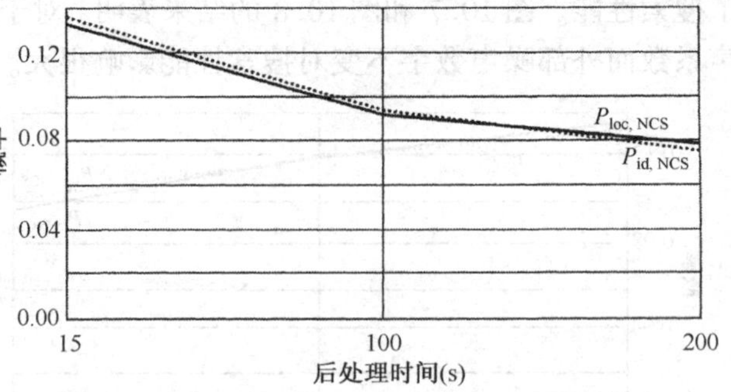

图 10.9 NCS 搜索性能与后处理时间的对比

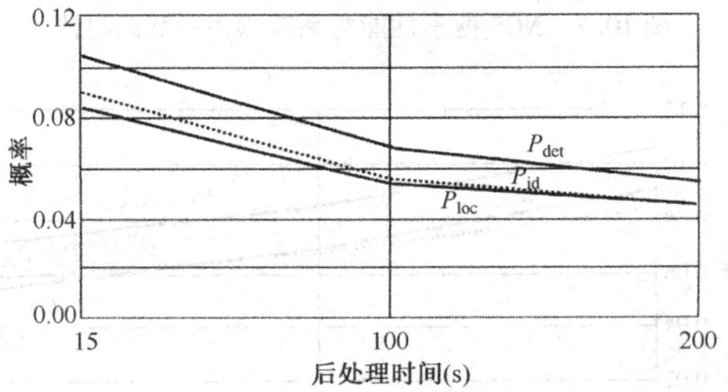

图 10.10 一般意义上的搜索性能与后处理时间的对比

10.4.5 任务周期

如果所有其他条件都相同(所有目标都在范围内)，随着任务周期的增加，应该会搜索到更多的目标，而这也是实际的情况，如图 10.11 所示。大约比 75% 还多的网络控制站在 3 小时内被收集。对所有的目标都可得到类似的结果，如图 10.12 所示。这些结果表明，在前一小时内，既检测不到所有的网络控制站，也检测不到所有的网络成员，即使它们在听力范围内。换句话说，正如上所述，这是一个多目标的环境。在前一个小时或两个小时后，仍然有目标需要搜索和识别。

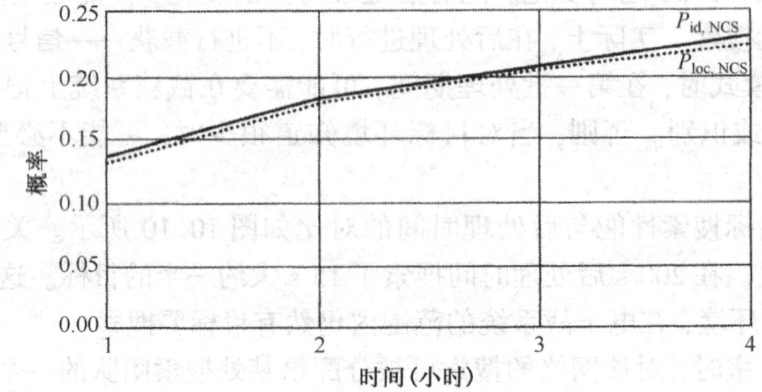

图 10.11 NCS 性能与总任务时间的对比

回忆一下，由重访定时器决定，已发现目标的信道(频率)时常会被重访。因此这会减少找到新目标网络的数目，特别是在搜索后期，会因此减少这种概率的计算。在实际工作中，当确定网络是不感兴趣时，应该从定向搜索列表中把它清除掉，因此不会使搜索过程慢下来。这些频率就进入“停工”频率列表。重访过程由重访定时器确定，一般用于对包含活动频率的截获。如果对它不感兴趣，就应该事先将其去掉。

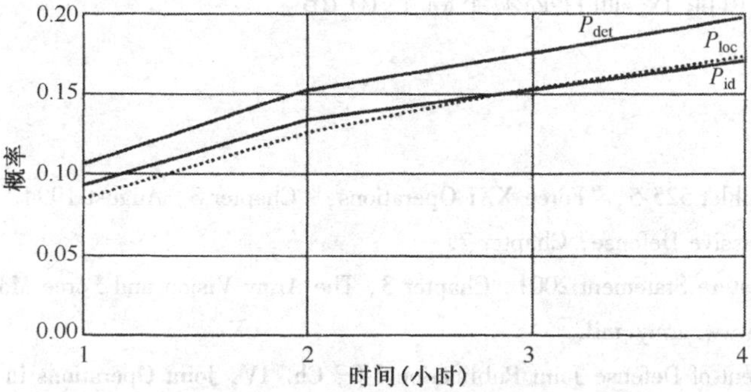

图10.12 一般搜索性能与总任务时间的对比

然而，随着目标频率的改变，这一过程被复杂化了。常见的实际情况是，通信网络有规律地改变工作频率，以消除或降低所描述的目标搜索努力。一旦它们改变了，就有必要重新获得新的频率。

10.5 结束语

基于本章所给出的结果，结论之一是地面通信截获系统应该使用20～100 s范围内的后处理时间，不受有限的目标环境限制。信号消失后的处理时间包含两个主要部分：(1)是否需要准备报告搜索系统消息；(2)操作员是否必须监听截获记录以准备报告。

无须搜索系统上报额外信息，第一个部分即可以做得较小。通过离线的方式(对于搜索任务)，具有合适操作员的独立系统完成报告任务，可以更容易实现这一点。它使搜索系统和报告系统之间的信息交换是必需的，这可以用多种有效的途径来实现。通过为搜索操作员提供更多的自动化手段，重现搜索的信号而不是采用模拟磁带机，第二个部分可以做得较小。复杂的数字存储方法允许随机地瞬时回放存取任一语音片段，可以很容易地从这些数字录音机中为独立的系统提供存储信号。

一个变通的办法是根本不要求这种搜索系统报告信号的内容。对这种情况，操作员可能只是编辑定位数据，不做任何事情，或者只是报告在其他某处适当编辑过的原始定位。此时，后处理时间非常接近本章中给出的最佳20～100 s的范围。尽管可能因为简单而具有吸引力，但是，如果想让这些定位数据很有价值，却存在很多问题。为了建立敌方的意图和部署，有必要比在地球表面对目标定位做更多的事。一般来说，识别目标要求理解发送的内容。另一种形式支持搜索的自动化也很有用，它收集关于信号附加的信息。这种技术可能包括自动翻译和信号类型识别。

如没有关于目标频率的先验信息，必须搜索频谱以寻找活动的目标。假设仿真没有这样的知识，每个操作员分配30～90 MHz范围中的等长部分，搜索该频段直到找到目标。

使用较窄的搜索频带宽度是提供有效搜索的关键。因此，搜索性能的效果实质上依赖于搜索带宽。互信道和范围的考虑主导着搜索带宽的选择，而这些共同要求窄带带宽。在这种情况下，与采用较宽的搜索带宽、允许更多噪声的快速搜索相比，搜索越慢对于消除噪声越重要。

仿真结果表明，外部噪声不是所考虑频带(30~90 MHz)范围内限制噪声的来源。接收系统的噪声系数应该尽可能小，而且必须不高于 10 dB。

参考文献

[1] TRADOC Pamphlet 525-5, "Force XXI Operations," Chapter 3, August 1994.

[2] FM 100-12, Passive Defense, Chapter 7.

[3] U.S. Army Posture Statement 2001, Chapter 3, The Army Vision and Force Modernization, accessed July 2001, http://www.army.mil.

[4] U.S. Department of Defense Joint Publication 3-0, Ch. IV, Joint Operations in War, June 1996.

[5] U.S. Army TRADOC Pamphlet 525-69, Concept for Information Operations, HQ, USA TRADOC, Ft. Monroe, VA, August 1995.

[6] U.S. Army Vision 2010, Dominant Maneuver.

[7] U.S. Army Field Manual 5-100, Chapter 12, Contingency Operations.

[8] U.S. Army TRADOC Pamphlet 525-75, Intelligence XXI, November 1996.

[9] *A Guide to the Use of the ITS Irregular Terrain Model in the Area Prediction Mode*, U.S. Department of Commerce, National Telecommunications and Information Administration, NTIA Report 82-100, April 1982.

[10] Adamy, D., *EW 101: A First Course in Electronic Warfare*, Norwood, MA: Artech House, 2001.

[11] Neff, F., *Introduction to Electronic Defense Systems*, Norwood, MA: Artech House, 1991.

[12] Torrerri, D. J., *Principles of Secure Communication Systems*, Norwood, MA: Artech House, 1992, Chapter 4.

第 11 章　跳频发射机的探测与定位

11.1　概述

为了阻断电子战的实施，人们已开发出低截获概率的通信技术，其中之一就是跳频技术。在这种技术中，发射机的频率经常被改变，使电子支援系统不知道其任一时刻的发射频率[1-3]。

本章对这种跳频目标的探测和定位技术进行描述。先用解析方法描述了这种技术，然后给出了用该技术对 4 种不同配置的电子支援系统的仿真结果。

11.2　分析

跳频技术由数字化控制的接收机组成，接收机在各个信道间步进搜索。在每个信道驻留的时间足够长，以完成在该频道上信号能量的测量。如果所检测的能量电平超过信噪比（SNR）的阈值，则说明检测到信号。当检测到信号时，就激活包括地理定位的其他的处理。有关后续的处理将在本章的其他地方讨论。

该技术基本上就是在电子支援接收机的带宽和扫描速率之间权衡。如前所述，对于恒定的信号电平，接收机带宽越宽，接收的 SNR 越低。因此，带宽越宽，可以检测到的目标数目越少，因为 SNR 较低，位置线也越不准确。然而，在给定的时间段内，可以覆盖更多的信道，因此搜索速度也越快。另一方面，接收机带宽越窄，搜索的速度就越慢，在给定的时间段（目前采用的是 1 ms 和 10 ms）内，所覆盖的信道数就越少。但在这种情况下，SNR 较高。

对上述类型的接收系统，更重要的一个问题是：搜索接收机是否探测到信号？如果探测到，其概率是多少？根据处理的本质，对信号一次检测就足以确定它的发射机位置。因此，对目标定位的概率等价于检测到它的概率。本节将计算这一概率。

实际上，搜索式超外差接收机就是通信理论中的部分边带滤波器阵列组合（PB-FBC）[4]。这是因为在任意给定的瞬时，接收机以给定带宽驻留在单个频率上。如前所述，在 10 ms，即 100 跳每秒（h/s）的目标在单个信道上驻留的时间内，接收机覆盖一个还是更多的信道，取决于搜索的速度。因此，部分边带对应于这一时间增量中接收机搜索到的 30 ~ 90 MHz 频带的部分。命中的概率为

$$P_{\mathrm{hit}} = \frac{N_{\mathrm{s}}}{N_{\mathrm{T}}} \tag{11.1}$$

式中 N_{T} 是全部带宽中的信道总数（即 25 kHz 宽的信道），N_{s} 表示一个时间间隔内搜索到的信道数。假设目标在整个 60 MHz 带宽内随机跳变，且不用“跳频集”，因此 $N_{\mathrm{T}} = 2400$。N_{s} 和相应的 P_{hit} 值如表 11.1 所示。

每个被传输的消息（一个消息对应于 5 s 的发射时间）命中 n 次的概率由二项式概率分布给出，即

$$P_B(n)=\frac{N_h!}{n!(N_h-n)!}P_{hit}^n(1-P_{hit})^{N_h-n} \tag{11.2}$$

该表达式给出了准确检测到来自给定发射机 n 个目标的概率。式中 N_h 是消息中的跳频数(因为消息有5 s长,所以 $N_h=500$。目标以100 h/s的速率跳变)。它可以用来计算不同配置在5 s的发送时间内至少检测到1跳的概率,这是因为

$$P(n\leqslant N-1)=\sum_{n=0}^{N-1}P_B(n) \tag{11.3}$$

且

$$P(n>N)=1-P(n\leqslant N-1) \tag{11.4}$$

表11.1　部分边带带宽和相应的 P_{hit} 值

驻留时间(ms)	带宽(kHz)	N_s	P_{hit}
1	25	10	0.0042
1	100	40	0.0167
1	200	80	0.0333
10	25	1	0.00042
10	100	4	0.00167
10	200	8	0.00333

图11.1和图11.2说明了这些结果。对这些曲线的解释如下:在曲线上横轴数值为 n_1 处的数值表示5 s传输过程中被检测到 n_1 跳的概率(使用的检测规则只要求检测到一次发射就可以定位到目标)。因此,超过 $n_1=1$ 的概率值只是理论上的。如果能找到一种方法用其他的定位来校正一次定位,那么就可以使用对同一目标的多次定位来提高定位精度。显然,当驻留时间为1 ms,不管使用的带宽是多少,几乎总是可以确保5 s的传输过程中至少可以检测到1跳。对于驻留时间为10 ms,检测的概率,也就是定位的概率,没有5 s传输1次的效果好,但是对于较宽的带宽,仍然很好。可以得出以下结论:对100 h/s的目标只使用5 s的搜索时间,使用搜索速率为每信道1~10 ms的搜索式接收系统检测(也就是定位)目标的可能性较大。进一步讲,可以使用合理的瞬时扫描带宽以降低由于噪声引起的信道互扰和灵敏度降低的问题。

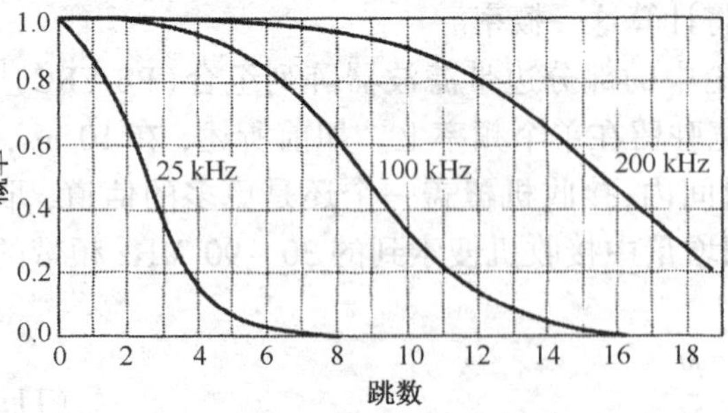

图11.1　1 ms驻留时间检测到(定位)目标的概率

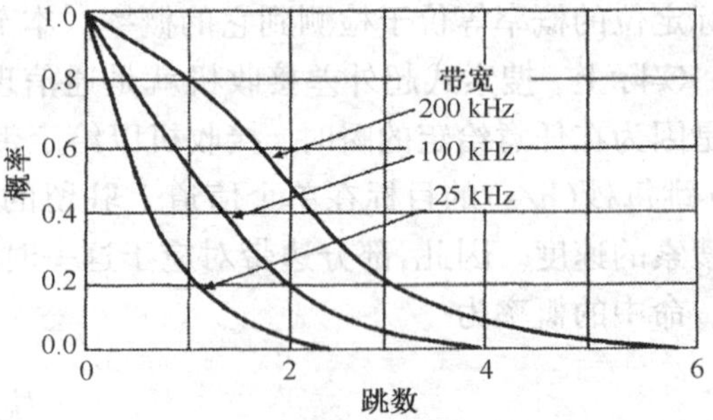

图11.2　10 ms驻留时间检测到(定位)目标的概率

11.2.1　搜索式超外差接收机

搜索式超外差接收机用于搜索频谱,寻找频道内的能量,因而可以确定出感兴趣信号的频率,也可以估计出其幅度。长期以来,这类接收机就已被用做频谱分析仪——一种通用射频测

试设备。这种接收机框图如图 11.3 所示。Torrerri[5] 详细分析了这种接收机。Lehtomaki[6] 针对 FHSS 信号讨论了这种接收机的性能。

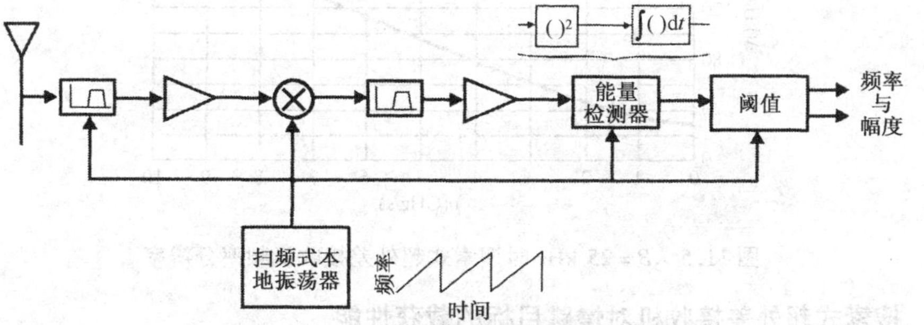

图 11.3　搜索式超外差接收机框图

扫描的本地振荡器使频带内的信号在混频器内被混频。预选滤波器也必须和本地振荡器一起调谐。当本地振荡器调谐到离信号为 IF(混频器的输出是固定频率)时，输入的窄带信号被混频。最后，在这一频点，AM 检波器检出信号的峰值幅度，峰值检测器测量出幅度。通过测量峰值出现的时刻，这一时刻又可以与搜索式本地振荡器在该时刻的频率相比较，从而计算出频率的估计值。

正如 Torrerri 所得到的，如果 μ 表示单位为 Hz/s 的接收机搜索速度，B 表示混频后的带通滤波器 3 dB 带宽，归一化的峰值(相对于输入信号的幅度归一化)为

$$\alpha=\left(1+0.195\frac{\mu^2}{B^4}\right)^{-1/4} \tag{11.5}$$

频率分辨率为

$$\Lambda=B\left(1+0.195\frac{\mu^2}{B^4}\right)^{1/2} \tag{11.6}$$

图 11.4 和图 11.5 描绘了带通带宽为 25 kHz 时这些表达式的曲线。归一化的幅度峰值随搜索速度增加而减小，而分辨率随带宽增加而增加(选择性降低)。如果在密集的射频环境中，为了降低邻道干扰，需要小于 50 kHz 左右的分辨率带宽。因此，在军用 VHF 范围内，其典型的信号带宽为 25 kHz，搜索范围必须保持在大约 3 GHz/s 或更小，以维持需要的分辨率。

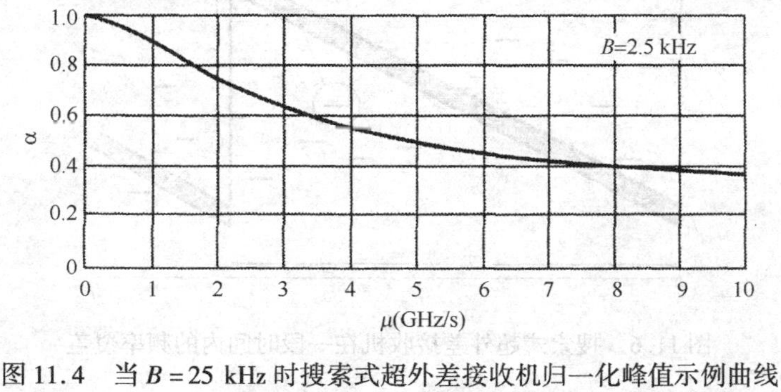

图 11.4　当 $B=25$ kHz 时搜索式超外差接收机归一化峰值示例曲线

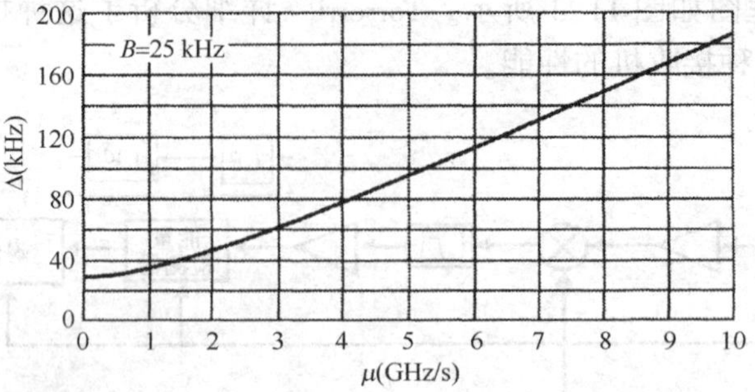

图 11.5 $B=25$ kHz 时搜索式超外差接收机频率分辨率

11.2.1.1 搜索式超外差接收机对慢跳目标的截获性能

本节分析搜索式超外差接收机对慢跳目标的截获性能。假设接收机是数字调谐接收机，调谐到一个频率上的带宽为 B，驻留时间为 τ_1。"慢"是指跳频驻留时间和接收机驻留时间相比，而不是通常定义的每一驻留具有多个 chip。接收机在时间 T_1 内实现预定频带范围 $f_1 \sim f_u$ 内的搜索，然后重新开始重复这一过程。目标发射机在图 11.6 所示的整个带宽内随机跳变，当前跳频驻留的频率为 f_{tgt}。

通过计算目标的截获概率(POI)来测量性能。注意,这不是射频目标检测概率，下一节将讨论这方面的内容。根据跳频与接收机驻留时间(反过来也可以)是否重合决定于 POI，严格意义上讲，接收机的驻留时间是系统和目标定时的函数。后者由接收机的 SNR 和目标的调制类型确定。

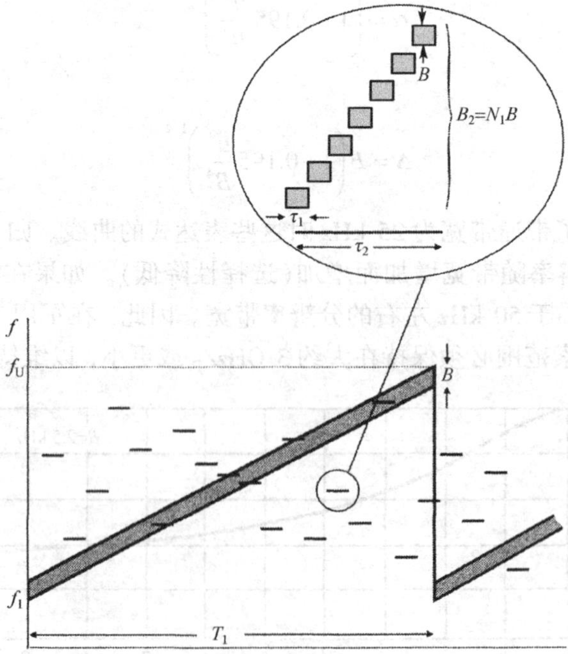

图 11.6 搜索式超外差接收机在一段时间内的频率覆盖

实际上，图 11.6 是对工作过程的一种简单可视化表示方法，其中去掉了后续的频谱步进过程。接收机可以在被扫描频谱的任一部分驻留——不必顺序地从开始扫到结束。这是对

图 11.6所示情形的扩展。最佳方法没有必要采用扫描检测来实现，因为接收机可能要从已覆盖的频谱一端扫到另一端。在这种情况下，与调谐离开一个信号带宽相比，多数数字合成器在新的频率上需要较长的稳定时间。假设在 T_1 时间内，整个感兴趣的频谱区间得到无重复的搜索。

尽管在 30 ~90 MHz 的 VHF 频谱范围内有 $N_c = 2400$ 个 25 kHz 宽的信道，多数 SFH 目标并不总是使用所有的信道。目标实际使用的信道集合称为跳频集。设 N_2 为跳频集合的元素个数，因此

$$N_2 < N_c \tag{11.7}$$

且跳频集合的个数为 N_2/N_c。

跳频集合的使用为 N_c 的子集，且伪随机地从跳频集中选择频率，使目标频率是非周期的。因此，参考文献[7 ~9]中采用的方法，假设搜索接收机和目标信号都是周期的，一般不适合于这里所分析的问题。

为了简化，不考虑跳到下一个频率需要的时间(这一假设引起的损失不大)，也不考虑接收机驻留时间与一跳的起始和结束没有排列起来的边缘效应(在性能上接收机驻留的次数不会引起较大的差异)。设 τ_2 表示目标驻留时间，N1 表示 τ_2 时间内覆盖的频带片段的个数，N_3 表示 T_1 时间内覆盖的频带片段的个数。

需要计算的是 N_1 个接收驻留中的一个或多个片段中包含目标频率的概率 P_1，找到接收机不包含目标频率驻留片段的概率，从 1 中减去它就可计算出这一概率：

$$\begin{aligned} P_1 &= P\{N_1 \text{ 个驻留中有一个或多个包含 } f_{tgt}\} \\ &= 1 - P\{N_1 \text{ 个驻留中都不包含 } f_{tgt}\} \end{aligned} \tag{11.8}$$

设 p 表示至少一个接收驻留包含 f_{tgt} 的概率。那么

$$p = P\{\text{某一接收驻留包含 } f_{tgt}\} \tag{11.9}$$

因此

$$p = \frac{N_1 B}{N_3 B} \tag{11.10}$$

设 q 表示没有接收驻留包含 f_{tgt} 的概率，那么

$$q = 1 - p \tag{11.11}$$

$$= 1 - \frac{N_1}{N_3} \tag{11.12}$$

现在，接收机共有 N_1 个驻留不包含在带宽 N_1B 内，这就意味着，接收机的所有驻留都包含在除 N_1B 频谱之外的某处，其概率为 q^{N_1}。因此，最终得到

$$P_1 = 1 - q^{N_1} \tag{11.13}$$

注意，这些变量不是所有的都可描述为其中某些变量依赖于另一些变量。例如，在下面的例子中，由 τ_2 和 N_1 决定 τ_1。

一个实例将有助于澄清这些概念。设所关心的频段是上述 VHF 低端，从 30 ~90 MHz，因此 $N_c = 2400$。又设 SFH 目标以 100 h/s 的速率跳变，因此 $\tau_2 = 10$ ms。再设 $B = 1$ MHz，因此 $N_3 = 60$。采用这些参数的结果如图 11.7 所示。图 11.7 也给出了当频谱被划分为 120 个 500 kHz的信道或 240 个 250 kHz 的信道时的结果。

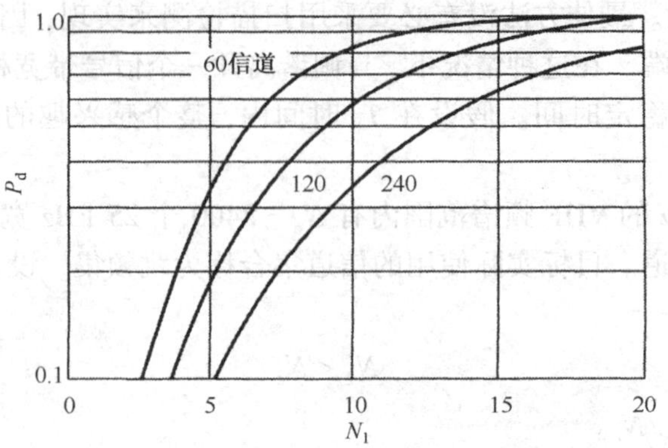

图 11.7　搜索式超外差接收机的探测性能

如图 11.7 所示，随着接收机驻留宽度的减小(N_3 增加)，对于给定的 POI 需要有更多的驻留次数。这是令人满意的，因为对于固定的驻留速率，随着驻留次数的增加，每个信道被访问的频率就会减少。还必须注意的是,这里选择的系统参数可能会以其他的方式影响性能。例如，假设跳频集合包含 250 个 $B=500$ kHz 的频率。为了达到 $P_1 \geqslant 0.8$，$N_1=10$ 或更高，目标驻留只有 10 ms 长，为了使接收机在 10 ms 内步进 10 次意味着每次驻留 $\tau_1=1$ ms。这一驻留时间表明最小的频率分辨率为 $1/10^{-3}=1$ kHz。频率上比这更邻近的信号无法被后续的处理进一步分辨出。当然，也可以改变 B 以获得所需要的性能级别。

在任何情况下，都需要进一步处理，例如，计算带宽 B 上信号的 FFT，以使必要的信道分辨率小于 VHF 低端信道的宽度(目前是 25 kHz)。带宽 1 MHz 的 16×10^3 点快速傅里叶变换将得到每点 62.5 Hz(非常富余)。为了利用平均来降低噪声，1 ms 之内可以计算几次这种 FFT。

11.2.1.2　采用扫频辐射计对跳频信号的探测和定位

扫描式或搜索式超外差接收机的截获能力，也就是说，时间上和跳频目标重叠的能力将在最后一节描述。严格地说，这种能力是搜索式接收机定时和目标定时的函数。另一方面，探测目标的能力通常是调制类型和 SNR 的函数。本节推导后一种函数。假设接收机本身实现的是辐射计(能量检测器)。本节主要以参考文献[6]的推导为基础。

这里所采用的性能测量是在可接受的虚警率条件下，接收机为了达到指定的检测概率目标信号所需要的 SNR。这里所给出的结果是理论上的，因为假设只有一个目标需要检测，而在战术军事环境中这不是真实的。然而，它们确实提供了辐射计接收机检测跳频网络的性能上限。

搜索式接收机扫描或凝视频谱的一部分以确定该频率处是只有噪声还是噪声和信号都存在。对于本节的讨论，搜索过程由具有辐射计的超外差接收机实现。一般采用 Neyman-Pearson 检测准则[10]确认给定频率处两个条件中哪一个存在。Neyman-Pearson 意义上的最佳检测器是对于给定的虚警概率给出最佳检测概率的检测器，也称为恒虚警率(CFAR)检测。

辐射计测量信号的能量或功率。当最近 T_R 秒所积分的能量 V 超过预定的阈值时，对带宽为 W_R 频带内的能量进行积分。经过该时间后，积分器被复位，然后重复该过程。信道化辐射计利用多个辐射计同时对多个波段的能量积分，通常这些辐射计被调谐到相邻的频谱。一般利用逻辑或功能将不同辐射计的输出组合起来[4,11,12]，并将最近的 M 个输出求和以完成检测。将累计的和值与阈值 k_M 相比较做出最终的判决。

本节对信道化辐射计进行分析，在每一跳内对接收的频段步进 K 次，因而形成频谱扫描效果。$K=1$ 时，没有扫描效果。参考文献[4]分析了对信道化辐射计输出进行组合的不同方法。这些方法包括逻辑或－求和、求和－求和、最大值－求和。这里只给出了第一种方法。

信号模型与接收机结构

如前所述，要检测的信号是具有 N_h 个非重叠跳频信道的跳频信号，每跳带宽是 W_h，且跳频驻留时间为 T_h。一般 VHF 频段低端 $W_h=25$ kHz，$T_h=10$ ms。假设目标采用非相关 BFSK 调制（这是慢跳网络的典型值），噪声是具有单边功率谱密度 N_0 的白高斯噪声；搜索接收机具有 N 个辐射计，构成信道化辐射计；每个带宽 $W_R=W_h$；接收机在每跳之内步进接收频带 K 次。为了简化，假设与跳频定时同步，且单个辐射计的频率范围与跳频信道一致[13, 14]。实际上在时间和频率上信号能量都是随机对准的。

辐射计输出的被测能量在 T_R 秒内积累（积分或者求和）后的能量被采样，之后中心频率发生改变。这意味着每跳驻留内辐射计的输出总数为

$$N_{\text{eff}}=KN \tag{11.14}$$

这些输出被编号，第 1 个驻留内的输出序号为 1，2，…，N；第 2 个驻留内的输出序号为 $N+1$，$N+2$，…，$2N$，等等（如图 11.8 所示）。从分析角度看，这种检测结构等价于具有带宽 W_H 的 N_{eff} 个辐射计，且积分时间[13]为

$$T_{\text{int}}=\frac{T_h}{K} \tag{11.15}$$

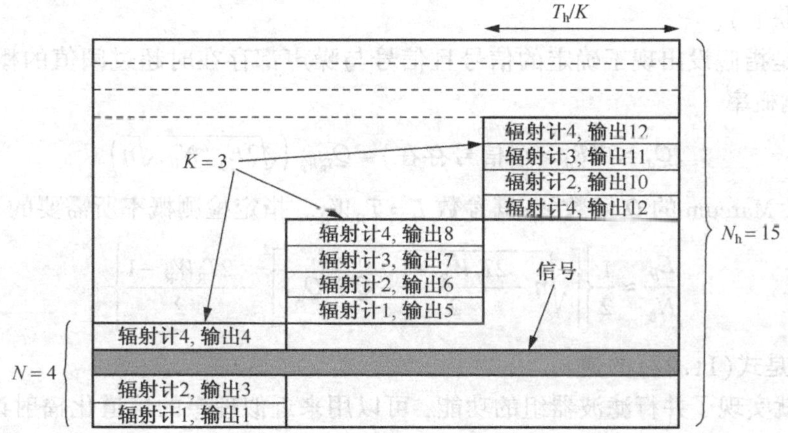

图 11.8　同步情形中的检测结构，15 个可能的跳频信道，4 个辐射计，3 个检测阶段，信号在第一个阶段被辐射计 3 截获，$N_{\text{eff}}=11$（引自[6]。©IEEE2004，获许引用）

图 11.8 给出了搜索接收机对于每跳 $K=3$ 个检测周期情形中的检测结构。扫描使等价的瞬时带宽较大，但每个驻留的积分时间减少了。如判决观察到的跳频总数为 M，则每跳的搜索概率为

$$P_I=\frac{N_{\text{eff}}}{N_h}\leqslant 1 \tag{11.16}$$

因为假设跳频是随机的。在图 11.8 所示的情形中有

$$P_I=\frac{3\times 4}{15}=0.8 \tag{11.17}$$

出现在辐射计时频区域内信号的能量为

$$E_{ij}=\frac{E_{\mathrm{h}}}{K} \tag{11.18}$$

式中 E_{h} 是每跳接收到的能量，i 是跳频序号，$i\in\{1,2,\cdots,M\}$，且 j 是辐射计序号，$j\in\{1,2,\cdots,N_{\mathrm{eff}}\}$。每个辐射计独立的时频积为

$$T_{\mathrm{R}}W_{\mathrm{R}}=W_{\mathrm{h}}\frac{T_{\mathrm{h}}}{K} \tag{11.19}$$

且所有辐射计组合的瞬时带宽为 NW_{h}。下面假设 $T_{\mathrm{R}}W_{\mathrm{R}}$ 是整数。

设

$$R_{ij}=\frac{2V_{ij}}{N_0} \tag{11.20}$$

式中 V_{ij}是包含噪声能量的被测能量，表示归一化的辐射计输出。在只有噪声的情形下，R_{ij}的分布函数可以近似为具有自由度 $2T_{\mathrm{R}}W_{\mathrm{R}}$。在确定有信号和噪声的情况下，分布可近似为具有自由度 $2T_{\mathrm{R}}W_{\mathrm{R}}$ 且非中心参数 $\lambda=2E_{ij}/N_0$ 的 χ 方分布。虚警概率是指在只有噪声存在时辐射计输出超过给定阈值 η 的概率。利用参考文献[13]的术语，单个辐射计的虚警概率[13]为

$$Q_{\mathrm{fa}}(\eta)=P\{R_{ij}>\eta|\text{无信号}\}=\frac{1}{2T_{\mathrm{R}}W_{\mathrm{R}}\Gamma(T_{\mathrm{R}}W_{\mathrm{R}})}\int_{\eta}^{\infty}x^{T_{\mathrm{R}}W_{\mathrm{R}}-1}\mathrm{e}^{-x/2}\mathrm{d}x \tag{11.21}$$

式中 Γ 是伽马函数。利用式(11.21)，可以确定出所需要的虚警概率阈值(通常利用搜索 η 值，计算 Q 来获取)。

检测概率是指假设出现了确定的信号且信号与噪声都存在时超过阈值的概率，由参考文献[4]给出检测概率

$$Q_{\mathrm{d}}=P\{R_{ij}>\eta|\text{信号存在}\}=Q_{T_{\mathrm{R}}W_{\mathrm{R}}}\left(\sqrt{2E_{ij}/N_0},\sqrt{\eta}\right) \tag{11.22}$$

式中 Q_L 是广义 Marcum 的 Q 函数①，其参数 $L=T_{\mathrm{R}}W_{\mathrm{R}}$。指定检测概率所需要的 SNR 可以是[4]

$$\frac{E_{ij}}{N_0}\approx\frac{1}{2}\left\{\left[\sqrt{\eta-\frac{2T_{\mathrm{R}}W_{\mathrm{R}}-1}{2}}-Q^{-1}(Q_{\mathrm{d}})\right]^2-\frac{2T_{\mathrm{R}}W_{\mathrm{R}}-1}{2}\right\} \tag{11.23}$$

式中 $Q^{-1}(Q_{\mathrm{d}})$ 是式(11.22)的逆。

FFT 本身就实现了并行滤波器组的功能，可以用来近似理想的信道化辐射计。每 $1/W_{\mathrm{h}}$ 秒计算 N 点 FFT，因此 FFT 处理器间隔和 FH 信道分隔相对应[11]。每个驻留时间有 $W_{\mathrm{h}}(T_{\mathrm{h}}/K)$ 个 N 点 FFT。对 FFT 处理器输出幅度的平方求和得到信道化辐射计的输出。只有噪声存在时，准确的结果是 χ 方分布。如果不使用加窗，就会有较大的泄漏到相邻的输出处理器中[如果没有加窗，简单的窗函数会产生 $\mathrm{sinc}(x)$ 响应，其第一旁瓣只比信道中心低 13 dB]。如果加窗，FFT 处理器之间的相关性就会增加，因此，最终的辐射计输出之间的相关性也会增加。

对于逻辑或操作，每跳的虚警概率[11]为

$$p_0=1-(1-Q_{\mathrm{fa}})^{N_{\mathrm{eff}}} \tag{11.24}$$

---

① 广义 Marcum 的 Q 函数定义为

$$Q_L(\alpha,\beta)=\frac{1}{\alpha^{L-1}}\int_{\beta}^{\infty}x^L\mathrm{e}^{\frac{x^2+\alpha^2}{2}}I_{L-1}(\alpha x)\mathrm{d}x$$

式中 $I_a(x)$ 是阶次为 a 的第一类修正贝塞尔函数。

因为如果至少一个辐射计输出超过阈值，就会出现虚警。多数情况下一个时频单元(辐射计输出)可能会具有信号能量。出现这种情况的概率是截获概率 $P_{\rm I}$。如果没有检测到信号，检测概率就是虚警概率。应用总概率的理论将这两个互斥的事件组合起来得到每跳的检测概率[11]为

$$p_1 = p_{\rm I}\left[1-(1-Q_{\rm d})(1-Q_{\rm fa})^{N_{\rm eff}-1}\right]+(1-p_{\rm I})p_0 \tag{11.25}$$

假设跳频信道是独立的，最终的虚警概率[11]为

$$P_{\rm fa} = \sum_{i=\gamma_{\rm M}}^{M}\binom{M}{i}p_0^i(1-p_0)^{M-i} \tag{11.26}$$

式中 $\gamma_{\rm M}$ 是对最后 M 个逻辑或输出求和之后所用的最终阈值。最终的检测概率[11,12]为

$$P_{\rm d} = \sum_{i=\gamma_{\rm M}}^{M}\binom{M}{i}p_1^i(1-p_1)^{M-i} \tag{11.27}$$

例[9] 假设要检测的信号是 VHF 低端频率范围(30～88 MHz)内的典型信号，即 $W_{\rm h}=25$ kHz，相应的信道 $N_{\rm h}=2320$，且 $T_{\rm h}=0.01$ s，与跳速 100 h/s 相对应。采用的其他接收机参数为 $P_{\rm fa}=10^{-3}$，$N=464$ 个信道，这些参数的截获概率为 $p_{\rm I}=KN/N_{\rm h}=0.2\,K$。例如，$K=1$ 时，没有进行扫描，$p_{\rm I}=0.2$。假设判决前对频谱监测了 3 s，每个判决观测到的跳数为 $M=300$。

图 11.9 给出了采用包络检波及这里讨论的基于逻辑或求和的信道化辐射计，得到 $P_{\rm d}=0.999$ 每跳所需要的能量[12]。包络检测比辐射计差大约 1 dB。可以看到，当观测到的跳数较大时，扫频并不增加检测概率。这与基于包络检波的系统得到的结果[13]相吻合。然而，如果发射机的频段未知，还需要使用某种类型的频率扫描。否则，目标发射机不可能跳进搜索接收机的驻留带宽内，截获概率可能非常小。

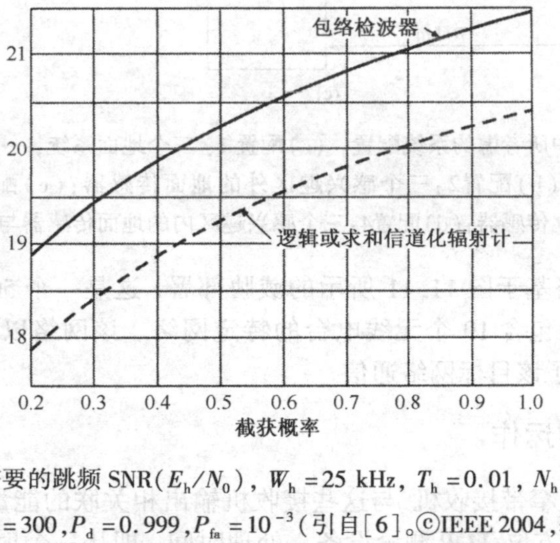

图 11.9 需要的跳频 SNR($E_{\rm h}/N_0$)，$W_{\rm h}=25$ kHz，$T_{\rm h}=0.01$，$N_{\rm h}=2320$，$M=300$，$P_{\rm d}=0.999$，$P_{\rm fa}=10^{-3}$(引自[6]。©IEEE 2004，获许引用)

注意，这种分析理论性较强，对检波技术非常有用。对于系统设计，这种分析并不是很有用，因为所考虑的频谱中只假设有一个目标发射机，或者如果有多个发射机，感兴趣的目标在被观察的区间(M 跳)可以被完美地隔离开。本节分析中没有包括这种隔离和联合的方法及技术，但假设就是这样的。

11.3 仿真

为了确认上述分析的意义，进行了一个仿真。该仿真假设有4个不同的搜索/定位的系统配置，如图11.10所示。对于配置1，仿真了一个低空飞行的机载系统和3个地面感兴趣区外的系统。机载系统在感兴趣区外离目标20 km范围内，海拔高度5000英尺①。地面系统采用钝V形配置，垂直等距离分开，在感兴趣区外离目标5 km和8 km的范围内。在配置2中，没有采用机载系统，地面系统和配置1相同。在配置3中，仿真了两个飞得较高的机载系统，在感兴趣区外离目标70 km的范围内，海拔高度20 000英尺。最后一个类似于配置1，但是地面系统在感兴趣区(AOI)中，因此，仿真了非线性战场。

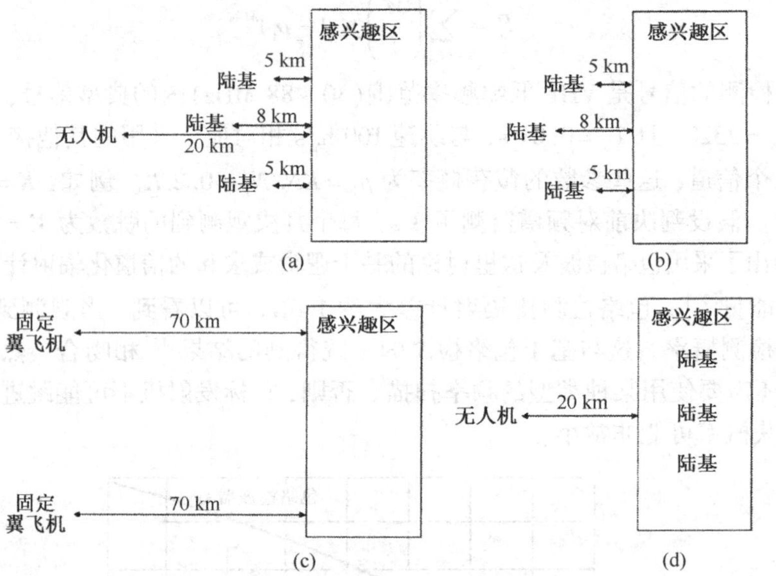

图11.10 仿真中所考虑的系统配置。(a)配置1：三个地面系统，一个低空飞行的机载传感器；(b)配置2：三个感兴趣区外的地面传感器；(c)配置3：两个飞得较高的独立传感器；(d)配置4：三个感兴趣区内的地面传感器与一个远程无人机系统

仿真中的目标网络基于图11.11所示的威胁部署，这是一个50 km宽、30 km深的区域。所示出的节点被配置为包含19个无线电台的特定网络。该网络以图形的方式描绘在附录B中。在10.2节中描述了该目标网络通信。

11.3.1 ES系统的运作

接收系统包含步进窄带接收机、与这些接收机输出相关联的能量检波器、测量能量检波输出的取阈值设备，以及方位/LOP测量设备。处理时间，即从一个射频信道步进到下一个，完成能量测量、取阈值功能并测量LOP所需要的时间，根据下面所描述的不同配置，这个时间在1~10 ms之间变化。除了所实现的功能只是定向以外，基本的工作过程与10.3节描述的一致。

配置1和配置4的工作模式与配置2和配置3不同。信号传播的差异导致地面站接收不

① 1英尺(ft)=0.3048 m——编者注。

到更多的信号能量。这些站点以同步的方式扫描频谱，也就是它们准确地以相同的时间步进到每个信道。在包含有地面站和机载单元的情形中（配置 1 和配置 4），每个地面站在每个信道都计算方位，无论它们是否检测到信号。这是可行的，因为对于相干测向和其他类型的测向技术，对于比自动检测到的更弱的信号，可以获得可用的 LOP（其区别是信号检测与 LOP 的计算）[15]。

在配置 2 中，即使地面传感器在没有 SNR 存在的情形中计算 LOP，信号检测的测向网络控制站（中间的）也需要适当的 SNR，否则系统就不会知道信号存在与否。随机计算出的定位结果是没有价值的信息。

一般来说，所计算的 LOP 准确性和 SNR 平方根的逆成比例变化。依靠所用的特定测向方法，测向系统可以计算出自动检测无法测出的弱信号 LOP。有些方法甚至可提供 0 dB 以下电平的能力。这一能力是通过使处理带宽极窄的方法得到的，带宽小于 VHF 信道，因而大幅减小了处理噪声。为了后续的分析，假设 LOP 系统达到了最优假设 Cramer-Rao 准确性界限。注意，接收带宽越宽，准确性就较好，这也是系统中必须权衡的另一个问题。因为系统带宽越宽，进入的噪声就越多，因此 SNR 就越低。

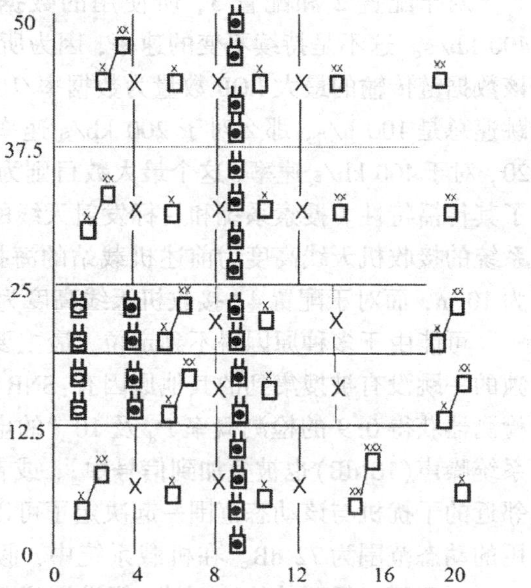

图 11.11　仿真的目标场景

配置 1 和配置 4 中低空飞行系统上的搜索设备，飞行在比地面站高得多的海拔高度，除了首先采用能量检测外，以类似的方式工作。每个站发射其时频 LOP 信息到地面站的计算机，机载传感器作为前向地面站的通信中继。地面站只计算和显示出那些机载传感器标示有能量存在的频率位置。对于配置 3，工作过程与上述低空飞行系统相同，每个站点在计算 LOP 之前进行能量检测。在所有这些配置中，每个接收站都计算 LOP，并把这些信息发送到计算定位的中心站。

数字接收机以 25 kHz、100 kHz 和 200 kHz 的瞬时带宽步进。上述分析采用这样一种技术计算检测跳频目标的概率：配置 1 和配置 4 与配置 2 和配置 3 的搜索速率不同。这是因为在每个扫描信道报告方位时，必须传送大量的数据，而数据链路不支持同样的搜索速率。对于配置 1 和配置 4，每个信道驻留时间为 10 ms，而配置 2 和配置 3，每个信道系统驻留 1 ms。把这些数据按实际情况应用到接收机上，10 ms 的驻留时间在 10 ms 之内可以搜索一个信道（这一时间是跳频器在一个频点上驻留的时间），而对于 1 ms 的驻留时间，可以测量 10 个信道。在后一种情况中，当带宽为 25 kHz，总共可以覆盖 250 kHz；而当带宽为 100 kHz 的时候，可以覆盖 1 MHz；当带宽是 200 kHz 时，可以覆盖 2 MHz。

只要有足够的数据链容量，每个单元都可以根据上述规则获得目标定位。将系统互连在一起的数据链路的速率限制了可以在系统之间传递的 LOP 数量。因为所有的系统都是时间上同步的，且在同一时间覆盖相同的瞬时频带，一个系统在一个频点上检测到的目标同时也会在所有搜索系统中被检测到，条件是信号有电平约束（为了被检测到，信号必须具有足够的电平和足够的 SNR）。数据链路要将 LOP 传送到分析站，如果同一时间检测到太多的信号，为了计算定位，剩下的信号被认为是没有检测到。

对于配置 2 和配置 3，所使用的数据链路速率是 200 kb/s，对于配置 1 和配置 4，是 400 kb/s。这不是持续不变的速率，因为所有站点共享这一容量，有时中继也是必需的。通过该数据链传输的最大 LOP 数量为数据率/100 × 1/跳速，假设每个 LOP 记录需要 100 bit。因为跳速总是 100 h/s，那么对于 200 kb/s 速率，接收机单个驻留期间可以计算出的最大数目为 20，对于 400 kb/s 速率，这个最大数目则为 40。假设数据链采用 1.7 GHz 的频率，模型中包含了其传播特性。搜索系统和目标发射天线的高度是确定接收站点收到功率大小的参数。机载系统的接收机天线高度为前述机载站的海拔高度。对于地面系统，配置 1 中接收机天线高度为 10 m，而对于配置 4，接收机天线高度为 5 m。

可能由于多种原因得不到定位，最主要的是在驻留时间内接收系统没有覆盖到信道。单独的一跳没有被搜集到的其他原因有：SNR 太低[15 dB 的 SNR 是必需的，这近似为理想能量检测器获得 0.9 的检测概率 P_d 及 10^{-6} 的虚警概率 P_{fa} 所需要的，而且变化的背景噪声和接收系统噪声(10 dB)也被叠加到信号中]，或者信号电平太低(接收机动态范围是一个仿真变量，邻近的干扰机与该动态范围一起决定了可以探测到的信号电平)。在所有情形中，接收系统使用的动态范围为 72 dB。在机载系统中，假设最邻近的干扰机距离上等价于机载站的海拔高度。对于感兴趣区外的地面站，假设最邻近的干扰机为 0.5 km；对于与己方前线交叉部署的地面站，假设最邻近的干扰机为 15 km(邻近的发射机不是干扰机而是目标，尽管邻近的目标也会降低接收机的敏感性)。

仿真中使用的接收机天线增益如图 11.2 所示。对于所感兴趣的频率范围，具有这一增益特性的天线是典型的。例如，可以用调谐到大约 60 MHz 频率的半波偶极子得到这种天线的性能。对于地面站这是典型的，但是对于小型机载平台，如无人机，则可能很难实现。

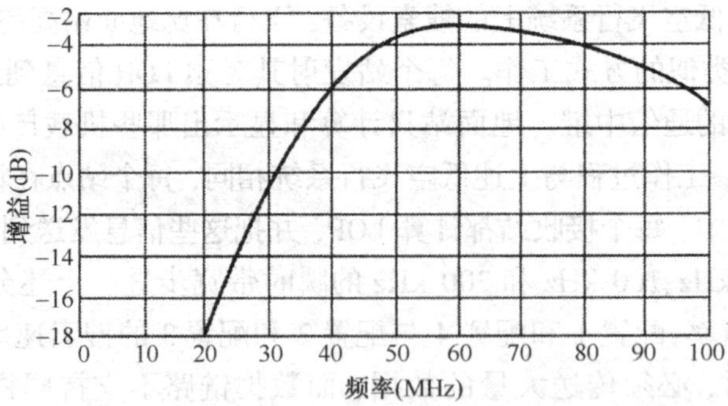

图 11.12 仿真中使用的接收机增益

11.3.2 结果及其分析

本节给出仿真结果。对于每种配置都计算了定位概率 P_{loc} 和平均定位误差距离两种价值曲线。这两种参数都依赖于系统的定时参数，这是本节分析中感兴趣的主要变量。

11.3.2.1 定位概率

图 11.13 给出了配置 1 相对于带宽的 P_{loc}(低空飞行的机载系统和 3 个地面感兴趣区外的系统)。上面的曲线示出了网络控制站的 P_{loc}，而下面的曲线对应于所有的目标。仿真中，网络控制站比网络的其他成员发送的频率更多，从而形成差异(参见图 10.1)。显然，除了使用 25 kHz 的带宽外，所有情形中都可以获得较好的定位。

图 11.14 给出了配置 2 相对于带宽的 P_{loc}（只有感兴趣区外的系统），其性能并不很好。这是因为对于多个目标（可能是大多数目标），地面站可以获得的 SNR 较低。无论传感器的 SNR 是多少，地面系统都计算 LOP。在定位网络控制中心站，为了可以检测到，信号必须具有足够的 SNR，因此具有较低的定位（检测）概率。可以预期，这些曲线是带宽的单调增函数，而图 11.14结果表明，在带宽增加时，曲线下降。其原因是搜索速度之间的权衡，带宽越宽，搜索速度越快，噪声电平越高，因而 SNR 就越低。

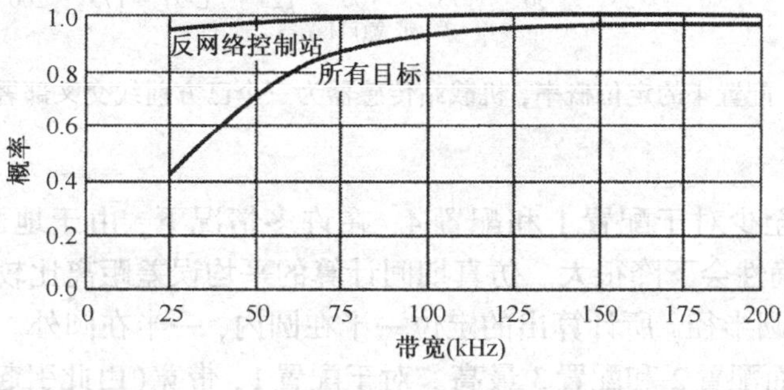

图 11.13　配置 1 的定位概率，低空飞行的载机和 3 个感兴趣区外的地面平台

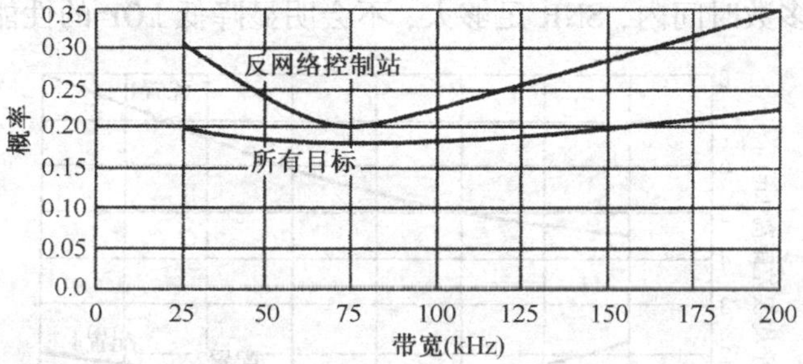

图 11.14　配置 2 的定位概率，3 个感兴趣区外的地面站点

对于配置 3（两个飞得较高的机载站）的结果如图 11.15 所示。同样，P_{loc} 非常好，无论带宽多少，每个 NCS 以及几乎每个目标都被定位。这是由于该配置接收到相对较高的 SNR，即使它远在友军前线背后 70 km 之外。也可以预期这种配置 LOP 的准确性很好。即使在 25 kHz 的时候也能达到较好的性能，这一事实很重要，因为这种配置具有最高的互信道干扰概率。

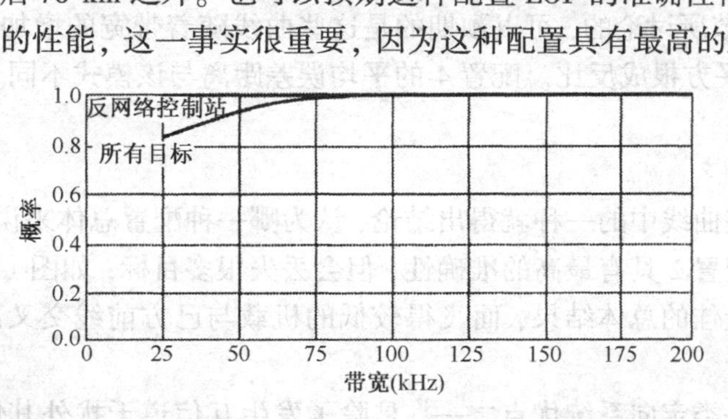

图 11.15　配置 3 的定位概率，具有两个固定翼机载站

图 11.16 给出了配置 4（使用低空飞行的机载站和 3 个离己方前线 15 km 的地面系统）的性能。与配置 1 相同，地面站不必首先检测能量，但是计算每个信道的方位。低空飞行的机载站实现能量检测功能。其性能类似于配置 1，这是所预期的，因为系统的检测功能相同。

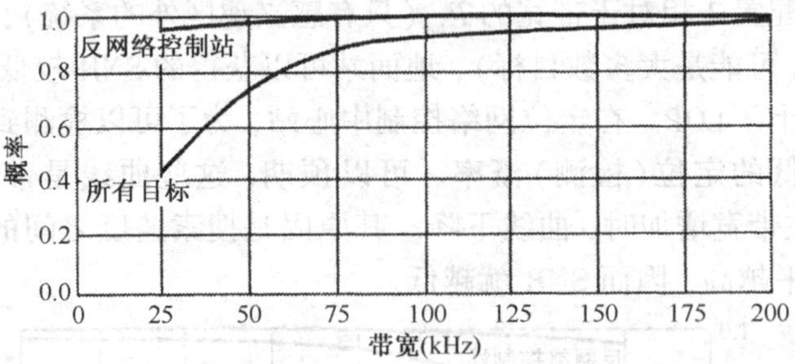

图 11.16　配置 4 的定位概率，机载站传感器为三个己方前线交叉部署的传感器

11.3.2.2　误差距离

正如所期望的，至少对于配置 1 和配置 4，在许多情况下，由于地面站接收不到足够的 SNR，定位计算的准确性会下降很大。仿真期间计算的平均误差距离比较如图 11.17 所示。该图中的数据表示一个圆半径，所计算出的定位一半在圆内，一半在圆外。配置 1 和配置 4 得到的定位准确性较低，而配置 2 和配置 3 最高。对于配置 1，带宽(由此引起的 SNR)导致 LOP 准确性降低的效果非常明显，因为随着带宽从 25 kHz 增加到 200 kHz，误差距离近似加倍了。显然，在其他情形的大多数时间内，SNR 足够大，不会明显降低 LOP 的性能。

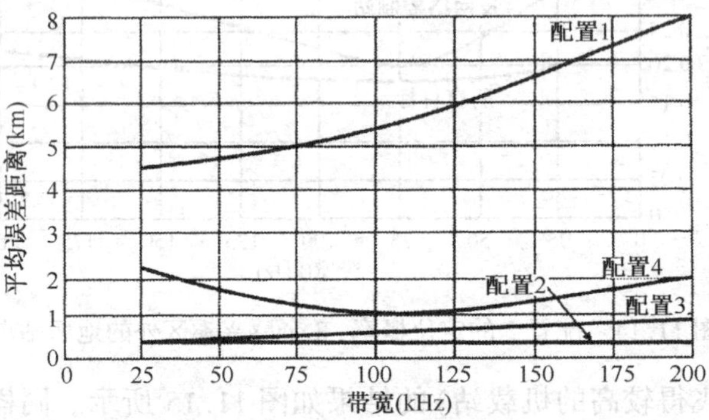

图 11.17　平均误差距离

正如 11.3.2.1 节所讨论的，可以预期的是这些曲线随着带宽的增加单调增加，因为 LOP 的准确性与 SNR 的平方根成反比。配置 4 的平均误差距离与该模式不同。

11.3.3　讨论

不能只基于这些曲线中的一种就得出结论，认为哪一种配置总体来说具有最好的性能，必须加以综合考虑。配置 2 具有最高的准确性，但会丢失很多目标，如图 11.17 所示。飞得较高的机载配置可得到最佳的总体结果，而飞得较低的机载与己方前线交叉部署的地面系统可以获得次最佳的结果。

这里所描述的一类定向系统优点之一，是除了发生互信道干扰外其性能不受目标环境的限制。试图跟踪 LPI 目标的搜索系统呈现出这样一个特性：在某一点，如果处理设备处理不了，就会表现出饱和的特性。由于 LOP 门限常用做搜索参数，像 LOP 准确性这样的基本系统性能限制了搜索系统的搜索能力，因而也限制了跟踪的性能。这里所分析的设备并不试图进行跟踪，只是计算频道的方位并报告结果，不会出现这种限制。

在定位目标时，1 km 的误差距离对于目标定位而言可能不够，但是对于目标和场景态势而言就足够了。因为总的目标区域为 20 km×50 km，对应于 1000 km^2 的面积，1 km 的圆覆盖的区域近似为 3 km^2。因此，利用这里所描述的系统定位目标，至少在一半的时间达到感兴趣区 0.3% 的颗粒度。

正如所期望的，不管有没有能量电平出现，感兴趣区外地面系统计算每个信道的 LOP，这种情形得到最不准确的定位精度。也正是这种情形，只有感兴趣区外地面传感器系统能得到最少的定位数目，这是因为较远的目标听不到。这种结果表明，无论何时，只要可能，总是需要位置较高的传感器部件作为传感器阵列的一部分。

11.4　结束语

11.4.1　搜索式超外差接收机

本章给出了搜索式超外差(窄带)接收机的截获性能，特别强调了对慢跳目标网络的检测性能的讨论，也证明了利用搜索接收机检测(以及根据本章假设，目标定位)是完全可行的，在适当的信号电平下得到了有关结果。

另外，证明了当观察是针对数目较大的跳数时，搜索接收机得到的反馈降低。注意，如果跳频目标网络的频带事先不知道，那么需要一定的搜索数量，否则截获概率可能会相当低，甚至是零。

11.4.2　仿真

本章所包含的结果表明：(1)理论上利用搜索式接收系统可以检测 100 h/s 跳频目标的概率很高；(2)存在定位这些目标的合理的接收系统战术配置。其定位准确性可能会有变化，但是可以预期得到准确性为 1 km 的数量级。

相对于 SNR 结果的搜索速度(带宽)可以总结如下。任何具有机载站的配置对于一定的带宽都可以得到 $P_{loc}\to 1$，表明对于所使用的搜索速度可以得到适当的 SNR。对于只有地面站的系统，对于任意带宽，大多数情形中 SNR 都限制了其性能。

参考文献

[1] Simon, M., et ai., *Spread Spectrum Communications Handbook*, New York: McGraw-Hill, 1994.

[2] Torrieri, D. J., *Principles of Secure Communication Systems*, 2nd Ed., Norwood, MA: Artech House, 1992, Chapter 1.

[3] Petersen, R. L., R. D. Ziemer, and D. E. Borth, *Introduction to Spread Spectrum Communications*, Upper Saddle River, N J: Prentice Hall, 1995.

[4] Dillard, R. A., and G. M. Dillard, *Detectability of Spread Spectrum Signals*, Norwood, MA: Artech House, 1989.

[5] Torrieri, D. J., *Principles of Secure Communication Systems*, 2nd Ed., Norwood, MA: Artech House, 1992, pp. 323-328.

[6] Lehtomaki, J. J., M. Juntti, and H. Saarusarri, "Detection of Frequency Hopping Signals with a Sweeping Channelized Radiometer," *Conference Record of the IEEE Thirty-Eighth Conference on Signals, Systems, and Computers* 2004, Vol. 2, November 7-10 2004, pp. 2178-2182.

[7] Clarkson, I. V. L., J. E. Perkins, and M. Y. Marcels, "Number/Theoretic Solutions to Intercept Time Problems," *IEEE Transactions on Information Theory*, Vol. 42, No. 3, May 1996, pp. 959-971.

[8] Kelly, S. W., G. F. Noone, and J. K. Perkins, "Synchronization Effects on Probability of Pulse Train Interception," *IEEE Transactions on Aerospace and Electronic Systems*, Vol. 32, No. 1, January 1996, pp. 213-220.

[9] Clarkson, I. V. L., "The Farey Series in Synchronization and Intercept-Time Analysis for Electronic Support," *Transactions AOC* 2004, October 2004, pp. 7-28.

[10] Poisel, R. A., *Foundations of Communications Electronic Warfare*, Norwood, MA: Artech, 2008, Section 3.6.2.

[11] Miller, L. E., J. S. Lee, and D. J. Torrieri, "Frequency-Hopping Signal Detection Using Partial Band Coverage," *IEEE Transactions on Aerospace and Electronic Systems*, Vol. 29, No. 2, pp. 540-553, Apr. 1993.

[12] Dillard, R. A., "Detectability of Spread-Spectrum Signals," *IEEE Transactions on Aerospace and Electronic Systems*, Vol. 15, No. 4, July 1979, pp. 526-537.

[13] Levitt, B. K., M. K. Simon, A. Polydoros, and U. Cheng, "Partial-Band Detection of Frequency-Hopped Signals," *Proceedings IEEE Globecom* 1993, Vol. 4, Houston, USA, Nov./Dec. 1993, pp. 70-76.

[14] Levitt, B. K., U. Cheng, A. Polydoros, and M. K. Simon, "Optimum Detection of Slow Frequency-Hopped Signals," *IEEE Transactions on Communication*, Vol. 42, No. 234, pp. 1990-2000, Feb./Mar./Apr. 1994.

[15] Jenkins, H. H., *Small-Aperture Radio Direction-Finding*, Norwood, MA: Artech House, 1991.

第12章　信号探测距离

12.1　概述

本章研究通信电子支援系统可探测目标信号的距离。该距离取决于如下几个因素:电子支援系统的灵敏度、天线增益、功率和频率。对典型系统探测常规目标时的标称探测距离的确定,可加深对相关限制因素的认识。

探测距离主要依赖于有关天线所架设的高度。这里只讨论陆基目标,所以唯一可能架高的天线位于接收系统。本章分析了4种配置方式:第1种是高空飞行的飞机;第2种是低空飞行的飞机,与无人机的飞行特征一致;最后两种是陆基配置。第1种陆基配置与固定部署相同,天线被固定在相对较短的桅杆顶端,高度约为10 m。第2种陆基配置具有较短的天线桅杆[1~8],可以在移动中(OTM)工作。

多数情况下,使用无人机的优越性显而易见。无人机可以飞越敌方区域而不必冒任何生命危险,续航时间长,不存在载人飞机必须要有人的问题,此外可携带各种混合传感器,而且可以很容易地更换这些传感器。

陆基系统的优越性是其全天候工作的能力,主要缺点是其所提供的探测距离有限。即使安置在本区最高的山上,与对应的机载系统相比其探测距离也极其有限。唯一的特例是将陆基系统固定在峭壁的边缘上,监视低处的平原——这种情形出现的可能性很低;即使确实出现了,在战争中敌人也不会允许这样的系统运行很长的时间。

到目前为止,高空飞行的大型飞机最显著的优势是其载重力。尽管如此,随着大型无人机的出现,其优势正在消失。有时电子支援系统的操作员也在飞机上,有时则不在。在后一种情况下,无论操作员在哪里,都必须与机载有效任务载荷保持某种电子联系。

相比较而言,高空固定翼飞机在军队中用于电子支援任务已经很多年了。在其他条件不变的情况下,电子支援系统飞得离地表越高,可探测到的信号就越多。但是使用这种配置的电子支援系统也有其局限性,其最大的优点有时也会成为其最大的缺点。飞得越高,目标探测得越多,而友方发射机的信号也会探测得越多,这会造成同信道干扰。根据有关信号的类型和发射机的地理关系,这种同信道干扰有时可以被抑制。

如果可行,高空飞行系统通常飞行在感兴趣区外——一种不会伤害到己方的方式。此时,系统必须透过众多的蓝军发射机搜索到目标阵列。更糟糕的是,来自这些蓝军发射机中的信号往往比来自红军目标的信号更强。在非线性情况下,许多蓝军信号也混杂在目标中。在山区,地形可能会阻碍通信信号的传播,这种阻碍对目标接收机和电子支援系统都相同,对位于感兴趣区外的系统可能会产生覆盖范围的问题。为了覆盖这一区域中的山谷,飞越山谷是唯一的方法。地域的影响可能有益也可能有害,依赖于目标的位置。这里不考虑地形的变化,假设地球是平坦的。

未来,基于商业技术的低功率个人通信系统(PCS)将广泛应用于世界各国的军事或准军事力量。这类系统以低功率手持机为特征,此外,该系统也有意对频谱进行重复利用。目前,在美国任何直线上每隔4个蜂窝小区就使用完全相同的频率集，如图12.1所示。图中，标记为X的3个蜂窝小区都使用同一频率集。图案中的六角形蜂窝，在实际系统中只是近似六边形，它们与下一个使用同样频率的单元距离最大。粗线条包围的7个蜂窝小区组成一个蜂窝小区“簇”。每簇中使用了某地区使用的所有频率。如果电子支援系统发现两个或更多具有这样重复使用频率的蜂窝小区，就会产生前述相同的同信道干扰问题，降低对目标截获、定位(PF)的能力。

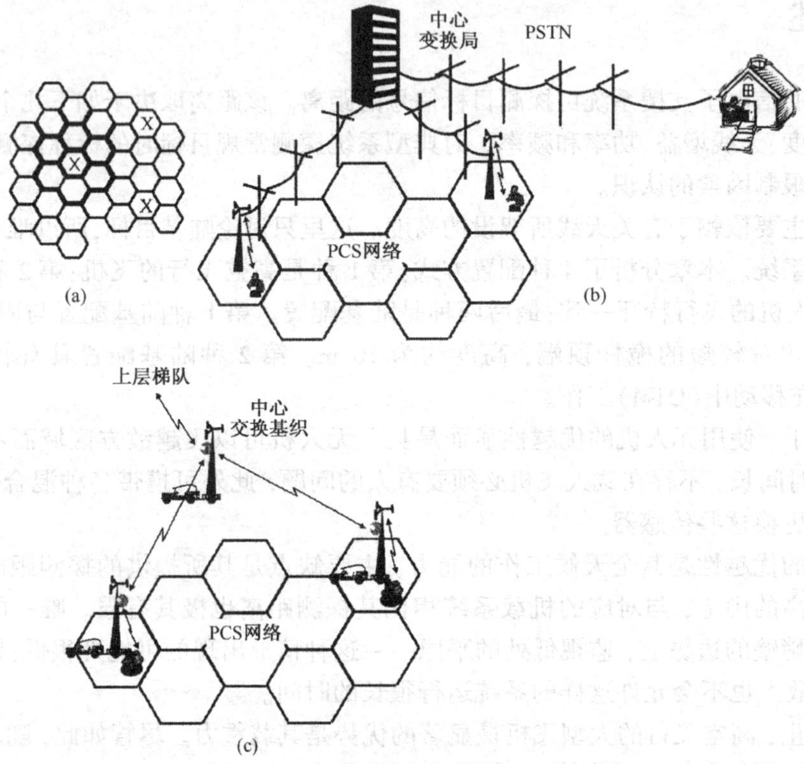

图12.1 个人通信系统(PCS)——若干个人通信系统蜂窝单元区域配置构成一个系统。(a)标记为X的单元都复用相同的频率。同一区域内的7个单元使用全部频率；(b)实际的PCS系统把移动用户连接到其他的移动用户或把移动用户连接到PSTN；(c)军用和准军用PCS系统与其对应的商务系统相似

因此，在这种情形就需要低空飞行系统或陆基系统[4,9]。个人通信系统基站的功率比手持机高得多。对于商用通信系统，基站位置是固定的。在军事应用中，个人通信系统是移动式的，但在运行状态下通常不移动，这样便于用发电机供电。与手持机的电池供电相比，发电机提供的功率要大得多。这里，个人通信系统基站1 GHz频率上的有效辐射功率为10 W，基站的天线高度在10 m数量级左右。

12.2 噪声对探测范围的限制

接收机呈现的噪声与信号大小的比值决定了电子支援系统的探测性能。噪声电平与环境有关。对距离性能工程性的任何一种合理分析，都必须对噪声电平进行测量或假设。信噪比(SNR)为

$$\mathrm{SNR}=\frac{P_{\mathrm{R}}}{N_{\mathrm{total}}} \tag{12.1}$$

常用分贝表示，为了探测到信号，信噪比必须大于某一最小值。该值依赖于信号调制类型和对所检测到信号的处理方法。为了简化，这里所需要的 SNR 设为 10 dB，一大类数字调制类型的典型值，包括个人通信系统信号。但对于实际的模拟调制(AM，FM)类信号，这个值就过于苛刻(太大了)[10.11]。

正如第 3 章所讨论的，N_{total}是电子支援系统输入端的总有效噪声。考虑到机载搜索系统的海拔高度，假设限制其性能的人工噪声几乎不存在。而对于嵌入在军用设备中的陆基军用系统来说，这一噪声的影响(和限制作用)却极其严重，因为诸如汽车这样的设备工作时会辐射电磁波。而飞机与这些辐射源离得足够远，所以受其影响很小。当然，飞机自身产生的噪声必须加以考虑，但通常可以将其滤除，至少事先是知道的。这样，大多数机载系统的限制性噪声源是银河系噪声。从图 3.1 可知，当考虑机载配置时，用于这里分析的噪声值为

$$N_{\text{external}} = \begin{cases} 18\ \text{dB},\ f = 30\ \text{MHz} \\ 6\ \text{dB},\ f = 100\ \text{MHz} \\ 0\ \text{dB},\ f > 200\ \text{MHz} \end{cases} \tag{12.2}$$

电子支援系统是陆基时，有时配置在许多产生人工噪声的系统中，如汽车和发电机等。这种情况下，噪声环境按照图 3.1 限定的郊区人为噪声建模将比用银河系噪声更准确。因此，有

$$N_{\text{external}} = \begin{cases} 35\ \text{dB},\ 30\ \text{MHz} \\ 24\ \text{dB},\ 100\ \text{MHz} \\ 2\ \text{dB},\ 1\ \text{GHz} \end{cases} \tag{12.3}$$

12.3 目标

为了便于比较，考虑 3 种概念目标类型。第 1 种是地面部队常用的甚高频低端典型按键通话(PTT)发射机，有效辐射功率为 10 W，这也是第 2 种目标类型，典型的个人通信系统基站的有效辐射功率。第 3 种目标类型具有个人通信系统手机的典型特征，1 GHz 频率上的有效辐射功率 0.5 W。假设上述所有情况下的发射天线都是全向的。

在图 12.1 至图 12.11 中，传感器系统放在 $x=0$，$y=0$ 处，距离单位以千米(km)显示。因为部队最可能遇到的情形是非线性战场空间，所以围绕该传感器 360°扇面上的探测性能具有重要的意义。

VHF 低端的军事目标一般使用垂直鞭状偶极或单极天线，因而主要是垂直极化的。陆基电子支援系统天线在停止和部署时，易于构成垂直极化方式。用于探测个人通信系统目标的天线必须提供两种极化方式，因为手机天线在任一时刻的姿态是任意的。基站一般采用垂直极化的方式。

除这些目标外，还要研究两种方向性天线旁瓣探测范围的性能，特别要注意两种流行的有向天线，即八木天线和喇叭馈源的抛物面天线。

12.4 具有反射传播模型的探测范围

2.9 节中所描述的反射传播模型由式(2.43)给出，可用于计算信号的强度。如前所述，该模型对近距离接收机功率值的估计偏低，但在截获范围内，却比许多别的模型更准确，距离的范围正是我们分析的目标。

本章假设接收机为各向同性天线，因此，$G_R=1$。如前所述，针对特定频率优化过的实际天线增益可能会高于或低于此值，而且，实际可行的天线战术配置也不会呈现这样的增益特性。这里，是为简化起见而做的假设，在实际天线增益已知时，可将其作为开始的基础。

由于不考虑地形的变化，所以覆盖区是以传感器为中心的圆，圆的半径是计算出的探测距离。

12.4.1 ES系统的机载探测范围曲面

考虑两种机载配置：第一种是高空飞行的系统，海拔为地平面以上(AGL)10 km；另一种配置的飞行系统为地平面以上(AGL)3 km。

在图12.2至图12.11中，三维图里的水平面表示某一截获所需的信噪比。另一方面，信噪比的变化依赖于目标区域内目标发射机所在的位置。因为噪声随频率的不同而不同，信噪比也随频率而改变。因此，当目标在传感器系统附近时信号最强、信噪比最高；远离时信号最弱、信噪比最低。在信噪比等值线超出这些平面的任何地方都可以检测到目标。

12.4.1.1 高空飞行/感兴趣区外

所有结果都对应于单个传感器系统。通常是两三个这样的系统同时飞行，尽管把多个平台所包含的分析结果合起来，对探测距离的确定并不增加任何信息，然而，定位的覆盖区是两个或更多传感器覆盖区域的交集。因此，在与定位有关的研究中，覆盖图的重叠很重要。

图12.2(a)表示的是频率为30 MHz、发射机有效辐射功率为10 W时的距离特性。注意：地理范围是±600 km。信噪比为10 dB时信号的探测范围大约是300 km。频率为100 MHz、有效辐射功率为10 W时的探测距离性能如图12.2(b)所示。该探测距离比频率为30 MHz时的距离大。虽然较高频率上的信号传播没有较低频率的信号好，但较高频率的噪声较少，因而具有较好的距离性能。100 MHz时信号可探测距离近似为无线视距传播距离(425 km)。

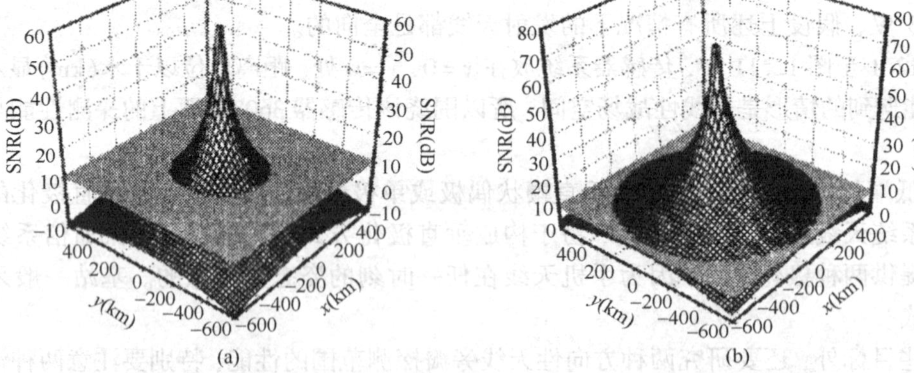

图12.2 高空飞行系统受噪声限制时的探测距离特性。(a)30 MHz，有效辐射功率10 W；(b)100 MHz，有效辐射功率10 W

图12.3(a)给出了对1 GHz频段个人通信系统手持机的探测特性，其有效辐射功率为0.5 W。此时的探测范围大约为380 km。如图12.3(b)所示，有可能在超出无线视距传播距离外探测到个人通信系统的基站。

图12.3(a)给出的结果假设手持机天线方向图是全向的，因此在所有方向上等量辐射。

个人通信系统手持机天线远不如全向天线方向图那么简单，取决于用户身体的朝向、附近物体(如停止标志牌的反射)，以及无数的其他因素。除非目标静止，且处于相对良好的射频环境中，否则，天线方向图是随机变化的。因此，这些结果是最优的，但并不总是代表正确的探测范围。

图 12.3(b)的结果也假设基站天线是全向的。这一假设很不准确，因为个人通信系统基站的天线通常并非如此。事实上，期待中的“智能”基站天线能够控制方向上的零点，不对准某一被跟踪的手持机。基站的方向性天线意味着即使第一个传感器平台在正确的天线波束上，到达第二个传感器平台的有效辐射功率也远低于 10 W。这会大大降低第二个平台的截获范围，从而降低实时定位的能力。

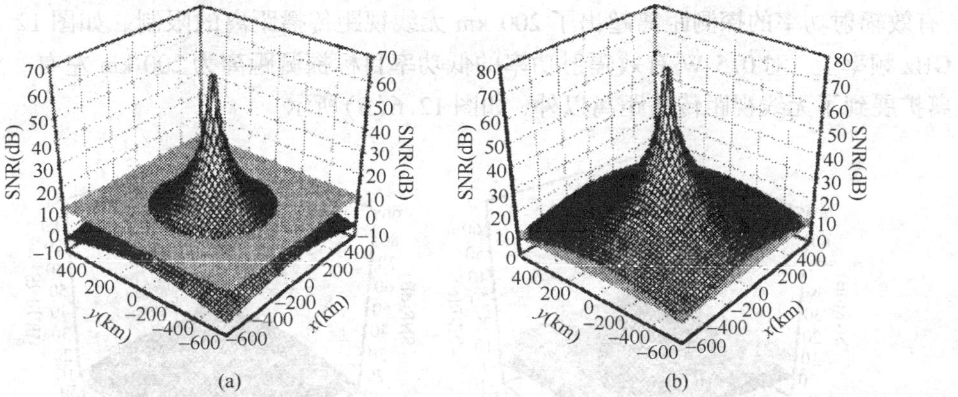

图 12.3　高空飞行系统的探测距离性能。(a)1 GHz, 个人通信系统手持机；(b)1 GHz, 个人通信系统基站

当高空飞行系统试图截获方向性天线的旁瓣时，探测距离就会受到限制。使用 8.8 节中确定的典型八木天线和抛物面天线的功率电平，对于所考虑的多信道频率范围，1.5 MHz 的带宽具有一定的针对性，截获距离结果如图 12.4 所示。图 12.4(a)中目标天线是八木天线，在传感器方向的有效辐射功率为 0.14 W，频率为 1 GHz。注意，范围为 ±400 km。截获距离大概为75 km。图 12.4(b)中的天线是喇叭馈源抛物面天线，在传感器方向的有效辐射功率为 0.2 mW，范围为 ±60 km。截获距离大约为 24 km。使用感兴趣区外机载高空传感器系统时，这两种目标都检测不到。

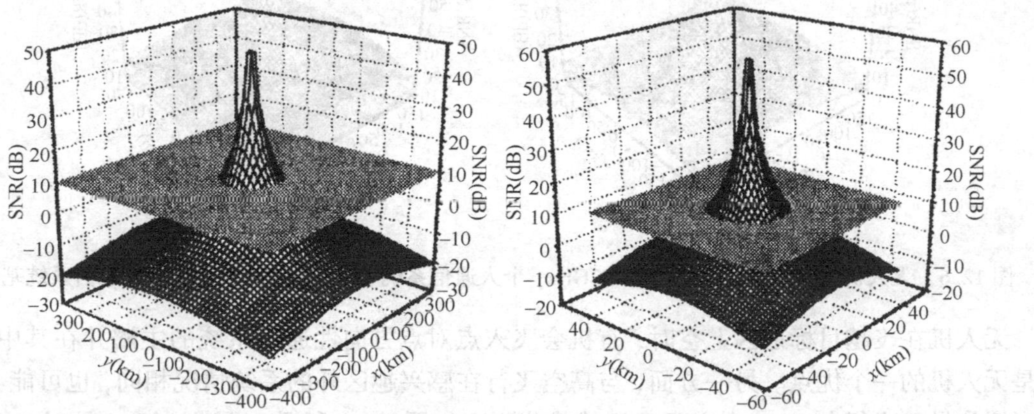

图 12.4　高空飞行系统处于方向性天线旁瓣时的探测距离。
(a)1 GHz八木天线；(b)4 GHz喇叭馈源抛物面天线

12.4.1.2 无人机

无人机可以用来补充高空飞行电子支援系统的收集能力。这类系统具有飞越某些地区的能力，由于种种原因，较大型的飞机可能禁止飞入这些地区，其中有些原因前面已经提到。如果高空飞行系统由驾驶仪或者人驾驶，在某种情形下飞越特定地区就非常危险。如果系统装载了执行特殊任务的机密设备，则甘冒损失这些设备的风险就可能是不明智的举动。在山区，无人机可被用于弥补较大型系统的不足，如填补山谷中覆盖区域的缝隙。

在 30 MHz、10 W 有效辐射功率的探测距离性能如图 12.5(a)所示，注意，范围是 ±200 km。信噪比足以用于探测大约 160 km 距离内的信号。如图 12.5(b)所示，100 MHz、10 W 有效辐射功率的探测距离超出了 200 km 无线视距传播距离的限制。如图 12.6(a)所示，在 1 GHz 频率上，对 0.5 W 有效辐射功率的低功率目标探测距离为 200 km 左右。对基站的探测距离扩展到了无线视距传播距离以外，如图 12.6(b)所示。

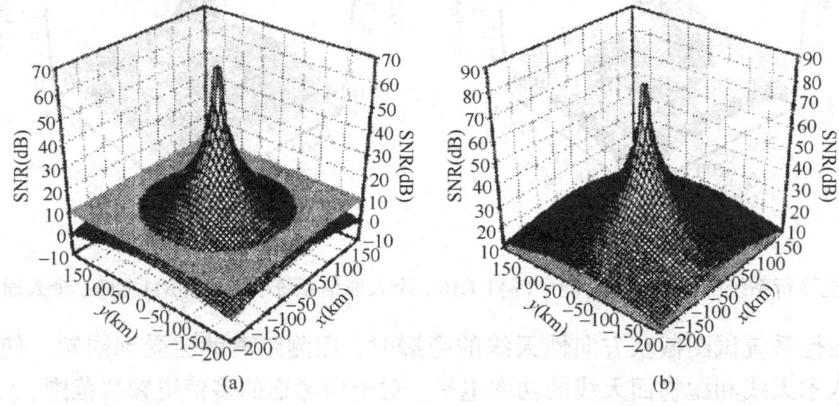

图 12.5 无人机探测距离。(a)30 MHz，有效辐射功率 10 W；(b)100 MHz，有效辐射功率 10 W

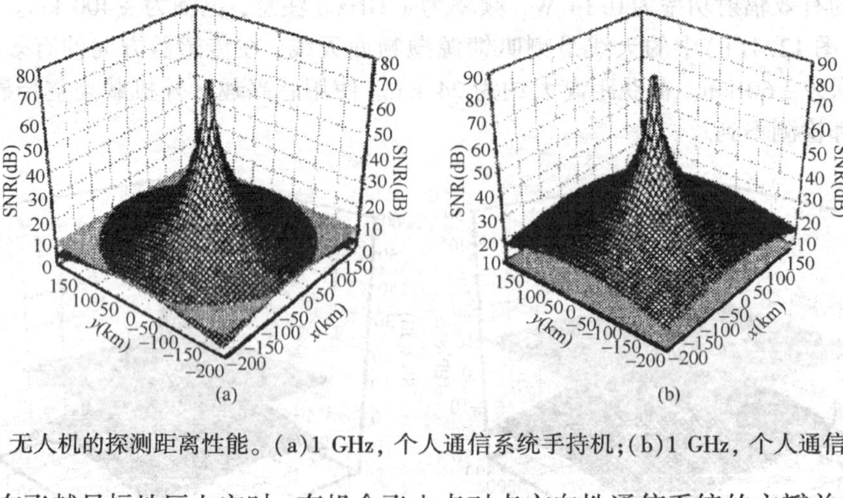

图 12.6 无人机的探测距离性能。(a)1 GHz，个人通信系统手持机；(b)1 GHz，个人通信系统基站

无人机在飞越目标地区上空时，有机会飞入点对点方向性通信系统的主瓣并在其中徘徊，这是无人机的一个优点。另一方面，与高空飞行在感兴趣区外的系统情况相同，也可能会截获到旁瓣信号。飞行在 3 km 上空无人机的截获距离如图 12.7 所示。图 12.7(a)是对 1 GHz 频率八木天线旁瓣的截获，信号(及噪声)带宽为 1.5 MHz。范围是 ±60 km，截获距离约为 55 km。图 12.7(b)是对抛物面天线旁瓣的截获。范围是 ±20 km，截获距离约为 10 km。

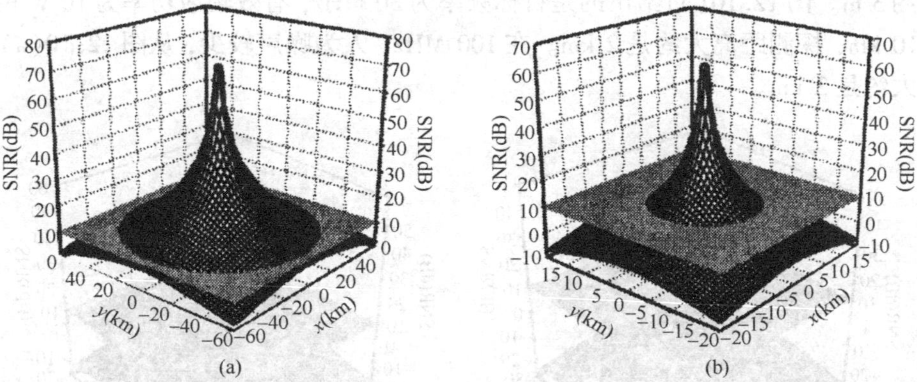

图 12.7　无人机的旁瓣截获距离。(a)1 GHz 八木天线;(b)4 GHz 抛物面天线

这些结果的另一个含义是，如果要求实时定位，则在覆盖区内必须有两个或更多的飞行器飞行。这意味着，为了覆盖整个目标区域的空隙，根据地形的不同，可能需要大量的时间。反过来说，应该利用这样的无人机电子支援系统来覆盖特定的地区，而不是整个部队的作战区(AO)。当然，并不总是需要实时定位，如果可以容忍延时的话，允许无人机飞行某一适当的距离，这样，单架飞机就足够了。定位精度的几何精度因子[Geometic Dilution of Precision，GDOP(参见 8.5 节)]使这一距离与到目标的距离处于同一个数量级，这里为 5 ~ 10 km，以得到合理的定位精度。飞机速度在每小时 100 km 时，这种方式可能会在收集上产生问题，因为目标可能在飞行 10 km 所需的 3 分钟内就已经离开了。

对个人通信系统蜂窝基站和手持机宽广的探测距离意味着必须降低电子支援系统的灵敏度，以最大限度地减少同信道干扰。灵敏度的设置应该是，对图 12.1 中构成一簇的 7 个蜂窝小区一次覆盖不超过一簇。典型的蜂窝小区半径是 10 km。

类似地，对 VHF 甚高频低端宽广的截获距离可能也需要降低灵敏度。因为 VHF 低端跳频目标占用了大量的频谱，这些截获距离可能引起同信道干扰，特别是在频谱被红、蓝、灰军/居民共享的时候。

12.4.2　陆基探测范围

考虑两种地面电子支援系统的配置:第一种在 $h_R = 10$ m 长的短桅杆上固定升降天线，反映固定式展开的效果;第二种天线高度 $h_R = 3$ m，反映运动时预期的效果。

如图 12.8 所示，在 30 MHz 和 100 MHz，对于一个有效辐射功率 10 W 且 $h_R = 10$ m 的目标，传感器的探测距离大约分别是 3 km 和 6 km。在这些图中探测范围为 ±20 km。探测距离有限，是由城郊人工噪声环境在这些低频段过高的噪声电平所致。

这一噪声环境并非在所有情况下都会遇到，或许适合于行军或其他重大的战场行动。但在准备采取敌对行动时，在行动之前，电子支援系统通常都已部署完毕，环境中噪声很小，尤其在夜里。尽管如此，这种分析表明，陆基通信电子支援系统的距离非常有限。

在 1 GHz 左右的高端，存在微量的外部噪声进入接收天线(大约是 2 dB_{kTB})。因此，同低频段相比，噪声影响很小。这些影响如图 12.9 所示，对手持机的探测距离大约是 10 km，对基站探测距离远大于无线视距传播距离(16 km)。通信电子支援系统的一个主要功能就是支持运动作战。当运动时，天线高度不可能太高。这些结果假设接收天线竖立起来刚好高过车辆，离地面大约3 m。图12.10(a)给出的是目标频率为30 MHz，有效辐射功率为10 W的结果，其范围是±10 km，探测距离大约是2 km。在100 MHz，人为噪声较少，从图12.10(a)可以看出探测距离大约是3 km。

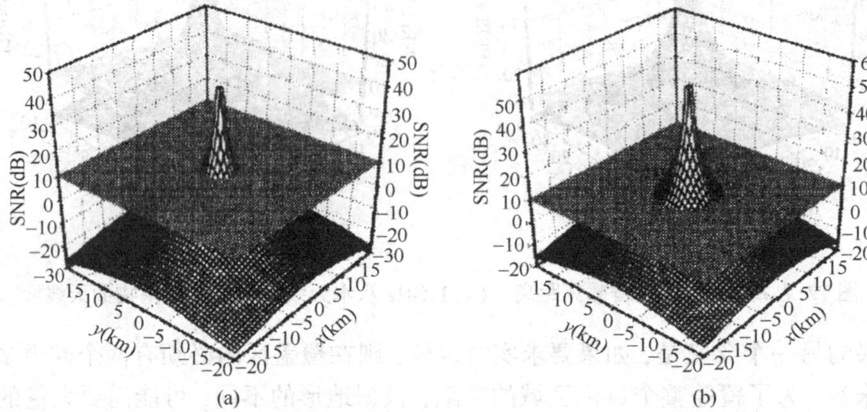

图12.8　$h_R = 10$ m时陆基探测距离。(a)30 MHz，有效辐射功率10 W；(b)100 MHz，有效辐射功率10 W

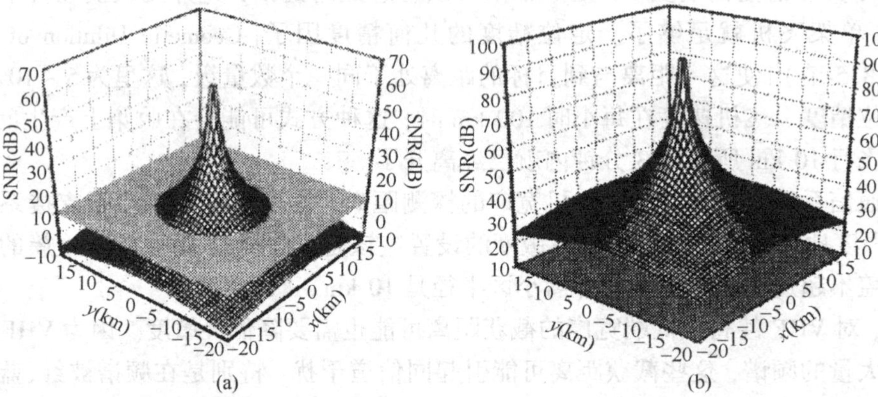

图12.9　$h_R = 10$ m时陆基探测距离。(a)个人通信系统手持机，1 GHz，有效辐射功率0.5 W；(b)个人通信系统基站，1 GHz，有效辐射功率10 W

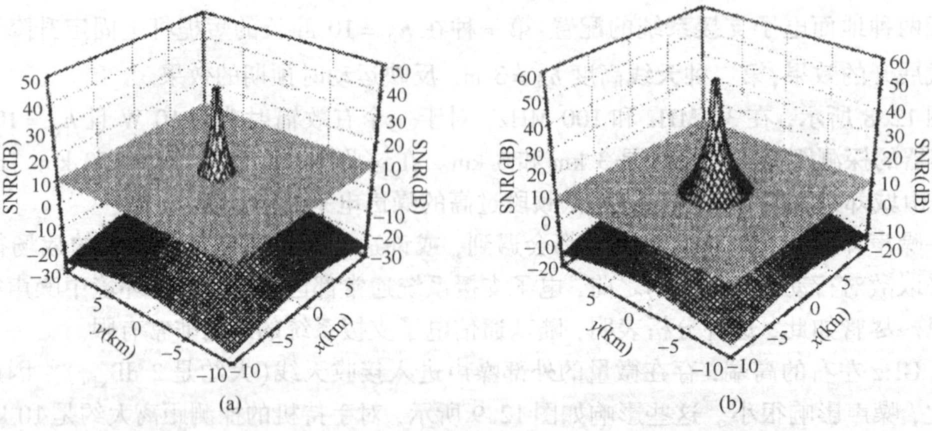

图12.10　$h_R = 3$ m时运动中的陆基探测距离。(a)30 MHz，有效辐射功率10 W；(b)100 MHz，有效辐射功率10 W

个人通信系统的运动(OTM)性能如图 12.11 所示，对 1 GHz、0.5 W 有效辐射功率手持机的探测距离大约是 6 km，反映了在这个频率(2 dB_{kTB})上相对较低的外部噪声，对 10 W 有效辐射功率基站的探测距离超出了视距。

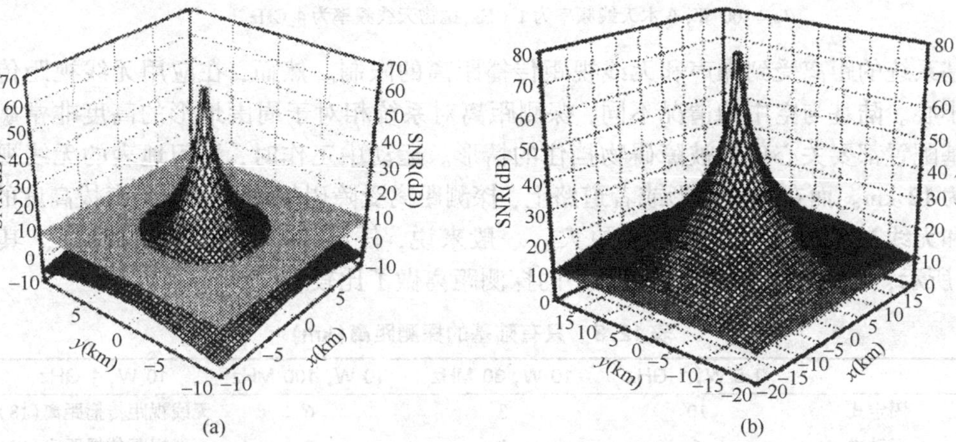

图 12.11　$h_R = 3$ m，运动时陆基探测距离。(a)个人通信系统手持机，1 GHz，有效辐射功率0.5 W；(b)个人通信系统基站，1 GHz，有效辐射功率10 W

12.4.3　讨论

总而言之，信号探测必须满足的条件就是在接收机中信号必须高于或等于特定的信噪比。当不考虑外部噪声时，电场强度等效地确定了该信噪比。表 12.1 总结了本书所分析的探测距离。

表 12.1　被考虑系统配置的探测距离(km)

	目标			
	0.5 W，1 GHz	10 W，30 MHz	10 W，100 MHz	10 W，1 GHz
高空飞行	380	300	无线视距传播距离(425)	无线视距传播距离(425)
低空飞行	200	160	无线视距传播距离(200)	无线视距传播距离(200)
陆基	10	3	6	无线视距传播距离(18)

在飞越式配置中，由于高空和低空两种配置系统覆盖了 VHF 低端大部分频段，因此有可能在定位的几何分布上近似达到最优。对于交叉模糊函数到达时间差(TDOA)和差分多普勒(DD)定位处理(参见 8.2 节)，最优几何布局的目标近似位于传感器系统之间。用一架无人机在主目标区域的另一侧飞行，使目标处于传感器之间，满足定位精度要求，即可做到这一点。这种方法不仅在几何上接近最优，而且无人机信噪比也较高，因此通过减少定位计算所必需的处理时间可以大幅增加系统总的处理能力。

如果交叉模糊函数的处理太慢或行不通的话，则包含 L 形配置的定位比线性基线定位的几何方法要好得多。对于测向(DF)处理，最优的几何是使位置线(LOP)相交于 90°，L 形基线比线性基线时出现得更频繁。用两台高空飞行传感器在线性基线上飞行，而一架无人机在主要目标区域的另一侧或后方飞行即可形成 L 形基线。

有时，用两者中的任何一种机载系统都可以在方向性通信链路的旁瓣达到截获距离的性能。表 12.2 总结出了这些距离性能，为了达到这些距离指标，需要飞越目标地区上空。

表 12.2　旁瓣探测距离(km)

	八木天线	抛物面天线
感兴趣区外飞行	75	24
无人机	55	10

$P_T = 100$ W, 八木天线频率为 1 GHz, 抛物天线频率为 4 GHz

陆基系统的距离受到噪声和无线视距传播距离的限制。然而，在应用无线视距传播距离时应该小心。陆基与空中的情况不同，探测距离对系统相对于周围地形的高度非常敏感。机载和陆基配置都要关心信号被障碍物挡住的情形。运动中工作时，平坦地表的无线视距传播距离约为 12 km。而在丘陵地形或者道路上，探测距离受障碍物和天线临时海拔高度的限制比受反射和无线视距传播距离的限制更大。一般来说，任何陆基部署都是这样的。其结果如表 12.3 所示，表中对固定式的和运动中的探测距离做了比较。

表 12.3　只有陆基的探测距离(km)

	0.5 W, 1 GHz	10 W, 30 MHz	10 W, 100 MHz	10 W, 1 GHz
固定式	10	3	6	无线视距传播距离(18)
运动中	6	2	3	无线视距传播距离(12)

12.5　结束语

本章给出了机载和陆基电子支援系统某些理想的性能特点，考虑了高海拔高度和低海拔高度两种机载配置(后者的飞行特性与无人机一致)，分析了固定式和运动中的两种陆基系统配置。

本章给出的分析表明，在许多情况下，用一架低空飞行的无人机补充高空飞行电子支援搜索系统，可以改善搜索性能。确实，无人机在有些情况下——在由于安全和其他原因不使用高空飞行系统的情况下——可能是唯一的选择。如图 12.12 所示，如果没有地形阻碍，任何系统都可以覆盖部队的作战区域。有地形阻碍时，无人机能飞越这类地形截获目标，在这些覆盖区域内具有足够探测信号的截获距离。无人机还具有足够的距离增强高空飞行系统的测向/交叉模糊函数处理能力。当目标是个人通信系统/蜂窝通信系统时，任何机载系统的覆盖都已足够，所以必须降低灵敏度以防止在同一时刻听到多个蜂窝单元。

用无人机增强高空飞行电子支援系统不仅是一种期望，而且是一种要求。对于低功率、方向性目标，高空飞行系统如果不飞得离它们非常之近，就根本无法探测这些目标。对于这些目标，感兴趣区外的配置是无法探测到的。

作为一种载人平台，高空飞行系统易受敌方对抗手段的攻击。用无人机载平台执行电子支援搜索任务是可行的，所以当仁不让地应选择这种方法。

在另外一些情况下，通过用无人机补充的方法从几何上极大地改善了目标定位。交叉模糊函数计算中，使目标保持在两个机载平台之间是最佳的几何布局。另外，这种情况下的信噪比还大大改善了系统总的处理能力。

当无法使用陆基系统时，无人机可能就成了唯一的选择。如果可以进入，个人通信系统的陆基电子支援系统是机载解决方案的一种合理替代。陆基设备必须以某种方式摆放并加以警戒。如果安全性不成问题，可将陆基设备空投到基站附近并进行遥控和监视。如果担心安全性，则可能需要派人前往看护陆基设备，即使搜索仍然通过遥控来进行。对这一问题更简单的解决方案是使用无人机电子支援系统。

与一般搜索系统不同的是，无人机应该当成一个精密传感器系统来部署，其最大优势是飞越目标地区上空探测低功率的和经过掩饰的目标。为了进行定位，通常至少要求两个平台，它们彼此必须飞得很近，以便同时探测到低功率和经过掩饰的目标。

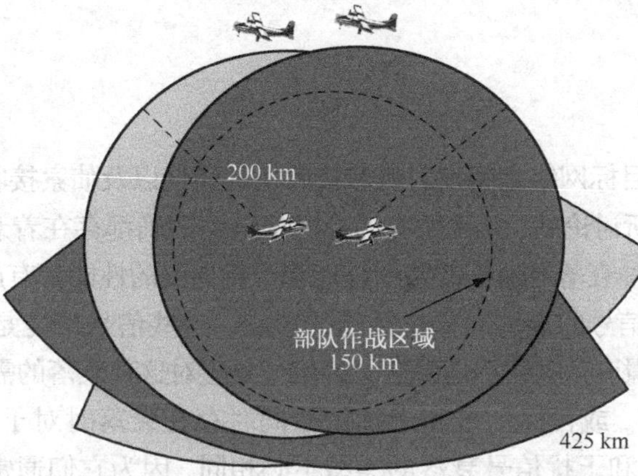

图 12.12　用飞越式无人机增强的两个高空飞行于感兴趣区外的系统对部队做的覆盖区域

在某些情况下，特别是高空飞行系统部署在感兴趣区外的后方时，某些发射信号必须首先被认为是己方的，尤其是该信号很强时。利用无人机进行增强的优点之一是无人机传感器不需要详细核查、甄别众多的友方发射机来查找目标。无人机可以在目标中飞行，其中发射的每个信号都很可能是敌方目标而非己方目标。无人机增强的高空飞行远距离系统的覆盖区如图 12.12 所示。远距离系统和无人机都具有足够覆盖整个作战区域的距离。

当目标是方向性点对点通信链路时，感兴趣区外位置上的高空飞行系统在截获距离上存在不足。如果通信系统使用八木天线，则其泄漏的旁瓣不足以在深入部队作战区域适当距离上截获这些系统。对于那些使用抛物面天线的通信链路，同样难以从感兴趣区外位置上获得足够的旁瓣泄漏将其截获。另一方面，无人机能够飞入主瓣并在需要时徘徊其中，或者通过逼近飞行从旁瓣截获这些通信链路。

本章的分析仅从离传感器系统的距离方面研究了目标是否可以被截获，并没有考虑系统吞吐率、与地理定位或者搜索低截获概率(LPI)目标等方面有关的定时因素。

参考文献

[1] Shigekazu, S., *A Basic Atlas of Radio-Wave Propagation*, New York: Wiley, 1987.

[2] Hall, M. P. M., *Effects of the Troposphere on Radio Communications*, London: Peter Peregrinus, Ltd., 1979.

[3] Braun, G., *Planning and Engineering of Shortwave Links*, 2nd ed., New York: Wiley, 1986.

[4] Parsons, J. D., *The Mobile Radio Propagation Channel*, New York: Wiley, 1992.

[5] Volland, H. (ed.), *Handbook of Atmospherics*, Vols. I and II, Boca Raton, FL: CRC Press, 1982.

[6] Davies, K., *Ionospheric Radio*, London: Peter Peregrinus, Ltd., 1989.

[7] Schnker, J. Z., *Meteor Burst Communications*, Norwood, MA: Artech House, 1990.

[8] *Reference Data for Radio Engineers*, 6th ed., Indianapolis, IN: Howard W. Sams & Co.,1975.

[9] Calhoun, G., *Digital Cellular Radio*, Norwood, MA: Artech House, 1988.

[10] Gagliardi, R. M., *Introduction to Communications Engineering*, New York: Wiley, 1988.

[11] *Reference Data for Radio Engineers*, 6th ed., Indianapolis, IN: Howard W. Sams & Co.,1975, Ch. 29.

第 13 章 衰落信道干扰性能

13.1 概述

到此为止，都已假设目标网络之间发射机和接收机的通信以及侦察接收机中的干扰信号不存在衰落现象，但正如第 2 章所讨论的，几乎所有实际通信链路的确都存在着衰落，产生的原因主要是由于多径信道的存在。这种衰落对通信链路的性能和干扰通路的性能都有严重的影响，后者也是本章要讨论的。本章给出了信号的衰落对干扰性能的影响。这些信号可能是目标信号或者是干扰信号——两者都会受衰落的影响(但并不是说这两种信号要应对这种衰落的需求相同)。

当仅有目标信号衰落，或目标信号和干扰信号同时存在衰落时对干扰效果影响的情形都在本章中包含了。目标信号和干扰信号衰落的类型不必相同，因为它们通常采用不同的信道传播。

本章结构如下:13.2 节首先分析了信道有衰落时信号的检测概率，随后分析了信道衰落时对窄带目标的干扰性能，接下来评估了目标用 DSSS 发射信号且信道有衰落时的干扰性能，最后一节讨论了 DSSS 和 FHSS 混合目标信号的情形。

13.2 衰落信道中的检测概率

信号检测中的电子战问题因目标网络的不同而不同。目标发射机和接收机可以用多种方式合作以提高通信的性能，而电子战系统通常做不到这些。合作方式之一是采用分集接收，对多径信道进行估计和补偿。关于衰落信道检测的大量文献都讨论了这个问题。这里不进一步讨论分集接收，因为无法将其应用到电子战问题上。

Urkowitz 是开展对未知确定性信号通过平坦带限高斯噪声信道的检测性能研究的第一人[1]。接收机如图 13.1 所示，这是一个辐射计。接收到的信号能量是图中所示的 IF 信号，在观察时间窗口 T 期间进行测量。经过 T 秒后，被积分的信号与阈值 γ_{th} 进行比较，如果结果高于阈值，则表示检测到。针对这一问题，Kostylev[2] 研究了 Rayleigh、Rice 和 Nakagami 三种衰落。衰落是由于被发送的信号通过几个不同路径到达的而被同时收到引起的。每条路径都有自己的衰减和相位偏移，当信号在接收机中线性组合时，总的信号会降低。此外，如果任一信道的任何部分在运动，衰落也会有变化。运动的不一定是发射机或接收机，也可能是传播路径上反射表面的变化，如移动的大型卡车。

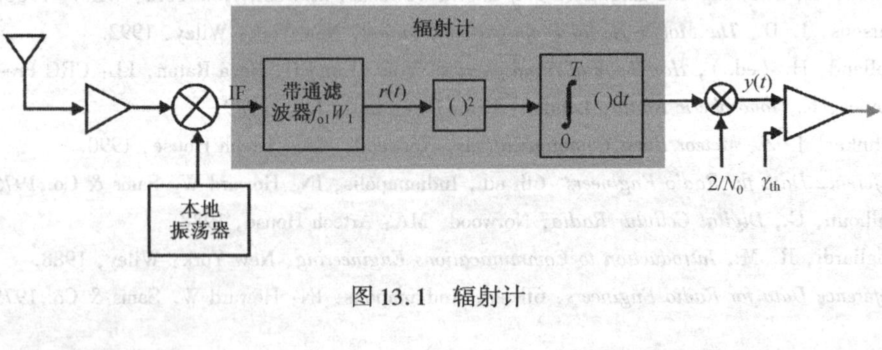

图 13.1 辐射计

13.2.1　AWGN 信道

假设 H_0表示信号不存在，H_1表示信号存在，则两路信号的检测问题为

$$H_0: y(t) = n(t)$$
$$H_1: y(t) = n(t) + \xi s(t)$$

使用辐射计，检测概率定义为

$$P_{\mathrm{d}} = P\{y > \gamma_{\mathrm{th}} | H_1\} \tag{13.1}$$

虚警概率定义为

$$P_{\mathrm{fa}} = P\{y > \gamma_{\mathrm{th}} | H_0\} \tag{13.2}$$

通过平坦(非衰落)的高斯白噪声信道时的检测概率[3]为

$$P_{\mathrm{d}} = Q_{N/2}\left(\sqrt{\frac{\mu\gamma}{\sigma^2}}, \sqrt{\frac{\gamma_{\mathrm{th}}}{\sigma^2}}\right) \tag{13.3}$$

且

$$P_{\mathrm{fa}} = \frac{\Gamma\left(\frac{N}{2}, \frac{\gamma_{\mathrm{th}}}{2\sigma^2}\right)}{\Gamma\left(\frac{N}{2}\right)} \tag{13.4}$$

式中 $Q_K(\cdot,\cdot)$为广义 Marcum Q 函数①，$\Gamma(\cdot,\cdot)$ 是不完全 Γ 函数，$\gamma = \alpha^2 E_{\mathrm{b}}/N_0$ 为信噪比，$\xi = \alpha \mathrm{e}^{\mathrm{j}\theta}$ 为信道慢衰落特性(无衰减时 $\alpha = 1$，且 $\theta = 0$)，$\mu = a\gamma$(对某些正常数 a)，$N \approx TW$ = 采样点数 = 自由度值，W 为带宽。

正如第 7 章所述，当 P_{d}(对应的误差概率为 $P_{\mathrm{m}} = 1 - P_{\mathrm{d}}$)和 P_{fa}的曲线互相描绘在一起时，接收机呈现出的性能称为接收机的工作特性(或 ROC)，图 13.2 描绘了 ROC 的一个示例。

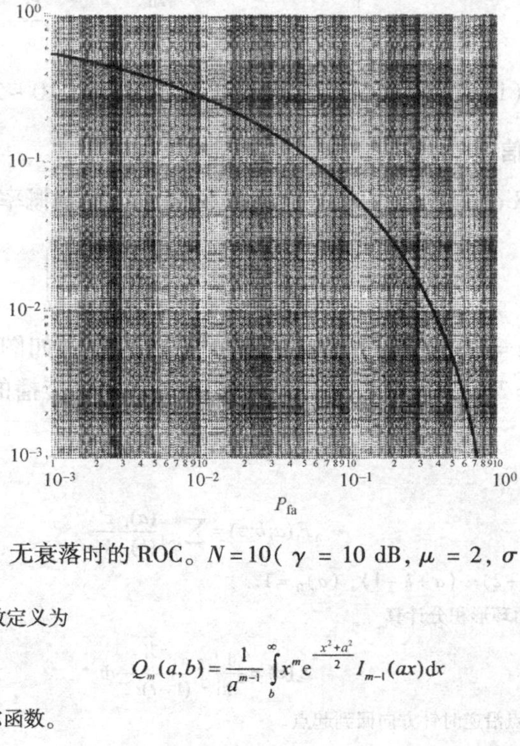

图 13.2　无衰落时的 ROC。$N = 10$(γ = 10 dB，μ = 2，σ = 1)

---

① 广义第 m 阶 Marcum Q 函数定义为

$$Q_m(a,b) = \frac{1}{a^{m-1}} \int_b^\infty x^m \mathrm{e}^{-\frac{x^2+a^2}{2}} I_{m-1}(ax)\mathrm{d}x$$

$I_n(\cdot)$ 为第一类 n 阶贝塞尔函数。

13.2.2 Nakagami 和 Rayleigh 衰落信道中的检测概率

本节讨论 Nakagami 和 Rayleigh 衰落信道中的平均检测概率。式(13.4)不随着衰落而改变，因为虚警概率与 γ 无关，Nakagami 信道的检测概率[3]为

$$P_{\rm d,Nak}=A_1+\beta^m {\rm e}^{-\gamma_{\rm th}/2\sigma^2}\sum_{i=1}^{N/2-1}\frac{\left(\dfrac{\gamma_{th}}{2\sigma^2}\right)^i}{i!}{}_1F_1\left[m;i+1;\frac{\gamma_{\rm th}(1-\beta)}{2\sigma^2}\right] \tag{13.5}$$

式中 ${}_1F_1(\cdot;\cdot;\cdot)$ 是混合超几何函数①，m 是 Nakagami 参数，对于整数 m，有

$$A_1={\rm e}^{-\gamma_{\rm th}\beta/2m\sigma^2}\left\{\beta^{m-1}L_{m-1}\left[-\frac{\gamma_{\rm th}(1-\beta)}{2\sigma^2}\right]+(1-\beta)\sum_{i=0}^{m-2}\beta^i L_i\left[-\frac{\gamma_{\rm th}(1-\beta)}{2\sigma^2}\right]\right\} \tag{13.6}$$

式中 $L_i(\cdot)$ 是自由度为 i 的 Laguerre 多项式②[3]，参数 β 为

$$\beta=\frac{2m\sigma^2}{2m\sigma^2+a\bar{\gamma}} \tag{13.7}$$

13.2.2.1 Rayleigh 衰落信道

根据式(13.5)设 $m=1$ 可得到 $P_{\rm d,Ray}$

$$P_{\rm d,Ray}={\rm e}^{-\frac{\gamma_{\rm th}}{2\sigma^2}}\sum_{i=0}^{N/2-2}\frac{\left(\dfrac{\gamma_{\rm th}}{2\sigma^2}\right)^i}{i!}+\left(\frac{2\sigma^2+\mu\bar{\gamma}}{\mu\gamma}\right)^{N/2-1}\times\left[{\rm e}^{-\frac{\gamma_{\rm th}}{2\sigma^2+\mu\gamma}}-{\rm e}^{-\frac{\gamma_{\rm th}}{2\sigma^2}}\sum_{i=0}^{N/2-2}\frac{\left[\dfrac{\gamma_{\rm th}\mu\bar{\gamma}}{2\sigma^2(2\sigma^2+\mu\bar{\gamma})}\right]^i}{i!}\right] \tag{13.8}$$

图 13.3 给出了与式(13.8)相对应的典型 ROC，其中 $\bar{\gamma}$ 取 10～20 dB 之间的典型值。

13.2.2.2 Rice 型衰落信道

当信道衰落特征为 Rice 型时，不采用分集技术的平均检测概率[4]为

$$P_{{\rm d,Ric}|u=1}=Q\left(\sqrt{\frac{2K\bar{\gamma}}{K+1+\bar{\gamma}}},\sqrt{\frac{\gamma_{\rm th}(K+1)}{K+1+\bar{\gamma}}}\right) \tag{13.9}$$

式中 K 为 Rice K 因子，$u=TW_{\rm F}=1$。K 值不同时，不同的曲线如图 13.4 所示(注意，图 13.3 中 $N=10$，图 13.4 中 $u=TW_{\rm F}=N/2=1$)。因为 K 定义为直线传播的能量与各种反射分量的能

---

① 混合超几何函数为

$${}_1F_1(a;b;z)=\sum_{k=0}^{\infty}\frac{(a)_k}{(b)_k}\frac{z^k}{k!}$$

其中 $(a)_k=a(a+1)(a+2)\cdots(a+k-1)$，$(a)_0=1$。

② Laguerre 多项式 $L_i(z)$ 由环形积分计算

$$L_i(z)=\frac{1}{2\pi{\rm j}}\oint\frac{{\rm e}^{-zt/1-t}}{(1-t)t^{i+1}}{\rm d}t$$

其中，积分曲线是从起点沿逆时针方向回到起点。

量之和的比。$K=0$ 表示没有直线传播的能量，所以 $K=0$ 时对应 Rayleigh 衰落。随着直线传播的功率增加，检测性能的提高如图 13.4 所示。

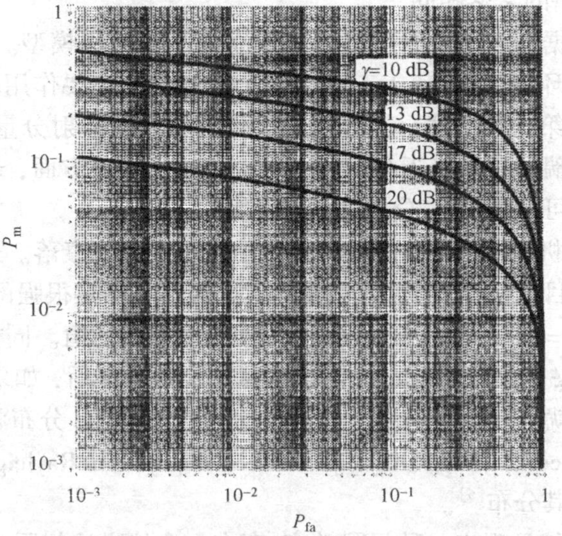

图 13.3　不同信噪比下 Rayleigh 衰落的 ROC 曲线（$N=10$，$a=2$，$\sigma=1$）

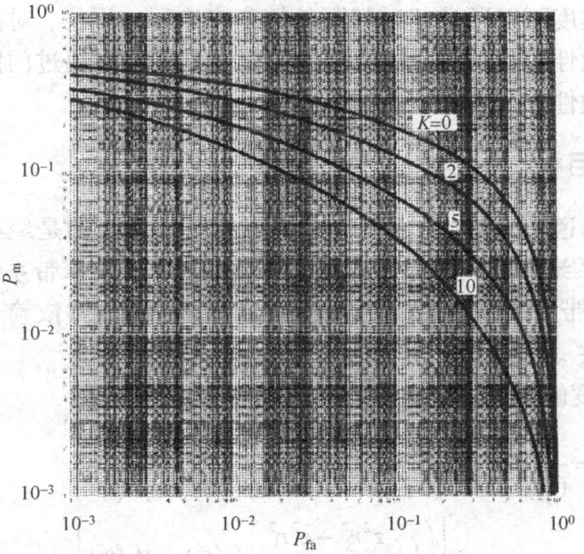

图 13.4　不同 K 值下的 ROC（$\gamma = 10$ dB，$u = 1$）

13.3　对衰落窄带目标的干扰

目标接收机输入端呈现的信噪比 SNR 是一个重要的系统参数。在模拟通信系统中，SNR 直接与主观量有关，比如语音或视频的可懂度。在数字通信系统中，正如第 4 章所讨论的，一旦确定了调制样式，误码率就由 SNR 决定。

无论信号是来自发射机还是干扰机，衰落意味着衰落信号是时变的。这种衰落使 γ 随时间而变化。衰落可能由发射机或接收机进入或走出较大物体，如山脉或建筑物阴影的运动引起，也可能由从发射机到接收机的路径之一中的发射机、接收机或者其他物体的运动导致。本质上讲，所有地对地射频通信链路经历的衰落与所有天波高频链路、对流层散射链路、管道链路、水声链路和卫星链路的衰落相同。

从另一方面讲，根据噪声的来源可以将其建立为平稳时间模型。在高频环境中内部热噪声是主要的，而在低频环境中大气、人工噪声和宇宙噪声起主要作用。因此，γ 几乎主要受衰落影响而发生变化。如第 4 章所述，若信号衰落是由大量的散射分量且没有明显的主信号路径或分量引起，可以用瑞利分布来近似收到信号的包络；另一方面，若存在明显直达的分量，存在没有衰落的分量，可以用 Rice 分布建立其模型。

若噪声主要受干扰机控制，目标信号和干扰信号都要受到衰落。进一步说，其衰落不一定是相同类型的，取决于目标信号、干扰信号或两者是否同时存在很强的直射分量。如果两者都是 Rice 型衰落，那么 ξ = JSR = J/S 是两个 Rice 随机变量的比值。同样，如果两者中任何一个都没有直射分量，那么 ξ 是两个 Rayleigh 随机变量的比值。最后，如果一个是 Rice 型，另一个是 Rayleigh 型，那么 ξ 就是混合值。然而，Rayleigh 分布是 Rice 分布将直射分量的幅度设为 0 时的一种特殊情况。Rice/Rayleigh、Rayleigh/ Rice 和 Rayleigh/Rayleigh 都可以通过 Rice/Rice 的结果得到，本节给出其分布[5]。

大部分的抗干扰系统呈现出一种门限效应：存在一个信噪比门限，低于这个门限时系统不能正常工作，误码率会显著增加。当噪声是干扰机人为注入时，情况也是一样的。因此，抗干扰系统有效抗干扰的程度可以通过超过门限的概率来表示。同样，对抗这种抗干扰系统所采用的电子战措施的有效性也可以由不超过门限的概率来表示。超过门限的概率所给出的量值称为电子战措施的有效性。

13.3.1 干扰窄带目标

首先考虑对衰落信道中窄带系统的干扰，这里窄带系统指的是经典的定义。然后分析对宽带(FHSS 和 DSSS)系统的影响。受信道相干时间的影响，对窄带系统和宽带系统的多径效应不同。根据定义，宽带系统具有宽得多的频段，其衰落特性通常依赖于频率。定义 SJR = γ_J，JSR = ξ，那么 $\gamma_J = 1/\xi$ 。

具有 Rice 衰落幅度的两信号之比 $z = x/y$ 的概率密度函数是①

$$f_Z(z)=\frac{2c^2z}{(z^2+c^2)^2}\exp\left(-\frac{c^2r_S^2+z^2r_J^2}{z^2+c^2}\right)\times\left[\left(1+\frac{z^2r_S^2+c^2r_J^2}{z^2+c^2}\right)I_0(\alpha)+\alpha I_1(\alpha)\right],\qquad z\geqslant 0 \tag{13.10}$$

式中 $I_0(\cdot)$ 是改进的零阶第一类贝塞尔函数，r_S^2 是目标信号的直射分量与漫反射分量的功率比。r_J^2 是干扰信号与漫反射分量的功率比。因此有

$$r_S^2=\frac{a_S^2}{2\sigma_S^2} \tag{13.11}$$

$$r_J^2=\frac{a_J^2}{2\sigma_J^2} \tag{13.12}$$

① 这里的叙述是参考文献[5]推导过程的总结。

式中目标信号是具有参数 σ_S^2 和 a_s 的 Rice 分布；干扰信号是具有参数 σ_J^2 和 a_J 的 Rice 分布；c^2 是目标接收机中目标信号幅度方差与干扰信号幅度方差的比值

$$c^2 = \frac{\sigma_S^2}{\sigma_J^2} \tag{13.13}$$

且

$$\alpha(z) = \frac{2cr_S r_J z}{z^2 + c^2} \tag{13.14}$$

如果是 Rice/Rice 衰落，式(13.10)不用修改即可使用。若不存在明显直接来自于干扰机的信号分量，但存在直接来自于目标发射机的信号，衰落类型为 Rice/Rayleigh，通过将式(13.14)中设定 $r_J = 0$，$\alpha = 0$，$I_o(0) = 1$，可得 γ_J 的概率密度函数为

$$f_Z(z) = \frac{2c^2 z}{(z^2 + c^2)^2} \exp\left(-\frac{c^2 r_S^2}{z^2 + c^2}\right)\left[\left(1 + \frac{z^2 r_S^2}{z^2 + c^2}\right)\right], \quad z \geqslant 0 \tag{13.15}$$

另一方面，若不存在明显直接来自于目标发射机的信号分量，但存在来自于干扰机的信号分量，概率密度函数为 Rayleigh/Rice 型，将式(13.14)和式(13.10)中设定为 $r_S = 0$ 得

$$f_Z(z) = \frac{2c^2 z}{(z^2 + c^2)^2} \exp\left(-\frac{z^2 r_J^2}{z^2 + c^2}\right)\left[\left(1 + \frac{c^2 r_J^2}{z^2 + c^2}\right)\right] \tag{13.16}$$

最后，若直接来自于目标发射机或干扰机的分量接收机中都不存在，这种衰落就是 Rayleigh/Rayleigh 型衰落，γ_J 的概率密度函数为

$$f_Z(z) = \frac{2c^2 z}{(z^2 + c^2)^2}, \qquad z \geqslant 0 \tag{13.17}$$

13.3.1.1　慢衰落

考虑慢衰落的情况，即 γ_J 在同一消息中不随时间变化但在消息与消息之间有变化。干扰概率用来表示有衰落时干扰机的 MOE。如果 γ_{th} 表示高于可接受的通信阈值，那么干扰的平均概率就可通过对式(13.10)积分或对根据出现衰落类型进行简化的形式之一进行积分，然后从 1 中减去该值可得

$$\bar{P}_J = 1 - \int_{\sqrt{\gamma_{th}}}^{\infty} f_Z(z)\mathrm{d}z \tag{13.18}$$

对于非相干 BFSK，要使误码率达到 10^{-1}，图 13.5[6] 表明非衰落时的信噪比为 5 dB 就足够了。因此，干扰机力图使信道中信干比为 5 dB 或更低以获得同样的误码率是一个合理的目标。图 13.6给出了考虑衰落特性时在这一阈值干扰概率与 ξ 的关系。

13.3.1.2　快衰落

考虑同一个消息中 ξ 发生变化的中等慢衰落情况。当衰落比数据率慢，但比消息持续时间要快时，平均错误概率可以用来测量干扰的性能。这一错误概率可利用无衰落情形的错误概率表达式并对所有可能的 γ 值平均得到。这一过程也适用于错误概率依赖于随机变量 γ_J 的情形。例如，对于无衰落、非相干检测 BFSK，错误概率为

$$P_e(\gamma) = \frac{1}{2}\exp\left(-\frac{\gamma}{2}\right) \tag{13.19}$$

因此可以根据概率密度函数求平均值来估计平均错误概率

$$\overline{P}_e = \int_0^\infty f_Z(z)P_e(z)\mathrm{d}z \tag{13.20}$$

得到

$$\overline{P}_e = \frac{1}{2}\int_0^\infty f_Z(z)\exp\left(-\frac{z}{2}\right)\mathrm{d}z \tag{13.21}$$

对 BFSK 的干扰效果如图 13.7 所示，对于这里的分析大多数感兴趣范围所采用的衰落模型不存在较大的差别。当干扰效果的标准为 10^{-1} 误码率时，可以看到在 $\xi \approx -14 \sim -12$dB 或更高时就可以达到这一目标。这说明在快衰落信道中 NCBFSK 对干扰而言很脆弱。

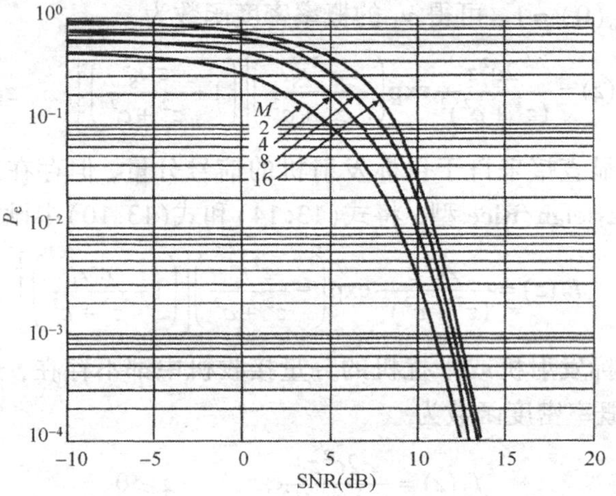

图 13.5　无衰落时 MFSK 的性能(引自[6]。Artech House 2004，获许引用)

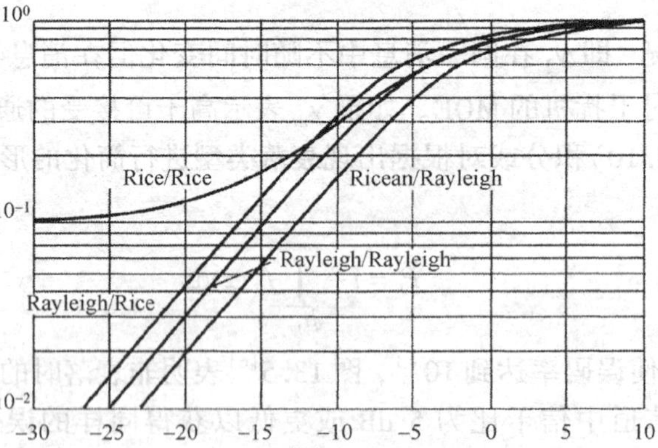

图 13.6　不同衰落组合形式下的平均干扰概率

13.3.2　用窄带单音干扰机干扰 NCBFSK 信号

窄带 NCBFSK 检测器如图 13.8 所示[7]。NCBFSK 目标信号的带宽与 bit 持续时间的乘积 BT_b 近似为 1(如 $B = 10$ kHz，$T_b = 100$ μs 是具有代表性的数值)。假设干扰信号采用随机 BFSK 信号，与信号具有相同的通信速率和调制单音频率，目标信号和干扰信号都独立地受 Rayleigh 衰落的影响，具有宽度为 $2B$ 的矩形谱密度。

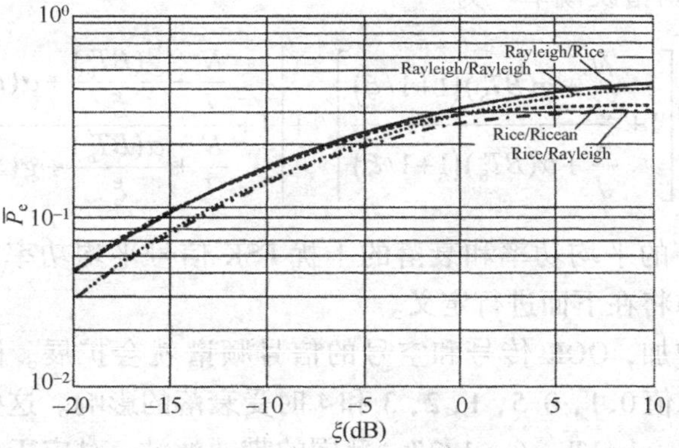

图 13.7　快衰落 BFSK 的抗干扰效果图。纵坐标是 P_e 的平均值，横坐标是干信比(单位为 dB)

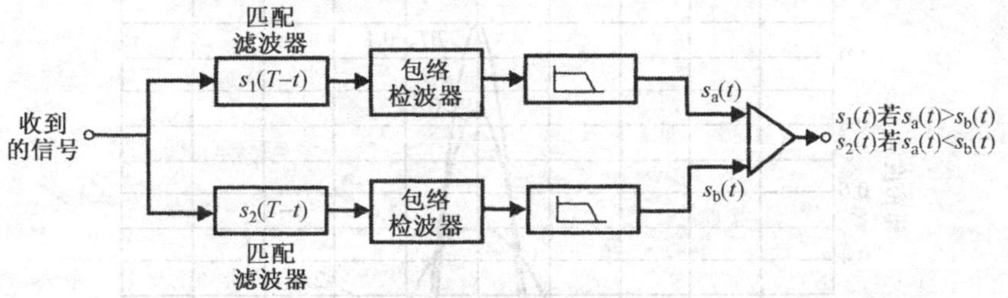

图 13.8　NCBFSK 检测器(来源[7]。©IEEE 1963，获准重印)

图 13.9 给出了一种称为正交检测器的交错判决结构。在不进行相关检测时这种判决器很有用。一对调制器受相位正交的 LO 驱动，I、Q 乘法器的输出通过低通滤波器以消除和频分量，并被送到匹配滤波器。这些滤波器与需要发送信号的传号与空号相匹配。匹配滤波器输出与可能发送的正交信号的本地复制信号进行互相关。对于这里所考虑的情形，NCBFSK 可能会有四路输出。相关之后，输出是平方项，并与其他的似然通道相加。估计两个加法器的输出，选择其最大值作为被发送的符号。

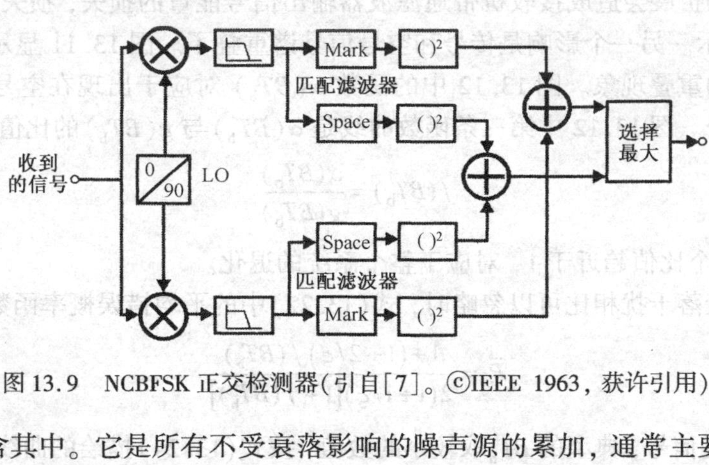

图 13.9　NCBFSK 正交检测器(引自[7]。©IEEE 1963，获许引用)

热噪声也包含其中。它是所有不受衰落影响的噪声源的累加，通常主要是反映在噪声数据中的系统噪声。

乘积 BT_b 称为衰落参数或衰落速率，是出现衰落量的指示。对于较小的 BT_b，衰落较慢；对于较大的 BT_b，衰落较快。

对于 NCBFSK，平均错误概率[8]为

$$\overline{P}_{e}=\frac{1}{2}\left\{\left[1+\frac{\frac{N}{J}+g(BT_{b})(1+1/\xi)}{\frac{N}{J}+\alpha(BT_{b})(1+1/\xi)}\right]^{-1}+\left[1+\frac{\frac{N}{J}+\frac{g(BT_{b})}{\xi}+\alpha(BT_{b})}{\frac{N}{J}+\frac{\alpha(BT_{b})}{\xi}+g(BT_{b})}\right]^{-1}\right\} \tag{13.22}$$

式中 N/J 之比是热噪声的平均功率和衰落的干扰 FSK 信号平均功率之比，ξ 是平均干信比。函数 $\alpha(BT_b)$ 和 $g(BT_b)$ 将在下面进行定义。

随着衰落速率的增加，OOK 传号和空号的信号频谱就会扩展。图 13.10 为载频为 f_0 的 OOK 载波频谱在 BT_b 取值 0.1，0.5，1，2，3 和 4 时受衰落的影响。这些频谱以 OOK 载频为基础，在发送之前通过 $(f_0-1/2T_b, f_0+1/2T_b)$ 范围的带通滤波，对应于 FSK 传输中所发射的传号或空号信号。可以看到，衰落信号频谱随着 BT_b 的增加变得平坦且被扩展开来。

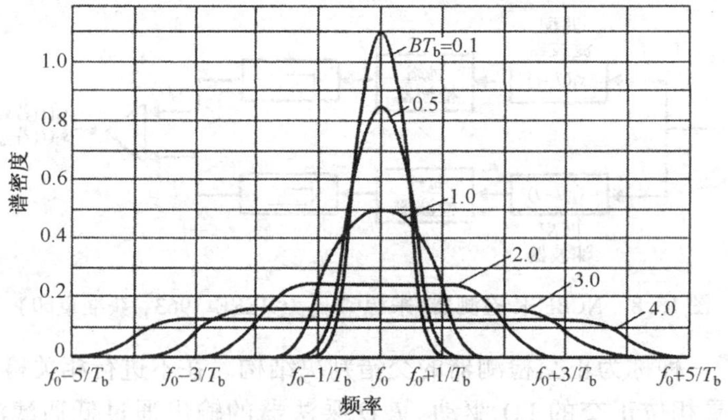

图 13.10 Rayleigh 衰落 OOK 信号的谱密度(引自[7]。©IEEE 1963，获许引用)

图 13.11 为快衰落 BFSK 信号的谱扩展。图 13.8 所示的 FSK 接收机由两个相邻的理想带通滤波器组成，分别位于区间 $(f_1-1/2T_b, f_1+1/2T_b)$ 和 $(f_2-1/2T_b, f_2+1/2T_b)$，频率间隔为 $1/T_b$。频谱的扩展会造成接收机带通滤波器输出信号能量的损失，损失曲线如图 13.12所示，用 $g(BT_b)$ 表示。另一个影响是传号和空号信号谱重叠了。图 13.11 显示了传号和空号信号频谱之间典型的重叠现象。图 13.12 中的函数 $\alpha(BT_b)$ 对应于出现在空号滤波器输出的传号信号的能量部分。图 13.12 中第三条函数曲线是 $\alpha(BT_b)$ 与 $g(BT_b)$ 的比值 $f(BT_b)$

$$f(BT_b)=\frac{\alpha(BT_b)}{g(BT_b)} \tag{13.23}$$

随着 BT_b 增加，这个比值趋近于 1，对应于整个系统的退化。

当热噪声与衰落干扰相比可以忽略时，式(13.22)中的平均错误概率函数可以简化为

$$\overline{P}_{e}=\frac{1+(1+2/\xi)f(BT_b)}{2(1+1/\xi)[1+f(BT_b)]} \tag{13.24}$$

对于窄带 FSK 干扰信号，典型的 BT_b 取较小的数值，按式(13.24)描绘的曲线如图 13.13 所示。可以看到，衰落出现得越快，成功干扰目标接收机的效果就越好。当 $BT_b \geqslant 1.5$ 时，干信比低到 −20 dB时仍然可以成功进行干扰。

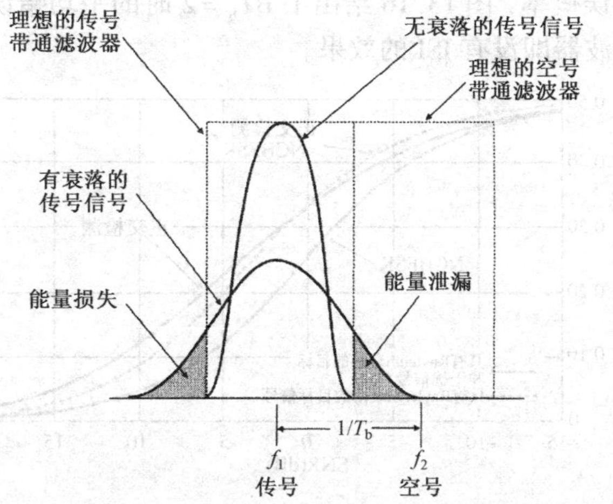

图 13.11　快衰落 BFSK 信号的谱记号(引自[7]。©IEEE 1963，获许引用)

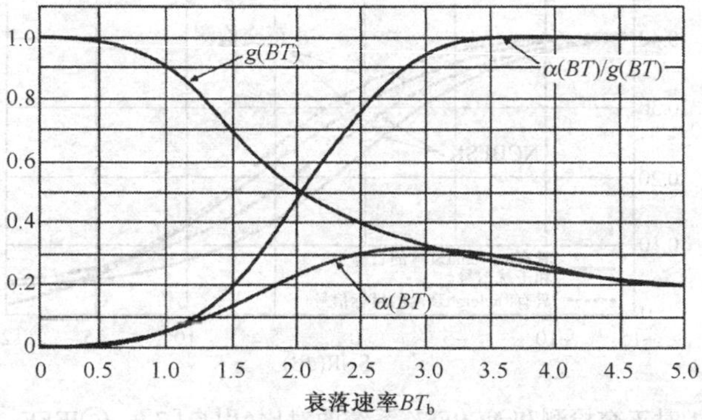

图 13.12　由于信号频谱扩展产生的能量损失。$g(\cdot)$对应于带通滤波器产生的能量损失。$\alpha(\cdot)$对应于因衰落造成频谱扩展导致被传输到相邻带通滤波器中信号功率的数量(引自[7]。©IEEE 1963，获许引用)

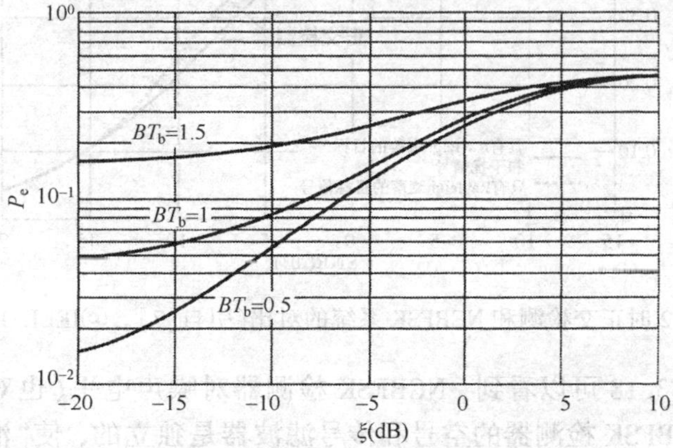

图 13.13　$J \gg N$ 时 NCFSK 的误码率

图 13.14 至图 13.18 给出了正交检测系统(参见图 13.10)与 NCFSK 检测器(参见图 13.9)的对比。图 13.14给出了 $BT_b=0$ 时的平均错误概率，图 13.15 给出了 $BT_b=1$ 且 FSK 检测器没

有独立滤波器的平均错误概率，图 13.16 给出了 $BT_b = 2$ 时的平均错误概率。图 13.17 给出了 FSK 检测器采用独立滤波器即没有 ISI 的效果。

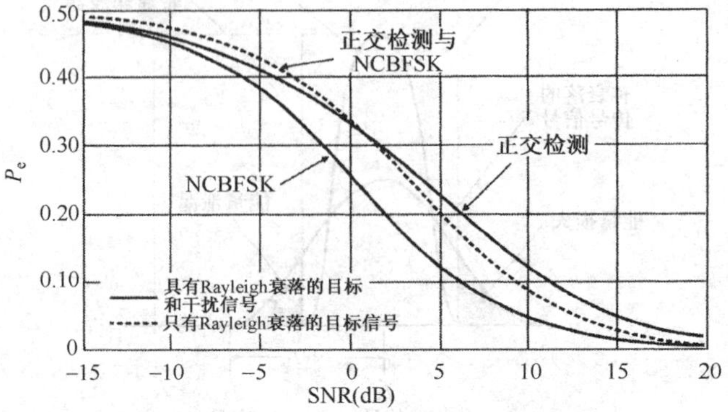

图 13.14 $BT_b = 0$ 时正交检测和 NCBFSK 系统的对比(引自[7]。©IEEE 1963，获许引用)

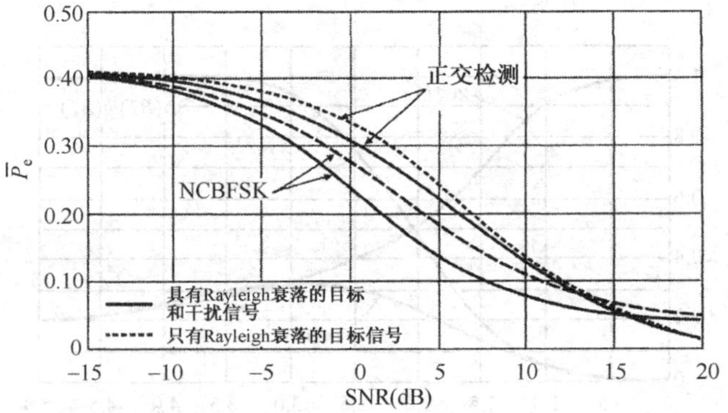

图 13.15 $BT_b = 1$ 时正交检测和 NCBFSK 系统的对比(引自[7]。©IEEE 1963，获许引用)

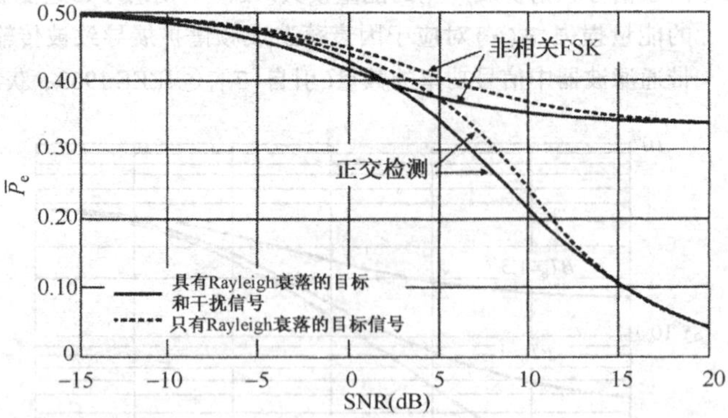

图 13.16 $BT_b = 2$ 时正交检测和 NCBFSK 系统的对比(引自[7]。©IEEE 1963，获许引用)

由图 13.14 至图 13.18 可以看到，NCBFSK 检测器对噪声电平(也对噪声干扰)具有一定的抵抗能力。如果 NCBFSK 检测器的空号和传号滤波器是独立的，使“泄漏”的能量可以忽略或$f(BT_b)$可以忽略，那么从式(13.24)可以看到，与衰落噪声(干扰信号)相比，非衰落噪声可以忽略不计时的平均错误概率为

$$\bar{P}_e = \frac{1}{2\left(1+\frac{1}{\xi}\right)} \tag{13.25}$$

可以看出 FSK 检测器总是优于正交检测系统。图 13.18 给出了 γ =10 dB 时相对于 BT_b 的函数比较。这些曲线阐述了对于 NCBFSK 系统低 ISI 的重要性。为了完整性，图中也包含了只有信号衰落情形的曲线。

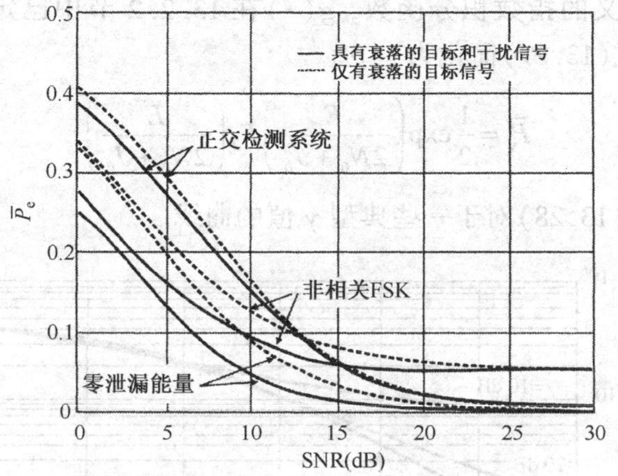

图 13.17 BT_b = 1 时正交检测和 NCBFSK 系统的对比，SNR 的函数单位为dB(引自[7]。©IEEE 1963，获许引用)

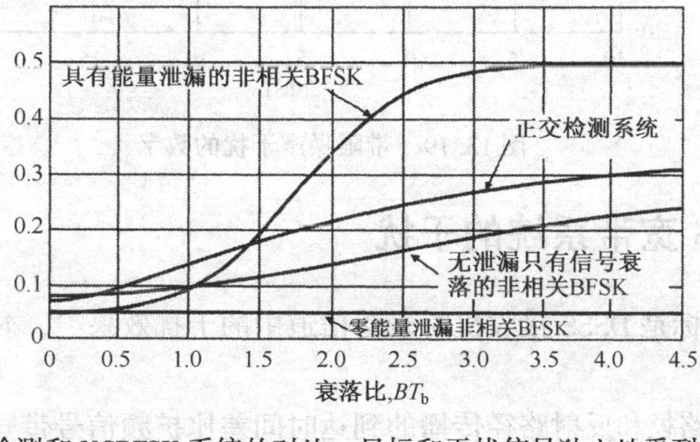

图 13.18 正交检测和 NCBFSK 系统的对比。目标和干扰信号独立地受到衰落，理想的带通衰落谱密度，Rayleigh衰落，γ = 10 dB(引自[7]。©IEEE 1963，获许引用)

式(13.25)表示 $\bar{P}_e$ 与由衰落而损失的能量无关，因为目标和干扰信号同样受到影响。式(13.26)表示 P_e 因衰落而增加，因为信号能量因衰落而减小而无衰落的噪声不变。

$$P_e = \frac{1}{2+\gamma g(BT)} \tag{13.26}$$

13.3.3 带限高斯噪声干扰机

首先考虑的目标信号是宽带信号，具有高比特率，其中 BT_b 较大。如图 13.9 所示，信号由正交检测器进行检测。γ 较小时，使用这种正交检测器。对该目标的干扰信号由带限高斯白噪声组成。

对于正交检测系统，平均错误概率为

$$\bar{P}_{\mathrm{e}}=\begin{cases}BT_{\mathrm{b}}\exp\left[\dfrac{g(BT_{\mathrm{b}})EBT_{\mathrm{b}}}{N_0+J_0}\right]E_{2BT_{\mathrm{b}}+1}\left[\dfrac{g(BT_{\mathrm{b}})EBT_{\mathrm{b}}}{N_0+J_0}\right], & BT_{\mathrm{b}}\geqslant 1/2\\[2ex] \dfrac{1}{2}\exp\left[\dfrac{g(BT_{\mathrm{b}})E}{2N_0+J_0}\right]E_2\left[\dfrac{g(BT_{\mathrm{b}})E}{2N_0+J_0}\right], & BT_{\mathrm{b}}<1/2\end{cases}\tag{13.27}$$

式中 $E_n(x)$ 是前面所定义的指数积分函数，$g(\cdot)$ 在 13.2.2 节中已定义，在慢衰落情况下，$BT_{\mathrm{b}}\approx 0$，$g(BT_{\mathrm{b}})\approx 1$，式(13.27)简化为

$$\bar{P}_{\mathrm{e}}=\frac{1}{2}\exp\left(\frac{E}{2N_0+J_0}\right)E_2\left(\frac{E}{2N_0+J_0}\right)\tag{13.28}$$

图 13.19 绘出了式(13.28)对于一些典型 γ 值的曲线。

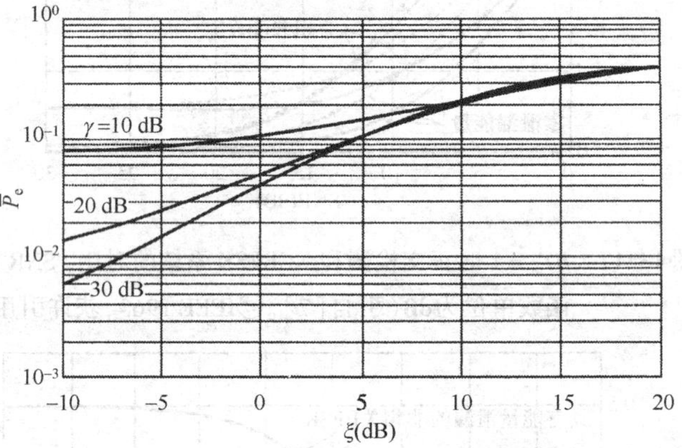

图 13.19　带限噪声干扰的数字

13.4　对 DSSS 宽带系统的干扰

本节将讨论当目标是 DSSS 接收机时衰落信道中的干扰效果[9]，本节的主要材料基于参考文献[5]。

如果信号经直射路径和反射路径传播的到达时间差比扩频信号带宽的倒数小，那么接收机就不能把直射路径信号从非直射路径信号中区分出来。这种情况下，可以应用 13.2.1 节的结果。

另一方面，如果这种时间差远大于扩频信号带宽的倒数，接收机就可以把直射路径信号从非直射路径信号中区分出来。当目标是 DSSS 时，非直射路径要从直射路径中解相关，其效果是通过扩频处理增益降低了多径干扰的带内功率。剩余的干扰具有类似于加性高斯白噪声的统计特性。如果处理增益足够大(达 30 dB 或更大)，假设接收机的 PN 码产生器和直射路径信号精确同步，但是与较弱的非直射路径信号不同步，那么由非直线路径信号引起的干扰几乎对目标系统的性能没有影响。在这种假设下，基带中来自其他路径(解相关后)的干扰和所需的信号电平相比至少低 30 dB，并对抗干扰性能没有影响。

如果干扰信号是宽带的(带宽与目标信号是同一个数量级)，来自非直射路径的干扰对直射路径干扰信号影响很小，所以可用针对无衰落(无多径效应)信号的传统抗干扰分析技术来确定其性能。

13.4.1 BPSK/QPSK

BPSK 与 QPSK 是 DSSS 常用的调制方式。用 γ 表示信噪比，两种调制类型的误码率性能相同，即

$$P_e = Q\left(\sqrt{2\gamma}\right) \tag{13.29}$$

式中 $Q(\cdot)$ 是高斯 Q-函数①，γ 包含了 DSSS 系统提供的处理增益。所以

$$\gamma = G \cdot \mathrm{SNR} \tag{13.30}$$

与比特时间相比，宽带信号因为信道相干时间的限制而快速衰落。上述分析假设衰落为慢衰落。在 1.25 Mb/s($T_b \approx 1\mu$s)，间隔 10 km 的蜂窝系统内，$t \approx 0.5\ \mu$s 是一个可比的数据，可能存在频率选择性干扰。在这种情况下，当宽带信号是慢衰落时，联立式(13.29)和式(13.20)可得

$$\overline{P}_e = \int_0^\infty f_Z(z) Q(\sqrt{2z}) \mathrm{d}z \tag{13.31}$$

对于干扰噪声功率密度为 J_0 的宽带干扰信号，根据信号波形中调制 PSK 信号方法的不同，对宽带干扰噪声(BBN)应用衰减因子 κ。对于 BPSK 和 QPSK[6, 10]，有

$$P_e = Q\left(\sqrt{2\frac{E_b}{N_0 + \kappa J_0}}\right) \tag{13.32}$$

式中，对 BPSK，κ =0.903；对 MPSK($M>2$)，κ =0.995。最后得到

$$P_e = Q\left(\sqrt{2\frac{1}{1/G\gamma + \kappa\dfrac{\xi}{G}}}\right) \tag{13.33}$$

式中 γ 是解相关前的信噪比(在经过带宽为 $B=R$ 的低通滤波器滤波后，$G\cdot\gamma$ 是解相关后检测前的信噪比)，ξ 是解相关前的干信比。图 13.20 给出了不考虑任何链路衰落 $G=18$ dB 时相对于 ξ 的误码率。例如 γ = −20 dB 时，解相关后检测前，SNR 是 −20 + 18 = −2 dB。当 γ = −10 dB时，检测前的信噪比是 −10 + 18 =8 dB。对于 $\gamma \geqslant -15$ dB 左右，在 ξ 大到可以克服处理增益点时，得到的误码率为 10^{-1}。

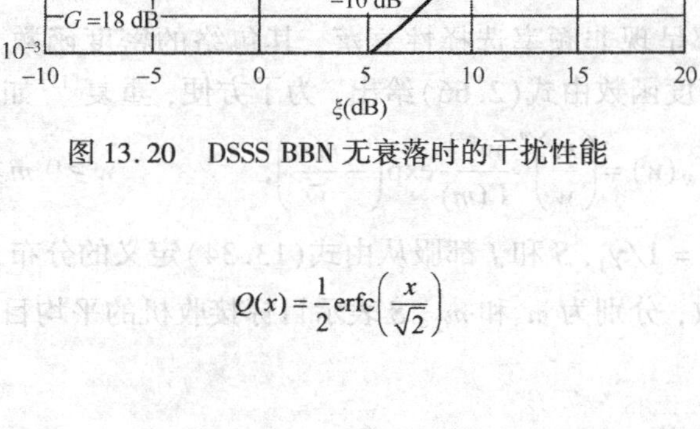

图 13.20　DSSS BBN 无衰落时的干扰性能

① 高斯 Q 函数为

$$Q(x) = \frac{1}{2}\mathrm{erfc}\left(\frac{x}{\sqrt{2}}\right)$$

假设干扰波形是宽带高斯噪声，带宽至少与目标信号相同，且 $J_0 \gg N_0$ 时，干扰效果如图 13.21所示。注意目标网络的干扰容限;当干扰信号也是宽带信号时，宽带目标需要高得多的干扰功率。这是因为干扰信号被扩展到一个相当宽的带宽上。与用正确的 PN 码对信号的解相关不同，解相关过程没有把干扰信号汇集起来。对于 PSK 信号，解相关过程通过上述 κ 因子降低了干扰信号电平，所以，当考虑衰落时，对 DSSS 目标有效干扰要困难得多。

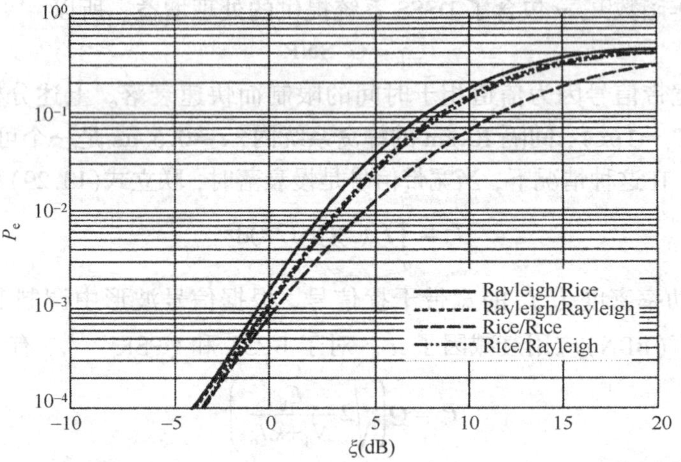

图 13.21　QPSK 信号的宽带干扰的示例。$C_S = C_J = 1$，$\sigma_J = 1$，PG = 13 dB

13.4.2　讨论

本节分析了两种链路都经历 Rice 衰落时对窄带和宽带目标干扰的性能。分析过程中使用了与两种 Rice 分布随机变量之比相对应的概率密度函数，与不考虑衰落相比，有衰落时要提供更多的抗干扰冗余。一般所需要的抗干扰处理增益会增加 10 ~ 20 dB，依赖于所需要的通信能力和衰落的类型。应用这些结果有两个主要的限制:衰落速率必须比数据率慢;信号带宽必须足够小，使得衰落可以认为是平坦的(非频率选择性)。

13.5　Nakagami 衰落中的干扰特性

本节分析目标发射机和接收机之间的信道以及干扰机和目标接收机之间的信道为Nakagami-m 衰落特性时的干扰性能[11]。本节是以 Wojner[12] 和 AlHussaini[13] 的推导为基础进行改编的，其中有效性测度(MOE)是干扰成功与通信成功的比。

13.5.1　慢衰落

假定信号与干扰都呈现非频率选择性衰落，其包络的密度函数足以用 Nakagami 分布表示，信号功率的概率密度函数由式(2.66)给出，为了方便，重复[13]如下

$$f_W(w) = \left(\frac{m}{\bar{w}}\right)^m \frac{w^{m-1}}{\Gamma(m)} \exp\left(-\frac{mw}{\bar{w}}\right), \qquad w \geqslant 0, m \geqslant \frac{1}{2} \tag{13.34}$$

用 γ_J 表示 SJR，那么 $\xi = 1/\gamma_J$，S 和 J 都服从由式(13.34)定义的分布，且有 $w \in \{S, J\}$，但一般具有不同的衰落参数，分别为 m_S和 m_J。$\bar{S}$ 表示目标接收机的平均目标信号功率，$\bar{J}$ 表示干扰

机的平均信号功率。假定目标信号和干扰信号功率足够大，噪声可以忽略不计，那么干扰目标的概率为

$$P_{\mathrm{J}} \triangleq P\{\bar{S} \leqslant c\bar{J}\} \tag{13.35}$$

对于某一适当的 c 值，有

$$P_{\mathrm{J}} = P\{\gamma_{\mathrm{J}} \leqslant c\} = F_{\Gamma_{\mathrm{J}}}(c) \tag{13.36}$$

式中 $F_{\Gamma_{\mathrm{J}}}(c)$ 是 γ_{J} 的累积分布函数，定义为

$$F_{\Gamma_{\mathrm{J}}}(c) = \int_{-\infty}^{c} p_{\Gamma_{\mathrm{J}}}(x)\mathrm{d}x \tag{13.37}$$

此时，$p_{\Gamma_{\mathrm{J}}}(\gamma_{\mathrm{J}})$ 是 γ_{J} 的概率密度函数。因为这是唯一的感兴趣的情形，假设 $\bar{S} \geqslant 0$ 且 $\bar{J} \geqslant 0$，那么式(13.37)的下限①可以设为 0，因此

$$F_{\Gamma_{\mathrm{J}}}(c) = \int_{0}^{c} p_{\Gamma_{\mathrm{J}}}(\gamma_{\mathrm{J}})\,\mathrm{d}\gamma_{\mathrm{J}} \tag{13.38}$$

式中 γ_{J} 的概率密度函数由参考文献[13]给出，即

$$p_{\Gamma_{\mathrm{J}}}(\gamma_{\mathrm{J}}) = \frac{h^{m_{\mathrm{S}}}\gamma_{\mathrm{J}}^{m_{\mathrm{S}}-1}}{B(m_{\mathrm{S}}, m_{\mathrm{J}})(1+h\gamma_{\mathrm{J}})^{m_{\mathrm{S}}+m_{\mathrm{J}}}} \tag{13.39}$$

其中

$$h = \frac{m_{\mathrm{S}}}{m_{\mathrm{J}}}\xi$$

且

$$B(m_{\mathrm{S}}, m_{\mathrm{J}}) = \frac{\Gamma(m_{\mathrm{S}})\Gamma(m_{\mathrm{J}})}{\Gamma(m_{\mathrm{S}}+m_{\mathrm{J}})} \tag{13.40}$$

$B(m_{\mathrm{S}}, m_{\mathrm{J}})$是 β 函数[14]。干扰成功的平均概率由不完全 β 函数[15]给出

$$\bar{P}_{\mathrm{J}}(m_{\mathrm{S}}, m_{\mathrm{J}}) = \frac{1}{B(m_{\mathrm{S}}, m_{\mathrm{J}})}\int_{0}^{k} u^{m_{\mathrm{S}}-1}(1-u)^{m_{\mathrm{J}}-1}\,\mathrm{d}u \tag{13.41}$$

其中

$$k = \frac{\gamma_{\mathrm{th}} m_{\mathrm{S}}}{\gamma_{\mathrm{th}} m_{\mathrm{S}} + m_{\mathrm{J}}/\xi}$$

式中 γ_{th} 是一个阈值，低于它通信就无效，也就是说，干扰就成功了。

当 m_{S}、m_{J}和 γ_{th} 变化时，可以用数值求解式(13.41)得到干扰成功的概率。图 13.22 给出了其结果。在 Nakagami 衰落存在时，与没有这种衰落相比，干扰性能要好得多。对此，直观的解释是，对于成功的数字通信，大多数比特数必须是无错的。对于 10^{-3}的误码率，99.9%的比特信息应该是成功传输的。另一方面，可以证明[16]，在干扰达到 10^{-1} 的误码率就可以破坏这种系统的通信，甚至对通信信号应用常见的 FEC 编码方式时也是如此。因此尽管干扰机有效干扰时间比通信系统的时间少，但仍然可以成功。由于衰落对通信有害，它对目标链路的影响比干扰链路的影响大。

① 该假设不包含 $\gamma \geqslant 0$，$\xi \geqslant 0$。

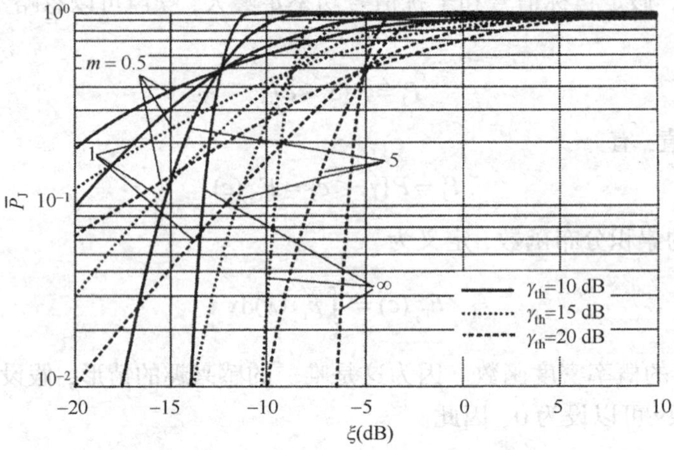

图 13.22 一些典型阈值下的 Nakagami 型慢衰落信道曲线，ξ 是干信比，单位 dB，$m_S = m_J = m$

13.5.2 快衰落

在快衰落的情形中，假设与数据率相比是慢衰落，但与信息持续时间相比是快衰落。此时，平均错误概率为

$$\bar{P}_e = \frac{1}{2}\int_0^\infty p_Z(z)e^{-az}dz \tag{13.42}$$

式中 $p_z(z)$ 由式(13.39)给出，且 a 定义为

$$a = \begin{cases} 1/2, & \text{NCFSK} \\ 1, & \text{DPSK} \end{cases} \tag{13.43}$$

当 ξ 变化时，对于 $m_S = m_J = m$ 的某些值，对式(13.42)的数值估计得到的结果如图 13.23 所示。同样，在慢衰落情况下，Nakagami 型衰落对干扰目标链路的能力具有显著的影响。当衰落严重时，即 $m \leqslant 1$ 时，干扰有效的速率呈线性增长；在衰落很小或不存在时，干扰有效的速度随指数增长。这是干扰机的一个显著优势。注意，一般来说，对干扰而言 NCBFSK 比DBPSK更脆弱。

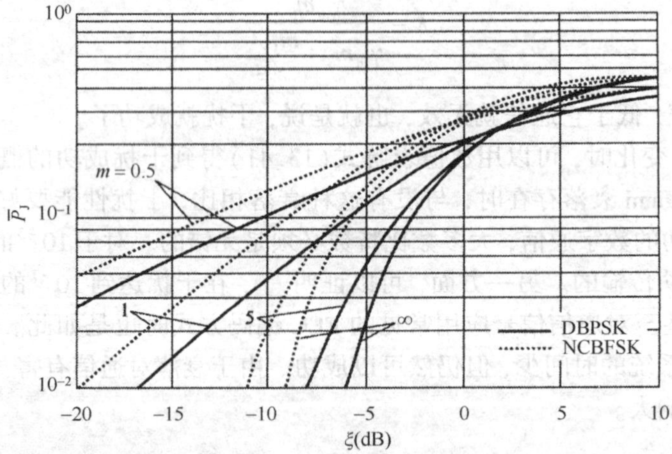

图 13.23 中等速度 Nakagami 型衰落下的平均干扰概率：虚线，NCFSK；实线，DPSK($m_S = m_J$)

13.6 对 FHSS 宽带系统的干扰

Simon 等指出，当目标通过 Rayleigh 衰落信道而干扰信号没有衰落时，对 FHSS 目标信号的最佳干扰策略是宽带干扰[16]。如前所述，Wojnar[12]评估了具有无衰落干扰时的 Nakagami-m 衰落信号。本节考虑当信号或信号和干扰都经历 Nakagami-m 衰落(包含 Rayleigh 衰落这种特殊情况)时的宽带和最佳部分频带干扰，利用较大的 SNR 近似得到了简单的误码率表达式。本节详细参考了参考文献[17]。

13.6.1 噪声干扰

AWGN 中的 NCBFSK 误码率

$$P_{e,AWGN} = \frac{1}{2}e^{-\gamma_n/2} \tag{13.44}$$

式中 $\gamma_n = E_b/N_0$是信噪比，定义为比特能量与噪声功率密度之比。乘上比特率与噪声带宽的比，这个参数可以转化为功率比，用γ表示，通常假定后者为信道带宽。假设信号在 W_{ss} Hz 带宽跳频，每一比特信息在单一频率上发射，通常称之为快速跳频(FFH)，尽管通常认为速度是区分慢跳频(SFH)和快跳频(FFH)的标准。如果多个比特信息在单一频率上发射(SFH)，通常假设交织器将比特流的顺序随机化。使比特在比特流中彼此相对移动，进行随机化，提高了通信链路的误码率性能。

考虑干扰机是一个宽带干扰机，其发射类似于高斯白噪声的信号，功率均匀分布在 W_{ss} Hz 带宽上(BBN 干扰)。假设噪声干扰信号出现时，比噪声要强得多，后者可以忽略不计。如干扰功率为 J，那么干扰机功率谱密度为 $J_0 = J/W_{ss}$。信干比(SJR)定义为 $\gamma_J = E_b/N_0 = GS/J$，其中 S 是信号能量，$1/T$ 是数据率，$G = W_{ss}T$ 为扩频处理增益。用 $\xi = 1/\gamma_J$ 来表示信干比。如果 $J_0 \gg N_0$，那么宽带干扰的误码率近似由式(13.44)估计，并用 γ_J 替换 γ_n。部分频带干扰噪声(PBN)干扰是将能量集中在 W_{ss}的 βW_{ss} Hz 部分宽带上($0 < \beta \leqslant 1$)，以概率β干扰信号。当信号被干扰时，有效干扰功率密度为J_0/β (β称为部分频带干扰带宽)。如果被干扰后的误码率增大比带宽系数降低快，那么较小的β值就会导致较大的误码率。对 PBN 干扰更完整的讨论参见参考文献[6]。

当γ远大于γ_J时，无干扰带宽内的错误概率可以忽略，总的错误概率近似估计为

$$P_{e,PBN} = \frac{\beta}{2}e^{-\beta\gamma_J/2} \tag{13.45}$$

相对于β对式(13.45)取极大值，最优部分带宽 $\beta^* = \min(1, 2/\gamma_J)$，得到有效误码率[6, 17]

$$P^*_{e,PBN} = \begin{cases} \frac{1}{2}e^{-1/2\xi}, & \beta = 1 \\ e^{-1}\xi, & \beta < 1 \end{cases} \tag{13.46}$$

13.6.2 信号衰落

当只有信号受衰落影响时，主要的干扰是 AWGN 或无衰落干扰，γ或γ_J成为$\gamma = \alpha_s\bar{\gamma}$，其中 α_S是均值为 1、衰落服从 Nakagami-m 分布的信号，$\bar{\gamma}$是平均γ_J或γ。衰落损耗随目标信号跳变而随机变化，干扰误码率是衰落下的平均误码率[6]

$$P_{fc} = \frac{m^m}{2\Gamma(m)}\int_0^{\infty}\alpha_S^{m-1}\exp\left[-\left(m+\frac{1}{2\xi}\right)\alpha_S\right]d\alpha_S$$

$$= \frac{1}{2}\left(\frac{m}{m+1/2\xi}\right)^m \tag{13.47}$$

$m=1$ 时，式(13.47)与干扰时 Rayleigh 衰落信号的结果一致[12, 17]。图 13.24 给出了宽带干扰时应用式(13.47)得到的衰落信号误码率曲线。同时也给出了目标信号与干扰信号都受到衰落时所得到的曲线。对于较小的 m 值，衰落很严重，误码率则随着 ξ 的增加而缓慢增大。当 m 增加时，其性能趋近于无衰落信号的曲线。

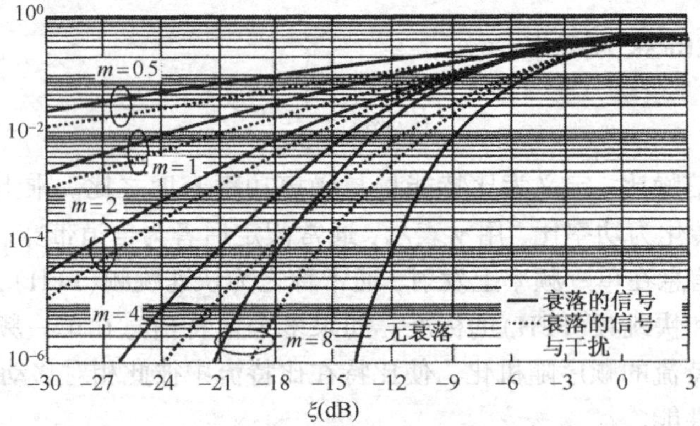

图 13.24 对于不同的信号衰落参数 m 值，无衰落信号遭受宽带干扰的近似误码率。在出现干扰时，无论有没有衰落，都具有一致的信号与干扰衰落统计特性(引自[17]。©IEEE 2003，获许引用)

参考文献[17]已证明，干扰 Rayleigh 衰落目标信号的最优策略是宽带干扰。对于 $m>1$ 的 Nakagami-m 型衰落这一结论并不一定是正确的。假定 $J_0 \gg N_0$，具有部分频带宽度 β 的部分频带干扰误码率为

$$P_{fc}(\beta) = \frac{\beta}{2}\left(\frac{m}{m+\beta/2\xi}\right)^m \tag{13.48}$$

基于式(13.48)的最优干扰带宽

$$\beta_{fc}^* = \begin{cases} \min\left(1, 2\xi\dfrac{m}{m-1}\right), & m>1 \\ 1, & m\leqslant 1 \end{cases} \tag{13.49}$$

正如所预期的，$m\leqslant 1$ 时，最优策略是宽带干扰；$m>1$ 时，最优策略在 ξ 很大时为宽带干扰。随着 ξ 减小，最优干扰带宽变窄。在较小的 ξ 区域，最优部分频带干扰的误码率为

$$P_{fc}^*\left(\xi < \frac{m-1}{2m}\right) = \xi\left(\frac{m-1}{m}\right)^{m-1} \tag{13.50}$$

图 13.25 给出了部分频带宽度 β 的最优干扰曲线(假设 γ 较大，具有参数 m_s)，也给出了目标信号与干扰信号都遭受衰落时所得到的曲线。假设信号与干扰衰落参数相等，$m_J=m_s$。$m_s\leqslant 1$时，对于所有 ξ 最佳干扰技术是宽带干扰。$m_s>1$ 时，一旦 ξ 超过$(m-1)/2m$，最佳带

宽就随着 ξ 倒数的增加而增加。图 13.26 是所得到的 BER 曲线。依赖于衰落参数的不同，ξ 在 -12 ~ -6 dB 范围内变化，BER 上升到 10^{-1}以上。

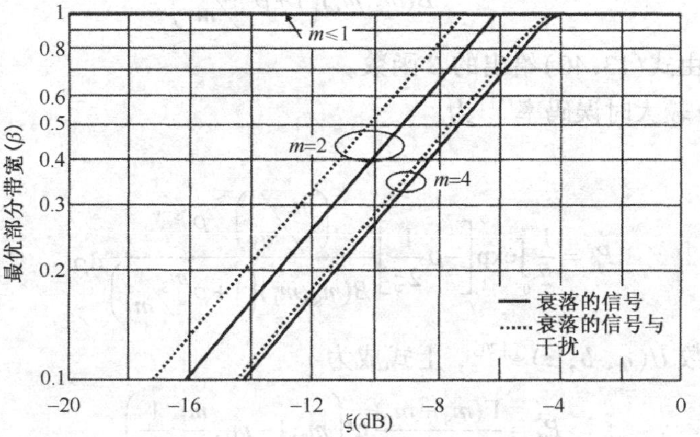

图 13.25　在部分频带干扰下的衰落信号对不同信号衰落参数值 m 的最佳分数带宽 β。干扰有衰落或者无衰落，因此 $m = m_S = m_J$（引自[17]。©IEEE 2003，获许引用）

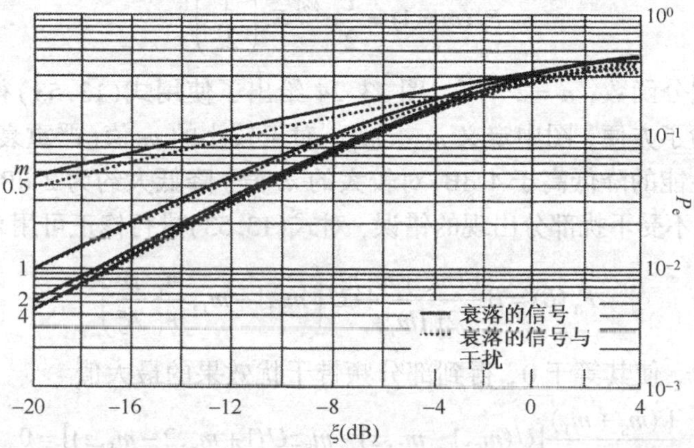

图 13.26　在最佳部分频带干扰时信号衰落参数 m 取不同值的衰落信号误码率。干扰有衰落或无衰落，出现信号与干扰时衰落的统计特性一致。可以看到，干扰信号衰落的效果对误码率几乎没有影响（在较低ξ时为1dB）（引自[17]。©IEEE 2003，获许引用）

13.6.3　目标信号与干扰信号同时衰落

可以预期存在目标信号衰落时干扰信号也衰落的情形，特别是两者通常相对较近的时候。本节讨论干扰信号衰落如何影响干扰效果。通常目标发射机、接收机和干扰机三者不在一条直线上，这可能导致目标信号与干扰信号具有相同的信道，所以这两个信号都要经历同样的衰落，只是具有不同的形状参数，信号参数为 m_S，干扰参数为 m_J，发射机到接收机和接收机到干扰机之间的传播距离也是不同的。相反，较小的分布式干扰机[18]的衰落可能比目标链路更严重（在第 15 章将讨论分布式干扰系统）。

信号和干扰机功率各自乘以单位均值、衰落因子 α_S 和 α_J，信干比 SJR 为 $\gamma_J = \rho\bar{\gamma}_J$，其中 $\rho = \alpha_S/\alpha_J$。作为两个独立的χ方随机变量，ρ 也是一个服从 F 分布特征[19]的随机变量，其功率密度为

$$p(\rho)=\frac{\left(\frac{m_S}{m_J}\right)^{m_S}\rho^{m_S-1}}{B(m_S,m_J)\left(1+\rho\frac{m_S}{m_J}\right)}\tag{13.51}$$

式中 $B(m_S, m_J)$ 是由式(13.40)给出的 β 函数。

对宽带干扰，γ 较大时误码率[11]为

$$P_{ff}=\frac{1}{2}\int_0^\infty \exp\left[-\rho\frac{1}{2\xi}\right]\frac{\left(\frac{m_S}{m_J}\right)^{m_S}\rho^{m_S-1}}{B(m_S,m_J)\left(1+\rho\frac{m_S}{m_J}\right)}d\rho\tag{13.52}$$

使用合流超几何函数 $U(a, b, z)$①[20]，上式成为

$$P_{ff}=\frac{\Gamma(m_S+m_J)}{2\Gamma(m_J)}U\left(m_S,1-m_J,\frac{m_J}{m_S}\frac{1}{2\xi}\right)\tag{13.53}$$

在信号和干扰都是 Rayleigh 衰落(无直接分量)的特殊情况下，$m_S = m_J = 1$，误码率为

$$P_{ff}(m=1)=\frac{1}{2}e^{1/2\xi}E_2\left(\frac{1}{2\xi}\right)\tag{13.54}$$

式中 $E_2(\cdot)$ 是指数积分函数，$n = 2$[21]②，图 13.24 给出了使用式(13.53)得到的宽带干扰和无衰落干扰的结果。为了方便，图中定义 $m_S = m_J$。对于较小的 m 值(严重衰落的环境)，干扰信号的衰落会使干扰性能的降低高于 4 dB;对较大的 m 值，降低大约为 2 dB。

忽略跳频带宽上不受干扰部分出现的错误，对式(13.53)进行修正可用来反映部分频带干扰

$$P_{ff}(\beta)=\beta\frac{\Gamma(m_S+m_J)}{2\Gamma(m_J)}U\left(m_S,1-m_J,\frac{m_J}{m_S}\frac{\beta}{2\xi}\right)\tag{13.55}$$

该方程相对于 β 微分，使其等于 0，得到部分频带干扰效果的最大值

$$\frac{\Gamma(m_S+m_J)}{2\Gamma(m_J)}\left[U(m_S,1-m_J,z)-m_S zU(1+m_S,2-m_J,z)\right]=0\tag{13.56}$$

式中 $z = m_J\beta/2\xi m_S$，必须利用数值计算这个方程以获取最优值 z^*，最优干扰策略为

$$\beta^*=\min(1,2m_S\xi z^*/m_J)\tag{13.57}$$

利用参考文献[25]，式(13.56)可以写成

$$m_S(m_S+m_J)U(1+m_S,2-m_J,z)=(m_S-1)U(m_S,1-m_J,z)\tag{13.58}$$

对于所有的输入参数集合 $\alpha > 0$ 和 $z > 0$，函数 $U(a, b, z)$ 为正，说明 $m_S \leqslant 1$ 时，不存在有限的 z^* 满足最优条件，因此最优干扰是宽带干扰。$z = 0$ 时，式(13.58)的左边大于右边。当 $z\to\infty$ 时，刚好相反，说明 $m_S > 1$ 时存在一个解 z^*。最优干扰策略是否是宽带取决于乘积项 $z^*\xi$。

① 合流超几何函数的积分定义为

$$U(a,b,z)\triangleq {}_1F_1(a;b;z)=\frac{\Gamma(b)}{\Gamma(a-b)\Gamma(a)}\int_0^1 e^{2x}x^{a-1}(1-x)^{b-a-1}dx$$

② 指数积分为

$$E_n(x)=\int_1^\infty \frac{e^{-xt}}{t^n}dt,\qquad x>0, n=0,1,\cdots$$

图 13.27 是衰落信号在有衰落干扰和无衰落干扰时的误码率曲线。信号和衰落干扰的参数在 0.5 ~4 范围内独立变化。ξ 较大时，干扰衰落参数对性能的影响较大，但 ξ 足够小时，误码率低于 10^{-1}，而且随 m_J 变化很小，信号衰落参数 m_S 对性能影响较大。如图 13.26 所示，在 $m_S \geqslant 1$ 的最佳部分频带干扰下，有衰落干扰与无衰落干扰误码率性能曲线之间的差别不大。

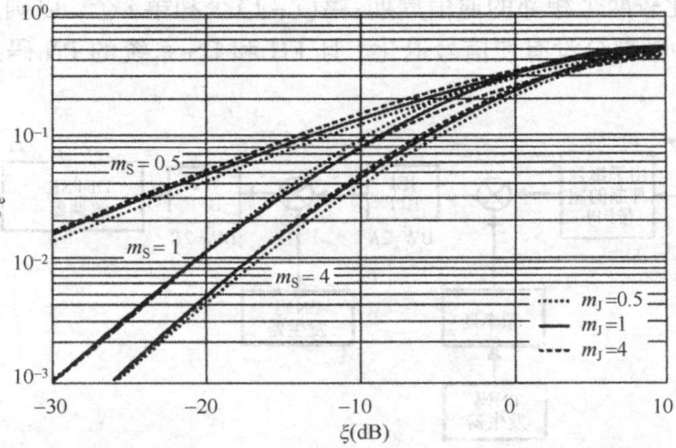

图 13.27　不同衰落系数下有衰落的部分频带干扰，最佳干扰带宽时的衰落信号的误码率（引自［17］。©IEEE 2003，获许引用）

13.6.4　注释

当目标和干扰机信号服从 Nakagami-m 衰落时，对 FH-NCBFSK 目标信号在宽带干扰和最佳部分频带干扰时干扰性能进行评估，发现最优干扰策略主要由信号衰落参数决定。在不存在干扰衰落且 $m_S \leqslant 1$ 时宽带干扰是最佳的；当 ξ 降低到小于 $(m_S-1)/2\,m_S$ 时，最佳带宽不再随着 ξ 线性变化。在这一区域，误码率也不再随着 ξ 线性变化。

当干扰衰落降低干扰性能达到 2 ~4 dB 的功率增益时，只有在宽带干扰情况下干扰衰落才对误码率性能具有明显的影响。当 $m_S>1$ 且干扰策略最优化时，最佳干扰衰落策略会随干扰衰落的参数而变化，但当带宽被最优化时，干扰衰落对误码率几乎没有影响。

13.7　对混合带宽系统的干扰

跳频扩频（FHSS）低截获概率（LPI）通信系统最大的优点是难以截获且结构简单。直扩（DSSS）LPI 通信系统最大的优点是其固有的保密性——难以检测到，然而制作起来比较复杂。本节讨论第 3 种类型的 LPI 通信系统，它将 FHSS 和 DSSS 各自的优点组合起来，称之为混合系统，具有其他系统都具备的特点[22]。

在具有对数正态阴影 Rayleigh 衰落的干扰信道中，通过描述 LPI 通信系统的平均比特误码率，评估干扰的性能[8]。假设目标信号采用 DBPSK 调制（即使不是所有的，多数 DSSS 系统都是采用某种形式的 PSK）。

接收机模型如图 13.28 所示。为了抑制镜像干扰，对接收信号进行滤波，以直扩带宽（$2R_c$）解跳与滤波，然后进行直扩解扩。干扰信号被扩展到 $2R_c$（远大于数据率 R_i），以信息带宽（$2R_i$）对解扩信号进行窄带滤波得到扩频信号的增益。

令第 i 个信令期间二进制 DPSK 解调器的输入为 $r_i(t)$，它由 3 个不同的部分组成：$s_i(t)$ 为消息

信号，$j_i(t)$为直扩干扰信号，$n_i(t)$为高斯随机过程。因此接收信号可以表示为有干扰信号存在时

$$r_i(t)=s_i(t)+j_i(t)+n_i(t) \tag{13.59}$$

无干扰信号时

$$r_i(t)=s_i(t)+n_i(t) \tag{13.60}$$

DBPSK 解调器比较两个相邻的通信周期：第$(i-1)$个和第i个，以确定下一个周期是什么符号。假设接收机中频部分没有使信号退化，且 FH 和 DS 系统的 PN 码发生器与目标发射机能够准确同步。

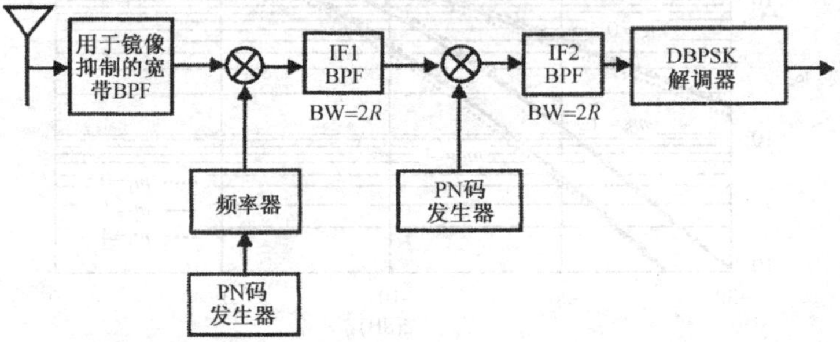

图 13.28 混合 LPI 信号接收机(引自[23]。©IEEE 1991，获许引用)

第i个信号通信期间，DBPSK 信号可以表示为

$$s_i(t)=\sqrt{2S}\cos(\omega_c t+\theta_i) \tag{13.61}$$

式中θ_i可取 0 或 π 弧度，ω_c是 DBPSK 解调载波信号的频率(可认为是 IF 的中心频率)，S是信号的平均功率。

由于信道的多径传播以及来自其他信号的干扰，接收信号的包络$\sqrt{2S}$快速起伏。在大部分城市和某些乡村环境中，这种波动大致服从瑞利概率密度函数的分布。在对这些通信系统的分析中，通常将大约 50 m 范围的信号包络归一化为局部平均信号电平，因为存在对数正态阴影[23]，典型的局部均值波动为 6～12 dB。

当输入为 AWGN 时，中频序列的输出可用正交分量表示为

$$n_i(t)=n_{Ii}(t)\cos(\omega_c t)-n_{Qi}(t)\sin(\omega_c t) \tag{13.62}$$

式中$n_{Ii}(t)$，$n_{Qi}(t)$为独立高斯随机过程，在第i个信号通信期间服从零均值、双边功率谱密度为$N_0/2$的分布。假设

$$\mathcal{E}\{n_i(t)n_k(t)\}=0,\qquad i\neq k \tag{13.63}$$

具体来说，假设干扰信号是宽带拦阻信号。本节将讨论它对混合 SS 信号的有效性。为此，假设拦阻波形在中频带宽$2R_c$上具有常数功率谱密度J_0，假设频道要么被完全干扰，要么根本就没被干扰，得到每信道的功率谱密度为J_0/K，其中K为受干扰的 FH 信道数。

为了评估干扰 DBPSK 信号的有效性，必须考虑 4 种情况：存在两个符号周期，第$(i-1)$个和第i个。每个周期可以受到干扰波形的影响，也可以不受干扰波形的影响，依赖于信道在周期内是否被干扰。

接收机的直扩过程是把干扰信号扩展开来，将其中心谱密度降低一个标量因子。直扩解扩过程将使输入的窄带干扰(interference)信号，或者窄带干扰(jammer)功率分布在$2R_c$上，对于所讨论的带限噪声干扰，直扩处理增益并不能使功率电平下降。功率谱密度降低了，但几乎与处理增益无关。已经确定出这一因子[24]为

$$S_n = 0.9028 \tag{13.64}$$

因此对于功率谱密度为 $J_0/2$ 的干扰信号，在解相关过程之前，在图 13.28 中的第二中频滤波器中心处的谱密度幅度为

$$S_n \frac{J_0}{2} \tag{13.65}$$

尽管解相关过程使得干扰谱密度不再具有恒定幅值，但第二中频的滤波器是窄带的，仍然可以假设它是式(13.65)规定的电平。

为表述方便，令第$(i-1)$个时间周期受到的干扰为 J_{i-1}，第 i 个时间周期受到干扰为 J_i，类似地，可以分别定义相反的情形 $\bar{J}_{i-1}$ 和 $\bar{J}_i$ 。

直扩解相关过程使得阻塞干扰信号的功率降低，每干扰信道的有效干扰功率谱密度为 S_nJ_0/K 。进一步来说，直扩解相关后第二中频处的窄带滤波进一步降低了干扰功率谱密度，使有效的功率谱密度为

$$J_e = \frac{S_n J_0 R_i}{KR_c} \tag{13.66}$$

无论干扰存在与否，对于双边谱密度为 $N_0/2$ 的 AWGN 中的 DBPSK，当两个周期都没有受到干扰时，条件错误概率是

$$P\{错误|\bar{J}_{i-1},\bar{J}_i\} = \frac{1}{2}\exp\left[-\frac{S}{N_0}\right] \tag{13.67}$$

当两个周期同时被干扰时

$$P\{错误|J_{i-1},J_i\} = \frac{1}{2}\exp\left[-\frac{S}{N_0+N_e}\right] \tag{13.68}$$

当两个周期不都被干扰时

$$P\{错误|J_{i-1},\bar{J}_i\} = P\{错误|\bar{J}_{i-1},J_i\} = \frac{1}{2}[1-Q(b,a)+Q(a,b)] \tag{13.69}$$

其中 $Q(\cdot,\cdot)$是 Marcum Q 函数①，且

$$a = \sqrt{\frac{S}{2}}\left[\frac{1}{\sqrt{N_0}} - \frac{1}{\sqrt{N_0+N_e}}\right] \tag{13.70}$$

$$b = \sqrt{\frac{S}{2}}\left[\frac{1}{\sqrt{N_0}} + \frac{1}{\sqrt{N_0+N_e}}\right] \tag{13.71}$$

式(13.67)和式(13.68)以信噪比形式表示为

$$\gamma = \frac{S}{N_0} \tag{13.72}$$

干信比为

$$\xi = \frac{J_0}{S} \tag{13.73}$$

$$P\{错误|\bar{J}_{i-1},\bar{J}_i\} = \frac{1}{2}\exp[-\gamma] \tag{13.74}$$

---

① Marcum Q 函数为

$$Q(a,b) = \int_b^\infty x\mathrm{e}^{-\frac{x^2+a^2}{2}} I_0(ax)\mathrm{d}x$$

其中 $I_0(\cdot)$ 为第一类 0 阶贝塞尔函数。

$$P\{错误|J_{i-1},J_i\}=\frac{1}{2}\exp\left[-\frac{\gamma/\xi}{1/\xi+k\gamma}\right] \tag{13.75}$$

其中

$$k=\frac{S_nR_i}{KR_c} \tag{13.76}$$

同样地，式(13.70)和式(13.71)可以写成

$$a=\sqrt{\frac{\gamma}{2}}-\sqrt{\frac{\gamma/\xi}{2\left(1/\xi+k\gamma\right)}} \tag{13.77}$$

$$b=\sqrt{\frac{\gamma}{2}}+\sqrt{\frac{\gamma/\xi}{2\left(1/\xi+k\gamma\right)}} \tag{13.78}$$

为了包含 Rayleigh 衰落和渐进对数正态的影响，γ 和 ξ 必须作为随机变量，而不是常量，必须确定联合概率密度函数 $\rho(\gamma,\xi)$，必须在随机变量范围内对条件概率式(13.69)、式(13.74)和式(13.75)取平均值。根据如下定义化简条件概率[24]：

平均信噪比

$$\overline{\gamma}=\frac{4\times 10^{\overline{m}_d/10}}{2\pi N_0} \tag{13.79}$$

相对于噪声功率谱密度的归一化均值

$$\overline{m}_d=\frac{4\times 10^{m_d/10}}{2\pi N_0} \tag{13.80}$$

考虑 Rayleigh 衰落和对数正态阴影影响的条件概率为

$$P\{错误|\overline{J}_{i-1},\overline{J}_i\}=\frac{1}{2}-\frac{5}{\sqrt{2\pi\sigma\ln(10)}}\int_0^{\infty}\frac{1}{\overline{\gamma}+1}\exp\left[-\frac{1}{2\sigma^2}\left(10\lg\frac{\overline{\gamma}}{\overline{m}_d}\right)^2\right]d\overline{\gamma} \tag{13.81}$$

$$P\{错误|J_{i-1},J_i\}=\frac{1}{2}-\frac{5}{\sqrt{2\pi\sigma\ln(10)}}\int_0^{\infty}\frac{1}{\overline{\gamma}+k\nu+1}\exp\left[-\frac{1}{2\sigma^2}\left(10\lg\frac{\overline{\gamma}}{\overline{m}_d}\right)^2\right]d\gamma_0 \tag{13.82}$$

其中

$$\nu=\frac{\overline{m}_d}{\overline{m}_{d\varepsilon}} \tag{13.83}$$

且

$$\overline{m}_{d\varepsilon}=\frac{4\times 10^{m_d/10}}{2\pi J_0} \tag{13.84}$$

$$P\{错误|\overline{J}_{i-1},J_i\}=P\{错误|J_{i-1},\overline{J}_i\}=\frac{1}{2}-\frac{5}{\sqrt{2\pi\sigma\ln(10)}}\times\int_0^{\infty}\frac{1}{\sqrt{(\overline{\gamma}+k\nu+1)(\overline{\gamma}+1)}}\exp\left[-\frac{1}{2\sigma^2}\left(10\lg\frac{\overline{\gamma}}{\overline{m}_d}\right)^2\right]d\overline{\gamma} \tag{13.85}$$

对于没有阴影的 Rayleigh 衰落特殊情形，$\sigma = 0$，得到

$$P\{错误|\bar{J}_{i-1},\bar{J}_i\} = \frac{1}{2(\bar{m}_d+1)} \tag{13.86}$$

$$P\{错误|J_{i-1},J_i\} = \frac{k\nu}{2(\bar{m}_d+k\nu+1)} \tag{13.87}$$

$$P\{错误|\bar{J}_{i-1},J_i\} = P\{错误|J_{i-1},\bar{J}_i\} = \frac{1}{2} - \frac{\bar{m}_d}{2\sqrt{(\bar{m}_d+k\nu+1)(\bar{m}_d+1)}} \tag{13.88}$$

当目标网络中使用了 H 个跳频信道，其中 K 个被干扰（$0<K\leqslant H$），信道被干扰的概率为 K/H，不被干扰的概率为 $1-K/H$。假设当干扰也在跳变时，在一个时间周期内受干扰的信道是否被目标使用与目标在下一个时间周期内是否被使用无关。因此，一个信道被干扰的先验概率为

$$P\{J_{i-1},J_i\} = \left(\frac{K}{H}\right)^2 \tag{13.89}$$

$$P\{J_{i-1},\bar{J}_i\} = P\{\bar{J}_{i-1},J_i\} = \frac{K(H-K)}{H^2} \tag{13.90}$$

$$P\{\bar{J}_{i-1},\bar{J}_i\} = \left(\frac{H-K}{H}\right)^2 \tag{13.91}$$

得到总的误码率为

$$\begin{aligned} P_e = {} & P\{错误|J_{i-1},J_i\}P\{J_{i-1},J_i\} + P\{错误|J_{i-1},\bar{J}_i\}P\{J_{i-1},\bar{J}_i\} \\ & + P\{错误|\bar{J}_{i-1},J_i\}P\{\bar{J}_{i-1},J_i\} + P\{错误|\bar{J}_{i-1},\bar{J}_i\}P\{\bar{J}_{i-1},\bar{J}_i\} \end{aligned} \tag{13.92}$$

当同时包含 Rayleigh 衰落和对数正态阴影衰落时，使用式(13.81)至式(13.85)。而只有 Rayleigh 衰落时使用式(13.86)至式(13.88)。

作为这些结果的示例，考虑如下情形

$$R_c/R_i = 31 \qquad H = 2 \qquad K = 1 \tag{13.93}$$

图 13.29 阐述了 $\sigma=0$ 时 Rayleigh 衰落情形，也说明了 $\sigma = 12$ dB 即近似为最糟糕的对数正态阴影时的 Rayleigh 衰落和对数正态阴影同时存在的情形。

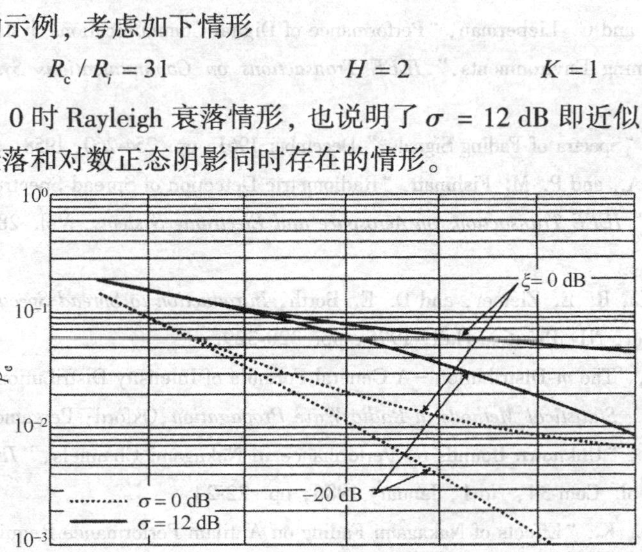

图 13.29　混合接收机性能（$R_c/R_i=31$，$H=2$，$K=1$）（引自[23]。©IEEE 1991，获许引用）

13.8 结束语

本章讨论了通信信道呈现衰落特性时对窄带和宽带目标的干扰性能，分析了如下几种情况:无直接分量的 Rayleigh 衰落，含直接分量的 Rice 衰落，比前两种更常见的 Nakagami-m 衰落形式。Rayleigh 衰落是 Nakagami-m 衰落 $m=1$ 时的特殊情况。

总之，目标链路衰落对干扰性能影响比干扰链路衰落的影响要高，这意味着数字通信链路为了能有效传输必须使误码率达到 10^{-3} 或更低。另一方面，干扰机只需要创造这样的环境:使误码率达到 10^{-1} 或更差。

参考文献

[1] Urkowitz, H., "Energy Detection of Unknown Deterministic Signals," *Proceedings of the IEEE*, Vol. 55, No. 4, April 1967, pp. 523-531.

[2] Kostylev, V. L., "Energy Detection of a Signal with Random Amplitude," *Proceedings IEEE International Conference on Communications*, New York, May 2002, pp. 1606-1610.

[3] Digham, F. F., M.-S., Slouni, and M. K. Simon, "On the Energy Detection of Unknown Signals over Fading Channels," *IEEE Transactions on Communications*, Vol. 55, No. 1, January 2007, pp. 21-24.

[4] Digham, F. F., M.-S., Slouni, and M. K. Simon, "On the Energy Detection of Unknown Signals over Fading Channels," *Proceedings IEEE International Conference on Communication*, Anchorage, May 2003, pp. 3575-3579.

[5] Oetting, J. D., "The Effects of Fading on Antijam Performance Requirements," *IEEE Journal on Selected Areas in Communications*, Vol. SAC-5, No. 2, February 1987, pp. 155-161.

[6] Poisel, R. A., *Modern Communications Jamming Principles and Techniques*, Norwood, MA: Artech House, 2004.

[7] Glenn, A. B., and G. Lieberman, "Performance of Digital Communications Systems in an Arbitrary Fading Rate and Jamming Environments," *IEEE Transactions on Communications Systems*, March 1963, pp. 57-68.

[8] Lieberman, G., "Spectra of Fading Signals," December 1961, pp. 254-260, 1958, (Unpublished report).

[9] Sonninschein, A., and P. M. Fishman, "Radiometric Detection of Spread-Spectrum Signals in Noise of Uncertain Power," *IEEE Transactions on Aerospace and Electronic Systems*, Vol. 28, No. 3, July 1992, pp. 654-660.

[10] Peterson, R. L., R. E. Ziemer, and D. E. Borth, *Introduction to Spread Spectrum Communications*, Upper Saddle River, NJ: Prentice Hall, 1995, pp. 328-329.

[11] Nakagami, M., "The *m*-Distribution—A General Formula of Intensity Distribution of Fading," in Hoffman, W. C., (Ed.), *Statistical Methods in Radio Wave Propagation*, Oxford: Pergamon 1960.

[12] Wojnar, A. H., "Unknown Bounds on Performance in Nakagami Channels," *IEEE Transactions on Communications*, Vol. Com-34, No 1, January 1986, pp. 22-24.

[13] Al-Hussaini, E. K., "Effects of Nakagami Fading on Antijam Performance Requirements," *Electronics Letters*, February 18, 1988, Vol. 24, No. 4, pp. 208-209.

[14] Abramowitz, M., and I. S. Stegun (Eds.), *Handbook of Mathematical Functions* (National Bureau of Standards, 1972), 6.2.2, p. 258.

[15] Abramowitz, M., and I. S. Stegun (Eds.), *Handbook of Mathematical Functions* (National Bureau of Standards, 1972), 6.2.1, p. 258.

[16] Simon, M. K., J. K. Omura, R. A. Scholtz, and B. K. Leavitt. *Spread Spectrum Communications Handbook*, Revised Ed., New York: McGraw-Hill, 1994.

[17] McGuffin, B. F., "Jammed FH-FSK Performance in Rayleigh and Nakagami-*m* Fading," Proceedings *IEEE MILCOM* 2003, pp. 1077-1082.

[18] McGuffin, B. F., "Distributed Jammer Performance in Rayleigh Fading," *Proceedings IEEE MILCOM* 2002, Anaheim, CA, Oct. 2002, pp. 669-614.

[19] Abramowitz, M., and I. S. Stegun (Eds.), *Handbook of Mathematical Functions* (National Bureau of Standards, 1972), Section 26.6.

[20] Abramowitz, M., and I. S. Stegun (Eds.), *Handbook of Mathematical Functions* (National Bureau of Standards, 1972), 13.2.5, p. 505.

[21] Abramowitz, M., and I. S. Stegun (Eds.), *Handbook of Mathematical Functions* (National Bureau of Standards, 1972), Section 5.

[22] Muammar, T., "Performance Evaluation of a Hybrid Spread Spectrum System in a Hostile Land Mobile Radio Channel," *Proceedings 41st IEEE Vehicular Technology Conference, 1991: Gateway to the Future Technology in Motion*, May 19-22, 1991, pp. 108-113.

[23] French, R. C., "The Effects of Fading and Shadowing on Channel Reuse in Mobile Radio," *IEEE Transactions on Vehicular Technology*, Vol. 28, No. 3, August 1979.

[24] Yost, R. A., and R. H. Pettit, "Susceptibility of DS/FH Binary DBPSK to Partial and Full Band Barrage Jamming," *IEEE Transactions on Aerospace and Electronic Systems*, Vol. 17, No. 5, September 1981.

第 14 章　电子攻击：无人机攻击和陆基攻击

14.1　概述

电子攻击的主要功能就是使通信失效。通过向目标接收机中发射比预期发射机更多的射频能量，可以达到这个目的。本章给出了一些干扰平台配置的有效干扰范围静态计算结果。这个范围是一个距离，在这个距离内干扰机保持有效。

为了有效通信，在无干扰情况下接收机的信噪比必须超过某一个最小值，信噪比为

$$\gamma = \frac{P_R}{N_{total}} \tag{14.1}$$

通常用分贝(dB)表示。式中 P_R 为来自接收机天线的能量，N_{total} 为总的噪声。无干扰时，总的噪声表达式为

$$N_{total} = N_{noise} \tag{14.2}$$

其中，如第 5 章中所讨论的

$$N_{noise} = N_{external} + N_{internal} \tag{14.3}$$

有干扰时，总的噪声表达式为

$$N_{total} = N_{noise} + J \tag{14.4}$$

式中 J 为干扰功率。在许多电子攻击情形中 $J \gg N_{noise}$，且在计算时可以忽略 N_{noise}。此时，JSR $=\xi$ 是我们感兴趣的量，为式(14.1)的倒数。

正如第 7 章所讨论的，现代数字形式的通信比模拟调制通信更容易受到干扰。对模拟无线电台干扰至少需要 0～6 dB 的干信比(JSR)。而对于数字通信时，至少要高于大约 10^{-2} 的误码率(BER)才可以进行，这使得 100 bit 中仅有一个出错。已经证明，JSR 远低于 0 dB 时就可以达到这一目的。因此，假设达到其有效干扰的干信比为 0。

来自无人机平台的电子攻击最显著的优势就是：具有能飞越目标区域，对预定区域施放干扰而不会造成对友邻无线电干扰的能力。当然，在真实非线性环境下，友邻通信与目标在相同地理区域上，严格来说，不会具有这样的效果。但即使如此，干扰能量比远离感兴趣区外的配置更接近目标。在后一种情况中，干扰机发射的能量在到达目标之前不得不经过友邻通信，总是会引起互相干扰的可能。这里给出的结果是以干扰范围的形式给出的，即如果目标接收机位置固定，干扰机能够使通信失效的有效距离。这里给出了 3 种配置的干扰机：干扰机挂载在无人机上，陆基车载式配置，陆基消耗式配置。

存在多种可行的干扰机配置，本章所包含的是很可能用于地面战场的典型干扰配置。可以采用类似的分析方法来分析任一给定配置和其他类型传播条件的情形，如水中传播[1～10]。

14.2　远距离信号传播

为此，运用 2.9 节式(2.43)给出的反射模型计算接收机内的信号和干扰功率，对全范围接收的功率，使用这个表达式会低估近距离范围内的功率，除非超过距离 d。该距离为

$$d = \frac{4h_T h_R}{\lambda} \tag{14.5}$$

式中 h_T为发射天线高度(地平面以上)，h_R为接收天线高度(地平面以上)。这些因子更精确地反映了接收的总功率。正如第 15 章所考虑的，由于没有考虑地形起伏，用圆定义有效的干扰区域，其圆心为干扰机，半径为计算得到的有效距离。

14.3　对有效辐射功率(ERP)的干扰

当空间充足、经费可行时，应对天线根据其工作频段进行调谐。在 VHF 低端范围内覆盖两个倍频程(30～60 MHz，60～120 MHz)的没有调谐的天线，在两个频段的任一端都会有很大的损耗，15 dB 或更多的损耗都是常见的。根据工作频率对天线调谐使其与功率放大器到天线的输出阻抗匹配。调谐后，在频带范围内有 3 dB 的损耗预期都是合理的。由于天线有 3 dB 的损耗，100 W 功率放大器将产生 50 W 的有效辐射功率，对于无人机和地面车载配置这是完全可行的。如果典型的转换效率是 20% 左右，这就意味着系统需要提供的总功率大约是 500 W。

一次性使用的干扰机情况则不同。一次性使用的干扰机使天线调谐显得不太合理。进一步说，这些干扰机由电池供能，只能瞬时提供有限的功率，总共也只能提供那么多能量。因此一次性使用的干扰机必须承受天线的损耗。对于 15 dB 的损耗，功率放大器将 3 W 的功率送到天线却只能产生 100 mW 的有效辐射功率。这就是此处所用的一次性使用的干扰机的功率电平。注意，在频段中部，有效辐射功率一般比这要高，因此，上述结果倾向于最差情况。对于 3 W 的功率放大器，20% 的转换效率要求提供 15 W 的总功率。两个碳锌 D 型电池(普通的手电筒干电池)在室温下以 4.5 安培小时达到 13 W，每个可维持 1.5 V 的电压约一小时，足以使这类干扰机工作约一小时。

配置这两种支撑系统，使频率覆盖从 VHF 低端到超出个人通信系统的频段范围，在整个频段可能需要不同的天线。对于一次性使用的干扰机，一个天线可能无法满足覆盖整个频段的性能要求，因此每个干扰机可能只为该范围内的一部分(尽可能的)优化。

式(2.43)的 P_R依赖于干扰天线的高度，这里用 h_J表示。它与式(2.43)中的 h_T一样。对于无人机，$h_J = 1000$ m；对于陆基干扰机，$h_J = 3$ m；而对于地面一次性使用的干扰机，$h_J = 1$ m。

14.4　目标

考虑 3 种类型的目标。第 1 种目标在 VHF 低端，该频率范围几乎被世界上所有军事和准军事组织所使用。第 2 种目标工作于 60 MHz，位于这个频率范围的中间。第 3 种要讨论的其他目标是即将出现的个人通信系统，预期未来这些军事组织将会使用。其中手持机具有0.5 W 的有效辐射功率，而基站的有效辐射功率为 10 W。

干扰通信网络的能力是射频链路距离的函数，射频链路距离为收发信机相对干扰接收机的距离。假设发射机到接收机的链路距离为 5 km 和 10 km，天线在水平方向上为全向天线，干扰能力也依赖于接收机的相对功率电平。假设在 VHF 频段内，按键通话(PTT)目标发射功率为 10 W 有效辐射功率，干扰功率为 50 W 有效辐射功率。在 PCS 频率高端，也有 $P_J =$ 50 W。当目标是 10 W 的按键通话(PTT)网络时，$h_T = h_R = 2$ m，反映了地对地通信；当目标是个人通信系统手持机时，$h_T = 10$ m，$h_R = 2$ m，$P_T = 10$ W；当目标是个人通信系统基站时，$h_T =$ 2 m，$h_R = 10$ m，$P_T = 0.5$ W。

14.5 无线视距传播距离(RLOS)

正如第4章所述，无线电电波接近地表传播时只能传播相对较短的距离。这些距离被称为无线视距传播距离(RLOS)，由于对流层的折射特性，一般与视线并不是完全对应的。这种折射现象明显增加了地球半径约1/3。表14.1给出了所使用天线高度的无线视距传播距离。表中也包含了通信节点的视距传播距离值，它表明考虑5 km和10 km的链路距离是合理的。

表14.1 各种天线高度的无线视距传播距离

目 标	h_T(m)	h_R(m)	h_J(m)	RLOS($J\to R$)(km)	RLOS($T\to R$)(km)
按键通话(PTT)	2	2	消耗式1	5.5	6.4
	2	2	地面3	7.1	6.4
	2	2	无人机1000	75	6.4
个人通信系统(PCS)基站	2	10	消耗式1	9.4	10.3
	2	10	地面3	11.1	10.3
	2	10	无人机1000	78	10.3
个人通信系统(PCS)手持机	10	2	消耗式1	5.5	10.3
	10	2	地面3	7.1	10.3
	10	2	无人机1000	75	10.3

当然，存在小于或大于无线视距传播距离的传播模型——这里不考虑这样的模型。表中给出的结果可以看成标称值，可能会产生任何方式的偏差。

14.6 无人机干扰机

首先考虑无人机干扰机干扰范围的性能。在VHF低端，干扰有效的区域如图14.1所示，其中目标发射功率的有效辐射功率为10 W。注意，干扰机的干扰范围扩展到了±100 km。图14.1中由较浅颜色表示的水平平面代表$\xi=0$ dB的情形，即目标接收机上收到的干扰功率等于信号功率。如前所述，考虑数字通信时，$\xi=0$ dB是个保守值。因此，任何时候，若这个平面在信号电平轮廓线以上，则干扰机就无效，即敌方的通信仍能够正常进行。另一方面，干信比轮廓线在所示平面上方时，干扰机是有效的，敌方的通信被阻断。在这种情况下，无人机载干扰机在两种链路距离上的有效性都超过了无线视距传播的有效半径(75 km)。

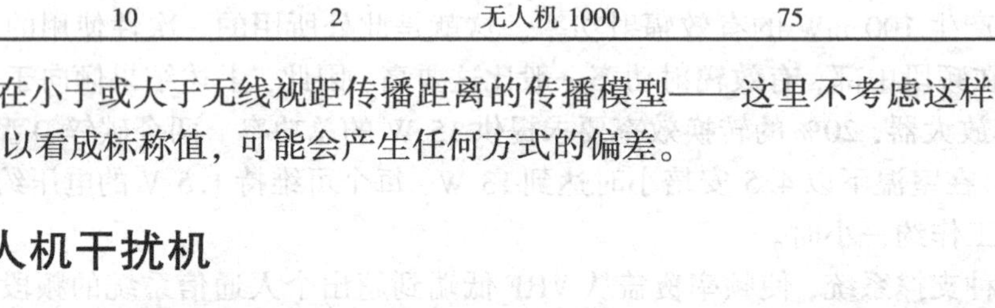

图14.1 目标是10 W按键通话网络时无人机干扰范围的性能，链路距离为(a)5 km;(b)10 km

当目标为个人通信系统基站时，干扰范围的性能如图 14.2 所示。因为要干扰基站，意味着它收到手持机的 $P_T = 0.5$ W，两种链路上基站被干扰的距离都超出了无线视距传播距离。当干扰手持机时，$P_T = 10$ W，有效干扰距离有些减少，如图 14.3 所示。然而，对于这两种链路距离，其范围仍然在无线视距传播距离内。

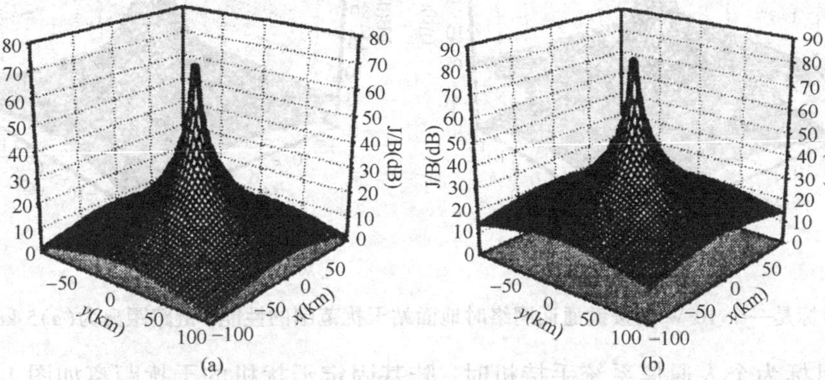

图 14.2　目标是个人通信系统基站时的无人机干扰范围的性能，链路距离为(a)5 km；(b)10 km

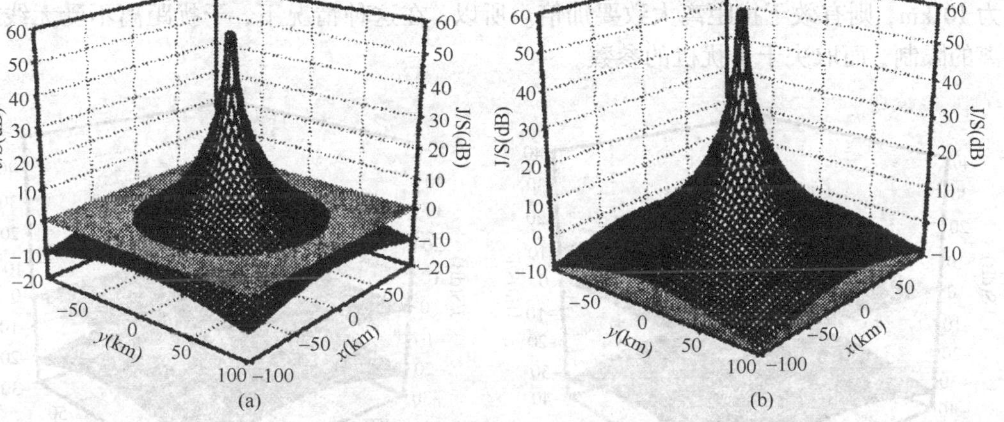

图 14.3　目标是个人通信系统手持机时的无人机干扰范围的性能，链路距离为(a)5 km；(b)10 km

14.7　陆基干扰机

这里要讨论的另一种干扰系统是陆基干扰系统。假设有效辐射功率为 50 W 的，天线在水平平面内全向辐射。

对于 VHF 低端的目标，当链路距离为 5 km 时，有效干扰区域如图 14.4(a)所示。注意，距离变化范围为 ±20 km。在这种情况下，干扰机在 8 km 范围内是有效的，这也意味着该范围是无线视距传播距离(7.1 km)。当链路距离为 10 km 时，范围扩展到 17 km 左右，也被限制在 7.14 km 的无线视距传播距离内，如图 14.4(b)所示。

当目标是个人通信系统基站时，辐射功率为 0.5 W，有效干扰区域是一个半径为 16 km 的圆，如图 14.5(a)所示。若链路距离为 10 km，则区域的半径约为 35 km。因此，在这两种情况下，无线视距传播距离(11.1 km)限制了干扰范围。

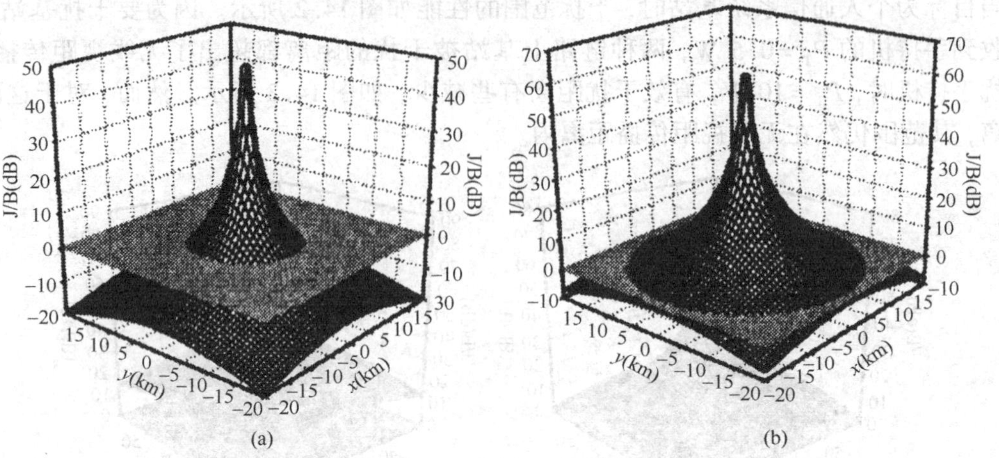

图 14.4　目标是一个 10 W 的按键通话网络时地面站干扰范围的性能，链路距离为(a)5 km；(b)10 km

当干扰目标为个人通信系统手持机时，陆基固定干扰机的干扰距离如图 14.6 所示。注意，图中范围为 ±20 km。由于基站比手持机辐射的能量大，所以对手持机的有效干扰范围要比干扰基站的小。若链路距离为 5 km，则干扰距离在 3 km 左右，如图 14.6(a)所示。若链路距离为 10 km，则有效干扰距离大致要加倍。所以，在这种情况下，干扰距离不受无线视距传播距离的限制，而取决于干扰机的参数。

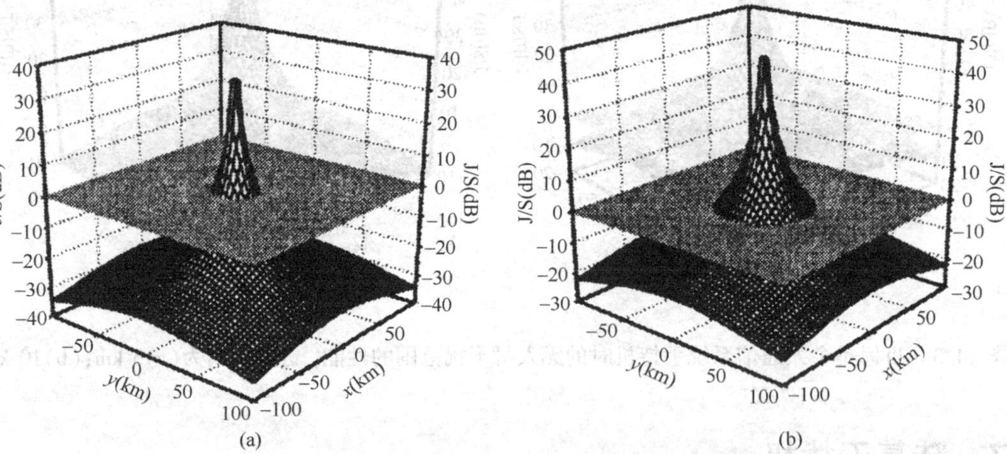

图 14.5　目标是一个个人通信系统基站时的陆基干扰范围的性能，链路距离为(a)5 km；(b)10 km

若电子进攻系统在运动中(OTM)，则更希望它能干扰通信目标。这就意味着对完成这一任务的天线类型应有严格的限制。在频率为 30 MHz 时，波长为 10 m 左右，半波偶极子或单极子大约有 5 m 长。为使这样的天线安全地安装在作战车辆上，在运动中保持它的垂直需要很多技巧。进一步地说，5 m 长的天线直竖在车辆上，违反了国际交通规则，包括美国在内的许多国家的高速公路都不允许其通过。

这里使用的天线高度为 $h_J = 3$ m，损耗 3 dB。3 dB 损耗意味着某一天线长度加上天线调谐。然而限制 h_J 在 3 m 以内，便可以在运动中工作。

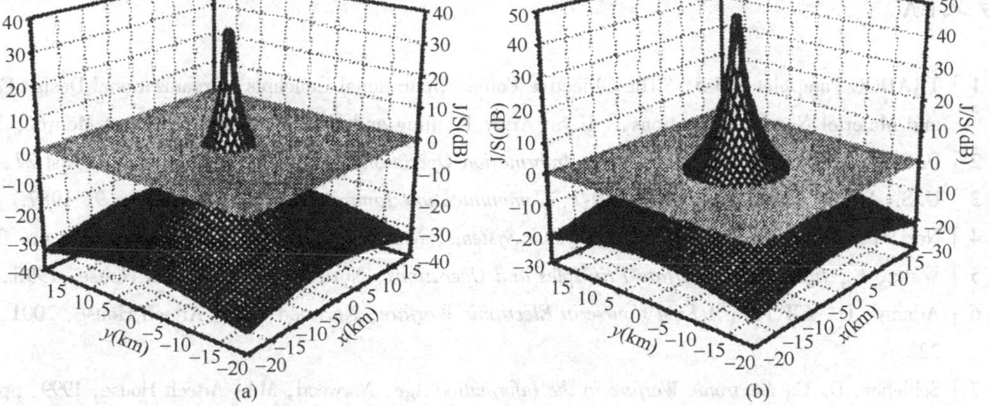

图 14.6　目标是个人通信系统手持机时的地面干扰范围的性能，链路距离为(a)5 km；(b)10 km

14.8　结束语

不同系统配置的有效干扰范围分析结果如表 14.2 所示。大多数情况下，干扰距离只受干扰机和目标接收机之间的视距传播距离限制。

无人机在 75 km 的范围内对所有的情况都很有效。这就是干扰机在到达 1000 m 离地高度时的无线视距传播距离。如果无人机飞得更高，干扰距离就会更远。然而，75 km 有效距离在许多情况下可能太远了，因为即使在 75 km 范围内，也可能会发生所不希望的对己方的干扰。

表 14.2　所考虑的各种系统配置干扰距离

	目标					
	10W PTT		PCS 基站		PCS 手持机	
链路距离(km)	5	10	5	10	5	10
无人机	RLOS(75)	RLOS(75)	RLOS(78)	RLOS(78)	RLOS(75)	RLOS(75)
陆基	RLOS(7.1)	RLOS(7.1)	RLOS(11.1)	RLOS(11.1)	3	6

当陆基配置干扰机有效功率为 50 W 时，大多数情况下主要还是受无线视距传播距离的限制。假设干扰机配置为运动中工作方式，干扰天线的高度与运动中的战车兼容，即天线没有被架高。假设干扰天线的高度为 3 m，这个高度极大地限制了干扰的无线视距传播距离。

正如所期望的，地面消耗干扰机具有最短的有效干扰距离。在只有 100 mW 有效辐射功率时，距离肯定会受到限制，在一些情况下不到 1 km，并且对于 5 km 链路距离的个人通信系统，干扰机完全不能干扰目标(当然，如果干扰机直接靠近手持机，那么后者就无法通信)。

这些结果都是假设使用扫频窄带干扰的模拟阻塞式干扰机，没有考虑时机的选择问题。第 7 章的分析表明，应合理安排干扰时机，使干扰更有效。

干扰个人通信系统链路手持机的终端变得更加困难，因为基站的发射功率比手持机更高，并且基站的天线也比地面干扰站的天线更高。尽管在这里没有考虑，但实际上在基站中常使用定向天线。它扩展了通信距离，降低了个人通信系统的信道间干扰，同时利用波束调零指向措施，进一步限制了干扰机的有效性，例如，可采用在 8.6.2.2 节提到的智能天线概念。

参考文献

[1] TRADOC Pamphlet 525-5, "The Objective Force, Operational Concepts, Organizational Design Constructs, and Materiel Needs Implications," U. S. Army Training and Doctrine Command, Fort Monroe, VA.

[2] U. S. Army Field Manual FM 100-6, *Information Operations*, Chapter 3 Operations, August 27, 1996.

[3] U. S. Army Field Manual FM 34-40-7, *Communication Jamming Handbook*, October 9, 1987.

[4] Neri, F., *Introduction to Electronic Defense Systems*, Norwood, MA: Artech House, 1991, pp. 337-416.

[5] Waltz, E., *Information Warfare Principles and Operations*, Norwood, MA: Artech House, 1998, Ch. 8.

[6] Adamy, D., *EW 101: A First Course in Electronic Warfare*, Norwood, MA: Artech House, 2001, pp. 177-222.

[7] Schleher, D. C., *Electronic Warfare in the Information Age*, Norwood, MA: Artech House, 1999, pp. 31-57.

[8] Mosinski, J. D., "Electronic Countermeasures," *Proceedings IEEE MILCOM*, 1992, pp. 191-195.

[9] "A Jamming Primer," *EW Design Engineers' Handbook*, Association of Old Crows, 1985; also contained in Hovanessian, S. A., *Radar System Design and Analysis*, Dedham, MA: Artech House, 1984.

[10] "Airbome ECM Tactics," *EW Design Engineers' Handbook*, Association of Old Crows, 1985; also contained in Van Brunt, L. B., *Applied ECM*, Vol. 1, 1978.

第15章 一次性使用的干扰机

15.1 概述

一次性使用的干扰系统由分布在一个区域内的一系列小型、功率相对较低的干扰机组成，通常部署在地面上，由于具有最小天线高度，受电池驱动，所以其持续时间和辐射功率有限。多数情况下可以进行扩展，因此要求它们必须成本低廉、结构简单。本章将讨论一次性使用的干扰机的性能。

一次性使用的干扰系统的特征是，分布在整个区域内相对被动的干扰机受中心站控制。根据某种策略来安排干扰机的任务，例如最靠近目标的干扰机负责干扰网络。运用现代组网技术和跟踪蓝军的思路，这种任务分配非常合理而且动态性高。

由于这些一次性使用的干扰机通常放置于地面上或至多放置在靠近地面的树上，可以预期，其传播距离会受到极大的限制。因此，这里包含了第2章所讨论的对传播约束的影响。另外，由于干扰机位置的限制，可以预期会造成严重的衰落效果。由于天线较短，靠近地面，最可能遇到的衰落形式就是Rayleigh衰落(没有直接信号分量)。因此，这里也包含了第13章所讨论那些衰落效果。

一次性使用的干扰机的另一种配置方式是将干扰机置于车载式交通工具上，但交通工具的主要用途不是作为干扰平台。一次性使用的干扰机实质上是寄生在这些平台上，而且干扰机不配备单独的电子战(EA)操作员。干扰机的指挥与控制(C2)可以远程操作，并且可以动态地分配目标。这种配置的干扰机可比电池驱动的干扰机辐射更高的功率。它们也可以更加复杂，但一般不能扩展。与对应的位于感兴趣区外的干扰机配置相比，其另外一个显著的优势就是更接近目标网络。

本章假设目标网络由低截获概率(LPI)无线电台组成，讨论快跳、慢跳频收发信机以及DSSS网络。

假设干扰机分布在目标接收机之间，可以期望从发射机到接收机和干扰机到接收机的链路具有相似的传播特性，因此，假设这两种链路具有相似的衰落特性[1]。进一步来说，在极不规则的地区，如乡村或山区，这两种链路都会出现时变多径现象，因此会产生时变衰落。另外，还要考虑天线接近地表时的实际传播条件[2, 3]。

在这种低功率干扰平台上使用的最简单干扰波形是阻塞干扰，即在感兴趣频率范围的部分(或所有)频率范围(如VHF低频段，30~90 MHz)内都持续实施干扰。如果只有部分频段被干扰，可以在频域移动干扰波形，最终覆盖全部感兴趣的频率范围。

跟踪式干扰也是可行的，即接收机(与全部感兴趣带宽相比通常是宽带的，但在某些情况下也可以是窄带的)侦察到频谱，确定在哪里出现了新的能量。如果接收机灵敏度足够低，任何测到的新能量都可以假设来自于感兴趣的目标，确定出下一个要干扰的频率。当然，有必要采取某种形式的详细核查来弥补这些侦察措施。

另外一种形式的"智能"干扰采用的是脉冲信号。这一技术也是使用电子支援接收机观测频谱，确定出恰当的时间实施干扰。在这种情况下，例如，只干扰同步序列就可以了[4]。使用这种脉冲干扰技术具有如下优点:(1)只在适当的时刻使用较小的能量就可达到相同的干信比;(2)对于同样的能量,峰值功率增加了,因而干扰余量也增加了。

这些分布式干扰机的性能取决于单个干扰机的覆盖范围,该覆盖范围由一些参数决定,如最小干信比(JSR)。假设覆盖范围是半径为 R 的圆,这意味着所用天线的覆盖范围是全向的,忽略使波前受干扰的物体的影响(不包括统计衰落的效果)。每一干扰机的覆盖圆半径是很重要的系统参数,因为很大程度上,决定了这种干扰系统的成本,总的成本与 R^{-2} 成比例。

因为每一干扰机天线高度以及能得到的功率有限,所以假设衰落特性为 Rayleigh 衰落。Rice 衰落模型意味着干扰波形存在一个显著的直射分量。第 2 章讨论了由 R^n 模型刻画的目标信号和干扰信号的传播特性,因此,它们以 $1/r^n$ 的速率衰减,其中 r 是干扰到目标或发射机到接收机的距离,且 $n \geqslant 2$。

假设对于频率跟踪干扰机与脉冲干扰机,两者都能提取目标信号的信息,通过计算出干扰概率的提高或覆盖范围的扩展距离,就可以估计出智能干扰机性能改善的上界。当每一台干扰机覆盖区域包含有限个不同的通信子网时,性能改善最大。

本章结构根据前述内容进行安排。下一节将讨论无衰落时一次性使用的干扰机的性能,给出同时包含两种链路衰落的性能;然后讨论频率跟踪式干扰机的性能;最后一节总结使用脉冲式干扰机增加辐射功率能得到的性能改善。

15.2 无衰落的一次性使用的干扰机

本节不考虑信道衰落的影响,分析一次性使用的干扰机的性能,下一节研究衰落特性。

一次性使用的干扰机功率低,而且可以扩展。这种干扰机成本较低,所以一旦部署后不必回收,一般由电池驱动,只在有限的时间里实施电子攻击。

这些干扰机的天线在投入使用前通常是收起来的。如果是手动部署的,放掷干扰机的战士将天线竖起来,就像可伸缩的汽车天线一样——通过拉伸将天线竖起来;如果是空抛的,天线必须具有自动展开结构。不管是哪种情况,对于 VHF 低端,天线大约是 VHF 中间的半波长。由于天线不能调谐,所以在低端和高端都会出现很大的损失。对于个人通信系统(PCS)的频率范围,可以使用高效率的天线。因为必须使用电池给这些设备供电,而且如 14.3 节所述,天线效率很低,这些干扰在 VHF 的低频段,一般平均只具有 100 mW 左右的有效辐射功率(ERP)。

图 15.1 给出了这些干扰机对 VHF 低端目标进行干扰其中之一的仿真结果。对于 5 km 的目标链路,干扰距离小于 1 km;而对于 10 km 的目标链路,干扰距离增加到大约 2 km。

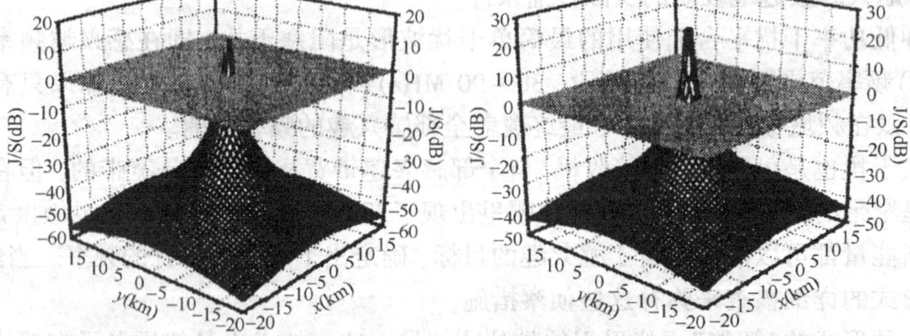

图 15.1 目标是 10 W 的 PTT 网时可扩展的干扰范围,链路距离为(a)5 km;(b)10 km

当 $P_T = 0.5$ W 时，对个人通信系统(PCS)基站实施干扰，在链路距离为 5 km 时，干扰距离大约为 2 km，如图 15.2(a)所示。当链路距离延长到 10 km 时，大约是典型个人通信系统(PCS)蜂窝的边缘，干扰距离大约为 5 km，如图 15.2(b)所示。

当目标是个人通信系统(PCS)手持机时，对 5 km 链路的任何范围干扰都无效，如图 15.3 所示。对于 10 km 范围的链路，有效范围甚至不到 1 km。这些结果如表 15.1 所示。

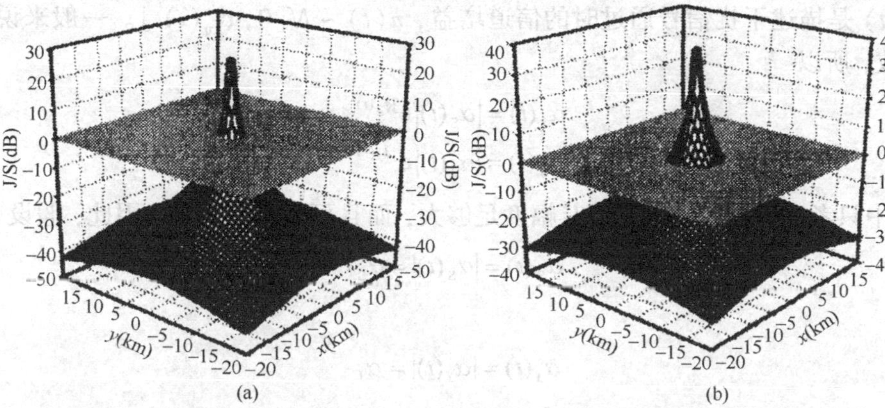

图 15.2　目标是 PCS 基站可扩展的干扰范围，链路距离为(a)5 km；(b)10 km

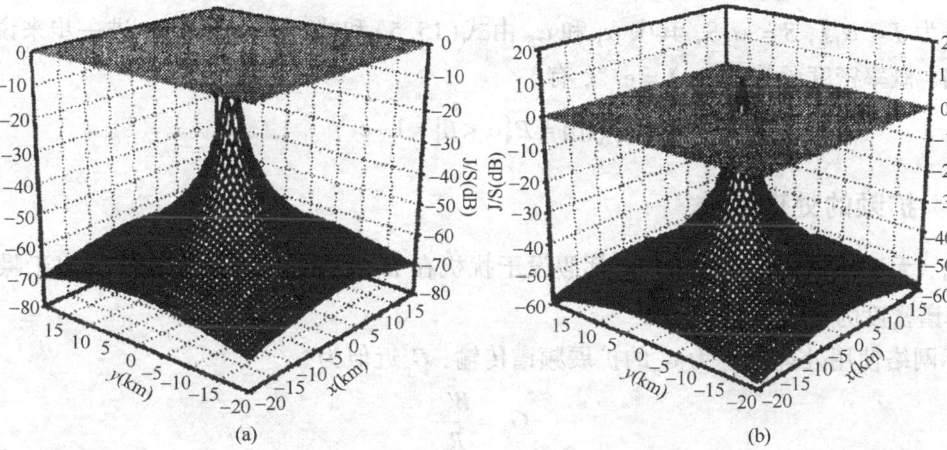

图 15.3　目标是 PCS 手持机时可扩展的干扰范围，链路距离为(a)5 km；(b)10 km

表 15.1　各种系统配置的干扰距离

	目标					
	10W PTT		PCS 基站		PCS 手持机	
链路距离(km)	5	10	5	10	5	10
一次性使用的干扰机	<1	2	2	5	0	<1

15.3　衰落信道中的一次性使用的干扰机

本节分析因衰落而产生的链路衰减现象对干扰性能的影响。由于一次性使用的干扰机接近于地面，所以很可能会发生衰落。

15.3.1 Rayleigh 衰落

正如第 13 章所述，通过 Rayleigh 衰落信道到达目标接收机的威胁信号为

$$r(t)=\alpha_{\mathrm{S}}(t)s(t)+\alpha_{\mathrm{J}}(t)j(t)+n(t) \tag{15.1}$$

式中 $s(t)$是被发射的目标信号，带有延时，$\alpha_{\mathrm{S}}(t)$ 是描述目标信号衰落的信道增益，$j(t)$为干扰信号，$\alpha_{\mathrm{J}}(t)$ 是描述干扰信号通过时的信道增益，$n(t)\sim\mathcal{N}[0,\sigma_{\eta}(t)]$。一般来说，$\alpha_{\mathrm{S}}(t)$，$\alpha_{\mathrm{J}}(t)$ 是复数，所以

$$\alpha_{\mathrm{S}}(t)=|\alpha_{\mathrm{S}}(t)|\mathrm{e}^{\mathrm{j}\phi_{\mathrm{S}}(t)} \tag{15.2}$$

$$\alpha_{\mathrm{J}}(t)=|\alpha_{\mathrm{J}}(t)|\mathrm{e}^{\mathrm{j}\phi_{\mathrm{J}}(t)} \tag{15.3}$$

但由于分析中只考虑噪声干扰波形，其幅度足够大，而且可忽略其相位，因此，假设

$$\alpha_{\mathrm{S}}(t)=|\alpha_{\mathrm{S}}(t)|=\alpha_{\mathrm{S}} \tag{15.4}$$

且

$$\alpha_{\mathrm{J}}(t)=|\alpha_{\mathrm{J}}(t)|=\alpha_{\mathrm{J}} \tag{15.5}$$

这是方差为 $\sigma_{\alpha_{\mathrm{S}}}^2$ 和 $\sigma_{\alpha_{\mathrm{J}}}^2$ 具有单位均值的随机变量。

发射机、干扰机在接收机处受衰落影响后的功率电平用其均值 $\bar{S}$ 和 $\bar{J}$ 表示，接收到的实际功率电平为 $J=\alpha_{\mathrm{J}}\bar{J}$，$S=\alpha_{\mathrm{S}}\bar{S}$，其中 α_{J} 和 α_{S} 由式(15.5)和式(15.4)给出。进一步来说，对这两个链路，概率密度函数 $p(\alpha)=\mathrm{e}^{-\alpha}$，有

$$F_{\mathrm{A}}(\beta)=P\{\alpha<\beta\}=1-\mathrm{e}^{-\beta} \tag{15.6}$$

15.3.2 扩频的处理增益

目前，无论使用哪种干扰方法，都假设干扰机在 B_{J}带宽上发射功率为 J 类似于噪声的信号，功率谱密度为 $J_0=J/B_{\mathrm{J}}$ W/Hz

目标网络使用处理增益为 G_{p}的扩展频谱传输，G_{p}近似为

$$G_{\mathrm{p}}=\frac{W_{\mathrm{ss}}}{R_{\mathrm{b}}} \tag{15.7}$$

式中 W_{ss}是总扩频带宽，R_{b}是数据率。对于 FHSS 的 N_{f}个信道，每个信道带宽为 B_{s} Hz，$W_{\mathrm{ss}}=B_{\mathrm{J}}=N_{\mathrm{f}}B_{\mathrm{s}}$，所以有 $G_{\mathrm{p}}=N_{\mathrm{f}}B_{\mathrm{s}}/R_{\mathrm{b}}\approx N_{\mathrm{r}}$。对于 DSSS，$G_{\mathrm{p}}\approx R_{\mathrm{c}}/R_{\mathrm{b}}$，其中 R_{c}是码片速率。对于这两种情况

$$E_{\mathrm{b}}/J_0\approx G_{\mathrm{p}}S/J \tag{15.8}$$

式中 S 是平均信号功率。

假设所选择的方法是 BBN 干扰，这是因为其实现简单，而且具有对抗 LPI 波形的性能。因此 $B_{\mathrm{J}}\geqslant B_{\mathrm{s}}$，其中 B_{s}是目标信号的带宽。

15.3.3 干扰效果衡量

干扰机能否成功干扰接收机是传播条件、目标发射机和干扰机的相对功率电平以及所使用调制类型的函数。如果接收机的 SJR 满足

$$\frac{E_b}{J_0} < \gamma_{th} \tag{15.9}$$

或者对于适当的阈值 γ_{th}，JSR $= \xi = J_0/E_b > 1/\gamma_{th}$，表示干扰成功。假设目标网络使用比特能量为 E_b 的某种形式数字信号，该阈值取决于目标链路的调制类型，通常取值在 −10 ~ 0 dB 之间[4~6]。

为使编码的数字通信链路信道误码率达到 10^{-1} 或更高，这里选择 MOE 方式[7,8]。在这个量级上，许多常用的编码方式会崩溃，解码时误码率会超过 10^{-1}。在这种量级解码错误率的条件下通信链路很难继续保持有效，因为每解码 10 个比特会出现 1 比特的错误。

从式(15.9)和式(15.8)可以得出

$$\begin{gathered}\frac{J}{G_p S} > \frac{1}{\gamma_{th}}\\ \frac{\alpha_J \bar{J}}{G_p \alpha_S \bar{S}} > \frac{1}{\gamma_{th}}\\ \frac{\alpha_J}{\alpha_S} > \frac{G_p \bar{S}}{\gamma_{th} \bar{J}}\end{gathered} \tag{15.10}$$

式(15.10)出现的概率为

$$P_J = P\left\{\frac{\alpha_J}{\alpha_S} > \frac{G_p \bar{S}}{\gamma_{th} \bar{J}}\right\} = \frac{\gamma_{th} \bar{J} / G_p \bar{S}}{1 + \gamma_{th} \bar{J} / G_p \bar{S}} \tag{15.11}$$

比特出现错误的概率由误码率(BER)给出，符号出现错误的概率由干扰一个符号的概率给出，对于二进制调制方式，可由 BER 给定。因此，有 $P_e = P_J$，由(15.11)给出。

15.3.4　距离损耗

正如第 4 章所述，目标接收机中的平均干扰功率是干扰机和目标接收机之间距离的函数，有如下关系式

$$\bar{J} = \frac{J_1}{r^n} \tag{15.12}$$

式中 J_1 为离发射机 1 m 距离上的归一化功率电平，$n = 2 \sim 6$。对于接近地表传播的通信信号，一般 $n = 4$[9]，靠近天线时，$n = 2$。但是超出[10]所给出的翻转距离

$$r_{TO} = \frac{4}{\lambda} h_T h_R \tag{15.13}$$

此时距离损耗指数变到 4(或更高)。例如，如果 $h_T = 1$ m，$h_R = 3$ m，在 100 MHz 时，$r_{TO} = 4$ m，就确实要求考虑 $n = 4$。

假设目标位置在以干扰机为圆心、半径为 R 圆内均匀分布。目标位置的概率密度函数为 $p(R) = 1/\pi R^2$，平均干扰概率为式(15.11)在圆上的期望值。在极坐标中，平均概率为

$$\bar{P}_J = \frac{2}{R^2}\int_0^R \frac{Cr}{C + r^n}\,\mathrm{d}r \tag{15.14}$$

其中

$$C = \frac{\gamma_{th} J_1}{G_p \bar{S}} \tag{15.15}$$

式中平均目标信号功率 $\bar{S}$ 为常量。

已知式(15.14)对整数 n 有解，常用的一些数值如下

$n=2$ 时[11~13]

$$\bar{P}_J(n=2) = \frac{C}{R^2}\ln\left(1+\frac{R^2}{C}\right) \tag{15.16}$$

$n=3$ 时[13~14]

$$\bar{P}_J(n=3) = \frac{2}{3}\frac{C^{2/3}}{R^2}\left\{\begin{aligned}&\frac{1}{2}\ln\left[\frac{R^3+C}{\left(R+C^{1/3}\right)^3}\right]\\&+\sqrt{3}\arctan\left(\frac{2R-C^{1/3}}{\sqrt{3}C^{1/3}}\right)+\sqrt{3}\arctan\left(\frac{1}{\sqrt{3}}\right)\end{aligned}\right\} \tag{15.17}$$

$n=4$ 时[14]

$$\bar{P}_J(n=4) = \frac{\sqrt{C}}{R^2}\arctan\left(\frac{R^2}{\sqrt{C}}\right) \tag{15.18}$$

例[15] 设 $n=4$，目标链路的平均接收功率 $\bar{S}=G_{RT}P_{Tx}/r^4$，在接收机中干扰机提供的平均干扰功率 $\bar{J}=G_{RJ}P_J/r^4$，变量 G_{RF} 和 G_{RJ} 分别表示在目标发射机和接收机的通信链路上的增益和干扰机到接收机上的损耗。简单地说，P_{Tx} 和 P_J 分别表示由目标发射机和干扰机进入到天线的发射功率。设 $G_{RJ}=G_{RT}$（在水平面上通常是全向的），这两个值都可设为 0 dB（=1）且可以忽略。另外，基于这一假设，$J_1=P_J$。此时，如果 $P_{Tx}=1$ W，通信链路距离为 1 km，$\bar{S}=1\times 1/(10^3)^4=-120$ dBW。假设 $R_c=64R_b$，得到 $G_p\sim 18$ dB，干扰阈值 SNR 即 $\gamma_{th}=0$ dB。那么，$C=1\times P_J/(64\times 10^{12})=P_J+102(\text{dB})$。图 15.4 给出了干扰功率分别为 1 W、10 W 和 100 W 时相对于干扰覆盖半径的平均干扰概率。

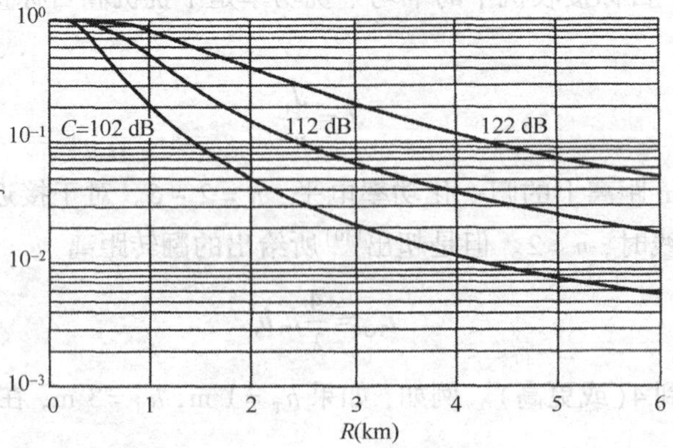

图 15.4 平均干扰概率为覆盖半径的函数，参数为归一化功率比 $C=\gamma_{th}J_1/G_p\bar{S}$，具有 $1/r^4$ 平均距离损耗，目标链路具有 1 W 的发射功率（与干扰机最低功率相等），1 km 的距离，18.1 dB 的处理增益。对于通信发射机和干扰机，将与距离无关的增益和损耗合并（天线、高度依赖于传播损耗等）是一样的

100 W 干扰与通信信号相比，干扰具有高于 20 dB 的功率，信号具有 18 dB 的处理增益，使目标接收机内的信号大致相同。对于一个小型电池驱动的干扰机，100 W 是一个不切实际的大功率量级，但适用于车载式小功率干扰机。这种配置的小功率干扰机与非安装的干扰机相同，但是车载式干扰具有更多可用的功率，并且在将来，车载式可以更便捷，这些配置给出了非常吸引人的某些可选方案。

利用数字通信链路 $P_e \geqslant 10^{-1}$ 准则，从图 15.4 中可以看出，1 W 的干扰机在距干扰机 1.3 km时可达到这一点。10 倍功率的干扰机达到这一误码率准则时大约为 2.3 km，而 100 倍功率的干扰机达到这一误码率要求时大约是 4.3 km。因此在这一假设条件下，车载式干扰机的干扰范围刚好超过 4 km。

图 15.5 和图 15.6 给出了式(15.16)至式(15.18)中其他传播损耗指数类似的曲线。注意横坐标上的刻度变化。传播损耗指数更小的干扰概率远大于 $n=4$ 时的干扰概率。传播指数越小，干扰信号传播的距离就越远。

$n=2$ 时的曲线近似与安装在无人机的一次性使用的干扰机差不多。预期干扰距离非常远，当然，远比图 15.5 所示的距离更短时，地球是平的假设就不合理了。在典型的无人机高度上，总的斜距大约为 100 km。与图 15.4 比较表明，距离损耗指数对覆盖距离有显著影响。

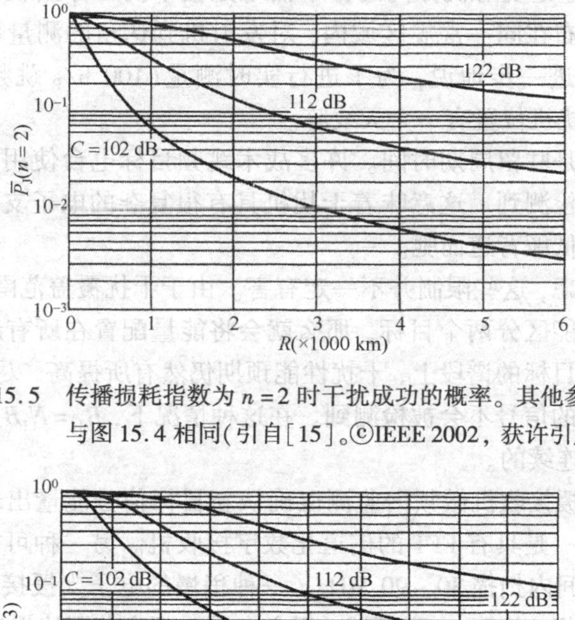

图 15.5　传播损耗指数为 $n=2$ 时干扰成功的概率。其他参数与图 15.4 相同(引自[15]。©IEEE 2002，获许引用)

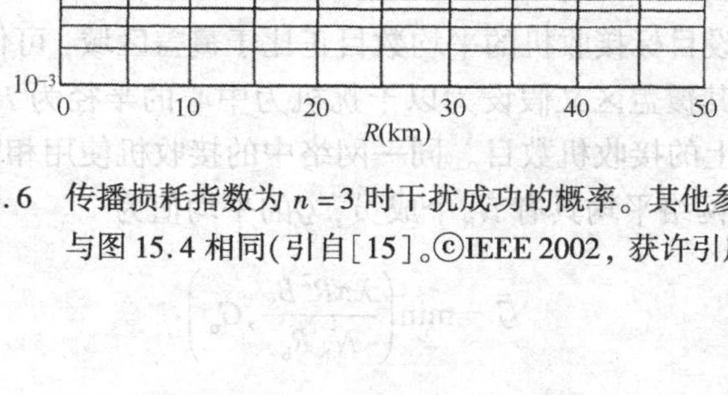

图 15.6　传播损耗指数为 $n=3$ 时干扰成功的概率。其他参数与图 15.4 相同(引自[15]。©IEEE 2002，获许引用)

15.4 频率跟踪干扰

跳频目标信号通常一次只使用一个信道来传输 BFSK 单音。尽管不必如此，两个单音通常在同一信道内发送，即在 VHF 频谱上带宽为 25 kHz 的信道内，两个单音为$f_0 \pm 0.5$ kHz，其中f_0为信道的中心频率。因此，如果干扰机可以将能量集中在实际使用的信道上，那么干扰会更有效。在这种情况下，用$\mathcal{G}$替换 G 表示当前使用的带宽与单个信道的数据率，即

$$\mathcal{G} = \min\left(N'_{\mathrm{f}}\ \frac{B_{\mathrm{S}}}{R_{\mathrm{b}}}, G_{\mathrm{p}}\right) \tag{15.19}$$

式中 N'_{f}表示覆盖区域内正在使用的频道数量。例如，当两个单音在同一个信道传播，$B_{\mathrm{s}}/R_{\mathrm{b}}$约为1。如果$\mathcal{G}$已知，就可以直接取代式(15.15)中的 G_{p}用于式(15.16)至式(15.18)中。

真正的频率跟踪干扰机在其覆盖范围内选择一个或更多的目标进行干扰，而忽视其他目标。为使干扰可以从一个到下一个频率跟上 FHSS 目标，必须能将目标网络使用的下一个频率与上一个频率联系起来。这是一个很重要的任务，可以测量出有助于这种联系的特征包括目标信号的到达角，尽管这是发射机方向的指示而不是被干扰目标接收机的。由于一次性干扰可以像目标网络一样分布在同一常规区域内，对发射机到达角的测量可能会指向到相对于接收机完全错误的方向。进一步地说，为了进行实时测量(100 h/s 跳频目标的驻留时间小于10 ms)，一般要求在干扰机位置有一个天线阵。

另一个可行的特征是驻留周期时间。许多战术跳频目标电台使用固定的驻留时间，目标可以在一天的适当时刻检测到。这意味着干扰机具有很复杂的电子支援能力，但这与该干扰机应该结构简单和成本低廉背道而驰。

对于这里的一些考虑，这些限制并不一定有害。由于干扰覆盖范围实际上很小，假设在其覆盖范围内干扰机并不能区分两个目标，那么就会将能量配置在所有新出现的频率上。因为能量并没有浪费在没有目标的谱段上，干扰性能预期仍然有所提高。尽管如此，这也表示干扰机所覆盖的圆形区域外的信号不会被检测到。在这种情况下，$B_{\mathrm{J}} = N_{\mathrm{f}} B_{\mathrm{s}}$，其中 N_{f}为检测到的频点数，这些频道不必是连续的。

当然，需要电子支援接收机做频谱监测以确认新目标信号能量出现的位置。它应该能确定频率。这种接收机之一是具有 FFT 的信道化数字接收机。另一种可行的接收机是压缩接收机，如在大约毫秒的时间内扫描 30~90 MHz。一种稍慢的电子支援接收机是具有足够宽的瞬时带宽扫频超外差接收机，如第 11 章所述，但它在同一频率范围比慢速 FFH 目标快得多。除了需要足够的电子支援接收机外，也要求干扰机具备透视能力。这是当干扰关闭的瞬时，接收机能测量出频谱的能力。

无论如何，通过假设目标接收机的平均数目正比于覆盖区域，可估计出利用频率跟踪能得到的干扰性能的提升，其覆盖区又假设为以干扰机为中心的半径为 R 的圆。设 λ是目标接收机的密度，即单位面积上的接收机数目。同一网络中的接收机使用相同的瞬时频率，降低了同时使用的信道数。如果网络平均具有 N_{N}个成员，$\mathcal{G}$的平均值为

$$\bar{\mathcal{G}} = \min\left(\frac{\lambda \pi R^2 B_{\mathrm{S}}}{N_{\mathrm{N}} R_{\mathrm{b}}}, G_{\mathrm{p}}\right) \tag{15.20}$$

图 15.7 给出了图 15.4 中干扰机性能随频率跟踪改善的情况。图中的虚线表示 $C=112$ dB（$P_J=10$ W，$P_{Tx}=1$ W）的例子，实线表示参数为网络密度为 $\lambda_N=\lambda/N_N$ 的频率跟踪干扰机。使用了$\mathcal{G}$的平均值，处理增益 $G_p=64$(18.1 dB)，且 $B_s/R_b=1$。注意，随着覆盖区域内的网络数目的增加，干扰性能趋向于拦阻干扰。

这种性能的提高是实际性能提高的上限值，因为它假设是理想的频率跟踪，即所有发射信号都可以在无明显的检测时间内准确地被检测到，干扰能够对准正在使用的频率上发射干扰信号，不管它们如何分布。如前所述，干扰机不能侦察和干扰其覆盖范围外到达接收机的信号。除此之外，无论被干扰的频点数是多少，每个接收机内干扰功率保持不变。

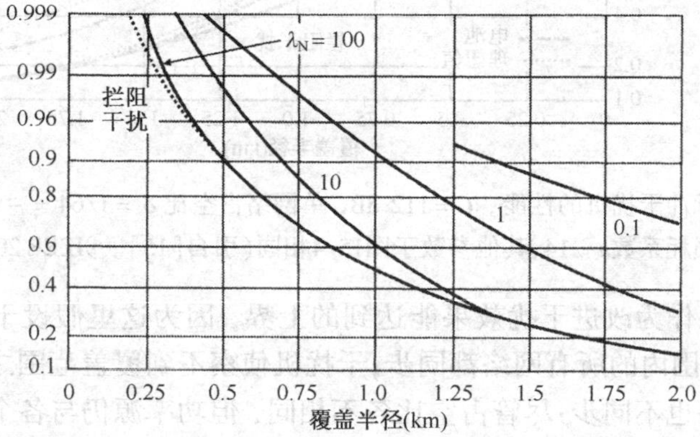

图 15.7　频率跟踪式干扰效果。$C=112$ dB，$W=18.1$。归一化信号带宽 B_S/R_b，距离损耗系数 $n=4$，其他参数与图15.4相同（引自[15]。©IEEE 2002，获许引用）

15.5　脉冲式干扰

如前所述，数字目标信号并不需要 100% 的时段内都受到干扰。已经证明，只要使误码率达到 10^{-1}级别就可以显著降低通信，导致每个字节中近似有一个比特的错误。因此只要打开干扰机使占空比为 10% 就可以改进干扰效果。对于这里所讨论的分布式干扰机类型，这种干扰方式的优势就是节能，它直接影响着电池的寿命，其电池寿命可以延长 10 倍。

对于给定的覆盖半径范围内，使用平均占空比。如前所述，在覆盖范围内接收机的平均数目为 $N_R=\lambda\pi R^2$。每个网络都是自同步并与其他网络不同步，所以不同网络上目标发射在时间上不会重叠。如果单个网络的目标数据占空比为 δ，那么干扰 N 个网络的平均占空比为[15]

$$D(N)=1-(1-\delta)^N \tag{15.21}$$

利用 $N=\lceil \lambda\pi R^2/N_N \rceil$表示覆盖区域内网络数量的期望值①，脉冲干扰可以增加峰值功率

$$G_D=\left[1-(1-\delta)^{(\lambda\pi R^2/N_N)}\right]^{-\eta} \tag{15.22}$$

式中对于理想功率源 $\eta=1$，对于电池，$\eta=2/3$[15]。图 15.8 给出了不同网络密度 λ_N 下干扰机的性能。与频率跟踪式干扰机相比较，取单网络占空比 $\delta=1/64$。使用理想功率源（车载式或

① $\lceil x \rceil$表示 x 四舍五入到最近的整数。

固定安装式)的脉冲干扰实际上与频率跟踪式干扰的效果相同。正如所预期的,采用更实际的电池能源供电时脉冲干扰机有时会更糟,特别是当网络密度较低时。

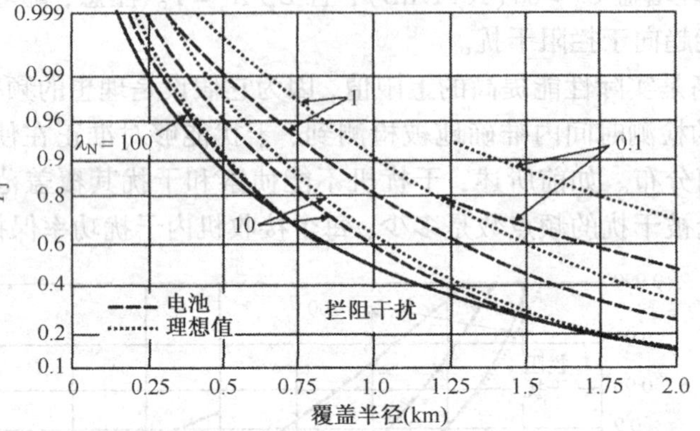

图 15.8 脉冲干扰机的性能。$C = 112$ dB,单网络占空比 $\delta = 1/64 = -18.1$ dB;距离损耗系数$n = 14$,其他参数于图15.4相同(引自[15]。©IEEE 2002,获许引用)

本节的结果可以作为改进干扰效果能达到的上界,因为这里假设干扰机可以侦察到所有网络,并且与覆盖范围内的所有网络都同步;干扰机侦察不到覆盖范围之外而且与覆盖范围之外的任一工作的网络也不同步;尽管占空比各不相同,但功率源仍与各个占空比相匹配。

15.6 结束语

本章评估了一次性干扰系统干扰性能的准则。15.1 节分析了不考虑通信信道存在衰落时的性能;15.2 节分析了目标接收机中干扰和目标信号同时在 Rayleigh 衰落信道下发生衰落的影响。所提供的信息可用来确定如何部署密集的、分布式的干扰机和由此引起的系统损耗。在近地环境中传播的损耗远比视线传播($n = 2$)要严重,因为典型的分布式干扰机具有较短的天线高度[9]。

本章还讨论了通过使用某种形式的智能干扰方式提升总干扰性能的方法,特别是频率跟踪式和时间同步脉冲干扰。通常在一些简化的假设条件下分析这些干扰方式的干扰效果,所以得到的结果只能作为上限。尽管如此,它表明可以使干扰性能得到较大的改善。在脉冲占空比是扩频处理增益的倒数并且峰值功率与占空比呈线性即平均功率也会受到限制时,频率跟踪和脉冲干扰的性能实际上是相同的。对于电池供电的干扰机,利用更实际的峰值功率与占空比关系模型,证明频率跟踪干扰具有更好的性能。

实际上,对这些一次性使用的干扰机的部署可以采用多种方法来实现,例如人工部署、弹载、从机载投掷的方式来部署,如从无人机上投掷,还可以举出更多的方法。这些干扰平台限制了天线高度和有限的初始功率,后者由储存有限能量的电池为其提供能源。

参考文献

[1] Proakis, J. G., *Digital Communications*, New York: McGraw-Hill, 1983.

[2] Parsons, J. D., *The Mobile Radio Propagation Channel*, London: Pentech Press, 1992.

[3] Hess, G. C., *Handbook of Land Mobile Radio System Coverage*, Norwood, MA: Artech, 1998.

[4] Poisel, R. A., *Modern Communications Jamming Principles and Techniques*, Norwood, MA: Artech House, 2004.

[5] Torfieri, D. J., *Principles of Secure Communications Systems*, Norwood, MA: Artech House, 1985.

[6] Simon, M. K., J. K. Omura, R. A. Scholtz, and B. K. Levitt, *Spread Spectrum Communications*, Vol. I, Rockville, MD: Computer Science Press, 1985.

[7] Poisel, R. A., *Modern Communications Jamming Principles and Techniques*, Norwood, MA: Artech, 2004, Chapter 3.

[8] Nicholson, D. L., *Spread Spectrum Signal Design LPE and AJ Systems*, Rockville, MD: Computer Science Press, 1988, Chapter 5.

[9] Poisel, R. A., *Modern Communications Jamming Principles and Techniques*, Norwood, MA: Artech House, 2004, Chapter 2.

[10] Poisel, R. A., *Modern Communications Jamming Principles and Techniques*, Norwood, MA: Artech House, 2004, p. 26.

[11] Abramowitz, M., and I. A. Stegun, *Handbook of Mathematical Functions*, New York: Dover, 3.3.22, p. 121.

[12] Weast, R. C., (Ed.), *Handbook of Chemistry and Physics*, Cleveland: The Chemical Rubber Company, 1964, 65, p. A-129.

[13] http://www.sosmath.com/tables/integral/integ8/integ17.html, #2, accessed March 2008.

[14] http://www.sosmath.com/tables/integral/integ16/integ17.html, #2, accessed March 2008.

[15] McGuffin, B. F., "Distributed Jammer Performance in Rayleigh Fading," *Proceedings IEEE MILCOM* 2002, pp. 669-674.

附录 A 概率与随机变量

A.1 引言

通常每个通信信号代表一个随机过程，将通信信号看做确定信号是最简单的情况。随机过程只能用概率术语来描述，因为随机过程的先验准确性质是未知的，而对确定过程则能准确地加以描述。因此，掌握随机变量和概率的基本知识对理解通信信号与电子战系统是十分有益的。

该附录给出了随机变量与概率的基本知识。当然，该附录没有详细地对这些知识进行讨论，但足以用来理解本书中的相关内容。

A.2 随机变量的均值、期望值和矩函数

已知 N 个数的集合 $S=\{X_1, X_2, \cdots, X_N\}$，常需对其全部或部分求和。如求和的简化符号是$\sum$，则有

$$\sum_{i=1}^{N} X_i = X_1 + X_2 + \cdots + X_N \tag{A.1}$$

集合 S 的平均值或均值是一个数。从某种意义上讲，用该数来表征集合 S，说明该集合的“中间值”。均值用 μ 表示，即

$$\mu = \frac{\sum_{i=1}^{N} X_i}{N} \tag{A.2}$$

均值也称为该集合的算术平均值。

假设 X_1重复 n_1次，X_2重复 n_2次，……，X_N重复 n_N次，则均值的计算公式为

$$\mu = \frac{\sum_{i=1}^{N} n_i X_i}{N} \tag{A.3}$$

式中 $n_1 + n_2 + \cdots + n_N = N$。

集合的另一个特征是集合的标准差。它是集合中各个数偏离均值的度量，用 σ 表示为

$$\sigma = \sqrt{\frac{\sum_{i=1}^{N} (X_i - \mu)^2}{N}} \tag{A.4}$$

σ^2称为方差。如果集合中存在重复值，则标准差的计算公式为

$$\sigma = \sqrt{\frac{\sum_{i=1}^{N} n_i (X_i - \mu)^2}{N}} \tag{A.5}$$

注意，标准差的计算公式还可为

$$\sigma = \sqrt{\mu_S - \mu^2} \tag{A.6}$$

式中，μ_s是集合S_s的均值，而S_s是由原集合S中各元素平方构成的，即$S_s = \{X_1^2, X_2^2, \cdots, X_N^2\}$。

归纳以上内容，可得到集合关于0的r阶矩

$$\mu_r = \frac{\sum_{i=1}^{N} X_i^r}{N} \tag{A.7}$$

同样，可得到集合关于均值的r阶矩

$$\mu_r = \frac{\sum_{i=1}^{N} (X_i - \mu)^r}{N} \tag{A.8}$$

用p_i来表示集合S中元素X_i的概率，即X_i与N之比的分数(参见Kosko的参考文献[1])。因此，用前面符号标记，有$p_1 = n_1/N$，$p_2 = n_2/N$，…，等等。注意，$\Sigma p_i = 1$。

均方根(RMS)常用来衡量一个集合偏离零值或集合均值的程度。设μ为集合均值，N是集合的数据点数，X_i表示集合中某一数据，则有

$$\text{RMS} = \sqrt{\frac{1}{N}\sum_{i=1}^{N}(X_i - \mu)^2} \tag{A.9}$$

和方根(RSS)有时用来确定测量误差。它与均方根(RMS)计算相似，只是没有减去均值。因此，它给出了包含在测量中更多的实际误差，即

$$\text{RSS} = \sqrt{\frac{1}{N}\sum_{i=1}^{N} X_i^2} \tag{A.10}$$

如果X在某一时刻(如t_n时刻)的取值是一个集合(无限集合)中的某一值，在另一时刻的取值是集合中的另一值，且只能随机地描述这些取值，那么，称X为随机变量(r.v.)。这就意味着预先无法知道X在将来时刻的取值。对X_i的期望值(简称期望)是与集合中取值出现的概率有关，即$\mathcal{E}\{X_i\} = p_i X_i$。如果$X$是随机变量，即它从集合$S = \{X_1, X_2, \cdots, X_N\}$中取值的概率依次为$p_1, p_2, \cdots, p_N$，那么，$X$的期望为

$$\mathcal{E}\{X\} = \sum_{i=1}^{N} p_i X_i \tag{A.11}$$

注意，对前面集合S，有$p_i = n_i/N$，将该表示代入式(A.11)，可得

$$\mathcal{E}\{X\} = \sum_{i=1}^{N} \frac{n_i}{N} X_i \tag{A.12}$$

这就是以上所述的数据均值。

A.3　概率

假设有一个滚动骰子，其滚动结果$x \in \{1, 2, 3, 4, 5, 6\}$，其中$\in$表示“是其中元素之一”，$\{\}$表示一个集合。如果骰子滚动1000次，其中一些$x$，如$x = 5$向上的次数为200，那么就说本次实验中$x = 5$发生的概率是$200/1000 = 0.2$。

假设从一副公平(公平是指除大小王外的所有纸牌都在，且没有标记)的扑克牌盒中抽出

一张纸牌，那么这张纸牌为梅花K的概率是多少？因为扑克牌盒内有52张纸牌，只有一张梅花K，所以概率是1/52≈0.019。还有抽出纸牌A的概率又是多少？因为扑克牌盒内有4张牌A，所以概率是4/52≈0.077。

具有随机输出x的过程称为随机过程，x称为随机变量。由于无法知道随机变量在任意给定时刻的准确取值，所以只能用统计量来描述随机变量。在通信理论中，有许多随机变量的实例。例如，被噪声干扰的调幅信号的幅度是随机变量，被相位噪声干扰的数字调制信号的解调比特也是随机变量。

A.3.1 条件概率

假设纸牌实验中从公平的扑克牌盒中抽出A的概率，并设第1次抽出的是A，那么第2次抽出的仍为A的概率是多少？这个问题可以用条件概率进行描述。众所周知，18世纪英国牧师贝叶斯是第一个研究条件概率的人。用$P(e|a)$表示事件a已发生情况下事件e发生的概率，该条件概率的表达式为

$$P(e|a)=\frac{P(a,e)}{P(a)} \tag{A.13}$$

式中右边的分子$P(a, e)$是事件a与事件e都发生的概率。重新整理该式，有

$$P(a,e) = P(e|a)P(a) \tag{A.14}$$

如果事件a与事件e相互独立，即任一事件的发生与另一事件无关，那么事件e发生的概率与事件a是否发生无关。因此，$P(e|a)=P(e)$，并且有

$$P(a,e) = P(e)P(a) \tag{A.15}$$

通常有

$$P(e,a)=P(e)P(a)-P(e\text{或}a) \tag{A.16}$$

由于$P(e, a) = \Pr(a, e)$，则

$$P(e|a)P(a) = P(a|e)P(e) \tag{A.17}$$

所以有

$$P(e|a)=\frac{P(a|e)P(e)}{P(a)} \tag{A.18}$$

总之，式(A.18)表明，事件a发生后，事件e发生的概率是事件e发生后，事件a发生的概率与事件e发生的先验概率之积在除以事件a发生的先验概率。

如果事件a与事件e中一个发生，而另一个不发生，则事件a与事件e是互斥的。在这种情况下，$P(a, e)=0$，且$P(e|a)=\mathrm{P}(a|e)=0$。

A.3.2 随机变量的分布函数与密度函数

假设有一对骰子，但不知道这两个骰子是否“公平”，即不知道在所构成的6×6=36个组合中每个组合是否等概率发生。现在投掷骰子1000次，并记下每次掷骰子的结果，然后用图表示这些结果，如图A.1所示。图中左边线段是实验结果，右边线段为两个骰子完全公平时的理论计算值。你能有一定把握地说，这对骰子是公平的？可能并不公平(显然，实验结果趋向小数字，这说明骰子一面或几面的质量轻)，但这并不是问题的要害所在。

对每一投掷结果的数字进行归一化，那么，每个“数字出现的次数”就变为出现的次数与总投掷次数 1000 之比。这样，就得到与图 A.1 类似的图 A.2(为了更好理解，图 A.2 去掉了理想值结果)。该图就称为离散随机变量“数字”的概率密度函数(pdf)。因为随机变量只取一些确定的值，所以数字是离散的。注意，图中所有条形围成的“面积”是 1，因为 $n_1/N + n_2/N + \cdots + n_N/N = (n_1 + n_2 + \cdots + n_N)/N = 1$。

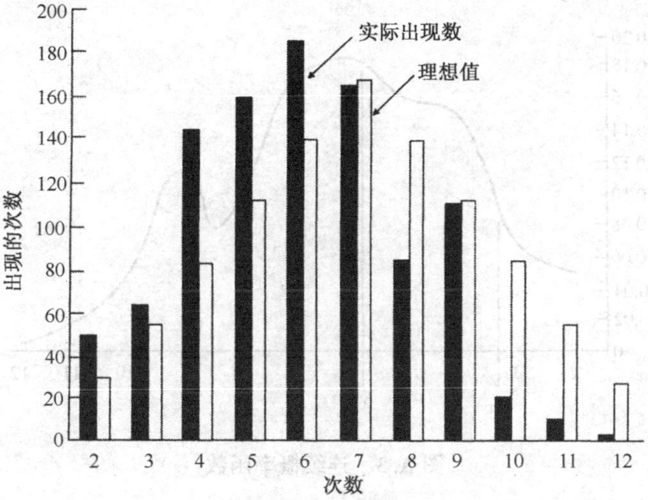

图 A.1 实验密度

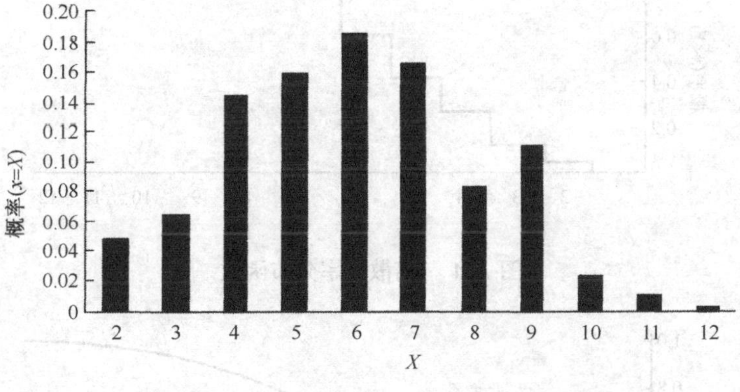

图 A.2 对投掷总数归一化处理后的实验结果

如果随机变量的取值是连续的，其结果是类似的，只不过直方图变为连续曲线。

$$f_X(x) = \frac{\mathrm{d}F_X(x)}{\mathrm{d}x} \tag{A.19}$$

该曲线下的面积对应概率之和，而介于 X 的两个值 X_1 与 X_2 之间的面积对应的是 $X_1 < X < X_2$ 的概率，如图 A.3 所示。

对离散随机变量和连续随机变量，都可用累积分布函数(cdf)来表示随机变量 x 小于某一确定值 X 的概率。图 A.4 给出了离散随机变量的累积分布函数。由于图 A.3 中连续概率密度函数的数据与离散概率密度函数相同，则连续随机变量的累积分布函数如图 A.5 所示。概率密度函数 $f_X(x)$ 与累积分布函数 $F_X(x)$ 的关系式为

$$f_X(x)=\frac{\mathrm{d}F_X(x)}{\mathrm{d}x} \text{①} \tag{A.20}$$

$$F_X(x)=\int_{-\infty}^{x} f_X(\xi)\mathrm{d}\xi \tag{A.21}$$

即分布函数 $F_X(x)$ 是在 $(-\infty, x)$ 内由密度函数 $f_X(x)$ 围成的面积，而密度函数 $f_X(x)$ 是分布函数 $F_X(x)$ 在 $x=X$ 处的斜率。

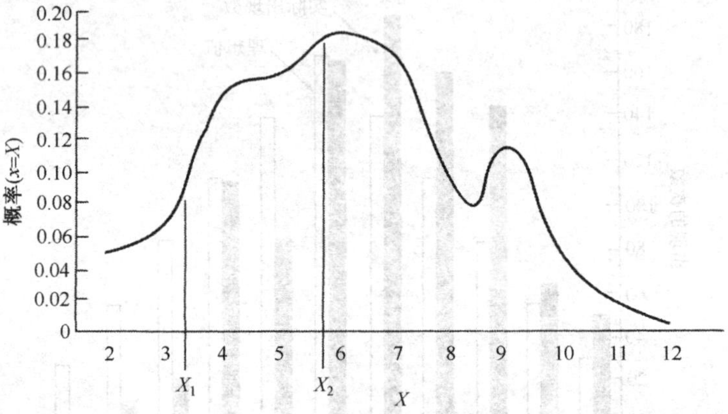

图 A.3 连续概率函数

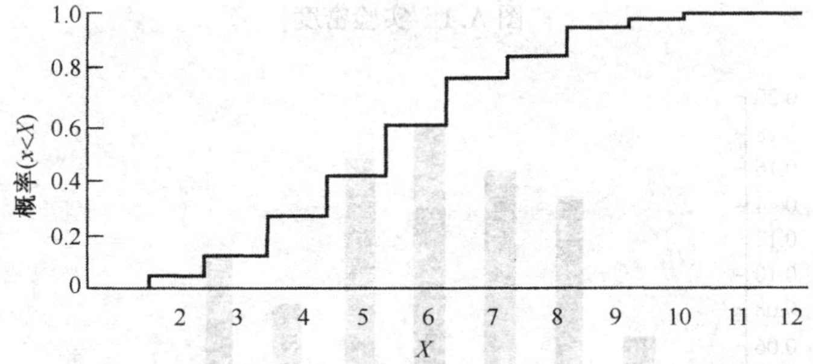

图 A.4 离散概率分布函数

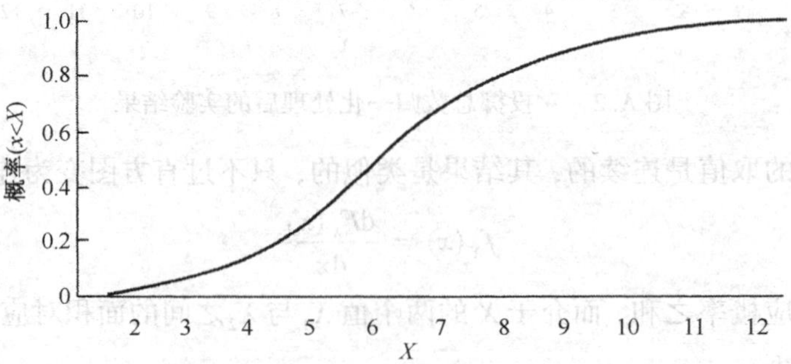

图 A.5 连续概率分布函数

① 原文式(A.20)与式(A.19)相同,有误——译者注。

A.4　高斯密度函数

在通信信号和电子战系统的分析中特别感兴趣的一种密度函数就是高斯(正态)密度函数。高斯是 17 世纪的数学家，他发现了一种概率密度函数，在许多情况下可以被用来近似描述随机变量的特征，该概率密度函数如图 A.6 所示。为解释正态密度函数，与所有概率密度函数一样，横坐标代表随机变量的取值，用 x 表示，那么 x 位于(x_1, x_2)内的概率为

$$P(x_1 < x < x_2) = \int_{x_1}^{x_2} f_X(x)\mathrm{d}x \tag{A.22}$$

其幅度的均值(或平均值)用μ 表示，标准差用σ 表示。该分布经常用来描述噪声信号的幅度，在这种情况下，噪声信号的功率为 σ^2。

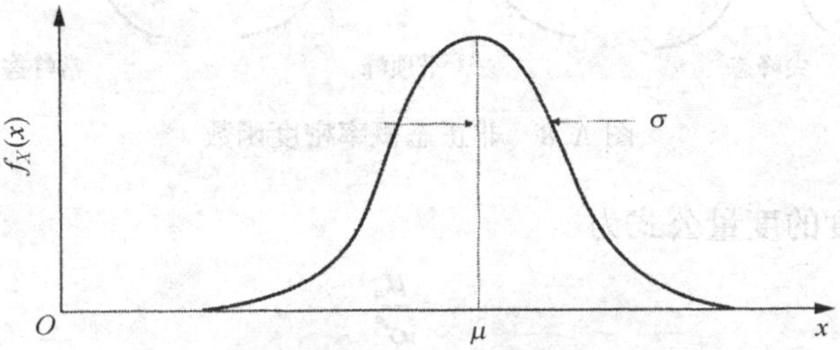

图 A.6　高斯(正态)概率密度函数

实际中常会遇到用这种密度函数描述的随机变量。例如，该随机变量能很好地描述与电阻有关的噪声电压和电流，其密度函数为

$$f_X(x) = \frac{1}{\sqrt{2\pi}\sigma}\mathrm{e}^{-\frac{1}{2}\frac{(x-\mu)^2}{\sigma^2}} \tag{A.23}$$

式中，μ 为均值，σ 为标准差。

高斯密度函数如图 A.6 所示，其分布函数如图 A.7 所示。图 A.6 和图 A.7 中，$\mu = 0$，$\sigma = 1$。而讨论的结论很容易地推广到其他均值和标准差的情况。

对高斯密度函数，在均值的 $\pm\sigma$ 范围内对应的概率之和为68.27%，在均值的 $\pm 2\sigma$ 范围内对应的概率之和为95.45%，在均值的 $\pm 3\sigma$ 范围内对应的概率之和则为99.73%。

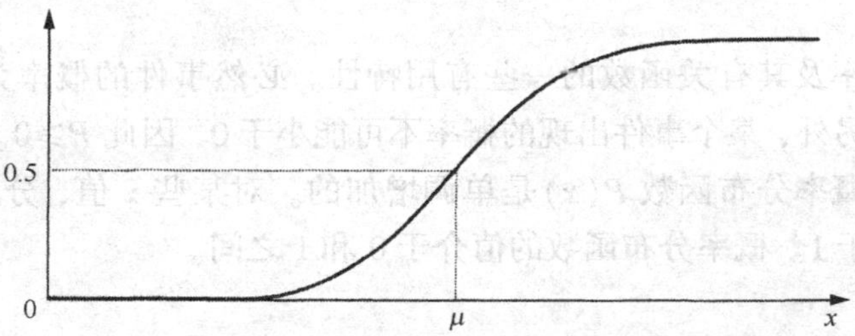

图 A.7　高斯(正态)分布函数

A.5 峰度

峰度是密度函数相对于正态密度函数的尖锐程度的度量。当某一密度函数比正态密度函数尖锐时，则称该函数为窄峰度密度函数；当某一密度函数比正态密度函数平坦时，则称该函数为宽峰度密度函数；当某一密度函数与正态密度函数相同时，则称该函数为中峰度密度函数。这三种密度函数的例子如图 A.8 所示。

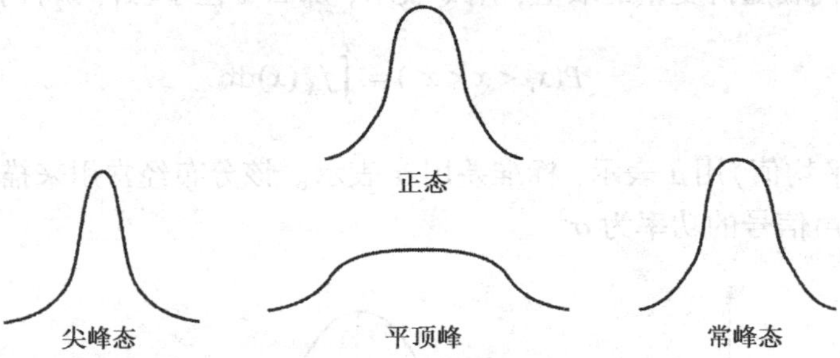

图 A.8 非正态概率密度函数

一种密度函数峰度的度量公式为

$$\kappa = \frac{\mu_4}{\sigma^4} \tag{A.24}$$

式中 μ_4 为前面定义的随机变量关于均值的四阶矩，σ 为前面讨论的标准差。

A.6 偏斜度

偏斜度是对概率密度函数不对称的度量，用 ψ 表示。如果均值右边的起伏比左边的起伏大，且/或长，则密度函数向右倾斜，即为正偏斜；反之，则向左倾斜，即为负偏斜。偏斜度的标准定义公式为

$$\psi = \frac{\mathcal{E}^3\{x-\mu\}}{\sigma^3} \tag{A.25}$$

A.7 概率、密度函数及分布函数的有用特性

本节将给出概率及其有关函数的一些有用特性。必然事件的概率为 1，而概率不可能大于 1，因此 $P \leqslant 1$。另外，某个事件出现的概率不可能小于 0，因此 $P \geqslant 0$。

随机变量 x 的概率分布函数 $P(x)$ 是单调增加的。对某些 x 值，分布函数为 0；随着 x 增大，分布函数趋近于 1。概率分布函数的值介于 0 和 1 之间。

由于

$$F_X(x) = \int_{-\infty}^{x} f_X(\xi)\,\mathrm{d}\xi \tag{A.26}$$

所以，$x_1 \leqslant x_2$ 时，有 $F_X(x_1) \leqslant F_X(x_2)$，且由密度函数 $f_X(x)$ 围成的总面积是 1。

A.8　结束语

本附录为读者提供了理解本书各章所需的有关概率与随机过程的知识。统计过程是一个与此有关的主题，值得专门研究。

本质上讲，通信系统以及对通信系统进行干扰的电子战系统处理的信号都是统计信号，部分原因是在信号的发射与处理时随机噪声不可避免地被引入。然而，有些信号本身表现出随机特性，如通过设计使通信信号加入不确定性。最简单的例子就是对信号加密，当然，还有许多其他的例子。因此，为充分理解电子战系统设计，掌握有关统计过程的基本知识是十分重要的。

参考文献

[1] Kosko, B., *Fuzzy Thinking*. New York：Hyperion, 1993, pp. 44-46.

附录 B　仿真网络

B.1　引言

本附录给出的具体网络是本书中用来描述仿真的。只有 19 个网络时，其他网络不用被仿真；超过 19 个网络被仿真时，另外的网络被任意加在所示的区域，而这些区域具有战术意义。

Net 1

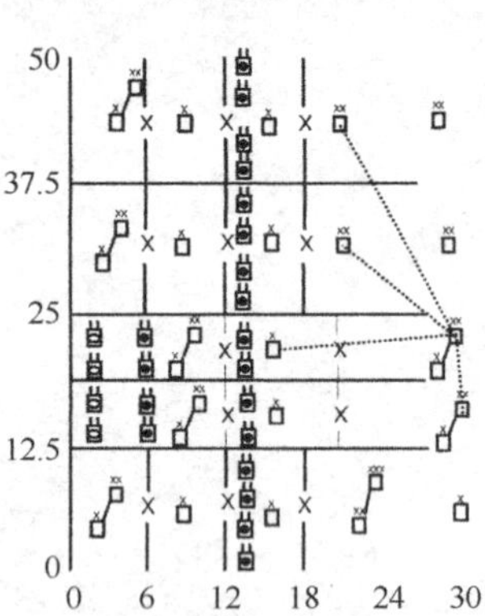

Net 2

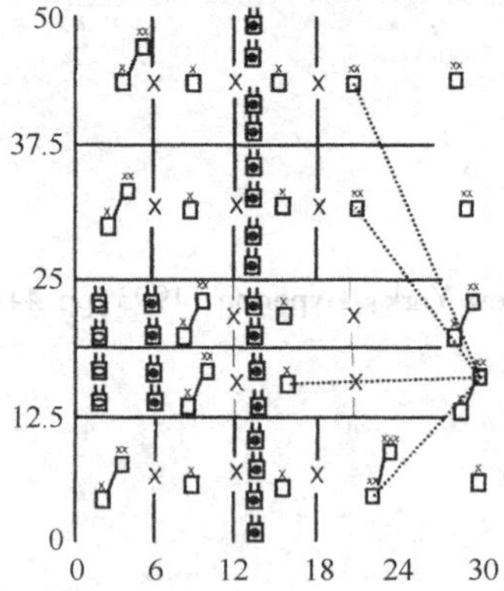

Net 3

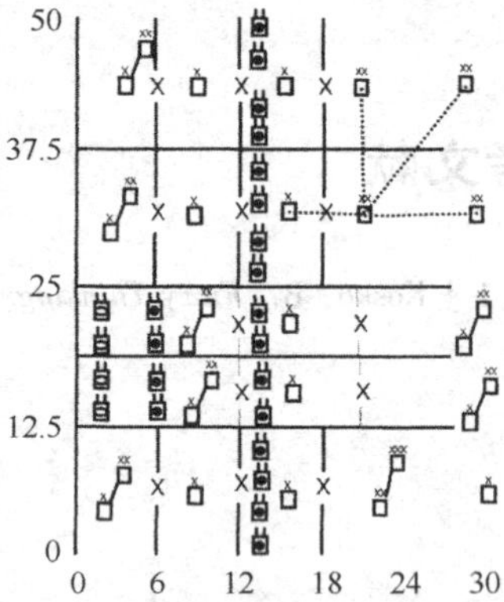

Net 4

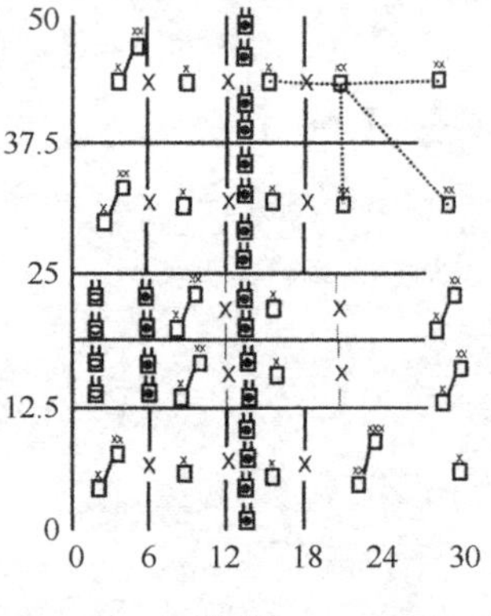

Net 5

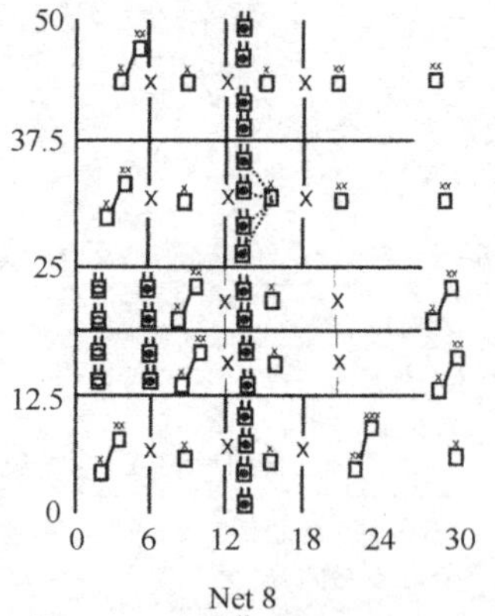

Net 6

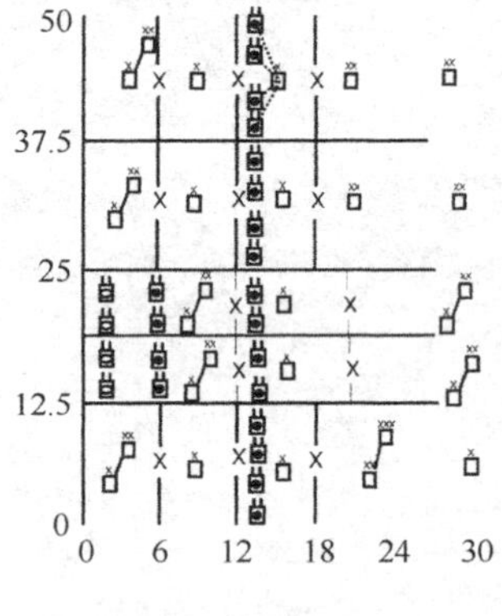

Net 7

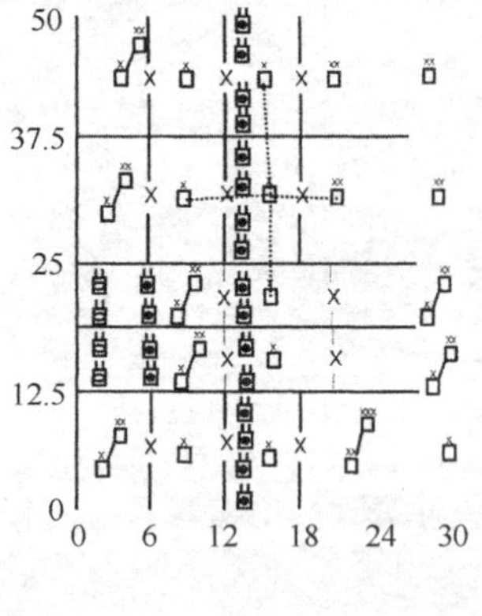

Net 8

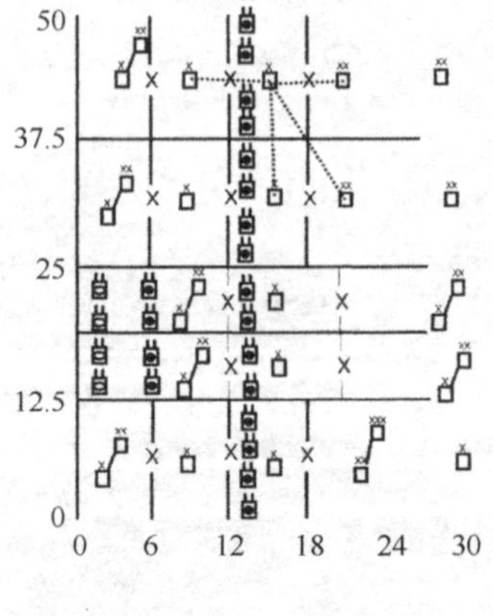

Net 9

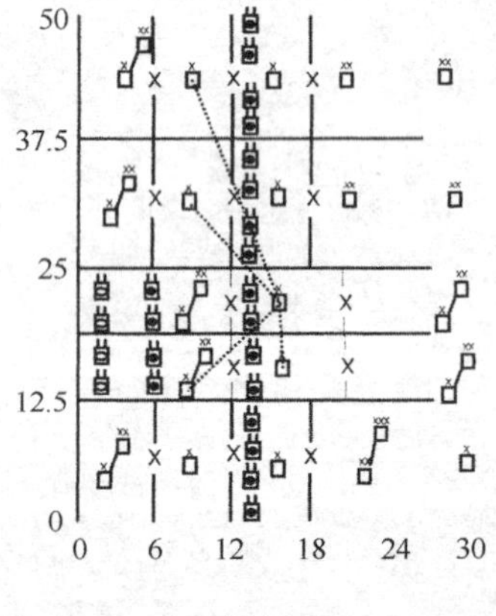

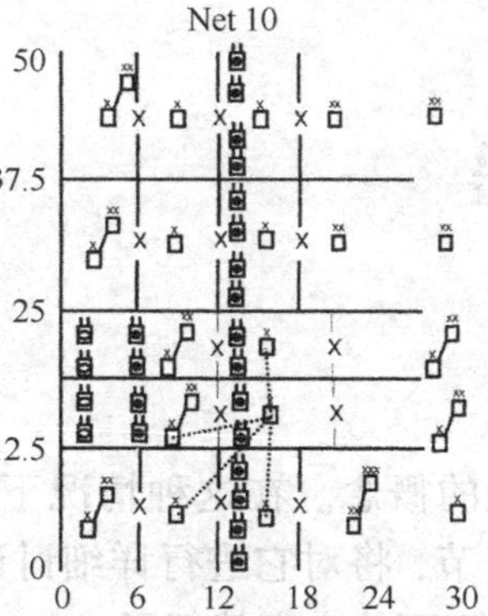
Net 10
50
37.5
25
12.5
0
0 6 12 18 24 30

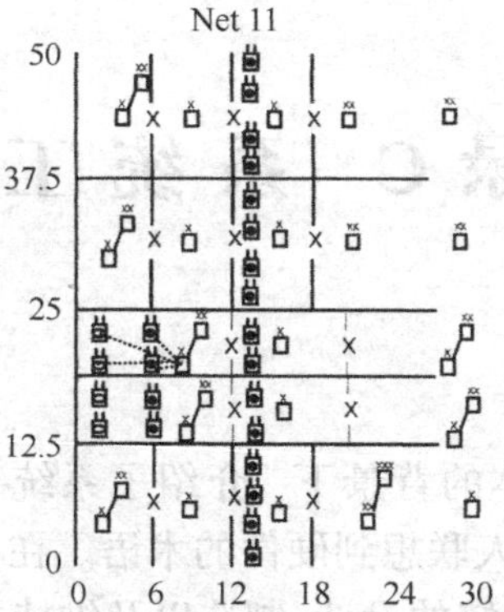
Net 11
50
37.5
25
12.5
0
0 6 12 18 24 30

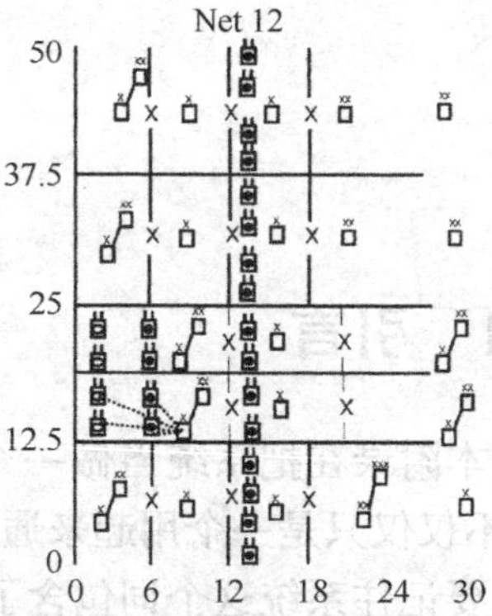
Net 12
50
37.5
25
12.5
0
0 6 12 18 24 30

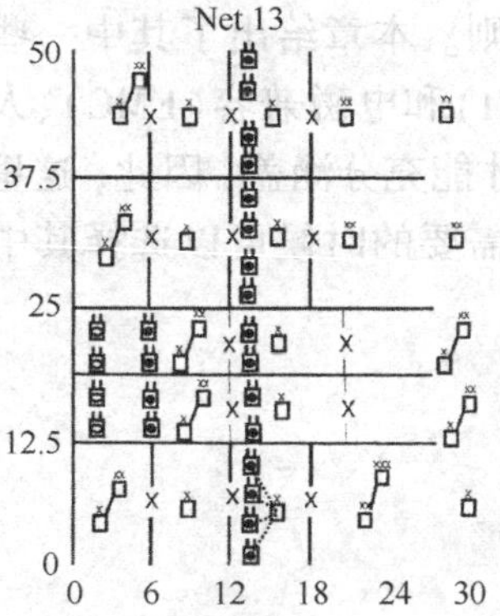
Net 13
50
37.5
25
12.5
0
0 6 12 18 24 30

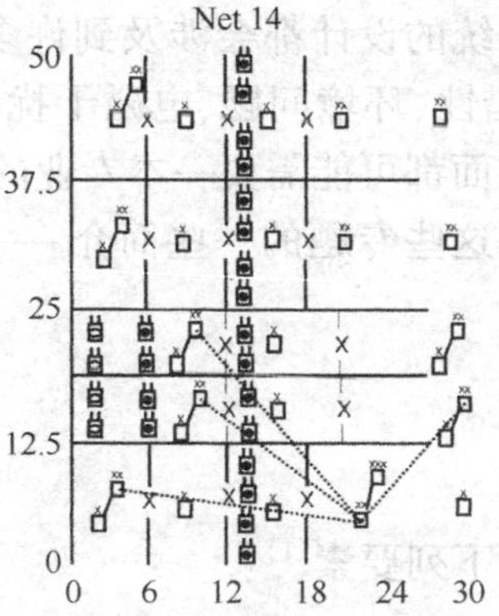
Net 14
50
37.5
25
12.5
0
0 6 12 18 24 30

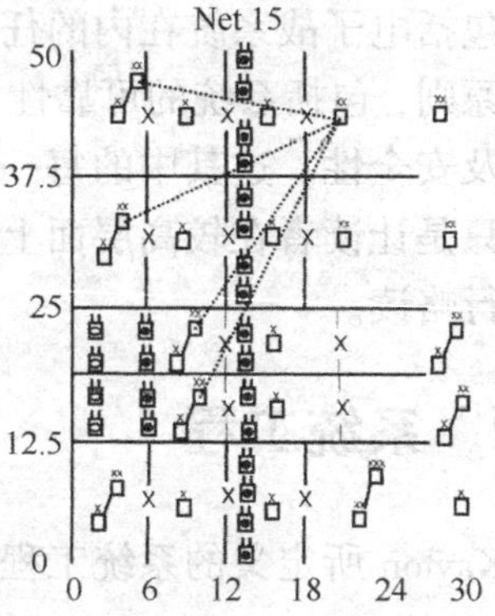
Net 15
50
37.5
25
12.5
0
0 6 12 18 24 30

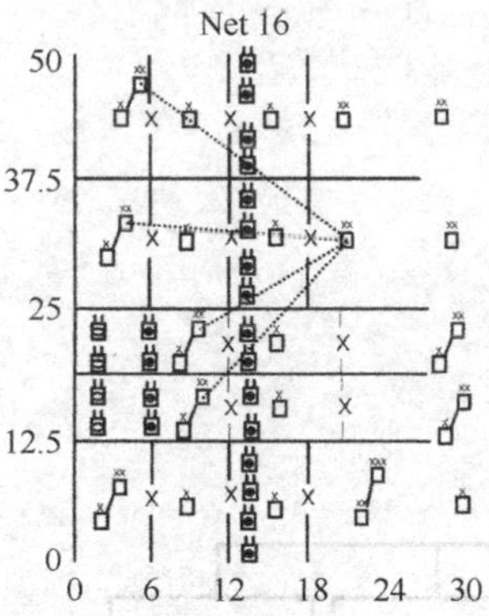
Net 16
50
37.5
25
12.5
0
0 6 12 18 24 30

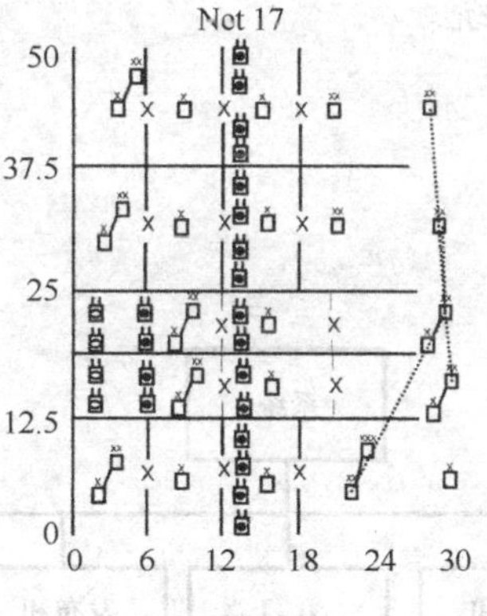
Net 17
50
37.5
25
12.5
0
0 6 12 18 24 30

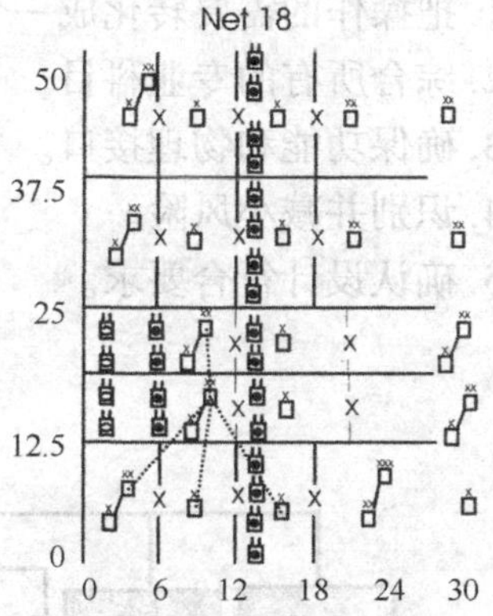
Net 18
50
37.5
25
12.5
0
0 6 12 18 24 30

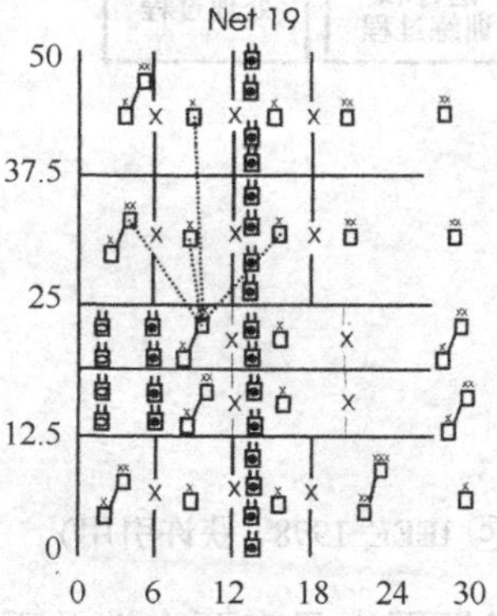
Net 19
50
37.5
25
12.5
0
0 6 12 18 24 30

附录C 系统工程

C.1 引言

本附录在把系统当做一个整体的背景下，介绍了系统工程的概念。在这种情况下，“系统”不仅仅只是一个用起来通常让人联想到硬件的术语。在 C.2 节，将对它进行详细讨论，这里只要记住系统这个词包含了对系统的设计、制造以及维持方方面面的内容就行了。

包括电子战系统在内的任何系统的设计都会涉及到许多原则。本章给出了其中一些较重要的原则，包括系统的可靠性、容错性、环境问题、电磁干扰(EMI)和电磁兼容(EMC)、人性因素以及安全性。这其中的每一个方面都可能需要一本专业的书才能充分涵盖，因此，这里所包含的只是让读者在较高层面上了解这些专题的一些简介——在需要的时候可以选择其中的话题进行略读。

C.2 系统工程

Kayton 所定义的系统工程包含下列要素[1]：

1. 把操作的需要转化成一个系统。
2. 综合所有的专业科目。
3. 确保功能和物理接口。
4. 识别并减小风险。
5. 确认设计符合要求。

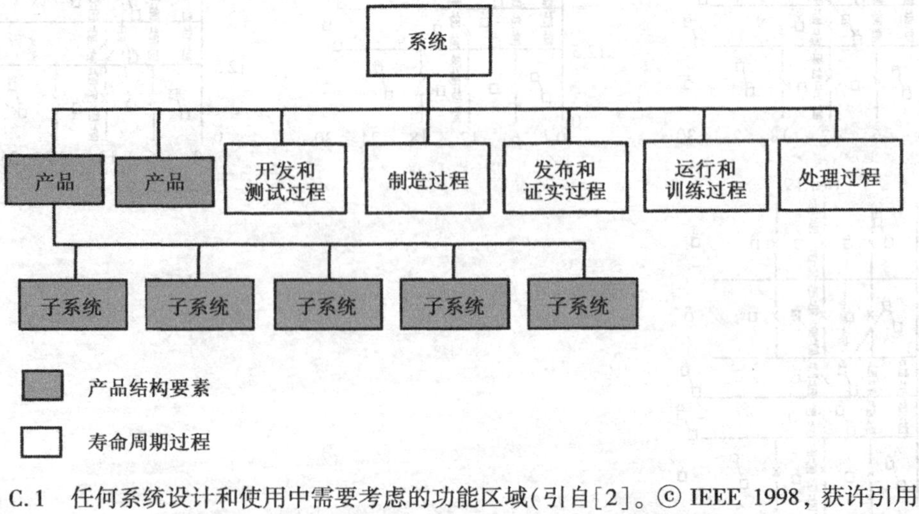

图 C.1　任何系统设计和使用中需要考虑的功能区域(引自[2]。© IEEE 1998，获许引用)

每个系统所涉及的各个方面如图 C.1[2] 所示。注意，第一级框图中只有两个涉及系统本身，如硬件，剩下的都是影响系统寿命周期的有关辅助过程。系统的寿命周期开始于研发阶段，结束于失去有效工作能力的废弃处置阶段。生产、销售、供应、训练以及操作阶段都处于这两个阶段之间。对任何一个有效的系统，系统工程的过程必须考虑所有这些阶段以及它们是如何相互关联的。

图 C.2（源自 IEEE 标准，1220-1998）从概念上阐述了系统的寿命周期。系统的寿命周期开始于对满足某些需求的系统定义，接下来是子系统的定义，然后是有重叠关系的系统生产和客户服务阶段。子系统的定义包含图 C.2 中所示的三个阶段：初步设计、详细设计以及样品的集成和测试阶段（FAIT）。

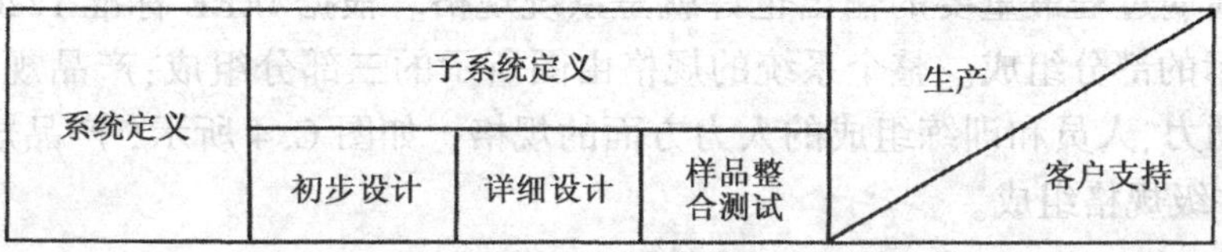

图 C.2 系统的寿命周期（引自[2]。©IEEE 1998，获许引用）

根据 IEEE 标准 1220-1998，系统工程的过程（SEP）遵循图 C.3 所示的流程图。对于和系统工程有关的每一个动作，这一过程中的每一个阶段都是重复的——从整个系统本身的设计一直到对系统逐渐发生变化的分析。

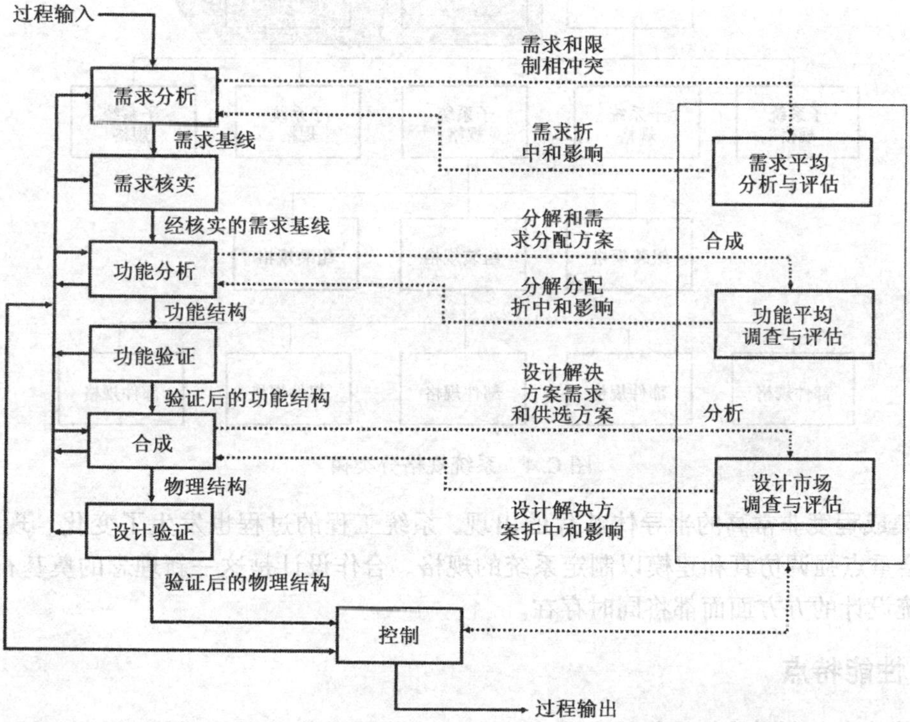

图 C.3 系统工程过程的流程图（引自[2]。©IEEE 1998，获许引用）

第一步是对系统所需要的需求分析。对于这些需求经常需要折中，因为它们经常是冲突的——不能完全满足。这样，一个需求基线就形成了。然后，这些需求通常被客户或者系统的使用者检验和核实。随着进一步的市场调查和后继的检验和核实，系统的功能就被确定了。一些功能被分配到子系统中，包括软件与硬件的分配。基于这些分配，系统综合过程实质上就开始了，开始设计和建造物理的系统，包括软件和硬件。接着对这些设计制造的结果进行验证，通常包括大量的测试。一旦物理系统的功能得到验证，这个过程或者是反复设计改进，或者是以一个完整的系统而结束，在反复设计改进中，反馈可到达之前步骤中的任何一步。

任何系统的开发和部署的初期都涉及系统设计，主要包括进行一系列的折中分析并以此确定最佳的系统设计。此外，Kayton 指出，这些折中几乎总是归结为在"性能、稳定性、有效性、对于人类的便利性以及成本"这些特征中做出权衡。下文中系统工程所考虑的事项都将根据这种基本的分类来进行描述。

系统工程前期过程最重要的输出也许就是系统规格。根据 IEEE 标准 1220-1998，系统规格由图 C.4 所示的部分组成。整个系统的规格由图所示的三部分组成：产品规格、系统的操作步骤以及由劳动力、人员和训练组成的人力方面的规格。如图 C.4 所示，产品规格被进一步划分，最终由部件级规格组成。

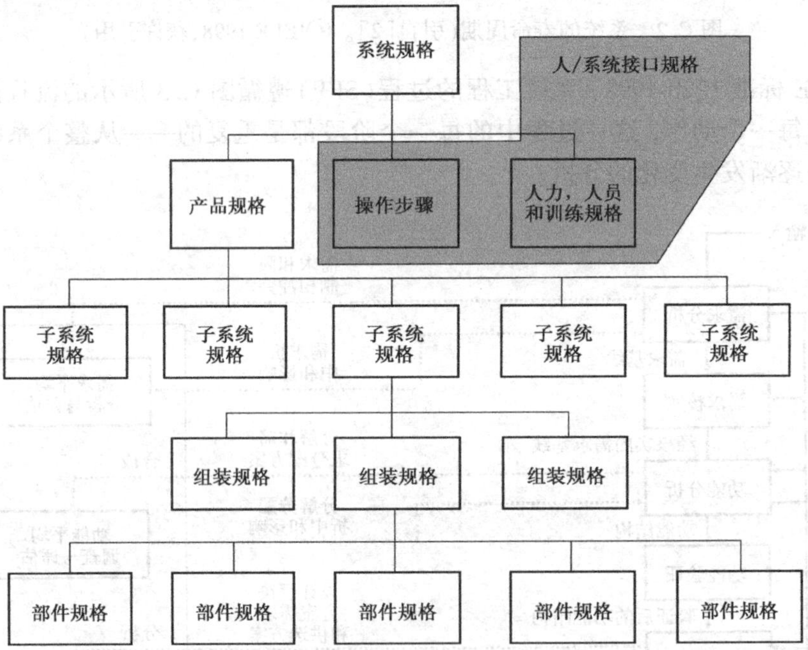

图 C.4　系统规格分类树

随着集成程度非常高的半导体芯片的出现，系统工程的过程也发生了变化。现在以及未来，人们会重点强调仿真和建模以制定系统的规格。合作设计是这一新理念的奠基石，这个理念中，系统设计的方方面面都将同时存在。

C.2.1　性能特点

本书其他章节所讨论的性能特点或多或少地只限于通信电子战系统。本章所考虑的一些系统设计适用于一般性的系统而不仅仅只限于通信电子战系统，因此，涉及整个系统级别的性能特点，与特定的子系统或者子功能不同。

C.2.2　环境特性

表 C.1 所示的内容源于 IEEE 标准 1156.2-1996 关于计算机和电子设备非工作时的环境参

数说明。军用战术设备的环境条件通常比商用设备的要严酷得多，尽管如此，对两者所关心的大多数领域是相同的。表 C.1 所示的条件是商用设备的规格，因此，适用于为这种环境而制造的通信电子战系统。PL1 是指满足中等条件数的设备，PL2 是指满足少量条件数的同一设备。如果设备通过了测试，就认为是能经得住特定的环境条件。这些特定的条件如表 C.1 左边一列所示。表 C.1 包含了所说条件下的测试条件。

低温和高温环境与运输和存储条件有关，运输与存储后设备要仍然能够工作。因为运输或存储的容器不可控温，设备常常运输或存储于极限温度。测试的方法是模拟这一过程的冷热环境，使处在那个温度下的设备是稳定的。

可将电子设备放在极端寒冷的条件下工作很短的时间。这一热冲击检测的目的是验证设备在经过这样一个变化后仍能够运转。注意，测试条件从 -40℃到 +65℃仅持续 5 分钟的时间。

表 C.1 非工作环境

试验参数	试验出版物	严格性或条件	要求 PL1	要求 PL2
低温	IEC 68-2-1 (1990) Test Ab	24 小时	-40℃	-60℃
高温	IEC 68-2-2 (1974) Test Bb	24 小时	+65℃	+55℃
热冲击	IEC 68-2-14 (1984) Test Na	<5 min	-40℃ ~ +65℃	N/A
湿度	IEC 68-2-30 (1980) Test Dd	6 个周期	25℃ ~55℃ 92 ±3% RH	25℃ ~55℃ 92 ±3% RH
有包装的自由落体	IEC 68-2-32(1975)	棱角和表面	结合完好	仅表面完好
无包装的装卸	IEC 68 2 32 (1975)	棱角和表面	结合完好	结合完好
振动	IEC 68-2-6 (1975)	5 ~200/300 Hz (参见图 C.5)		
冲击	IEC 68-2-27 (1987)		30g/20 ms	15 g/20 ms
混合流动气体	ASMT 8-827-92		14 天	7 天
真菌	IEC 68-2-10 (1988) Test J		X	N/A
易燃	系统试验		ANSE T1319-1995	UL 94-1991
静电放电	IEC 801-2 (1991)	15 kV 空气放电	X	X

(引自[3])

一些军用装备必须设计得能够工作于高湿度的环境中，如中(南)美洲的热带丛林。正因为如此，军用设备的要求比商业设备更加苛刻。表中的湿度条件相对来说是温和的。

自由落体测试是为评估设备能否在正常工作条件下放置而设计的。这种条件可简单得像把设备从运输纸箱子里拿出来后再安装到支架上一样。测试设备放置的距离取决于它的质量。

系统必须能承受的冲击和振动的大小在很大程度上取决于系统所工作的环境。例如，一个要在坦克中工作的无线电设备，必须经过设计以承受坦克相当严酷的机械环境。另一方面，除维修之外，一个被设计成从不离开桌面的台式计算机可在良好的环境中正常工作，那么运输和操作过程可能决定了它必须耐受的冲击和振动的大小。

冲击和振动是两个完全不同的参数。冲击是指相对不常见的尖锐机械脉冲被耦合到系统中，就像一个电子外罩掉到了水泥地上一样。这种冲击的数值能够达到50g或者更大一些，其中1g = 地心引力。另一方面，振动通常是指一个装置受到的重复机械振荡。直升机螺旋桨的旋转引入到系统的振动可以作为这种情况的一个例子。

无论电子战系统是被用做战略部署而从不移动，还是出于战术性的设计打算经常移动的，机械稳定性通常都是设计的必要条件。后者能使系统渡过良好的移动环境或者是难以通行的战场环境。

IEEE 标准 1556.2-1996 确定的非工作情况的设备振动频谱如图 C.5 所示。加速度最大的幅度，也就是振动最大的幅度处在 10 ~ 50 Hz 的频率范围内。

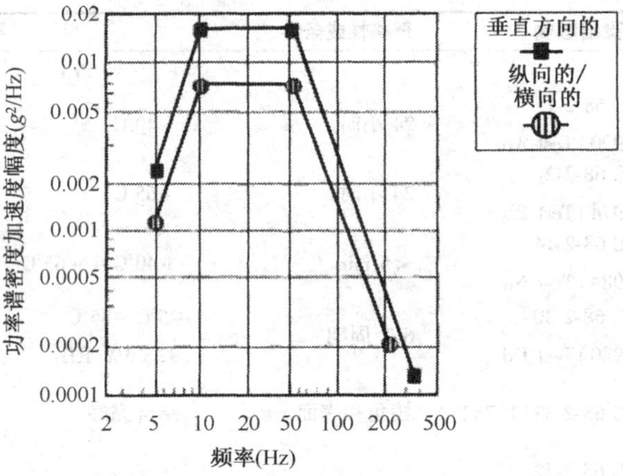

图 C.5 系统不工作时的振动特性(引自[3]©IEEE 1996，获许引用)

部署于潮湿地区的设备常常遇到有益于真菌生长的环境。真菌测试将检验在这种环境下设备的性能是否下降。应注意的是，由于真菌生长会造成系统性能衰减，接受这种测试以后的大部分设备通常不能使用。

电子设备的可燃性特别应受到关注。这样的设备可能预期要在高温条件下工作，如果部件容易烧毁，就会出现重大的安全问题，更别说设备是否能继续工作了。在军事背景下，设备可能会暴露在能促进燃烧的环境中，比如处在敌方的火力下。

混合流动气体测试是用来评估金属暴露在气体中受腐蚀的效果模拟。气体测试让金属部件在腐蚀性的气体中暴露一段时间，在这段时间内同时进行热循环。典型的测试条件是在由十亿分之一的水、一氧化氮和氯气组成的混合气体中进行25次或更多次热循环。

静电放电测试确定设备是否能承受人经过地毯且触摸金属物时发生的典型放电现象。设计出来的电子设备需要进行和人互动包括操作和/或维修时，将会遇到这样的放电现象。

盐雾测试并没有包含在表 C.1 中，但其却经常是军用装备的必要条件。民用设备并不太关心这一点。电子设备不管是系统本身，还是其部件，也就是说备用件，在军事部署时通常涉及海上运输。这种环境常常包含非常潮湿且富含盐分的空气中。

电子设备工作的情况，与表 C.1 相似的规范如表 C.2 所示。与表 C.1 相比，少数条件不同，增加了一些额外的试验，但有些试验被删除了。

表 C.2　工作环境

试验参数	试验出版物	严格性或条件	要求 PL1	求 PL2
低温	IEC 68-2-1 (1990) Test Ad	4 小时	+5℃	+10℃
高温	IEC 68-2-2 (1974) Test Bd	4 小时	+50℃	+35℃
正弦振动	IEC 68-2-6 (1995) Test Fc	5～100 Hz	0.5 mm/0.1g	0.5 mm/0.1g
冲击	IEC 68-2-27 (1987)	3 个脉冲	15g/11 ms	10g/11 ms
低气压	IEC 68-2-13 (1983)	6 小时	10.5～C.5 Pa	10.5～7.85 Pa
静电放电	IEC 801-2 (1991)	15 kV/150 pF	X	X
电磁感应	FCC rules part 15 IEC 801-3 (1984)	满足	X	X
抗扰度	IEC 801-4 (1988)	直流电	X	X
抗扰度	IEC 801-4 (1988)	交流电	X	X
抗扰度	IEC 801-4 (1988)	I/O 端口	X	X
地震	IEC 68-2-57 (1989)		X	N/A

（引自[3]）

工作和非工作设备的振动参数有点不同。工作时的频谱如图 C.6 所示。图中的加速度幅度峰值大约和非工作时相同，但是振动频率范围被扩展到 50～500 Hz。

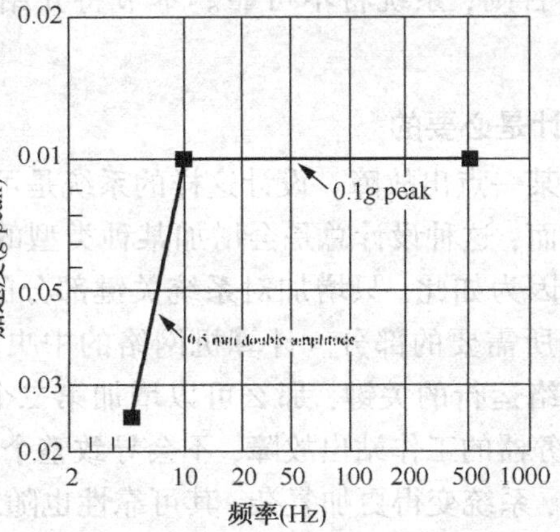

图 C.6　工作时的振动曲线（引自[3]。©IEEE 1996，获许引用）

低压测试用于评估海拔对设备运行的影响。随着海拔的增加，空气密度越来越小，由于大气压强是由上层空气的重力产生的，海拔越高空气越稀少，空气压力也就变得越来越小了。当部件组装于一种气压而工作于更低(或者更高)气压下时，有时可能无法运行。机载电子战设备并不总是处于加压的机舱内。一些飞机飞行在很高的海拔高度上，因此，机载电子战设备可能会受到很低的压力。用于这种应用的电子战装备必须对低压工作做特别的设计。

电子战系统，由于其自身的特性，容易受到无意的杂散信号影响。为了避免系统内部本身产生干扰信号，必须精心设计。系统内部产生的这些信号被称为电磁干扰(EMI)。

由于用做电子支援(ES)的接收机非常敏感，电子战系统特别容易受到 EMI 的影响。这些接收机通常具有很宽的瞬时带宽，即使不是瞬时带宽也是总带宽。甚至是窄带接收机，其输入端滤波器的带宽也能达到半个倍频程。

系统灵敏度是电子战系统的设计参数之一。系统灵敏度越高越好，但是更高的灵敏度意味着更容易受到不想要的 EMI 噪声信号的影响。机箱层次的防护几乎总是必需的，电路板层次的防护通常也是需要的。连接两个机箱的铜缆必须屏蔽。将被电气包围的机箱连接起来时，利用光纤互连有望减轻一些 EMI 的问题。

在计算机和其他高速数字电路中设计的用于近似方波的高速时钟是产生 EMI 的主要原因。理论上，方波的频谱从基频向两端无限延伸。这些成分有些可能很大，因此，必须对这些时钟信号做精心的防护。事实上，在设计数字电路时，如果能容忍慢速时钟，就应该采用它。高速信号和时钟电缆走线应该仔细地布置在固定架上，例如，如果可能，可将其与别的信号线以合适的角度交叉放置以使相互耦合达到最小。

电磁兼容性(EMC)是指其他系统存在时不会干扰电子战系统的工作或它不干扰其他系统工作的能力。这种系统被认为和其他系统是兼容的。电磁兼容性测试指的是表 C.2 中的抗扰度。由于电子进攻通常和高能信号有关，用于电子进攻的电子战系统电磁兼容极其困难。很少要求战术通信电子战系统工作于地震条件下，因此，很少应用这一规格。

C.2.3 可靠性和有效性

系统在需要时能正常工作的能力很关键。特别是这里所讨论的系统，系统能否在需要时正确地工作是决定生死和战争的胜负重要因素。可靠的系统不会偶然出现，必须有意识地努力增加系统的可靠性，否则，系统将不可靠。本节将介绍与设计可靠系统相关的概念和术语。

C.2.3.1 为什么可靠性设计是必要的

所有实际的系统都会在某一点出故障。设计这样的系统是可行的:可以提高系统对部件和子系统故障的承受能力。然而，这种设计总是会增加某种类型的冗余，所以一般会增加成本、系统大小和功耗等因素。正因为如此，只增加对系统关键部分的冗余。所谓的关键部分是指确保系统某些方面正常运行所需要的部分。计算机网络的中央服务器就是这样的一个例子。如果中央服务器的运行是网络运行的关键，那么可以增加第二个服务器完成同样的功能。作为对比，允许网络中使用服务器的工作站出故障，不会导致整个网络功能失败。

由于增加了部件和功能，系统变得更加复杂，其可靠性也随之下降。这里的可靠性是指系统继续工作不出故障的概率。根据对系统任务顺利完成的重要性，可将故障进行分类。在坦克中，引擎是一个关键的子系统，它必须连续工作以保证坦克的机动。在通常情况下，机动是坦克任务的重要部分。坦克用来进行指挥和控制通信的天线可能会损坏，但坦克仍然可以实现大部分预定的功能。妨碍系统完成其任务的故障称为关键故障。不是关键的故障称为非关键故障。如果坦克的任务不需要它移动，那么前述坦克引擎就不是关键故障。停在路口进行监视任务的坦克不需要移动，如果停在那里的时候引擎出了故障，对这个任务来说，这是一个非关键故障。

没有进行某种程度容错设计的复杂机电系统可靠性通常很低，系统需要大量的维修工作，在需要时候不可用。内建的测试装置(BITE)是有益的，但它是用来帮助技术人员进行维修的，而不是当故障出现的时候让系统继续运行。它可以降低系统的停机时间，使工作时间与总时间的百分比得到提高，但平均故障间隔时间并没有降低。系统的可靠性可以根据系统中单个部件的可靠性进行计算或者至少是估计出来的。

逐步发展的微机电技术(MEM)引人注目的一点是可用于在不同的非冗余组件系统中设计大量的冗余组件。这种微机电技术使冗余更加容易而不会让系统体积增加到不可接受的程度。

C.2.3.2 可靠性

系统的故障间隔时间是一个具有统计特性的随机变量。令 $R(t)$ 表示可靠性函数，它是系统在时间 t 内无故障的概率。通常假设 $R(t) = e^{-\lambda t}$，其中，λ是故障速率。严重系统故障之间时间间隔的大小称为平均无故障时间(MTBF)。因此，$MTBF = 1/\lambda$。对于复杂的电子系统，以现代通信电子战系统为例，故障容忍度没有设计得很高的系统 MTBF 在 10 小时的数量级上。内部具有极高故障容忍度的空间飞船 MTBF 在数周或者数月的数量级上，以保证其安全返回。如果λ= 每 1000 小时 1 个故障(1/1000)，那么 $R = e^{-0.001t}$。该可靠性函数如图 C.7 所示。

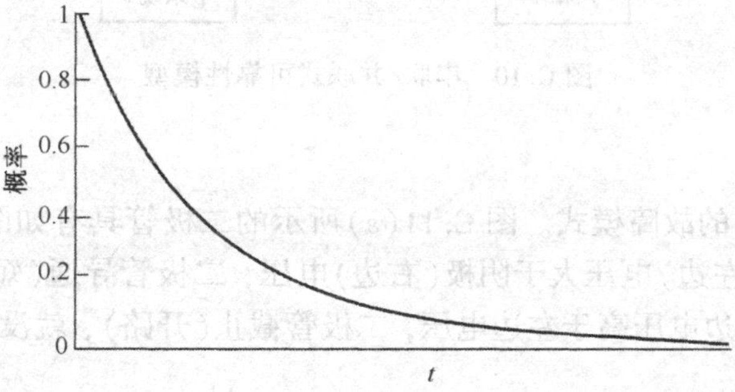

图 C.7 典型的可靠性函数

一旦系统出现故障，就可能需要由相关技术人员对其进行修理。系统可以设计得易于修理，也可以设计得难以修理。例如汽车，现代汽车使用计算机进行诊断，用机械进行修理。让一个有经验的修理工进行检查诊断可能大大增加维修的成本。修复一个系统的平均时间称为系统的平均修理时间(MTTR)。

C.2.3.3 容忍系统故障

提高系统可靠性有多种方法。但是，可以肯定的是，这些方法都涉及给某种系统增加部件。本节介绍了一些故障容错的设计方法。

如果一项任务的成功完成依赖于两个子系统的可靠性，那么这两个子系统的可靠性模型就如图 C.8 所示。这两个子系统中的任何一个出故障，整个系统将会出故障。因此，该系统的可靠性为

$$R = R_1 R_2 \tag{C.1}$$

因为系统要维持到时间 t，子系统 1 和子系统 2 都必须维持到时间 t。如果两个子系统中的任何一个的存在都能使任务得到完成，那么这两个子系统的可靠性模型就如图 C.9 所示。注意到 P(故障) $=1-R(t)$，系统故障的概率为 P(故障) $=P_1$(故障)P_2(故障)，因此 $R(t)=1-P$(故障) $=1-P_1$(故障)P_2(故障)，所以

$$R(t)=1-[1-R_1(t)][1-R_2(t)] \tag{C.2}$$

图 C.10 所示的可靠性模型只有在四个子系统中的三个出故障时，整个系统才会出故障。与上面的推导相似，可以证明其可靠性为

$$R(t)=\{1-[1-R_1(t)][1-R_2(t)]\}\{[1-R_3(t)][1-R_4(t)]\} \tag{C.3}$$

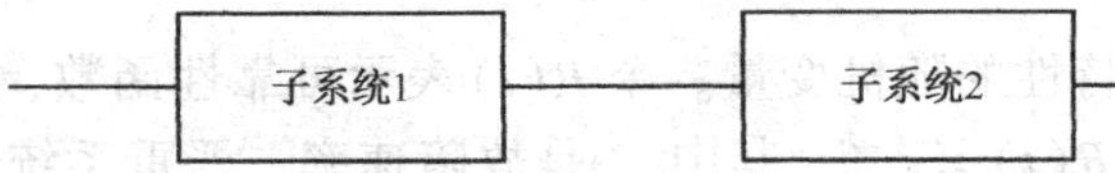

图 C.8　串联可靠性模型

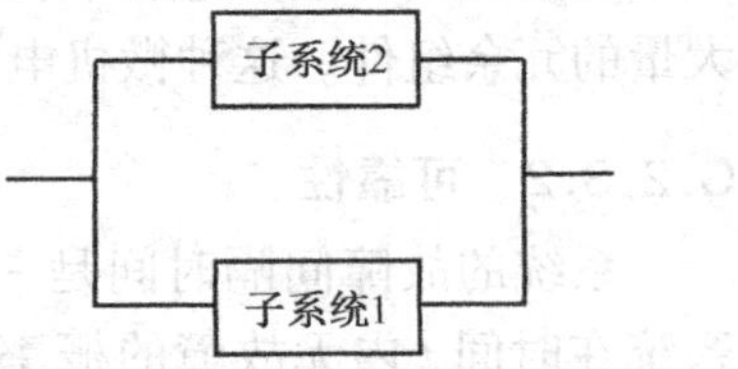

图 C.9　并联可靠性模型

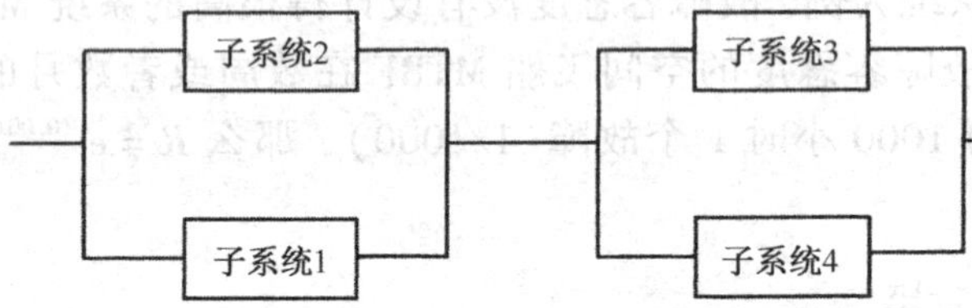

图 C.10　串联/并联式可靠性模型

C.2.3.4　故障模式

有时需要考虑组件的故障模式。图 C.11(a)所示的二极管具有如图 C.11(b)所示的理想特性曲线。只要阳极(左边)电压大于阴极(右边)电压，二极管导通(短路)，对电流不呈现电阻。另一方面，如果右边电压高于左边电压，二极管截止(开路)，就没有电流流过。

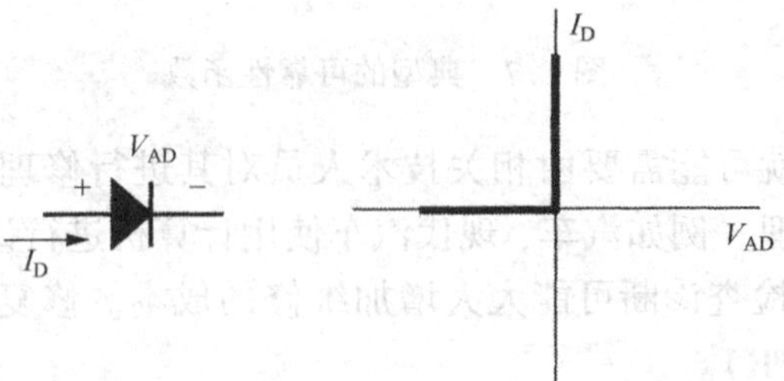

图 C.11　(a)二极管符号；(b)二极管(理想)的特性曲线

当两个二极管如图 C.12 所示串联，且二极管的主要故障模式是短路故障时，其中一个二极管故障不会导致电路故障。电路故障的概率为

$$P=P(\text{二极管 1 和二极管 2 故障}) \tag{C.4}$$

如果可以假设其中一个二极管的故障和另一个的故障相互独立(重要的假设，特别是对于集成电路)，那么

$$P = P(\text{二极管 1 的故障})P(\text{二极管 2 的故障}) \tag{C.5}$$

可靠性为

$$R = 1 - P = 1 - P(\text{二极管 1 的故障})P(\text{二极管 2 的故障}) \tag{C.6}$$

另一方面，如果图 C.11 所示的二极管主要故障模式是开路的，那么图 C.12 所示的结构不能提高系统的可靠性。然而，图 C.13 所示的电路能够解决这种问题，减小了总的故障率，从而提高了系统的可靠性。如果图 C.11 所示二极管的主要故障模式是开路故障，那么，对于图 C.12所示电路，电路故障概率和单个二极管故障概率相同，增加第二个二极管并没有提高总的可靠性。这是因为电路故障概率为

$$P = P(\text{二极管 1 或二极管 2 故障}) = P_1 + P_2 - P_1P_2 \tag{C.7}$$

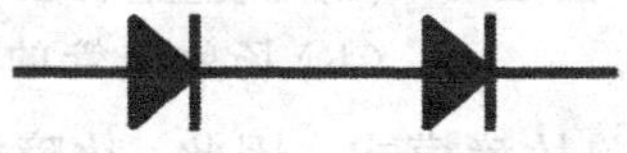

图 C.12　当二极管的主要故障模式是短路时，两个串联的二极管将确保电路继续工作

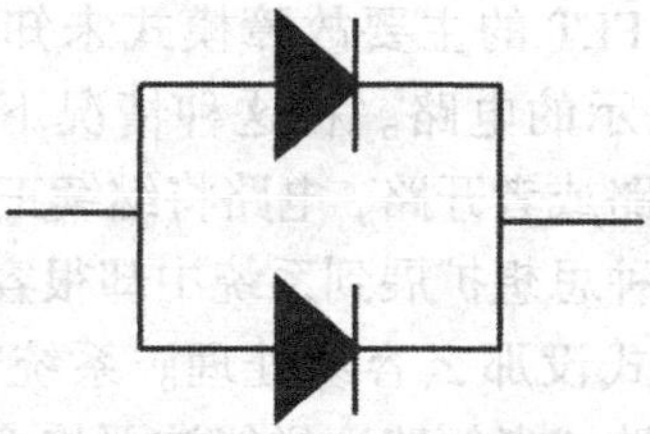

图 C.13　当电路主要故障模式是开路时，二极管冗余连接方式

如果不知道主要故障模式，或者是默认模式，那么不管二极管是短路还是开路，图 C.14 所示的电路都可以解决。如果其中任何一个二极管故障，电路都将按照设计继续工作。对某些故障模式，即使故障二极管数目高达三个，电路也会继续工作。例如，即使左边两个二极管中任何一个短路，并且右边一个二极管开路，电路都将继续工作。显然，这可能是一种相当昂贵的处理方式，在这里实现同样的功能元件的数量增加了四倍。

这些例子说明了如果二极管的功能是设计的一部分时，容错是如何被设计到电路中的。为了说明如何将其应用于其他类型元件，考虑图 C.15 中的场效应管(FET)。该元件的传输特性如图 C.15(b)所示。当然，将其正确集成到电路中时，栅极(G)和源极(S)之间的电压增加到零以上，漏极(D)和源极之间的通道开始闭合并且有电流流过。栅极会稳定在某一个电压上，使器件饱和，而且实际上，漏极和源极的电压是相等的。

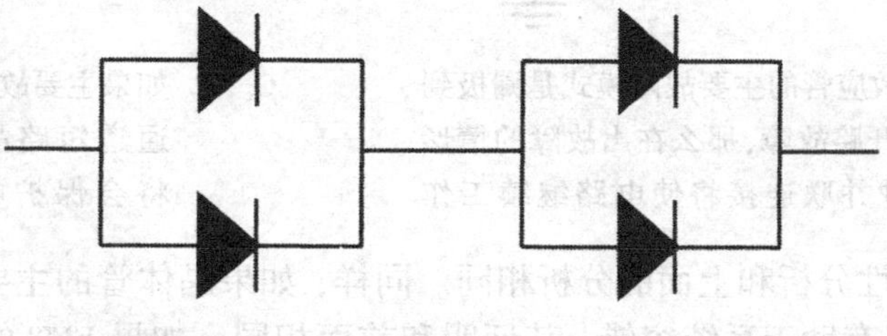

图 C.14　主要故障模式未知时的二极管结构。任何一个二极管开路或短路故障(以及其他选择性的故障)，电路都将继续像单个二极管一样工作

如果图 C.15 所示场效应管的主要故障模式是通道开路故障，那么如图 C.16 所示把两个晶体管并联将提供额外的可靠性。因为，如果其中一个出故障，电路还将继续工作。在电路正常工作时

$$V_{GS}>0 \text{ 那么}，I_{D1}=I_{D2}，I_D>0 \text{ 且 } V_o=0$$

$$V_{GS}=0 \text{ 那么}，I_{D1}=I_{D2}=0，\text{且 } I_D=0，V_o>0$$

对于一个出故障的 FET，假设 FET_1 通道开路故障

$$V_{GS1}>0，I_{D1}=0，I_{D2}>0，I_D>0 \text{ 且 } V_o=0$$

$$V_{GS}=0，I_{D1}=0，I_{D2}=0，I_D=0，\text{且 } V_o>0$$

因此，电路将继续工作，好像没有故障一样。

这个电路的可靠性分析和上面的相同。同样，如果晶体管的主要故障模式是短路的，就像和前面所展示的，图 C.17 所示的电路有助于系统容忍故障。如果 FET 的主要故障模式未知，那么可采用图 C.18所示的电路。在这种情况下，FET 中的任何一个短路或者开路，电路将继续正确工作。

将这种思想扩展到系统中却很容易做到，只可惜故障模式没那么容易处理。系统部件通常没有像电路开路或者短路这样能被严格意义上确认为简单故障模式。因此，故障模式通常不是用这种方式考虑的。

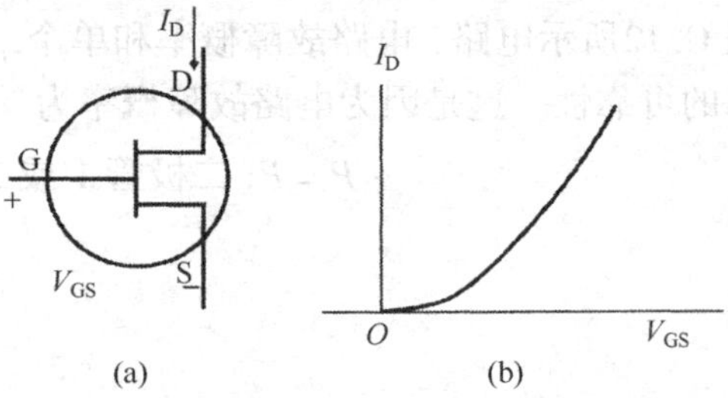

图 C.15 (a)场效应管(FET)的原理图符号；(b)场效应管的传输特性曲线

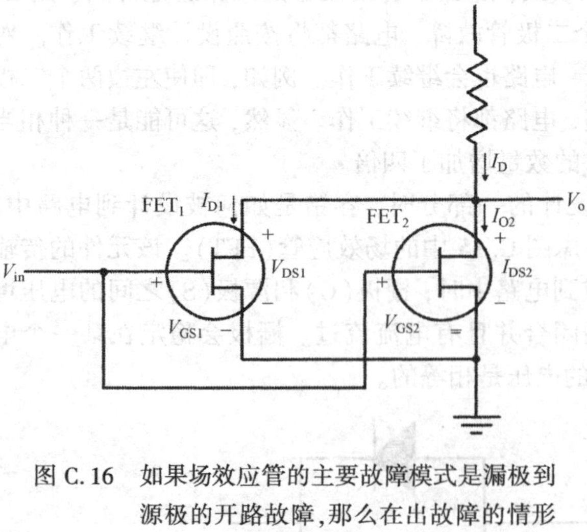

图 C.16 如果场效应管的主要故障模式是漏极到源极的开路故障，那么在出故障的情形时，这种并联连接将使电路继续工作

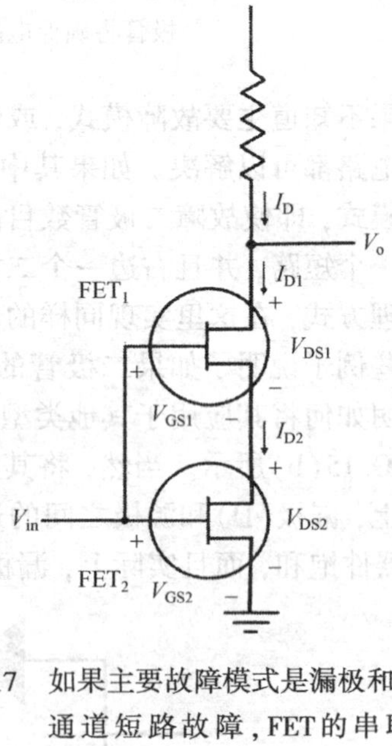

C.17 如果主要故障模式是漏极和源极的通道短路故障，FET的串联结构将会保护电路不受故障的影响

这个电路的可靠性分析和上面的分析相同。同样，如果晶体管的主要故障模式是短路的，图 C.17所示的电路将有助于系统容错，其证明和前面相同。如果 FET 的主要故障模式未知，那么可采用图 C.18 所示的电路。在这种情况下，FET 中的任何一个短路或者开路，电路都将继续正确地工作。

可以直接将这种思想扩展到系统中，只是故障模式没有这么容易处理。系统部件通常没有像电路开路或者短路这样简单明确的故障模式。因此，故障模式一般不是这样逐一考虑的。

图 C. 19 所示的是一个子系统的结构，这个子系统是整个系统运行的关键。在该系统中，三个(或者其他的奇数多个)关键子系统同步实现相同的操作。三个子系统的输出连续不断地进行比较，通过表决确定输出的响应。如果这些输出中有两个或者更多输出是相同的，就假设它是子系统正确的响应。如果这些输出中有一个和其他两个不一致，就有必要采取修正行动，以找到出现这种情况的原因。如果确定出子系统已经出了故障，一般要将这一子系统排除出去，系统的故障容忍度也随之减小。如果所有的输出都不一致(第一次)，那么可以假设不止一个子系统出了故障。

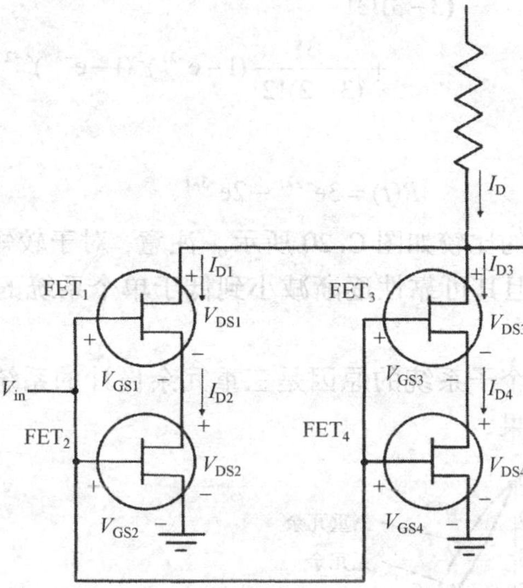

图 C. 18　一个四重冗余设计的场效应管，任何一个晶体管都能开路或者短路，电路都将继续工作

图 C. 19 是一个三重冗余设计的系统。每一个子系统执行同样的功能，并且对它们的输出进行表决，票数最多的结果作为输出。

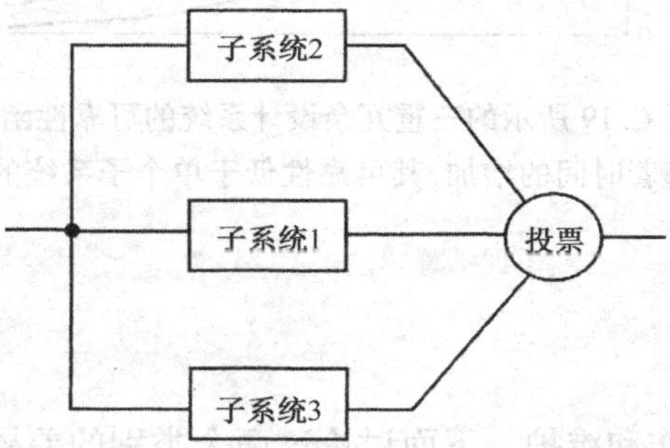

图 C. 19　三重冗余设计的系统。每一个子系统都实现相同的功能，对它们的输出进行投票表决，票数最多的结果作为输出

图 C. 19 所示的系统可靠性为

$$R(t) = 1 - P(\text{故障}) \tag{C.8}$$

这里，如果所有三个子系统或者其中两个出了故障，系统就会发生故障。因此

$$P(\text{故障}) = P(\text{三个全故障}) + P(\text{三个中两个故障}) \tag{C.9}$$

但

$$P(m\text{ 中 }n\text{ 个出故障}) = \binom{n}{m} p^m\ (1-p)^{n-m} \tag{C.10}$$

其中 $\binom{n}{m}$ 是二项系数，p 是任何一个子系统出故障的概率，这里假设是等概率的。由于 $R(t) = e^{-\lambda t}$，$p = 1 - e^{-\lambda t}$，且

$$P(\text{故障}) = \frac{3!}{(3-3)!3!}(1-e^{-\lambda t})^3(1-e^{-\lambda t})^{3-3} + \frac{3!}{(3-2)!2!}(1-e^{-\lambda t})^2(1-e^{-\lambda t})^{3-2} \tag{C.11}$$

进行代数运算得到

$$R(t) = 3e^{-2\lambda t} - 2e^{-3\lambda t} \tag{C.12}$$

这一函数与单一子系统可靠性的比较如图 C.20 所示。注意，对于较短的任务时间，三重冗余设计的系统结构可靠性较高，但其可靠性逐渐减小到低于单个系统的可靠性。这表明容错能力只在有限的时间内有效。

可靠性逐渐降低到低于单个子系统的原因是三重冗余设计的系统中具有更多的部件，这是一个复杂系统不可避免的结果。

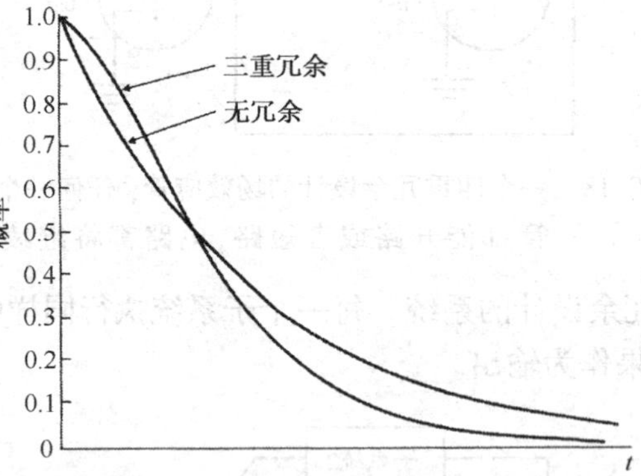

图 C.20 图 C.19 所示的三重冗余设计系统的可靠性函数。注意，随着时间的增加，其可靠性低于单个子系统的任意一个

C.3 人体因素工程

人体因素涉及系统的操作和维护。下面讨论这两个类别的差异。

C.3.1 操作

无论是操作员使用电子战系统还是维护人员修理它的时候，总是有必要运用人体因素工程(HFE)。这两者之一或者其中一个几乎总是事实(唯一明显的例外就是太空用途)。

IEEE 标准 1023-1988[4] 概括了设计核电站时需要考虑的 6 个 HFE 方面，它们都可直接用于通信电子战系统。这些方面为

1. 任务
2. 环境
3. 设备
4. 人员
5. (核能)运行
6. 文档

任务方面包括系统中功能分配到机器还是人，当然，这取决于这个任务是否能够自动化或者需要自动化。它也包括强加给系统操作员的负担。所要完成的任务可能使操作员负担过重，或者负担很轻，这两种情况都会导致工作不如预期的那样。有时候机器的动作能比人更加精确，因此，如果任务要求比人所能提供的精度更高，这个任务就需要采用自动化来实现。将任务完成情况反馈到人是一个重要的考虑事项。

为了起作用，反馈应该及时，并且和人执行这个任务的情况密切相关。另外，人容易犯错误，因此，任何分配给人的任务必须能够容忍这个错误源。最后，需要考虑对人的训练。这种训练必须全面细致，达到预期的系统操作员所具有的教育水平。

人只能容忍一定程度的物理环境变化。像温度、湿度和气流这样的因素是人类工作环境中需要考虑的重要事项。通信电子战系统通常包含大量发热的电子设备，除了考虑如日晒这种热源之外，也还必须考虑这种热源，以创造一个人类操作员能够接受的工作环境。必须精心设计照明，使设备上的显示屏还有可视性指示器易于读取。对于系统的一般性操作，照明应该充足。如果考虑计算机的显示器，照明应该暗一些，使屏幕看起来更清晰。应该避免灯光一直照射在屏幕上。视角的合理界限如图 C.21 所示。只在不能得到上述正常范围的时候才使用这些参数。这些界限指出该何时转动头以使显示器可见。

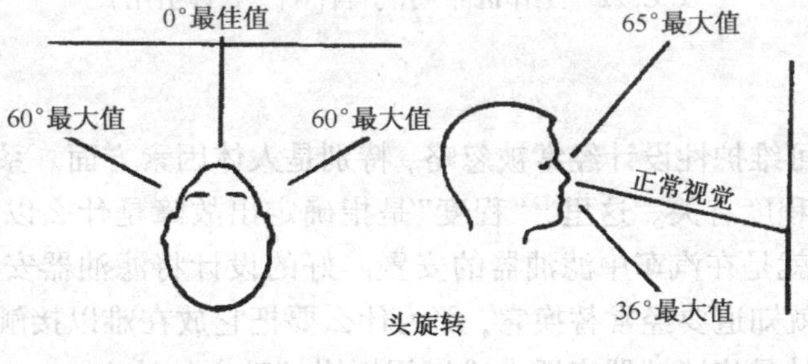

图 C.21 人的视角(引自[5]。© Association of Old Crows 1990，获许引用)

应该使噪声最小化，这样，操作员履行他们的正常职责时不会分散精力。操作员需要足够的工作空间来完成所期望的任务。

设备的布局必须和任务协调，这样，可以及时方便地执行任务。操作员完成任务所用的设备通常应该如图 C.22 那样放置，它描绘了一个典型的电子战系统的操作台[6]。图中说明了关于设备放置的详细事项。操作员的位置设计通常适合于大约 95% 的人群，假设他们是男性群体或者女性群体。显示器必须位于易于观看的位置，特别是需要经常看到它的时候。最常用的控制器，如键盘，要容易接触到，并且处于合适的高度。计算机键盘的最佳位置是在 26 ~ 30 英寸之间，这

取决于操作员的身高。因此，这个高度必须可调整。颜色对于显示信息以及用来告警和指示这两方面都很有用，一眼就可以看到绿色、黄色和红色指示灯明显的意义。最后，安全总是一个重要的考虑事项。暴露在不安全环境中的程度应该降到最小。需要考虑预期能够操作系统的人的能力。对于军用系统，在操作员进行过军事专业技能(MOS)训练这个大背景下，这种担忧在很大程度上被消除了。然而，人的能力是有限度的。如果灯光和指示器太暗或者放置不当，就会产生视觉疲劳，受此限制，可能完全看不见。人类操作员必须记住的信息量是一个考虑事项。

IEEE 标准 1023-1988 考虑的最后一个方面就是文档。军方提出操作、维护和训练方面的文档要求。当第一次得到系统时，通常需要这些文档，并且它们会随着系统的升级而更新。毫无疑问，说明书必须详尽而准确，必须反映所有情况下一个操作员所应该做的。

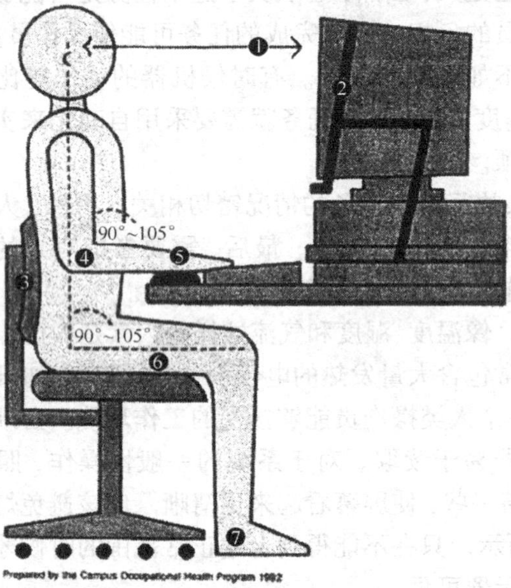

1. 屏幕顶部与双光眼镜佩带者眼睛平齐。屏幕距离为手臂长度(15~32″)
2. 文件固定器可以调整至屏幕高度。
3. 椅子靠背提供牢固的低后背支撑。椅背和坐垫高度易于调节并由使用者倾斜。
4. 键盘高度促使手臂放松，前臂与地板平行。
5. 手腕平直(不偏)。需要的话可用加衬垫的可移动手腕架并使之与键盘座等高。
6. 大腿与地板平行。工作面下踏脚处宽敞。
7. 脚稳固地放在地板或是桌下搭足的横木上。

图 C.22　工作区布局(引自[6]，获许引用)

C.3.2　维护

在设计系统时，可维护性设计经常被忽略，特别是人体因素方面。系统能被维护的程度直接与维修员能修理的程度有关。这里，“程度”是指确定出故障是什么以及修理故障设备的能力。一个熟悉的例子就是在汽车中滤油器的安置。好的设计将滤油器安置在容易接触到的位置。毕竟，从一开始就知道要经常替换它，那为什么要把它放在难以接触到的地方呢？从维护的角度来看，差的设计是将滤油器安置在难以用扳钳拧动它的地方。

使所有可能的维护问题最优化，这样的设计系统并不总是能够办得到。一些设计要求恰好不允许使所有维护问题最优化。然而，设计者心中装着可维护性系统设计的想法，是一种谨慎的表现，而且应该总是这样考虑的。

C.3.3　安全性

系统操作与维护中的安全性是最重要的。由于有意或者无意的辐射，可能会出现安全问题。例如，所设计的电子攻击系统会辐射高强度的能量，根据频率范围的不同，可能会对人体造成伤害。这个问题可用工作于能对人体具有潜在伤害频率范围的大功率干扰机为例来说明。

根据 ANSI 标准 C9C.1-1982，人类能够容忍 0.1 小时的辐射强度如图 C.23 所示[7]。在电子战系统中几乎总是会出现高压。接触这些电压可能会对操作员以及维护人员造成严重的伤害。无论何处，只要有高压存在，如果可能都应该用盒子把它封闭起来，如果不可能就必须张贴清晰的标语来最大限度地减小接触。

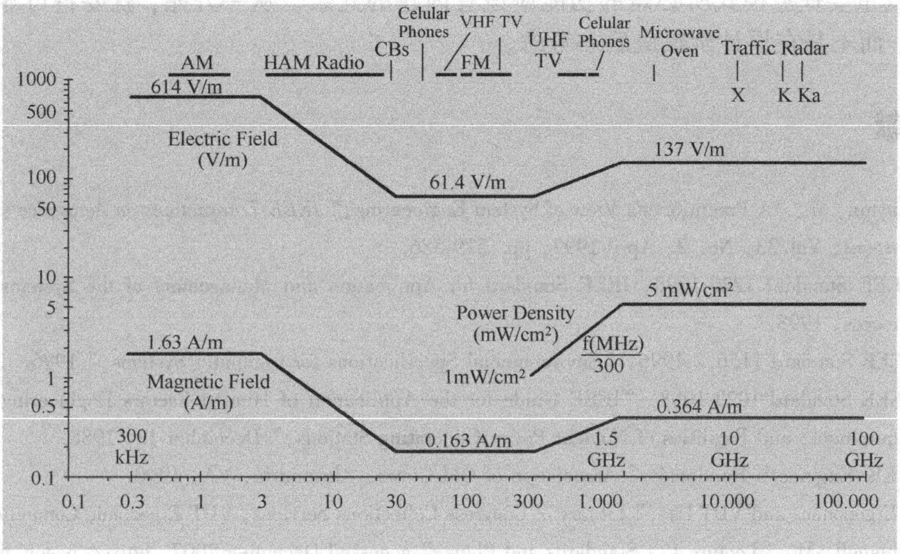

图 C.23 根据 ANSI 标准 C9C.1-1982，人暴露在辐射中的安全界限

有些装置很重，需要两个或者更多的人来移动。这种情况必须明确地标出。当设备安装在架子上时，如果可能，较重的装置应该安置在较低的地方，杜绝重物放在高的位置。

如果系统允许，应该无一例外地提供两个出口。例如，一个是平常的入口，而另一个可以是天花板上的紧急出口。

C.4 系统代价

由于成本的详情完全取决于所要开发和配置系统的项目详情，通信电子战系统的成本这里就不再多说了。然而，有些意见在本质上是通用的。

拥有一个系统的总成本包括不同的两部分：(1)最初的购买费用；(2)维持费用。前者需考虑设计和制造系统的代价。它包括 R&D 阶段和批量生产。后者包括一旦使用系统后保持系统正常运行的费用。后者存在许多成本因素，从训练操作员和维修员到购买备件库存。

几乎在所有情况下，维持费用都比初始购置费用要大得多。因此，在设计阶段，应该充分考虑以降低维持费用。比如，使用其他系统中已经使用的部件就是一种方法，这样基层的支持就是现成的了。在多个位置使用相同的部件可以节省备件的花费。

C.5 结束语

系统工程作为一种学科将工程原理应用到整个系统的设计中。任何系统差不多都是这样的，但是在这里一般是指复杂的电气设备全体。当遵循这样一种过程的时候，系统设计、制造、支持和最终的配置就形成一个有序的生命周期。

军用系统使用的环境决定了其试验要求。在一些情况下，设备安装在办公楼从不移动的良好环境中。另一种极端情况下，部署在泥泞的散兵坑中。后者需要更严格的设计和试验，以保证设备能在需要的时候连续工作。

设计可实现的设备很重要。具有许多单个故障点的复杂系统需要有较小的 MTBF。保证系统完成其重要任务模式所必需的功能应该有内建的冗余。从一开始，就要将可靠性设计到系统中去，而不是在设计阶段最后才考虑。

参考文献

[1] Kayton, M., "A Practitioner's View of System Engineering," *IEEE Transactions on Aerospace and Electronic Systems*, Vol. 33, No. 2, April 1997, pp. 579-586.

[2] IEEE Standard 1220-1998, IEEE Standard for Application and Management of the Systems Engineering Process, 1998.

[3] IEEE Standard 1156.2-1996, "Environmental Specifications for Computer Systems," 1996.

[4] IEEE Standard 1023-1988, "IEEE Guide for the Application of Human Factors Engineering to Systems, Equipment, and Facilities of Nuclear Power Generating Stations," December 12, 1988.

[5] "EW Engineer's Handbook," Association of Old Crows, Alexandria, VA, 1990.

[6] "Ergonomics and VDT Use," Library of Congress Collections Services, VDT Ergonomic Committee, 1991-92.

[7] Chignell, M., "Lecture 12: Standards and Plans," accessed December 2007, http://peach.mie.utoronto.ca/courses/mie240/html/lecture 12.html.

首字母缩写表

A/D	analog-to-digital	数模转换
ACK	acknowledgment	应答
ADC	analog to digital converter	模数转换器
ADPCM	adaptive differential pulse code modulation	自适应差分脉冲编码调制
A_{eff}	effective area of antenna	天线有效面积
AGC	automatic gain control	自动增益控制
AGL	above ground level	地电平以上
AJ	antijam	抗干扰
ALE	automatic link establishment	自动链路建立
ALR	average likelihood ratio	平均似然比
AM	amplitude modulation	调幅
AMPS	advanced mobile phone system	高级移动电话系统
ANSI	American National Standards Institute	美国国家标准学会
AO	area of operations	工作区域
AOA	angle of arrival	到达角
AOI	area of interest	感兴趣的领域
ARDIS	advanced ratio data information service	高级无线数据信息业务
ARQ	Automatic Repeat Request	自动重发请求
ASK	amplitude shift key	振幅键控
AWGN	additive white Gaussian noise	加性高斯白噪声
BBN	broad band noise	宽带噪声
BCH	Bose, Chaudhuri, and Hocquenghem	三人姓名的首字母缩写。BHC 是一种循环码，由三人提出
BER	bit error rate	误码率
BFSK	binary frequency shift key	二进制频移键控
BJT	bipolar junction transistor	双极结型晶体管
BPE	best point estimate	最佳点估计
bps	bits per second	比特每秒
BPSK	binary phase shift key	二进制相移键控
BS	base station	基站
BW	bandwidth	带宽
C2	command and control	指挥控制
C2W	command and control warfare	指挥控制战
CAF	cross-ambiguity function	交叉模糊函数
CB	citizen band	民用频段
CDAA	circularly disposed antenna array	圆形布置的天线阵
cdf	cumulative distribution function	累积分布函数
CDMA	code division multiple access	码分多址
CDPD	cellular digital packet data	蜂窝数字分组数据
CEOI	communications electronics operating instructions	通信电子操作规程
CEP	circular error probable	圆概率误差
CFAR	constant false alarm rate	恒虚警率

CNR	carrier-to-noise ratio	载噪比
COP	common operational picture	通用作战图
CRC	cyclic redundancy check	循环冗余校验
CSMA	carrier sensed multiple access	载波侦听多址
CW	continuous wave	连续波
CWT	continuous wavelet transform	连续小波变换
DAMA	demand assignment multiple access	按需分配多址
DAC	digital to analog converter	数模转换器
dB	decibel	分贝
dBc	decibel relative carrier	相对于载波的分贝数
dB_{kTB}	decibel relative to *kTB*(thermal noise floor)	相对于 *kTB*(热噪声门限)的分贝数
dBm	decibel relative to 1 milliwatt	相对于 1 mW 的分贝数
DBK	dominant battlespace knowledge	战场制信息权
DBPSK	differential binary phase shift key	差分二进制相移键控
DCT	discrete cosine transform	离散余弦变换
DD	differential Doppler	差分多普勒
DES	data encryption standard	数据加密标准
DF	direction finding	测向
DSB	double sideband	双边带
DMT	discrete multitone	离散多音
DoD	Department of Defense	美国国防部
DPCM	differential pulse code modulation	差分脉冲编码调制
DPSK	differential phase shift key	差分相移键控
DSA	digital signatures algorithm	数字签名算法
DSS	digital signature standard	数字签名标准
DSSS	direct-sequence spread spectrum	直接序列扩频
DWT	discrete wavelet transform	离散小波变换
EA	electronic attack	电子进攻
EEP	elliptical error probable	椭圆概率误差
EES	escrow encryption standard	约定加密标准
EHF	extra-high frequency	极高频
EM	electromagnetic	电磁
EMC	electromagnetic compatibility	电磁兼容
EMCON	emission control	发射控制
EMI	electromagnetic interference	电磁干扰
EO	electro-optical	光电
EOB	electronic order of battle	战场电子等级
EP	electronic protect	电子防护
ERP	effective radiated power	有效辐射功率
ES	electronic support	电子支援
ESM	electronic support measures	电子支援措施
EW	electronic warfare	电子战
FAIT	first article integration and test	第一样品集成与检验
FCC	Federal Communication Commission	美国联邦通信委员会
FCS	frame check sequence	帧校验序列
FDD	frequency division duplexing	频分双工
FDDI	fiber distributed data interface	分布式光纤数据接口
FDM	frequency division multiplexing	频分复用

FDMA	frequency division multiple access	频分多址
FDOA	frequency difference of arrival	到达频差
FEC	forward error correction	前向纠错
FET	field effect transistor	场效应管
FFH	fast frequency hopping	快速跳频
FFT	fast Fourier transform	快速傅里叶变换
FH	frequency hopping	跳频
FHSS	frequency hopping spread spectrum	跳频扩频
FLOT	forward line of own troops	己方前线
FM	frequency modulation	频率调制
FSK	frequency shift key	移频键控
GDOP	geometric dilution of precision	误差集合放大因子
GHz	gigahertz (10^9 hertz)	吉赫兹
GMSK	Gaussian minimum shift key	高斯最小移频键控
GPS	global positioning system	全球定位系统
GSM	global system for mobile communication	全球移动通信系统
HF	high frequency	高频
HFE	human factors engineering	人体因素工程
HOS	higher order spectra	高阶谱
HPA	high-power amplifier	高功率放大器
Hz	hertz (cycles per second)	赫兹
HUMINT	human intelligence	人工情报
IBW	instantaneous bandwidth	瞬时带宽
IEEE	Institute of Electrical and Electronic Engineers	电气电子工程师协会
IF	intermediate frequency	中频
IFBW	intermediate-frequency bandwidth	中频带宽
IFFT	inverse fast Fourier transform	傅里叶逆变换
i. i. d	independent and identically distributed	独立同分布
INTELSAT	international telecommunication satellites	国际通信卫星
IN	impulsive noise	脉冲噪声
IR	infrared	红外线
ISI	intersymbol interference	符号间干扰
ISDN	integrated services digital network	综合业务数字网
ISI	intersymbol interference	符号间干扰
ITU	International Telecommunication Union	国际电信联盟
IW	information warfare	信息战
J/S	jammer power-to-signal power ratio	干扰功率与信号功率比/干信比
JPEG	Joint Picture Expert Group	联合图像专家组(一种压缩标准)
JSR	jammer to signal power ratio	干信比
kbps	kilobits per second (10^3 bps)	千比特每秒
km	kilometers	千米
kHz	kilohertz (10^3 hertz)	千赫兹($=10^3$ 赫兹)
KLT	Karhunen-Loeve transform	Karhunen-Loeve 变换
LEAF	law enforcement access field	法律强制介入领域
LF	low frequency	低频
LFSR	linear feedback shift register	线性反馈移位寄存器
LOB	line of bearing	方位线
LOP	line of position	位置线

LOS	line of sight	视线
LPD	low probability of detection	低检测概率
LPE	low probability of exploitation	低探测概率
LPI	low probability of intercept	低截获概率
LQA	link quality analysis	链路质量分析
LSB	least significant bit	最低(有效)位
LUF	lower usable frequency	最低可用频带
MPP	maximum a posterior probability	最大后验概率
Mbps	megabits per second (10^6 bps)	兆比特每秒
MEM	microelectrical- mechanical	微机电
MF	medium frequency	中频
MFSK	multiple frequency shift key	多进制频移键控
MHz	megahertz (10^6 hertz)	兆赫兹
Mil Std	military standard	军用标准
MIT	Massachusetts Institute of Technology	(美国)麻省理工学院
MLR	maximum likelihood ratio	最大似然比
MOE	measure of effectiveness	有效性量度
MOS	military occupational specialty	军事职业专长
MPEG	Motion Picture Expert Group	动画专家组(一种压缩比率较大的动画和声音的压缩标准)
MPSK	multiple phase shift key	多进制移相键控
ms	millisecond (10^{-3} seconds)	毫秒($=10^{-3}$秒)
MS	mobile station	流动式电台
MSE	mean square error	均方误差
MSK	minimun shift key	最小移频键控
MTBF	mean time between failures	平均故障间隔时间
MTI	moving target indicator	动目标显示器
MTTR	mean time to repair	平均维修时间
MUF	maximum usable frequency	最高可用频率
MUSIC	multiple-signal classification	多重信号分类
NACK	negative acknowledgement	否定应答
NCBFSK	noncoherent binary frequency shift key	非相干二进制移频键控
NCFSK	noncoherent frequency shift key	非相干频移键控
NCS	net control station	网络控制站
NF	noise figure	噪声指数
NIST	National Institute of Standard and Technology	美国国家标准技术局
NSA	National Security Agency	美国国家安全局
NVIS	near-vertical incidence skywave	近垂直入射天波
O&S	operations and support	作战与支援
OFDM	offset frequency division multiplexing	正交频分复用
OFDMA	orthogonal frequency division multiple access	正交频分多址
OOK	on-off key	开关键控
OOTW	operations other than war	非战争行动
OPSEC	operational security	作战安全
OQPSK	offset quadrature phase shift key	偏置正交移相键控
OTM	on the move	运动中
PA	power amplifier	功率放大器
PAM	pulse amplitude modulation	脉冲调幅

PBC	phase-based classifier	基于相位的分类器
PB-FBC	partial band filter-bank combiner	部分频带滤波器组组合器
PBN	partial band noise	部分频带噪声
PC	personal computer	个人计算机
PCM	pulse code modulation	脉冲编码调制
PCS	personal communication system	个人通信系统
pdf	probability density function	概率密度函数
PF	position fix	定位
PGP	pretty good privacy	优越独处环境
PHP	personal handy phone	个人掌上电话
PLL	phase-locked loop	锁相环
PM	phase modulation	相位调制
PN	pseudo-noise	伪随机噪声
POI	probability of intercept	干扰概率
PPM	pulse position modulation	脉冲位置调制
psd	power spectral density	功率谱密度
PSK	phase shift key	移相键控
PSP	per-survivor processing	每个幸存者处理
PSTN	public switched telephone network	公共电话交换网
PSYOPS	psychological operation	心理战
PTT	push-to-talk	按键通话(方式)
QAM	quadrature amplitude modulation	正交调幅
QPSK	quadrarure phase shift key	正交移相键控
R&D	research and development	研究与开发
RF	radio frequency	射频
RFI	radio frequency interference	射频干扰
RLOS	radio line of sight	无线电视距传播
rms	root mean square	均方根
ROC	receiver operation characteristic	接收机工作特性
r. v.	random variable	随机变量
S/H	sample and hold	采样保持
SAM	surface to air missile	地空导弹
SAR	synthetic aperture radar	合成孔径雷达
SC	suppressed carrier	抑制载波
SEP	system engineering process	系统工程
SFH	slow frequency hopping	慢速跳频
SHA	secure hash algorithm	保密哈希算法
SHF	superhigh frequency	超高频
SIGINT	signal intelligence	信号情报
SINCGARS	single channel ground and air radio system	单信道地空无线电系统
SJR	signal-to- jam ratio	信干比
SLC	square law classifier	平方率分类器
SNR	signal-to-noise ratio	信噪比
SOI	signal of interest	感兴趣的信号
SSB	single sideband	单边带
STFT	short-term Fourier transform	短时傅里叶变换
SVD	singular-value decomposition	奇异值分解
TBW	total bandwidth	总带宽

TCC	Turbo-coded channel	Turbo 编码信道
TCM	trellis-coded modulation	栅格编码调制
TDD	time division duplexing	时分双工
TDMA	time division multiple access	时分多址
TDOA	time difference of arrival	到达时间差
TOA	time of arrival	到达时间
TOC	tactical operation center	战术作战中心
TSS	telecommunications standardization sector	电信标准化部门
TTIP	transparent tone in band	带内透明单音
TV	television	电视
TWT	traveling wave tube	行波管
UAS	unmanned aerial system	无人机系统
UHF	ultrahigh frequency	特高频
USB	upper sideband	上边带
V	volt	伏特
VCO	voltage-controlled oscillator	压控振荡器
VHF	very high frequency	甚高频
VLF	very low frequency	甚低频
VME	versa-module Europe	一种通用的计算机总线,结合了 Motorola 公司 Versa 总线的电器标准和在欧洲建立的 Eurocard 标准的机械形状因子,是一种开放式架构
WADF	wide aperture direction finder	大孔径定向仪
WGN	wideband Gaussian noise	宽带高斯噪声
W	watts	瓦特
WW	World War	世界大战